미분적분학의 기초

Elementary Calculus

최 두 일 저

북스힐

:: 저자소개

학력 : 96. KAIST 수학과 이학박사

96. KAIST 전기 및 전자공학과 위촉연구원

97. 한국연구재단 지원에 의한 미국 일리노이 주립대학교 Post-Doc.

98년부터 현재까지 한라대학교 교수

연구 :

SIAM Journal on Applied Mathematics,

European Journal of Operational Research 등

SCI(E) 저널에 15편 등 국내외 유명 저널에 40여편의 논문 게재

한국연구재단의 선도연구자 지원사업, 지역대학 우수과학자 지원사업 등 다수의 과제 수행

저서 : 확률과 통계, 교양수학 등

수상 : 2014, 2015년판 Marquis Who's Who 세계 인명사전 등재 및 세계 100대 교육자 선정

기타 : 대학 수학 능력 시험 수능 및 모의 출제위원

국가 수준 학업 성취도 평가 검토위원

2007 개정 교육과정 검정위원

한국교육과정 평가원 문제은행 제작위원

국립과학수사 연구원 채용 심사위원

:: 머리말

수학은 많은 학생들에게 있어 어려운 과목으로 여겨지고 있다. 아마도 그 이유중의 하나는 내용이 논리적이기 때문일 것이다. 그러나 수학을 배우는 가장 중요한 목적 중의 하나가 바로 학생들에게 논리적인 사고력을 함양하고자 하는 것이다. 그래서 수학의 논리적 전개를 따라가다 보면 수학이 참 아름답고 재미있는 학문이구나라는 것을 학생 스스로 터득하게 될 것이다. 또한 논리적 사고는 학생이 접하게 되는 많은 다양한 문제들을 스스로 해결할 수 있는 능력을 길러준다.

미적분학은 수학 분야에서도 가장 기초가 되는 과목으로 자연과학, 사회과학, 특히 공학 등의 응용과학 분야에서 자주 일어나는 여러 문제와 현상들을 체계적이고 논리적으로 해결하기 위한 필수적인 기초 도구로 사용되고 있다.

이 책은 고등학교 수준의 미분과 적분의 내용을 포함하여 좀 더 폭 넓고 깊이있게 다룬 것으로 고등학교에서 수학을 많이 공부한 학생은 좀 더 이해가 빠를 것이며, 그렇지 않은 학생에게는 미분과 적분의 내용을 좀 더 정확히 공부하는 기회가 될 것이다.

봄에 피는 목련화를 보면서 기쁨을 느낄 수 있었던 것은 추운 겨울 동안 눈보라 등의 어려움을 이겨내고 생명의 끈을 놓지 않았기 때문일 것이다. 마찬가지로 학생들에게 있어 미적분학을 공부하는 것이 다소 힘든 과정일지라도 공부한 결과는 여러분의 전공과 사회 생활에 있어 많은 도움을 줄 것으로 기대한다.

좀 더 나은 미래를 기대하며

저 자

:: 차례

CHAPTER

01 함수

CALCULUS

'**수**'와 '**숫자**'는 같은 용어이지만 경우에 따라서는 작은 차이를 갖는다. '**수**'는 크고 작음이나 위치를 나타내고, '**숫자**'는 수를 나타내는 기호로 볼 수 있다. 고대에 인류는 본인이 가지고 있는 재물이나 가축의 양을 나타내기 위하여 '**자연수**'라는 수를 만들어냈으며 이후 0과 자연수에 대응하는 음수를 나타내기 위하여 '**정수**'를 그리고 전체의 한 부분이나 전체를 몇 등분한 부분을 표현하기 위하여 '**유리수**'(또는 분수)가 나타나게 되었다.

이와 같이 수는 자연수로 시작되어 정수, 유리수로 자연스럽게 확장되었다. 이후 한참의 시간이 지난 후 우리에게 '피타고라스의 정리'로 잘 알려진 피타고라스(Pythagoras) 학파에 의하여 '**무리수**'의 존재가 발견되었다고 알려지고 있다. 이렇게 하여 **실수**가 만들어졌으며 실수체계는 19세기에 이르러서야 그 개념 및 성질들이 명확하게 확립되었다.

인류가 수를 사용하지 않았다면 현대와 같은 지식 정보화 사회를 이룰 수 있었을까? 그것은 불가능했을거라 생각된다.

오늘날 우리가 살고 있는 세상에서 발생하는 여러 현상들, 즉, 자연과학 및 사회과학 등 다양한 분야의 여러 현상들을 체계적이고 논리적으로 분석하기 위해서는 수체계 하에서 이루어져야만 한다. 그리고 이러한 현상들을 수체계로 가져와 분석하기 위한 적절한 방법이 함수이다.

미분과 적분은 이러한 함수를 대상으로 한다. 또한 함수를 알기 위해서는 집합을 알아야 하므로 먼저 집합에 대하여 간단히 소개하고자 한다.

1.1 집합

집합(set)은 19세기 말 G. Cantor에 의하여 그 개념이 정립되었으며 다음과 같이 정의한다.

정의 1 ••• 집합

집합(set)이란 우리들의 사고에 의하여 그 내용을 명확히 알 수 있는 어떤 사물들의 모임을 말한다.

예를 들어, 내가 서울의 지하철 3호선 역사에 관심이 있다면 수서, 일원, 도곡, 매봉, 양재, 교대, 신사 등이 지하철 3호선 역사의 집합을 이룬다. 이러한 집합을 표현하기 위하여 중괄호를 사용하며 $A=\{$ 수서, 일원, 도곡, 매봉, 양재, 교대, 신사, $\cdots\}$와 같이 나타낸다. 즉, A는 지하철 3호선 역사들의 집합을 나타낸다.

집합속에 포함되어 있는 사물을 그 집합의 **원소**(element)라 부른다. 예를 들어, 교대는 지하철 3호선 역사의 한 원소(즉, 집합 A의 원소)이다. 그리고 지하철 3호선 역사 중 환승역들을 모아놓은 집합을 B라 하면 $B=\{$수서, 교대, 충무로, $\cdots\}$로 주어진다. 여기서 집합 B의 모든 원소들이 또한 집합 A의 한 원소임을 쉽게 알 수 있다. 이와 같이 집합 B의 원소들이 모두 집합 A의 원소가 된다면 집합 B를 집합 A의 **부분집합**(subset)이라 하고, 기호로 $\boldsymbol{B} \subset \boldsymbol{A}$으로 나타낸다. 여기서 "교대"는 집합 B의 한 원소이다. 우리는 이것을 기호로 "교대"$\in B$에 의하여 표현한다. 그러나 "매봉" 역은 집합 B의 원소가 아니다. 이것을 기호로 "매봉" $\notin B$에 의하여 나타낸다.

참고

집합은 영어 알파벳의 대문자 A, B, C, … 등으로 표시하고, 집합에 포함된 원소는 보통 소문자 a, b, c, … 등에 의하여 나타낸다.

다음에 우리는 수학의 이론을 전개하는데 있어서 기본이 되는 수와 그의 집합들에 대하여 간단히 살펴보고자 한다.

(1) 자연수(natural number)의 집합

모든 자연수들을 모아놓은 집합을 자연수의 집합이라 하며 기호 $\boldsymbol{N}$으로 나타낸다.

$$\boldsymbol{N} = \{1,\ 2,\ 3,\ 4,\ \cdots\}$$

(2) 정수(integer)의 집합

자연수, 0 그리고 음의 자연수들을 모두 모아 놓은 집합을 정수의 집합이라 하며 기호 $\boldsymbol{Z}$에 의하여 나타낸다.

$$\boldsymbol{Z} = \{\cdots,\ -2,\ -1,\ 0,\ 1,\ 2,\ \cdots\}$$

(3) 유리수(ratianal number)의 집합

임의의 두 정수에 대한 분수 형태의 수들을 모아 놓은 집합을 유리수의 집합이라 하며 기호 $\boldsymbol{Q}$로 나타낸다.

$$\boldsymbol{Q} = \left\{ r \,\middle|\, r = \frac{p}{q},\ p,\ q \in Z,\ q \neq 0 \right\}$$

참고

유리수의 집합 $\boldsymbol{Q}$와 같이 한 집합 A를

$$A = \{\text{원소} \mid \text{조건식}\}$$

와 같이 조건식을 만족하는 모든 원소를 모아 놓은 집합으로 표현하는 방법을 조건 제시법이라 하고, 이와 반대로 자연수나 정수의 집합과 같이 원소를 나열하여 표현하는 방법을 원소 나열법이라 한다.

자연수 정수는 또한 유리수이며, 모든 유리수는 소수점 아래의 숫자가 유한인 유한소수나 어떤 일정한 숫자가 반복해서 나타나는 순환소수로 표현할 수 있다. 그리고 그 역 또한 성립한다.

다음 예제를 통하여 살펴보자.

예제 1

다음 유리수를 소수로 나타내시오.

(1) $\frac{3}{4}$ (2) $\frac{5}{6}$

풀이 (1) $\frac{3}{4} = 0.75$ (2) $\frac{5}{6} = 0.8333\cdots$ ■

예제 2

다음 소수를 분수형태(즉, 유리수)로 나타내시오.

(1) 0.75 (2) 0.8333⋯

풀이 (1) $0.75 = \frac{75}{100} = \frac{3}{4}$

(2) $x = 0.8333\cdots$이라 하자. 그리고 나면 $10x = 8.333\cdots$이며 $100x = 83.333\cdots$ 이다. 그리하여

$$100x - 10x = 75$$

즉,

$$x = \frac{75}{90} = \frac{5}{6}$$

이다. ■

(4) 실수(real number)의 집합

모든 수가 분수(유한소수 또는 순환소수)에 의하여 표현될 수 있는 것은 아니다. 즉, 여기에는 유리수가 아닌 수가 존재한다. 예를 들어, $\sqrt{2}$, $\sqrt{3}$, π, e 등이 여기에 속한다. 이와 같이 유리수가 아닌 즉, 두 정수의 분수형태로 표현되어 질 수 없는 수를 **무리수**(irrational numbers)라 하며, 모든 유리수와 무리수를 통틀어 **실수**라 부른다. 즉, 실수의 집합 $\boldsymbol{R}$은

$$\boldsymbol{R} = \{\text{유리수} + \text{무리수}\}$$

이다.

다음은 각 수들의 포함관계를 나타낸 그림이다.

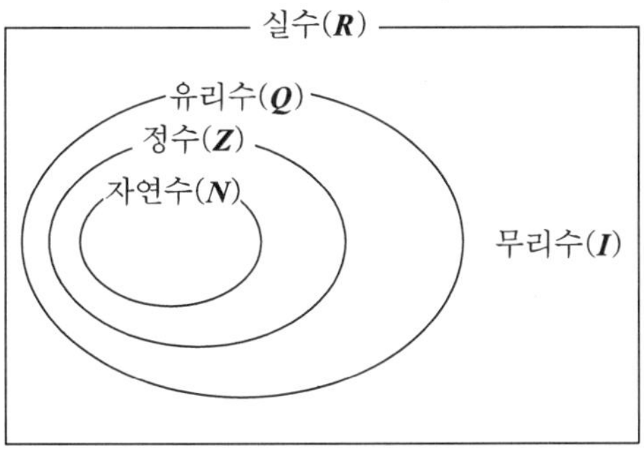

예제 3

$\sqrt{2}$ 가 유리수가 아님을 증명하시오.

풀이 $\sqrt{2}$ 가 유리수라고 가정하자. 그리고 나면 $\sqrt{2}$ 는 $\sqrt{2}=\frac{n}{m}$(m, n는 서로 소인 양의 정수)로 나타낼 수 있다.

양변을 제곱하여 정리하면 $2m^2=n^2$으로 n^2은 2의 배수가 된다. 그러나 2는 소수이므로 n 또한 2의 배수이어야 한다.

따라서 $n=2k$(k는 양의 정수)이라 놓으면 $m^2=2k^2$을 얻고 같은 이유로 해서 m 또한 2의 배수이다.

그리하여 m과 n이 공약수 2를 가지며, 이것은 m과 n이 서로소이다라는 가정에 모순이 된다.

결국 $\sqrt{2}$ 는 유리수가 아닌 무리수이다. ■

수평 직선 위의 모든 점들은 실수에 의하여 나타낼 수 있다.

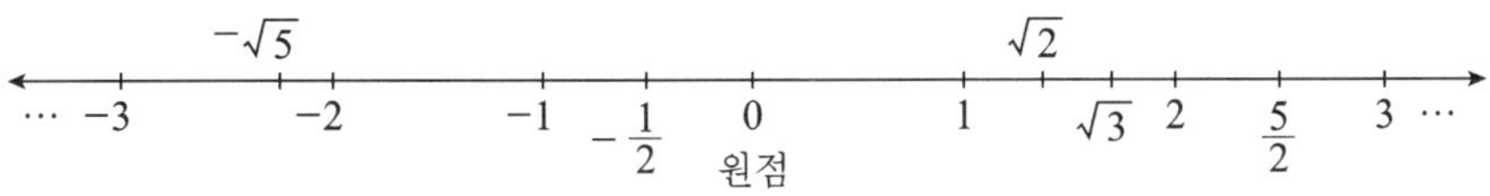

예를 들어, 그림과 같이 수평 직선에 **원점**(origin)이라 부르는 O을 나타내고 거리 단위의 기준이 되는 1을 원점 O에 대하여 오른쪽에 나타내면 이것을 기본으로 하여 오른쪽에 양의 정수 왼쪽으로 음의 정수들을 나타낼 수 있으며 또한 분수꼴의 유리수와 더 나아가 무리수까지 수평 직선 위의 점에 나타낼 수 있다. 즉 모든 점은 자신만의 유일한 실수로 나타낼 수 있다. 이 수를 그 점의 **좌표**(coordinate)라고 부른다. 이와 같이 좌표

가 주어진 직선을 **수직선**(또는 실직선)이라 말한다.

다시 말해 실수의 집합은 수직선과 일대일 대응을 이루며, 이 책에서 다루어지는 모든 수는 특별한 경우를 제외하고는 실수범위에서만 생각되어진다.

임의의 실수 a에 대하여 a의 **절대값**(absolute value)을 기호 $|a|$로 나타내며 다음과 같이 정의한다.

$$|a| = \begin{cases} a & (a \geq 0) \\ -a & (a < 0) \end{cases}$$

a의 절대값 $|a|$은 실직선 상에서 원점으로부터 실수 a까지의 거리를 나타낸다.

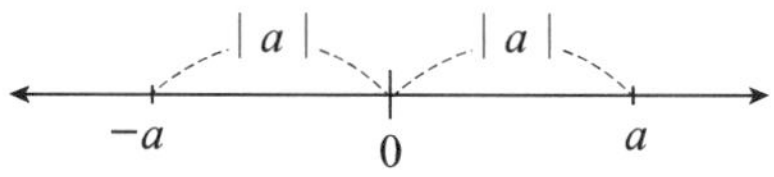

예제 4

양의 실수 a에 대하여

$$\{x \mid |x| < a\} = \{x \mid -a < x < a\}$$

임을 보여라.

풀이

$$|x| = \begin{cases} x & (x \geq 0) \\ -x & (x < 0) \end{cases}$$

이므로 $x \geq 0$일 때와 $x < 0$일 때로 나누어서 생각하자.

(i) $x \geq 0$일 때

$|x| = x$이므로 $|x| < a \Leftrightarrow x < a$

(ii) $x < 0$일 때

$|x| = -x$이므로 $|x| < a \Leftrightarrow -x < a \Leftrightarrow x > -a$

따라서 (i)과 (ii)에 의하여 $|x| < a \Leftrightarrow -a < x < a$이다. ■

예제 5

임의의 두 실수 x, y에 대하여

$$|x| < |y| \Leftrightarrow x^2 < y^2$$

이 성립함을 보이시오.

풀이 (i) $|x|<|y| \Rightarrow x^2 < y^2$을 보이자.

$$|x|<|y| \Rightarrow |x||x| \le |x||y| \text{이고 } |x||y| < |y||y| \text{이다.}$$
$$\Rightarrow |x|^2 < |y|^2$$
$$\Rightarrow x^2 < y^2$$

(ii) $x^2 < y^2 \Rightarrow |x||y|$을 보이자.

$$x^2 < y^2 \Rightarrow |x|^2 < |y|^2$$
$$\Rightarrow |x|^2 - |y|^2 < 0$$
$$\Rightarrow (|x|-|y|)(|x|+|y|) < 0$$
$$\Rightarrow |x|-|y| < 0$$
$$\Rightarrow |x|<|y|$$

■

직각 좌표

다음 그림과 같이 평면에 서로 수직인 두 직선을 긋고 두 직선이 만나는 점을 0로 나타내고 **원점**(origin)이라 부른다.

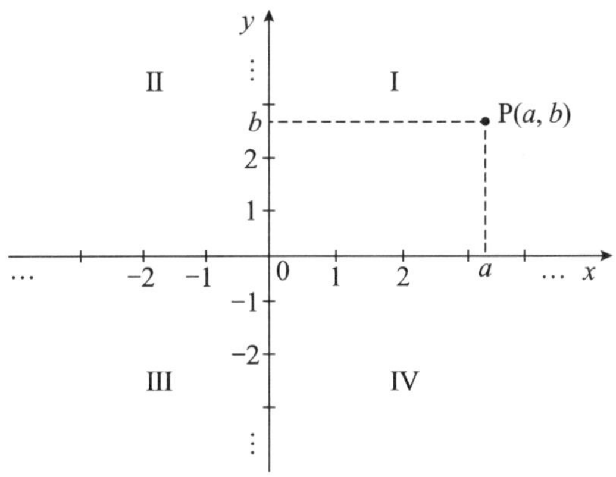

그리고 많은 경우 수평직선을 x축, 수직인 직선을 y축이라 부르며, 이 두 직선을 **좌표축**(coordinate axis)이라 한다.

좌표축은 평면을 네 개의 영역으로 나누는데 이것을 **사분면**(quadrant)이라 부르고 그림과 같이 I, II, III, IV로 나타낸다. 이 때 수직선과 같이 평면상의 모든 점들은 한 쌍의 수에 대응시킬 수 있다. 그림에서와 같이 점 P를 지나는 수직인 직선과 수평인 직선이 x축, y축과 만나는 각각의 점이 a, b이면 점 P의 좌표는 (a, b)에 의하여 나타낸다. 이렇게 하면 평면상의 모든 점들은 한 쌍의 수에 대응시킬 수 있다. 여기서 (a, b)를 **순서쌍**(ordered pair)이라 하고, 처음 수 a는 **x좌표**, 두 번째 수 b는 **y좌표**이다.

정리 1 ∘∘∘ 두 점 사이의 거리

좌표평면상의 두 점 $P_1(a_1, b_1)$, $P_2(a_2, b_2)$ 사이의 거리는

$$\sqrt{(a_2 - a_1)^2 + (b_2 - b_1)^2}$$

에 의하여 주어진다.

위 정리는 피타고라스의 정리에 의하여 쉽게 유도할 수 있다.

연습문제 1.1

1. 다음 유한소수와 순환소수에 의하여 주어진 유리수를 분수형태로 표현하시오.

(a) 0.42 (b) $0.242424\cdots$

2. $\sqrt{3}$ 이 유리수가 아님을 증명하시오.

3. 유리수, 실수 전체의 집합을 각각 $\boldsymbol{Q}$, $\boldsymbol{R}$이라 할 때 $(\boldsymbol{R} - \boldsymbol{Q})^c$은 어떤 집합인가?

4. 임의의 실수 a, b에 대하여 다음을 증명하시오.

(a) $\{x \mid |x| > a\} = \{x \mid x > a$ 또는 $x < -a\}$ (단, $a > 0$)

(b) $-|a| \le a \le |a|$

(c) $|ab| = |a| \cdot |b|$

(힌트 : $|c|$에서 $c \ge 0$일 때와 $c < 0$일 때로 나누어서 증명한다.)

5. 실수 a가 $-1 \le a \le 3$일 때 $|a+1| + |a-3|$의 값을 구하시오.

6. 실수 a가 $-1 < a < 2$일 때 $\sqrt{a^2 + 2a + 1} + |a-2|$의 값을 구하시오.

7. a, b, c, d가 양의 실수일 때 $a > b$, $c > d$이면 $ac > bd$임을 증명하시오.

8. 집합 $\{x \mid |x-2| < 3\}$을 만족하는 x값의 범위를 구하시오.

9. 실수 x, y가 등식 $x^2 + y^2 - 4x - 2y + 5 = 0$을 만족할 때 $x + y$의 값을 구하시오.

10. 등식 $|x-1| + |x| = 3$을 만족하는 모든 x값들의 합은?
(힌트: x의 구간을 나누어서 생각한다.)

11. $a = 3 - \sqrt{2}$일 때 $|a-1| + |a-2|$을 간단히 하시오.
(힌트: a의 범위를 생각한다.)

12. 두 유리수 a, b에 대하여 $a(4-\sqrt{3}) - b + \sqrt{3} = 0$일 때 ab값은?

13. 임의의 두 실수 a, b에 대하여 다음을 증명하시오.
(a) $|a+b| \le |a| + |b|$ (삼각부등식)
(b) $|a-b| \le |a| + |b|$
(c) $||a| - |b|| \le |a-b|$
(힌트: 양변 제곱한다.)

14. 실수 a, b에 대하여 구간 $[a, b]$, $(a, b]$, (a, ∞), $(-\infty, b]$을 각각 집합기호($\{\ \ \}$)를 사용하여 나타내시오.

15. 두 실수 a, b에 대하여 $\frac{a+b}{2}$를 a와 b의 **산술평균**(arithmetic mean)이라 하고 $\sqrt{ab}$를 **기하평균**(geometric mean)이라 한다.
다음 부등식

$$\sqrt{ab} \le \frac{a+b}{2}$$

이 성립함을 보이시오. $(a \ge 0, b \ge 0)$

1.2 함수

수학은 그 자체로도 관심의 대상이지만 수학의 많은 부분은 자연과학, 사회과학 등 다양한 분야에서 발생하는 여러 현상들을 수학이론에 의하여 분석하여 적용한다. 그리하여 관심의 대상을 수의 체계로 가져올 필요가 있으며 그러한 역할을 하는 것이 함수이다. 함수는 모든 수학에 있어서 기본이 되는 개념이며 미분과 적분의 대상이기도 하다.

정의 1 ••• 함수

두 집합 X와 Y가 있을 때, X의 각 원소에 대하여 Y의 단 하나의 원소를 대응시키는 규칙을 X에서 Y로의 **함수**(function)라 하며 기호

$$f: X \rightarrow Y$$

에 의하여 나타낸다.

집합 X을 함수 f의 **정의역**(domain)이라 하고, Y을 함수 f의 **공역** 또는 **공변역**(codomain)이라 한다. 정의역 X의 원소 x가 함수 f에 의하여 공변역 Y의 원소 y에 대응될 때 y을 함수 f에 의한 x의 **상**(image) 또는 함수 f에 의한 x에서의 **함숫값**(value of function)이라 하며, 기호

$$y = f(x)$$

에 의하여 나타낸다. 이것은 일반적으로 함수를 표현하는 방법이며, x을 함수 f의 **독립변수**(independent variable)라 하고, y은 x의 값과 함수 f에 의하여 결정됨으로 **종속변수**(dependent variable)라 부른다. 함수 f에 의한 x에서의 함숫값 $y=f(x)$를 모두 모아 놓은 집합, 즉

$$f(X) \equiv \{y \mid y=f(x),\ x \in X\} \subset Y$$

를 함수 f의 **치역**(range)이라 부른다. 치역 $f(X)$는 공역Y의 부분집합이다.

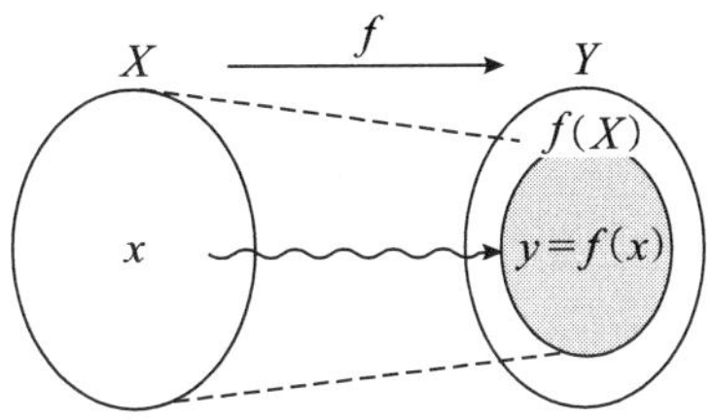

그림 1.1 함수 $f: X \to Y$

예제 1

다음의 대응관계를 갖는 f가 함수인지를 말하시오. 만약 함수라면 함수 f의 값, 정의역, 공변역, 치역을 구하시오.

(a)

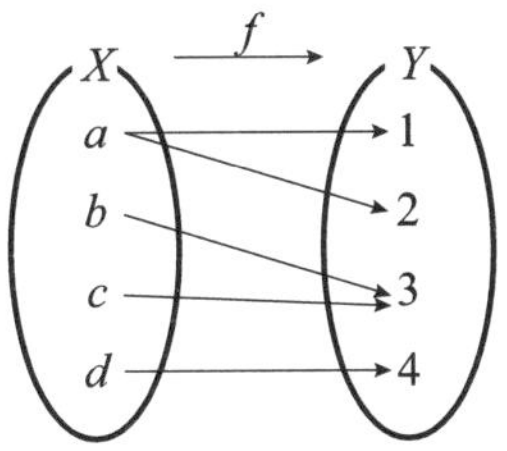

(b)

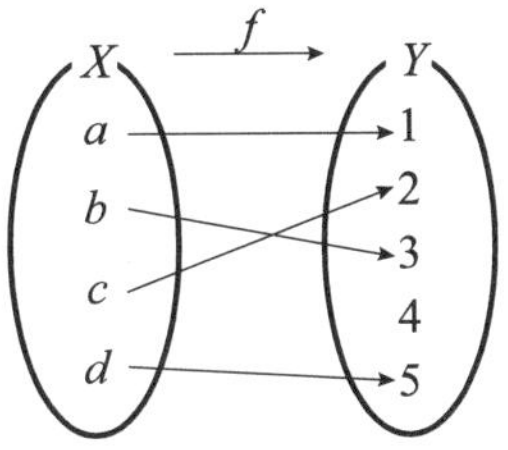

(c)

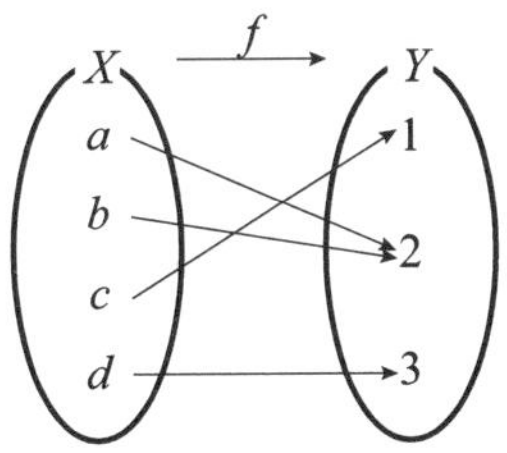

(d)

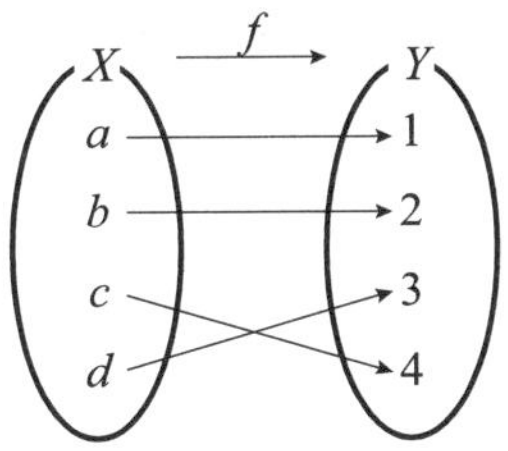

풀이 (a) 함수가 아니다. 정의역 X의 각 원소에 대하여 공변역 Y의 단 하나의 원소가 대응되어야 하나 정의역의 a에 대하여 공변역의 두 원소 1, 2가 대응되므로 함수가 아니다.

(b) 함수이다. 정의역 X의 각 원소에 대한 함수 f의 값은

$f(a)=1,\ f(b)=3,\ f(c)=2,\ f(d)=5$

정의역 $=\{a, b, c, d\}= X$,

공변역$=\{1, 2, 3, 4, 5\}= Y$, 치역 $f(X)=\{1, 2, 3, 5\}$

(c) 함수이다. 함숫값은 $f(a)=2, f(b)=2, f(c)=1, f(d)=3$

정의역$= X$, 공변역$= Y$, 치역 $f(X)=\{1, 2, 3\}= Y$

(d) 함수이다. 함숫값은 $f(a)=1, f(b)=2, f(c)=4, f(d)=3$

정의역$= X$, 공변역$= Y$, 치역 $f(X)=\{1, 2, 3, 4\}= Y$ ▣

예제 2

두 집합 X와 Y을 실수의 집합이라 하자. X에서 Y로의 함수 f는 각각의 $x \in X$에 대하여 πx^2을 대응시키는 함수라 하자. 그리고 나면 함수 f는 반경이 x인 원의 넓이를 나타내는 함수가 된다. 예를 들어, 만약 $x=2$이면 $f(2)=4\pi$는 반경 2인 원의 넓이를 나타낸다. 그러므로 함수 f의 정의역 X는 실수의 집합이고, 공변역 Y 또한 실수의 집합이며 치역은 양의 실수 전체의 집합 $(0, \infty)$이다. ▣

주의 함수의 표현에 있어서 함수의 정의역이 표시되어 있지 않은 경우, 이 때 함수의 정의역은 그 함수를 정의하게 해주는 모든 실수들의 집합을 의미한다.

예제 3

함수 f가 $f(x)=\dfrac{1}{x-1}$에 의하여 주어질 때 이 함수의 정의역은 무엇이냐?

풀이 함수 f는 단지 $x=1$에서 정의되지 않고 1이 아닌 모든 실수에 대해서는 정의된다. 그리하여 함수 f의 정의역은 1이 아닌 모든 실수의 집합이다. 즉, 정의역 $X=\{x \mid x \neq 1,\ x \in \boldsymbol{R}\}$이다. ▣

정의 2 ••• 단사 · 전사 · 전단사함수

함수 $f: X \to Y$에 대하여

(a) 「정의역 X내의 임의의 두 원소 x_1, x_2에 대하여 $x_1 \neq x_2$이면 $f(x_1) \neq f(x_2)$이다」 이 성립하면 함수 f는 **단사함수**(injective function)라 하고

(b) 공변역 Y와 치역 $f(X)$가 같으면, 즉 $Y=f(X)$가 성립하면 함수 f는 **전사함수**(surjective function)라 한다.

(c) 함수 f가 단사함수이고 전사함수이면 함수 f를 **전단사함수**(bijective function)라 말한다.

단사함수를 **일대일함수**(one-to-function)라고도 하고 전단사함수는 **일대일대응함수**(one-to-one correspondence)라고도 한다.

예제 1에 있어서 (b)의 경우는 단사함수이며 (c)는 전사함수 (d)는 전단사함수이다.

정의 3 ••• 함수 f의 그래프

함수 $f: X \to Y$가 실수의 부분집합들 X에서 Y로의 한 함수라 하자. 함수 f의 그래프는 $x \in X$일 때 직각 좌표계 상의 모든 점 $(x,\ f(x))$을 모아 놓은 집합을 말한다. 즉, **함수 f의 그래프**(graph of f)는 집합 $\{(x,\ f(x)) \mid x \in X\}$이다.

함수 f에 있어서 공변역을 언급하지 않은 경우 공변역은 실수 전체의 집합으로 생각하면 된다. 즉 $Y = \boldsymbol{R}$이다.

$y = f(x)$의 그래프를 좌표평면에 그렸을 때 함수인지 그리고 단사함수인지를 기하적으로 쉽게 확인할 수 있는 방법이 있다. 만약 함수라면 정의역내의 임의의 원소 a에 대하여 함수의 그래프는 직선 $x = a$와 단 한 점에서 만나야 하고, 단사함수이면 x축에 평행한 직선 $y = b$가 그래프와 만나면 오직 한 점에서만 만나야 한다.

예제 4

(a) 함수 $f(x) = x + 1$일 때, 함수 f의 정의역, 치역을 구하고 그래프를 그리며, 단사·전사·전단사함수인지를 밝히시오.

(b) 함수 $f(x) = x^2, -2 \le x \le 2$일 때 함수 f의 치역을 구하고 그래프를 그리며, 단사·전사·전단사 함수인지를 밝히시오.

(c) 함수 $f(x) = \sqrt{4 - x^2}$의 정의역, 치역을 구하고 함수 f의 그래프를 그리며, 단사·전사·전단사 함수인지를 밝히시오.

풀이 (a) 함수 $f(x) = x + 1$은 모든 실수 x에 대하여 정의가 되므로 함수 f의 정의역은 실수 전체의 집합이고 치역 또한 실수 전체의 집합이다. 왜냐하면 임의의 실수 y에 대하여 y에 대응되는 정의역 내의 원소 $y - 1$이 항상 존재하기 때문이다. 또한 함수 f의 그래프는 집합 $\{(x,\ x+1) | x \in \boldsymbol{R}\}$으로 그림 1.2에 주어진다. 그리고 정의역의 두 원소 $x_1 \ne x_2$인 임의의 두 원소 $x_1,\ x_2$에 대하여

$$f(x_1) = x_1 + 1 \ne f(x_2) = x_2 + 1$$

이므로 함수 f는 단사함수이고 $Y = f(X)$이므로 또한 전사함수이다. 그러므로 함수 $f(x) = x + 1$은 전단사함수이다.

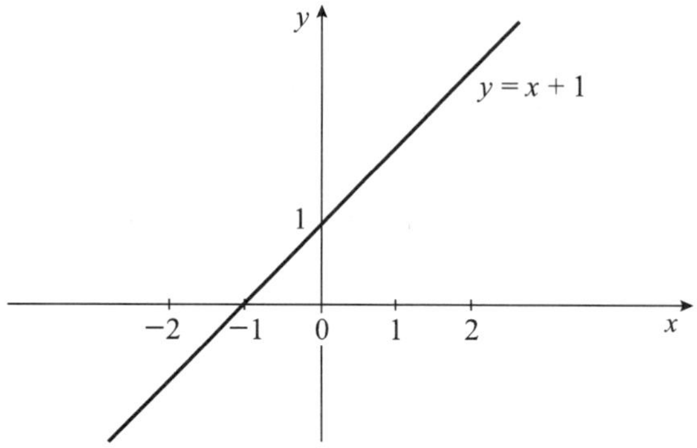

그림 1.2 함수 $f(x)=x+1$의 그래프

(b) $f(x)= x^2 = |x|^2$, $-2 \leq x \leq 2$이다. 그리하여 $|x|$이 가장 작을 때 함수 $f(x)$는 가장 작은 값을, $|x|$이 가장 클 때 함수 $f(x)$는 가장 큰 값을 갖는다. 즉, $0 \leq f(x) \leq 4$으로 집합 $\{y \mid 0 \leq y \leq 4\}$이 함수 f의 치역 $f(X)$이 된다. 또한 함수 $f(x)$의 그래프는 집합 $\{(x, x^2) \mid -2 \leq x \leq 2\}$으로 이 집합을 직각 좌표계상에 나타내면 그림 1.3과 같이 함수 $f(x)$의 그래프가 주어진다. 그리고 $f(-1)=f(1)=1$이므로 단사함수가 아니고, $f(X) \neq \boldsymbol{R}$이므로 또한 전사함수도 아니다.

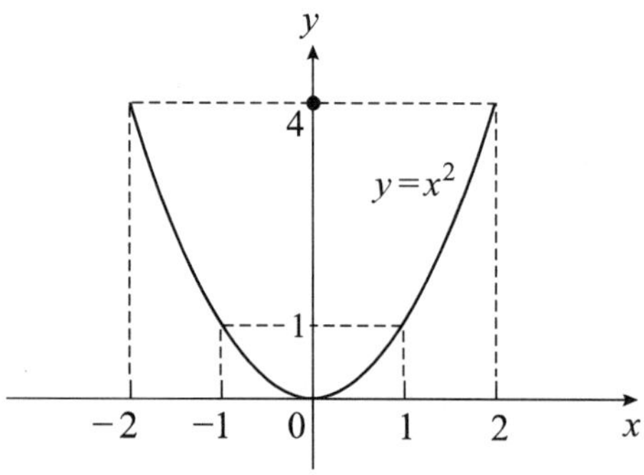

그림 1.3 함수 $f(x)= x^2$의 그래프

(c) 함수 f의 정의역은 함수 f를 정의하게 해주는 모든 실수들의 집합을 나타낸다. 그러나 함수 f에 있어서 근호 안은 음이 아니어야 하므로

$$4-x^2 \geq 0$$

이어야 한다. 그리하여 정의역은 $-2 \leq x \leq 2$이다. 정의역이 이와 같을 때

$\sqrt{4-x^2}$ 은 $|x|$가 가장 작을 때 (즉, $x=0$에서) 가장 큰 값(2)을 갖고, $|x|$가 가장 클 때 (즉, $x=2, -2$에서) 가장 작은 값(0)을 갖는다. 그리하여 $0 \le f(x) \le 2$이므로 결국 함수 f의 치역은 $\{y \mid 0 \le y \le 2\}$에 의하여 주어진다. 함수 f의 그래프를 그리기 위하여 함수 $f(x)$을 y라 두자. 즉,

$$y=\sqrt{4-x^2},\ -2 \le x \le 2$$

이고, 양변을 제곱하면

$$y^2=4-x^2,\ y \ge 0$$

즉,

$$x^2+y^2=2^2,\ y \ge 0$$

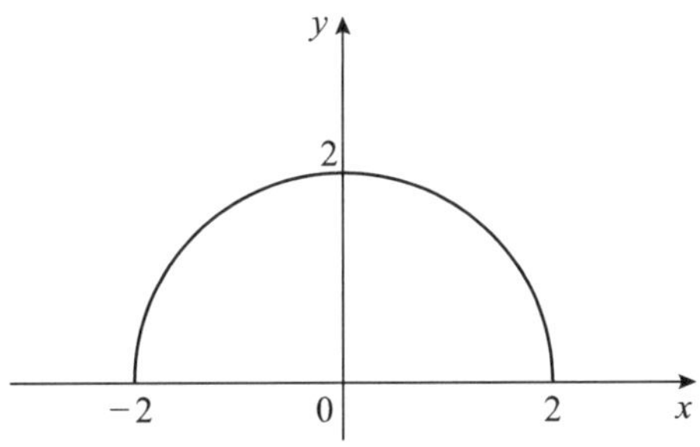

그림 1.4 $f(x)=\sqrt{4-x^2},\ -2 \le x \le 2$의 그래프

에 의하여 주어진다. 이것은 원점에 중심을 갖고 반경이 2인 반원이다.

(b)에서와 같이 함수 $f(x)=\sqrt{4-x^2}$ 은 단사함수도 아니고 전사함수도 아니다. ■

예제 5

함수 $f(x)=|x|$의 그래프를 그리시오.

풀이 함수 $f(x)$는

$$f(x)=|x| \equiv \begin{cases} x & (x \ge 0) \\ -x & (x < 0) \end{cases}$$

에 의하여 주어진다. 그리하여 함수 $f(x)$의 그래프는 $\{(x, x) \mid x \ge 0\} \cup \{(x, -x) \mid x < 0\}$에 의하여 주어진다.

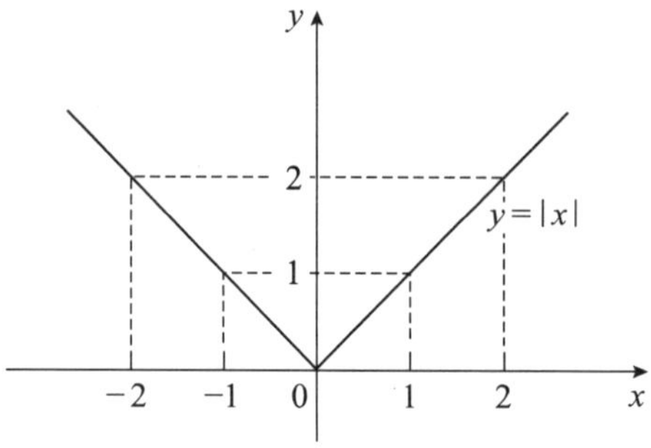

그림 1.5 $f(x)=|x|$의 그래프

함수 $f : X \to Y$에 대하여 Y에서 또 다른 집합 Z로 가는 함수 g를 생각해 볼 수 있다. 다음에는 두 함수 f와 g의 합성함수에 대하여 정의하고자 한다.

정의 4 ••• 합성함수

두 함수 $f: X \to Y$와 $g: Y \to Z$에 대하여 새로운 함수 $g \circ f: X \to Z$을

$$(g \circ f)(x) = g(f(x))$$

에 의하여 정의할 때 $g \circ f$ 을 두 함수 f 와 g 의 **합성함수**(composite function)라 한다.

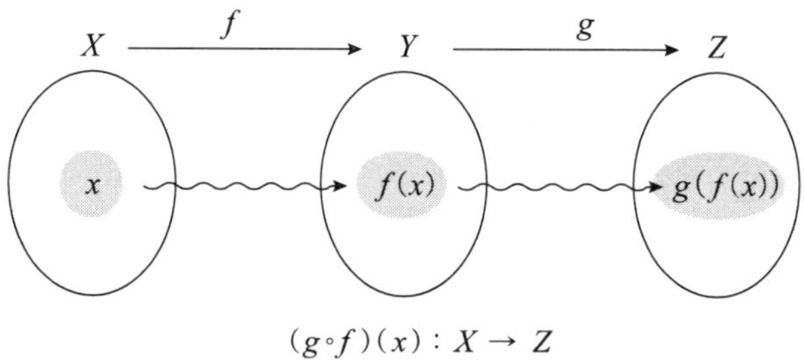

그림 1.6 두 함수 f 와 g 의 합성함수 $(g \circ f)$

예제 6

두 함수 f 와 g 가

$$f(x) = x^2,\ g(x) = x - 1$$

에 의하여 주어질 때 두 함수 f 와 g 의 합성함수 $(f \circ g)$와 $(g \circ f)$을 구하시오.

풀이

$f(x)=x^2,\ g(x)=x-1$ 이고, 두 함수 f 와 g 의 합성함수 $f\circ g$ 은

$$(f\circ g)(x)=f(g(x))=f(x-1)=(x-1)^2=x^2-2x+1$$

이며, 또한

$$(g\circ f)(x)=g(f(x))=g(x^2)=x^2-1$$

에 의하여 주어진다. ▣

예제 6로부터 $f\circ g$ 와 $g\circ f$ 는 각각 다른 함수에 의하여 주어짐을 확인할 수 있다. 이것은 합성함수 $\circ$ 에 대하여 교환법칙이 성립하지 않음을 의미한다. 그러나 합성함수에 대하여 결합법칙은 성립한다. 즉,

정리 1 ∘∘∘ 세 함수의 합성함수

세 함수 f, g, h 에 대하여

$$f\circ(g\circ h)=(f\circ g)\circ h$$

이 성립한다.

증명 $(g\circ h)(x)=g(h(x))$

$$\begin{aligned}(f\circ(g\circ h))(x)&=f((g\circ h)(x))\\&=f(g(h(x)))\\((f\circ g)\circ h)(x)&=(f\circ g)(h(x))\\&=f(g(h(x)))\end{aligned}$$

그리하여

$$f\circ(g\circ h)=(f\circ g)\circ h$$

이다. ▣

다음 예제를 통하여 살펴보자.

예제 7

세 함수 $f(x)=x+1$, $g(x)=x^2$, $h(x)=-3x$에 대하여 다음을 구하시오.

(a) $f\circ(g\circ h)$ (b) $(f\circ g)\circ h$

풀이 (a) $(g\circ h)(x)=g(h(x))=g(-3x)=(-3x)^2=9x^2$

$f\circ(g\circ h)(x)=f((g\circ h)(x))=f(9x^2)=9x^2+1$

(b) $(f\circ g)(x)=f(g(x))=x^2+1$

$((f\circ g)\circ h)(x)=(f\circ g)(h(x))=(f\circ g)(-3x)$

$=(-3x)^2+1=9x^2+1$ ■

연습문제 1.2

1. 함수 f 의 그래프가 다음과 같이 주어질 때 함수 f 의 정의역과 치역을 구하시오.

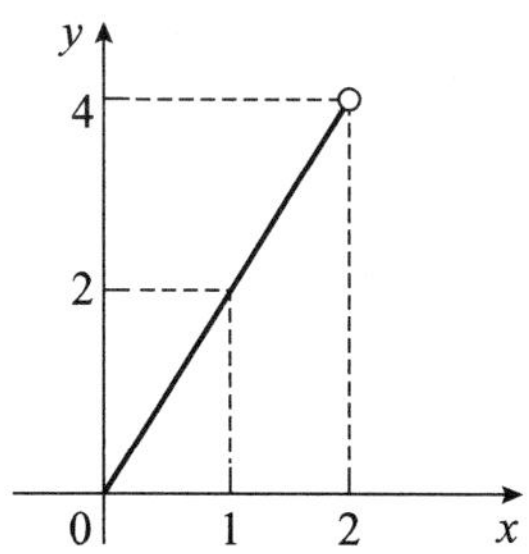

그림 1.7

2. 다음 함수의 정의역을 구하시오.

(a) $f(x)=\dfrac{1}{x^2-x}$ (b) $g(x)=\sqrt{x^2-2}$

3. 함수 $f(x)=\sqrt{1-x^2}$ 일 때 함수 f의 정의역과 치역을 구하시오.

4. 함수 f가 다음과 같이 주어질 때 함수 f 의 그래프를 그리시오.

$$f(x)=\begin{cases} 0, & x<0 \\ x, & 0\le x\le 1 \\ 2-x, & 1<x\le 2 \\ 0, & 2<x \end{cases}$$

5. 다음 함수는 단사, 전사, 전단사함수 중 어느 것인지 유도하시오.

(a) $f:[-2,1]\to[-3,4],\quad f(x)=2x+1$

(b) $f:[-1,1]\to[-1,0],\quad f(x)=x^2-1$

(c) $f:[0,2]\to[-4,0],\quad f(x)=-x^2$

6. 두 함수 $f(x)=2x-1$와 $g(x)=x+3$에 대하여 다음의 합성함수를 구하시오.

(a) $f\circ g$ (b) $g\circ f$

(c) $f\circ f$ (d) $g\circ g$

7. $f(x)=\sqrt{x}$, $g(x)=x^2$일 때 합성함수 $f\circ g$와 $g\circ f$을 구하시오.

8. 다음에서 주어진 함수가 두 함수 f, g의 합성함수가 되도록 f와 g을 구하시오.

(a) $F(x)=(x-3)^2,\ F=f\circ g$

(b) $F(x)=\sqrt{x^2+3},\ F=f\circ g$

9. $f(x)=ax+3$, $g(x)=x+a$에 대하여 $f\circ g=g\circ f$를 만족하는 상수 a의 값을 구하시오.(단 $a\neq 0$)

10. $f(x)=-x$, $g(x)=2x+1$, $h(x)=ax+b$에 대하여

$$(h\circ g\circ f)(x)=f(x)$$

를 만족할 때 a, b의 값을 구하시오.

11. 두 함수 $f(x)=|x-2|-5$, $g(x)=x^2+6x+8$에 대하여 $0\le x\le 5$일 때 $g(f(x))$의 치역은?

12. $f(x)=3x-[3x]$에 대하여 $f\left(\dfrac{13}{27}\right)+(f\circ f)\left(\dfrac{13}{27}\right)+(f\circ f\circ f)\left(\dfrac{13}{27}\right)$의 값을 구하시오. (단, $[x]$는 x를 넘지 않는 최대의 정수이다.)

13. 모든 실수 x에 대하여 $f(f(x))=\{f(x)\}^2$을 만족시키는 다항식 $f(x)$의 개수를 구하시오?

14. 함수 $f(x)=\sqrt{1-x}+\sqrt{1+x}$의 최댓값 M, 최솟값을 m이라 할 때, Mm의 값을 구하시오. (단, $\sqrt{2}=1.41$으로 계산한다.)

15. A, B 두 사람이 오른쪽 그림과 같이 공원의 산책로를 따라 같은 방향으로 조깅을 하고 있다. 한 점에서 출발하여 t분 동안 달린 거리는 각각 $t^2+10t\,(\mathrm{m})$, $30t\,(\mathrm{m})$이다. 출발한 뒤 30분 동안 두 사람이 만나는 횟수는? (단, 코스 한바퀴의 둘레는 $50\,\mathrm{m}$이다.)

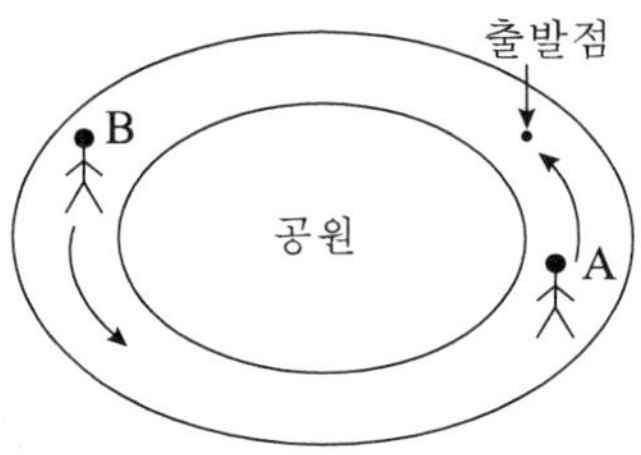

그림 1.8

1.3 역함수

우리는 살아가면서 역관계의 상황을 많이 접하게 된다. 특히 실수에 있어서 5의 덧셈에 대한 역(역원)은 -5이고 곱셈에 대한 역(역원)은 $\frac{1}{5}$이다. 즉 역(역원)은 어떤 연산(덧셈 또는 곱셈 등)에 대하여 항등원(덧셈의 0, 곱셈의 1)이 되게끔 하는 것(수)이다.

그렇다면 함수들의 집합에 있어서 합성함수에 대한 역은 어떤 것일까?

이 절에서는 한 함수에 대하여 그 함수와의 합성함수가 항등함수(1.4절 참고)가 되게 하는 함수, 즉 역함수에 대하여 생각하고자 한다.

또한 역함수의 성질 및 주어진 함수의 역함수를 찾는 방법 등에 대하여 살펴볼 것이다.

먼저 역함수에 대하여 구체적으로 정의하여 보자.

정의 1 ••• 역함수

만약 함수 $f: X \to Y$가 전단사 함수(즉, 일대일이고 $Y = f(X)$)이면 Y의 각 원소 y에 대하여 $y = f(x)$인 X의 단 하나의 원소 x가 존재한다. 즉, 전단사 함수 f가 주어지면 Y의 각 원소 y에 대하여 $f(x) = y$가 되는 X의 원소 x를 대응시키는 함수 $g: Y \to X$을 생각할 수 있다. 이러한 함수 g를 함수 f의 **역함수**(inverse function)라 하며, 기호로 $g = f^{-1}$으로 나타낸다. 즉

$$f(x) = y \quad \Leftrightarrow \quad f^{-1}(y) = x$$

인 관계가 성립한다.

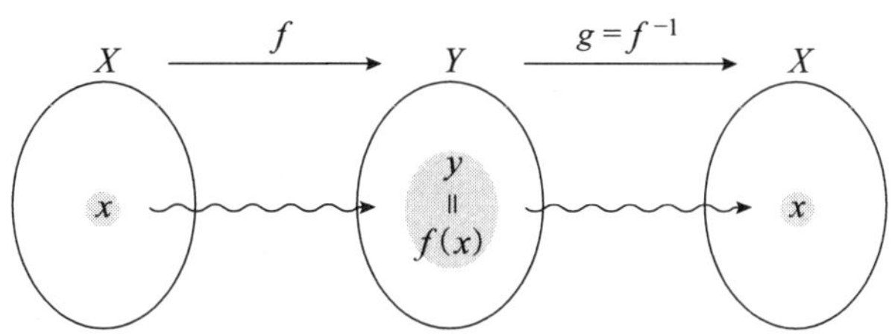

그림 1.9 역함수 $g = f^{-1}$

참고

주어진 함수가 전단사함수일 때만 그 함수의 역함수를 생각할 수 있다. 그리고 $f^{-1}(x)$의 '-1'은 지수를 나타내는 것이 아니다. 즉 $f^{-1}(x)=\dfrac{1}{f(x)}$을 의미하는 것이 아니며 $\dfrac{1}{f(x)}$은 $[f(x)]^{-1}$이다.

역함수의 성질에 의하여 임의의 $y\in Y$에 대하여 $f^{-1}(y)=x$이면 $f(x)=y$이다. 역으로 임의의 $x\in X$에 대하여 $f(x)=y$이면 $f^{-1}(y)=x$이다. 그리하여 우리는 역함수에 대하여 다음과 같은 간단한 성질을 얻을 수 있다.

정리 1 ∘∘∘ 역함수의 성질

함수 $f: X\to Y$가 전단사 함수라 하자. 그리고 나면 다음과 같은 사실이 성립한다.

1. (a) f^{-1}의 정의역 = f의 치역

   (b) f^{-1}의 치역 = f의 정의역

2. (a) 임의의 원소 $x\in X$에 대하여

$$(f^{-1}\circ f)(x)=f^{-1}(f(x))=x$$

   이며,

   (b) 임의의 원소 $y\in Y$에 대하여

$$(f\circ f^{-1})(y)=f(f^{-1}(y))=y$$

   이다.

예제 1

함수 $f(x)=x+1$의 역함수 f^{-1}을 구하시오.

풀이 주어진 함수 f는 일대일 함수이며 임의의 실수 y에 대하여 $x+1=y$이 되는 $x=y-1$인 실수가 항상 존재한다. 그리하여 함수 f는 역함수를 갖는다. 함수 $g(x)=x-1$이라 하자. 그리고 나면 역함수 성질에 의하여 임의의 실수 x에 대하여 $(g\circ f)(x)=x$(또는 임의의 y에 대하여 $(f\circ g)(y)=y$)을 보이면 함수 g는 f의 역함수가 된다. 즉,

$$(g\circ f)(x)=g(f(x))=g(x+1)=x+1-1=x$$

이므로 $g= f^{-1}$이다.

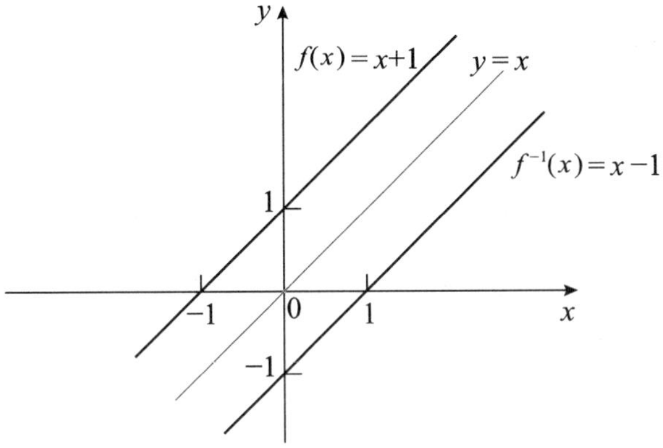

그림 1.10 함수 $f(x)= x+1, f^{-1}(x)= x-1$의 그래프

그렇다면 주어진 함수에 대하여 항상 역함수가 존재하는가? 그것은 No이다. 즉, 모든 함수에 대하여 역함수가 항상 존재하는 것은 아니다.

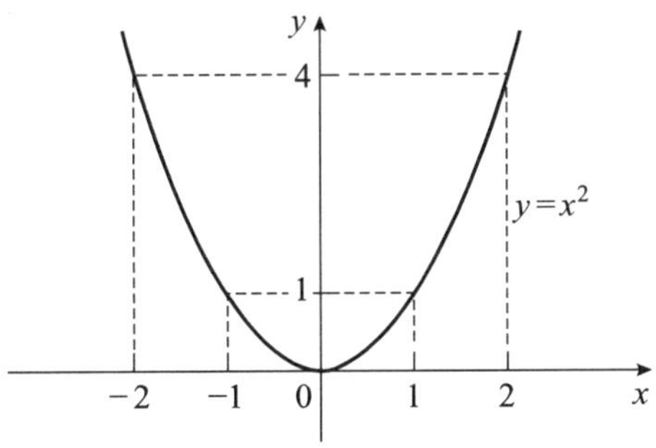

그림 1.11 $f(x)= x^2$의 그래프

예를 들어, 그림 1.11의 $f(x)= x^2$를 생각하여 보자. 함수 f의 정의역은 실수 전체의 집합 $R= (-\infty, \infty)$이고 치역은 $[0, \infty)$이다.

그림 1.11에 있는 함수 $f(x)=x^2$의 그래프에서 쉽게 보여지듯이 $f(-1)=f(1)=1$이다. 그리하여 만약 함수 f의 역함수가 존재한다면 $f^{-1}(1)=-1$이고 또한 $f^{-1}(1)=1$이다. 즉 1을 f^{-1}는 -1과 1로 동시에 대응시키고 있다. 그러나 함수는 정의역 내의 각 원소에 대하여 단 하나의 값만을 대응시켜야 한다. 결국 이것은 f^{-1}가 함수가 될 수 없

음을 의미한다.

왜 이런 현상이 발생한 것일까? 함수 $f(x)=x^2$이 전단사함수가 아니기 때문이다. 그렇다면 어떻게 해야만 함수 $f(x)=x^2$의 역함수가 존재할 수 있을까? 그것은 정의역을 제한하면, 예를 들어 정의역을 $x \geq 0$으로 제한하면 함수 $f(x)=x^2$은 전단사함수가 되고 따라서 역함수가 존재한다.

결론적으로 역함수가 존재하기 위해서는 함수 f가 전단사함수이어야 함을 알 수 있다. 전단사함수임을 확인하는 간단한 방법 중의 하나는 x축과 평행한 어떤 직선도 그 곡선과 만나면 오로지 한 점에서 만나는 지(즉 단사함수)와 공역과 치역이 같은지를 확인하면 된다.

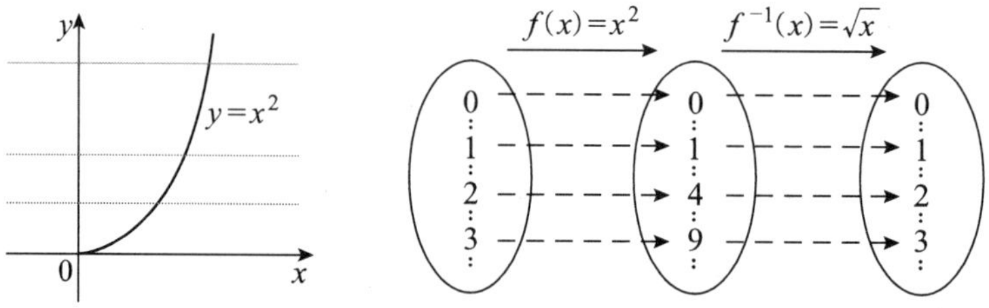

그림 1.12 함수 $f(x)=x^2(x \geq 0)$와 그의 역함수

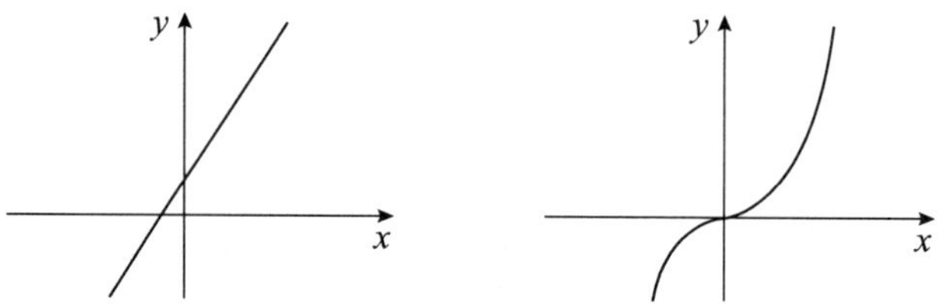

그림 1.13 전단사 함수의 예

다음은 전단사함수 $f(x)$의 역함수를 구하는 방법을 소개한 것이다.

전단사 함수 $f(x)$의 역함수를 구하는 방법

(1) 함수 $f(x)$를 y로 놓는다. 즉 $y=f(x)$로 둔다.

(2) x를 y의 함수로 만든다. 즉, $x=g(y)$의 형태로 바꾼다.

(3) x와 y를 서로 맞바꾼다. 즉, $y=g(x)$로 둔다.

그리고 나면, 함수 g는 함수 f의 역함수가 된다. 즉 $g=f^{-1}$이다.

역함수의 그래프

전단사 함수 $f: X \to Y$에 대하여 역함수 $y = f^{-1}(x)$의 그래프는 좌표평면상의 점들 (x, y)(단, $y = f^{-1}(x)$)을 다 모아 놓은 집합이다. 즉, 집합 $\{(x, y) \mid y = f^{-1}(x), x \in Y\}$이다.

역함수 관계에 의하여

$$y = f^{-1}(x) \iff x = f(y)$$

이며, 집합 $\{(y, x) \mid x = f(y)\}$는 함수 f의 그래프이다. 그러나 좌표 평면상의 점 (x, y)와 (y, x)는 직선 $y = x$에 대하여 대칭이다. 그러므로 함수 f^{-1}의 그래프는 함수 f의 그래프에 대하여 직선 $y = x$에 대칭이게 위치한다. 예제 1의 그림 1.10에서 이것을 확인할 수 있다.

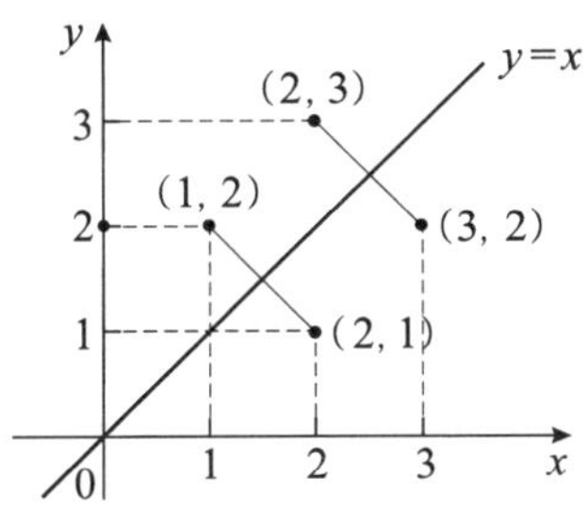

그림 1.14 좌표평면상의 점 (x, y)와 (y, x)의 위치

예제 2

함수 $f(x) = 3x + 1$에 대하여 함수 f의 역함수를 구하고, 함수 f와 역함수의 그래프를 각각 그려 보아라.

풀이 함수 $f(x) = 3x + 1$은 일차함수로 전단사함수이다. 역함수를 구하는 방법에 의하여

(1) 우선 함수 $f(x)$을 y로 놓는다. 즉,

$$y = 3x + 1$$

(2) x을 y의 함수로 나타낸다. 즉,

$$x = \frac{1}{3}(y - 1)$$

(3) x 와 y 을 서로 바꾼다.

$$y = \frac{1}{3}(x-1)$$

결국 $g(x) = \frac{1}{3}x - \frac{1}{3}$ 은 함수 f 의 역함수이다. 실제적으로 함수 g 가 f 의 역함수인지를 확인하여 보자. 임의의 실수 x 에 대하여

$$\begin{aligned}(g \circ f)(x) &= g(f(x)) = g(3x+1) \\ &= \frac{1}{3}(3x+1) - \frac{1}{3} \\ &= x + \frac{1}{3} - \frac{1}{3} \\ &= x\end{aligned}$$

이다. 그리하여 $g(x) = \frac{1}{3}x - \frac{1}{3}$ 은 함수 $f(x) = 3x+1$ 의 역함수이다.

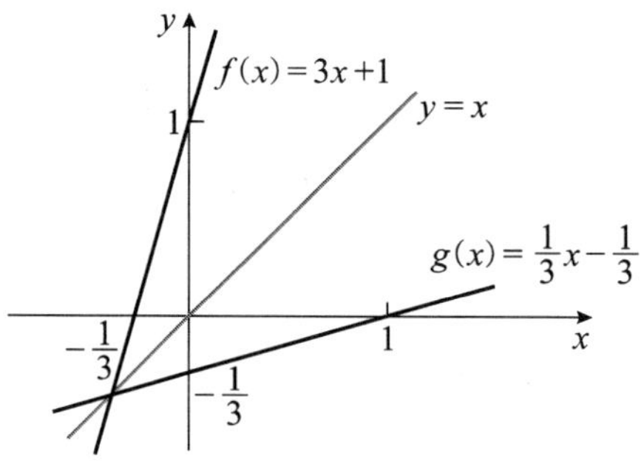

그림 1.15 함수 f 와 역함수 g 의 그래프

우리는 기존에 이미 알고 있는 함수의 그래프에 평행이동, 확장, 축소, 반사와 같은 변환을 적용해서 새로운 함수의 그래프를 얻을 수 있다.

다음 정리를 직관적으로 살펴보기 바란다.

정리 2 ∘∘∘ 함수의 그래프 이동

(a) $y = f(x) + p$ 의 그래프는 함수 $y = f(x)$ 의 그래프를 y축 방향으로 p만큼 평행이동한 것이다.

(b) $y = f(x-p)$ 의 그래프는 함수 $y = f(x)$ 의 그래프를 x축 방향으로 p만큼 평행이동한 것이다.

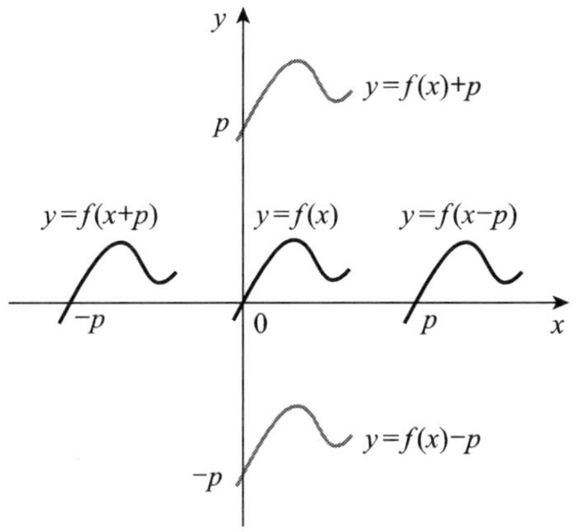

그림 1.16 함수의 평행이동

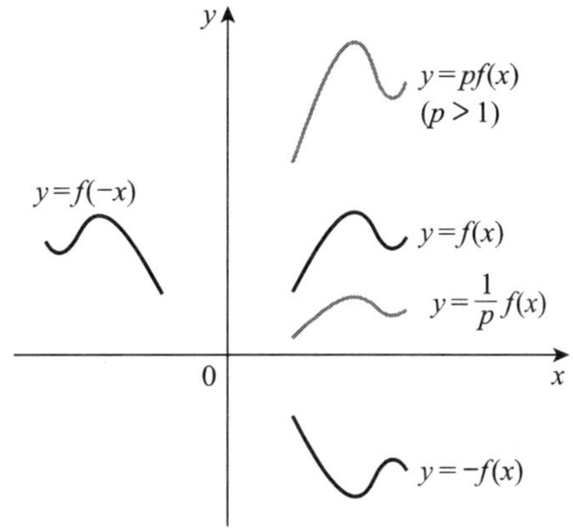

그림 1.17 함수의 확대, 축소 및 변환

정의 2 ••• 우함수, 기함수

함수 f 의 정의역 내의 모든 원소 x 에 대하여, 만약 $f(-x)=f(x)$가 성립하면 함수 f 을 **우함수**(even function)라 하고, 만약 $f(-x)=-f(x)$이면 함수 f 을 **기함수**(odd function)라 한다.

우함수는 점 x 와 $-x$ 에서의 함숫값이 같으므로 함수의 그래프는 y 축에 대하여 대칭임을 알 수 있다. 기함수는 y 축에 대칭인 그래프($f(-x)=f(x)$)를 다시 x 축에 대칭($f(x) \to -f(x)$)이게 한 것이므로 결국 원점에 대하여 대칭이다.

예제 3

두 함수 f 와 g 가 $f(x)=x^2+1$와 $g(x)=x^3$ 에 의하여 주어질 때 두 함수 f 와 g 는 우함수인지, 기함수인지를 밝히시오.

풀이 임의의 실수 x 에 대하여

$$f(-x)=(-x)^2+1=x^2+1=f(x)$$

이므로 함수 f 는 우함수이다. 그리고 임의의 실수 x 에 대하여

$$g(-x)=(-x)^3=-x^3=-g(x)$$

이므로 함수 g 는 기함수이다. ▣

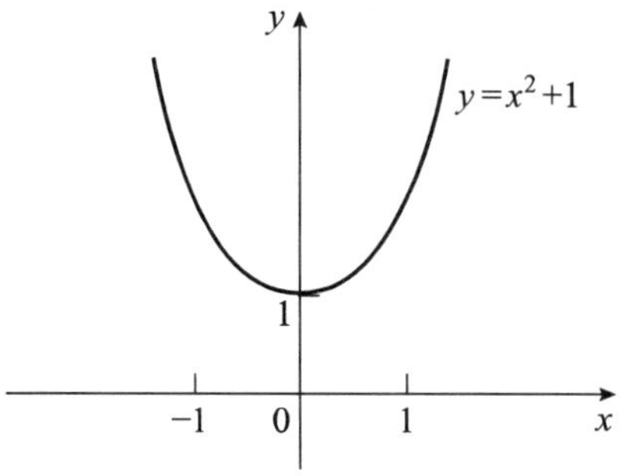

그림 1.18 함수 $f(x) = x^2 + 1$의 그래프

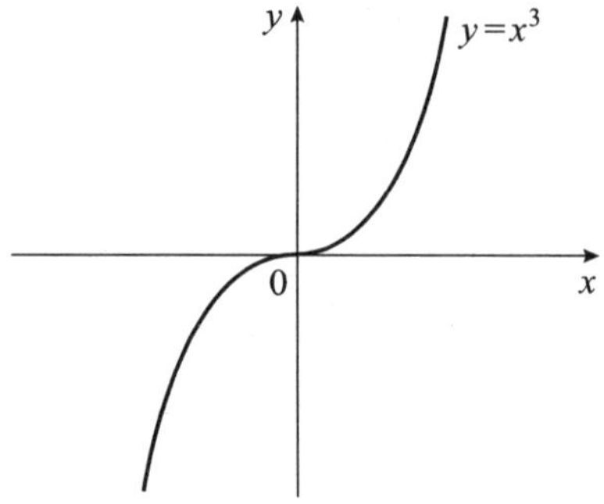

그림 1.19 함수 $g(x) = x^3$ 의 그래프

그림 1.18과 그림 1.19에서 볼 수 있듯이 우함수는 y 축에 대하여 대칭이고, 기함수는 원점에 대하여 대칭임을 확인할 수 있다.

연습문제 1.3

1. 함수 $f(x) = 2x + 3$에 대하여

(a) 함수 f의 역함수 f^{-1}을 구하시오.

(b) 임의의 실수 x에 대하여 $(f^{-1} \circ f)(x) = x$임을 보이시오.

(c) $(f^{-1})^{-1} = f$임을 보이시오.

2. 다음 함수의 역함수를 구하시오.

(a) $f(x) = x^3$

(b) $f(x) = 7x - 3$

(c) $f(x) = \sqrt{-x-1}$

3. 연습문제 2의 함수 (a) $f(x) = x^3$, (b) $f(x) = 7x - 3$, (c) $f(x) = \sqrt{-x-1}$ 의 그래프, 역함수 $f^{-1}(x)$의 그래프를 각각 그리는 것에 의하여 두 함수의 그래프가 $y = x$ 에 대하여 대칭임을 확인하여라.

4. 함수 $f(x) = x^3$, $g(x) = 7x - 3$일 때 $f \circ g$ 및 $(f \circ g)^{-1}$을 구하고 $(f \circ g)^{-1}$을 두 함수 f^{-1}와 g^{-1}에 의한 합성함수로 표현하시오.

5. 다음 함수들은 우함수, 기함수 또는 아무 함수도 아닌지를 밝히시오.

(a) $f(x) = x^5 - x$

(b) $g(x) = 10 - x^4$

(c) $h(x) = 3x^3 - x^2 + 1$

6. 함수 $f(x) = 4x^2 + k$, $g(x) = \dfrac{1}{2}\sqrt{x-k}$ 의 그래프가 서로 다른 두 점에서 만날 때 k 값의 범위는? (단, $k > 0$)

1.4 여러가지 함수들

이 절에서는 미적분학을 공부하면서 자주 접하게 되는 기본적인 함수들을 다루고자 한다.

(1) **상수함수**(constant function)

어떤 상수 c에 대하여 정의역 내의 모든 원소 x을 상수 c에 대응시키는 함수, 즉 $f(x)=c$에 의하여 주어지는 함수 f을 **상수함수**라 한다.

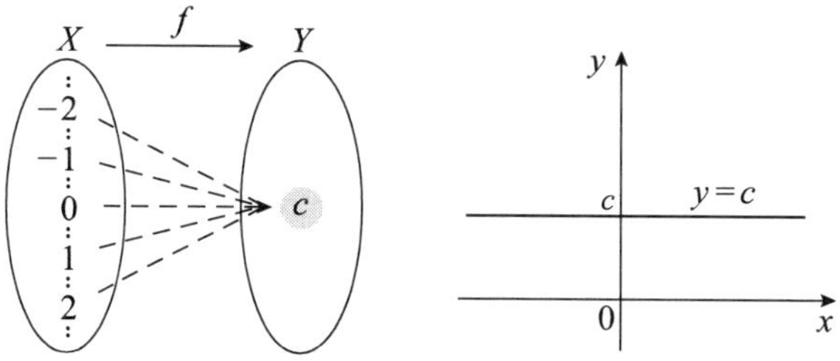

그림 1.20 상수함수

모든 상수는 하나의 상수함수로 볼 수 있다.

(2) **항등함수**(identity function)

정의역 내의 모든 원소 x을 자기 자신 x로 대응시키는 함수, 즉 $g(x)=x$인 함수 g을 **항등함수**라 한다.

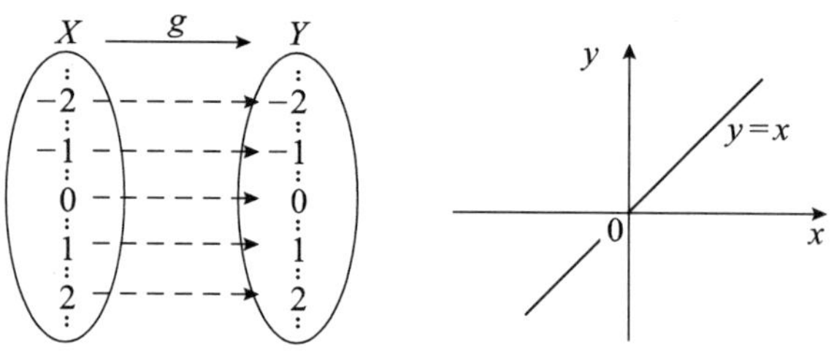

그림 1.21 항등함수

(3) 다항함수(polynomial function)

음이 아닌 정수 n과 임의의 실수들 $a_0, a_1, a_2, \cdots, a_{n-1}, a_n (\neq 0)$에 대하여

$$P(x) = a_0 + a_1 x + a_2 x^2 + \cdots + a_{n-1} x^{n-1} + a_n x^n$$

와 같은 형태의 함수를 **다항함수**, 간단히 **다항식**이라 한다. 여기서 n을 다항식 $P(x)$의 **차수**(degree)라 하고, $a_0,\ a_1, a_2, \cdots, a_{n-1}, a_n$을 다항식 $P(x)$의 **계수**(coefficient)라고 부른다. 위에 주어진 상수함수 및 항등함수는 다항식의 한 특수한 경우들이다.

예제 1

$P(x) = 3 + x^2 + \dfrac{1}{4}x^3 + x^4$ 이면 $P(x)$는 4차 다항식이다. ▣

다음에는 다항함수 중 일차함수와 이차함수의 특성을 간단히 살펴보고자 한다.

| 일차함수 $f(x) = ax + b\ (a \neq 0)$

일차함수 $f(x) = ax + b$의 그래프는 기울기가 a, y-절편이 b인 직선이며, $a > 0$일 때는 x값이 증가함에 따라 함수 f의 값도 증가하고, $a < 0$일 때는 x값이 증가함에 따라 함수 f의 값은 감소한다.

일차함수 $f(x) = ax + b$의 그래프는 아래 그림에 잘 나타나 있다.

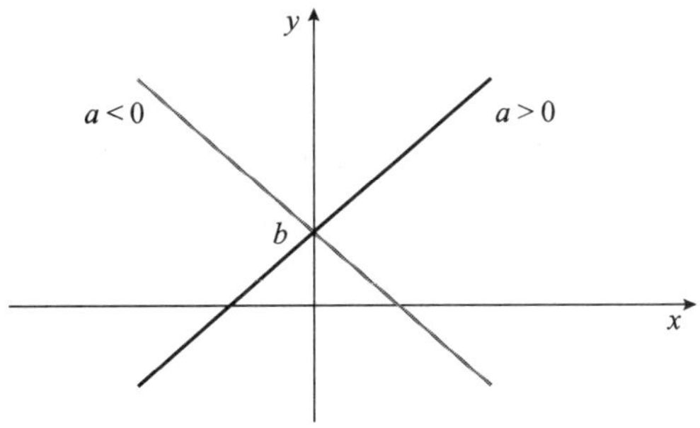

그림 1.22 일차함수 $f(x) = ax + b$의 그래프

정리 1 ∘∘∘ 직선의 방정식

(a) 기울기가 m이고 점 (x_1, y_1)을 지나는 직선의 방정식은

$$y - y_1 = m(x - x_1)$$

이다.

(b) 두 점 (x_1, y_1), (x_2, y_2)을 지나는 직선의 기울기 m은

$$m = \frac{y_2 - y_1}{x_2 - x_1}$$

에 의하여 주어지며 이 두 점을 지나는 직선의 방정식은 (a)에 의하여 주어진다.

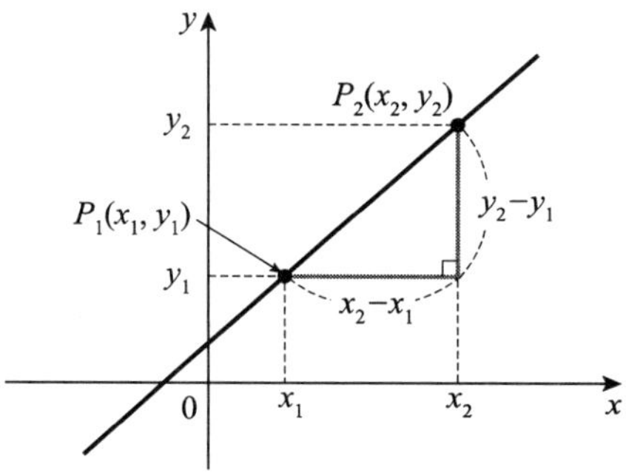

참고

두 직선 $y = m_1x + b_1$와 $y = m_2x + b_2$가 서로 평행일 필요충분조건은 $m_1 = m_2$이고 서로 수직일 필요충분조건은 $m_1 \cdot m_2 = -1$이다.

두 직선이 평행하면 그들의 경사각은 같다. 즉 기울기가 같다. 한편 두 직선이 수직이면 그들의 경사각의 차이는 90°가 되어야 하므로 $\theta_2 = \theta_1 + 90°$이다.

$$m_2 = \tan\theta_2 = \tan(\theta_1 + 90°) = -\cot\theta_1 = -\frac{1}{\tan\theta_1} = -\frac{1}{m_1},$$

즉 $m_1 \cdot m_2 = -1$이다.

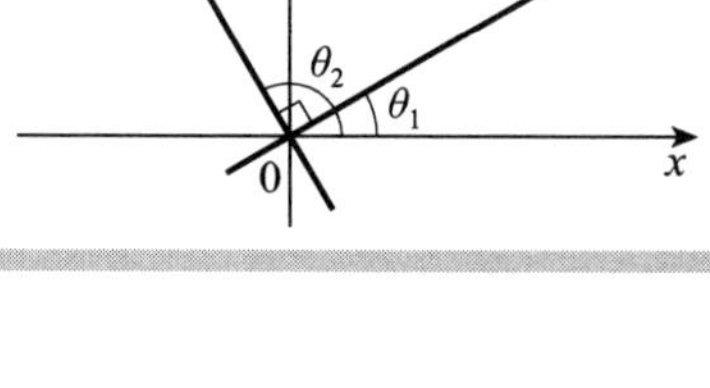

| 이차함수 $f(x) = ax^2 + bx + c \ (a \neq 0)$

먼저 이차함수 $y = ax^2$의 그래프는 x가 0에 접근함에 따라 y값도 0으로 접근하며, $a > 0$일 때 $|x|$이 증가함에 따라 y값은 한없이 증가하고, $a < 0$일 때는 $|x|$이 증가함에 따라 y값은 한없이 감소한다.

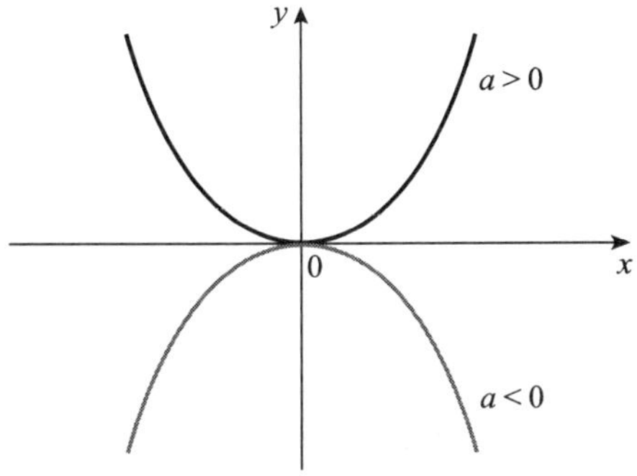

그림 1.23 이차함수 $y = ax^2$의 그래프

이차함수 $f(x) = ax^2 + bx + c$을 완전제곱 모양으로 변형하면

$$f(x) = a\left(x + \frac{b}{2a}\right)^2 - \frac{b^2 - 4ac}{4a}$$

이고, 이 이차함수의 그래프는 $y = ax^2$의 그래프를 x축 방향으로 $-\frac{b}{2a}$, y축 방향 $-\frac{b^2 - 4ac}{4a}$만큼 평행이동한 것이다. 그러므로 이 이차함수는 꼭짓점의 좌표가 $\left(-\frac{b}{2a}, -\frac{b^2 - 4ac}{4a}\right)$이고 대칭축이 직선 $x = -\frac{b}{2a}$인 포물선이다.

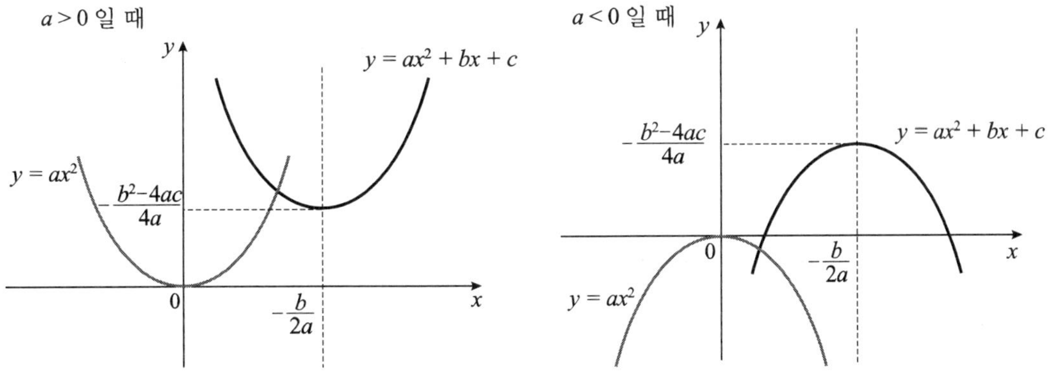

그림 1.24 이차함수 $y = ax^2 + bx + c$의 그래프

예제 2

이차함수 $f(x)=x^2-2x-3$의 최댓값과 최솟값을 구하시오.

풀이

$$f(x)=x^2-2x-3=(x-1)^2-4$$

이므로 $x=1$일 때 최솟값 -4를 갖고 최댓값은 존재하지 않는다.

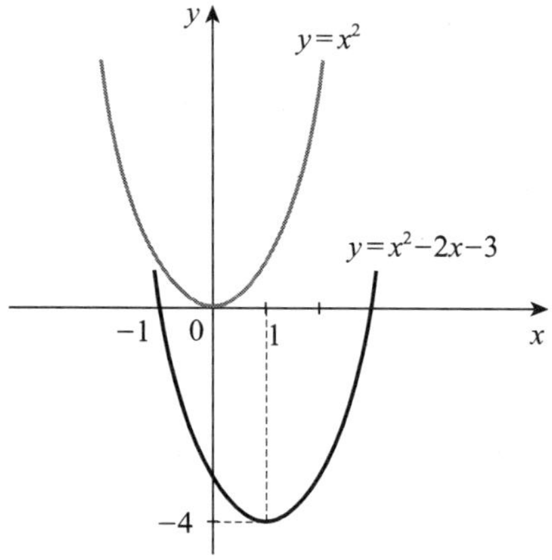

예제 3

모든 실수 x에 대하여 이차부등식 $x^2-(k-2)x+\frac{1}{4}k(2k-1)>0$이 성립하는 k값의 범위를 구하시오.

풀이 $y=x^2-(k-2)x+\frac{1}{4}k(2k-1)$라 하면 모든 실수 x에 대하여 $y>0$이기 위해서는 함수 $y=x^2-(k-2)x+\frac{1}{4}k(2k-1)$의 그래프가 x축과 만나지 말아야 한다. 즉, 이차방정식 $x^2-(k-2)x+\frac{1}{4}k(2k-1)=0$의 근이 존재하지 않아야 하므로 판별식 $D=(k-2)^2-k(2k-1)<0$이어야 한다. 따라서

$$(k-1)(k+4)>0$$

이고, 그러므로 구하고자 하는 k의 범위는 $k<-4$이거나 $k>1$이다.

(4) 유리함수(rational function)

$P(x)$와 $Q(x)$가 임의의 두 다항식일 때

$$R(x)=\frac{P(x)}{Q(x)}$$

와 같은 형태의 함수 $R(x)$을 **유리함수**(또는 분수함수)라 부른다.

예제 4

$$R(x) = \frac{x^3 + 2x^2 + x - 3}{x^2 - 1}$$ 이면 함수 $R(x)$는 유리함수이다. ▣

참고로 유리함수의 정의역은 분모에 있는 다항식 $Q(x)$가 0이 아닌 모든 실수의 집합이 된다. 예제 4에서는 $x \neq \pm 1$인 모든 실수의 집합이 정의역이 된다.

예제 5

유리함수 $g(x) = \dfrac{1}{x-2}$의 그래프를 그리고, 함수 g의 정의역, 치역 및 점근선의 방정식을 구하시오.

풀이 함수 $f(x) = \dfrac{1}{x}$이라 하자. 함수 $g(x) = \dfrac{1}{x-2}$의 그래프는 함수 f의 그래프를 x축 방향으로 2만큼 평행이동한 것이다.

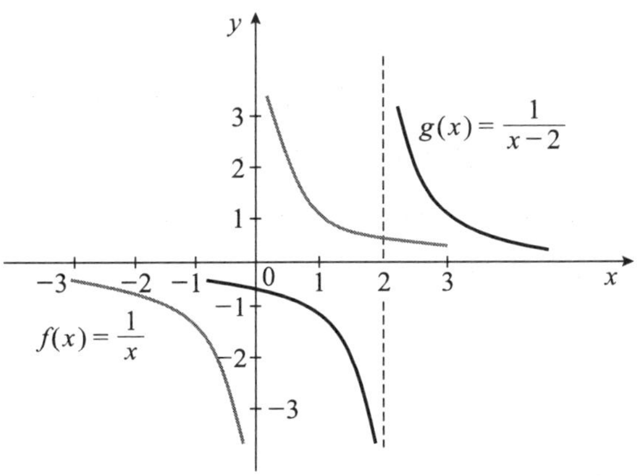

함수 g의 정의역은 $x \neq 2$인 실수 전체의 집합이며 치역은 0이 아닌 실수 전체의 집합이다. 그리고 점근선은 $y = 0$(x축)과 $x = 2$인 직선이다. ▣

(5) 무리함수(irratronal function)

$P(x)$가 다항식일 때 $\sqrt{P(x)}$와 같은 형태의 함수를 **무리함수**라 한다. 무리함수에서

근호안은 항상 0 또는 양이어야 한다.

예제 6

무리함수 $f(x) = \sqrt{x-3}$ 의 그래프를 그리고, 함수 f의 정의역과 치역을 구하시오.

풀이 함수 f의 그래프는 $\sqrt{x}$ 의 그래프를 x축 방향으로 3만큼 평행이동한 것이다.

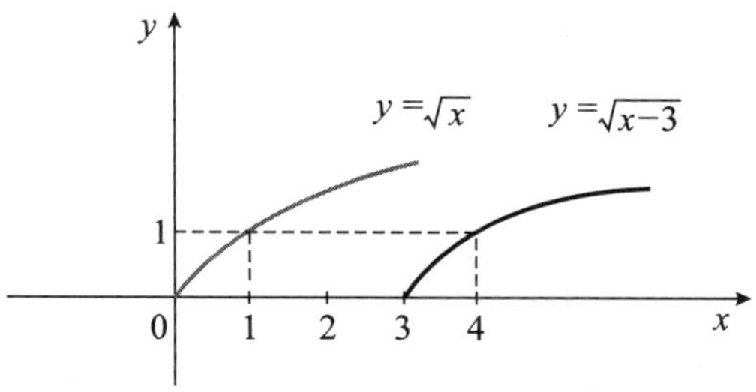

함수 f의 정의역은 $x-3 \geq 0$, 즉 $x \geq 3$인 실수이고 치역은 $[0, \infty)$이다. ▣

$$\sqrt{x^2+1}, \quad \frac{x^3}{x+\sqrt{x}}, \quad (x^5+3x+1)\sqrt{x-1}, \quad \frac{\sqrt{x-1}}{x^{5/2}+\sqrt{x-5}+1}$$

와 같이 다항식들의 가감승제 및 그 근호를 취한 함수를 **대수함수**(algebraic fuuction)라 하고 이에 반하여 대수함수와는 달리 다항함수의 어떤 대수적 연산으로도 나타낼 수 없는 함수를 **초월함수**(transcendental function)라 하며 뒤에서 다루게 될 삼각함수, 지수함수, 로그함수 등이 초월함수에 해당한다.

연습문제 1.4

1. 다음 각각에 대한 직선의 방정식을 구하시오.

(a) 두 점 (1, 3), (2, 5)

(b) 두 점 (3, 7), (5, 3)

(c) 기울기=2, 점 (3, 7)

(d) 기울기=−2, 점 (4, 5)

(e) 점 (1, 3)을 지나고 직선 $y = 2x - 3$에 평행한 직선

(f) 점 $\left(1, \frac{5}{4}\right)$을 지나고 직선 $2x + 3y = 1$에 수직인 직선

2. 점 (1, 2)를 지나고 (a) x축에 평행한 직선 (b) y축에 평행한 직선의 방정식을 구하시오.

3. 다음 각 이차함수의 그래프를 그리고 최댓값과 최솟값을 구하시오.

(a) $y = 2x^2 - 5x + 6$ (b) $y = -2x^2 + 5x - 6$

4. 이차함수 $y = x^2 - x - 5$와 일차함수 $y = x + 3$이 만나는 좌표평면상의 점을 구하시오.

5. 이차함수 $y = x^2 - 2x$와 일차함수 $y = kx - 4$가 서로 만나지 않기 위한 실수 k값의 범위를 구하시오.

6. 이차부등식 $-4x^2 - 2(k+4)x + \frac{1}{4}(k-2) < 0$이 모든 실수 x에 대하여 성립하도록 실수 k값의 범위를 구하시오.

7. 다음 유리함수의 정의역을 구하고 그래프를 그리시오.

(a) $y = \dfrac{2x-1}{x-1}$ (b) $y = \dfrac{3x+7}{x+2}$

8. 다음 무리함수의 정의역을 구하고 그래프를 그리시오.

(a) $y = \sqrt{2x-4} - 3$ (b) $y = -\sqrt{2x-4} + 3$

1장 종합문제

1. $a > 0,\ b > 0$일 때 다음을 증명하시오.

(1) $a < b \Leftrightarrow a^2 < b^2$

(2) $a < b \Leftrightarrow \dfrac{1}{a} > \dfrac{1}{b}$

2. $a = -2$일 때 $|-a| + |a| \cdot |1-a| - \dfrac{|a|}{|1+a|}$의 값을 구하시오.

3. 다음이 항등식이 되도록 $x,\ y$의 값을 구하시오.

$$(x+1) + 3\sqrt{2} = 2 + (y-2)\sqrt{2}$$

4. 부등식 $|3x+1| < 2|x-6|$을 만족하는 x의 범위를 구하시오.

5. x절편이 a이고 y절편이 b인 직선의 방정식은

$$\frac{x}{a} + \frac{y}{b} = 1 \quad (a \neq 0,\ b \neq 0)$$

과 같이 주어짐을 보이시오.

6. $x = \sqrt{2}$일 때 $\dfrac{\sqrt{x+1} + \sqrt{x-1}}{\sqrt{x+1} - \sqrt{x-1}}$의 값을 구하시오.

7. $|3a-2| + |2b+5| = 0$을 만족하는 두 실수 $a,\ b$에 대하여 $|6a+2| + |4b-5|$의 값을 구하시오.

8. 삼차부등식 $(x-a^2+2a)(x-a^2+4a)(x-a^2+6a) > 0$의 해가 $8 < x < 12,\ x > 16$일 때, 상수 a의 값을 구하시오.

9. 점 $(-2,\ -1)$에서 직선 $5y = 12x + 1$까지의 거리를 구하시오.

10. 세 점 $(2,\ -1),\ (5,\ 3),\ (11,\ 11)$이 같은 직선상의 점임을 보이시오.

11. 함수 $f(x)=\sqrt{x^2-4}$ 의 정의역을 구하시오.

12. 이차항의 계수가 1인 이차함수 $f(x)$는 다음 조건을 만족시킨다.

(가) 이차방정식 $f(x)=0$의 두 근의 곱은 7이다.

(나) 이차방정식 $x^2-3x+1=0$의 두 근 α, β에 대하여 $f(\alpha)+f(\beta)=3$이다.

이 때, $f(7)$의 값을 구하시오.

13. 집합 $X=\{1, 2, 3, 4, 5\}$에 대하여 함수 $f: X\to X$가 그림과 같다.

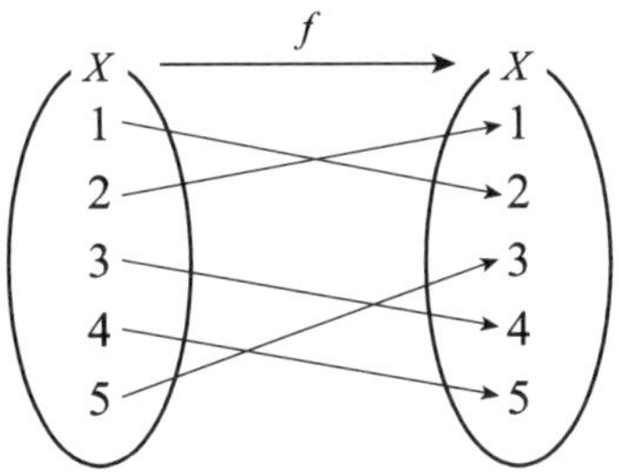

함수 $g: X\to X$는 다음 조건을 만족시킨다.

(가) $g(1)=3,\ g(2)=5$

(나) g의 역함수가 존재한다.

$(g\circ f)(4)+(f\circ g)(4)$의 최댓값을 구하시오.

14. 함수 $f(x)=\sqrt{x-1}+1$의 역함수를 구하고, 함수 f와 f^{-1}의 그래프를 그리시오.

15. 함수 $f(x)=(m-1)x^2+(m+1)x+2$의 그래프가 항상 함수 $g(x)=2x-1$의 그래프보다 위에 있기 위한 실수 m의 범위를 구하시오.

16. 함수 $y=\sqrt{2x}+1$의 그래프를 x축의 방향으로 m만큼, y축의 방향으로 n만큼 평행이동한 후 직선 $y=-x$에 대하여 대칭이동하였더니 함수 $y=-\frac{1}{2}x^2+2(x\le 0)$의 그래프가 되었다. 이 때 mn의 값은?

17. 실수 전체에서 정의된 함수 $f(x)$가 $2f(x)+f(1-x)=x^2$을 만족할 때 함수 $f(x)$를 구하시오,

힌트 : 주어진 관계식에 x 대신 $1-x$를 대입하여 $f(x), f(1-x)$에 대한 방정식을 푼다.

18. 역함수가 존재하는 두 함수 f, g에 대하여 $f(2)=1$, $g^{-1}(3)=2$일 때

$$f^{-1}(kf^{-1}(1)-g(2))=2$$

를 만족시키는 상수 k의 값을 구하시오.

CHAPTER

02 삼각함수

CALCULUS

삼각비, 삼각함수 등은 고대부터 측량이나 천문학, 항해술 등에 이용되어 왔으며, 오늘날에는 수학은 물론 양자역학을 비롯한 물리, 전기·전자에서의 파동 등 주기적인 특성을 갖는 많은 현상들을 수학적으로 모형화하고 분석하기 위하여 사용되는 기본 함수들이다.

이 장에서는 삼각함수에 대하여 정의를 내리고 삼각함수의 성질 및 활용에 대하여 배우고 또한 역삼각함수를 소개하고자 한다.

2.1 삼각함수의 정의

우리가 삼각함수를 생각할 때는 **라디안**(radian)을 단위로 하여 각의 크기를 나타낸다. 그리하여 라디안과 각을 나타내는 방법에 대하여 먼저 알아보고자 한다.

그림 2.1과 같이 평면 위에 고정된 반직선 OX가 있고, O를 중심으로 OX로부터 회전시켜 얻은 반직선 OP가 있을 때, 고정된 반직선 OX를 **시초선**(initial ray), 회전하는 반직선 OP를 **동경**(radius)이라 한다. 동경 OP가 시계바늘과 반대방향으로 회전하는 경우는 양의 방향이라 하고, 시계바늘과 같은 방향인 경우는 음의 방향이라 하고 "−"부호를 사용하여 나타낸다.

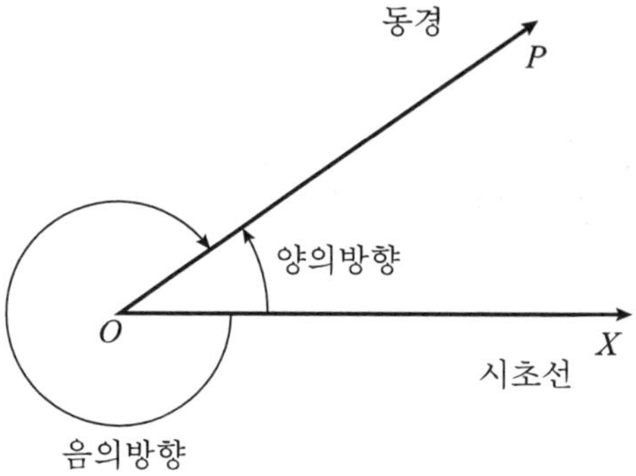

그림 2.1 각의 방향

우리의 일상생활에서는 각을 재는 단위로 °**도**(degree)가 주로 사용되는데 이것은 직각을 90°에 의하여 나타내는 육십분법이다. 육십분법에 의하여 $\angle\mathrm{POX}$가 30°일 때 $\angle\mathrm{POX}$는 30° 외에도

$$\cdots -690°,\ -330°,\ 390°,\ 750°\ \cdots$$

으로 나타낼 수도 있다.

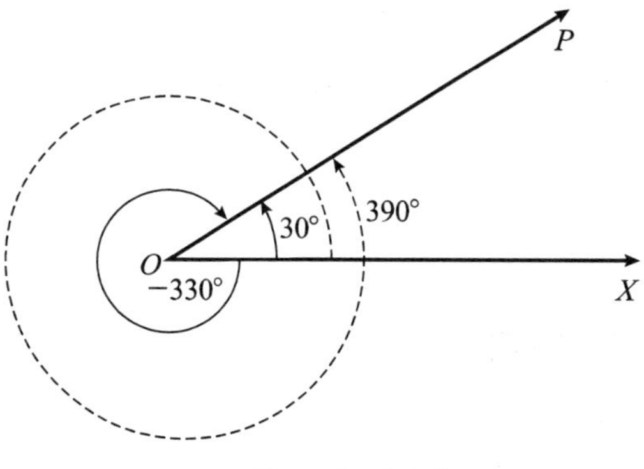

그림 2.2 일반각

$\angle\mathrm{POX}$의 한 크기를 $\alpha°$(일반적으로 $0 \le \alpha \le 360$ 또는 $-180 \le \alpha \le 180$)라 하면

$$\alpha° + 360° \times n,\quad n\text{은 정수}$$

은 같은 동경 OP를 나타내며, 이것을 **일반각**(general angle)이라 한다.

이러한 육십분법에 의한 각의 표현은 고대부터 사용되어 온 것이나 이것을 미적분학 등 수학에서 사용하면 수식 및 공식 등이 매우 복잡해진다. 따라서 이번에는 라디안을

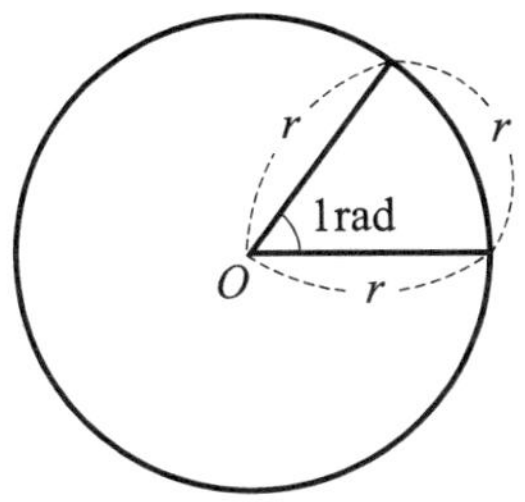

그림 2.3 1라디안의 정의

단위로 하여 각을 나타내는 방법에 대하여 알아보고자 한다. 라디안을 단위로 하여 각을 나타내면 수학 등의 학문에서 이론 전개가 매우 자연스럽고 편리하다.

그림 2.3과 같이 한 원에 있어서 반지름의 길이와 호의 길이를 같게하는 중심각의 크기를 **1라디안**(radian)이라 한다. 그리고 1라디안을 단위로하여 각의 크기를 나타내는 방법을 **호도법**(circular measure)이라 한다.

1라디안에 해당하는 도의 크기를 알아보자. 호의 길이는 중심각의 크기에 비례하므로

$$2\pi r : 360° = r : x°$$

이고, $x° = \dfrac{180°}{\pi}$ 이다. 이 $\dfrac{180°}{\pi}$ 를 1라디안이라 한다. 즉

$$1\text{ rad.} = \frac{180°}{\pi} ≒ 57.3°$$

$$1° = \frac{\pi}{180}\text{ rad.} ≒ 0.017\text{ rad.}$$

이다.

다음은 육십분법과 호도법에 의하여 몇 개의 각을 나타낸 표이다.

육십분법	0°	30°	45°	60°	90°	180°
호도법	0	$\frac{\pi}{6}$	$\frac{\pi}{4}$	$\frac{\pi}{3}$	$\frac{\pi}{2}$	π

호도법에 의하여 $\angle \mathrm{POX}$가 $\dfrac{\pi}{6}$일 때 $\angle \mathrm{POX}$는 $\dfrac{\pi}{6}$ 외에도

$$\cdots -\frac{23}{6}\pi,\ -\frac{11}{6}\pi,\ \frac{13}{6}\pi,\ \frac{25}{6}\pi \cdots$$

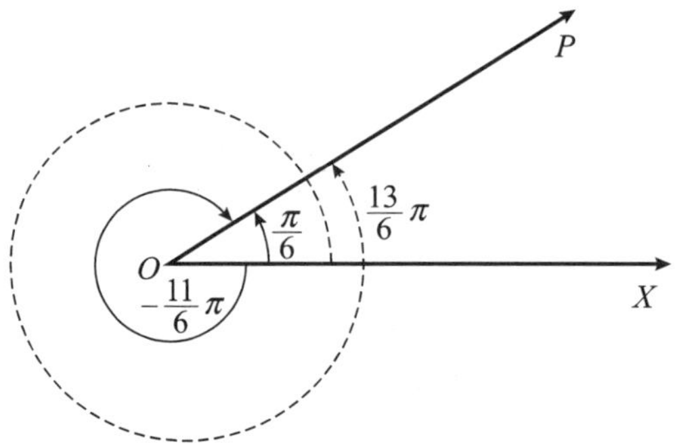

그림 2.4 라디안에 의한 일반각

등으로 나타낼 수 있다.

$\angle$POX의 한 크기를 θ(rad.)($-\pi \le \theta \le \pi$ 또는 $0 \le \theta \le 2\pi$)라 하면

$$\theta + 2n\pi, \quad n\text{은 정수}$$

도 같은 동경 OP를 나타내며, 이것 또한 **일반각**이라 한다.

예제 1

다음에 주어진 각을 육십분법은 호도법으로 호도법은 육십분법에 의하여 나타내시오.

(a) $150°$ (b) $\frac{5}{4}\pi$ (c) $-270°$ (d) $-\frac{2}{3}\pi$

풀이 1 rad.은 $\frac{180°}{\pi}$이고, 1°는 $\frac{\pi}{180}$ rad.이므로

(a) $150° = \frac{5}{6}\pi(\text{rad.})$ (b) $\frac{5}{4}\pi(\text{rad.}) = 225°$

(c) $-270° = -\frac{3}{2}\pi(\text{rad.})$ (d) $-\frac{2}{3}\pi(\text{rad.}) = -120°$ ■

특별한 언급이 없는 한 삼각함수에 있어서 각의 크기는 1라디안을 단위로 한 호도법에 의하여 주어진다.

이제 삼각함수를 정의하여 보자.

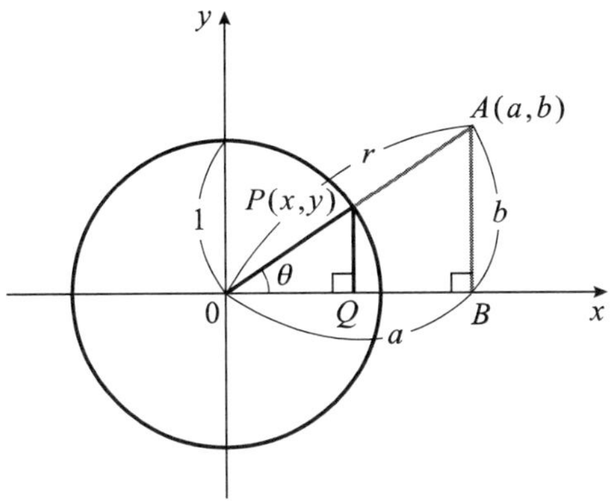

그림 2.5 단위원상에서 삼각함수의 정의

예각 $\theta\left(0<\theta<\frac{\pi}{2}\right)$에 대하여 그림 2.5의 직각삼각형 OAB에 있어서 $\sin\theta, \cos\theta$, $\tan\theta$는

$$\sin\theta = \frac{\text{높이}}{\text{빗변}} = \frac{b}{r}$$

$$\cos\theta = \frac{\text{밑변}}{\text{빗변}} = \frac{a}{r}$$

$$\tan\theta = \frac{\text{높이}}{\text{밑변}} = \frac{b}{a}$$

$$= \frac{\sin\theta}{\cos\theta}$$

와 같이 정의하였다.

그러나 직각삼각형 OPQ와 OAB는 닮은 삼각형이므로

$$\frac{b}{r} = \frac{y}{1}, \quad \frac{a}{r} = \frac{x}{1}, \quad \frac{b}{a} = \frac{y}{x}$$

이다. 따라서

$$\sin\theta = y, \ \cos\theta = x, \ \tan\theta = \frac{y}{x}$$

이며, 여기서 각 θ를 예각뿐만 아니라 임의의 실수로까지 확장하고자 한다. 이것은 다음에 정의하고자 하는 삼각함수이다.

정의 1 ••• 삼각함수의 정의

임의의 각 θ(rad.)에 대응하는 단위원상의 점 $P(x, y)$에 대하여

$$\sin\theta = y, \quad \cos\theta = x, \quad \tan\theta = \frac{y}{x} = \frac{\sin\theta}{\cos\theta},$$

$$\mathrm{cosec}\theta = \frac{1}{\sin\theta}, \quad \sec\theta = \frac{1}{\cos\theta}, \quad \cot\theta = \frac{1}{\tan\theta}$$

와 같이 정의하고, 이 여섯 개의 함수들을 **삼각함수**(trigonometric function)라고 말한다.

참고

$\mathrm{cosec}\theta$는 코시컨트 세타, $\sec\theta$는 시컨트 세타, $\cot\theta$는 코탄젠트 세타라 읽으며, $\mathrm{cosec}\theta$는 $\csc\theta$로 쓰기도 한다.

예제 2

$\theta = \frac{\pi}{6}, \frac{\pi}{3}$일 때 $\sin\theta$, $\cos\theta$, $\tan\theta$의 값을 구하시오.

풀이 그림 2.6과 같이 한 변의 길이가 2인 정삼각형 ABC가 있다. 점 B로부터의 수직 이등분선이 선분 AC와 만나는 점을 P라 하자.

그리고 나면 '피타고라스의 정리'에 의하여 선분 BP의 길이는 $\sqrt{3}$이다.

따라서 $\sin\theta$, $\cos\theta$, $\tan\theta$의 정의에 의하여

$$\sin\frac{\pi}{3} = \frac{\sqrt{3}}{2}, \quad \cos\frac{\pi}{3} = \frac{1}{2}, \quad \tan\frac{\pi}{3} = \sqrt{3}$$

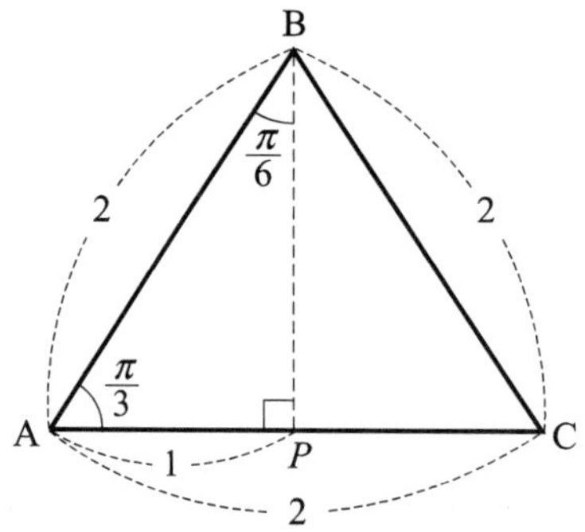

그림 2.6 한 변의 길이가 2인 정삼각형

이며, 비슷하게

$$\sin\frac{\pi}{6}=\frac{1}{2},\quad \cos\frac{\pi}{6}=\frac{\sqrt{3}}{2},\quad \tan\frac{\pi}{6}=\frac{1}{\sqrt{3}}$$

이다. ▣

예제 3

$\theta=\frac{\pi}{4}$일 때 $\sin\theta$, $\cos\theta$, $\tan\theta$의 값을 구하시오.

풀이 그림 2.7의 직각 이등변삼각형에 의하여

$$\sin\frac{\pi}{4}=\frac{1}{\sqrt{2}}=\frac{\sqrt{2}}{2}$$

$$\cos\frac{\pi}{4}=\frac{\sqrt{2}}{2}$$

$$\tan\frac{\pi}{4}=1$$

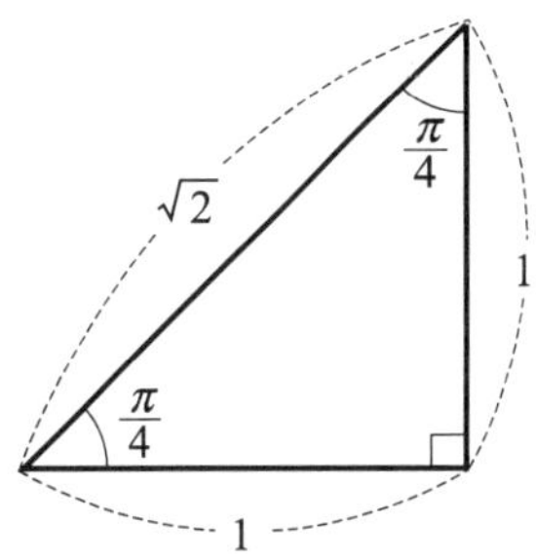

그림 2.7 직각 이등변삼각형

을 얻는다. ▣

$\sin\theta$와 $\cos\theta$는 각 θ에 해당하는 단위원상의 점의 y좌표값과 x좌표값에 의하여 정의하였다. 그리하여 각 θ가 몇 사분면의 각이냐에 따라 x, y의 부호가 바뀌므로 다음 표와 같이 각 사분면에 있어서 삼각함수의 부호(즉, 양의 값을 갖는 삼각함수)가 결정된다.

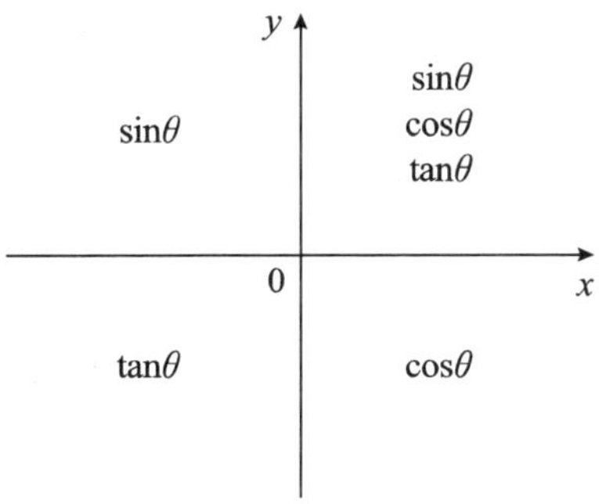

삼각함수 \ 사분면	I	II	III	IV
$\sin\theta$, $\operatorname{cosec}\theta$	+	+	−	−
$\cos\theta$, $\sec\theta$	+	−	−	+
$\tan\theta$, $\cot\theta$	+	−	+	−

예제 4

$\theta = 0, \frac{\pi}{2}$일 때 $\sin\theta$, $\cos\theta$, $\tan\theta$의 값을 구하시오.

풀이 $\sin\theta$와 $\cos\theta$는 각 θ에 해당하는 단위원상의 점의 y좌표와 x좌표의 값이므로 그림 2.8에 의하여

$$\sin 0 = 0, \ \cos 0 = 1$$

$$\sin\frac{\pi}{2} = 1, \quad \cos\frac{\pi}{2} = 0$$

이다.

그리고 $\tan\theta = \frac{\sin\theta}{\cos\theta}$이므로 $\tan 0 = 0$이며, $\tan\frac{\pi}{2}$는 존재하지 않는다.

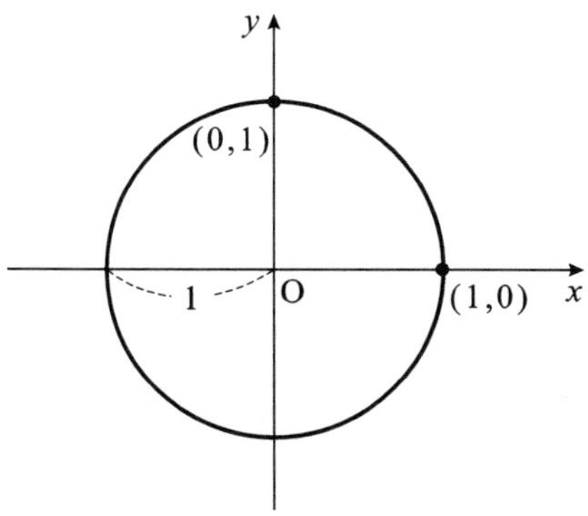

그림 2.8 $\theta = 0, \frac{\pi}{2}$에 해당하는 단위원상의 점

연습문제 2.1

1. 다음의 각은 몇 사분면의 각인지 말하고 1 radian을 단위로 한 호도법에 의하여 나타내시오.

(a) $-135°$

(b) $210°$

(c) $15° + 360° \times n$(n은 정수)

2. 호도법에 의하여 주어진 다음의 각이 몇 사분면의 각인지 말하고 육십분법에 의한 각으로 나타내시오.

(a) $-\frac{7}{4}\pi$

(b) $\frac{3}{5}\pi$

(c) $\frac{\pi}{6} + 2\pi n$ (n은 정수)

3. $\theta = -2\pi,\ -\frac{3}{2}\pi,\ -\pi,\ -\frac{\pi}{2},\ \pi,\ \frac{3}{2}\pi,\ 2\pi$일 때 $\sin\theta$, $\cos\theta$, $\tan\theta$의 값을 구하시오.

4. $\theta = 0,\ \frac{\pi}{6},\ \frac{\pi}{4},\ \frac{\pi}{3},\ \frac{\pi}{2}$일 때 $\operatorname{cosec}\theta$, $\sec\theta$, $\cot\theta$의 값을 구하시오.

5. 반지름의 길이가 r이고 중심각이 θ인 부채꼴의 호의 길이와 넓이를 유도하시오.
(힌트: 호의 길이와 넓이는 중심각의 크기에 비례한다.)

6. 중심각의 크기가 $\frac{4}{3}\pi$인 부채꼴의 넓이가 $24\pi(\text{cm}^2)$일 때 부채꼴의 호의 길이를 구하시오.

7. $\theta = \frac{\pi}{6},\ \frac{\pi}{4},\ \frac{\pi}{3}$일 때

(a) 각각의 θ에 해당하는 단위원 상의 점의 좌표를 구하시오.

(b) (a)의 결과에 의하여 $\sin\theta$, $\cos\theta$, $\tan\theta$의 값을 구하시오.

2.2 삼각함수의 성질

이 절에서는 삼각함수의 다양한 성질들을 유도하고자 한다. 또한 이 성질들에 의하여 구체적인 삼각함수의 값들을 구하고, 삼각함수의 그래프를 그리고자 한다.

정리 1

임의의 정수 n에 대하여

$$\sin(\theta+2n\pi)=\sin\theta$$
$$\cos(\theta+2n\pi)=\cos\theta$$

이다.

증명 각 θ에 대응하는 단위원상의 점 $\mathrm{P}(x, y)$에 대하여 2π만큼 계속하여 회전시켜도 다시 점 $\mathrm{P}(x, y)$가 된다. 따라서

$$\sin(\theta+2n\pi)=\sin\theta, \quad \cos(\theta+2n\pi)=\cos\theta$$

이다. ▣

예제 1

다음의 값을 구하시오.

(a) $\sin\left(-\dfrac{23}{3}\pi\right)$ (b) $\cos\left(\dfrac{17}{4}\pi\right)$ (c) $\tan\left(\dfrac{13}{6}\pi\right)$

풀이 (a) $\sin\left(-\dfrac{23}{3}\pi\right)=\sin\left(\dfrac{\pi}{3}+2\cdot(-4)\cdot\pi\right)=\sin\dfrac{\pi}{3}=\dfrac{\sqrt{3}}{2}$

(b) $\cos\left(\dfrac{17}{4}\pi\right)=\cos\left(\dfrac{\pi}{4}+2\cdot 2\cdot\pi\right)=\cos\dfrac{\pi}{4}=\dfrac{\sqrt{2}}{2}$

(c) $$\tan\left(\frac{13}{6}\pi\right)=\frac{\sin\left(\frac{13}{6}\pi\right)}{\cos\left(\frac{13}{6}\pi\right)}=\frac{\sin\left(\frac{\pi}{6}+2\cdot 1\cdot\pi\right)}{\cos\left(\frac{\pi}{6}+2\cdot 1\cdot\pi\right)}$$
$$=\frac{\sin\frac{\pi}{6}}{\cos\frac{\pi}{6}}=\frac{1}{\sqrt{3}}$$ ▣

정리 2

삼각함수에 대하여 다음과 같은 사실이 성립한다.

(a) $\sin^2\theta + \cos^2\theta = 1$

(b) $1 + \tan^2\theta = \sec^2\theta$

(c) $1 + \cot^2\theta = \operatorname{cosec}^2\theta$

증명 그림 2.9에 있어서 점 $P(x,\ y)$가 단위원상의 점이고 삼각함수의 정의에 의하여

(a) $\sin^2\theta + \cos^2\theta = y^2 + x^2 = 1$

(b) $$1 + \tan^2\theta = 1 + \left(\frac{y}{x}\right)^2 = \frac{x^2 + y^2}{x^2}$$

$$= \frac{1}{x^2} = \left[\frac{1}{\cos\theta}\right]^2 = \sec^2\theta$$

(c) $$1 + \cot^2\theta = 1 + \frac{x^2}{y^2} = \frac{y^2 + x^2}{y^2} = \frac{1}{y^2} = \left(\frac{1}{\sin\theta}\right)^2 = \operatorname{cosec}^2\theta$$

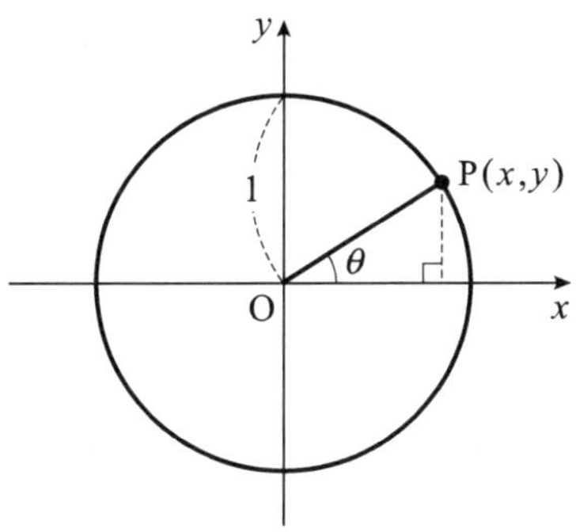

그림 2.9 각 θ에 해당하는 단위원상의 점

정리 3

임의의 실수 θ에 대하여 다음 등식이 성립한다.

$$\sin(-\theta) = -\sin\theta$$
$$\cos(-\theta) = \cos\theta$$
$$\tan(-\theta) = -\tan\theta$$

증명 그림 2.10에서와 같이 $-\theta$에 해당하는 단위원상의 점 $P'(x',\ y')$을 잡자

그리고 나면

$$\sin(-\theta) = y' = -y = -\sin\theta$$
$$\cos(-\theta) = x' = x = \cos\theta$$
$$\tan(-\theta) = \frac{\sin(-\theta)}{\cos(-\theta)} = -\frac{\sin\theta}{\cos\theta} = -\tan\theta$$

이다.

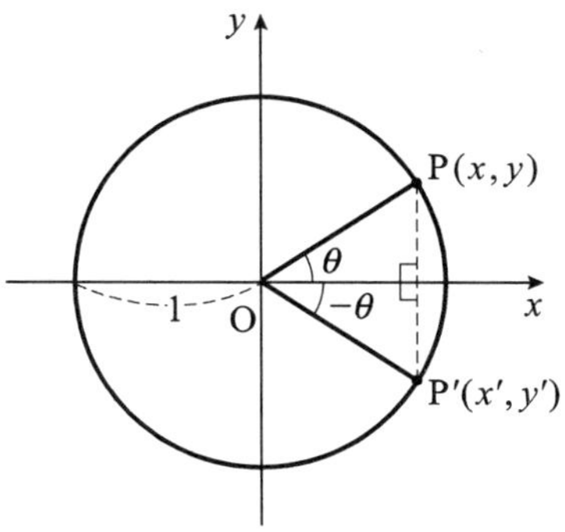

그림 2.10 각 θ와 $-\theta$에 해당하는 단위원상의 점

정리 3으로부터 $\sin\theta$와 $\tan\theta$는 기함수이고 $\cos\theta$는 우함수임을 알 수 있다.

예제 2

다음의 값을 구하시오.

(a) $\sin\left(-\frac{\pi}{3}\right)$ (b) $\cos\left(-\frac{\pi}{4}\right)$ (c) $\tan\left(-\frac{\pi}{6}\right)$

풀이 (a) $\sin\left(-\frac{\pi}{3}\right) = -\sin\frac{\pi}{3} = -\frac{\sqrt{3}}{2}$

(b) $\cos\left(-\frac{\pi}{4}\right) = \cos\frac{\pi}{4} = \frac{\sqrt{2}}{2}$

(c) $\tan\left(-\frac{\pi}{6}\right) = -\tan\frac{\pi}{6} = -\frac{1}{\sqrt{3}}$

정리 4

임의의 실수 θ에 대하여 다음과 같은 사실이 성립한다.

$$\sin\left(\frac{\pi}{2}+\theta\right)=\cos\theta$$

$$\cos\left(\frac{\pi}{2}+\theta\right)=-\sin\theta$$

$$\tan\left(\frac{\pi}{2}+\theta\right)=-\cot\theta$$

증명 그림 2.11에서와 같이 $\frac{\pi}{2}+\theta$에 해당하는 단위원상의 점 $P'(x', y')$을 잡자. 그리고 나면 두 삼각형 OPA와 OP'B는 합동인 삼각형이다. 그리하여

$$\sin\left(\frac{\pi}{2}+\theta\right)=y'=x=\cos\theta$$

$$\cos\left(\frac{\pi}{2}+\theta\right)=x'=-y=-\sin\theta$$

$$\tan\left(\frac{\pi}{2}+\theta\right)=-\cot\theta$$

이다.

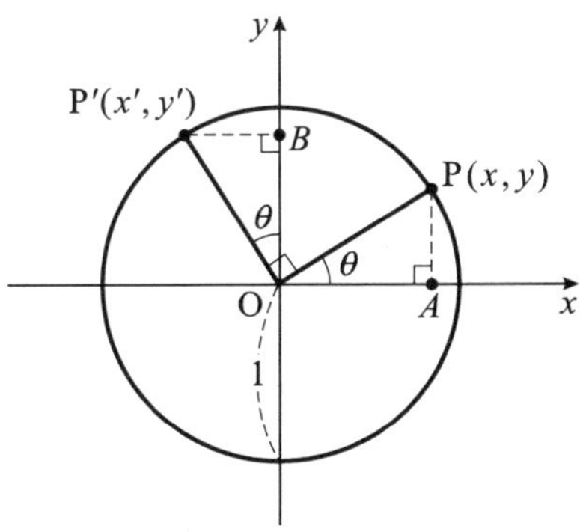

그림 2.11 $\frac{\pi}{2}$만큼 회전시킨 단위원상의 점

예제 3

$\theta=\frac{5}{6}\pi$에 대하여 $\sin\theta$, $\cos\theta$, $\tan\theta$의 값을 구하시오.

풀이 $\sin\frac{5}{6}\pi = \sin\left(\frac{\pi}{2}+\frac{\pi}{3}\right)= \cos\frac{\pi}{3} = \frac{1}{2}$

$\cos\frac{5}{6}\pi = \cos\left(\frac{\pi}{2}+\frac{\pi}{3}\right)=-\sin\frac{\pi}{3}=-\frac{\sqrt{3}}{2}$

$\tan\frac{5}{6}\pi = \tan\left(\frac{\pi}{2}+\frac{\pi}{3}\right)=-\cot\frac{\pi}{3}=-\frac{1}{\sqrt{3}}$ ■

정리 5

임의의 실수 θ에 대하여 다음과 같은 사실이 성립한다.

$$\sin(\pi+\theta)=-\sin\theta$$
$$\cos(\pi+\theta)=-\cos\theta$$
$$\tan(\pi+\theta)=\tan\theta$$

증명 그림 2.12에서와 같이 $\pi+\theta$에 해당하는 단위원상의 점을 $P'(x', y')$이라 하자. 그리고 나면 점 P'와 P는 원점에 대하여 대칭이다. 따라서

$$\sin(\pi+\theta)=y'=-y=-\sin\theta$$
$$\cos(\pi+\theta)=x'=-x=-\cos\theta$$
$$\tan(\pi+\theta)=\tan\theta$$

이다.

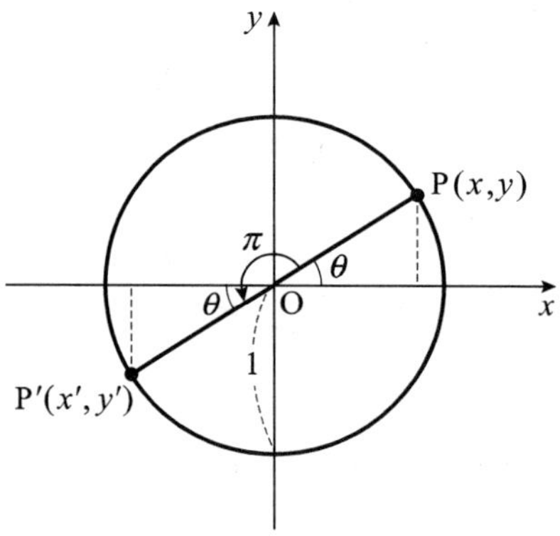

그림 2.12 π만큼 회전시킨 단위원상의 점 ■

예제 4

$\theta=\dfrac{4}{3}\pi$에 대하여 $\sin\theta$, $\cos\theta$, $\tan\theta$의 값을 구하시오.

풀이 $\sin\left(\dfrac{4}{3}\pi\right)=\sin\left(\pi+\dfrac{\pi}{3}\right)=-\sin\dfrac{\pi}{3}=-\dfrac{\sqrt{3}}{2}$

$\cos\left(\dfrac{4}{3}\pi\right)=\cos\left(\pi+\dfrac{\pi}{3}\right)=-\cos\dfrac{\pi}{3}=-\dfrac{1}{2}$

$\tan\left(\dfrac{4}{3}\pi\right)=\tan\left(\pi+\dfrac{\pi}{3}\right)=\tan\dfrac{\pi}{3}=\sqrt{3}$ ■

삼각함수들은 주기적인 특성을 갖고 있는데 다음에서 주기함수에 대하여 정의를 내리고자 한다.

정의 1 ••• 주기함수

함수 $y=f(x)$의 정의역 내의 모든 원소 x에 대하여

$$f(x+p)=f(x)$$

를 만족하는 가장 작은 양수 p가 존재할 때 p를 함수 f의 **주기**(period)라 하고, 함수 f는 주기 p를 갖는 **주기함수**(periodic function)라 부른다.

정리 1과 정리 5에 의하여

$$\sin(x+2\pi)=\sin x,\ \cos(x+2\pi)=\cos x,\ \tan(x+\pi)=\tan x$$

이므로 $\sin x$와 $\cos x$는 주기가 2π인 주기함수이고, $\tan x$는 주기가 π인 주기함수이다.

다음은 앞서 살펴본 삼각함수들의 성질과 $\sin x$, $\cos x$, $\tan x$의 값들을 구하는 것에 의하여 각 함수들의 그래프를 그려놓은 것이다. $\sin x$와 $\tan x$는 기함수이므로 그래프가 원점에 대하여 대칭이고, $\cos x$는 우함수이므로 y축에 대하여 대칭이다.

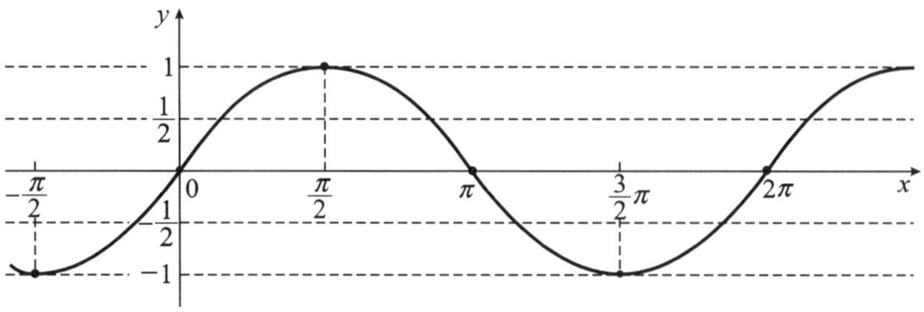

그림 2.13 $y=\sin x$의 그래프

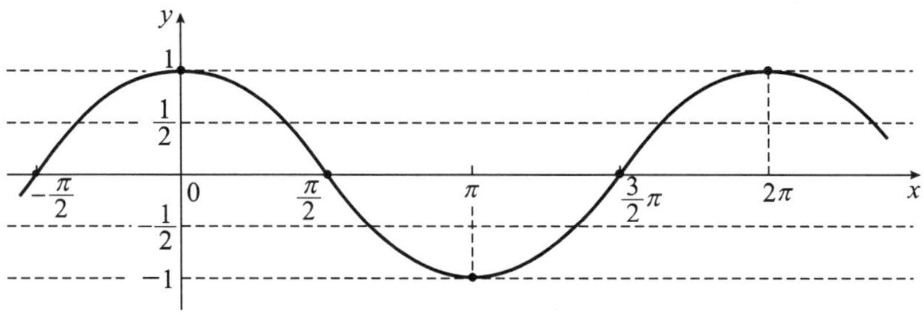

그림 2.14 $y=\cos x$의 그래프

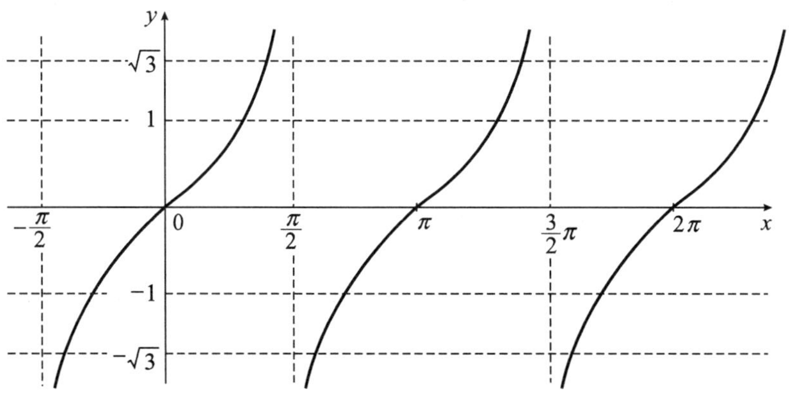

그림 2.15 $y=\tan x$의 그래프

예제 5

$y=\sin 2x$의 주기를 구하고 그래프를 그리시오.

풀이 $f(x)=\sin 2x$라 하자.

$$\begin{aligned} f(x+p) &= \sin(2(x+p)) \\ &= \sin(2x+2p) \\ &= \sin 2x \\ &= f(x) \end{aligned}$$

이라 하면 $\sin x$의 주기는 2π이므로 $2p = 2\pi$에 의하여 $p = \pi$이다.

그리하여 $y = \sin 2x$의 주기는 π이며 $y = \sin 2x$의 그래프는 다음과 같이 주어진다.

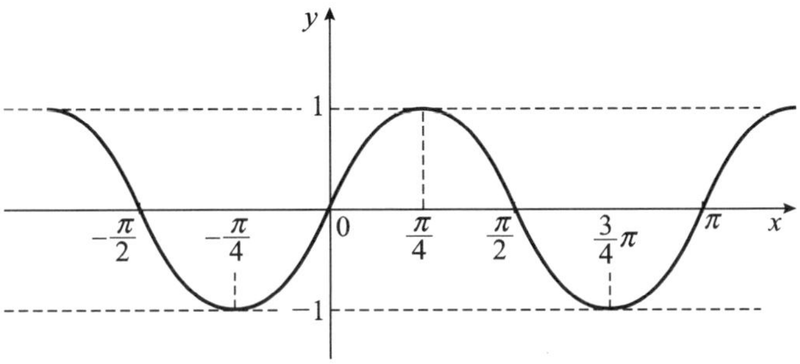

그림 2.16 $y = \sin 2x$의 그래프

다음에는 삼각함수들에 의한 방정식의 해를 구하는 예제이다.

예제 6

삼각방정식 $2\sin^2 x - \cos x = 1$의 해를 구하시오. (단, $0 \le x \le \pi$)

풀이 $\sin^2 x = 1 - \cos^2 x$을 방정식에 대입하면

$$2(1-\cos^2 x) - \cos x = 1$$

이고, 이것은 $2\cos^2 x + \cos x - 1 = 0$으로

$$\begin{aligned} 2\cos^2 x + \cos x - 1 &= (\cos x + 1)(2\cos x - 1) \\ &= 0 \end{aligned}$$

이다. 그리하여 $\cos x = -1$ 또는 $\cos x = \frac{1}{2}$이므로

$x = \pi$ 또는 $x = \frac{\pi}{3}$이다.

연습문제 2.2

1. $\theta = \frac{3}{4}\pi,\ \frac{5}{4}\pi$일 때, $\sin\theta$, $\cos\theta$, $\tan\theta$의 값을 구하시오.

2. $\theta = -\frac{7}{4}\pi$일 때, $\sin\theta$, $\cos\theta$, $\tan\theta$의 값을 구하시오.

3. θ가 제3사분면의 각이고 $\sin\theta = -\frac{4}{5}$일 때 $\cos\theta$, $\tan\theta$의 값을 구하시오.

4. 다음 식을 간단히 하시오.

$$\cos\theta + \cos\left(\frac{\pi}{2} + \theta\right) + \cos(\pi + \theta) + \cos\left(\frac{3}{2}\pi + \theta\right)$$

5. 다음 방정식의 해를 모두 구하시오.

(a) $\sqrt{2}\sin x - 1 = 0$　　(b) $2\cos x + \sqrt{3} = 0$

(c) $\sqrt{3}\tan x - 1 = 0$

6. $y = \cos 2x$의 주기를 구하고 그래프를 그리시오.

7. $y = 2\sin\frac{x}{2}$의 주기를 구하고 그래프를 그리시오.

8. $y = \tan 2x$의 주기를 구하고 그래프를 그리시오.

9. 다음의 삼각함수에 의한 방정식

$$2\sin^2 x + \cos x - 1 = 0,\quad 0 \le x \le 2\pi$$

의 해를 구하시오.

10. 다음 삼각 방정식의 해를 구하시오.

(a) $2\sin\left(2x - \frac{\pi}{3}\right) = \sqrt{3}\ \ (0 \le x \le \pi)$

(b) $\cos^2 x - 3\cos x = -2$

11. 다음의 값을 구하시오.

(a) $(\sin\theta+\cos\theta)^2+(\sin\theta-\cos\theta)^2$

(b) $\sin\theta+\cos\theta=\sqrt{2}$ 일 때 $\sin\theta\times\cos\theta$

(c) $\sin\theta-\cos\theta=\frac{1}{2}$ 일 때 $\sin\theta+\cos\theta$ $\left(0<\theta<\frac{\pi}{2}\right)$

2.3 삼각함수의 활용

이 절에서는 삼각함수의 덧셈정리를 유도하고 삼각함수를 이용한 다양한 문제들을 해결하고자 한다.

먼저 삼각함수에 대한 덧셈공식을 유도하고자 한다.

다음 그림과 같이 두 각 $\alpha, \beta(\alpha \geq \beta)$에 해당하는 단위원상의 점을 각각 A, B, 각 $\alpha-\beta$에 해당하는 점을 C라 하고, D는 점 (1, 0)을 나타낸다고 하자.

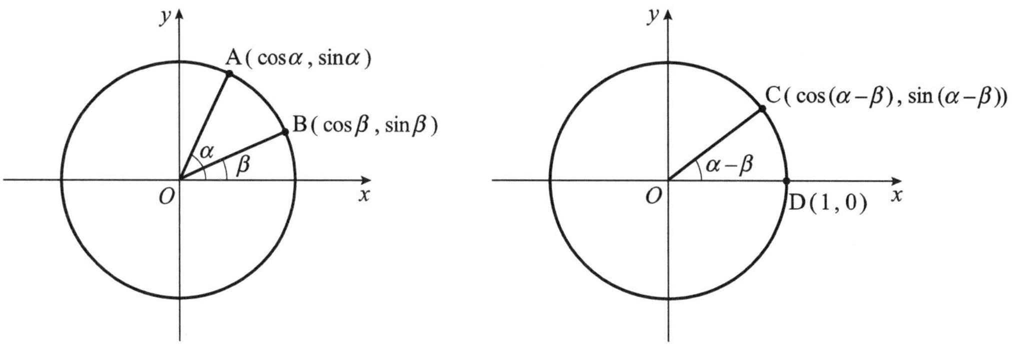

그림 2.17 각 $\alpha, \beta, \alpha-\beta$에 해당하는 단위원상의 점

두 점 A, B와 C, D가 이루는 중심각의 크기가 같으므로 $\overline{AB}=\overline{CD}$이고, 따라서 $\overline{AB}^2=\overline{CD}^2$이다. 즉,

$$\begin{aligned}\overline{AB}^2 &= (\cos\alpha-\cos\beta)^2+(\sin\alpha-\sin\beta)^2\\ &= 2-2\{\cos\alpha\cos\beta+\sin\alpha\sin\beta\}\\ \overline{CD}^2 &= \{\cos(\alpha-\beta)-1\}^2+\sin^2(\alpha-\beta)\\ &= 2-2\cos(\alpha-\beta)\end{aligned}$$

따라서

$$\cos(\alpha-\beta)=\cos\alpha\cos\beta+\sin\alpha\sin\beta$$

이다. 또한 여기서 β 대신에 $-\beta$을 대입하는 것에 의하여

$$\cos(\alpha+\beta)=\cos\alpha\cos\beta-\sin\alpha\sin\beta$$

을 얻는다. 그리고 위 등식에서 α 대신에 $\frac{\pi}{2}+\alpha$를 대입하면

$$\cos\left(\frac{\pi}{2}+\alpha+\beta\right)=\cos\left(\frac{\pi}{2}+\alpha\right)\cos\beta-\sin\left(\frac{\pi}{2}+\alpha\right)\sin\beta$$
$$=-\sin\alpha\cos\beta-\cos\alpha\sin\beta$$

여기서 $\cos\left(\frac{\pi}{2}+\alpha+\beta\right)=-\sin(\alpha+\beta)$이므로

$$\sin(\alpha+\beta)=\sin\alpha\cos\beta+\cos\alpha\sin\beta$$

이다. 또한 위 공식에서 β 대신에 $-\beta$를 대입하는 것에 의하여

$$\sin(\alpha-\beta)=\sin\alpha\cos\beta-\cos\alpha\sin\beta$$

을 얻을 수 있다.

사인과 코사인에 대한 덧셈공식을 이용하여 탄젠트에 대한 덧셈공식을 유도할 수 있다. 즉,

$$\tan(\alpha+\beta)=\frac{\sin(\alpha+\beta)}{\cos(\alpha+\beta)}=\frac{\sin\alpha\cos\beta+\cos\alpha\sin\beta}{\cos\alpha\cos\beta-\sin\alpha\sin\beta}$$

이며, 여기서 분모, 분자를 $\cos\alpha\cos\beta$로 나누면

$$\tan(\alpha+\beta)=\frac{\tan\alpha+\tan\beta}{1-\tan\alpha\cdot\tan\beta}$$

이다. 또한 β 대신에 $-\beta$를 대입하는 것에 의하여

$$\tan(\alpha-\beta)=\frac{\tan\alpha-\tan\beta}{1+\tan\alpha\cdot\tan\beta}$$

을 얻을 수 있다.

결국 우리는 다음과 같은 삼각함수에 대한 덧셈정리를 얻는다.

정리 1 ∘∘∘ 삼각함수의 덧셈정리

$$\sin(\alpha+\beta)=\sin\alpha\cos\beta+\cos\alpha\sin\beta$$
$$\sin(\alpha-\beta)=\sin\alpha\cos\beta-\cos\alpha\sin\beta$$
$$\cos(\alpha+\beta)=\cos\alpha\cos\beta-\sin\alpha\sin\beta$$
$$\cos(\alpha-\beta)=\cos\alpha\cos\beta+\sin\alpha\sin\beta$$

$$\tan(\alpha+\beta)=\frac{\tan\alpha+\tan\beta}{1-\tan\alpha\tan\beta}$$

$$\tan(\alpha-\beta)=\frac{\tan\alpha-\tan\beta}{1+\tan\alpha\tan\beta}$$

예제 1

삼각함수의 덧셈정리를 이용하여 다음 값들을 구하시오.

(a) $\sin\frac{3}{4}\pi$ (b) $\cos\frac{\pi}{12}$ (c) $\tan\frac{5}{12}\pi$

풀이 (a) $\sin\frac{3}{4}\pi=\sin\left(\frac{\pi}{2}+\frac{\pi}{4}\right)=\sin\frac{\pi}{2}\cos\frac{\pi}{4}+\cos\frac{\pi}{2}\sin\frac{\pi}{4}=\frac{\sqrt{2}}{2}$

(b) $$\cos\frac{\pi}{12}=\cos\left(\frac{\pi}{3}-\frac{\pi}{4}\right)=\cos\frac{\pi}{3}\cos\frac{\pi}{4}+\sin\frac{\pi}{3}\sin\frac{\pi}{4}$$
$$=\frac{1}{2}\frac{\sqrt{2}}{2}+\frac{\sqrt{3}}{2}\frac{\sqrt{2}}{2}=\frac{\sqrt{2}}{4}(1+\sqrt{3})$$

(c) $$\tan\frac{5}{12}\pi=\tan\left(\frac{\pi}{4}+\frac{\pi}{6}\right)$$
$$=\frac{\tan\frac{\pi}{4}+\tan\frac{\pi}{6}}{1-\tan\frac{\pi}{4}\tan\frac{\pi}{6}}=\frac{1+\frac{\sqrt{3}}{3}}{1-\frac{\sqrt{3}}{3}}=\frac{3+\sqrt{3}}{3-\sqrt{3}}=2+\sqrt{3}$$

■

예제 2

$\cos\alpha=\frac{4}{5}$, $\sin\beta=\frac{15}{17}$일 때 $\sin(\alpha+\beta)$의 값을 구하시오.

단, $0<\alpha<\frac{\pi}{2}$, $\frac{\pi}{2}<\beta<\pi$

풀이 α는 $0<\alpha<\frac{\pi}{2}$이므로 $\sin\alpha>0$이고, $\sin^2\alpha+\cos^2\alpha=1$에 의하여

$$\sin\alpha=\sqrt{1-\cos^2\alpha}=\sqrt{1-\left(\frac{4}{5}\right)^2}=\frac{3}{5}$$

이다. 또한 $\frac{\pi}{2}<\beta<\pi$이므로 $\cos\beta<0$이다.

따라서 $\cos\beta = -\sqrt{1-\sin^2\beta} = -\sqrt{1-\left(\frac{15}{17}\right)^2} = -\frac{8}{17}$

이다. 그러므로

$$\begin{aligned}\sin(\alpha+\beta) &= \sin\alpha \cdot \cos\beta + \cos\alpha \cdot \sin\beta \\ &= \frac{3}{5} \cdot \left(-\frac{8}{17}\right) + \frac{4}{5}\frac{15}{17} = \frac{36}{85}\end{aligned}$$

■

예제 3

두 직선 $y = 3x - 1$과 $y = \frac{1}{2}x + 1$이 이루는 각의 크기를 구하시오.

풀이 그림 2.18과 같이 두 직선이 양의 x축과 이루는 각의 크기를 각각 θ_1, θ_2라 하면 두 직선이 이루는 사이각 $\theta = \theta_1 - \theta_2$이다.

여기서 $\tan\theta_1 = 3$, $\tan\theta_2 = \frac{1}{2}$이다. 그리하여

$$\tan\theta = \tan(\theta_1 - \theta_2) = \frac{\tan\theta_1 - \tan\theta_2}{1+\tan\theta_1\tan\theta_2} = \frac{3-\frac{1}{2}}{1+3\cdot\frac{1}{2}} = 1$$

이고, 따라서 $\theta = \frac{\pi}{4}$이다. 즉 두 직선이 이루는 각은 45°이다.

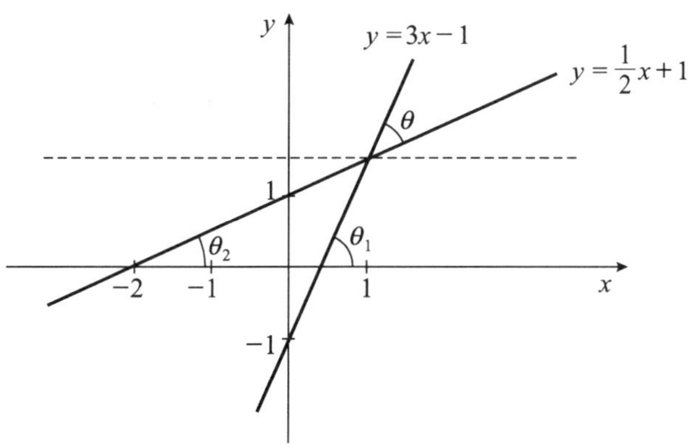

그림 2.18 두 직선의 사이각

■

다음에는 0이 아닌 임의의 두 실수 a, b에 대하여

$$a\sin\theta + b\cos\theta$$

를 삼각함수의 덧셈정리를 이용하여

$$r\sin(\theta+\alpha), \quad r>0$$

의 꼴로 나타내고자 한다.

오른쪽 그림과 같이 좌표평면 위에 점 $\mathrm{P}(a, b)$를 잡고 동경 OP와 양의 x축이 이루는 각의 크기를 α라 하면

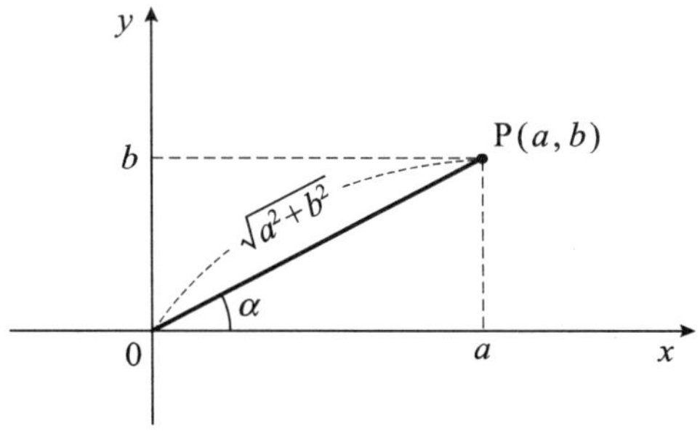

$$\sin\alpha = \frac{b}{\sqrt{a^2+b^2}}, \quad \cos\alpha = \frac{a}{\sqrt{a^2+b^2}}$$

이다. 따라서

$$\begin{aligned} a\sin\theta + b\cos\theta &= \sqrt{a^2+b^2}\left(\frac{a}{\sqrt{a^2+b^2}}\sin\theta + \frac{b}{\sqrt{a^2+b^2}}\cos\theta\right) \\ &= \sqrt{a^2+b^2}\,(\cos\alpha\sin\theta + \sin\alpha\cos\theta) \\ &= \sqrt{a^2+b^2}\,\sin(\theta+\alpha) \end{aligned}$$

와 같이 변형된다.

결국 $a\sin\theta + b\cos\theta$의 최댓값과 최솟값은 각각 $\sqrt{a^2+b^2}$, $-\sqrt{a^2+b^2}$이고, 이 함수의 그래프는 $\sqrt{a^2+b^2}\sin\theta$의 그래프를 $-\alpha$만큼 평행이동한 것이다.

예제 4

함수 $f(x) = \sin x + \cos x$의 최댓값, 최솟값, 최대, 최소를 갖게 하는 x의 값을 구하고, 또한 함수 f의 그래프를 그리시오.

풀이

$$\begin{aligned} f(x) &= \sin x + \cos x \\ &= \sqrt{2}\left(\frac{1}{\sqrt{2}}\sin x + \frac{1}{\sqrt{2}}\cos x\right) \\ &= \sqrt{2}\left(\sin x\cos\frac{\pi}{4} + \cos x\sin\frac{\pi}{4}\right) \\ &= \sqrt{2}\sin\left(x+\frac{\pi}{4}\right) \end{aligned}$$

여기서 $-1 \le \sin\left(x+\frac{\pi}{4}\right) \le 1$이므로 $-\sqrt{2} \le f(x) \le \sqrt{2}$이다.

따라서 $x+\frac{\pi}{4}=\frac{\pi}{2}+2n\pi$일 때 최대, 즉 $x=\frac{\pi}{4}+2n\pi$일 때 최댓값 $\sqrt{2}$를 갖고, $x+\frac{\pi}{4}=\frac{3}{2}\pi+2n\pi$, 즉 $x=\frac{5}{4}\pi+2n\pi$일 때 최솟값 $-\sqrt{2}$를 갖는다.
다음은 함수 $f(x)=\sin x+\cos x$의 그래프를 그려 놓은 것으로 $\sqrt{2}\sin x$의 그래프를 x축으로 $-\frac{\pi}{4}$만큼 평행이동한 것이다.

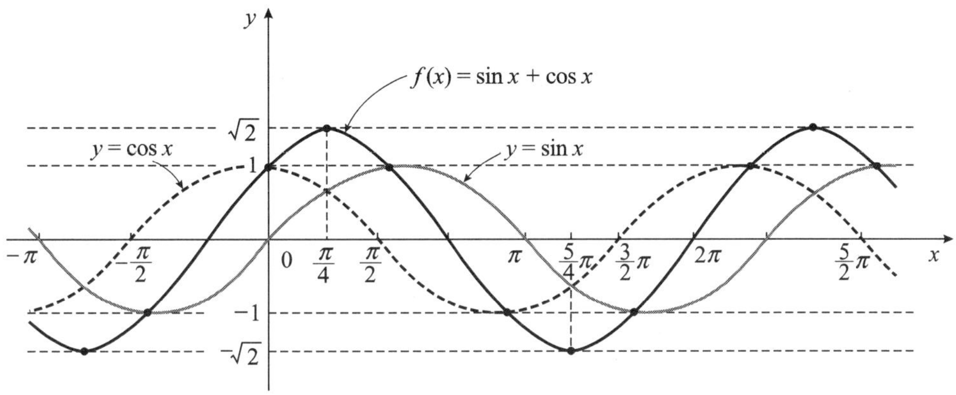

그림 2.19 $f(x)=\sin x+\cos x$의 그래프

다음에 다루어질 내용은 sine 법칙과 cosine 법칙으로 미적분학을 공부하는데 있어 그리 언급되지 않은 내용으로 생략하고 다음 절로 넘어가도 무방하다.

sine 법칙, cosine 법칙

다음 그림과 같이 반지름 r인 원에 내접하는 $\triangle ABC$의 세 각의 크기를 각각 A, B, C라 하고 이 세 각에 대한 대변의 길이를 각각 a, b, c라 하자.

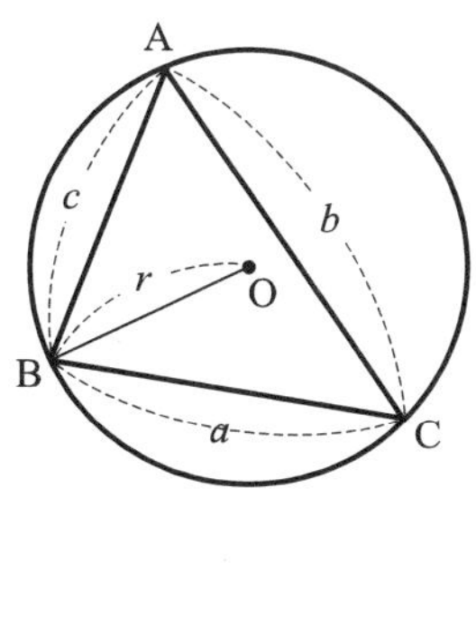

그리고 나면 다음과 같은 사실이 성립한다.

정리 2 ∘∘∘ 사인 법칙

$$\frac{a}{\sin A}=\frac{b}{\sin B}=\frac{c}{\sin C}=2r$$

단, r은 삼각형 ABC에 외접하는 원의 반지름이다.

증명 먼저 $\sin A=\dfrac{a}{2r}$임을 ∠A가 예각, 직각, 둔각일 때로 나누어 증명하자.

(i) ∠A가 예각인 경우(∠A $<90°$)

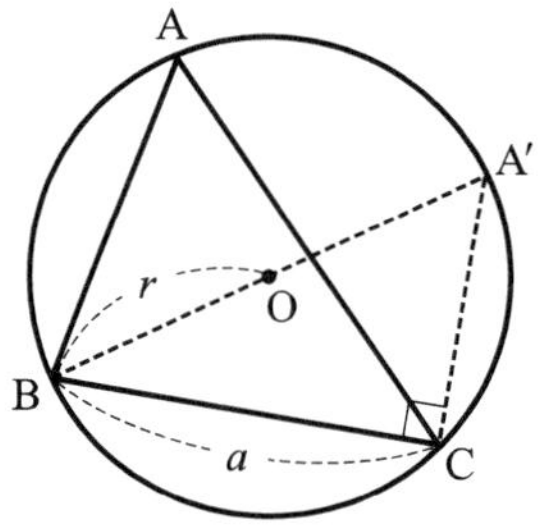

점 B에서 중심 O을 지나 원과 만나는 점을 A′이라 하자.

그리고 나면 ∠A와 ∠A′은 같은 현 BC를 가지므로

$$\angle A=\angle A'$$

이고 $\angle BCA'=90°$이다. 따라서

$$\sin A=\sin A'$$
$$=\frac{a}{2r}$$

이 성립한다.

(ii) ∠A가 직각인 경우(∠A $=90°$)

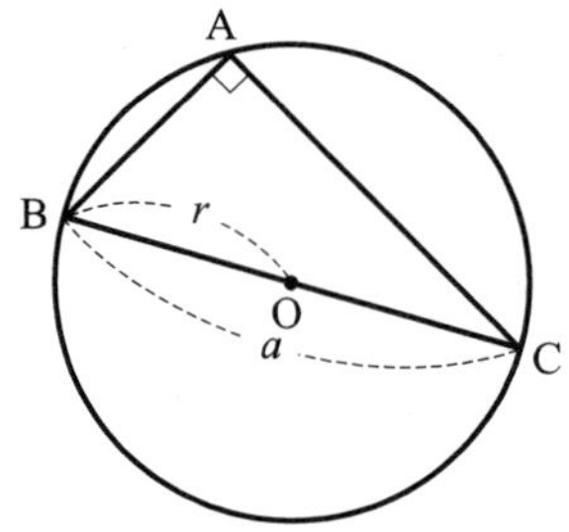

$\angle$A가 직각이므로 선분 BC는 원의 중심을 지난다. 여기서 $a=2r$이고 $\dfrac{a}{2r}=1$

이다.

따라서
$$\sin A = 1$$
$$= \frac{a}{2r}$$

이 성립한다.

(iii) $\angle$A가 둔각인 경우($\angle$A $> 90°$)

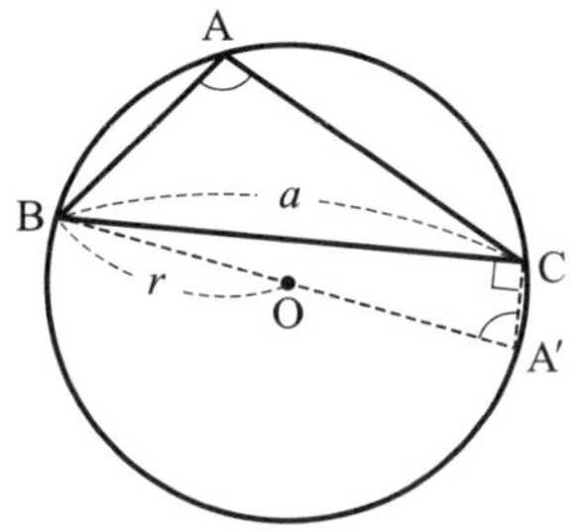

$\angle$A $=\pi-\angle$A$'$이다. 그러나 $\angle$A$'$CB $=90°$이므로

$\sin A' = \dfrac{a}{2r}$ 이고

$$\sin A = \sin(\pi - A') = \sin A' = \frac{a}{2r}$$

이 성립한다.

이와 같은 방법으로 $\sin B = \dfrac{b}{2r}$, $\sin C = \dfrac{c}{2r}$ 임을 보일 수 있다. ▣

예제 5

다음 그림과 같이 △ABC에 대하여 선분 AB의 길이를 구하시오.

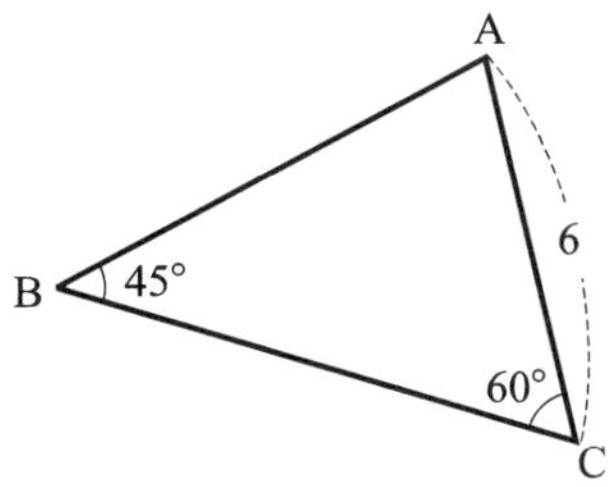

풀이 $\triangle \mathrm{ABC}$에 외접하는 원의 반지름을 r이라 하자. 그리고 나면 앞선 정리의 sine 법칙에 의하여

$$\frac{\overline{\mathrm{AB}}}{\sin C} = 2r$$

이다. 그러나 $\frac{6}{\sin B} = 2r$, 즉 $2r = \frac{6}{\sin 45°} = 6\sqrt{2}$ 이므로 $r = 3\sqrt{2}$ 이다. 따라서

$$\overline{\mathrm{AB}} = 2r\sin C = 2 \cdot 3\sqrt{2} \cdot \frac{\sqrt{3}}{2} = 3\sqrt{6}$$

이다. ▣

다음에는 코사인에 대한 2개의 법칙을 유도하고자 한다. 첫 번째는 **제1코사인법칙**(first cosine rule)으로 다음 정리에 잘 나타난다.

정리 3 ◦◦◦ 제1코사인 법칙

$\triangle \mathrm{ABC}$에 있어서 세 각 A, B, C의 대변의 길이를 각각 a, b, c라 할 때 다음과 같은 관계가 성립한다.

$$a = b\cos C + c\cos B$$
$$b = c\cos A + a\cos C$$
$$c = a\cos B + b\cos A$$

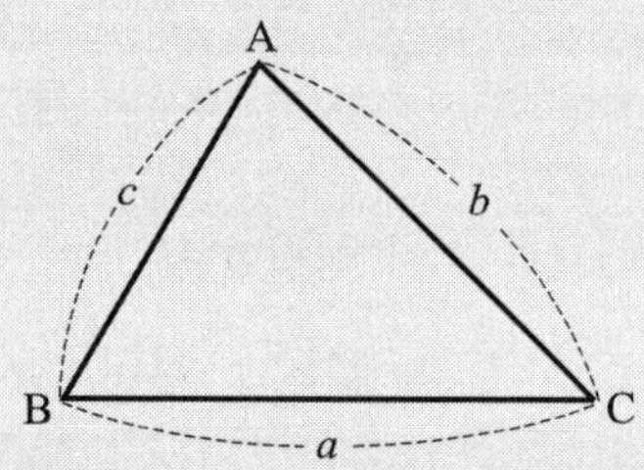

증명 $a = b\cos C + c\cos B$을 증명하자.

사인법칙에서와 같이 $\angle \mathrm{B}$가 예각, 직각, 둔각인 경우로 나누어 증명하고자 한다.

(i) $\angle \mathrm{B}$가 예각인 경우($\angle \mathrm{B} < 90°$)

다음 오른쪽 그림과 같이 점 A에서 변 BC에 내린 수선의 발을 H라 하자. 그리고 나면

$$a = \overline{\mathrm{BH}} + \overline{\mathrm{HC}} = c\cos B + b\cos C$$

이 성립한다.

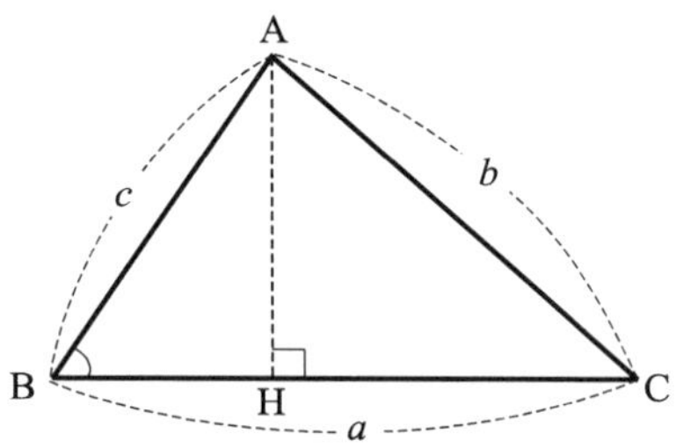

(ii) $\angle\mathrm{B}$가 직각인 경우($\angle\mathrm{B}=90°$)

$\cos B=\cos 90°=0$이므로 $a=b\cos C$임을 보이면 된다.

이것은 $\cos C=\dfrac{a}{b}$이므로 성립한다.

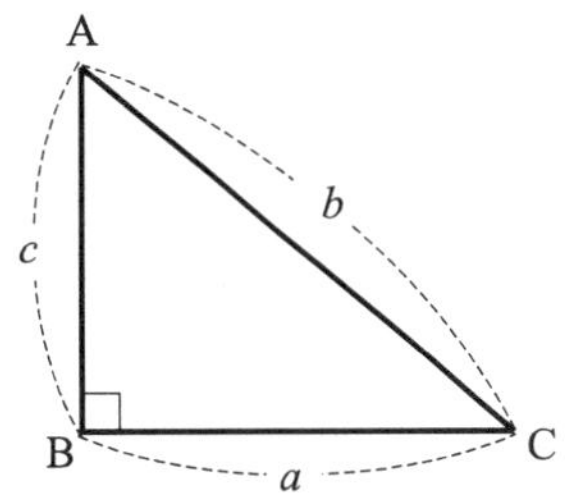

(iii) $\angle\mathrm{B}$가 둔각인 경우($\angle\mathrm{B}>90°$)

다음 그림에서와 같이 점 A에서 변 CB의 연장선에 내린 수선의 발을 H라 하자. 그리고 나면

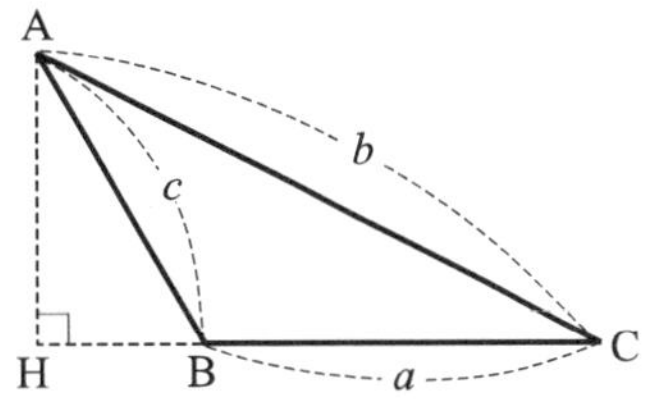

$$\begin{aligned} a &= \overline{\mathrm{HC}}-\overline{\mathrm{HB}} \\ &= b\cos C-c\cos(\pi-B) \\ &= b\cos C+c\cos B \end{aligned}$$

이 성립한다.

나머지 관계식의 증명도 이와 비슷하게 하면 된다. ▣

예제 6

다음 $\triangle\mathrm{ABC}$에 대하여 선분 BC의 길이를 구하시오.

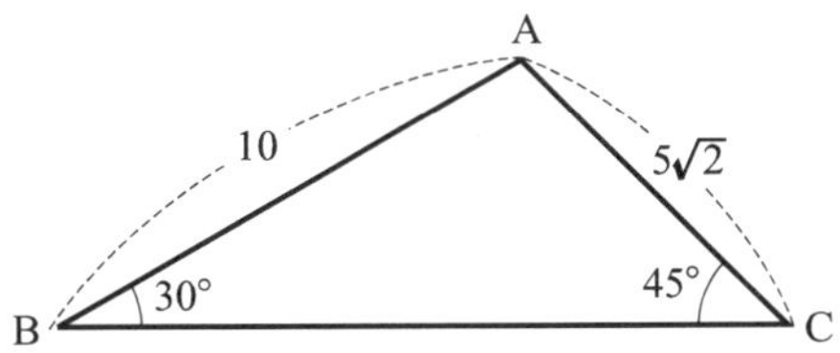

풀이 앞선 정리의 제1코사인 법칙에 의하여

$$\begin{aligned} \overline{\mathrm{BC}} &= \overline{\mathrm{AC}}\cos C+\overline{\mathrm{AB}}\cos B \\ &= 5\sqrt{2}\cdot\frac{1}{\sqrt{2}}+10\frac{\sqrt{3}}{2} \\ &= 5+5\sqrt{3} \end{aligned}$$

이다. ▣

다음에는 **제2코사인 법칙**(second cosine rule)에 대하여 논의하고자 한다.

정리 4 ∘∘∘ 제2코사인 법칙

$\triangle$ABC에 있어서 세 각 A, B, C의 대변의 길이를 각각 a, b, c라 할 때 다음과 같은 관계가 성립한다.

$$a^2 = b^2 + c^2 - 2bc\cos A$$

$$b^2 = c^2 + a^2 - 2ca\cos B$$

$$c^2 = a^2 + b^2 - 2ab\cos C$$

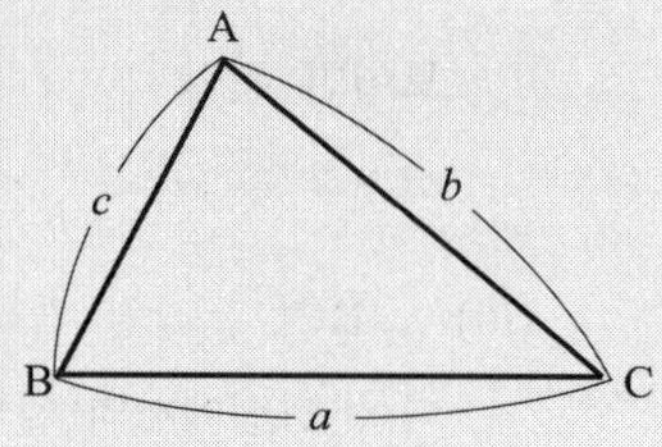

증명 제1코사인 법칙에 의하여

$$a = b\cos C + c\cos B \quad \cdots\cdots (1)$$

$$b = c\cos A + a\cos C \quad \cdots\cdots (2)$$

$$c = a\cos B + b\cos A \quad \cdots\cdots (3)$$

이 성립한다. 그리고 나면

$(1)\times a-(2)\times b-(3)\times c$를 하여 정리하면

$$a^2 - b^2 - c^2 = -2bc\cos A$$

를 얻고 따라서

$$a^2 = b^2 + c^2 - 2bc\cos A$$

가 성립하며 나머지도 비슷하게 증명하면 된다. ■

예제 7

다음 $\triangle$ABC에서 선분 BC의 길이를 구하시오.

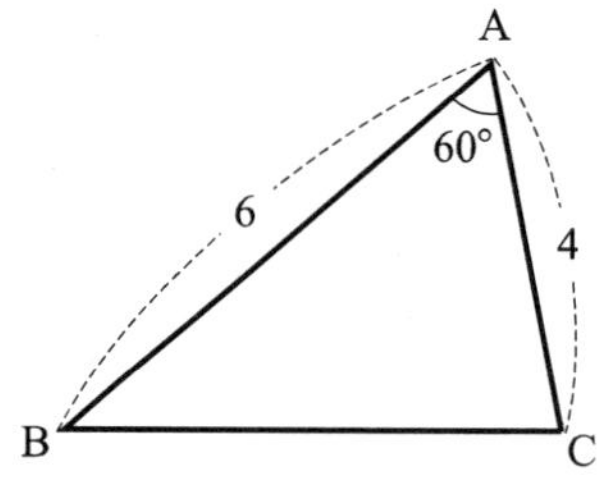

풀이 제2코사인 법칙에 의하여

$$\overline{BC}^2 = \overline{AB}^2 + \overline{AC}^2 - 2\overline{AB}\,\overline{AC}\cos 60°$$

$$= 36 + 16 - 2 \cdot 6 \cdot 4 \cdot \frac{1}{2}$$

$$= 28$$

$\overline{\mathrm{BC}} > 0$이므로 $\overline{\mathrm{BC}} = 2\sqrt{7}$이다. ▣

연습문제 2.3

1. $\sin\alpha + \sin\beta = 1,\ \cos\alpha + \cos\beta = \frac{1}{2}$일 때, $\cos(\alpha - \beta)$의 값을 구하시오.
(힌트: 주어진 등식을 제곱한다.)

2. 삼각함수의 덧셈정리를 이용하여 다음 값을 구하시오.

(a) $\sin\frac{5}{12}\pi$ (b) $\sin\frac{7}{12}\pi$

(c) $\cos\frac{5}{12}\pi$ (d) $\cos\frac{7}{12}\pi$

3. $\tan\frac{\pi}{12},\ \tan\frac{7}{12}\pi$의 값을 구하시오.

4. $\sin\alpha = \frac{3}{5},\ \cos\beta = \frac{5}{13}$일 때 다음 값을 구하시오. 단, $\frac{\pi}{2} < \alpha < \pi,\ 0 < \beta < \frac{\pi}{2}$

(a) $\sin(\alpha - \beta)$ (b) $\cos(\alpha + \beta)$

5. 두 직선 $y = -\frac{1}{3}(x+1)$과 $y = -2x - 1$이 이루는 각의 크기를 θ라 할 때, $\tan\theta$의 값을 구하시오.

6. 다음 삼각함수의 배각공식을 유도하시오.

(a) $\sin 2\alpha = 2\sin\alpha\cos\alpha$

(b) $\cos 2\alpha = \cos^2\alpha - \sin^2\alpha = 2\cos^2\alpha - 1 = 1 - 2\sin^2\alpha$

(c) $\tan 2\alpha = \dfrac{2\tan\alpha}{1 - \tan^2\alpha}$

(힌트 : 삼각함수의 덧셈공식에서 β 대신에 α를 대입한다.)

7. $\sin\alpha = \dfrac{3}{\sqrt{10}}$일 때 $\cos 2\alpha$, $\sin 2\alpha$, $\tan 2\alpha$의 값을 구하시오. 단, $0 < \alpha < \dfrac{\pi}{2}$

8. 다음 삼각함수의 반각공식을 유도하시오.

(a) $\sin^2\dfrac{\alpha}{2} = \dfrac{1-\cos\alpha}{2}$

(b) $\cos^2\dfrac{\alpha}{2} = \dfrac{1+\cos\alpha}{2}$

(c) $\tan^2\dfrac{\alpha}{2} = \dfrac{1-\cos\alpha}{1+\cos\alpha}$

9. $\sin^2\dfrac{\pi}{12}$의 값을 구하시오.

10. $\sin\alpha = \dfrac{4}{5}$일 때 $\tan\dfrac{\alpha}{2}$의 값을 구하시오. 단 $\dfrac{\pi}{2} < \alpha < \pi$

11. 다음 등식을 증명하시오.

(a) $\sin\alpha\cos\beta = \dfrac{1}{2}\{\sin(\alpha+\beta) + \sin(\alpha-\beta)\}$

(b) $\cos\alpha\sin\beta = \dfrac{1}{2}\{\sin(\alpha+\beta) - \sin(\alpha-\beta)\}$

(c) $\cos\alpha\cos\beta = \dfrac{1}{2}\{\cos(\alpha+\beta) + \cos(\alpha-\beta)\}$

(d) $\sin\alpha\sin\beta = -\dfrac{1}{2}\{\cos(\alpha+\beta) - \cos(\alpha-\beta)\}$

12. 다음 등식을 증명하시오.

(a) $\sin A + \sin B = 2\sin\dfrac{A+B}{2}\cos\dfrac{A-B}{2}$

(b) $\sin A - \sin B = 2\cos\dfrac{A+B}{2}\sin\dfrac{A-B}{2}$

(c) $\cos A + \cos B = 2\cos\dfrac{A+B}{2}\cos\dfrac{A-B}{2}$

(d) $\cos A - \cos B = -2\sin\dfrac{A+B}{2}\sin\dfrac{A-B}{2}$

13. 다음의 값을 구하시오.

(a) $\sin\dfrac{5}{12}\pi \cdot \cos\dfrac{\pi}{12}$

(b) $\dfrac{\sin 50° + \sin 10°}{\cos 50° + \cos 10°}$

14. $\sin\frac{5}{12}\pi+\sin\frac{\pi}{12}$의 값을 구하시오.

15. 함수 $f(x)=\sqrt{3}\sin x+\cos x$의 최댓값과 최솟값을 구하고 그 때의 x값을 구하시오.

16. 다음 삼각형의 넓이를 구하시오.

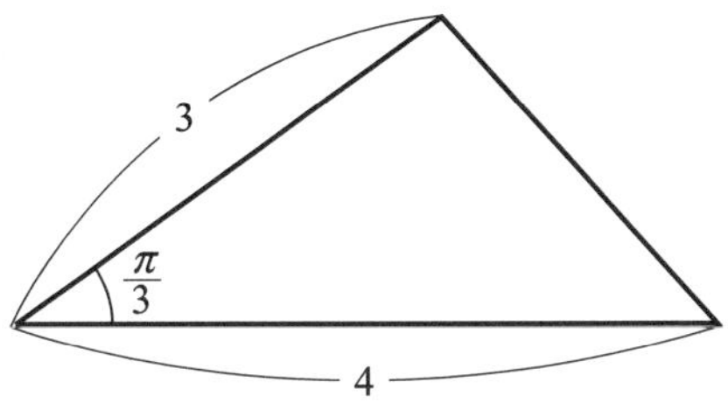

17. $\frac{\sin\theta+\cos\theta}{\sin\theta-\cos\theta}=\sqrt{5}$일 때, $\sin 2\theta$의 값을 구하시오.

18. 좌표평면에서 각 α, β, γ에 대하여 $\alpha+\beta=\gamma$일 때 점 P의 y좌표값을 구하시오.

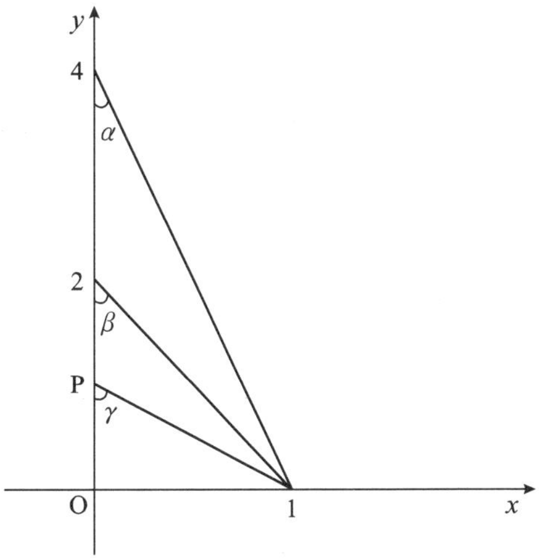

19. $0<\theta<\frac{\pi}{2}$일 때, 다음의 각 조건을 만족하는 $\cos\theta$의 값을 각각 구하시오.

(a) $\tan\frac{\theta}{2}=\frac{2}{3}$

(b) $3\cos 2\theta+4\sqrt{2}\sin\theta=3$

20. 다음 삼각방정식의 해를 구하시오. (단, $0\le x<2\pi$)

(a) $\sin 2x=2\cos x-2\cos^2 x$

(b) $\sin\left(2x-\frac{\pi}{2}\right)=2\cos^2 x$

2.4 역삼각함수

이 절에서는 삼각함수의 역함수를 생각하고자 한다. 그러나 삼각함수는 주기함수로서 전단사 함수가 아니다. 따라서 일반적으로는 역함수가 존재하지 않는다. 왜냐하면 치역에 속하는 각각의 y에 대하여 그에 대응하는 x값들이 무수히 많이 존재하기 때문이다. 그리하여 각 삼각함수의 역함수를 생각하기 위해서는 각 삼각 함수의 정의역을 제한해야 한다.

(1) sine함수의 역함수($\sin^{-1}x$, arcsine)

함수 $f(x)=\sin x$ 라 하고 함수 f 의 정의역을 $\left[-\frac{\pi}{2}, \frac{\pi}{2}\right]$로 제한하자. 그리고 나면 함수 f 는 $\left[-\frac{\pi}{2}, \frac{\pi}{2}\right]$에서 $[-1, 1]$로의 전단사함수가 된다. 그리하여 우리는 함수 f 의 역함수를 생각할 수 있다.

정의 1 ••• ($\sin^{-1}x$)

함수 $f(x)=\sin x$, $x\in\left[-\frac{\pi}{2}, \frac{\pi}{2}\right]$에 대하여 함수 f 의 역함수는

$$f^{-1}(x)=\sin^{-1}x : [-1, 1]\to\left[-\frac{\pi}{2}, \frac{\pi}{2}\right]$$

$$f^{-1}(x)=y \Leftrightarrow f(y)=x$$

$$\text{즉, } y=\sin^{-1}x \Leftrightarrow x=\sin y$$

에 의하여 정의한다.

역함수 성질에 의하여 $y=\sin^{-1}x$ 은 $x=\sin y$ 인 것과 같다. 여기서 x는 $[-1, 1]$, y는 $\left[-\frac{\pi}{2}, \frac{\pi}{2}\right]$에 속해 있는 임의의 실수이다. 그림 2.20은 $y=\sin^{-1}x$ 의 그래프를 그려놓은 것으로서 $y=\sin x$ 의 그래프와 직선 $y=x$ 에 대하여 대칭이다.

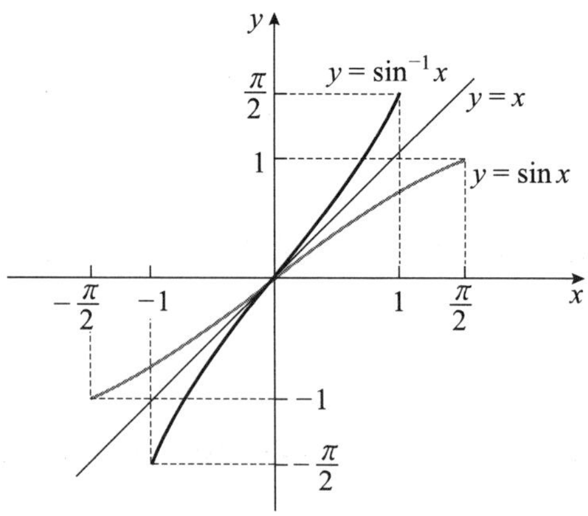

그림 2.20 $y=\sin^{-1}x$ 의 그래프

예제 1

다음의 값을 구하시오.

(a) $\sin^{-1}\dfrac{1}{2}$　　　　(b) $\sin^{-1}\dfrac{\sqrt{3}}{2}$

풀이 (a) $x = \sin^{-1}\dfrac{1}{2}$ 이라 하자. 그리고 나면 역함수 성질에 의하여 $\dfrac{1}{2} = \sin x$ 이고, 따라서 $x = \dfrac{\pi}{6}$ 이다.

(b) $y = \sin^{-1}\dfrac{\sqrt{3}}{2}$ 이라 하면 $\sin y = \dfrac{\sqrt{3}}{2}$ 이므로 $y = \dfrac{\pi}{3}$ 이다. ■

(2) cosine함수의 역함수($\cos^{-1}x$, arccosine)

함수 $f(x) = \cos x$ 라 하자. 함수 f 의 정의역을 $[0, \pi]$로 제한하면 함수 $f(x)$는 $f: [0, \pi] \to [-1, 1]$로의 전단사함수가 된다. 그리하여 함수 f의 역함수를 생각할 수 있다.

정의 2 ••• ($\cos^{-1}x$)

함수 $f(x) = \cos x$, $x \in [0, \pi]$에 대하여 함수 f 의 역함수 $f^{-1}(x)$를 $f^{-1}(x) = \cos^{-1}x$로 나타내고 다음과 같이 정의한다.

$$f^{-1}(x) = \cos^{-1}x : [-1, 1] \to [0, \pi]$$
$$f^{-1}(x) = y \quad \Leftrightarrow \quad f(y) = x$$

역함수의 성질에 의하여

$$y = \cos^{-1}x \Leftrightarrow x = \cos y$$

이 성립한다. 다음 그림은 $y = \cos^{-1}x$의 그래프를 그려놓은 것이다.

$y = \cos^{-1}x$ 의 그래프는 $y = \cos x$ 의 그래프와 $y = x$에 대하여 대칭이게 위치한다.

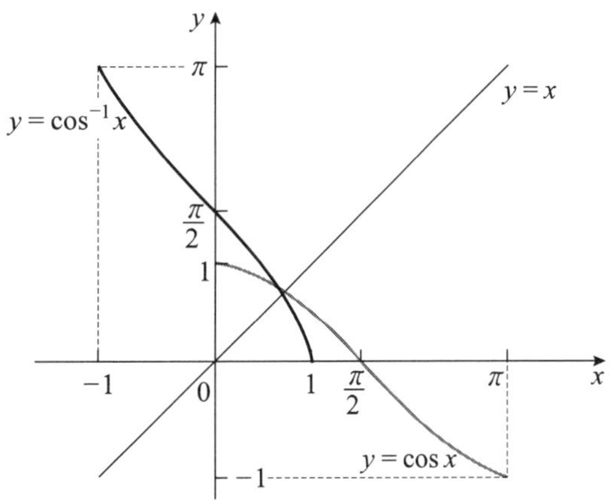

그림 2.21 $y = \cos^{-1}(x)$의 그래프

예제 2

$\cos^{-1}\left(\frac{\sqrt{2}}{2}\right)$의 값을 구하시오.

풀이 $\cos^{-1}\left(\frac{\sqrt{2}}{2}\right)= x$ 라 하면 역함수 성질에 의하여

$$\frac{\sqrt{2}}{2} = \cos x$$

이다. 그리하여 $x = \frac{\pi}{4}$ 이다.

(3) tangent함수의 역함수($\tan^{-1} x$, arctangent)

함수 $f(x)= \tan x$ 에 대하여 $x \in \left(-\frac{\pi}{2}, \frac{\pi}{2}\right)$으로 제한하면 함수 $f(x)$는 $f : \left(-\frac{\pi}{2}, \frac{\pi}{2}\right) \to (-\infty, \infty)$로의 전단사함수가 된다. 그리하여 역함수 $f^{-1}(x): (-\infty, \infty) \to \left(-\frac{\pi}{2}, \frac{\pi}{2}\right)$이 존재한다.

정의 3 ••• ($\tan^{-1}x$)

함수 $f(x) = \tan x$, $x \in \left(-\frac{\pi}{2}, \frac{\pi}{2}\right)$에 대하여 함수 f의 역함수를 $f^{-1}(x)$에 의하여 나타내고 다음과 같이 정의한다.

$$f^{-1}(x) = \tan^{-1} x : (-\infty, \infty) \to \left(-\frac{\pi}{2}, \frac{\pi}{2}\right)$$

$$f^{-1}(x) = y \iff f(y) = x$$

$f^{-1}(x) = \tan^{-1} x$로 나타내므로 역함수 성질에 의하여

$$y = \tan^{-1} x \iff x = \tan y$$

인 관계가 성립한다. 다음은 $y = \tan^{-1} x$ 의 그래프를 그려놓은 것이다.

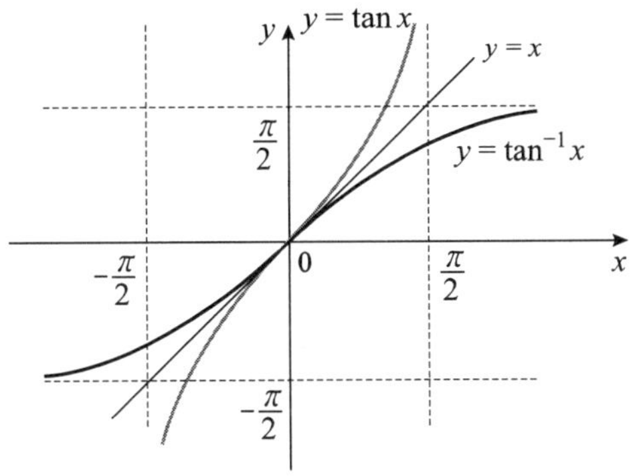

그림 2.22 $y=\tan^{-1}x$ 의 그래프

예제 3

$\tan^{-1}\sqrt{3}$ 의 값을 구하시오.

풀이 $y=\tan^{-1}\sqrt{3}$ 이라 하면 역함수 성질에 의하여 $\tan y=\sqrt{3}$ 이다. 따라서 $y=\dfrac{\pi}{3}$ 이고, 그러므로 $\tan^{-1}\sqrt{3}=\dfrac{\pi}{3}$ 이다. ▣

예제 4

$\tan\left(\cos^{-1}\dfrac{1}{3}\right)$ 의 값을 구하시오.

풀이 $\cos^{-1}\dfrac{1}{3}=\theta$ 라 하자. 그리고 나면 $\cos\theta=\dfrac{1}{3}$ 이다. 다음의 직각삼각형에 의하여

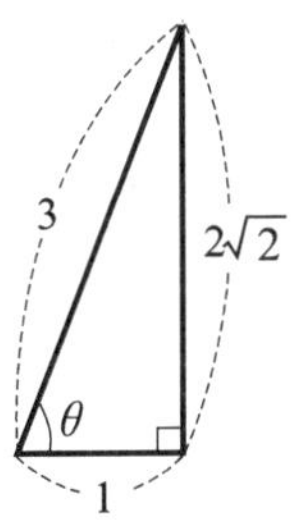

$\tan\left(\cos^{-1}\dfrac{1}{3}\right)=\tan\theta=2\sqrt{2}$ 이다. ▣

예제 5

$\sin\left[2\cos^{-1}\left(\frac{1}{3}\right)\right]$ 의 값을 구하시오.

풀이 $\cos^{-1}\left(\frac{1}{3}\right)=\alpha$라 하자. 그리고 나면 $\cos\alpha=\frac{1}{3}(\alpha\in[0,\ \pi])$이다.

따라서 $\sin\alpha=\sqrt{1-\left(\frac{1}{3}\right)^2}=\frac{2\sqrt{2}}{3}$이다.

삼각함수의 배각공식 $\sin 2\alpha=2\sin\alpha\cos\alpha$(연습문제 2.3, 6(a)참고)에 의하여

$$\begin{aligned}\sin\left[2\cos^{-1}\left(\frac{1}{3}\right)\right]&=\sin(2\alpha)\\&=2\sin\alpha\cos\alpha\\&=2\cdot\frac{2\sqrt{2}}{3}\cdot\frac{1}{3}\\&=\frac{4\sqrt{2}}{9}\end{aligned}$$

이다. ▣

연습문제 2.4

1. 다음의 값을 구하여라

(a) $\sin^{-1}(-1)$

(b) $\cos^{-1}\frac{1}{2}$

(c) $\tan^{-1}1$

(d) $\sin^{-1}(0)$

(e) $\cos^{-1}\left(-\frac{\sqrt{2}}{2}\right)$

(f) $\tan^{-1}\left(-\frac{1}{\sqrt{3}}\right)$

2. 다음의 값을 구하시오.

(a) $\cos^{-1}\left(\sin\frac{\pi}{4}\right)$

(b) $\sin\left(\cos^{-1}\frac{\sqrt{3}}{2}\right)$

(c) $\tan\left(\sin^{-1}\frac{\sqrt{3}}{2}\right)$

(d) $\sin\left(\tan^{-1}\frac{4}{3}\right)$

(e) $\cos\left(\tan^{-1}\frac{4}{3}\right)$

(f) $\sec(\tan^{-1}2)$

3. 다음의 값을 구하시오.

(a) $\sin^{-1}\left(\sin\frac{\pi}{3}\right)$

(b) $\cos^{-1}\left(\cos\frac{\pi}{6}\right)$

(c) $\tan^{-1}\left(\tan\frac{\pi}{4}\right)$

(d) $\sin\left(\sin^{-1}\frac{1}{2}\right)$

(e) $\tan(\tan^{-1}1)$

4. 다음을 증명하시오.

(a) $\sin^{-1}(\sin x) = x, \quad x \in \left[-\frac{\pi}{2}, \frac{\pi}{2}\right]$

(b) $\cos^{-1}(\cos x) = x, \quad x \in [0, \pi]$

(c) $\tan^{-1}(\tan x) = x, \quad x \in \left(-\frac{\pi}{2}, \frac{\pi}{2}\right)$

5. 다음을 보이시오.

(a) $\sin(\cos^{-1}x) = \sqrt{1-x^2}, \quad -1 \le x \le 1$

(b) $\cos(\sin^{-1}x) = \sqrt{1-x^2}, \quad -1 \le x \le 1$

(c) $\tan(\cos^{-1}x) = \dfrac{\sqrt{1-x^2}}{x}, \quad -1 \le x \le 1, x \ne 0$

(d) $\sin(\tan^{-1}x) = \dfrac{x}{\sqrt{1+x^2}}$

6. $\sin^{-1}x = \cos^{-1}x$를 만족하는 x 값은?

7. 다음의 값을 구하시오.

(a) $\cos\left[2\sin^{-1}\left(-\frac{2}{3}\right)\right]$

(b) $\tan\left[2\tan^{-1}\left(\frac{1}{3}\right)\right]$

(c) $\sin\left[\cos^{-1}\left(\frac{3}{5}\right) + \cos^{-1}\left(\frac{5}{13}\right)\right]$

8. 다음 방정식이 항등식임을 보이시오.

(a) $\cos(2\sin^{-1}x) = 1 - 2x^2$

(b) $\tan(2\sin^{-1}x) = \dfrac{2x\sqrt{1-x^2}}{1-2x^2}$

9. $y = \operatorname{cosec}x$, $y = \sec x$, $y = \cot x$ 의 역함수에 대하여 생각해 보시오.

2장 종합문제

1. 1 $\tan\theta = \frac{\sqrt{5}}{5}$일 때, $\cos 2\theta$의 값을 구하시오.

2. $\tan 2\theta = \frac{3}{4}$일 때, $\tan\theta$의 값을 구하시오. (단, $0 < \theta < \frac{\pi}{2}$)

3. $\tan\frac{\theta}{2} = \frac{\sqrt{2}}{2}$일 때, $\sec\theta$의 값을 구하시오. (단, $0 < \theta < \frac{\pi}{2}$)

4. 삼각방정식 $\sqrt{6}\sin x - \sqrt{2}\cos x - 2 = 0\ (0 \le x \le 2\pi)$의 모든 실근을 구하시오.

5. 원점 O와 점 $P(1, -\sqrt{3})$을 지나는 동경 OP가 나타내는 각의 크기를 θ라 할 때, $\mathrm{cosec}^2\theta + 2\sec\theta + \tan^2\theta$의 값을 구하시오.

6. $\sin\theta + \cos\theta = \frac{2}{3}$일 때, $\sin^3\theta + \cos^3\theta$의 값을 구하시오.

7. $\sin\theta - \cos\theta = \frac{\sqrt{10}}{5}$일 때, $\sin 4\theta$의 값을 구하시오. (단, $\frac{\pi}{4} < \theta < \frac{\pi}{2}$)

8. $0 < x < \pi$에서 방정식 $\cos x - \cos 2x = a(1 - \cos x)$가 실근을 가지도록 하는 a의 범위를 구하시오.

9. $\cos\theta = \frac{\sqrt{5}}{3}$일 때, $\sin\theta\cos 2\theta$의 값은? (단, $0 < \theta < \frac{\pi}{2}$)

10. $\sqrt{3}\sin\theta + \cos\theta = \frac{1}{2}$일 때, $\cos\left(\theta + \frac{\pi}{6}\right)$의 값은? (단, $0 < \theta < \pi$)

11. 다음 그림과 같은 직각삼각형 ABC에 대하여 $\overline{AB} + \overline{BC} = \sqrt{2}$일 때 $\sin^3\theta + \cos^3\theta$의 값을 구하시오.

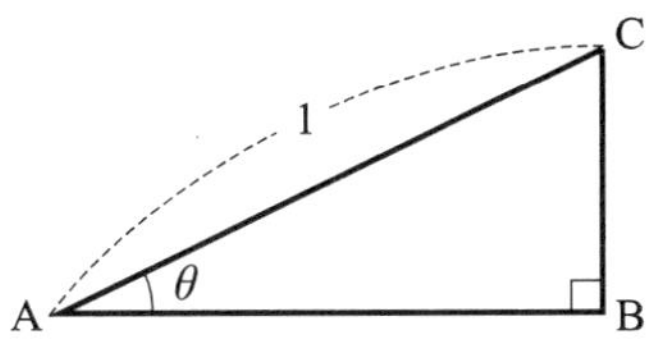

12. 다음 그림과 같은 직각삼각형 ABC에 대하여 $\sin(2\alpha+3\beta)$의 값을 구하시오.

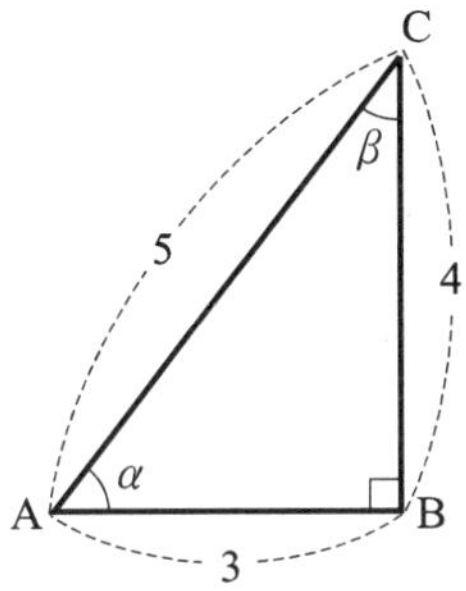

13. $\sin\theta+\cos\theta=\dfrac{1}{3}$일 때, $\dfrac{1}{\cos\theta}\left(\tan\theta+\dfrac{1}{\tan^2\theta}\right)$의 값을 구하시오.

14. 함수 $f(x)=2\cos\left(x-\dfrac{\pi}{3}\right)+2\sqrt{3}\sin x$의 최댓값을 구하시오.

15. $\sin\left(\theta+\dfrac{\pi}{2}\right)-\cos\left(\theta+\dfrac{\pi}{2}\right)$을 $r\sin(\theta+\alpha)$의 꼴로 나타낼 때 r와 α의 값을 구하시오.

16. 다음 등식이 성립함을 보이시오.

$$a\sin\theta+b\cos\theta=\sqrt{a^2+b^2}\cos(\theta-\beta)$$

17. 두 직선 $y=x-1$, $2y=x+2$가 이루는 각의 크기를 구하시오.

18. 직선 $y=x$에 대하여 대칭인 두 직선 $y=ax$, $y=bx$가 이루는 각이 $\dfrac{\pi}{6}$일 때 $3(a^2+b^2)$의 값을 구하시오.

19. 다음 그림과 같이 직선 $y=-\frac{3}{4}x$가 x축의 양의 방향과 이루는 각의 크기가 θ일 때 $\sin(\pi+\theta)+\cos(\pi+\theta)$의 값을 구하시오.

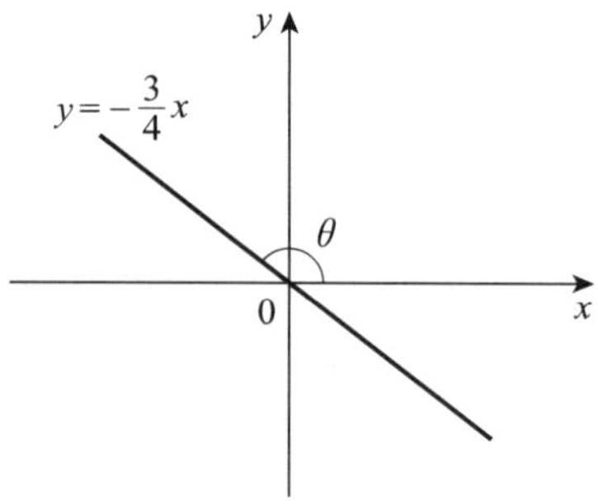

20. 다음 그림과 같이 정삼각형 ABC의 변 BC의 3등분점을 M, N이라고 할 때 $\cos(\angle\mathrm{MAN})$, 즉 $\cos\theta$의 값을 구하시오.

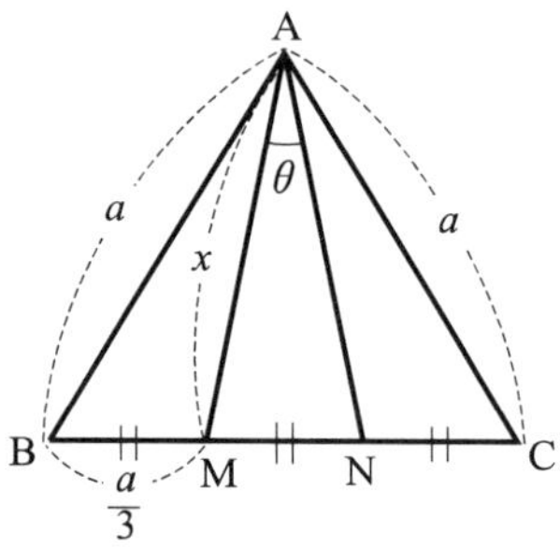

21. 다음 그림과 같이 외접원의 반지름의 길이가 R일 때 삼각형 ABC의 넓이 S는

$$S=\frac{abc}{4R}=2R^2\sin A\cdot\sin B\cdot\sin C$$

임을 증명하시오.

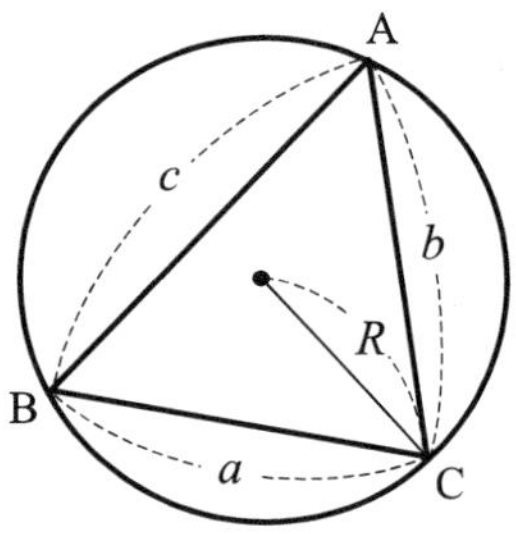

22. 다음 그림과 같이 내접원의 반지름의 길이가 r일 때 삼각형의 넓이 S는

$$S=r\frac{a+b+c}{2}$$

임을 증명하시오.

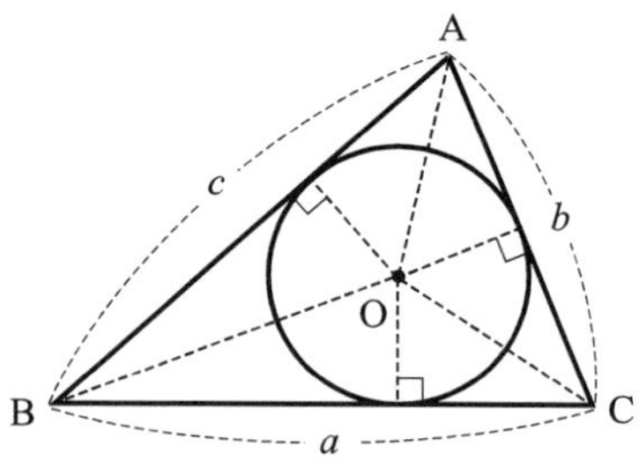

23. 다음 그림과 같은 $\triangle ABC$의 넓이 S는

$$S = \sqrt{m(m-a)(m-b)(m-c)}$$

임을 증명하시오. 단, $m = \frac{a+b+c}{2}$

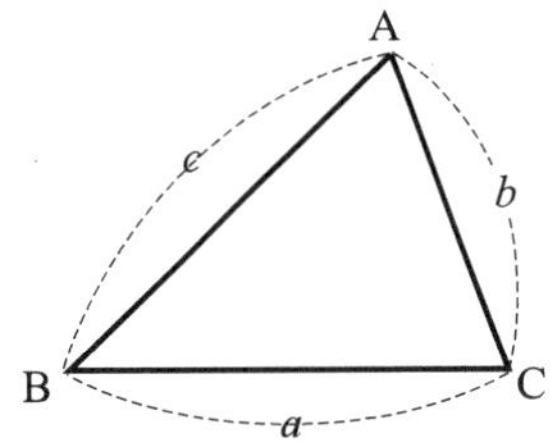

24. 다음 그림과 같이 $\triangle ABC$와 외접원 O에 대하여 외접원의 반지름의 길이를 구하시오.

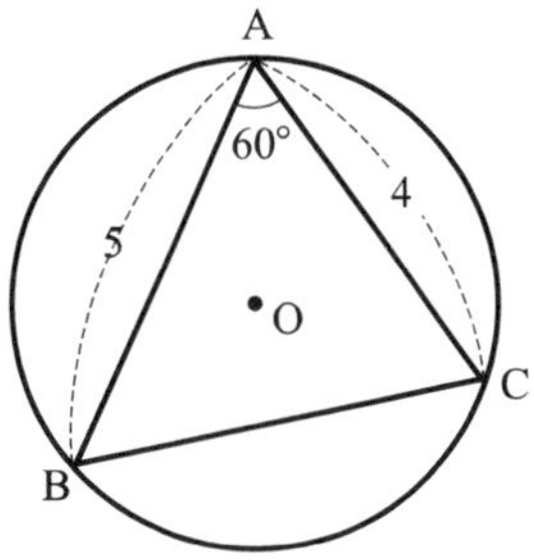

25. 다음 그림과 같이 삼각형 ABC에서 변 BC의 중점을 M이라 할 때 $\cos C$의 값을 구하시오,

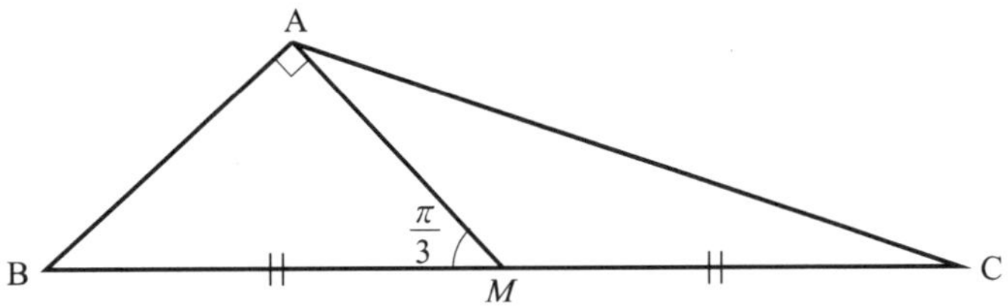

26. 다음 등식이 성립함을 증명하시오.

$$\sin^{-1}x + \cos^{-1}x = \frac{\pi}{2}$$

CHAPTER

03 함수의 극한과 연속성

CALCULUS

미분과 적분의 개념을 극한 등을 이용하여 처음으로 만들어낸 사람은 영국의 천문학자이자 물리학자 수학자인 아이작 뉴턴(Issac Newton, 1643～1727)과 오늘날 우리가 사용하고 있는 미적분의 기호 등 미적분학을 만든 사람으로 간주되는 독일의 수학자이자 철학자인 라이프니츠(Leibniz 1646～1716)이다.

뉴턴은 "유율 calculus"를 1665년에 이미 사용한 것으로 알려지고 있지만 이것이 실제 외부에 알려진 것은 1704년이다. 그러나 라이프니츠는 1684년에 미적분학을 출간했다. 라이프니츠가 1673년 영국의 런던을 방문했을 때 뉴턴의 미적분학에 대해 들었을 것으로 역사학자들은 보지만 라이프니츠와 뉴턴은 각자 미적분학의 개념을 독자적으로 발전시킨 것으로 보고 있다.

이후 미적분학은 베르누이(Bernoulli) 형제와 로피탈(L'hospital 1661～1704)과 코시(Cauchy 1789～1857) 등의 수학자들을 거치면서 크게 발전하고 완성되었다.

뒤에서 구체적으로 다루게 될 미분과 적분등 수학의 많은 내용이 극한에 의하여 정의되어진다. 그리하여 이 장에서는 극한의 개념에 대하여 상세히 공부하고, 또한 함수의 연속성 등을 다루고자 하다.

3.1 미분의 소개

라이프니츠와 뉴턴이 생각했던 곡선상의 접선과 속도의 문제를 살펴봄으로서 극한의 개념을 도입하고자 한다.

접선

함수 $y = f(x)$에 대하여 점 $x = a$에서의 접선이란 다음 그림에서와 같이 곡선상의 점 $(a, f(a))$에서 그 곡선에 접하는 직선을 말한다.

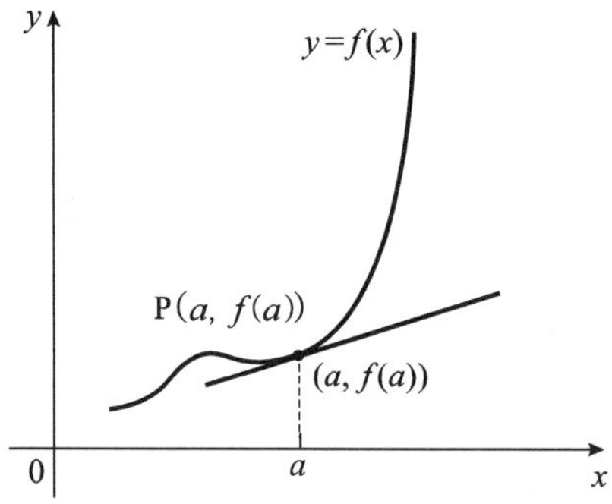

그림 3.1 점 $(a, f(a))$에서의 접선

다음 예제를 통하여 접선을 구하는 방법에 대하여 생각해 보고자 한다.

예제 1

곡선 $y= f(x)$에 대하여 점 $x= a$에서의 접선의 방정식을 유도하여 보시오.

풀이 점 $x = a$에서 곡선에 접하는 접선의 방정식을 구하기 위해서는 곡선상의 점 $\mathrm{P}(a, f(a))$에서 접선의 기울기를 알아야만 한다.
여기서 접선의 기울기를 어떻게 구할 것인가?
다음을 생각하여 보자.
곡선상의 또 다른 점 $\mathrm{Q}(b, f(b))$를 잡자. 그리고 나면 두 점 P와 Q를 지나는 할선 PQ의 기울기 T_{PQ}는

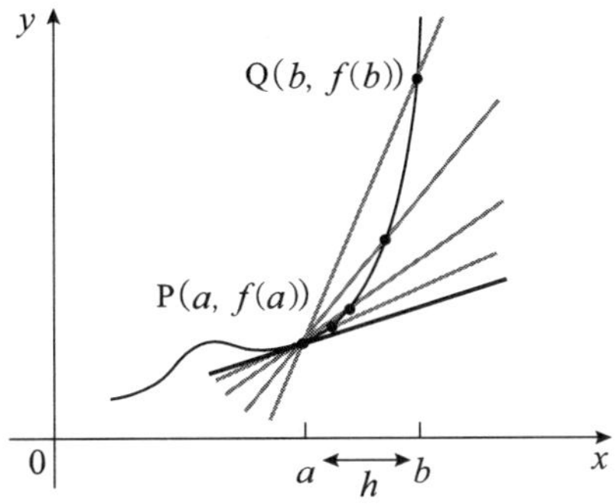

그림 3.2 곡선상의 접선의 기울기

$$T_{\mathrm{PQ}}=\frac{f(b)-f(a)}{b-a}$$

이다. 여기서 $b-a=h$ 라 놓으면 $b=a+h$ 이고 기울기 T_{PQ}는

$$T_{\mathrm{PQ}}=\frac{f(a+h)-f(a)}{h}$$

에 의하여 주어진다.

그러나 그림으로부터 두 점 $\mathrm{P}(a, f(a))$와 $\mathrm{Q}(b, f(b))$를 지나는 할선의 기울기는 점 $b(=a+h)$가 점 a에 가까이 감에 따라(즉, h가 0으로 접근함에 따라) 점 $x=a$에서의 접선의 기울기로 수렴한다는 사실을 예측할 수 있다.

그리하여 점 $x=a$에서의 접선의 기울기는 h가 0으로 접근할 때 T_{PQ}의 "극한값"으로 생각할 수 있다. 이러한 극한값을 기호

$$\lim_{h\to 0} T_{\mathrm{PQ}}=\lim_{h\to 0}\frac{f(a+h)-f(a)}{h}$$

에 의하여 표현하면, 이것은 곡선 $y=f(x)$상의 점 $x=a$에서의 접선의 기울기로 생각할 수 있으며, 이것은 제4장에서 본격적으로 다루어질 미분의 기본 개념이 된다.

그러므로 곡선 $y=f(x)$에 대하여 점 $x=a$에서의 접선의 방정식은

$$y-f(a)=\lim_{h\to 0} T_{\mathrm{PQ}}\cdot(x-a)$$

에 의하여 주어짐을 확인할 수 있다. ▣

| 속도

함수 $y = s(t)$는 어떤 물체의 t 시간 동안 움직인 거리를 나타낸다고 하자. 그리고 나면 어떤 시간 구간 동안 물체의 움직인 거리에 대한 변위를 그 경과된 시간으로 나눈 값은 그 시간 동안에 대한 물체의 평균속도가 된다. 즉,

$$\text{평균속도} = \frac{\text{물체의 움직인 거리}}{\text{경과된 시간}}$$

이 때 특정 시각 t_0 에서의 물체의 속도(순간 속도)를 어떻게 구할 것인가?

다음 예제를 통하여 살펴보자.

예제 2

표 3.1은 열차가 5시간 동안 움직인 거리를 시간 단위로 나타낸 것이며, 그림 3.2는 열차의 움직인 거리를 연속적인 시간의 함수로 보아 그래프를 그려 놓은 것이다.

표 3.1

시간(h)	거리(km)
1	1
2	4
3	9
4	16
5	25

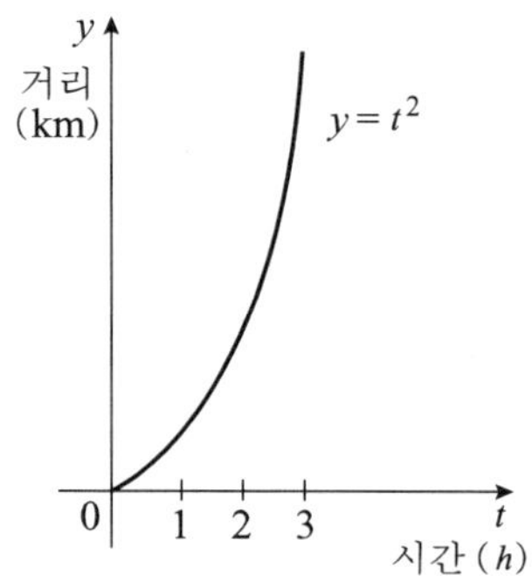

그림 3.3

우리는 정각 2시일 때의 열차의 속도가 얼마인지에 관심을 갖고자 한다. 우선 열차가 움직인 거리는 곡선 $y = s(t)(\equiv t^2)$을 따라 움직인다는 것을 알 수 있다. 시간 구간 $[2,\ 2+h]$에 대한 열차의 움직인 거리에 대한 비는 정각 2시에서 h 시간 동안 움직인 열차의 평균속도이다. 즉,

$$\begin{aligned} MV_{[2,2+h]} &= \frac{s(2+h) - s(2)}{2+h-2} \\ &= \frac{(2+h)^2 - 2^2}{h} \end{aligned}$$

이다. 그리고 나면 정각 2시에 있어서 열차의 순간 속도는 h을 0으로 한 없이 접근할 때의 극한으로 생각할 수 있다. 즉 정각 2시에서 열차의 순간 속도(MV_2)는

$$MV_2 = \lim_{h\to0} MV_{[2,2+h]} = \lim_{h\to0}\frac{s(2+h)-s(2)}{h}$$
$$= \lim_{h\to0}\frac{(2+h)^2-2^2}{h} = 4\ (\mathrm{km/h})$$

에 의하여 주어짐을 확인할 수 있다. ▣

예제 1과 2의 곡선상의 접선과 물체의 속도에서 살펴보았듯이 접선과 속도 모두 어떤 구간에서의 함수의 변화율에 대한 극한으로 주어진다는 것을 확인할 수 있다. 이것은 4장에서 정의할 미분(미분계수)의 개념이 된다. 즉 미분은 접선과 속도문제뿐만 아니라 다양한 분야에서 우리의 일상 생활과 밀접한 관련을 맺고 있다. 앞서 살펴 보았듯이 미분의 개념을 알기 위해서는 '극한'의 개념을 알아야 함을 알 수 있다. 혹자는 미적분학을 '극한'의 학문이라고 말하기도 한다. 그리하여 다음절에서는 일반적인 함수의 극한에 대한 개념과 함수의 연속성 문제를 차례로 다루고자 한다.

다음에는 참고로 평균변화율에 대하여 정의하고자 한다.

정의 1 ••• 평균 변화율

함수 f가 구간 $[a, b]$위에 정의되어 있는 함수라 하자. 그리고 나면 $\dfrac{f(b)-f(a)}{b-a}$을 구간 $[a, b]$에 대한 함수 f의 **평균 변화율**(average rate of change)이라 한다.

위의 접선 및 속도 문제에서 접선의 기울기 및 순간속도 모두 평균 변화율들의 극한으로 주어진다는 사실을 알 수 있다.

연습문제 3.1

1. 함수 $f(x) = x^2 + 2x - 3$에 대하여

(a) 함수 f의 그래프를 그리시오.

(b) $x = 1$에서 곡선상의 접선을 그리시오.

(c) $x = 1$에서의 접선의 방정식을 구하시오.

2. 다음 그림은 어떤 자동차의 움직인 거리를 시간의 함수로 나타낸 것이다. 자동차가 움직인 거리가 $s = t^3$의 함수를 따라 움직인다고 가정할 때 다음의 문제를 생각하여라.

(a) 할선 PQ_1, PQ_2, PQ_3, PQ_4의 기울기를 구하시오.

(b) 각각의 기울기는 무엇을 의미하는가?

(c) 시각 $t = 1$일 때의 자동차의 속도는 (a)의 할선들 중 어느 것에 의하여 근사화되는가?

(d) 시각 $t = 1$일 때의 자동차의 속도(순간속도)를 구하기 위해서는 어떤 작업들을 해야 하는가?

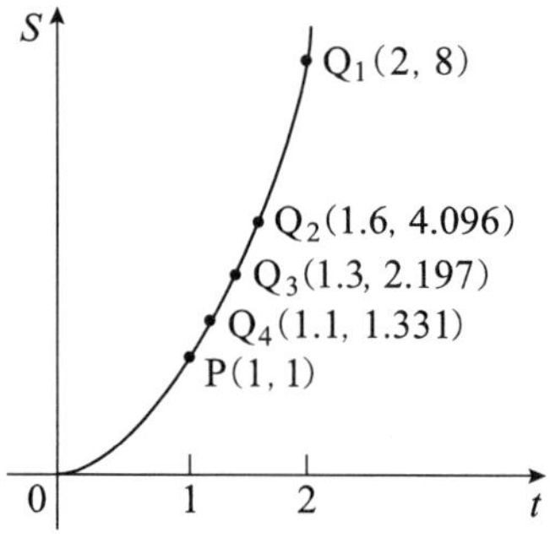

그림 자동차의 움직인 거리를 나타내는 $s = t^3$의 그래프

3.2 함수의 극한

한 예제를 통하여 함수의 극한 문제를 다루어 보고자 한다. 수학적인 엄밀한 정의는 다른 많은 미적분학 책에서 언급되어 있으므로 본 교재에서는 생략하고, 모든 이론 전개는 직관적인 관찰에 의하여 다루어 질 것이다.

예제 1

함수 f 가

$$f(x)=\begin{cases} \dfrac{x^2-1}{x-1}, & x \neq 1 \\ 1, & x=1 \end{cases}$$

에 의하여 주어질 때 x 가 1에 가까이 감에 따라 함수 f 의 값은 어떻게 변화하는가?

풀이 그림 3.4는 함수 $f(x)$의 그래프를 보여주는 것으로 $x \neq 1$일 때 함수 $f(x)$는

$$\begin{aligned} f(x) &= \frac{x^2-1}{x-1} \\ &= \frac{(x-1)(x+1)}{x-1} = x+1 \end{aligned}$$

즉, $f(x)$는 $x+1$의 그래프를 갖는다. 표 3.2는 x 의 값이 1에 가까이 감에 따라 즉 1보다 작은 쪽에서 1로 가까이 갈 때와 1보다 큰쪽에서 1로 가까이 갈 때 함수 $f(x)$의 값들을 보여주고 있다. 표 3.2로부터 x 가 1에 한없이 가까이 감에 따라 함수 $f(x)$의 값은 점점 2에 접근한다는 것을 알 수 있다.

표 3.2 x 값에 대한 함수 $f(x)$의 값

x	$f(x)$	x	$f(x)$
1.1	2.1	0.9	1.9
1.01	2.01	0.99	1.99
1.001	2.001	0.999	1.999
1.0001	2.0001	0.9999	1.9999
1.00001	2.00001	0.99999	1.99999
⋮	⋮	⋮	⋮

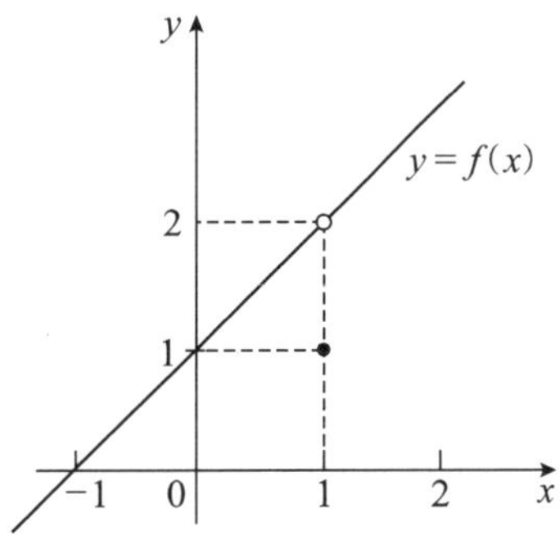

그림 3.4 함수 $f(x)$의 그래프

그리하여 우리는 함수의 극한에 대하여 다음과 같은 직관적인 정의를 내리고자 한다.

정의 1 ••• 극한의 직관적인 정의

함수 $f(x)$에 대하여 만약 x가 a에 충분히 가까이 갈 때 (x는 a가 아니며 단지 a에 한없이 가까이 간다는 것을 의미한다) 함수 $f(x)$의 값이 L로 가까이 간다면 우리는 'x가 a에 한없이 가까이 갈 때 함수 $f(x)$의 **극한**(limit)은 L이다'라고 말하며 기호로

$$\lim_{x \to a} f(x) = L$$

에 의하여 나타낸다. L은 x가 a에 가까이 갈 때 함수 $f(x)$의 **극한값**(limit value)이라 부른다. 그러나 만약 유한인 L 값을 찾을 수 없다면 함수 $f(x)$의 극한은 존재하지 않는다고 말한다.

참고

〈극한의 수학적 정의〉

점 a를 포함한 개구간에서 정의된 함수 f가 있다. 만약 임의의 $\varepsilon > 0$에 대하여 항상 $\delta > 0$이 존재하여

$$0 < |x-a| < \delta \;\rightarrow\; |f(x)-L| < \varepsilon$$

이 성립한다면 우리는

$$\lim_{x \to a} f(x) = L$$

이라고 정의한다.

예제 2

함수

$$f(x) = \begin{cases} \dfrac{x^2-1}{x-1}, & x \neq 1 \\ 1, & x = 1 \end{cases}$$

에 대하여 $\lim\limits_{x \to 1} f(x)$의 값을 구하시오.

풀이 앞의 예제에서 살펴보았듯이

$$\lim_{x \to 1} f(x) = \lim_{x \to 1} \frac{x^2-1}{x-1} = \lim_{x \to 1} (x+1) = 2$$

이다. ▣

한 쪽 방향에서의 극한(one-sided limits)

예제 1에서 살펴보았듯이 x가 1에 가까이 갈 때는 1을 기준으로 하여 두 방향에서 1에 접근할 수 있다. 즉, x가 1보다 작은 쪽에서 1에 가까이 가는 것과 1보다 큰 쪽에서 1에 가까이 가는 것이다.

정의 2 ••• 좌극한

함수 $f(x)$에 대하여 $x < a$이면서 x가 a에 한없이 가까이 갈 때 함수 $f(x)$의 값이 L에 충분히 가까이 간다면 우리는 'x가 a에 한없이 가까이 갈 때 함수 $f(x)$의 **좌극한값** 또는 **좌극한**(left hand limit)은 L이다'라고 말하며 기호

$$\lim_{x \to a-} f(x) = L$$

에 의하여 나타낸다.

예제 3

$$f(x) = \begin{cases} \dfrac{x^2-1}{x-1}, & x \neq 1 \\ 1, & x = 1 \end{cases}$$

에 대하여 $\lim_{x \to 1-} f(x)$을 구하시오.

풀이 다음 그림에서 알 수 있듯이

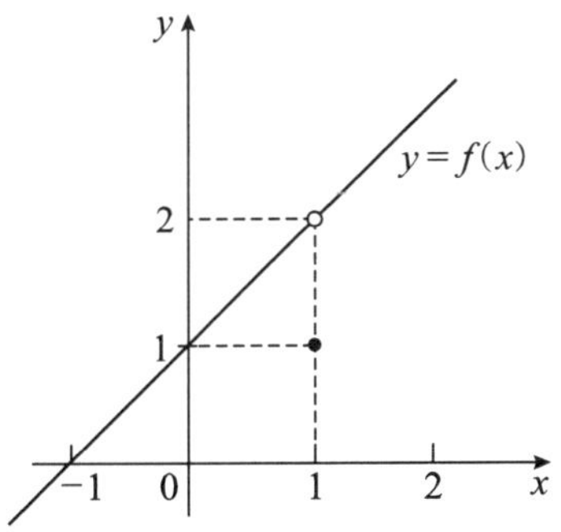

$$\lim_{x\to 1-} f(x) = \lim_{x\to 1-} (x+1) = 2$$

이다. ■

정의 3 ··· 우극한

함수 $f(x)$에 대하여 $x > a$이면서 x가 a에 접근할 때 함수 $f(x)$의 값이 L에 충분히 가까이 간다면 우리는 'x가 a에 한없이 가까이 갈 때 함수 $f(x)$의 **우극한값** 또는 **우극한**(right hand limit)은 L이다'라고 말하며 기호

$$\lim_{x\to a+} f(x) = L$$

에 의하여 나타낸다.

예제 4

예제 3의 함수 $f(x)$에 대하여

$$\lim_{x\to 1+} f(x) = \lim_{x\to 1+} (x+1) = 2$$

이다. ■

예제 5

함수 $f(x)$는

$$f(x) = \begin{cases} \dfrac{x^2-1}{x-1}, & x \neq 1 \\ 1, & x = 1 \end{cases}$$

에 대하여 $\lim_{x\to 2} f(x)$의 값을 구하시오.

풀이 x가 2에 충분히 가까이 갈 때, 즉

$$\lim_{x\to 2-} f(x) = \lim_{x\to 2-} (x+1) = 3$$

이고,

$$\lim_{x\to 2+} f(x) = \lim_{x\to 2+} (x+1) = 3$$

이다. 따라서

$$\lim_{x\to 2} f(x) = 3$$

이다. ▣

한 쪽 방향에서의 극한값 정의와 앞 예제들을 관찰함으로써 우리는 다음의 정리를 얻을 수 있다.

정리 1

$\lim_{x\to a} f(x) = L$ 이기 위한 필요충분조건은 $\lim_{x\to a-} f(x) = L$ 이고 동시에 $\lim_{x\to a+} f(x) = L$ 이다.

결국 $\lim_{x\to a} f(x) = L$ 이다 라는 것은 a 에서의 좌극한과 우극한이 모두 유한으로 존재하고 그 값이 같을 때를 말한다.

예제 6

Heviside 함수 (또는 단위 계단 함수)

$$H(x) = \begin{cases} 0, & x < 0 \\ 1, & x \geq 0 \end{cases}$$

에 대하여 $x = 0$ 에서 좌극한과 우극한을 구하시오. 그리고 $x = 0$ 에서 함수 $H(x)$ 의 극한값은 무엇이라 말할 수 있는가?

풀이 Heviside함수의 그래프를 살펴봄으로써 우리는 다음을 알 수 있다.

$$\lim_{x\to 0-} H(x) = \lim_{x\to 0-} 0 = 0$$

$$\lim_{x\to 0+} H(x) = \lim_{x\to 0+} 1 = 1$$

그리하여 함수 H 는 $x = 0$ 에서 좌극한은 0 이며, 우극한은 1 이다. 결국 좌극한과 우극한이 서로 다르므로 $\lim_{x\to 0} H(x)$ 는 존재하지 않는다.

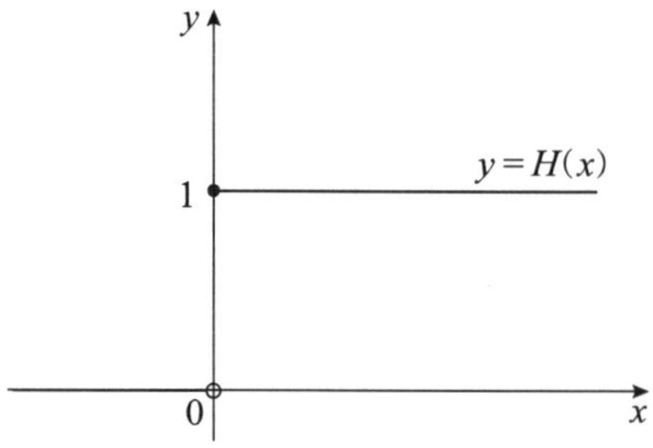

그림 3.5 Heviside 함수의 그래프

다음의 또 다른 예제를 살펴 보자.

예제 7

$\lim_{x \to 0} |x|$을 구하시오.

풀이 $|x| = \begin{cases} x, & x \geq 0 \\ -x, & x < 0 \end{cases}$에 의하여 정의된다. 그리하여

$$\lim_{x \to 0-} |x| = \lim_{x \to 0-} (-x) = 0$$

$$\lim_{x \to 0+} |x| = \lim_{x \to 0+} (x) = 0$$

이므로 $\lim_{x \to 0} |x| = 0$이다.

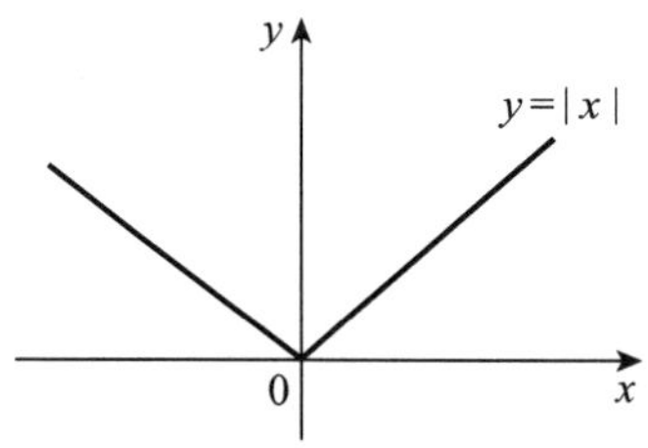

그림 3.6 $y = |x|$의 그래프

연습문제 3.2

1. 함수 f 에 대한 그래프를 참고하여 다음의 극한을 구하시오.

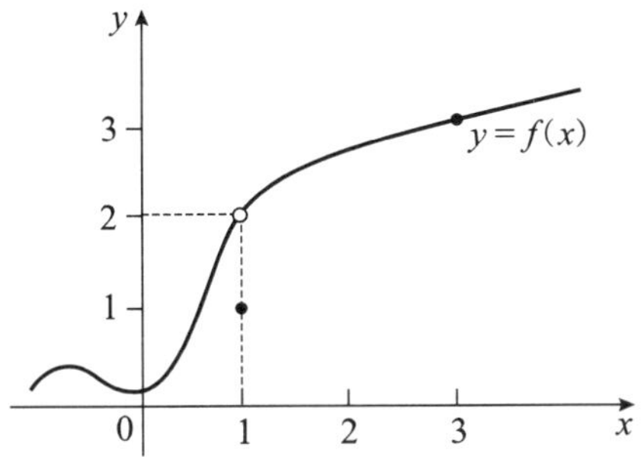

그림 함수 f 의 그래프

(a) $\lim_{x \to 1-} f(x)$, $\lim_{x \to 1+} f(x)$ (b) $\lim_{x \to 3} f(x)$

2. 다음 함수들의 극한이 존재한다면 극한을 구하시오.

(a) $\lim_{x \to 3} (5x - 2)$ (b) $\lim_{x \to 2} \dfrac{x^2 - 4x + 4}{x - 2}$

(c) $\lim_{x \to 0} \dfrac{|x|}{x}$ (d) $\lim_{x \to 2} \dfrac{x + 1}{x^2 - x - 2}$

3. 만약 함수 f 에 대하여 $\lim_{x \to 1} f(x) = 2$이면 $x = 1$에서 함수 f 의 값이 2이라고 말할 수 있는가? 어떤 결론을 내릴 수 있나?

4. (a) 함수

$$f(x) = \begin{cases} 1 - x, & -2 \leq x \leq 0 \\ 1, & 0 < x \leq 2 \end{cases}$$

의 그래프를 그리시오.

(b) 함수 f의 그래프를 이용하여 극한값이 존재한다면 다음의 극한을 구하시오.

(i) $\lim_{x \to 0-} f(x)$ (ii) $\lim_{x \to 0+} f(x)$ (iii) $\lim_{x \to 0} f(x)$

5. 함수 $g(x) = \dfrac{x^3 - 1}{x - 1}$ 에 대하여 다음의 주어진 점들에서 함수의 값들을 구하는 것에 의하여 다음의 극한값을 추측하여라.

(a) $x = 1.25,\ 1.1,\ 1.01,\ 1.001,\ 1.0001,$

$$\lim_{x \to 1+} \frac{x^3 - 1}{x - 1}$$

(b) $x = 0.75,\ 0.9,\ 0.99,\ 0.999,\ 0.999,\ 0.9999$

$$\lim_{x \to 1-} \frac{x^3 - 1}{x - 1}$$

(c) $\displaystyle\lim_{x \to 1} \frac{x^3 - 1}{x - 1}$ 을 구하시오.

6. 실수 x보다 크지 않은 가장 큰 정수를 $[x]$로 나타내자.
함수 $f(x) = [x]$일 때, 즉

$$f(x) = [x] = n, \quad n \le x < n + 1,\ n\text{은 정수}$$

에 의하여 주어질 때 다음을 구하시오.

(a) 함수 f의 그래프를 그리시오.

(b) $\displaystyle\lim_{x \to 0-} f(x),\quad \lim_{x \to 0+} f(x),\quad \lim_{x \to 0} f(x)$

(c) 임의의 정수 m에 대하여

$$\lim_{x \to m-} f(x), \quad \lim_{x \to m+} f(x), \quad \lim_{x \to m} f(x)$$

의 값을 구하시오.

3.3 극한의 성질

극한에 대한 유용한 성질들이 다음 정리에 잘 나타나 있다.

정리 1 ◦◦◦ 극한의 성질

두 함수 f 와 g 에 대하여 $\lim_{x\to a} f(x)$과 $\lim_{x\to a} g(x)$이 존재한다고 가정하자, 그리고 나면 다음과 같은 사실들이 성립한다.

1. **합의 법칙 :**

$$\lim_{x\to a}(f(x)+g(x))=\lim_{x\to a}f(x)+\lim_{x\to a}g(x)$$

2. **차의 법칙 :**

$$\lim_{x\to a}(f(x)-g(x))=\lim_{x\to a}f(x)-\lim_{x\to a}g(x)$$

3. **곱의 법칙 :**

$$\lim_{x\to a}(f(x)\cdot g(x))=\lim_{x\to a}f(x)\cdot\lim_{x\to a}g(x)$$

4. **상수 배의 법칙 :** 상수 k 에 대하여

$$\lim_{x\to a}kf(x)=k\lim_{x\to a}f(x)$$

5. **몫의 법칙 :**

$$\lim_{x\to a}\frac{f(x)}{g(x)}=\frac{\lim_{x\to a}f(x)}{\lim_{x\to a}g(x)},\quad \text{단 } \lim_{x\to a}g(x)\neq 0$$

정리 2 ◦◦◦

다음의 기본적인 함수들에 대하여 극한에 대한 다음과 같은 사실들이 성립한다.

(1) **(상수함수의 극한)** 어떤 상수 c 에 대하여

$$\lim_{x\to a}c=c$$

(2) **(항등함수의 극한)** 함수 f 가 모든 x 에 대하여 자기자신을 대응시키는 항등함수라 하자. 즉, $f(x)=x$

$$\lim_{x\to a} f(x) = \lim_{x\to a} x = a$$

(3) **(승의 법칙)** 어떤 양의 정수 n 에 대하여

$$\lim_{x\to a} [f(x)]^n = [\lim_{x\to a} f(x)]^n$$

특별히 $f(x) = x$ 일 때 $\lim_{x\to a} x^n = a^n$ 이다.

예제 1

$\lim_{x\to 2} (2x^2 - 3x + 4)$ 의 극한값을 구하기 위하여 사용된 법칙들을 각 단계별로 열거하여라.

풀이 $\lim_{x\to 2} (2x^2 - 3x + 4)$

$= \lim_{x\to 2} 2x^2 - \lim_{x\to 2} 3x + \lim_{x\to 2} 4$ 합 및 차의 법칙

$= 2\lim_{x\to 2} x^2 - 3\lim_{x\to 2} x + 4$ 상수 배의 법칙 및 상수함수의 극한

$= 2[\lim_{x\to 2} x]^2 - 3 \cdot 2 + 4$ 승의 법칙 및 항등함수의 극한

$= 2 \cdot 2^2 - 6 + 4$

$= 6$

예제 2

$\lim_{x\to 2} \dfrac{x^3 + 4x^2 - 3}{x^2 + 5}$ 을 계산하시오.

풀이 $\lim_{x\to 2} (x^2 + 5) = 9 (\neq 0)$ 이므로 몫의 법칙을 사용할 수 있다.

$$\lim_{x\to 2} \frac{x^3 + 4x^2 - 3}{x^2 + 5} = \frac{\lim_{x\to 2} (x^3 + 4x^2 - 3)}{\lim_{x\to 2} (x^2 + 5)} = \frac{21}{9}$$

정리 3 ∘∘∘ 다항식의 극한

다항식 $P(x)$가

$$P(x)=a_n x^n+a_{n-1}x^{n-1}+\cdots+a_1 x+a_0$$

에 의하여 주어지면 임의의 실수 c에 대하여

$$\lim_{x\to c} P(x)=P(c)$$

이다.

증명 극한에 대한 합, 상수배의 법칙 및 승의 법칙을 사용하여 다음의 결과를 얻을 수 있다.

$$\begin{aligned}\lim_{x\to c} P(x) &= \lim_{x\to c}[a_n x^n+a_{n-1}x^{n-1}+\cdots+a_1 x+a_0]\\ &= a_n\lim_{x\to c} x^n+a_{n-1}\lim_{x\to c} x^{n-1}+\cdots+a_1\lim_{x\to c} x+a_0\lim_{x\to c} 1\\ &= a_n c^n+a_{n-1}c^{n-1}+\cdots+a_1 c+a_0=P(c)\end{aligned}$$

■

정리 4 ∘∘∘ 유리함수의 극한

$P(x)$와 $Q(x)$가 모두 다항식일 때 유리함수 $R(x)=\dfrac{P(x)}{Q(x)}$에 대하여

$$\lim_{x\to a} R(x)=\lim_{x\to a}\frac{P(x)}{Q(x)}=\frac{P(a)}{Q(a)}=R(a),\quad (\text{단 } Q(a)\neq 0)$$

이 성립한다.

예제 3

$\displaystyle\lim_{x\to 1}\frac{x^2+x-2}{x^2-x}$를 계산하시오.

풀이 $\displaystyle\lim_{x\to 1}(x^2-x)=0$, 그리하여 몫의 법칙을 사용할 수 없다. 그러나

$$\lim_{x\to 1}\frac{x^2+x-2}{x^2-x}=\lim_{x\to 1}\frac{(x+2)(x-1)}{x(x-1)}$$

$$= \lim_{x \to 1} \frac{(x+2)}{x} = 3$$

이다. ▣

분모의 극한이 0일 때, 공통인수를 만들어 약분함으로써 극한을 구하는 또 다른 방법에 대한 예제를 살펴보자.

예제 4

$\lim_{h \to 0} \frac{\sqrt{3+h} - \sqrt{3}}{h}$의 값을 구하시오.

풀이 $\lim_{h \to 0} h = 0$이므로 극한을 구하기 위하여 다른 방법을 사용하여야 한다.

$$\lim_{h \to 0} \frac{\sqrt{3+h} - \sqrt{3}}{h} = \lim_{h \to 0} \left[\frac{\sqrt{3+h} - \sqrt{3}}{h} \cdot \frac{\sqrt{3+h} + \sqrt{3}}{\sqrt{3+h} + \sqrt{3}} \right]$$

$$= \lim_{h \to 0} \frac{(\sqrt{3+h})^2 - (\sqrt{3})^2}{h(\sqrt{3+h} + \sqrt{3})}$$

$$= \lim_{h \to 0} \frac{h}{h(\sqrt{3+h} + \sqrt{3})}$$

$$= \lim_{h \to 0} \frac{1}{(\sqrt{3+h} + \sqrt{3})} = \frac{1}{2\sqrt{3}}$$

▣

예제 5

다음 등식이 성립하도록 상수 a, b의 값을 구하시오.

$$\lim_{x \to 1} \frac{x^2 + ax + 1}{x - 1} = b$$

풀이 $x \to 1$일 때, 분모는 0이 되므로 극한이 존재하기 위해서는 분자도 0으로 가야한다. 따라서

$$1 + a + 1 = 0$$

결국 $a = -2$이며 b는

$$b = \lim_{x \to 1} \frac{x^2 - 2x + 1}{x - 1} = \lim_{x \to 1}(x - 1) = 0$$

이다. ◻

함수의 극한에 대하여 다음의 유용한 정리들을 얻을 수 있다.

정리 5 ∘∘∘

a을 포함하는 한 개구간 내의 모든 x에 대하여 (a는 예외일 수 있음) $f(x) \le g(x)$이고 $\lim_{x \to a} f(x)$와 $\lim_{x \to a} g(x)$가 존재하면 두 극한값 사이에는

$$\lim_{x \to a} f(x) \le \lim_{x \to a} g(x)$$

인 관계가 성립한다.

정리 6 ∘∘∘ 압축정리(Squeeze Theorem)

a을 포함하는 개구간 내의 모든 점 x (a는 예외일 수 있음)에 대하여 $g(x) \le f(x) \le h(x)$인 관계가 있고, 만일 $\lim_{x \to a} g(x) = \lim_{x \to a} h(x) = L$이면 $\lim_{x \to a} f(x) = L$이다.

정리 6은 그림 3.7에 의하여 직관적으로 잘 설명되어진다.

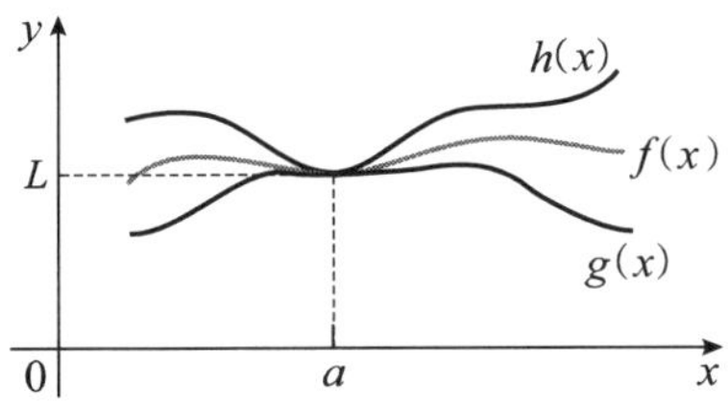

그림 3.7 함수 $f(x), g(x), h(x)$의 관계

예제 6

만약 $\lim_{x \to a} |f(x)| = 0$이면 $\lim_{x \to a} f(x) = 0$임을 보이시오.

풀이 함수 $f(x)$와 $|f(x)|$사이에는 다음과 같은 관계가 성립한다. 즉,

$$-|f(x)| \le f(x) \le |f(x)|$$

이고, $\lim_{x \to a} |f(x)| = 0$ 이므로 압축정리에 의하여 $\lim_{x \to a} f(x) = 0$ 이다. ■

예제 7

$\lim_{x \to 0} x \cos \frac{1}{x} = 0$ 임을 보이시오.

풀이 $-1 \le \left| \cos \frac{1}{x} \right| \le 1$ 이다. 그리하여

$$-|x| \le \left| x \cos \frac{1}{x} \right| \le |x|$$

이다. 그러나 $\lim_{x \to 0} |x| = 0$ 이다.

따라서 $\lim_{x \to 0} \left| x \cos \frac{1}{x} \right| = 0$ 이므로

$$\lim_{x \to 0} x \cos \frac{1}{x} = 0$$

이다. ■

❙ 무한 극한

그림 3.8는 함수 $f(x) = \frac{1}{x}$ 의 그래프를 그려 놓은 것이다. $x \to 0+$ 일 때 함수 f 의 값이 한없이 커짐을 알 수 있고, 반대로 $x \to 0-$ 일 때 함수 f 의 값이 한없이 작아짐을 알 수 있다.

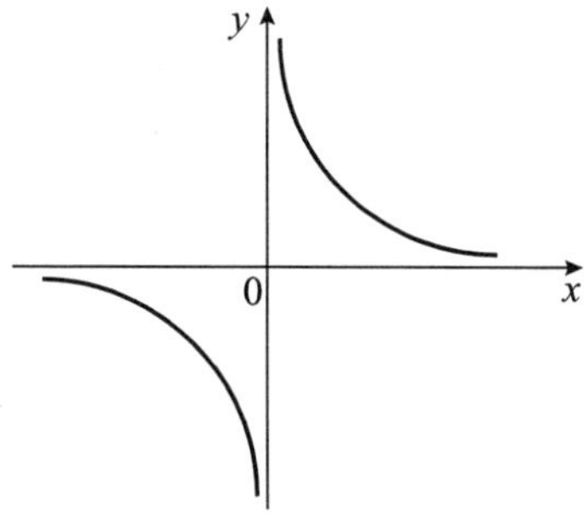

그림 3.8 함수 $f(x) = \frac{1}{x}$ 의 그래프

그리하여 우리는 다음과 같은 정의를 내리고자 한다.

정의 1

(1) x을 a에 충분히 가깝게 함으로써 $f(x)$의 값을 임의로 크게 (또는 작게) 할 수 있을 때, 즉 $x \to a$일 때 $f(x) \to \infty$ (또는 $f(x) \to -\infty$)일 때 기호

$$\lim_{x \to a} f(x) = \infty \text{ (또는 } -\infty \text{)}$$

에 의하여 나타낸다.

(2) x가 한없이 커갈때 (또는 작아질 때) $f(x)$가 유한인 값 L에 한없이 가까이 간다면 기호

$$\lim_{x \to \infty} f(x) = L \text{(또는 } \lim_{x \to -\infty} f(x) = L\text{)}$$

에 의하여 나타낸다.

예제 8

그림 3.8에서 우리는 $\lim_{x \to 0+} \frac{1}{x} = \infty$이고 $\lim_{x \to 0-} \frac{1}{x} = -\infty$임을 알 수 있다. 또한

$$\lim_{x \to \infty} \frac{1}{x} = 0 \text{이고 } \lim_{x \to -\infty} \frac{1}{x} = 0$$

이다. ▣

정의 2

다음 사실들

$$\lim_{x \to a} f(x) = \infty, \quad \lim_{x \to a-} f(x) = \infty, \quad \lim_{x \to a+} f(x) = \infty$$

$$\lim_{x \to a} f(x) = -\infty, \quad \lim_{x \to a-} f(x) = -\infty, \quad \lim_{x \to a+} f(x) = -\infty$$

중 적어도 하나가 성립할 때 직선 $x = a$를 함수 $y = f(x)$의 **수직 점근선**(vertical asymptote)이라 부른다.

또한 $\lim_{x \to \infty} f(x) = L$ 또는 $\lim_{x \to -\infty} f(x) = L$이면 직선 $y = L$을 함수 $y = f(x)$의 **수평 점근선**(horizontal asymptote)이라 부른다.

예제 8에서 직선 $x=0$ (즉, $y-$축)은 함수 $f(x)=\frac{1}{x}$의 수직 점근선이고, 직선 $y=0$ (즉, $x-$축)은 함수 $f(x)=\frac{1}{x}$의 수평 점근선이다.

예제 9

함수 $f(x)=\frac{1}{x-2}$에 대하여 수평 점근선 및 수직 점근선을 구하시오.

풀이 $x \to 2+$ 또는 $x \to 2-$일 때 $x-2$는 양의 부호를 유지하면서 0, 또는 음의 부호를 유지하면서 0으로 다가간다. 그리하여

$$\lim_{x\to 2+} f(x)=\lim_{x\to 2+}\frac{1}{x-2}=\infty$$

이고

$$\lim_{x\to 2-} f(x)=\lim_{x\to 2-}\frac{1}{x-2}=-\infty$$

이다. 따라서 직선 $x=2$는 함수 $f(x)$의 수직 점근선이다.

그리고 $\lim_{x\to\infty} f(x)=0$이고 $\lim_{x\to-\infty} f(x)=0$이므로 직선 $y=0$(x축)는 함수 $f(x)$의 수평 점근선이다.

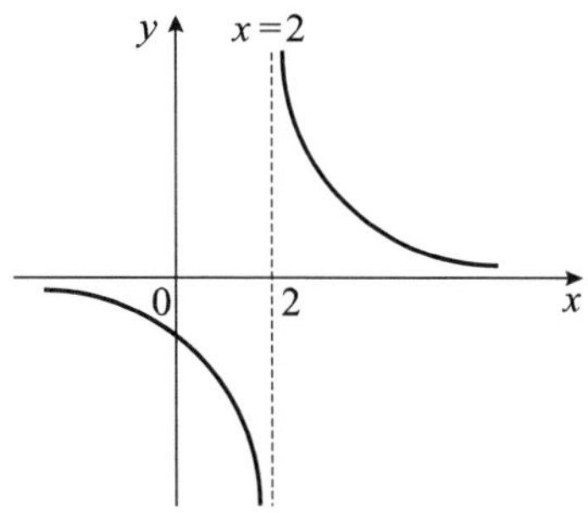

그림 3.9 $f(x)=\frac{1}{x-2}$의 그래프

연습문제 3.3

1. 극한값을 구하기 위한 과정에 있어서 사용된 극한의 법칙을 지적함으로써 극한값을 구하시오.

(a) $\lim_{x\to 2}(x^2+1)(x^3-4x+5)$

(b) $\lim_{x\to -1}(x^2+x+1)^3$

(c) $\lim_{x\to -2}\dfrac{x-1}{x^2+4x-3}$

2. (a) $\dfrac{x^2+x-6}{x-2}$을 $x+3$과 같게 놓을 수 있는가?

(b) $\lim_{x\to 2}\dfrac{x^2+x-6}{x-2}$을 계산하시오.

3. $\lim_{x\to a}f(x)=3$이고 $\lim_{x\to a}g(x)=-5$일 때 다음을 구하시오.

(a) $\lim_{x\to a}(f(x)+2g(x))$

(b) $\lim_{x\to a}\dfrac{f(x)g(x)}{4f(x)-g(x)}$

4. $\lim_{x\to -3}\dfrac{f(x)}{x^2}=2$일 때 다음의 극한을 구하시오.

(a) $\lim_{x\to -3}f(x)$

(b) $\lim_{x\to -3}\dfrac{f(x)}{x}$

5. 모든 x에 대하여 $2\le f(x)\le x^2+2x+3$일 때 $\lim_{x\to -1}f(x)$을 계산하시오.

6. 함수

$$f(x)=\begin{cases}x^2-2x+1, & x<1\\ 3-x, & x\ge 1\end{cases}$$

에 대하여

(a) 함수 f의 그래프를 대략적으로 그리시오.

(b) $\lim_{x \to 1-} f(x)$와 $\lim_{x \to 1+} f(x)$을 구하시오.

(c) $\lim_{x \to 1} f(x)$은 존재하는가?

7. 다음 등식이 성립하도록 상수 a, b의 값을 구하시오.

(a) $\lim_{x \to -2} \dfrac{x^2 + ax - 6}{2x^2 + 3x - 2} = b$

(b) $\lim_{x \to 0} \dfrac{\sqrt{a+x} - b}{x} = \dfrac{1}{6}$

8. 다음 극한을 구하시오.

(a) $\lim_{x \to -4-} \dfrac{x+4}{|x+4|}$

(b) $\lim_{x \to 0} \left(\dfrac{1}{x} - \dfrac{1}{x^2 + x} \right)$

(c) $\lim_{x \to 9} \dfrac{\sqrt{x} - 3}{x^2 - 81}$

(d) $\lim_{x \to 7} \dfrac{x-7}{\sqrt{x+2} - 3}$

9. $0 < x < 3$일 때 함수 $f(x)$는

$$2x - 1 \le f(x) \le x^2$$

을 만족한다. 이 때 $\lim_{x \to 1} f(x)$의 값을 구하시오.

10. 다음 무한극한을 구하시오.

(a) $\lim_{x \to 1} \dfrac{x-2}{(x-1)^2}$

(b) $\lim_{x \to -2+} \dfrac{x-1}{x^2(x+2)}$

(c) $\lim_{x \to -\infty} \dfrac{\sqrt{9x^6 - x}}{x^3 + 1}$

(d) $\lim_{x \to \infty} \sqrt{x}$

(e) $\lim_{x \to \infty} (x - \sqrt{x^2 + 2x})$

11. 다음 극한 값을 구하시오.

(a) $\lim_{x \to \infty} \dfrac{1}{x} \sin x$

(b) $\lim_{x \to 0} x^2 \cos \dfrac{1}{x^2}$

(c) $\lim_{x \to 0} x^2 \sin \dfrac{1}{x}$

12. 이차함수 f에 대하여 $\lim_{x \to 0} \dfrac{f(x)}{x}$가 존재하고 $\lim_{x \to 1} \dfrac{f(x)}{x-1} = 2$를 만족할 때, $\lim_{x \to 0} \dfrac{f(x)}{x}$의

값을 구하시오.

(힌트 : $f(0)=0, f(1)=0$)

13. 다항식 $P(x)$가 $\lim_{x\to 2}\frac{P(x)}{x^2-x-2}=1,\ \lim_{x\to\infty}\frac{P(x)}{2x^2-11}=1$을 만족할 때 $P(1)$의 값을 구하시오.

14. (a) $\frac{1}{(x+3)^4}>10000$이기 위해서 x을 -3에 얼마나 가깝게 잡아야 하나?

(b) $\frac{1}{(x+3)^4}>100000000$이기 위해서 x을 -3에 얼마나 가깝게 잡아야 하나?

(b) $\lim_{x\to -3}\frac{1}{(x+3)^4}$을 계산하시오.

3.4 함수의 연속성

우리가 어떤 곡선을 그릴 때 실선으로 끊김이 없이 연속적으로 그리는 경우가 많다. 그것은 그 곡선, 즉 함수가 연속일 때 가능한 일이다. 다음에서 구체적으로 함수의 연속성을 다루고자 한다.

정의 1 ••• 함수의 연속

함수 $f(x)$에 대하여

$$\lim_{x \to a} f(x) = f(a)$$

이면 함수 f 는 점 $x = a$ 에서 **연속**(continuous)이라 한다. 즉 함수 f 의 연속성의 의미는 $\lim_{x \to a} f(x)$이 존재하고, 그 극한값이 $x = a$ 에서의 함숫값과 같다는 것을 의미한다. 그리고 $x \to a$ 일 때 함수 $f(x)$의 극한이 점 $x = a$ 에서의 함숫값 $f(a)$에 의하여 주어지지 않으면 함수 f 는 $x = a$ 에서 **불연속**(discontinuous)이라 한다.

예제 1

함수 f 가

$$f(x) = \begin{cases} \dfrac{x^2 - x - 2}{x - 2}, & x \neq 2 \\ 1, & x = 2 \end{cases}$$

에 의하여 주어질 때 함수 f 는 $x = 2$에서 연속인가?

풀이 $x \neq 2$일 때

$$\frac{x^2 - x - 2}{x - 2} = \frac{(x-2)(x+1)}{x-2} = x + 1$$

이므로 함수 $f(x)$는 직선 $x + 1$이다.

그림 3.10에 함수 f의 그래프가 잘 나타나 있다. 따라서

$$\lim_{x \to 2} f(x) = \lim_{x \to 2} \frac{x^2 - x - 2}{x - 2} = \lim_{x \to 2} (x + 1) = 3$$

$$\neq f(2)(= 1)$$

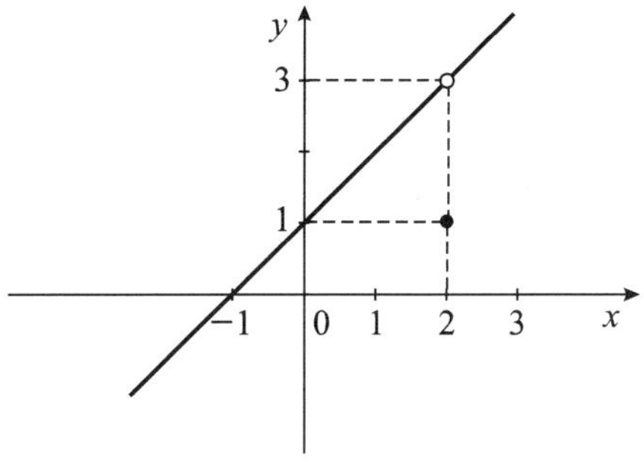

그림 3.10 함수 f의 그래프

이므로 함수 f 는 $x=2$에서 불연속이다. ▣

예제 1의 함수 $f(x)$, 즉

$$f(x)=\begin{cases} x^2-x-2 & x \neq 2 \\ 1, & x=2 \end{cases}$$

는 $x=2$에서 불연속이고 $x=2$를 제외한 다른 모든 점에서는 연속이다. 그렇다면 함수 $f(x)$가 실수 전체에서 연속이도록, 즉 $x=2$에서 연속이도록 하기 위해서는 어떻게 해야 하는가? 그것은 $x=2$에서의 함숫값; $f(2)=3$으로 하면 된다.

예제 2

단위 계단 함수(Heviside 함수)

$$H(x)=\begin{cases} 1, & x \geq 0 \\ 0, & x < 0 \end{cases}$$

는 $x=0$에서 연속인가?

풀이 3.2절의 그림 3.5에서 볼 수 있듯이

$$\lim_{x\to 0+} H(x)=\lim_{x\to 0+} 1=1=H(0)$$

이다. 그러나

$$\lim_{x\to 0-} H(x)=\lim_{x\to 0-} 0=0\neq H(0)$$

이다. 그리하여 함수 H는 $x=0$에서 불연속이다. ▣

예제 2로부터 우리는 $\lim_{x \to 0+} H(x) = H(0)$임을 확인할 수 있다. 다음에는 한쪽 방향에서의 극한과 같이 한 쪽 방향으로부터의 연속에 대하여 논의하고자 한다.

정의 2 ••• 한 쪽 방향으로부터의 연속

(1) 함수 $f(x)$에 대하여

$$\lim_{x \to a+} f(x) = f(a)$$

이면 함수 f는 $x = a$에서 "**오른쪽으로부터 연속이다**(right continuous)"라고 말한다.

(2) 함수 $f(x)$에 대하여

$$\lim_{x \to a-} f(x) = f(a)$$

이면 함수 f는 $x = a$에서 "**왼쪽으로부터 연속이다**(left continuous)"라고 말한다.

단위 계단함수 $H(x)$는 $x = 0$에서 오른쪽으로부터 연속이다. 그러나 왼쪽으로부터의 연속은 아니다.

정의 3 ••• 구간에서의 연속

함수 f가 구간내의 모든 점에서 연속이면 함수 f는 그 **구간에서 연속이다**(continuous on the interval)라고 말한다.

정리 1 ••• 연속성의 법칙

함수 f와 g가 $x = a$(또는 구간)에서 연속이면 다음 함수들도 $x = a$(또는 구간)에서 연속이다.

1. $f + g$
2. $f - g$
3. $k \cdot f$, $k =$ 상수
4. $f \cdot g$
5. f / g, 단 함수 g는 $x = a$(또는 구간)에서 0이 아니다.

정리 2 ••• 유리함수의 연속

(a) 다항식 $P(x)$는 모든 점 (즉, 실수 전체)에서 연속이다.

(b) 다항식 $P(x)$와 $Q(x)$에 대하여, 유리함수 $R(x) = P(x)/Q(x)$는 $Q(x)$가 0이 아닌 모든 점에서 연속이다.

예제 3

(a) 상수 c 는 모든 실수 전체에서 연속이다.

(b) 임의의 양의 정수 n 에 대하여 $f(x) = x^n$ 은 실수 전체에서 연속이다.

예제 4

$f(x) = \dfrac{x^2+20}{5x(x-2)}$ 는 어디에서 연속인가?

풀이 함수 f 는 $x=0$과 $x=2$에서 정의되지 않는다. 그리하여 함수 f 는 $x=0$과 $x=2$를 제외한 모든 실수에서 연속이다. ▣

정리 3 ∘∘∘ 합성함수의 연속성

함수 f 가 a(또는 구간)에서 연속이고, 함수 g 가 $f(a)$(또는 f 의 치역)에서 연속이면, 함수 f 와 g 의 합성함수 $g \circ f$ 는 a(또는 구간)에서 연속이다.

예제 5

함수 $h(x) = \sin(x^2)$는 실수 전체에서 연속임을 보여라.

풀이 함수 $f(x) = x^2$ 이고 $g(x) = \sin(x)$이라 놓으면 함수 h 는 두 함수 f 와 g 의 합성함수이다. 즉,

$$\begin{aligned}(g \circ f)(x) &= g(f(x)) = g(x^2) \\ &= \sin(x^2) \\ &= h(x)\end{aligned}$$

이다. 그러나 두 함수 f 와 g 는 실수 전체에서 연속이므로 함수 h 또한 실수 전체에서 연속이다. ▣

다음 정리는 방정식에 있어서 근의 존재성 등 많은 응용을 가진 중간값 정리이다.

정리 4 ∘∘∘ 중간값 정리

함수 f 가 구간 I에서 연속이고, a 와 $b(a < b)$는 구간 I내의 임의의 두 점이라 하자. 만약 N이 $f(a)$와 $f(b)$사이의 임의의 수라고 하면 $f(c) = N$을 만족하는 점 c가 a와 b 사이에 적어도 하나는 존재한다.

이 정리는 다음 그림 3.11에 의하여 잘 설명될 수 있다.

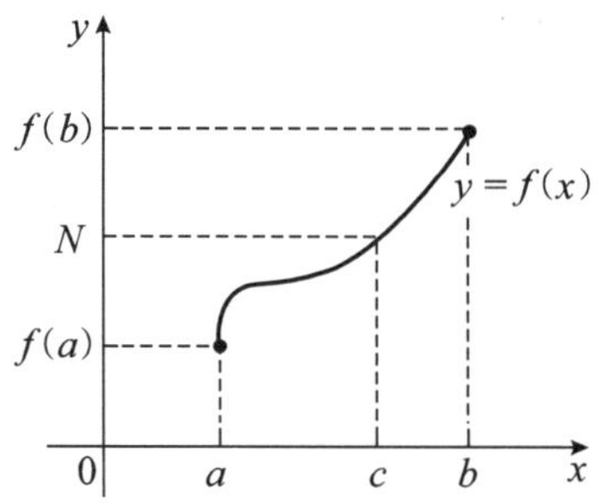

그림 3.11 중간값 정리의 직관적 설명

예제 6

방정식 $3x^3-6x^2+3x-2=0$의 근이 1과 2사이에 존재함을 보이시오.

풀이 함수 f 을

$$f(x)=3x^3-6x^2+3x-2$$

라 놓으면 위 사실은 $f(x)=0$의 근이 1과 2사이에 존재한다는 것을 밝히는 것과 같다. 그러나 함수 f 는 3차 다항식으로 실수 전체에서 연속이고, 특별히 구간 $[1, 2]$에서 연속이다. 더욱 더

$$f(1)=3\cdot1-6\cdot1+3\cdot1-2=-2$$
$$f(2)=3\cdot8-6\cdot4+3\cdot2-2=4$$

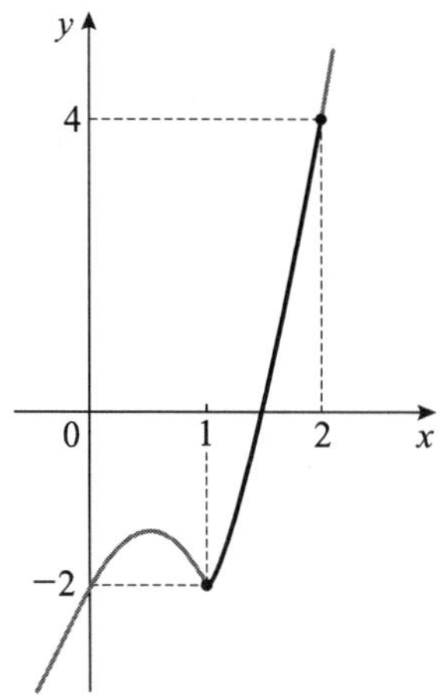

그림 3.12 $f(x)=3x^3-6x^2+3x-2$의 그래프

이다. 그리하여 0은 $f(1)$과 $f(2)$사이에 있으므로 중간값 정리에 의하여 $f(c)=0$이 되는 점 c가 $(1, 2)$사이에 존재한다. 그러므로 c는 $f(x)=0$의 한 근이다. ■

연습문제 3.4

1. 다음 함수들은 주어진 점에서 연속인지 불연속인지 판별하시오.

(a) $f(x)=2x+5, \quad x=2$

(b) $g(x)=\begin{cases} x^2+4, & x<2 \\ x^3, & x \geq 2 \end{cases} \quad ; \quad x=2$

(c) $h(x)=\begin{cases} \dfrac{x^2-1}{x+1}, & x \neq -1 \\ -3, & x=-1 \end{cases} \quad ; \quad x=-1$

2. 함수 f의 그래프를 참고로 다음을 계산하시오.

$$f(x)=\begin{cases} 2x, & 0 \leq x < 1 \\ 1, & x=1 \\ -2x+4, & 1<x<2 \\ 0, & 2 \leq x \end{cases}$$

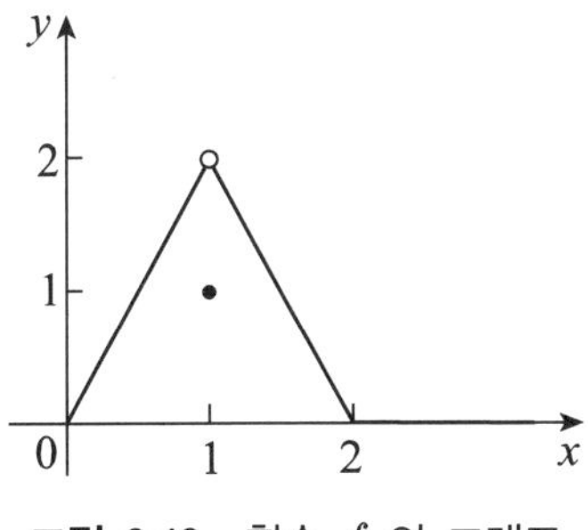

그림 3.13 함수 f 의 그래프

(a) $f(1)$의 값은 무엇인가?

(b) $\lim_{x \to 1-} f(x)$, $\lim_{x \to 1+} f(x)$을 계산하는 것에 의하여 $\lim_{x \to 1} f(x)$을 구하시오.

(c) $\lim_{x \to 1} f(x)$는 $f(1)$과 같은가?

(d) 함수 f 는 $x=1$에서 연속인가?

(e) 만약 함수 f 가 $x=1$에서 불연속이면 연속이 되게 하기 위해서는 어떻게 해야 하는가?

3. 상수 c 의 어떤 값에 대하여 함수

$$f(x)=\begin{cases} cx+1, & x \le 2 \\ cx^2, & x > 2 \end{cases}$$

가 $(-\infty, \infty)$에서 연속이 되는가?

4. $x \neq 0$일 때 $f(x)=\dfrac{\sqrt{x+1}-1}{x}$로 정의된 함수 $f(x)$가 실수 전체에서 연속이 되도록 $x=0$에서의 함숫값 $f(0)$를 정하시오.

5. 함수 $f(x)=\begin{cases} x\sin\dfrac{1}{x} & x \neq 0 \\ 0 & x=0 \end{cases}$

가 $x=0$에서 연속인지를 밝히시오.

(힌트 : $\lim\limits_{x\to 0} f(x)$, $f(0)$의 값 비교)

6. 다음과 같이 정의된 함수 $f(x)$에 대하여

$$f(x)=\begin{cases} \dfrac{2x^2+ax}{x-1} & x \neq 1 \\ 2 & x=1 \end{cases}$$

함수 f가 실수 전체에서 연속이 되도록 a값을 정하시오.

7. 함수 $f(x)=x^2+2x$에 대하여

(a) $f(0)$, $f(2)$의 값을 구하시오.

(b) 중간값 정리에 의하여 $f(c)=3$이 되는 c를 0과 2 사이에서 구체적으로 찾아보시오.

8. 중간값 정리를 사용하여 $x^2=3$을 만족하는 양의 해가 존재함을 보여라(이것은 수 $\sqrt{3}$의 존재성을 증명하는 문제이다).

9. 방정식 $x^3-3x+1=0$의 근이 구간 $[0, 1]$에 존재함을 증명하여라.

10. 다음 방정식이 적어도 하나의 근을 가짐을 보이시오.

(a) $x^5 - x^2 = 4$ (b) $x^3 - x^2 + x = 10$

11. 함수 f 가 $x = a$ 에서 연속이기 위한 필요충분조건은 또한

$$\lim_{h \to 0} f(a+h) = f(a)$$

임을 증명하여라.

3장 종합문제

1. $\lim_{x\to0}\frac{\sqrt{x^2+9}-3}{x^2}$의 극한값을 구하시오.

2. 다음 등식이 성립하도록 상수 a, b의 값을 구하시오.

$$\lim_{x\to1}\frac{x^2+ax+1}{x-1}=b$$

3. $\lim_{x\to0}\frac{\sin2x-\sin x}{x}$의 값을 구하시오.

4. 다항함수 $f(x)$가 $\lim_{x\to\infty}\frac{f(x)-x^2}{x}=2$를 만족시킬 때, $\lim_{x\to+0}x^2f\left(\frac{1}{x}\right)$의 값을 구하시오.

5. $x\neq2$일 때, $f(x)=\frac{x^2+3x-10}{x-2}$으로 정의된 함수 $f(x)$가 실수 전체에서 연속이 되도록 $x=2$에서의 함숫값을 구하시오.

6. 다항식 $f(x)$가 $\lim_{x\to2}\frac{f(x)}{x^2-x-2}=1$, $\lim_{x\to\infty}\frac{f(x)}{2x^2-1}=1$을 만족할 때, $f(1)$의 값을 구하시오.

7. 다항함수 $f(x)$가 $\lim_{x\to0}\frac{f(x)}{x}=\lim_{x\to\infty}\frac{f(x)}{x}=2$일 때 $\lim_{x\to1}\frac{f(x-1)}{x^2-1}$의 값을 구하시오.

8. 다음 두 조건을 만족하는 이차함수 $f(x)$를 구하시오.

$$\lim_{x\to\infty}\frac{f(x)}{x^2+3x+1}=1 \quad \lim_{x\to1}\frac{f(x)}{x-1}=1$$

9. 다음 그림과 같이 $\angle C=90°$, $\overline{AC}=1$인 직각삼각형 ABC가 있다. $\overline{BC}$의 길이가 무한히 커질 때 $(\overline{AB}-\overline{BC})$의 극한값을 구하시오.

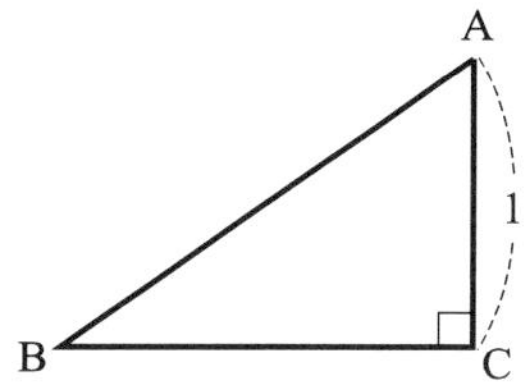

10. 실수 전체에서 정의된 다음 함수 $f(x)$에 대하여 연속인 구간을 구하시오.

$$f(x)=\begin{cases}\lim\limits_{n\to\infty}\dfrac{x^n}{1+x^n} & (x\neq-1)\\ 0 & (x=-1)\end{cases}$$

11. 다항함수 $f(x)$가

$$\lim_{x\to\infty}\frac{f(x)}{x^3}=0,\ \lim_{x\to0}\frac{f(x)}{x}=5$$

을 만족시킨다. 방정식 $f(x)=x$의 한 근이 -2일 때 $f(1)$의 값을 구하시오.

12. $\lim\limits_{x\to\infty}\dfrac{2}{\sqrt{x^2+2x}-\sqrt{x^2-2x}}$의 값을 구하시오.

13. 두 상수 a, b가 $\lim\limits_{x\to2}\dfrac{x^2-(a+2)x+2a}{x^2-b}=3$을 만족시킬 때, a, b의 값을 구하시오.

14. 함수 $f(x)=x^2-4x+a$와 함수 $g(x)=\lim\limits_{n\to\infty}\dfrac{2|x-b|^n+1}{|x-b|^n+1}$에 대하여 $h(x)=f(x)g(x)$라 하자. 함수 $h(x)$가 모든 실수 x에서 연속이 되도록 하는 두 상수 a, b의 값을 구하시오.

힌트 : 함수 $g(x)$의 값을 $b-1, b+1$을 기준으로 x의 범위를 나누어 생각한다.

CHAPTER

04 미분

CALCULUS

앞에서 살펴보았던 접선의 기울기 및 순간속도 등은 모두 도함수, 즉 미분이라는 하나의 개념에 의하여 설명되어질 수 있다. 또한 생물학에 있어서의 생명체의 증가율, 경제학에 있어서의 한계이익, 화학에 있어서의 용해율 등은 모두 미분의 개념에 의하여 설명될 수 있는 것들이다. 이와 같이 미분의 응용 분야는 상당히 넓고 많다. 그리하여 이 장에서는 미분이라는 통일된 한 개념에 대하여 공부하고자 한다. 먼저 도함수를 정의하고 도함수의 성질 및 여러 가지 함수들의 도함수를 구하는 방법 등에 대하여 알아보고자 한다.

4.1 도함수의 정의

곡선 $y=f(x)$에 대하여 점 $x=x_0$에서 곡선에 접하는 직선, 즉 **접선의 기울기**는

$$\lim_{h\to 0}\frac{f(x_0+h)-f(x_0)}{h}$$

에 의하여 주어지고, 또한 함수 $s=g(t)$가 시간 t까지 어떤 물체의 움직인 거리를 나타내는 위치함수라 하면

$$\lim_{h\to 0}\frac{g(t_0+h)-g(t_0)}{h}$$

은 시각 $t=t_0$에서 이 움직이는 물체의 **순간 속도**임을 앞의 3.1절에서 살펴보았다.

위에 주어진 접선의 기울기 및 순간 속도들은 함수가 의미하는 바는 달라도 모두 어떤 구간 상의 함수 값의 (평균) 변화율에 대한 극한(**순간 변화율**)으로 주어짐을 알 수 있다. 그리하여 위 극한을 하나의 개념에 의하여 정의하고자 하며 이것이 바로 미분계수이다.

정의 1 ••• 미분계수

함수 $y=f(x)$에 대하여 극한

$$\lim_{h\to 0}\frac{f(x_0+h)-f(x_0)}{h}$$

이 존재하면, 이 극한값을 $x=x_0$ 에서 함수 f 의 **미분계수**(differential coefficient)라 말하며, 기호

$$f'(x_0)=\lim_{h\to 0}\frac{f(x_0+h)-f(x_0)}{h}$$

에 의하여 나타낸다. 또한 함수 f 는 $x=x_0$ 에서 **미분 가능하다**(differentialble)라고 표현하기도 한다.

참고

미분계수의 정의에서 $x_0+h=x$ 로 놓으면 $h=x-x_0$ 이며, $h\to 0$ 이면 $x\to x_0$ 이고 그 역 또한 성립한다. 그리하여 $x=x_0$ 에서의 미분계수는

$$f'(x_0)=\lim_{x\to x_0}\frac{f(x)-f(x_0)}{x-x_0}$$

으로도 표현되어진다.

미분 계수에 대한 또 다른 정의

$$f'(x_0)=\lim_{x\to x_0}\frac{f(x)-f(x_0)}{x-x_0}$$

는 미분가능한 함수는 연속이다라는 사실을 증명할 때 뿐만 아니라 다양한 영역에서 자주 사용된다.

예제 1

함수 $y=f(x)=x^2$ 에 대하여 $x=1$에서의 미분계수 $f'(1)$을 계산하시오.

풀이 미분계수를 다음 두 가지 방법에 의하여 계산하여 보자.

(a) $$\begin{aligned} f'(1) &= \lim_{h\to 0}\frac{f(1+h)-f(1)}{h} \\ &= \lim_{h\to 0}\frac{(1+h)^2-1^2}{h} \\ &= \lim_{h\to 0}(2+h)=2 \end{aligned}$$

(b) $$\begin{aligned} f'(1) &= \lim_{x\to 1}\frac{f(x)-f(1)}{x-1} \\ &= \lim_{x\to 1}\frac{x^2-1^2}{x-1} \\ &= \lim_{x\to 1}(x+1)=2 \end{aligned}$$

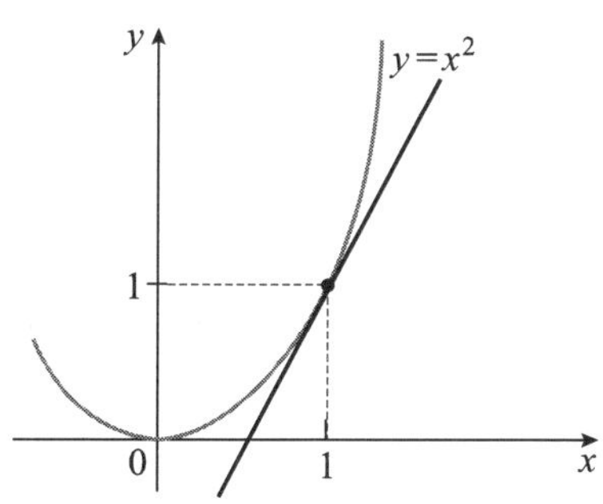

그림 4.1 $f(x)=x^2$ 에 대하여 $x=1$에서의 접선

예제 2

함수 $f(x)=\dfrac{1-x}{x}$ 에 대하여 $x=2$에서의 미분계수 $f'(2)$을 계산하시오.

풀이 미분계수의 정의에 의하여

$$
\begin{aligned}
f'(2) &= \lim_{h\to 0}\frac{f(2+h)-f(2)}{h} \\
&= \lim_{h\to 0}\frac{\dfrac{1-(2+h)}{2+h}-\dfrac{1-2}{2}}{h} \\
&= \lim_{h\to 0}\frac{-1}{2(2+h)} = -\frac{1}{4}
\end{aligned}
$$

이다. ▣

미분 가능한 함수 f에 대하여 정의역 내의 각 점 x_0에 대하여 미분계수 $f'(x_0)$이 존재한다. 따라서 우리는 x_0에 대하여 미분계수 $f'(x_0)$을 대응시키는 함수를 생각할 수 있으며, 이것이 바로 다음에 정의할 도함수이다.

정의 2 ••• 도함수

함수 f 의 정의역 내의 각 점 x 에 대하여 극한값 $\lim_{h\to 0}\frac{f(x+h)-f(x)}{h}$ 을 대응시키는 함수를 **도함수**(derivative)라 부르며 기호로 $f'(x)$에 의하여 나타낸다. 즉

$$
f'(x) = \lim_{h\to 0}\frac{f(x+h)-f(x)}{h}
$$

을 함수 f 의 **도함수**라고 부르며, 도함수를 구하는 과정을 **미분**(differentiation)한다고 한다.

참고

함수 $f(x)$의 도함수는 미분계수의 정의에서 상수 x_0를 변수 x로 바꾼 개념이다.

예제 3

다음 함수들의 도함수를 구하시오.

(a) $f(x) = x^2+2x+3$ (b) $g(x) = \dfrac{1}{x}\ (x \neq 0)$

풀이 (a)
$$
\begin{aligned}
f'(x) &= \lim_{h\to 0}\frac{f(x+h)-f(x)}{h} \\
&= \lim_{h\to 0}\frac{(x+h)^2+2(x+h)+3-[x^2+2x+3]}{h}
\end{aligned}
$$

$$
\begin{aligned}
&= \lim_{h \to 0} \frac{2xh + h^2 + 2h}{h} \\
&= \lim_{h \to 0} [2x + h + 2] \\
&= 2x + 2
\end{aligned}
$$

(b) $$
\begin{aligned}
g'(x) &= \lim_{h \to 0} \frac{g(x+h) - g(x)}{h} \\
&= \lim_{h \to 0} \frac{\frac{1}{x+h} - \frac{1}{x}}{h} \\
&= \lim_{h \to 0} \frac{-1}{x(x+h)} \\
&= -\frac{1}{x^2}
\end{aligned}
$$
■

함수 표현 $y = f(x)$에서 x는 독립변수 y는 종속변수를 나타낸다. 이러한 함수표현에서 도함수에 대한 다른 표현들이 또한 자주 사용된다. 즉

$$
f'(x) = y' = \frac{dy}{dx} = \frac{df}{dx} = \frac{d}{dx} f(x) = Df(x) = D_x f
$$

이러한 도함수에 대한 표현들은 혼용되어 사용되게 될 것이며, 또한 점 $x = x_0$에서의 미분계수는

$$
f'(x_0) = f'(x)\Big|_{x = x_0} = \frac{dy}{dx}\Big|_{x = x_0} = \frac{df}{dx}\Big|_{x = x_0}
$$

등의 기호를 사용하여 나타내기도 한다.

변화율로서의 도함수

함수 $y = f(x)$에 대한 도함수 정의에서 $h = \Delta x$, $\Delta y = f(x+h) - f(x)$로 놓으면 도함수 $f'(x)$는

$$
\frac{dy}{dx} = \lim_{\Delta x \to 0} \frac{\Delta y}{\Delta x}
$$

으로도 표현된다. 즉 도함수 $\frac{dy}{dx}$는 x값의 작은 변화에 대한 함수 $y=f(x)$의 변화에 대한 비의 극한이다.

주의 한 점에서 극한이 존재한다는 것은 그 점을 기준으로 하여 양쪽(왼쪽, 오른쪽)으로부터의 극한이 존재하고 그 값들이 같음을 의미한다. 즉 함수 $y=f(x)$의 도함수 $\lim_{h\to 0}\frac{f(x+h)-f(x)}{h}$이 존재한다는 것은 $\lim_{h\to 0-}\frac{f(x+h)-f(x)}{h}$와 $\lim_{h\to 0+}\frac{f(x+h)-f(x)}{h}$이 모두 존재하고 그 값들이 서로 같음을 의미한다.

정의 3 ••• 구간에서의 미분

함수 f 가 어떤 구간내의 모든 점에서 미분 가능하면 함수 f 는 그 **구간에서 미분 가능하다**고 말한다.

그러면 모든 함수가 미분가능한가? 그렇지는 않다. 다음 예제는 미분가능하지 않은 함수가 존재함을 보여준다.

예제 4

함수 $f(x)=|x|$은 $x=0$에서 미분 가능한가?

풀이 함수

$$f(x)=|x|=\begin{cases} x, & x\ge 0 \\ -x, & x<0 \end{cases}$$

에 대하여 $x=0$ 근방에서의 평균 변화율에 대한 왼쪽으로부터의 극한과 오른쪽으로부터의 극한이 존재하고 같음을 확인하여야 한다.

(i) $h<0, h\to 0$인 경우

$$\lim_{h\to 0-}\frac{f(0+h)-f(0)}{h}=\lim_{h\to 0-}\frac{|0+h|-|0|}{h}=\lim_{h\to 0-}\frac{-h}{h}=-1$$

(ii) $h>0, h\to 0$인 경우

$$\lim_{h\to 0+}\frac{f(0+h)-f(0)}{h}=\lim_{h\to 0+}\frac{|0+h|-|0|}{h}=\lim_{h\to 0+}\frac{h}{h}=1$$

이다.

왼쪽과 오른쪽으로부터의 극한이 서로 같지 않으므로 함수 $f(x)=|x|$는 $x=0$에서 미분가능하지 않다.

참고로 $x \neq 0$인 경우 $x>0$일 때 $f(x)=|x|=x$로서 도함수는 1이고 $x<0$일 때 $f(x)=|x|=-x$로서 도함수는 -1임을 쉽게 확인할 수 있다. 즉, $f(x)=|x|$는 0을 제외한 모든 실수에서 미분가능하다. ▣

다음 정리는 미분가능한 함수와 연속인 함수 사이의 관계를 보여준다.

정리 1

함수 $f(x)$가 점 $x=x_0$에서 미분가능하면 함수 $f(x)$는 $x=x_0$에서 연속이다. 즉 미분가능한 함수는 연속이다.

증명 함수 $f(x)$가 $x=x_0$에서 연속임을 보이려면 $\lim_{x \to x_0} f(x)=f(x_0)$ 또는 $\lim_{x \to x_0}[f(x)-f(x_0)]=0$임을 밝히면 된다. 증명을 위하여 우리는 미분계수의 또 다른 표현을 사용하고자 한다. 즉 가정에 의하여

$$f'(x_0)=\lim_{x \to x_0}\frac{f(x)-f(x_0)}{x-x_0}$$

이 존재한다. 그리고 나면

$$\begin{aligned}\lim_{x \to x_0}[f(x)-f(x_0)] &= \lim_{x \to x_0}\left[\frac{f(x)-f(x_0)}{x-x_0}\cdot(x-x_0)\right] \\ &= \lim_{x \to x_0}\frac{f(x)-f(x_0)}{x-x_0}\cdot\lim_{x \to x_0}(x-x_0) \\ &= f'(x_0)\cdot 0 = 0\end{aligned}$$

이다. 즉 함수 f는 $x=x_0$에서 연속이다.

위의 유도과정에서 두 함수의 극한이 존재할 때 두 함수의 곱에 대한 극한은 각각의 극한의 곱과 같다는 사실을 사용하였다. ▣

그리고 나면 역으로 함수 f가 연속이면 미분가능한가? 그 대답은 No이다. 우리는 앞선 예제에서 함수 $f(x)=|x|$는 $x=0$에서 미분 가능하지 않음을 살펴보았다. 그러나

함수 $f(x)=|x|$는 모든 실수(특히 $x=0$)에서 연속이다.

일반적으로 함수의 미분가능하지 않은 지점은 불연속인 점 (i), 그리고 함수의 곡선이 꺾이는 지점 (ii)이나 곡선이 거의 수직으로 변하는 지점 (iii)에서 함수는 미분가능하지 않다.

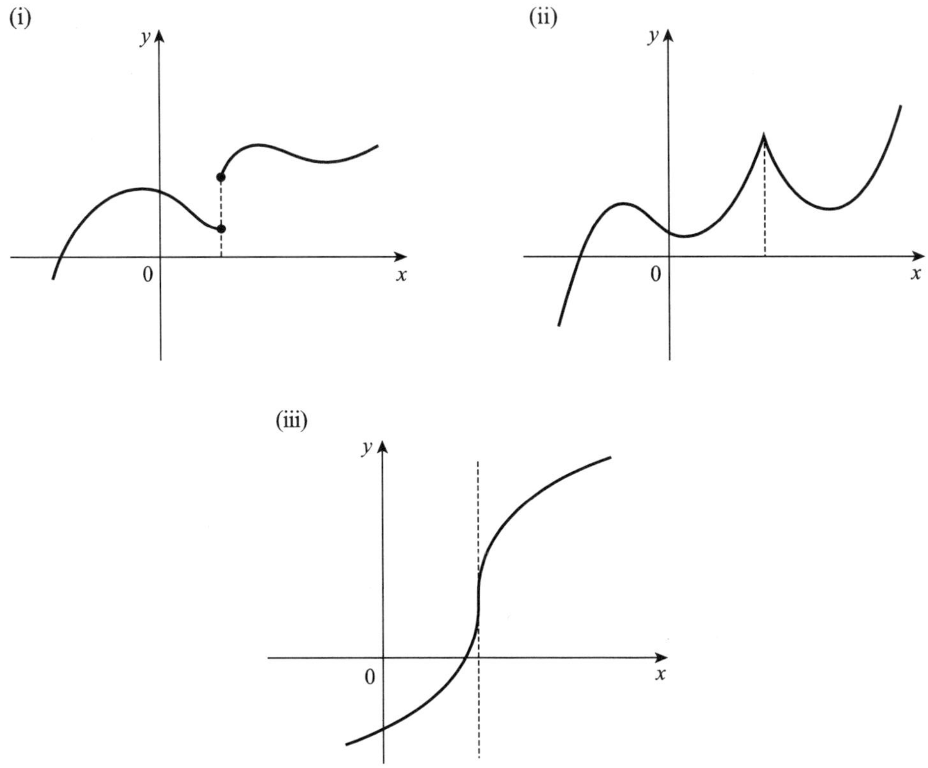

함수 $y=f(x)$을 미분하면 새로운 함수 $f'(x)$가 생기고, 우리는 이것을 다시 또 미분할 수 있다. 이러한 과정은 계속하여 무한히 반복될 수 있다. 즉, 미분의 미분을 생각할 수 있으며 이것은 다음의 고계 도함수에 대한 정의를 낳게 한다.

정의 4 ••• 고계도함수

함수 $y=f(x)$의 도함수 $f'(x)$에 대하여 $f'(x)$의 도함수를 $f''(x)$(또는 $f^{(2)}(x)$)로 나타내고, 이것을 함수 f 의 **이계 도함수**(second derivative)라고 한다. 즉

$$f''(x)=\lim_{h\to 0}\frac{f'(x+h)-f'(x)}{h}$$

이다. 이러한 미분은 무한히 반복될 수 있으며 일반적인 n 계 미분, 즉 **n계 도함수**(nth derivative)은 다음의 기호들에 의하여 또한 함께 사용된다.

$$f^{(n)}(x)=\lim_{h\to 0}\frac{f^{(n-1)}(x+h)-f^{(n-1)}(x)}{h}$$

$$f^{(n)}(x)=y^{(n)}=\frac{d^n y}{dx^n}=\frac{d^n f}{dx^n}=\frac{d^n}{dx^n}f(x)=D^n f(x)=D_x^n f$$

참고

함수 $y=f(t)$가 어떤 움직이는 물체의 시간 t까지 움직인 거리를 나타낸다면 도함수 $f'(t)$는 그 물체의 속도를 의미하며 2계 도함수 $f''(t)$는 속도의 변화율을 나타내는 가속도를 의미한다.

다음 예제에서 이계 도함수를 구하는 과정을 구체적으로 살펴보자.

예제 5

함수 $y=f(x)=x^3$에 대하여 함수 f 의 이계 도함수를 구하는 것에 의하여 $x=2$에서의 미분계수, 즉 $f'(2)$와 $f^{(2)}(2)$을 구하시오.

풀이 함수 f의 도함수 $f'(x)$는

$$\begin{aligned} f'(x) &= \lim_{h\to 0}\frac{f(x+h)-f(x)}{h}=\lim_{h\to 0}\frac{(x+h)^3-x^3}{h} \\ &= \lim_{h\to 0}\frac{x^3+3x^2h+3xh^2+h^3-x^3}{h} \\ &= \lim_{h\to 0}\left[3x^2+3xh+h^2\right] \\ &= 3x^2 \end{aligned}$$

이고, 따라서 $f'(2)= 12$이다.

$$f^{(2)}(x)= \lim_{h\to 0} \frac{f'(x+h)-f'(x)}{h}$$

$$= \lim_{h\to 0}\frac{3(x+h)^2-3x^2}{h}$$

$$= 3\lim_{h\to 0} \frac{x^2+2xh+h^2-x^2}{h}$$

$$= 6x$$

이다. 그리하여

$$f^{(2)}(2)= f^{(2)}(x)\Big|_{x=2}= 6x\Big|_{x=2}= 12$$

이다. ▣

연습문제 4.1

1. 다음 각 함수에 대하여 주어진 점에서의 미분계수를 정의에 의하여 구하시오.

(a) $f(x)= 2x^2-x+1,\ x= 2$

(b) $g(x)= \dfrac{x^2+1}{x},\quad x= 1$

(c) $h(x)= 2x+\dfrac{1}{x},\quad x= 2$

2. 함수 $f(x)= x^2-x$ 에 대하여 $f'(2)$을 구하는 것에 의하여 포물선 $y= x^2-x$ 위의 점 $(2,\ 2)$에서 접선의 방정식을 구하시오.

3. 어떤 움직이는 물체의 시간에 따른 이동한 거리가 함수 $f(t)= t^2-t+1$에 의하여 주어질 때 시간 $t= 2$에서 물체의 (순간) 속도를 구하시오.

4. 다음의 주어진 극한들은 어떤 점 $x= a$에서 함수 $f(x)$에 대한 미분 계수를 나타낸 것이다. 함수 f 와 a을 결정하시오.

(a) $\lim_{h\to 0}\dfrac{(2+h)^2-2^2}{h}$ (b) $\lim_{x\to 2}\dfrac{\sqrt{x}-\sqrt{2}}{x-2}$

5. 도함수의 정의와 미분공식에 의하여 다음 함수들의 도함수를 구하시오.

(a) $f(x)=3x+5$ (b) $g(x)=x^2-5x+3$

(c) $h(x)=\dfrac{x+1}{x-1}$ (d) $F(x)=\sqrt{x}$

(e) $G(x)=x^4$ (f) $H(x)=\dfrac{1}{x^2}$

(g) $f(x)=x^3-3x+5$ (h) $g(x)=\dfrac{x^2}{x+1}$

6. 다음 함수 f 의 그래프에 대하여 함수 f가 불연속인 점과 미분 불가능인 점을 구하시오.

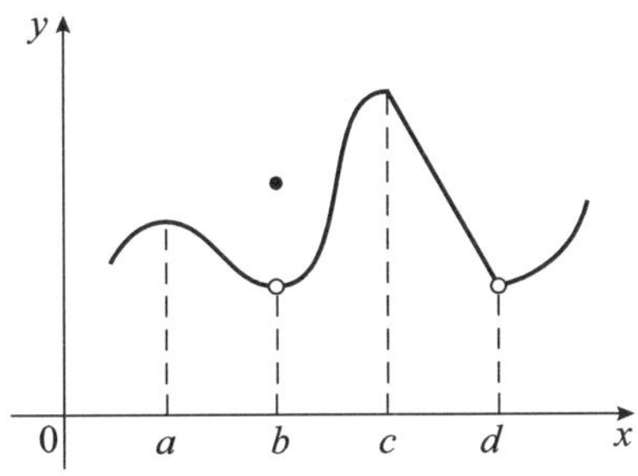

그림 4.2 함수 f 의 그래프

7. 함수 f가 $x=0$에서 미분가능하고, $f(0)=0,\ f'(0)=2$을 만족할 때

$\lim_{x\to 0}\dfrac{\{f(x)\}^2-f(x)}{x}$의 값을 구하시오. (힌트 : $f'(0)=\lim_{x\to 0}\dfrac{f(x)-f(0)}{x}$)

8. 미분가능한 함수 f가 $f'(2)=4$을 만족할 때 $\lim_{x\to 2}\dfrac{f(x)-f(2)}{x^2-4}$의 값을 구하시오.

9. 미분가능한 함수 f가 $f'(1)=3$을 만족할 때 $\lim_{h\to 0}\dfrac{f(1+2h)-f(1)}{h}$의 값을 구하시오.

10. 최고차항의 계수가 1인 삼차함수 f가

$$f(1)=3,\ f'(1)=1,\ f''(1)=2$$

을 만족할 때 함수 f를 구체적으로 구하시오.

11. 함수 $f(x)=\begin{cases} ax+b & x \le 1 \\ x^2 & x>1 \end{cases}$

가 $x=1$에서 미분가능하도록 a, b의 값을 구하시오.

12. 곡선 $y=x^2+3x+2$ 위의 점 $\mathrm{P}(a,\ b)$에서의 접선의 기울기가 5일 때 a, b를 구하시오.

13. 함수 $y=f(x)=x^2$에 대하여 n계 도함수 $y^{(n)}, n \ge 3$을 구하시오.

14. 함수 $f(x)$가 $f(x+2)-f(2)=x^3+6x^2+14x$를 만족시킬 때 $f'(2)$의 값을 구하시오.

15. 함수 $f(x)=x^4+4x^2+1$에 대하여 $\lim_{h \to 0} \frac{f(1+2h)-f(1)}{h}$의 값을 구하시오.

16. 다항함수 $f(x)$에 대하여 $\lim_{x \to 2} \frac{f(x+1)-8}{x^2-4}=5$일 때 $f(3)$와 $f'(3)$의 값을 구하시오.

17. 함수 $y=f(x)$의 그래프가 y축에 대하여 대칭이고, $f'(2)=-3$, $f'(4)=6$일 때 $\lim_{x \to -2} \frac{f(x^2)-f(4)}{f(x)-f(-2)}$의 값을 구하시오.

(힌트 : $f(-x)=f(x)$, $f'(-x)=-f'(x)$)

4.2 미분법의 기본 공식

이 절에서는 잘 알려진 함수들의 도함수와 도함수를 구하기 위한 기본적인 미분공식들을 다루고자 한다.

정리 1 ∘∘∘ 상수함수의 도함수

함수 f가 모든 x에 대하여 $f(x)=c$인 상수함수이면 $f'(x)=0$이다.

증명 모든 x에 대하여 $f(x)=c$인 상수함수라 하자. 그리고 나면

$$f'(x)=\lim_{h\to 0}\frac{f(x+h)-f(x)}{h}$$

$$=\lim_{h\to 0}\frac{c-c}{h}=\lim_{h\to 0}0=0$$

이다. ▫

그리하여 다음 예제에서 상수의 미분이 0임을 확인 할 수 있다.

예제 1

c가 상수일 때 상수 c의 도함수는 무엇인가?

풀이 함수 f를 상수함수 c라 하자. 그리고나면 위의 정리에 의하여 $f'(x)=0$이다.

즉 $\frac{d}{dx}(c)=0$이다. ▫

다음은 함수의 미분에 있어서 가장 기본이 되는 내용으로 **멱함수**(power function)의 도함수에 대하여 다루고자 한다.

정리 2 ∘∘∘ 멱함수의 도함수

n이 양의 정수일 때 멱함수 $f(x)=x^n$의 도함수 $f'(x)=nx^{n-1}$이다.

증명 이항정리에 의하여 $(a+b)^n$ 을 전개하면

$$(a+b)^n = \sum_{k=0}^{n} \binom{n}{k} a^{n-k} b^k$$

으로 $\binom{n}{k} = \dfrac{n!}{k!(n-k)!}$, (단, $k! = k(k-1)(k-2)\cdots 21$)이다. 따라서

$$(a+b)^n = a^n + na^{n-1}b + \frac{n(n-1)}{2!}a^{n-2}b^2 + \cdots + nab^{n-1} + b^n$$

이다. 이항정리를 이용하면

$$\begin{aligned}
f'(x) &= \lim_{h\to 0} \frac{f(x+h)-f(x)}{h} \\
&= \lim_{h\to 0} \frac{(x+h)^n - x^n}{h} \\
&= \lim_{h\to 0} \frac{\left[x^n + nx^{n-1}h + \frac{n(n-1)}{2!}x^{n-2}h^2 + \cdots + nxh^{n-1} + h^n\right] - x^n}{h} \\
&= \lim_{h\to 0} \frac{nx^{n-1}h + \frac{n(n-1)}{2!}x^{n-2}h^2 + \cdots + nxh^{n-1} + h^n}{h} \\
&= \lim_{h\to 0} \left[nx^{n-1} + \frac{n(n-1)}{2!}x^{n-2}h + \cdots + nxh^{n-2} + h^{n-1}\right] \\
&= nx^{n-1}
\end{aligned}$$

이다. ▣

멱함수 $f(x) = x^n$ 에서 n 은 양의 정수로 한정하였으나 실제로는 n 이 임의의 실수일 때에도 성립한다. 차후 이러한 내용이 다루어질 것이다.

예제 2

$f(x) = x^{100}$ 일 때 함수 $f(x)$의 도함수 $f'(x)$를 구하시오.

풀이 위 정리에 의하여

$$f'(x) = 100x^{99}$$

이다. ▣

정리 3 ∘∘∘ 상수 배 함수의 도함수

c는 한 상수이고 함수 f는 미분 가능한 함수라 하자.
$F(x)=cf(x)$이면, 함수 F는 미분가능하고, $F'(x)=cf'(x)$이다. 즉,

$$\frac{d}{dx}[c\cdot f(x)]=c\cdot\frac{d}{dx}f(x)$$

증명 함수 $F(x)=cf(x)$에 대하여

$$\begin{aligned}F'(x)&=\lim_{h\to 0}\frac{F(x+h)-F(x)}{h}\\&=\lim_{h\to 0}\frac{cf(x+h)-cf(x)}{h}\\&=c\cdot\lim_{h\to 0}\frac{f(x+h)-f(x)}{h}\\&=c\cdot f'(x)\end{aligned}$$

이다. 즉 상수 배 함수의 도함수는 그 함수의 도함수에 상수 배한 것과 같다. ▫

정리 3의 내용은 함수 $3x^2$의 미분, 즉 $\frac{d}{dx}(3x^2)$은 $3\frac{d}{dx}(x^2)(=6x)$에 의하여 계산할 수 있음을 보여주는 것이다. 다음에는 두 함수의 합에 대한 미분은 각각의 함수의 미분의 합과 같다는 것을 보여준다.

정리 4 ∘∘∘ 두 함수의 합의 도함수

두 함수 f와 g가 미분가능 함수이면 $f+g$도 미분가능하며

$$\frac{d}{dx}[f(x)+g(x)]=\frac{d}{dx}f(x)+\frac{d}{dx}g(x)$$

이다.

증명 $F(x)=f(x)+g(x)$라 하자. 그리고 나면

$$\begin{aligned}\frac{d}{dx}[f(x)+g(x)]&=\frac{d}{dx}F(x)\\&=\lim_{h\to 0}\frac{F(x+h)-F(x)}{h}\end{aligned}$$

$$= \lim_{h\to 0} \frac{f(x+h)+g(x+h)-[(f(x)+g(x))]}{h}$$

$$= \lim_{h\to 0} \frac{(f(x+h)-f(x))+(g(x+h)-g(x))}{h}$$

$$= \lim_{h\to 0} \frac{f(x+h)-f(x)}{h} + \lim_{h\to 0} \frac{g(x+h)-g(x)}{h}$$

$$= \frac{d}{dx}f(x) + \frac{d}{dx}g(x)$$

이다. ▣

이러한 내용은 또한 두 함수의 차에 대해서도 성립하며, 상수배 함수의 미분과 두 함수의 합의 미분 공식을 이용하여 쉽게 증명할 수 있다.

정리 5 ∘∘∘ 두 함수의 차의 도함수

두 함수 f 와 g 가 미분가능 함수이면 $f-g$ 도 미분가능하며

$$\frac{d}{dx}[f(x)-g(x)] = \frac{d}{dx}f(x) - \frac{d}{dx}g(x)$$

이다.

정리 3, 4, 5를 종합하면 우리는 다음과 같은 따름정리를 얻을 수 있다.

따름정리

미분가능한 두 함수 f_1, f_2 및 상수 c_1, c_2에 대하여 다음이 성립한다.

$$\frac{d}{dx}[c_1 f_1(x) \pm c_2 f_2(x)] = c_1 \frac{d}{dx} f_1(x) \pm c_2 \frac{d}{dx} f_2(x)$$

일반적으로 미분 가능한 함수들 f_1, f_2, $\cdots$, f_n 및 상수들 c_1, c_2, $\cdots$, c_n에 대하여 그들의 상수배 및 합과 차 또한 미분가능하며 다음과 같은 사실이 성립한다.

$$\frac{d}{dx}[c_1 f_1 \pm c_2 f_2 \pm \cdots \pm c_n f_n] = c_1 \frac{d}{dx} f_1 \pm c_2 \frac{d}{dx} f_2 \pm \cdots \pm c_n \frac{d}{dx} f_n$$

예제 3

$F(x)= x^{100}+2x^{50}-100$에 대하여 도함수 $F'(x)$을 유도하는 과정에서 사용된 정리를 기술하시오.

풀이 함수들의 합 또는 차에 대한 도함수 정리 및 상수 배 함수의 도함수 정리에 의하여

$$\begin{aligned}\frac{d}{dx}F(x) &= \frac{d}{dx}\left[x^{100}+2x^{50}-100\right]\\ &= \frac{d}{dx}x^{100}+\frac{d}{dx}2x^{50}-\frac{d}{dx}100 \qquad \text{[함수들의 합 및 차에 대한 도함수]}\\ &= 100x^{99}+100x^{49} \qquad \text{[멱함수, 상수배 함수 및 상수 함수의 도함수]}\\ &= 100x^{49}(x^{50}+1)\end{aligned}$$

을 얻을 수 있다. ◻

다음에는 두 함수의 곱에 대한 미분인 곱셈 법칙에 대하여 다루고자 한다.

정리 6 ∘∘∘ (곱셈법칙)

두 함수 f와 g가 미분 가능한 함수이면 두 함수의 곱 $f \cdot g$도 미분 가능하고

$$\frac{d}{dx}\left[f(x)\cdot g(x)\right]=\frac{d}{dx}f(x)\cdot g(x)+f(x)\cdot\frac{d}{dx}g(x)$$

에 의하여 주어진다.

증명 $F(x)= f(x)\cdot g(x)$이라 하자. 도함수 공식에 의하여

$$\begin{aligned}\frac{d}{dx}F(x) &= \lim_{h\to 0}\frac{F(x+h)-F(x)}{h}\\ &= \lim_{h\to 0}\frac{f(x+h)\cdot g(x+h)-f(x)\cdot g(x)}{h}\\ &= \lim_{h\to 0}\frac{(f(x+h)\cdot g(x+h)-f(x)\cdot g(x+h)) + (f(x)\cdot g(x+h)-f(x)\cdot g(x))}{h}\\ &= \lim_{h\to 0}\frac{f(x+h)-f(x)}{h}\cdot g(x+h)\end{aligned}$$

$$
\begin{aligned}
&+\lim_{h\to 0}\frac{g(x+h)-g(x)}{h}\cdot f(x)\\
&=\lim_{h\to 0}\frac{f(x+h)-f(x)}{h}\cdot\lim_{h\to 0}g(x+h)\\
&\quad+\lim_{h\to 0}\frac{g(x+h)-g(x)}{h}\cdot\lim_{h\to 0}f(x)\\
&=f'(x)\cdot g(x)+f(x)\cdot g'(x)
\end{aligned}
$$

이다. ▣

두 함수의 곱에 대한 미분은 각각의 함수의 미분의 곱과 같지 않다는데 주의하라.

예제 4

$F(x)=x^{100}(x^{200}+5)$일 때 $F'(x)$을 구하시오.

풀이 함수 $F(x)$의 도함수를 두 개의 다른 방법에 의하여 풀어보고자 한다 .

(i) 정리 6의 곱셈법칙에 의하여

$$
\begin{aligned}
F'(x)&=\frac{d}{dx}(x^{100})\cdot(x^{200}+5)+x^{100}\cdot\frac{d}{dx}(x^{200}+5)\\
&=100x^{99}(x^{200}+5)+x^{100}(200x^{199})\\
&=100x^{99}(3x^{200}+5)
\end{aligned}
$$

(ii) 주어진 함수 $F(x)$는 $F(x)=x^{300}+5x^{100}$과 같으므로 두 함수의 합 및 상수배 함수의 미분공식에 의하여

$$
\begin{aligned}
F'(x)&=\frac{d}{dx}x^{300}+\frac{d}{dx}5x^{100}\\
&=300x^{299}+5\frac{d}{dx}x^{100}\\
&=300x^{299}+5\cdot 100x^{99}\\
&=100x^{99}[3x^{200}+5]
\end{aligned}
$$

▣

두 함수의 곱에 대한 미분과 비슷하게 두 함수의 몫의 미분은 각각의 미분의 몫과 같지 않으며 그 내용은 아래 정리 7에 잘 나타나 있다.

정리 7 ··· 두 함수의 몫의 도함수

두 함수 f 와 g 가 미분 가능한 함수라 하자. 그리고 나면 몫 $\dfrac{f(x)}{g(x)}$ 도 미분 가능하고

$$\frac{d}{dx}\frac{f(x)}{g(x)}=\frac{\dfrac{d}{dx}f(x)\cdot g(x)-f(x)\cdot\dfrac{d}{dx}g(x)}{[g(x)]^2}$$

이 성립한다.

증명 자세한 증명은 연습문제로 남겨 둔다. ▣

예제 5

(a) $F(x)=\dfrac{1}{x}$ 일 때 $F'(x)$을 구하시오.

(b) $G(x)=\dfrac{x^2-1}{x^2+1}$ 일 때 $G'(x)$을 구하시오.

풀이 몫의 도함수 공식에 의하여

(a) $$F'(x)=\frac{\dfrac{d}{dx}(1)\cdot x-1\cdot\dfrac{d}{dx}(x)}{x^2}=\frac{0\cdot x-1\cdot 1}{x^2}=-\frac{1}{x^2}$$

(b) $$G'(x)=\frac{\dfrac{d}{dx}(x^2-1)\cdot(x^2+1)-(x^2-1)\cdot\dfrac{d}{dx}(x^2+1)}{(x^2+1)^2}$$
$$=\frac{2x\cdot(x^2+1)-(x^2-1)\cdot 2x}{(x^2+1)^2}=\frac{4x}{(x^2+1)^2}$$ ▣

위 예제 5의 (a)의 결과는 4.1절의 예제 3의 (b)의 결과와 같다는 것을 확인할 수 있다.

정리 2의 멱함수의 도함수는 음의 정수로까지 확장된다.

정리 8 ···

n 이 양의 정수일 때 $F(x)=x^{-n}$ 이면 $F'(x)=-nx^{-n-1}$ 이다.

증명 $F(x)=x^{-n}=\dfrac{1}{x^n}$에 대하여 몫의 도함수 공식을 사용하면

$$\begin{aligned} F'(x) &= \frac{\dfrac{d}{dx}1 \cdot x^n - 1 \cdot \dfrac{d}{dx}(x^n)}{(x^n)^2} \\ &= \frac{0 \cdot x^n - 1 \cdot nx^{n-1}}{x^{2n}} \\ &= -n\frac{x^{n-1}}{x^{2n}} \\ &= -nx^{-n-1} \end{aligned}$$

을 얻을 수 있다. ■

그리하여 정리 2 및 정리 8에 의하여 임의의 정수 r에 대하여 $\dfrac{d}{dx}(x^r)=rx^{r-1}$임을 알 수 있다. 실제적으로 이것은 임의의 실수 r에 대해서도 성립하며, 이것은 4.5절의 음함수의 미분법에서 다루어지게 될 것이다.

예제 6

$\dfrac{d}{dx}\left(\dfrac{4}{x^3}\right)$을 구하시오.

풀이 상수 배 함수의 도함수 공식과 정수에 대한 멱함수의 도함수 공식에 의하여

$$\begin{aligned} \frac{d}{dx}\left(\frac{4}{x^3}\right) &= 4 \cdot \frac{d}{dx}\left(\frac{1}{x^3}\right) \\ &= 4 \cdot \frac{d}{dx}(x^{-3}) \\ &= 4 \cdot (-3)x^{-3-1} \\ &= -12x^{-4} \end{aligned}$$

이다. ■

예제 6은 정리 7의 몫의 도함수 공식을 이용해서도 구할 수 있다.

예제 7

함수 $f(x)= x+\dfrac{2}{x}$에 대하여 이 함수의 곡선상의 점 $(1, 3)$에서의 접선의 방정식을 구하시오.

풀이 $x=1$일 때 $f(1)=1+\dfrac{2}{1}=3$이므로 점 $(1, 3)$은 이 함수의 곡선상의 점이다. 곡선 상의 점 $(1, 3)$에서 접선의 방정식을 구하기 위해서는 접선의 기울기를 알아야만 한다.

$$\frac{d}{dx}f(x)=\frac{d}{dx}(x)+\frac{d}{dx}\left(\frac{2}{x}\right)$$

$$=1+2\frac{d}{dx}(x^{-1})=1-2x^{-2}$$

이다. 따라서 곡선상의 점 $(1, 3)$에서 곡선에 접하는 접선의 기울기는

$$\left.\frac{df}{dx}\right|_{x=1}=1-2x^{-2}\Big|_{x=1}=-1$$

이다. 그리하여 곡선상의 점 $(1, 3)$에서의 접선의 방정식은

$$y-3=(-1)(x-1)$$

즉, $y=-x+4$에 의하여 주어진다.

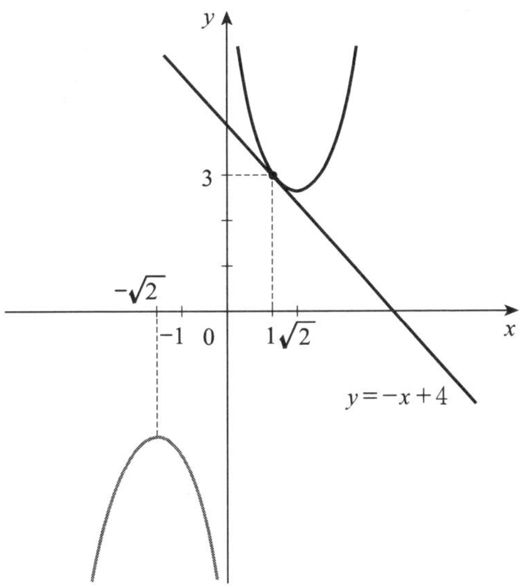

예제 8

$f(x) = x^{-2}$일 때 함수 f의 이계 도함수를 구하시오.

풀이 멱함수의 도함수 공식에 의하여

$$f'(x) = -2x^{-2-1} = -2x^{-3}$$

이고, 또 한 번 멱함수의 도함수 공식을 적용하면

$$f''(x) = (-2)(-3)x^{-3-1} = 6x^{-4}$$

이다. ▣

연습문제 4.2

1. 다음 함수를 미분할 때 사용된 미분 공식들을 열거하는 것에 의하여 도함수를 구하시오.

(a) $f(x) = x^3 - 10x + 5$

(b) $g(x) = (x^2+1)(2x+5)$

(c) $h(x) = \dfrac{x^2-2}{x+1}$

2. $f(x) = (2x^3+1)(x-1)^2$에 대하여 $f'(-1)$의 값을 구하시오.

3. 멱함수 $f(x) = x^n$일 때 함수 f을 n번 미분하여라, 즉 $f^{(n)}(x)$는?

4. 두 함수 f와 g가 미분 가능하고 $f(1) = 1$, $f'(1) = 6$, $g(1) = -3$이며, $g'(1) = 2$일 때 $x = 1$에서 다음 함수들의 미분계수를 구하시오.

(a) $\dfrac{d}{dx}(3f - 5g)$ (b) $\dfrac{d}{dx}(f \cdot g)$ (c) $\dfrac{d}{dx}\left(\dfrac{f}{g}\right)$

5. 2차 함수 $f(x) = ax^2 + bx + c$가 점$(1, 3)$을 지나고, 원점에서 직선 $y = 2x$에 접할 때 2차 함수 $f(x)$의 계수 a, b, c을 구하시오.

6. 두 함수 $f(x) = x^2 + ax$와 $g(x) = bx^2 + c$가 모두 점 (1, 2)를 지나고, 또한 두 곡선이 이 점에서 접한다고 한다. $a+b+c$ 값은?

7. $f(x)=\dfrac{4}{x}$일 때 $\lim\limits_{x\to 2}\dfrac{f'(x)+1}{x-2}$의 값은?

8. 사차함수 $f(x)$가 $f(2)=1$, $f'(2)=4$, $f''(2)=6$을 만족시킨다. $f(x)$를 $(x-2)^3$으로 나누었을 때의 나머지를 구하시오.

9. 두 함수 $f(x)=2x^2-ax+3$, $g(x)=2x+b$가 $x=1$에서 접하도록 a, b값을 구하시오.

10. 원점을 지나고 곡선 $y=x^2+4$에 접하는 접선의 방정식을 구하시오.

11. 곡선 $y=x^3+2$의 위의 점 $(\alpha, -6)$에서의 접선의 방정식을 구하시오.

12. 함수 $f(x)=x^4-4x^3+6x^2+4$ 위의 점 (α, β)에서의 접선의 기울기가 4일 때, α, β의 값을 구하시오.

13. 곡선 $y=x^2$ 위의 점 $(-2, 4)$에서의 접선이 곡선 $y=x^3+\alpha x-2$에 접할 때 α의 값을 구하시오.

14. 세 함수 f, g 및 h가 미분가능한 함수일 때

$$\begin{aligned}&\frac{d}{dx}(f(x)\cdot g(x)\cdot h(x))\\&=f'(x)\cdot g(x)\cdot h(x)+f(x)\cdot g'(x)\cdot h(x)+f(x)\cdot g(x)\cdot h'(x)\end{aligned}$$

이 성립함을 증명하여라.

15. 다음 함수를 미분하여라.

(a) $f(x)=x^3+\dfrac{1}{x^2}$ (b) $g(x)=\dfrac{x^5}{x^3-2}$

(c) $h(t)=(t^2+t+3)(t^3-2t+5)(5t+1)$

16. 미분 가능한 두 함수 f, g에 대하여 $F(x)=\dfrac{f(x)}{g(x)}$이면

$$F'(x)=\frac{f'(x)g(x)-f(x)g'(x)}{[g(x)]^2}$$

임을 증명하여라.

4.3 삼각함수의 미분

진동 또는 파동과 같은 모형 그리고 굴러가는 바퀴 및 주기적인 변화를 갖는 현상을 수학적으로 분석하기 위하여 sine, cosine 등의 삼각함수가 자주 이용되고 있다. 따라서 이 절에서는 삼각함수들의 도함수에 대하여 알아보고자 한다.

다음 정리는 삼각함수들의 도함수를 유도하기 위하여 사용된다.

정리 1

$$\lim_{\theta \to 0} \frac{\sin\theta}{\theta} = 1$$

증명 $\lim_{\theta \to 0} \frac{\sin\theta}{\theta} = 1$을 증명하는 것은 $\lim_{\theta \to 0+} \frac{\sin\theta}{\theta} = 1$이고 또한 $\lim_{\theta \to 0-} \frac{\sin\theta}{\theta} = 1$임을 보여야 한다.

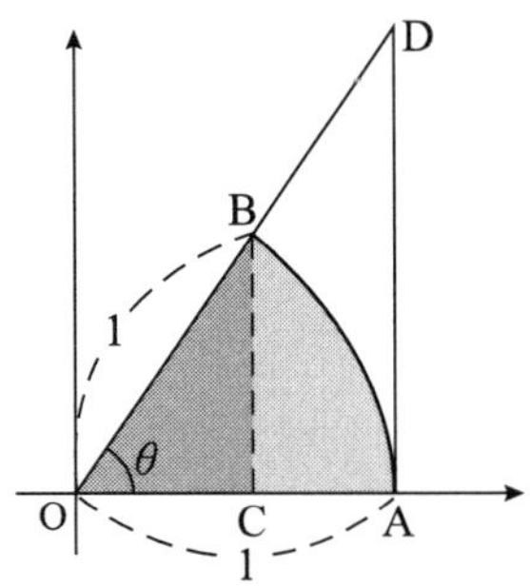

그림 4.3 직각 삼각형 및 부채꼴의 넓이 비교

(1) $\lim_{\theta \to 0+} \frac{\sin\theta}{\theta} = 1$

충분히 작은 θ에 대해서만 생각하면 충분하므로 $0 < \theta < \frac{\pi}{2}$라고 가정하자.

그림 4.3과 같이 중심이 O이고 중심각이 θ, 반지름 1인 부채꼴 OBA를 생각하여 보자. 그리고 점 B에서 선분 OA 위에 수선을 내려 만나는 점을 C라 하고, 점 A에서 수선을 올려 선분 OB의 연장선과 만나는 점을 D라 하자. 그리고 나면 세 도형, 직각 삼각형 OBC, 부채꼴 OBA 및 직각 삼각형 ODA가 만들어진다. 그림에서 각

도형의 넓이를 계산하여 보자. 먼저 삼각형 OBC 의 넓이는 $\frac{1}{2}\cos\theta\sin\theta$ 이고, 부채꼴 OBA 의 넓이는 반지름이 1이므로 $\frac{1}{2}\theta$ 이고, 삼각형 ODA 의 넓이는 $\frac{1}{2}\tan\theta$ 이다. 각 도형의 넓이를 비교하는 것에 의하여 우리는 다음과 같은 부등식을 얻을 수 있다.

$$\frac{1}{2}\cos\theta\sin\theta \le \frac{1}{2}\theta \le \frac{1}{2}\tan\theta \left(= \frac{1}{2}\frac{\sin\theta}{\cos\theta}\right)$$

위 부등식에 $\frac{2}{\sin\theta}$ 을 곱하면

$$\cos\theta \le \frac{\theta}{\sin\theta} \le \frac{1}{\cos\theta}$$

을 얻고, 이것은 다음의 부등식으로 변형될 수 있다.

$$\frac{1}{\cos\theta} \ge \frac{\sin\theta}{\theta} \ge \cos\theta$$

여기서 $\theta \to 0+$ 하면 $\cos\theta \to 1$ 이므로 3.3절 정리 6의 압축정리에 의하여

$$\lim_{\theta \to 0+} \frac{\sin\theta}{\theta} = 1$$

이다.

(2) $\lim_{\theta \to 0-} \frac{\sin\theta}{\theta} = 1$

$-\frac{\pi}{2} < \theta < 0$ 이라 하자. θ 가 $-\frac{\pi}{2}$ 과 0사이에 있으면 $0 < -\theta < \frac{\pi}{2}$ 이다. 위 증명에서 θ 대신 $-\theta$ 을 대입하는 것에 의하여 우리는 다음과 같은 부등식을 얻을 수 있다.

$$\frac{1}{2}\cos(-\theta)\sin(-\theta) \le \frac{1}{2}(-\theta) \le \frac{1}{2}\frac{\sin(-\theta)}{\cos(-\theta)}$$

$\sin(-\theta) = -\sin\theta$, $\cos(-\theta) = \cos\theta$ 을 이용하고, 양변에 $\frac{2}{\sin\theta}$ 을 곱하는 것에 의하여 다음 부등식을 얻는다.

$$\cos\theta \le \frac{\theta}{\sin\theta} \le \frac{1}{\cos\theta}$$

역을 취하는 것에 의하여 우리는 다음의 부등식을 얻는다.

$$\frac{1}{\cos\theta} \ge \frac{\sin\theta}{\theta} \ge \cos\theta$$

여기서 $\theta \to 0-$ 하면 $\cos\theta \to 1$ 이므로 압축정리에 의하여

$$\lim_{\theta \to 0-} \frac{\sin\theta}{\theta} = 1$$

을 얻는다. 그러므로 (1) 과 (2)에 의하여

$$\lim_{\theta \to 0} \frac{\sin\theta}{\theta} = 1$$

이다. ▣

위 정리 1은 다음의 정리를 증명하는데 이용된다.

정리 2

$$\lim_{\theta \to 0} \frac{\cos\theta - 1}{\theta} = 0$$

증명 분모 분자의 극한이 모두 0이므로 다음과 같이 고쳐 극한을 유도해 보자.

$$\begin{aligned}
\lim_{\theta \to 0} \frac{\cos\theta - 1}{\theta} &= \lim_{\theta \to 0} \frac{\cos\theta - 1}{\theta} \cdot \frac{\cos\theta + 1}{\cos\theta + 1} \\
&= \lim_{\theta \to 0} \frac{\cos^2\theta - 1}{\theta(\cos\theta + 1)} \\
&= \lim_{\theta \to 0} \frac{-\sin^2\theta}{\theta(\cos\theta + 1)} \\
&= \lim_{\theta \to 0} \left[\frac{\sin\theta}{\theta} \cdot \frac{-\sin\theta}{\cos\theta + 1} \right] \\
&= \lim_{\theta \to 0} \frac{\sin\theta}{\theta} \cdot \lim_{\theta \to 0} \frac{-\sin\theta}{\cos\theta + 1} \\
&= 1 \cdot 0 = 0
\end{aligned}$$

을 얻는다. 여기서 우리는 $\sin^2\theta + \cos^2\theta = 1$을 이용하였다. ▣

예제 1

$\lim_{x \to 0} \frac{\sin 8x}{5x}$을 계산하시오.

풀이

$$\lim_{x\to0}\frac{\sin 8x}{5x}=\lim_{x\to0}\frac{\sin 8x}{8x}\cdot\frac{8x}{5x}=\lim_{x\to0}\frac{\sin 8x}{8x}\cdot\frac{8}{5}$$
$$=\frac{8}{5}\lim_{x\to0}\frac{\sin 8x}{8x}=\frac{8}{5}$$

정리 1과 $x \to 0$이면 $8x \to 0$임을 이용하였다. ▣

다음 정리에서 삼각함수의 도함수를 유도하고자 한다.

정리 3 ∘∘∘ 사인함수의 도함수

$$\frac{d}{dx}\sin x=\cos x$$

증명 $f(x)=\sin x$ 라 하자. 그리고 나면 삼각함수의 덧셈 정리를 사용하는 것에 의하여

$$\begin{aligned}f'(x)&=\lim_{h\to0}\frac{f(x+h)-f(x)}{h}\\&=\lim_{h\to0}\frac{\sin(x+h)-\sin x}{h}\\&=\lim_{h\to0}\frac{\sin x\cos h+\cos x\sin h-\sin x}{h}\\&=\lim_{h\to0}\frac{\sin x(\cos h-1)}{h}+\lim_{h\to0}\frac{\cos x\sin h}{h}\\&=\sin x\cdot\lim_{h\to0}\frac{(\cos h-1)}{h}+\cos x\cdot\lim_{h\to0}\frac{\sin h}{h}\\&=\sin x\cdot0+\cos x\cdot1=\cos x\end{aligned}$$

이다. ▣

다음에는 cosine함수의 도함수를 유도하고자 한다.

정리 4 ∘∘∘ 코사인함수의 도함수

$$\frac{d}{dx}\cos x=-\sin x$$

증명 함수 $f(x) = \cos x$ 라 하자. 그리고 나면

$$
\begin{aligned}
f'(x) &= \lim_{h \to 0} \frac{f(x+h) - f(x)}{h} \\
&= \lim_{h \to 0} \frac{\cos(x+h) - \cos x}{h} \\
&= \lim_{h \to 0} \frac{\cos x \cos h - \sin x \sin h - \cos x}{h} \\
&= \lim_{h \to 0} \frac{\cos x(\cos h - 1)}{h} - \lim_{h \to 0} \frac{\sin x \sin h}{h} \\
&= \cos x \cdot \lim_{h \to 0} \frac{(\cos h - 1)}{h} - \sin x \cdot \lim_{h \to 0} \frac{\sin h}{h} \\
&= \cos x \cdot 0 - \sin x \cdot 1 = -\sin x
\end{aligned}
$$

이다. ■

다음에는 tangent함수의 도함수를 유도하고자 한다.

정리 5 ∘∘∘ 탄젠트 함수의 도함수

$$\frac{d}{dx}\tan x = \sec^2 x$$

증명 $\frac{d}{dx}\tan x = \frac{d}{dx}\left(\frac{\sin x}{\cos x}\right)$

$$
\begin{aligned}
&= \frac{\frac{d}{dx}\sin x \cdot \cos x - \sin x \cdot \frac{d}{dx}\cos x}{\cos^2 x} \\
&= \frac{\cos x \cdot \cos x - \sin x \cdot (-\sin x)}{\cos^2 x} \\
&= \frac{\cos^2 x + \sin^2 x}{\cos^2 x} \\
&= \frac{1}{\cos^2 x} = \sec^2 x
\end{aligned}
$$

■

예제 2

$y = x^3 \sin x$ 일 때 y'을 구하시오.

풀이 두 함수의 곱에 대한 미분 및 삼각함수의 미분 공식에 의하여

$$\begin{aligned}\frac{dy}{dx} &= \frac{d}{dx}(x^3) \cdot \sin x + x^3 \cdot \frac{d}{dx}(\sin x) \\ &= 3x^2 \cdot \sin x + x^3 \cdot \cos x \\ &= x^2(3\sin x + x\cos x)\end{aligned}$$

이다. ▣

다음에는 삼각함수들의 도함수를 종합하여 정리하였으며, 증명되어지지 않은 부분은 연습문제로 남겨둔다.

삼각함수의 도함수

$\frac{d}{dx}(\sin x) = \cos x$	$\frac{d}{dx}(\operatorname{cosec} x) = -\operatorname{cosec} x \cot x$
$\frac{d}{dx}(\cos x) = -\sin x$	$\frac{d}{dx}(\sec x) = \sec x \tan x$
$\frac{d}{dx}(\tan x) = \sec^2 x$	$\frac{d}{dx}(\cot x) = -\operatorname{cosec}^2 x$

예제 3

$y = \frac{\sin x}{\cos^2 x}$ 일 때 y'을 구하시오.

풀이

$$y = \frac{\sin x}{\cos^2 x} = \frac{\sin x}{\cos x}\frac{1}{\cos x} = \tan x \sec x$$

두 함수의 곱에 대한 미분 및 삼각함수의 미분공식에 의하여

$$\begin{aligned}y' &= \frac{d}{dx}\tan x \cdot \sec x + \tan x \frac{d}{dx}\sec x \\ &= \sec^3 x + \tan^2 x \sec x \\ &= \sec x[\sec^2 x + \tan^2 x]\end{aligned}$$

이다. ▣

예제 4

함수 $f(x)=\sin 2x$ 상의 점 $\left(\frac{\pi}{2}, 0\right)$에서의 접선의 방정식을 구하시오.

풀이 삼각함수의 덧셈정리에 의하여 $\sin 2x=\sin(x+x)=2\sin x\cos x$이다. 따라서

$$\begin{aligned} f'(x) &= \frac{d}{dx}[\sin 2x] \\ &= \frac{d}{dx}2\sin x\cos x \\ &= 2\left[\frac{d}{dx}\sin x\cdot\cos x+\sin x\cdot\frac{d}{dx}\cos x\right] \\ &= 2[\cos^2 x-\sin^2 x] \\ &= 2\cos 2x \end{aligned}$$

$x=\frac{\pi}{2}$에서 접선의 기울기는 $f'\left(\frac{\pi}{2}\right)=-2$이다. 그러므로 접선의 방정식은 $y=-2\left(x-\frac{\pi}{2}\right)$, 즉 $y=-2x+\pi$이다.

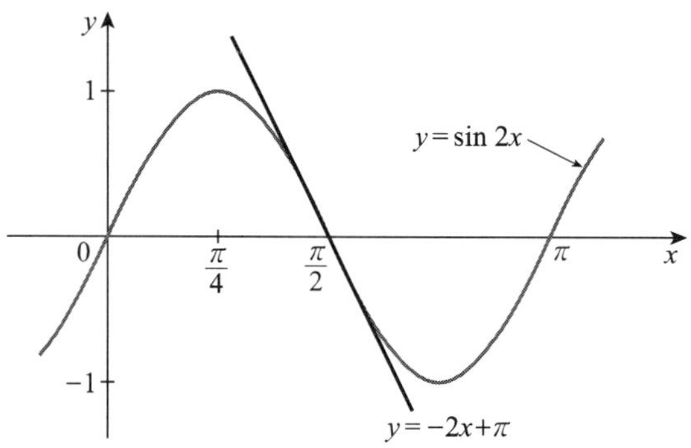

■

연습문제 4.3

1. 다음 극한을 구하시오.

(a) $\lim_{x \to 0} \frac{\sin 4x}{3x}$　　(b) $\lim_{x \to 0} \frac{\tan 3x}{x}$　　(c) $\lim_{\theta \to 0} \frac{\sin^2\theta}{\theta}$

2. 다음을 보이시오.

(a) $\frac{d}{dx}(\operatorname{cosec} x) = -\operatorname{cosec} x \cot x$

(b) $\frac{d}{dx}(\sec x) = \sec x \tan x$

(c) $\frac{d}{dx}(\cot x) = -\operatorname{cosec}^2 x$

3. 다음을 미분하여라.

(a) $y = 2\sin x + 3x^2 \cos x$

(b) $y = \frac{\tan x}{x}$

(c) $y = \operatorname{cosec} x \cot x$

(d) $y = x^2 - \sec x$

(e) $y = 3\tan x - 2\operatorname{cosec} x$

(f) $y = \frac{\sec x}{(1 + \tan x)}$

4. 함수 $f(x) = x + \sin x$ 에 대하여 수평인(x축과 평행인) 접선을 갖는 x좌표의 값을 구하시오.

5. 어떤 물체의 위치를 나타내는 위치함수가 다음과 같이 주어질 때 시각 $t = 0$에서의 (순간)속도를 구하시오.

$$f(t) = t^2 - 2\sin t$$

6. 다음의 도함수를 구하시오.

(a) $\frac{d^{999}}{dx^{999}}(\sin x)$　　(b) $\frac{d^{999}}{dx^{999}}(\cos x)$

4.4 연쇄법칙

함수 $F(x)=(x^2+1)^3$ 의 도함수를 구하는 경우를 생각하여 보자. 앞서 배운 미분 공식들을 이용하여 미분을 시도하여 보아라. 우리는 앞서 배운 미분 공식에 의하여 미분할 수 없음을 알 것이다. 그런데 $f(x)=x^3$ 라 하고 $g(x)=x^2+1$ 이라 하면 함수 F는 두 함수 f 와 g 의 합성함수이다. 즉,

$$\begin{aligned}(f \circ g)(x) &= f(g(x)) = f(x^2+1)\\ &= (x^2+1)^3\\ &= F(x)\end{aligned}$$

이다. 그리하여 함수 F을 미분한다는 것은 두 함수 f 와 g 의 합성함수를 미분한다는 것과 같다. 이 절에서는 합성함수의 미분에 대하여 공부하고자 한다.

정리 1 ∘∘∘ 연쇄법칙

미분 가능한 두 함수 f 와 g 에 대하여 함수 F가 두 함수 f 와 g 의 합성함수 $f \circ g$ 라 하자. 즉 $F(x)=f(g(x))$ 이다. 그리고 나면 함수 F는 미분 가능하고

$$F'(x)=f'(g(x))g'(x)$$

에 의하여 주어진다. $y=f(u)$, $u=g(x)$라 하면 $y=F(x)$이고 $F'(x)$는 또한

$$\frac{dy}{dx}=\frac{dy}{du}\frac{du}{dx}$$

에 의하여도 표현된다.

위 정리에 대하여 2개의 다른 증명을 주고자 한다. 하나는 직관적인 증명이고 하나는 합성함수에 의한 수학적인 증명이다.

증명 (i) $u=g(x)$라 하면 $y=F(x)=f(g(x))=f(u)$이고, $F'(x)=\dfrac{dy}{dx}$에 대하여 우리는 $\dfrac{dy}{dx}=\dfrac{dy}{du}\dfrac{du}{dx}$임을 증명하고자 한다. x 의 변화량 Δx 에 대한 u 의 변화량을 Δu 라 하고, u 의 변화량 Δu 에 대한 y 의 변화량을 Δy 라 하자. 즉,

$$\Delta u = g(x+\Delta x)-g(x)$$

$$\Delta y = f(u+\Delta u) - f(u)$$

그리고 나면

$$\begin{aligned}
\frac{dy}{dx} &= \lim_{\Delta x \to 0} \frac{F(x+\Delta x) - F(x)}{\Delta x} \\
&= \lim_{\Delta x \to 0} \frac{f(g(x+\Delta x)) - f(g(x))}{\Delta x} \\
&= \lim_{\Delta x \to 0} \frac{f(u+\Delta u) - f(u)}{\Delta x} \\
&= \lim_{\Delta x \to 0} \frac{f(u+\Delta u) - f(u)}{\Delta u} \cdot \frac{\Delta u}{\Delta x} \\
&= \lim_{\Delta u \to 0} \frac{f(u+\Delta u) - f(u)}{\Delta u} \cdot \lim_{\Delta x \to 0} \frac{g(x+\Delta x) - g(x)}{\Delta x} \\
&= \frac{dy}{du} \cdot \frac{du}{dx}
\end{aligned}$$

이다. $\Delta x \to 0$이면 함수 g는 연속이므로 $\Delta u \to 0$이다.

(ii) $F(x) = f(g(x))$이므로

$$\begin{aligned}
\frac{d}{dx} f(g(x)) &= F'(x) \\
&= \lim_{h \to 0} \frac{F(x+h) - F(x)}{h} \\
&= \lim_{h \to 0} \frac{f(g(x+h)) - f(g(x))}{h} \\
&= \lim_{h \to 0} \frac{f(g(x+h) - f(g(x))}{h} \, \frac{g(x+h) - g(x)}{g(x+h) - g(x)} \\
&= \lim_{h \to 0} \frac{f(g(x+h) - f(g(x))}{g(x+h) - g(x)} \lim_{h \to 0} \frac{g(x+h) - g(x)}{h} \\
&= f'(g(x))g'(x)
\end{aligned}$$

이다. 마지막 두 번째 등식은 g가 연속이므로 $h \to 0$이면 $g(x+h) \to g(x)$이기 때문에 성립한다. ▣

이 절의 시작 부분에 제시되었던 예제를 합성함수의 미분 즉, 연쇄법칙을 이용하여 풀어보자.

예제 1

$F(x) = (x^2+1)^3$일 때 $F'(x)$을 구하시오.

풀이 $y = f(u) = u^3$, $u = g(x) = x^2+1$이라 하면 $F(x) = f(g(x))$가 된다. 정리1의 연쇄법칙에 의하여

$$\begin{aligned} F'(x) = f'(g(x))g'(x) = f'(u)g'(x) \\ &= \frac{dy}{du} \cdot \frac{du}{dx} \\ &= 3u^2 \cdot 2x \\ &= 3(x^2+1)^2 \cdot 2x \\ &= 6x(x^2+1)^2 \end{aligned}$$

이다. ▣

연쇄법칙을 쉽게 이해하기 위한 방법을 소개하고자 한다. 미분을 하고자 할때는 항상 전체를 먼저 미분하고 안의 내용물을 미분하여 곱해주면 된다. 앞의 예제에서 $F(x) = (x^2+1)^3$ 의 도함수 $F'(x) = 3(x^2+1)^{3-1}\frac{d}{dx}(x^2+1)$와 같이 하면 된다.

예제 2

$y = (2x+1)^5(x^2+x)^3$ 을 미분하시오.

풀이 y는 두 함수 $(2x+1)^5$과 $(x^2+x)^3$ 의 곱이므로 곱에 대한 미분 공식과 연쇄법칙을 적용하여 계산하면 된다. 먼저

$$\begin{aligned} \frac{d}{dx}(2x+1)^5 &= 5(2x+1)^4 \cdot \frac{d}{dx}(2x+1) \\ &= 10(2x+1)^4 \end{aligned}$$

이고

$$\begin{aligned} \frac{d}{dx}(x^2+x)^3 &= 3(x^2+x)^2 \cdot \frac{d}{dx}(x^2+x) \\ &= 3(x^2+x)^2 \cdot (2x+1) \end{aligned}$$

이다. 그리하여 곱의 미분을 이용하면

$$\begin{aligned}\frac{dy}{dx} &= \frac{d}{dx}(2x+1)^5 \cdot (x^2+x)^3 + (2x+1)^5 \cdot \frac{d}{dx}(x^2+x)^3 \\ &= 10(2x+1)^4 \cdot (x^2+x)^3 + (2x+1)^5 \cdot 3(x^2+x)^2 \cdot (2x+1) \\ &= (2x+1)^4(x^2+x)^2(22x^2+22x+3)\end{aligned}$$

이다. ▣

예제 3

$y = \sin(x^2+1)$을 미분하여라.

풀이 $y = \sin u$, $u = x^2+1$이라 하면 연쇄법칙에 의하여

$$\frac{dy}{dx} = \frac{dy}{du}\frac{du}{dx} = \cos u\,(2x) = 2x\cos(x^2+1)$$

이며, 이것은 또한 전체 미분하고 안을 미분하여 곱한다는 것에 의하여

$$\frac{dy}{dx} = \cos(x^2+1)\frac{d}{dx}(x^2+1) = 2x\cos(x^2+1)$$

같은 결과를 얻는다. ▣

예제 4

$y = \sin^2 x$을 미분하여라.

풀이 $y = \sin^2 x = (\sin x)^2$이다. $u = \sin x$로 치환하면 $y = u^2$, $u = \sin x$이다. 그리하여 연쇄법칙에 의하여

$$\frac{dy}{dx} = \frac{dy}{du} \cdot \frac{du}{dx} = 2u \cdot \cos x = 2\sin x\cos x = \sin 2x$$

이다. ▣

연습문제 4.4

1. 다음의 두 함수 f, g에 대하여 $y=f(u)$, $u=g(x)$일 때 연쇄법칙에 의하여 x에 의한 y의 도함수는 $\frac{dy}{dx}=f'(g(x))g'(x)$ 즉, $\frac{dy}{dx}=\frac{dy}{du}\frac{du}{dx}$이다. 다음의 각각에 대하여 $(f \circ g)(x)=f(g(x))$을 구하고, $\frac{dy}{dx}$을 계산하시오.

(a) $y=f(u)=3u-5, \quad u=g(x)=x^2$

(b) $y=f(u)=\sin u, \quad u=g(x)=2\cos x$

(c) $y=f(u)=u^3, \quad u=g(x)=3x+5$

2. 다음 주어진 함수의 도함수를 계산하시오.

(a) $f(x)=(x^2+5x+5)^3$

(b) $g(x)=(x^2+2x+5)^5(2x+3)^7$

(c) $F(x)=\sqrt{x^3+4x^2+5}$

(d) $y=(1+\cos^2 x)^5$

(e) $y=\cos^3 x$

(f) $y=\cos x^3$

(g) $f(\theta)=\sin\frac{1}{\theta}$

(h) $g(\theta)=\left(\frac{2\sin\theta}{1+\cos\theta}\right)^2$

(i) $y=\cos^2(\sin x)+\sin^2(\cos x)$

(j) $y=(x^3+1)^2\tan(x^2)$

(k) $y=\frac{\cos(x^2+2x+5)}{x}$

3. 두 함수 f와 g에 대하여 함수 $F(x)$가 f와 g의 합성함수, 즉 $F(x)=f(g(x))$에 의하여 주어질 때, 만약 $g(1)=1, g'(1)=4$ 및 $f'(1)=7$일 때 $F'(1)$을 구하시오.

4. 곡선 $y = \left(\dfrac{7}{3x+1}\right)^2,\ x \neq -\dfrac{1}{3}$에 대하여 곡선상의 점$(2,\ 1)$에서 접선의 방정식을 구하시오.

5. 함수 $f(x) = x + \sin x$에 대하여 함수 $g(x)$를 $g(x) = (f \circ f)(x)$로 정의 할 때 $g'(x)$를 구하여라.

6. 용수철에 매달려 있는 물체의 수직 변위는 시간에 따른 함수

$$y(t) = a\cos(\omega t) + b\sin(\omega t)$$

에 의하여 주어진다고 한다. 여기서 ω는 진동수이고 $a,\ b$는 상수이다.
이 때 함수 $y(t)$에 대하여

$$\frac{d^2}{dt^2}y(t) + \omega^2 y(t) = 0$$

임을 보이시오.

7. 매개변수 $t(t > 0)$으로 나타내어진 함수 $x = t - \dfrac{2}{t},\ y = t^2 + \dfrac{2}{t^2}$에서 $t = 1$일 때 $\dfrac{dy}{dx}$의 값은?

4.5 음함수 미분과 역삼각 함수의 도함수

$y = x^2 + 3$과 같이 지금까지 다루어 왔던 함수의 표현은 $y = f(x)$의 형태로 종속변수 y을 독립변수 x의 함수로 명확하게 표현할 수 있었다. 그러나

$$x^2 + y^2 = 9$$

또는

$$x^3 + y^3 = 9xy$$

와 같이 단지 x와 y의 관계식에 의하여 주어진 곡선에서 접선의 기울기 등을 구하고자 할 때 어떻게 할 수 있을까?

이와 같이 $y = f(x)$ 형태로 표현하기에는 식의 모양이 복잡한 경우 단지 x와 y의 관계식에 의하여 함수를 표현하는 것이 더 편리할 때가 있다. 이와 같이 x, y의 관계식에 의하여 표현하는 것을 **음함수**(implicit function) 표현이라 한다. 즉 음함수는

$$f(x, y) = 0$$

와 같은 형태의 표현을 말한다.

참고

(음)함수라는 표현을 쓰지만 함수가 아닌 경우도 있다.

음함수로 표현된 식에서 도함수 $\dfrac{dy}{dx}$을 구하기 위해서는 양변을 x에 관하여 미분하고, y는 x의 함수이므로 합성함수에 의한 미분인 연쇄법칙을 적용하여 풀면 된다. 이와 같은 미분방법을 **음함수 미분**(implicit differentiation)이라 한다.

다음 예제를 통하여 살펴보자.

예제 1

원 $x^2 + y^2 = 4$상의 점 $(1, -\sqrt{3})$에서의 접선의 기울기를 구하시오.

풀이 다음 2가지의 다른 방법에 의하여 접선의 기울기를 유도하고자 한다.

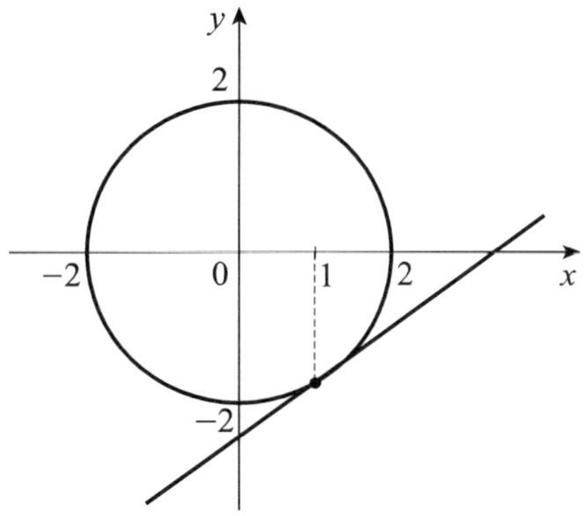

(i) x축 아래에 위치한 반원의 함수식은 $y=-\sqrt{4-x^2}$ 이다.
연쇄법칙을 적용하는 것에 의하여

$$
\begin{aligned}
y' &= -\frac{d}{dx}(4-x^2)^{\frac{1}{2}} \\
&= -\frac{1}{2}\frac{1}{\sqrt{4-x^2}}(-2x) \\
&= \frac{x}{\sqrt{4-x^2}}
\end{aligned}
$$

따라서 $x=1$에서 접선의 기울기는 $\frac{1}{\sqrt{3}}$ 이다.

(ii) $x^2+y^2=4$에서 양변 x에 의하여 미분하자. 그리고 나면

$$2x+2y \cdot y'=0$$

따라서 $y'=-\frac{x}{y}$ 이고 점 $(1, -\sqrt{3})$에서의 접선의 기울기는

$$y' = -\left.\frac{x}{y}\right|_{x=1,\, y=-\sqrt{3}} = \frac{1}{\sqrt{3}}$$

이다. ▣

예제 1에서 두 풀이 방법을 비교하여 보아라. 어느 것이 더 편리한가?

예제 2

곡선 $x^3+y^3-9xy=0$상의 점$(2, 4)$에서의 접선의 방정식을 구하시오.

풀이 $x^3+y^3-9xy=0$을 x에 의하여 미분하자. 곱의 미분 및 연쇄법칙에 의하여

$$3x^2+3y^2\frac{dy}{dx}-9y-9x\frac{dy}{dx}=0$$

즉

$$3(y^2-3x)\frac{dy}{dx}=9y-3x^2$$

이다. 그리하여

$$\frac{dy}{dx}=\frac{3y-x^2}{y^2-3x}$$

이고, 점(2, 4)에서 접선의 기울기는

$$\left.\frac{dy}{dx}\right|_{x=2,\,y=4}=\frac{3\cdot 4-2^2}{4^2-3\cdot 2}=\frac{4}{5}$$

이다. 그러므로 접선의 방정식은

$$y-4=\frac{4}{5}(x-2)$$

즉, $y=\frac{4}{5}x+\frac{12}{5}$에 의하여 주어진다. ▣

다음 정리에서는 음함수미분을 이용하여 정수에 대한 멱함수의 도함수 정리를 유리수로 까지 확장하고자 한다.

정리 1 ∘∘∘ 유리수에 대한 멱함수의 도함수

n이 유리수 일 때 $\frac{d}{dx}x^n=nx^{n-1}$ 이다.

증명 n은 유리수이므로 어떤 두 정수 p와 q에 대하여 $n=\frac{p}{q}\,(q\neq 0)$이다. $y=x^{\frac{p}{q}}$라 놓고, 양변 q제곱을 하면 $y^q=x^p$이다. 양변을 x에 의하여 미분하면

$$qy^{q-1}\frac{dy}{dx}=px^{p-1}$$

이다. 그리하여

$$
\begin{aligned}
\frac{dy}{dx} &= \frac{p}{q}x^{p-1} \cdot y^{-(q-1)} \\
&= \frac{p}{q}x^{p-1}\left(x^{\frac{p}{q}}\right)^{-(q-1)} \\
&= \frac{p}{q}x^{p-1}x^{\frac{p}{q}\cdot(-q+1)} \\
&= \frac{p}{q}x^{p-1}x^{-p+\frac{p}{q}} \\
&= \frac{p}{q}x^{\frac{p}{q}-1}
\end{aligned}
$$

이다. $\frac{p}{q} = n$ 이므로 $\frac{d}{dx}(x^n) = nx^{n-1}$ 이다. ▣

멱급수에 대한 미분은 임의의 실수로까지 확장될 수 있다.

정리 2 ∘∘∘ 실수에 대한 멱함수의 도함수

임의의 실수 n 에 대하여

$$\frac{d}{dx}x^n = nx^{n-1}$$

이다.

예제 3

함수 $f(x) = x^{\pi}$ 의 도함수 $f'(x) = \pi x^{\pi-1}$ 이고, $g(x) = x^{\sqrt{2}}$ 의 도함수 $g'(x) = \sqrt{2}\,x^{\sqrt{2}-1}$ 이다. ▣

예제 4

원의 방정식 $x^2 + y^2 = 5^2$ 에 대하여 2계도함수 $\frac{d^2y}{dx^2}$ 을 계산하시오.

풀이 $x^2 + y^2 = 5^2$ 에서 x 로 양변 미분하면

$$2x + 2y\frac{dy}{dx} = 0$$

또는

$$x + y\frac{dy}{dx} = 0$$

이다. 그러므로 $\dfrac{dy}{dx} = -\dfrac{x}{y}$ 이다. 위 관계식을 x 로 한번 더 미분하면

$$1 + \frac{dy}{dx}\frac{dy}{dx} + y\frac{d}{dx}\left(\frac{dy}{dx}\right) = 0$$

이다. 그리하여

$$\frac{d^2y}{dx^2} = -\frac{1+\left(\frac{dy}{dx}\right)^2}{y}$$

$$= -\frac{1+\left(-\frac{x}{y}\right)^2}{y}$$

$$= -\frac{x^2+y^2}{y^3}$$

이고, $x^2 + y^2 = 25$ 이므로 $\dfrac{d^2y}{dx^2} = -\dfrac{25}{y^3}$ 이다. ■

다음 정리에서는 역함수의 도함수를 유도해 보고자 한다.

정리 3 ∘∘∘ 역함수의 도함수

미분가능이고 전단사인 함수 $f(x)$에 대하여 역함수 $f^{-1}(x)$의 $x = a$ 에서의 미분계수

$$\left.\frac{d}{dx}f^{-1}(x)\right|_{x=a} = \frac{1}{f'(f^{-1}(a))}$$

에 의하여 주어진다.

증명 $y = f^{-1}(x)$, $b = f^{-1}(a)$라 하자. 그리고 나면 $x = f(y)$이고, $a = f(b)$이다. 그리하여

$$\left.\frac{d}{dx}f^{-1}(x)\right|_{x=a} = \lim_{x\to a}\frac{f^{-1}(x)-f^{-1}(a)}{x-a}$$

$$
\begin{aligned}
&= \lim_{x \to a} \frac{y-b}{f(y)-f(b)} \\
&= \frac{1}{\displaystyle\lim_{y \to b} \frac{f(y)-f(b)}{y-b}} \\
&= \frac{1}{f'(b)} \\
&= \frac{1}{f'(f^{-1}(a))}
\end{aligned}
$$

이다. 연속인 함수 f 에 대하여 역함수 또한 연속이므로 $x \to a$ 이면 $f^{-1}(x) \to f^{-1}(a)$, 즉 $y \to b$ 이고, 그 역 또한 성립한다. 이 사실은 위 세 번째 등식에서 이용되었다. ▣

정리 3은 역함수 f^{-1}의 정의역 내의 모든 원소에 대하여 위 사실이 성립함으로 a를 변수 x에 의하여 대처하면 역함수의 도함수 $\frac{d}{dx}f^{-1}(x)$는

$$\frac{d}{dx}f^{-1}(x) = \frac{1}{f'(f^{-1}(x))}$$

에 의하여 주어진다. 이것은 역함수의 도함수는 주어진 원래 함수의 도함수에 의하여 주워지고 있음을 의미하는 것이다. 그리고 역함수의 도함수에 대하여 다음과 같은 간단한 공식이 더 효율적이다. $y = f^{-1}(x)$이면 $x = f(y)$이므로

$$
\begin{aligned}
\frac{dy}{dx} &= \frac{d}{dx}f^{-1}(x) = \frac{1}{f'(f^{-1}(x))} \\
&= \frac{1}{f'(y)} = \frac{1}{\frac{dx}{dy}}
\end{aligned}
$$

이다. 즉,

역함수와 주어진 함수의 도함수 관계

$$\frac{dy}{dx} = \frac{1}{\frac{dx}{dy}}$$

역함수의 도함수 공식을 이용하여 역삼각함수의 도함수를 유도하고자 한다.

정리 4 ∘∘∘ $\sin^{-1}x$의 도함수

$$\frac{d}{dx}(\sin^{-1}x) = \frac{1}{\sqrt{1-x^2}}$$

증명 $y=\sin^{-1}x$ 라 하자. 그리고 나면 $x=\sin y$, $y\in\left[-\frac{\pi}{2}, \frac{\pi}{2}\right]$ 이고, 다음의 2가지 방법
에 의하여 도함수를 유도하고자 한다.

(i) 역함수의 도함수 성질에 의하여

$$\frac{d}{dx}(\sin^{-1}x)=\frac{dy}{dx}=\frac{1}{\frac{dx}{dy}}$$
$$=\frac{1}{\frac{d}{dy}(\sin y)}=\frac{1}{\cos y}$$
$$=\frac{1}{\sqrt{1-\sin^2 y}}=\frac{1}{\sqrt{1-x^2}}$$

이다. 여기서 $y\in\left[-\frac{\pi}{2}, \frac{\pi}{2}\right]$에 대하여 $\cos y \geq 0$과 $\sin^2 y+\cos^2 y=1$임을 사용하였다.

(ii) 음함수 미분을 이용하여 도함수를 유도하자.

$$y=\sin^{-1}x \Leftrightarrow x=\sin y$$

이며 우측의 등식에서 x에 의하여 미분하면

$$1=\cos y\cdot\frac{dy}{dx}$$

즉

$$\frac{dy}{dx}=\frac{1}{\cos y}=\frac{1}{\sqrt{1-\sin^2 y}}=\frac{1}{\sqrt{1-x^2}}$$

이다. 즉, $\frac{d}{dx}\sin^{1}x=\frac{1}{\sqrt{1-x^2}}$이다. ▣

다음에는 $\cos x$의 역함수인 $\cos^{-1}x$의 도함수를 유도하고자 한다.

정리 5 ··· $\cos^{-1}x$의 도함수

$$\frac{d}{dx}(\cos^{-1}x) = -\frac{1}{\sqrt{1-x^2}}$$

증명 $y = \cos^{-1}x$라 하자. 그리고 나면 $x = \cos y$, $y \in [0, \pi]$이다. 그리하여 역함수의 도함수 성질에 의하여

$$\frac{d}{dx}(\cos^{-1}x) = \frac{dy}{dx} = \frac{1}{\frac{dx}{dy}} = \frac{1}{-\sin y}$$
$$= -\frac{1}{\sqrt{1-\cos^2 y}} = -\frac{1}{\sqrt{1-x^2}}$$

이다. 여기서 우리는 $\sin^2 y + \cos^2 y = 1$, $y \in [0, \pi]$에 대하여 $\sin y \geq 0$라는 사실을 사용하였다. ◻

다음 정리는 $\tan^{-1}x$의 도함수를 구한 것이다.

정리 6 ··· $\tan^{-1}x$의 도함수

$$\frac{d}{dx}(\tan^{-1}x) = \frac{1}{1+x^2}$$

증명 $y = \tan^{-1}x$이라 하자. 그리고 나면 $x = \tan y$, $y \in \left(-\frac{\pi}{2}, \frac{\pi}{2}\right)$이다. 그리하여

$$\frac{d}{dx}\tan^{-1}x = \frac{dy}{dx} = \frac{1}{\frac{dx}{dy}} = \frac{1}{\sec^2 y}$$
$$= \frac{1}{1+\tan^2 y} = \frac{1}{1+x^2}$$

이다. ◻

참고

$\frac{d}{dx}\cos^{-1}x$ 및 $\frac{d}{dx}\tan^{-1}x$의 도함수는 음함수 미분을 이용하여 유도할 수도 있다.

예제 5

다음 함수의 도함수를 유도하시오.

(a) $y=\sin^{-1}\left(\frac{x}{3}\right)$ (b) $y=\cos^{-1}(2x)$ (c) $y=\tan^{-1}(x^3)$

풀이 (a) $y=\sin^{-1}\left(\frac{x}{3}\right)$에서 $u=\frac{x}{3}$로 치환하면 $y=\sin^{-1}u,\ u=\frac{x}{3}$이다.

그리하여 연쇄법칙을 사용하면

$$\begin{aligned}\frac{d}{dx}\sin^{-1}\left(\frac{x}{3}\right) &= \frac{dy}{dx}=\frac{dy}{du}\frac{du}{dx}\\ &= \frac{1}{\sqrt{1-u^2}}\cdot\frac{1}{3}\\ &= \frac{1}{\sqrt{1-\left(\frac{x}{3}\right)^2}}\cdot\frac{1}{3}\\ &= \frac{1}{\sqrt{3^2-x^2}}\end{aligned}$$

(b) $u=2x$로 치환하면 $y=\cos^{-1}u,\ u=2x$이다.

$$\begin{aligned}\frac{d}{dx}\cos^{-1}(2x) &= \frac{dy}{dx}=\frac{dy}{du}\frac{du}{dx}\\ &= -\frac{1}{\sqrt{1-u^2}}\cdot 2\\ &= -\frac{2}{\sqrt{1-4x^2}}\end{aligned}$$

(c) $y=\tan^{-1}(x^3)$에서 $u=x^3$이라 하면 $y=\tan^{-1}u,\ u=x^3$이다. 따라서

$$\begin{aligned}\frac{d}{dx}\tan^{-1}(x^3) &= \frac{dy}{dx}=\frac{dy}{du}\frac{du}{dx}\\ &= \frac{1}{1+u^2}\cdot 3x^2\\ &= \frac{3x^2}{1+x^6}\end{aligned}$$

■

연습문제 4.5

1. 다음의 도함수를 구하시오.

(a) $y = x^{\frac{5}{2}}$　　(b) $y = x^{\frac{5}{4}\pi}$　　(c) $y = \sqrt{x^2+1}$

2. 음함수 표현에 의하여 주어진 다음의 함수들에 대하여 미분 $\dfrac{dy}{dx}$을 구하시오.

(a) $x^2 + y^2 = r^2$　　(b) $x^3y + y^3x - 9 = 0$

(c) $\sin(x-y) = x\cos y$　　(d) $x^2 + 2xy = 3y^2$

(e) $y^2 = x$　　(f) $2xy + 5 = 0$

3. 곡선 $x^3 + xy + y^3 - 8 = 0$과 x축이 만나는 점에서의 접선의 기울기를 구하시오.

4. 곡선 $x^2y^2 - 2x + 4y - 4 = 0$ 위의 점 $(2,\ -2)$에서의 접선의 방정식을 구하시오.

5. 곡선 $x^3 + y^3 = 54$에 대하여 점 $(3, 3)$에서 $\dfrac{d^2y}{dx^2}$의 값을 구하시오.

6. 다음 역삼각함수들의 도함수를 유도하시오.

(a) $f(x) = \sin^{-1}\left(\dfrac{x}{a}\right)$　　(b) $g(x) = \cos^{-1}\left(\dfrac{x}{a}\right)$

(c) $h(x) = \tan^{-1}\left(\dfrac{x}{a}\right)$, 단 a는 양의 상수이다.

7. 다음 함수들의 도함수를 유도하시오.

(a) $y = x^2 \cdot \sin^{-1}x$　　(b) $y = \cos^{-1}(x^2)$

(c) $y = (x^2 + 3x + 5)\tan^{-1}x$　　(d) $y = \cos^{-1}(\tan x)$

(e) $y = \tan^{-1}(2x+3)$　　(f) $y = \dfrac{1}{\sin^{\ 1}x}$

(g) $y = x\tan^{-1}\sqrt{x}$　　(h) $y = (\tan^{-1}x)^3$

4장 종합문제

1. 다음 함수 $f(x)$가 $x=1$에서 미분가능하도록 상수 a, b의 값을 구하시오.

$$f(x)=\begin{cases} ax+b & (x \le 1) \\ x^2 & (x > 1) \end{cases}$$

2. 함수 $f(x)=x^2-4x+3$에 대하여 x의 값이 1에서 4까지 변할 때의 평균변화율과 $x=a$에서의 미분계수가 같도록 하는 상수 a의 값을 구하시오.

3. 다항식 $x^{10}+1$을 $(x-1)^2$으로 나누었을 때의 나머지를 $R(x)$라 할 때, $R(2)$의 값을 구하시오.

4. 미분가능한 두 함수 $f(x)$, $g(x)$에 대하여 함수 $f(x)=\dfrac{g(x)-1}{g(x)+1}$이고 $f'(1)=2$, $g'(1)=9$일 때, $g(1)$의 값을 구하시오. (단, $g(x)>-1$)

5. 다항함수 $f(x)$, $g(x)$가

$$\lim_{x\to 2}\frac{f(x)-1}{x-2}=2, \quad \lim_{x\to 2}\frac{g(x)-3}{x-2}=-1$$

을 만족시킬 때, 함수 $y=f(x)g(x)$의 $x=2$에서의 미분계수를 구하시오.

6. 함수 $f(x)=\sin x+a\cos x$에 대하여

$$\lim_{x\to\frac{\pi}{2}}\frac{f(x)-1}{x-\frac{\pi}{2}}=3$$

일 때 $f\left(\dfrac{\pi}{4}\right)$의 값은? (단, a는 상수이다.)

7. 곡선 $x^3-xy^2=10$ 위의 점 $(-2, 3)$에서의 접선의 기울기를 구하시오.

8. 곡선 $y=x^3+2x+7$ 위의 점 $\mathrm{P}(-1, 4)$에서의 접선이 점 P가 아닌 점 (a, b)에서 곡선과 만날 때, a, b의 값을 구하시오.

9. 다항함수 $f(x)$가 $\lim_{h\to0}\frac{f(1+h)-3}{h}=\frac{3}{2}$을 만족시킬 때, $f'(1)+f(1)$의 값을 구하시오.

10. 미분가능한 함수 $f(x)$의 역함수 $g(x)$가

$$\lim_{x\to1}\frac{g(x)-2}{x-1}=3$$

을 만족시킬 때, 미분계수 $f'(2)$의 값을 구하시오.

11. 함수 $f(x)=\frac{\sin x}{1+\cos x}$에 대하여 $f'\left(\frac{\pi}{3}\right)$의 값을 구하시오.

12. $0<x<\frac{\pi}{2}$에서 두 함수 $f(x)=\sin x$와 $g(x)=-\cos x+a$의 그래프가 한 점에서 접할 때, 상수 a의 값을 구하시오.

13. 곡선 $y=\tan x\left(0<x<\frac{\pi}{2}\right)$에 접하고 직선 $x+2y+3=0$에 수직인 직선의 방정식은 $y=ax+b$일 때 상수 a, b의 값을 구하시오.

14. 미분가능한 함수 $f(x)$의 역함수 $g(x)$가

$$\lim_{x\to2}\frac{g(x)-5}{x-2}=6$$

을 만족시킬 때 $f(5)\cdot f'(5)$의 값을 구하시오.

15. 최고차항의 계수가 1이 아닌 다항함수 $f(x)$가 다음 조건

(가) $\lim_{x\to\infty}\frac{\{f(x)\}^2-f(x^2)}{x^3f(x)}=4$

(나) $\lim_{x\to0}\frac{f'(x)}{x}=4$

을 만족시킬 때 $f'(1)$의 값을 구하시오.

16. 미분가능한 함수 $y=f(x)$의 그래프 위의 점 $(2, f(2))$에서의 접선의 기울기가 2이다. 양의 실수 전체의 집합에서 정의된 함수 $y=f(\sqrt{x})$의 $x=4$에서의 미분계수를 구하시오.

17. 삼차함수 $f(x)$에 대하여 곡선 $y=f(x)$ 위의 점 $(1, f(1))$에서의 접선과 직선

$y = -\dfrac{1}{3}x + 2$가 서로 수직일 때, $\lim_{n\to\infty} n\left\{f\left(1+\dfrac{1}{2n}\right) - f\left(1-\dfrac{1}{3n}\right)\right\}$의 값을 구하시오.

18. 다음 그림과 같이 점 $P(0, a)$에서 곡선 $y = x^2$에 그은 두 접선이 서로 수직일 때 a의 값을 구하시오. 또한 두 접선이 접점의 좌표를 각각 구하시오. (단, $a < 0$)

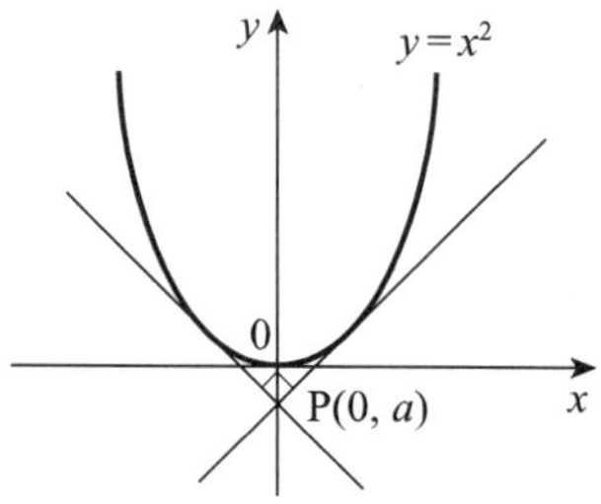

19. 다항함수 $f(x)$가 모든 실수 x에 대하여

$$f(x+1) - f(x) = f(x) - f(x-1)$$

을 만족시킨다. $f'(1) = 3$일 때 $f'(-1)$의 값을 구하시오.

힌트 : $\dfrac{f(x+1)-f(x)}{x+1-x} = \dfrac{f(x)-f(x-1)}{x-(x-1)}$, 구간 $[x, x+1]$, $[x-1, x]$에 대한 평균변화율이 같다. 따라서 $f(x)$는 일차함수이다.

20. 어느 다이빙 선수가 도움닫기를 한 t초 후 수면으로부터의 높이 $f(t)$는

$$f(t) = 10 + 10t - 5t^2\,(\mathrm{m})$$

으로 주어진다고 한다.

(a) 도움닫기를 한 후 1초부터 2초까지 $f(t)$의 평균변화율을 구하시오.

(b) $t = 2$일 때 $f(t)$의 순간변화율을 구하시오.

21. 함수 $f(x) = \sin x + x + 1$의 역함수를 $g(x)$라 할 때 $g(1) + g'(1)$의 값을 구하시오.

22. $f(x) = (x^{\frac{7}{3}} + 1)(\sqrt{x} + x + 1)$일 때 $f'(1)$의 값은?

CHAPTER

05 미분의 응용

CALCULUS

우리는 모든 주변환경에서 어떤 일을 함에 있어 최선 또는 최적의 방법을 찾으려고 한다. 예를 들어, 농부는 그 해 어떤 농사를 지어야 최대의 이윤을 얻을 수 있을까와 최고의 수확을 올리기 위한 농작방법에 관심이 있을 것이며, 의사는 어떤 사람의 병을 치료하기 위하여 부작용을 최소화하면서 최대의 효과를 내기 위하여 약을 처방하고자할 때, 제조업자는 최소의 원가로 최대의 효과를 발휘하는 제품을 생산하고자 할 때, 또한 최근의 첨단과학분야인 통신에서 고객의 서비스품질을 최대화하면서 최소의 비용을 쓰고자 할 때, 등등 우리는 이와 같은 최적화의 문제들에 많이 직면하게 된다.

이런 것들의 기본에는 수학의 미분에 있어서 최대 · 최솟값 문제와 관련이 깊으며 미분 이론을 알고 있다면 이러한 문제를 해결함에 있어 유용한 도구로 사용될 것이다.

앞선 장에서는 함수의 극한, 미분의 개념과 이론에 대하여 공부하였지만 이 장에서는 미분의 응용을 다루고자 한다. 먼저 함수의 최대 · 최솟값 정리와 미적분학의 중요한 정리 중의 하나인 평균값 정리를 유도하고, 함수의 극값을 구하는 방법을 배움으로써 함수의 그래프를 그려보고자 한다.

또한 미분의 응용으로 최적화의 문제 및 방정식의 근을 구하기 위한 Newton의 방법 등을 소개히고지 한다.

5.1 함수의 극값

이 절에서는 먼저 함수의 극값, 최댓값 및 최솟값에 대하여 정의하고 미분에 의하여 이러한 값들을 얻을 수 있음을 보이고자 한다.

정의 1 ••• 최댓값, 최솟값

함수 f 의 정의역 D의 모든 원소 x에 대하여 $f(x) \le f(c)$인 점 c가 정의역 D내에 존재한다면 함수 f는 c에서 **최댓값**(maximum)을 가진다고 하고, $f(c)$는 D에서 함수 f의 최댓값이라 한다. 반대로 모든 $x \in D$에 대하여 $f(x) \ge f(c)$이면 함수 f는 c에서 **최솟값**(minimum)을 갖는다고 하고 $f(c)$는 함수 f 의 최솟값이라 한다.

다음 정리는 폐구간 내의 연속인 모든 함수는 항상 최댓값과 최솟값을 갖는다는 것으로 증명은 생략하고 그림을 통하여 정리의 명확성을 보이도록 하겠다.

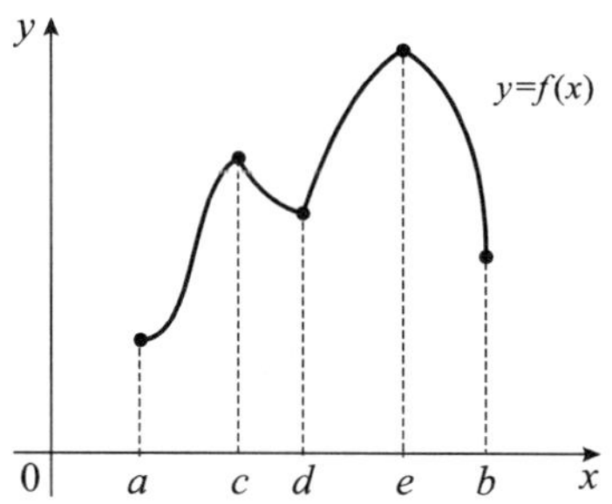

그림 5.1 함수 $f(x)$의 최댓값, 최솟값

정리 1 ••• 최댓값 · 최솟값 정리

함수 f가 폐구간 $[a, b]$에서 연속이면 함수 f는 구간 $[a, b]$에서 항상 최댓값과 최솟값을 갖는다.

그림 5.1에서 함수 f는 $x = e$에서 최댓값, $x = a$에서 최솟값을 갖는다는 것을 알 수 있다. 그러나 함숫값 $f(c)$와 $f(d)$는 최댓값과 최솟값은 아니나 다음과 같은 특징이 있다. 이것은 점 $x = c$의 적당한 근방에서는 $f(c)$가 가장 크다는 것이고, $x = d$근방에

서는 $f(d)$가 가장 작다는 것이다. 그리하여 이러한 특성을 갖는 것에 대하여 다음과 같이 정의하고자 한다.

정의 2 ••• 극값

함수 f 의 정의역 D의 부분집합이며 c를 포함하는 개구간 I가 존재하여 I의 모든 원소 x에 대하여 $f(x) \leq f(c)$이면 함수 f 는 c에서 **극댓값**(relative maximum)을 갖는다고 하고, $f(c)$는 함수 f 의 극댓값이라 한다. 한편 c를 포함하는 개구간 I가 존재하여 I의 모든 원소 x에 대하여 $f(x) \geq f(c)$이면 f 는 c에서 **극솟값**(relative minimum)을 갖는다고 하고, $f(c)$는 함수 f 의 극솟값이라 한다. 극댓값과 극솟값을 우리는 간단히 **극값**(extremum)이라 부른다.

그림 5.1에서 함수 f 는 $x=c$ 및 $x=e$에서 극댓값, $x=d$에서 극솟값을 갖는다.

주의 함수 f 는 $x=a$에서는 극솟값을 갖는다고 말하지 않는다. 왜냐하면 만약 f 가 a에서 극솟값을 갖는다면 a를 포함하며 D의 부분집합인 개구간 I가 존재하여, I에 속하는 모든 원소 x에 대하여 $f(x) \geq f(a)$가 성립하여야 한다. 그러나 이러한 성질을 만족하는 개구간 I를 발견할 수 없다. 그리하여 극대·극솟값은 정의역의 경계가 아닌 내부에서만 생각되어져야 한다. 또한 정의역 내부의 점에서 최댓값 또는 최솟값이 존재한다면 이 값들은 극댓값 또는 극솟값이 된다.

예제 1

다음 함수의 주어진 영역에서의 최댓값과 최솟값을 구하시오.

(a) $f(x)=x^2, \quad (0, 3)$

(b) $f(x)=x^2, \quad [0, 3)$

(c) $f(x)=x^2, \quad (0, 3]$

(d) $f(x)=x^2, \quad [0, 3]$

풀이 (a) 최댓값 및 최솟값이 존재하지 않는다.

(b) 최솟값은 0이고 최댓값은 존재하지 않는다.

(c) 최댓값은 9이고 최솟값은 존재하지 않는다.

(d) 최솟값은 0이고 최댓값은 9이다. ■

예제 1로부터 함수 $f(x) = x^2$ 은 연속함수이기 때문에 최댓값, 최솟값 정리를 적용하기 위해서는 함수 f 의 정의역이 폐구간이어야 함을 강조한 예이다.

예제 2

함수

$$f(x) = \begin{cases} 2x \quad , & 0 \le x < 1 \\ 1 \quad , & x = 1 \\ 4 - 2x , & 1 < x \le 2 \end{cases}$$

에 대하여 함수 f의 최댓값과 최솟값을 구하시오.

풀이 그림 5.2로부터 최솟값은 0이고 최댓값은 존재하지 않는다.

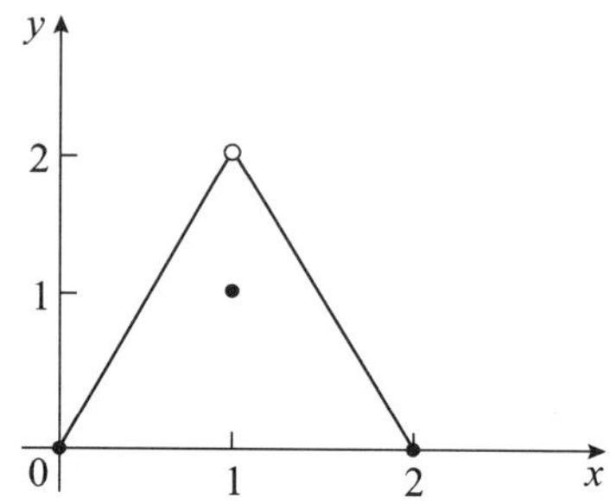

그림 5.2 함수 f의 그래프

예제 2는 최댓값, 최솟값 정리에 대하여 무엇을 말하고자 하는 것인가? 함수 f 는 $x = 1$에서 불연속임을 알 수 있다. 따라서 정리 1의 최댓값·최솟값 정리가 적용되지 않는다. 그리하여 최댓값, 최솟값 정리를 적용하기 위해서는 함수 f 가 $x = 1$에서 연속이도록, 즉 $x = 1$에서 함수 f 의 값을 2로 주어야 한다. 그리고 나면 함수 f 는 폐구간 $[0, 2]$에서 연속인 함수가 되어 최댓값, 최솟값 정리를 적용할 수 있다. 예제1과 2로부터 우리는 최댓값, 최솟값 정리를 적용하기 위해서는 주어진 함수가 폐구간 위에서 정의되고 연속인 함수이어야 함을 알 수 있다.

정리 2 ∘∘∘ Fermat의 정리

함수 f 는 구간 D에서 정의되고 D의 내부 점 c에서 극값을 갖는다고 하자. 그리고 함수 f 가 c에서 미분가능이면, 즉 $f'(c)$가 존재하면

$$f'(c) = 0$$

이다.

증명 함수 f 가 $x = c$에서 극댓값을 갖는다고 하자. 그리고 나면 극댓값의 정의에 의하여 D의 부분집합이며 c를 포함하는 개구간 I가 존재하여 I 내의 모든 원소 x에 대하여 $f(x) \le f(c)$가 성립한다. $c + h \in I$이도록 충분히 작은 양수 h를 잡자. 그리고

나면 함수 f 가 $x=c$ 에서 극댓값을 갖는다는 사실에 의하여 $f(c+h) \le f(c)$ 이다. 즉,

$$f(c+h)-f(c) \le 0$$

이다. 양변을 양수 h 로 나누어 주면, 이것은 충분히 작은 모든 양수 h 에 대하여 성립하므로

$$\lim_{h\to 0} \frac{f(c+h)-f(c)}{h} \le 0 \qquad \text{(i)}$$

이 된다. 그러나 좌변은 바로 $f'(c)$ 이므로 $f'(c) \le 0$ 이 된다.

다음은 충분히 작은 음수 h 에 대하여 $c+h \in I$ 이도록 잡자. 이것은 I 가 개구간이기 때문에 가능하다. 마찬가지로 함수 f 가 c 에서 극댓값을 갖는다는 사실에 의하여 $f(c+h) \le f(c)$, 즉

$$f(c+h)-f(c) \le 0$$

이다. 위 부등식에서 음수 h 로 나누면 부등호는 반대가 되고, 이것은 충분히 작은 모든 음수 h 에 대하여 성립하므로 극한을 잡으면 우리는

$$\lim_{h\to 0} \frac{f(c+h)-f(c)}{h} \ge 0 \qquad \text{(ii)}$$

이 성립한다. 그러므로 $f'(c) \ge 0$ 이다.

따라서 (i)과 (ii)의 결과에 의하여 $f'(c)=0$ 이다. 극솟값에 대해서도 비슷하게 증명할 수 있다. ■

정의 3 ••• 임계점

함수 f 의 도함수가 0이 되거나 미분 불가능한 점을 함수 f 의 **임계점**(critical point)이라 한다.

예제 3

함수 $f(x)=\dfrac{x^3}{x+1}$ 에 대하여 함수 f 의 임계점을 구하시오.

풀이 몫의 도함수 공식에 의하여

$$f'(x) = \frac{3x^2(x+1) - x^3}{(x+1)^2} = \frac{x^2(2x+3)}{(x+1)^2}$$

이다. 따라서 $x = 0, -\frac{3}{2}$에서 $f'(x) = 0$이고, $x = -1$에서 $f'(x)$는 존재하지 않는다. 그리하여 $x = 0, -\frac{3}{2}, -1$이 함수 f의 임계점이다. ▣

정리 2로부터 연속함수 f의 최댓값, 최솟값을 찾기 위해서는 다음 점들에서의 함수값만을 조사해보면 알 수 있다.

함수 f의 최댓값 · 최솟값 찾는 방법

(i) 함수 f의 도함수가 0이 되는 점
(ii) 함수 f가 미분 불가능한 점(즉, 함수 f의 임계점)
(iii) 함수 f의 정의역의 양 끝점
(iv) (i), (ii) 및 (iii)의 점들에서 함숫값이 가장 큰 것이 최댓값이고, 가장 작은 것이 최솟값이 된다.

예제 4

$0 \le x \le 2$일 때 함수 $f(x) = x^3 - 3x + 1$의 최댓값과 최솟값을 구하시오.

풀이 함수 f는 $[0, 2]$에서 미분가능한 함수이므로 최댓값, 최솟값을 구하기 위해서는 함수 f의 도함수가 0이 되는 점과 정의역의 양 끝점에서의 함수값 만을 비교해보면 된다.

$$\begin{aligned} f'(x) &= 3x^2 - 3 \\ &= 3(x-1)(x+1) \end{aligned}$$

즉, $x = -1$과 $x = 1$에서 $f'(x) = 0$이다. 그러나 $x = -1$은 정의역내의 점이 아니므로 $x = 1$에서의 함수값을 조사하면

$$f(1) = 1^3 - 3 \cdot 1 + 1 = -1$$

이고, 정의역 양 끝점에서의 함수값은

$$f(0) = 1$$
$$f(2) = 2^3 - 3 \cdot 2 + 1 = 3$$

이다. 그러므로 최댓값은 $x=2$에서의 함수값 $f(2)=3$이고, 최솟값은 $x=1$에서의 함수값 $f(1)=-1$이다. ■

연습문제 5.1

1. 다음에 주어진 함수의 그래프에 대하여 a, b, c, d, e 의 점들 중에서 함수가 최댓값, 최솟값 및 극대 · 극솟값을 갖는 점을 조사하여라.

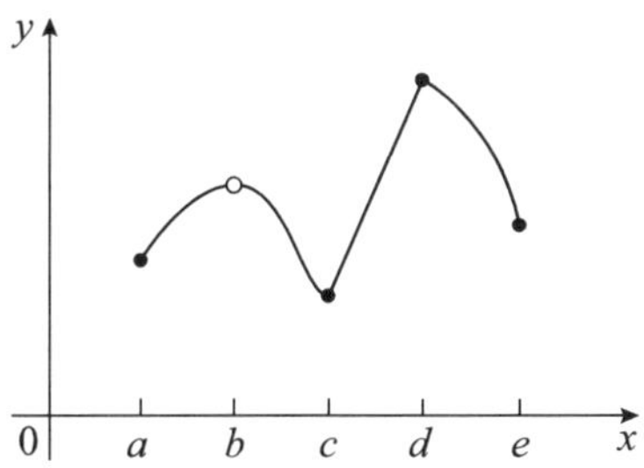

그림 5.3 함수의 그래프

2. 함수 $f(x)=x^2+1$에 대하여 다음 주어진 영역에서 함수 f의 최댓값, 최솟값을 결정하여라.

(a) $(0, 2)$ (b) $(0, 2]$ (c) $[0, 2)$ (d) $[0, 2]$

이 문제로부터 어떤 결론을 내릴수 있나?

3. 함수

$$f(x)=\begin{cases} x^2, & -2 \le x < 0 \\ 1, & x=0 \\ 2x, & 0 < x \le 2 \end{cases}$$

에 대하여 함수 f의 최댓값, 최솟값을 결정하여라. 그리고 당신의 결론에 대하여 최댓값, 최솟값 정리가 적용되는지를 말하시오.

4. 다음 함수의 임계점을 구하시오.

(a) $f(x)=x^3-3x+5$ (b) $g(x)=\dfrac{x^2-4x+7}{x-1}$

5. 주어진 구간에서 다음 함수들의 최댓값, 최솟값을 구하시오.

(a) $f(x) = x^2 - 2x + 1,\ [-2,\ 2]$

(b) $f(x) = x^3 + 3x^2,\ [-3,\ 3]$

(c) $f(x) = x - 2\sin x,\ \left[0,\ \frac{\pi}{2}\right]$

(d) $f(x) = \sin x(1 + \cos x),\quad [0,\ \pi]$

(e) $f(x) = \dfrac{x^2 + 3}{x + 1},\quad [0,\ 5]$

(f) $f(x) = \sqrt{5 - x} + 2\sqrt{x}$

5.2 평균값 정리

이 절에서는 미적분학의 중요한 정리중의 하나인 평균값 정리를 다루고자 한다. 먼저 평균값 정리의 토대가 된 수학자 Michel Rolle에 의한 다음 정리를 언급하고자 한다.

정리 1 ∘∘∘ Rolle의 정리

함수 f 가 구간 $[a, b]$에서 미분 가능하다고 하자, 만약 $f(a) = f(b)$이면 $f'(c) = 0$인 점 c가 구간 (a, b)상에 적어도 하나 존재한다.

증명 (i) 함수 f 가 상수함수인 경우

$f(x) = k$(상수)이면, 모든 점 $x \in (a, b)$에 대하여 $f'(x) = 0$이므로 Rolle의 정리가 성립한다.

(ii) 어떤 $x \in (a, b)$에 대하여 $f(x) > f(a)$이거나 $f(x) < f(a)$인 x가 존재하는 경우 (그림 5.4 참고)함수 f 가 $[a, b]$에서 연속이기 때문에 최댓값·최솟값 정리에 의하여 함수 f 는 구간 $[a, b]$에서 최댓값 또는 최솟값을 갖는다. 만약 $f(c)$가 함수 f의 최댓값 (또는 최솟값)이면 Fermat의 정리에 의하여 $f'(c) = 0$이다.

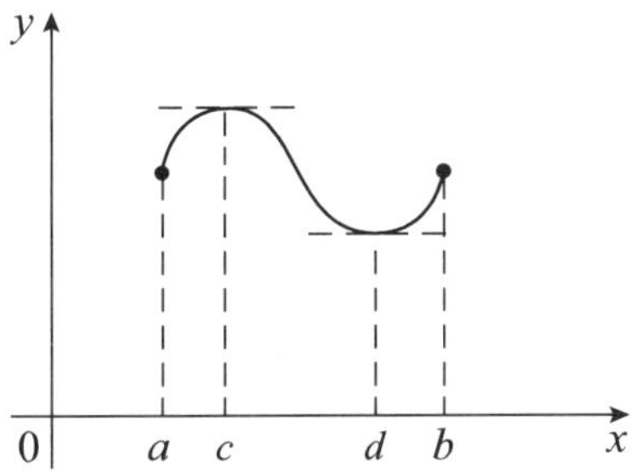

그림 5.4 수평접선을 갖는 점($f'(x) = 0$인 점) ◻

Rolle의 정리는 다음의 평균값 정리를 유도하는데 사용된다.

정리 2 ∘∘∘ 평균값 정리

함수 f 가 구간 $[a, b]$에서 미분 가능하다고 하자. 그리고 나면

$$\frac{f(b)-f(a)}{b-a}=f'(c)$$

을 만족시키는 점 c가 구간 (a, b)에 적어도 하나 존재한다.

직관적으로 살펴보면 평균값 정리는 그림 5.5에서와 같이 기하학적으로 명백하다. 즉, $\frac{f(b)-f(a)}{b-a}$는 두 점 $A(a, f(a))$와 $B(b, f(b))$을 잇는 직선 AB의 기울기 (또는 구간 $[a, b]$에 대한 함수 f의 평균 변화율)이다. 결국 평균값 정리는 직선 AB와 같은 기울기를 갖는 접선이 존재한다는 사실을 말한다.

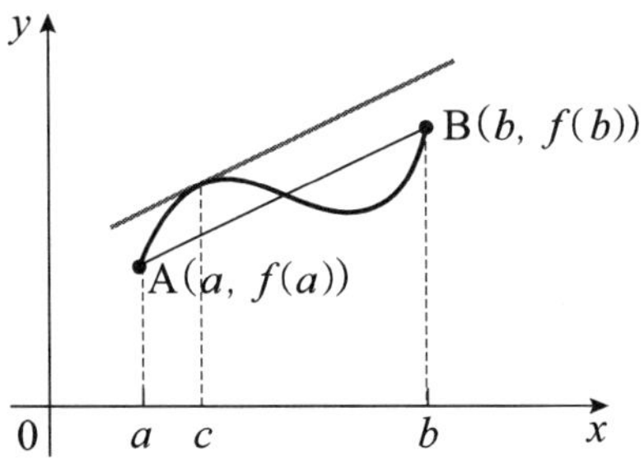

그림 5.5 평균값 정리의 기하학적 의미

증명 함수 g를

$$g(x)=\frac{f(b)-f(a)}{b-a}(x-a)+f(a)-f(x)$$

에 의하여 정의하자. 그리고 나면 함수 g는 구간 $[a, b]$에서 미분가능하다. 그리고 $g(a)=g(b)=0$이므로 Rolle의 정리에 의하여 $g'(c)=0$인 점 c가 구간 (a, b)에 존재한다. 즉

$$g'(c)=\frac{f(b)-f(a)}{b-a}-f'(c)=0$$

으로

$$f'(c)=\frac{f(b)-f(a)}{b-a}$$

이며, 따라서 평균값 정리를 얻는다. ▣

주의 Roll의 정리와 평균값 정리에서 함수 f는 폐구간 $[a,\ b]$에서 미분가능하다고 가정하였다. 그러나 이것은 정확히 폐구간 $[a,\ b]$에서 연속이고 개구간 $(a,\ b)$에서 미분가능하다이다. 한 쪽 방향에서의 미분은 정의되어 있지 않기 때문이다.

예제 1

함수 $f(x)=x^2-x,\ x\in[0,\ 2]$에 대하여 평균값 정리를 적용하여라.

풀이 함수 f 는 폐구간 $[0,\ 2]$에서 미분 가능하므로 평균값 정리에 의하여

$$\begin{aligned} f'(c) &= \frac{f(2)-f(0)}{2-0} \\ &= \frac{2^2-2-(0^2-0)}{2-0} \\ &= 1 \end{aligned}$$

이 되는 c가 구간 $(0,\ 2)$내에 존재한다. 그러나 $f'(x)=2x-1$이므로

$$f'(c)=2c-1=1$$

에 의하여 $c=1$을 얻는다.

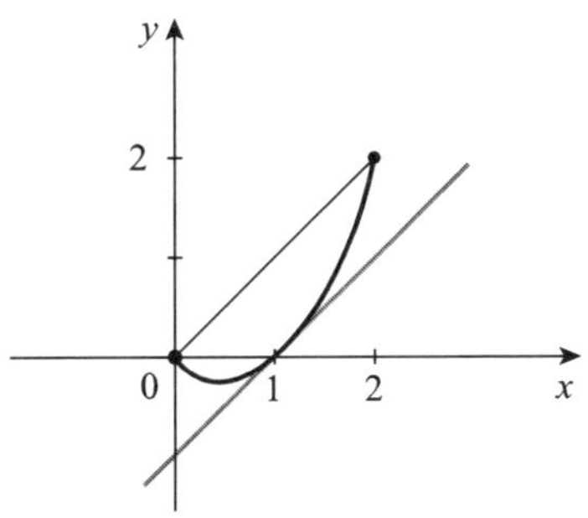

그림 5.6 함수 $f(x)=x^2-x,\ x\in[0,\ 2]$의 그래프

정리 3

함수 $f(x)$의 도함수 $f'(x)=0$이면 함수 f 는 상수함수이다. 즉 $f(x)=C$(상수)이다.

증명 임의의 두 점 x_1과 x_2에 대하여 $f(x_1)=f(x_2)$임을 보이고자 한다. $x_1<x_2$이라 가정하면 함수 f 는 구간 $[x_1,\ x_2]$에서 미분 가능하다. 그리하여 평균값 정리에 의하여

$$f'(c)=\frac{f(x_2)-f(x_1)}{x_2-x_1}$$

을 만족하는 점 c가 구간 $(x_1,\ x_2)$내에 존재한다. 그러나 가정에 의하여 $f'(c)=0$이므로 $f(x_2)-f(x_1)=0$이어야 한다. 즉 $f(x_1)=f(x_2)$이다. x_1과 x_2는 임의의 두 점이므로 모든 x에 대하여 $f(x)$는 같다. 즉 함수 f는 상수함수이다. ▣

정리 3은 미분하여 0이 되는 것은 상수 밖에 없다는 것을 말한다.

다음 정리는 도함수가 같은 두 함수 사이의 관계를 말하는 것으로서 두 함수는 상수만큼의 차이가 있다.

정리 4

두 함수 f와 g에 대하여 $f'(x)=g'(x)$이면,

$$f(x)=g(x)+C\ \ (C=\text{상수})$$

이다.

증명 함수 $h(x)=f(x)-g(x)$라 하자. 그리고 나면 $h'(x)=f'(x)-g'(x)$이고 $f'(x)=g'(x)$이므로 $h'(x)=0$이다.

따라서 정리 3에 의하여 $h(x)=C$(상수)이다. 즉,

$$f(x)=g(x)+C$$

이다. ▣

예제 2

함수 $f(x)$에 대하여 $f'(x)=-\sin x$이고, 함수 f가 좌표평면상의 점 $(0,2)$를 지난다고 한다. 함수 f는 어떤 함수인가?

풀이 함수 $g(x)=\cos x$라 하자. 그리고 나면 $g'(x)=-\sin x$이고, 이것은 바로 $f'(x)=-\sin x$와 같다. 따라서 정리 4에 의하여

$$\begin{aligned} f(x) &= g(x)+C \\ &= \cos x+C,\ \ C=\text{상수} \end{aligned}$$

이다. 함수 f가 점 $(0,2)$을 지나므로 $x=0$일 때 $f(0)=2$임을 이용하면

$$2 = \cos 0 + C = 1 + C$$

이고, $C = 1$을 얻는다. 그리하여 함수 $f(x) = \cos x + 1$이다. ▣

부정형과 로피탈의 법칙

앞서 4.3절의 정리 1에서 우리는 극한 $\lim_{x \to 0} \frac{\sin x}{x}$을 조사하였다. 극한 $\lim_{x \to 0} \frac{\sin x}{x}$은 $x \to 0$일 때 분모 $(x) \to 0$이고 또한 분자 $(\sin x) \to 0$이다. 이와 같이 극한이 $\frac{0}{0}$ 또는 $\frac{\infty}{\infty}$의 꼴을 **부정형**(indeterminate form)이라 한다.

부정형의 극한에 대한 정리가 바로 **로피탈**(l'Hôpital)의 법칙이다.

정리 5 ∘∘∘ 로피탈의 법칙

함수 f와 g는 구간 $[a, b]$에서 미분가능하고 $g'(x) \neq 0$이라 하자.

만약 점 $c \in (a, b)$에 대하여 $\lim_{x \to c} \frac{f(x)}{g(x)}$이 부정형 $\frac{0}{0}$ 또는 $\frac{\infty}{\infty}$의 형태이면

$$\lim_{x \to c} \frac{f(x)}{g(x)} = \lim_{x \to c} \frac{f'(x)}{g'(x)}$$

이 성립한다.

증명 $\lim_{x \to c} f(x) = 0$이고 $\lim_{x \to c} g(x) = 0$인 경우에 대하여 증명하자.

두 함수 f와 g는 미분가능하다. 따라서 함수 f와 g는 연속이고

$f(c) = \lim_{x \to c} f(x) = 0$, $g(c) = \lim_{x \to c} g(x) = 0$, 즉 $f(c) = 0$, $g(c) = 0$이다.

$$\begin{aligned} \lim_{x \to c} \frac{f'(x)}{g'(x)} &= \frac{f'(c)}{g'(c)} \\ &= \frac{\lim_{x \to c} \frac{f(x) - f(c)}{x - c}}{\lim_{x \to c} \frac{g(x) - g(c)}{x - c}} \\ &= \lim_{x \to c} \frac{\frac{f(x) - f(c)}{x - c}}{\frac{g(x) - g(c)}{x - c}} \end{aligned}$$

$$= \lim_{x \to c} \frac{f(x) - f(c)}{g(x) - g(c)}$$

$$= \lim_{x \to 0} \frac{f(x)}{g(x)}$$

따라서 $\lim_{x \to c} \frac{f(x)}{g(x)} = \lim_{x \to c} \frac{f'(x)}{g'(x)}$ 이다.

$\frac{\infty}{\infty}$ 꼴에 대한 증명은 연습문제에 남겨둔다. ■

로피탈의 법칙은 직관에 의하여 쉽게 확인할 수 있다.

함수 f와 g는 미분가능이고 $\lim_{x \to c} f(x) = \lim_{x \to c} g(x) = 0$이라 하자. 그리고 나면 $f(x)$는 $f'(c)(x-c)$에 의하여 근사화 된다(그림 5.7 참고).

마찬가지로 $g(x)$ 또한 $g'(c)(x-c)$에 의하여 근사화 된다.

그리하여

$$\lim_{x \to c} \frac{f(x)}{g(x)} = \lim_{x \to c} \frac{f'(c)(x-c)}{g'(c)(x-c)}$$
$$= \frac{f'(c)}{g'(c)}$$
$$= \lim_{x \to c} \frac{f'(x)}{g'(x)}$$

이다.

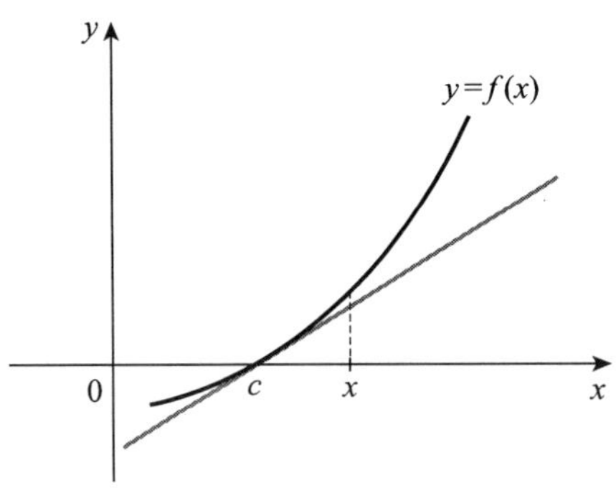

그림 5.7

예제 3

$\lim_{x\to 0}\frac{\sin x}{x}$ 을 계산하시오.

풀이 $\lim_{x\to 0}\frac{\sin x}{x}$ 는 $\frac{0}{0}$ 의 꼴의 부정형이고 정리 5에 의하여

$$\lim_{x\to 0}\frac{\sin x}{x}=\lim_{x\to 0}\frac{\cos x}{1}=1$$

이다. ■

예제 4

$\lim_{x\to\infty}\frac{x^2+2}{x}$ 을 계산하시오.

풀이 $\lim_{x\to\infty}\frac{x^2+2}{x}$ 는 $\frac{\infty}{\infty}$ 꼴의 부정형이고 정리 5에 의하여

$$\lim_{x\to\infty}\frac{x^2+2}{x}=\lim_{x\to\infty}\frac{2x}{1}=\infty$$

이다. ■

연습문제 5.2

1. 다음 주어진 함수가 Rolle의 정리의 가정을 만족함을 보이고 Rolle의 정리를 만족하는 모든 점 c 를 구하여라.

(a) $f(x)=x^2-x,\ [0,1]$

(b) $g(x)=\sin x,\ [0,\pi]$

2. 다음 함수에 대하여 평균값 정리의 가정을 만족하는지를 조사하고 평균값 정리를 만족하는 모든 점 c 를 구하여라.

(a) $f(x)=x^3-x,\ [0,2]$

(b) $g(x)=\frac{1}{x},\ [1,2]$

3. 어떤 움직이는 물체의 속도가 시간에 비례하는 함수 $2t$ 에 의하여 주어지고, 처음 시각 0 에서의 상태(즉, 움직인 거리)가 5일 때, 이 물체의 움직인 거리를 시간 t 의 함수로 나타내어라.

4. 다음의 극한을 구하시오.

(a) $\lim_{x\to 0}\frac{1-\cos x}{\sin x}$

(b) $\lim_{x\to\infty}\frac{x^3}{e^x}$

(c) $\lim_{x\to\infty}\left(\frac{1}{x^2}-\frac{1}{x^4}\right)$

(d) $\lim_{x\to 0}\frac{\tan 3x}{x}$

(e) $\lim_{\theta\to 0}\frac{\sin^2\theta}{\theta}$

5. (일반화된 평균값 정리)

두 함수 f와 g는 구간 $[a, b]$에서 미분가능하고 $g'(x)\neq 0$이면

$$\frac{f(b)-f(a)}{g(b)-g(a)}=\frac{f'(c)}{g'(c)}$$

을 만족시키는 점 $c\in(a, b)$이 존재한다는 것을 일반화된 평균값 정리라 하며 이 사실을 증명하시오.

6. 두 함수 f와 g는 구간 $[a, b]$에서 미분가능하고 $g'(c)\neq 0$이라 하자.

점 $c\in(a, b)$에 대하여 $\lim_{x\to c}f(x)=\lim_{x\to c}g(x)=\infty$ 이면

$$\lim_{x\to c}\frac{f(x)}{g(x)}=\lim_{x\to c}\frac{f'(x)}{g'(x)}$$

이 성립한다.

5.3 함수의 그래프 그리기

이 절에서는 일계 및 이계 미분을 이용하여 함수의 그래프를 구체적으로 그려보도록 하겠다. 다음은 증가하는 함수, 감소하는 함수의 그래프를 그려 놓은 것으로 증가·감소 함수에 대한 수학적 정의를 주고자 한다.

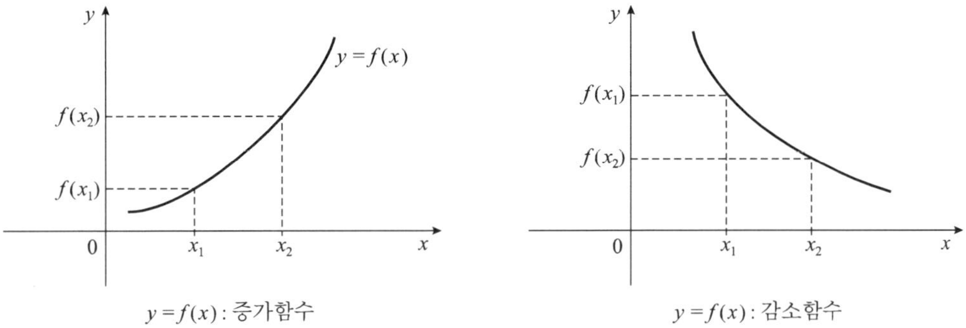

그림 5.8 증가·감소함수

정의 1 ••• 증가·감소함수

함수 f 가 구간 I 에서 정의된 함수라 하자.

1. 구간 I 내의 임의의 두점 x_1, x_2 에 대하여 $x_1 < x_2$ 일 때 $f(x_1) < f(x_2)$ 이면 함수 f 는 I 에서 **증가함수**(increasing function)라 한다.
2. 구간 I 내의 임의의 두점 x_1, x_2 에 대하여 $x_1 < x_2$ 일 때 $f(x_1) > f(x_2)$ 이면 함수 f 는 I 에서 **감소함수**(decreasing function)라 한다.
3. 구간 I 에서 함수 f 가 증가 또는 감소함수일 때 단순히 **단조함수**(monotonic function)라고 말한다.

증가함수, 감소함수는 도함수의 부호와 밀접한 관련이 있다.

함수 $y = f(x)$ 의 $x = x_1$ 에서의 미분계수는

$$f'(x_1) = \lim_{h \to 0} \frac{f(x_1 + h) - f(x_1)}{h}$$

또는 $$f'(x_1) = \lim_{x \to x_1} \frac{f(x) - f(x_1)}{x - x_1}$$

이다. 여기서 x가 x_1에 충분히 가까이 있다면

$$f'(x_1) \fallingdotseq \frac{f(x) - f(x_1)}{x - x_1}$$

이라 할 수 있다.

(i) $f'(x_1) > 0$인 경우 :

$$\frac{f(x) - f(x_1)}{x - x_1} > 0 \text{이므로}$$

$$x > x_1 \text{이면 } f(x) > f(x_1),$$

$$x < x_1 \text{이면 } f(x) < f(x_1)$$

이다. 따라서 함수 $f(x)$는 $x = x_1$에서 증가상태에 있다.

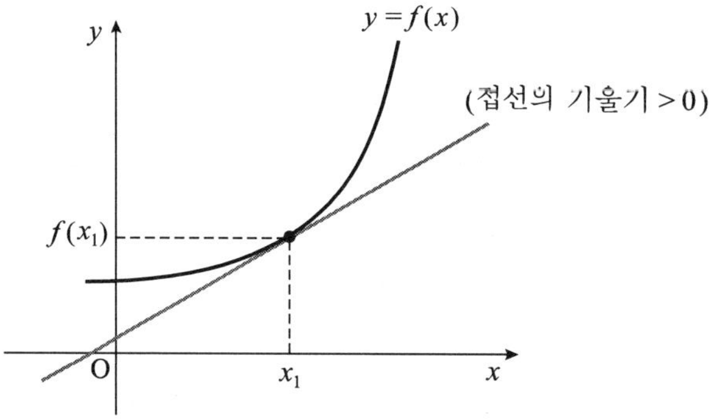

그림 5.9 $f'(x_1) > 0$일 때 함수 f의 x_1근방에서의 변화

(ii) $f'(x_1) < 0$인 경우 :

$$\frac{f(x) - f(x_1)}{x - x_1} < 0 \text{이므로}$$

$$x > x_1 \text{이면 } f(x) < f(x_1)$$

$$x < x_1 \text{이면 } f(x) > f(x_1)$$

이다. 따라서 함수 $f(x)$는 $x = x_1$에서 감소상태에 있다.

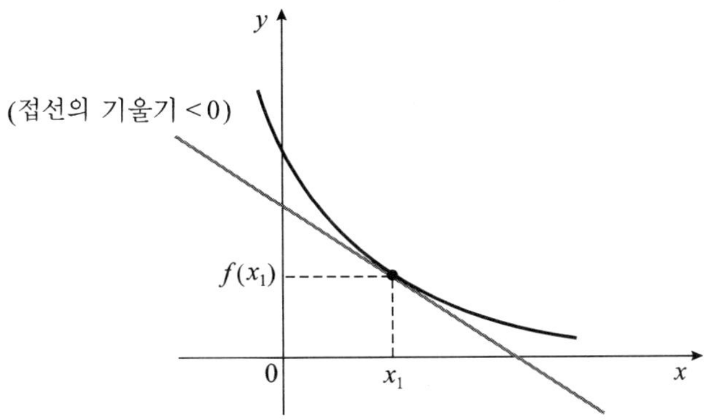

그림 5.10 $f'(x)<0$일 때 함수 f의 x_1근방에서의 변화

다음 정리는 일계 도함수에 의하여 함수의 증가와 감소를 판별할 수 있음을 말한다.

정리 1 ∘∘∘ 증가 · 감소함수 판정법

함수 f가 구간 $[a, b]$에서 미분 가능하다고 하자. 만약 구간 (a, b)에서 $f'(x)>0$이면 함수 f는 $[a, b]$에서 증가함수이고, 구간 (a, b)에서 $f'(x)<0$이면 함수 f는 $[a, b]$에서 감소함수이다.

증명 (i) $f'(x)>0$인 경우

함수 f가 증가함수임을 보이는 것은 정의에 의하여 임의의 두 점 $x_1, x_2 \in [a, b]$, $x_1 < x_2$에 대하여 $f(x_1) < f(x_2)$임을 보이면 된다. 함수 f는 또한 구간 $[x_1, x_2](\subset [a, b])$에서 미분 가능하다. 따라서 평균값 정리에 의하여 구간 (x_1, x_2)내의 적어도 한 점 c가 존재하여

$$f'(c)=\frac{f(x_2)-f(x_1)}{x_2-x_1}$$

이 성립한다. 모든 x에 대하여 $f'(x)>0$이고 $x_2>x_1$이므로 $f(x_2)>f(x_1)$이어야 한다. 이것은 $[a, b]$내의 임의의 두 점 x_1, x_2에 대하여 성립하므로 함수 f는 구간 $[a, b]$에서 증가하는 함수이다.

(ii) 비슷하게 $f'(x)<0$인 경우

$x_1 < x_2$인 임의의 두 점 x_1, $x_2(\in [a, b])$에 대하여

$$f'(c) = \frac{f(x_2) - f(x_1)}{x_2 - x_1}$$

인 점 c가 (x_1, x_2)상에 존재하고 $f'(c) < 0$이므로 $f(x_2) < f(x_1)$이어야 함을 알 수 있다. 즉 함수 f는 감소함수이다. ▣

예제 1

함수 $f(x) = 3x^4 - 4x^3 - 12x^2 + 5,\ -3 \le x \le 3$에 대하여 함수 f의 증가 또는 감소하는 구간을 결정하시오.

풀이

$$\begin{aligned} f'(x) &= 12x^3 - 12x^2 - 24x \\ &= 12x(x^2 - x - 2) \\ &= 12x(x+1)(x-2) \end{aligned}$$

구간 $[-3, 3]$에서 함수 f의 임계점은 $x = -1,\ 0,\ 2$이고, 임계점을 경계로 f'의 부호가 바뀔 수 있으므로 함수 f의 증가 감소 구간은 임계점을 기준으로 조사하여야 한다. 다음은 각 구간별 f'의 부호와 f의 증가 감소를 나타낸 것이다.

표 5.1 함수 $f(x) = 3x^4 - 4x^3 - 12x^2 + 5$의 증가 감소 구간

구간	-3	$\cdots$	-1	$\cdots$	0	$\cdots$	2	$\cdots$	3
$f'(x)$의 부호		$-$		$+$		$-$		$+$	
$f(x)$의 증·감	248	감소	0	증가	5	감소	-27	증가	32

즉, 함수 f는 구간 $[-3, -1]$, $[0, 2]$에서 감소하고, $[-1, 0]$와 $[2, 3]$에서 증가한다. 다음은 함수 f의 그래프를 구체적으로 그려놓은 것이다.

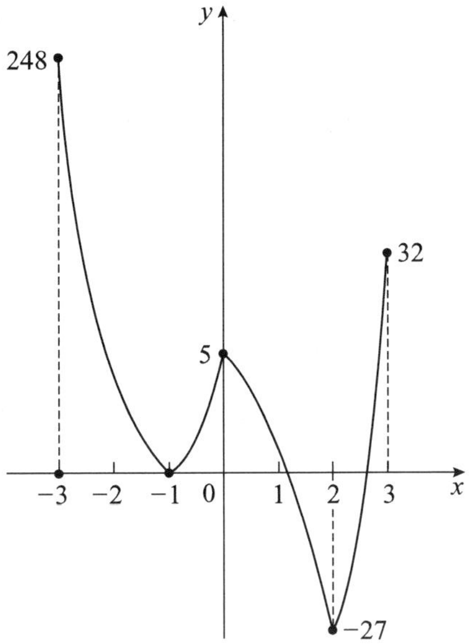

그림 5.11 함수 $f(x) = 3x^4 - 4x^3 - 12x^2 + 5$의 그래프

위 그림으로부터 함수 f 는 $x = -1$(또는 $x = 2$)에서 극솟값을 갖고, $x = -1$(또는 $x = 2$)을 기준으로 하여 $f' < 0$에서 $f' > 0$으로 바뀐다. 그리고 $x = 0$에서 함수 f 는 극댓값을 갖고 $x = 0$을 기준으로 f'의 부호를 살펴보면 $f' > 0$에서 $f' < 0$으로 바뀜을 알 수 있다. 우리는 다음 정리에서 일계 도함수를 이용하여 함수의 극값을 찾는 방법을 얘기하고자 한다.

정리 2 ∘∘∘ 일계 도함수를 이용한 극값 판정법

함수 f 는 구간 $[a, b]$에서 연속이고 c는 함수 f 의 임계점이라 하자.

(a) $a < x < c$에 대하여 $f'(x) > 0$이고 $c < x < b$에 대하여 $f'(x) < 0$ (즉, f'은 c를 기준으로 해서 양에서 음으로 변한다) 이면, 함수 f 는 c에서 극댓값을 갖는다.

(b) $a < x < c$에 대하여 $f'(x) < 0$이고 $c < x < b$에 대하여 $f'(x) > 0$ (즉, f'은 c를 기준으로 해서 음에서 양으로 변한다) 이면, 함수 f 는 c에서 극솟값을 갖는다.

(c) 만약 f'이 c에서 부호가 변하지 않으면 함수 f 는 c에서 극값을 갖지 않는다.

증명 (a) $x \in (a, b)$라 하자. 만약 $a < x < c$이면 $f(x) < f(c)$이다. 왜냐하면 $a < x < c$에서 $f' > 0$이고, 이것은 함수 f 가 $[a, c]$에서 증가함수임을 의미하기 때문이

다. 만약 $c < x < b$이면 구간 (c, b)에서 $f' < 0$이므로 함수 f는 $[c, b]$에서 감소함수이다. 이것은 $f(c) > f(x)$임을 의미한다. 그러므로 모든 $x \in (a, b)$에 대하여 $f(x) \le f(c)$이 성립한다. 따라서 극대·극솟값 정의에 의해서 함수 f는 c에서 극댓값을 갖는다.

(b) 와 (c)도 비슷하게 증명할 수 있다. ■

예제 2

$f(x) = 3x^4 - 4x^3 - 12x^2 + 5$의 극대·극솟값 및 최댓값 최솟값을 구하시오.
(단, $-3 \le x \le 3$)

풀이 예제 1 및 그림 5.11에서 함수 f의 극대·극솟값 및 최댓값과 최솟값을 알 수 있지만 정리 2를 이용하여 구체적으로 유도해 보고자 한다. 도함수를 이용한 극값 판정법에 의하여 $x = -1$과 $x = 2$를 기준으로 f'의 부호가 음에서 양으로 바뀜으로 $x = -1$과 $x = 2$에서 극솟값을 갖고, $x = 0$을 기준으로 f'이 양에서 음으로 변함으로 함수 f는 $x = 0$에서 극댓값을 갖는다. 최댓값과 최솟값을 결정하기 위해서는 도함수가 0이 되는 지점과 정의역의 양 끝점에서의 함숫값들을 비교하여야만 한다. 즉, 먼저 도함수가 0이 되는 점

$$f(-1) = 3 \cdot (-1)^4 - 4 \cdot (-1)^3 - 12 \cdot (-1)^2 + 5 = 0$$
$$f(0) = 3 \cdot (0)^4 - 4 \cdot (0)^3 - 12 \cdot (0)^2 + 5 = 5$$
$$f(2) = 3 \cdot (2)^4 - 4 \cdot (2)^3 - 12 \cdot (2)^2 + 5 = -27$$

이다. 그리고 정의역의 양 끝점

$$f(-3) = 3 \cdot (-3)^4 - 4 \cdot (-3)^3 - 12 \cdot (-3)^2 + 5 = 248$$
$$f(3) = 3 \cdot (3)^4 - 4 \cdot (3)^3 - 12 \cdot (3)^2 + 5 = 32$$

이다. 따라서 최댓값 $f(-3) = 248$, 최솟값 $f(2) = -27$이고, 극솟값은 $f(2) = -27$과 $f(-1) = 0$이며 극댓값은 $f(0) = 5$이다. ■

이제 함수의 구체적인 모양을 결정하는 곡선의 오목성에 대하여 논의해보고자 한다.

정의 2 ••• 오목성

구간 I 에서 정의된 함수 f 에 대하여 함수 f 의 그래프가 곡선상의 임의의 점에서의 접선보다 위에 놓여 있을 때 함수 f 는 **위로 오목**(아래로 볼록)이라 하고, 접선보다 아래에 놓여 있을 때 함수 f 는 **아래로 오목**(위로 볼록)이라 한다.

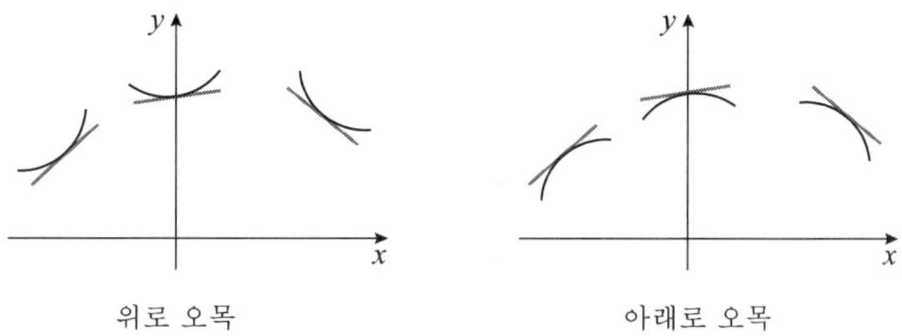

그림 5.12 위로 오목, 아래로 오목

이제 이계 도함수가 곡선의 오목한 모양을 결정하는데 있어 어떤 도움을 주는지 알아보자. 그림 5.12와 같이 위로 오목한 경우는 x 가 증가함에 따라 접선의 기울기도 증가하고 있음을 알 수 있다. 즉, f' 이 증가하는 함수이고 이것은 $f'(x)$의 도함수 $f''(x)$가 양임을 의미한다. 반대로 아래로 오목한 곡선에서는 접선의 기울기, 즉 $f'(x)$가 감소하고 있음을 알 수 있다. 그리하여 이것은 $f''(x)$가 음임을 나타낸다. 구체적으로 다음 정리에서 이계 도함수를 이용하여 곡선의 오목성을 판별하는 방법을 제시하고자 한다.

정리 3 ∘∘∘ 이계도함수를 이용한 오목성 판정법

함수 f 가 구간 I 에서 이계도함수를 갖는다고 가정하자.

(a) 모든 $x \in I$ 에 대하여 $f''(x) > 0$ 이면 함수 f 의 그래프는 I 에서 위로 오목하다.

(b) 모든 $x \in I$ 에 대하여 $f''(x) < 0$ 이면 함수 f 의 그래프는 I 에서 아래로 오목하다.

증명 (a) a 를 구간 I 내의 임의의 점이라 하자. 곡선 $y = f(x)$가 점 $(a, f(a))$에서의 접선보다 위에 놓여 있음을 보여야 한다. 점 $(a, f(a))$에서의 접선의 방정식은

$$y = f(a) + f'(a)(x-a)$$

에 의하여 주어진다. 그리하여 모든 $x \in I$ 에 대하여

$$f(x) > f(a) + f'(a)(x-a)$$

임을 보여 주어야 한다.

(i) $x > a$인 경우

함수 f는 구간 $[a,\ x]$에서 미분 가능하다. 평균값 정리에 의하여 $c \in (a,\ x)$가 존재하여

$$f'(c) = \frac{f(x) - f(a)}{x-a}$$

가 성립한다. 또한 정리1의 증가·감소함수 판정법에서 f 대신 f'을 생각함으로써 $f''(x) > 0$이면 f'이 증가하는 함수임을 알 수 있다. 그리하여 $f'(c) > f'(a)$, 즉

$$\frac{f(x) - f(a)}{x-a} > f'(a)$$

이다. 그러므로 양변에 $(x-a)$을 곱하고 $f(x)$에 대하여 정리하면

$$f(x) > f(a) + f'(a)(x-a)$$

을 얻는다.

(ii) $x < a$인 경우

(i)의 경우와 비슷하게 구간$[x,\ a]$에 대한 평균값 정리에 의하여

$$\frac{f(a) - f(x)}{a-x} = f'(c)$$

이 되는 $c \in (x,\ a)$이 존재하고 $f''(x) > 0$이다. 즉, f'이 증가하는 함수이기 $c < a$이므로

$$\frac{f(a) - f(x)}{a-x} = f'(c) < f'(a)$$

이다. 즉,

$$f(a) - f(x) < f'(a)(a-x)$$

이며 양변에 $-f(a)$를 더하고 -1을 곱함으로써

$$f(x) > f(a) + f'(a)(x-a)$$

을 얻을 수 있다. 즉 임의의 $x \in I$에 대하여 곡선이 접선보다 위에 위치하고

있음을 보여준다.

(b)의 경우는 연습문제로 남겨둔다. ▣

곡선의 오목한 모양은 아래에서 정의되는 변곡점을 기준으로하여 변한다.

정의 3 ••• 변곡점

곡선상의 점 $P(a, f(a))$를 기준으로 곡선의 오목성이 변할 때, 즉 위로 오목에서 아래로 오목 또는 아래로 오목에서 위로 오목으로 변할 때 점 P를 함수 f의 **변곡점**(inflection point)이라 한다.

변곡점이란 함수 f의 이계 도함수 f''의 부호가 바뀌는 곡선상의 점이며 또한 물리적으로는 이계 도함수 f''은 움직이는 물체의 가속도이므로 속도가 증가하다가 감소하거나 감소하다가 증가하는 점이 변곡점이다.

정리 4 ••• 이계 도함수를 이용한 변곡점 판정법

함수 f가 구간내의 한 점 c에서 $f''(c)=0$이고 $x=c$을 기준으로 f''의 부호가 바뀌면 점 $(c, f(c))$는 곡선 f의 변곡점이 된다.

정리 4는 다음과 같이 다시 쓰여질 수 있다.

i) $x<c$일 때 $f''(x)<0$에서 $x>c$일 때 $f''(x)>0$으로, 또는

ii) $x<c$일 때 $f''(x)>0$에서 $x>c$일 때 $f''(x)<0$이면 곡선상의 점$(c, f(c))$는 함수 f의 변곡점이 된다.

예제 3

함수 $f(x)=x^3-3x+2, -2 \le x \le 2$에서 함수의 증감 및 오목성 구간을 결정하고, 변곡점을 구하는 것에 의하여 함수의 그래프를 그리시오.

풀이

$$f'(x)=3x^2-3=3(x-1)(x+1)$$

이고

$$f''(x) = 6x$$

이다.

그러므로 $x = -1$과 $x = 1$에서 $f'(x) = 0$이므로 $x = -1, 1$을 기준으로 함수의 증가와 감소가 바뀔 수 있고, 또한 $f''(0) = 0$이므로 $x = 0$을 기준으로 곡선의 오목성이 바뀔 수 있다. 그리하여 함수 f 의 그래프는 $x = -1, 0, 1$을 기준으로 하여 곡선의 모양이 어떻게 변하는 가를 살펴보아야 한다.

표 5.2 곡선의 증가, 감소 구간과 오목성 구간

구간	-2	$\cdots$	-1	$\cdots$	0	$\cdots$	1	$\cdots$	2
f'의 부호		$+$		$-$		$-$		$+$	
f''의 부호		$-$		$-$		$+$		$+$	
f 의 값	0	╱	4	╲	2	╲	0	╱	4

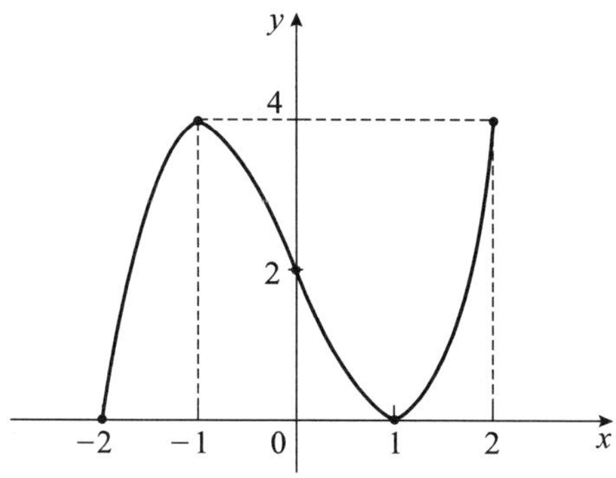

그림 5.13 함수 f 의 그래프

구간 $[-2, -1], [1, 2]$에서 함수 f는 증가하고 $[-1, 1]$에서 함수 f 는 감소한다. $[-2, 0]$에서 함수의 곡선은 아래로 오목, 구간 $[0, 2]$에서는 위로 오목하다. 그러므로 점$(0, 2)$을 기준으로 곡선의 오목성이 바뀌므로 점$(0, 2)$는 함수 f의 변곡점이다. ▣

함수 f 의 이계 도함수를 이용하면 함수의 극값을 쉽게 결정할 수 있다.

정리 5 ∘∘∘ 이계 도함수를 이용한 극값 판정법

함수 f 가 $x = c$ 에서 이계 도함수를 갖는다고 가정하자.

(a) $f'(c) = 0$ 이고 $f''(c) > 0$ 이면 함수 f 는 $x = c$ 에서 극솟값을 갖는다.

(b) $f'(c) = 0$ 이고 $f''(c) < 0$ 이면 함수 f 는 $x = c$ 에서 극댓값을 갖는다.

정리 5를 직관적으로 살펴보자. (a) $f'(c) = 0$ 이므로 $x = c$ 에서 곡선에 접하는 접선은 x 축과 수평이다. 그리고 $f''(c) > 0$ 이므로 $x = c$ 근방에서 곡선은 위로 오목으로 움직인다. 그리하여 $f(c)$ 는 $x = c$ 근방에서 가장 작은 값, 즉 극솟값이 된다. (b)도 비슷하게 설명되어 질 수 있다.

예제 4

$f(x) = 2x^3 - 3x^2 - 12x + 1$ 의 극대 · 극솟값과 변곡점을 구하는 것에 의하여 함수 f 의 그래프를 그리시오.

풀이 먼저 함수 $f(x)$ 의 도함수는

$$\begin{aligned} f'(x) &= 6x^2 - 6x - 12 \\ &= 6(x-2)(x+1) \end{aligned}$$

이고, 함수 f 의 이계 도함수는

$$f''(x) = 12x - 6 = 6(2x-1)$$

에 의하여 주어진다.

그리하여 $x = -1, 2$ 에서 $f'(x) = 0$ 이고

$$f''(-1) = -18 < 0$$

이므로 정리 5에 의하여 함수 f 는 $x = -1$ 에서 극댓값 $f(-1) = 8$ 을 갖고

$$f''(2) = 18 > 0$$

이므로 $x = 2$ 에서 극솟값 $f(2) = -19$ 을 갖는다. 또한 $x = \dfrac{1}{2}$ 을 기준으로 f'' 의 부호가 바뀜으로 점 $\left(\dfrac{1}{2}, -\dfrac{11}{2}\right)$ 이 변곡점이 된다. 그리고 $x \to -\infty$ 일 때 $f(x) \to -\infty$ 이고, $x \to \infty$ 일 때 $f(x) \to \infty$ 이므로 최솟값과 최댓값은 존재하지 않는다. 다음 표는 함수의 증감, 오목성을 나타내고 구체적인 함수 f 의 그래프를 그려 놓은 것이다.

표 5.3 함수 $f(x) = 2x^3 - 3x^2 - 12x + 1$의 증감과 오목 구간

구간	$\cdots$	-1	$\cdots$	$\frac{1}{2}$	$\cdots$	2	$\cdots$
f'의 부호	$+$		$-$		$-$		$+$
f''의 부호	$-$		$-$		$+$		$+$
f의 값	↗	8	↘	$-\frac{11}{2}$	↘	-19	↗

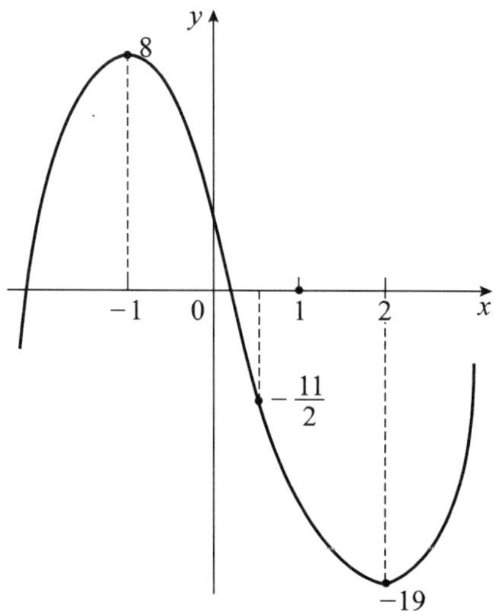

그림 5.14 함수 $f(x) = 2x^3 - 3x^2 - 12x + 1$의 그래프

연습문제 5.3

1. 함수 $f(x) = -x^3 + 3x + 1, -3 \le x \le 3$일 때 함수 f의 증가 감소하는 구간을 조사하여라.

2. 함수 $f(x) = -x^3 + 3x + 1, -3 \le x \le 3$의 오목성 구간을 조사하고 변곡점을 구하시오.

3. 문제 1번과 2번의 결론에 의하여 함수 f의 최댓값, 최솟값 및 극대·극솟값을 구하는 것에 의하여 함수 $f(x) = -x^3 + 3x + 1, -3 \le x \le 3$의 그래프를 그려라.

4. 다음 함수의 그래프를 그리는 것에 의하여 극대 · 극솟값 및 변곡점을 구하시오.

(a) $f(x)= x^3-2x^2+x+2$ (b) $f(x) = 10-x-x^2$

(c) $f(x)= x-2\sin x,\ 0 \le x \le \pi$ (d) $f(x)=x^4-2x^3+2x-1$

(e) $f(x)=3x^4-4x^3$

5. 어떤 3차 함수 $f(x)= ax^3+bx^2+cx+d$에 대하여 $x=-2$에서 극댓값 2와 $x=1$에서 극솟값 0을 갖을 때 함수 $f(x)$를 구하시오.

6. 함수 $f(x)=x^3+3ax^2+3bx+1$이 $x=1$일 때 극대이고 $x=2$일 때 극소가 되도록 상수 a, b의 값을 구하시오.

7. 함수 $f(x)=x^3-12x$가 $x=\alpha$에서 극댓값 β를 갖는다. α와 β의 값을 구하시오.

8. 함수 $f(x)=-2x^3+ax^2+bx-c$의 그래프가 다음과 같을 때 a, b, c의 값을 구하시오.

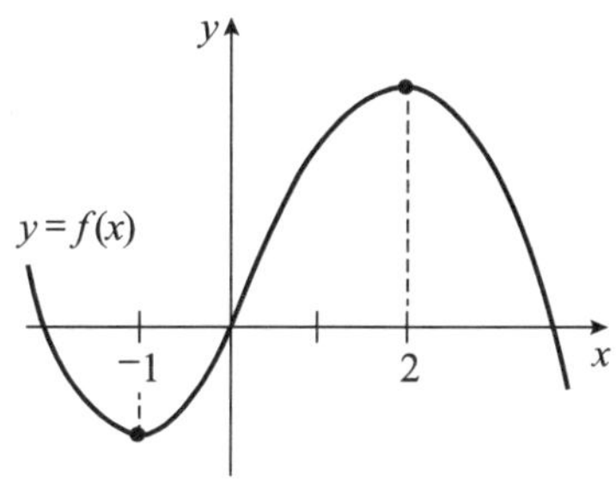

9. 다음 함수의 증가감소, 극값 및 변곡점을 조사하고 그래프를 그리시오.

(a) $f(x)=\dfrac{2x}{x^2+1}$ (b) $g(x)=2\sqrt{x}-x$

10. 모든 $x \in I$에 대하여 $f''(x)<0$이면 함수 f는 구간 I에서 아래로 오목함을 증명하여라.

11. 최고차항의 계수가 1이고, $f(0)=3$인 사차함수 $f(x)$가 있다. 실수 t에 대하여 집합 S를

$$S=\{a \mid \text{함수 } |f(x)-t| \text{가 } x=a \text{에서 미분가능하지 않다}\}$$

라 하고, 집합 S의 원소의 개수를 $g(t)$라 하자. 함수 $g(t)$가 $t=3$과 $t=19$에서만 불연속일 때 $f(-2)$의 값을 구하시오.

(힌트 : $f(x)=x^2(x-2k)^2+3$)

5.4 그 밖의 미분의 활용

이 절에서는 도함수를 이용하여 해결할 수 있는 다양한 문제들을 생각해 보고자 한다.

함수의 최대 · 최소

예제 1

한 변의 길이가 24(cm)인 정사각형 모양의 종이가 있다. 이 종이의 네 모퉁이에서 같은 크기의 정사각형을 잘라내고 남은 부분을 접어서 상자를 만들려고 한다. 이 상자의 부피를 최대로 하려면 잘라내는 정사각형의 한 변의 길이를 얼마로 하여야 하는가?

풀이 잘라내는 정사각형의 한 변의 길이를 x(cm)라 하고 이때 상자의 부피를 $V(x)$라 하자. 다음 그림과 같이 밑면은 한 변의 길이가 $24-2x$(cm)인 정사각형이 되고 높이는 x(cm)가 된다. 부피 $V(x)$는

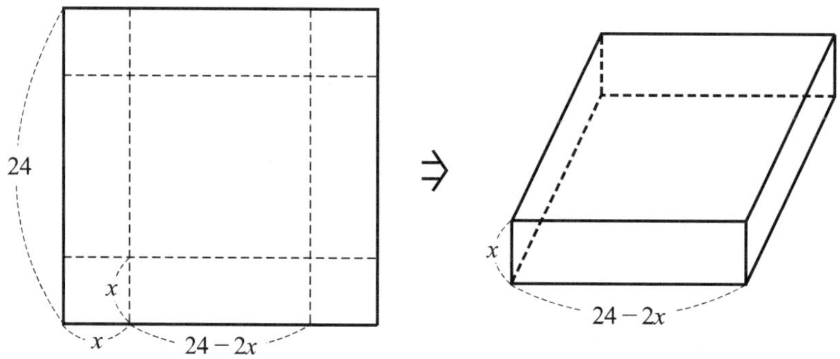

$$V(x) = (\text{밑면의 면적}) \times \text{높이} = (24-2x)\times(24-2x)\times x = (24-2x)^2 x$$

이고, $V(x)$를 두 번 미분하면,

$$V'(x) = 12(x-4)(x-12)$$
$$V''(x) = 24(x-8)$$

이다. 여기서 x의 범위는 $24-2x>0$, 즉 $x<12$이고 x는 양이어야 하므로 $0<x<12$이다.

$V(x)$의 1계 미분과 2계 미분을 이용하여 그래프를 그려보면

표 5.4 함수 $V(x)=(24-2x)^2 x$의 증감과 오목 구간

x	0	$\cdots$	4	$\cdots$	8	$\cdots$	12
$V'(x)$		$+$		$-$		$-$	
$V''(x)$		$-$		$-$		$+$	
$V(x)$	0	↗	1024	↘	512	↘	0

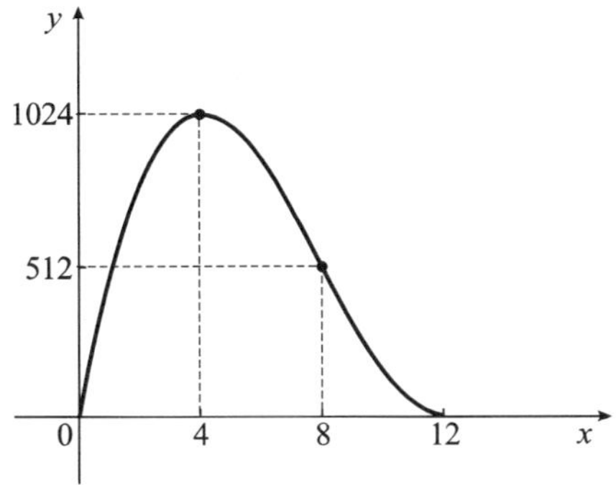

그림 5.15 함수 $V(x)=(24-2x)^2 x$의 그래프

결국 $x=4$일 때 최댓값 1024을 가지므로 잘라내는 정사각형의 한 변의 길이는 4(cm)로 하여야 한다. ▣

예제 2

반지름이 r인 반원에 내접하는 가장 큰 직사각형의 넓이를 구하시오.

풀이 다음 그림과 같이 반지름이 r인 반원에서

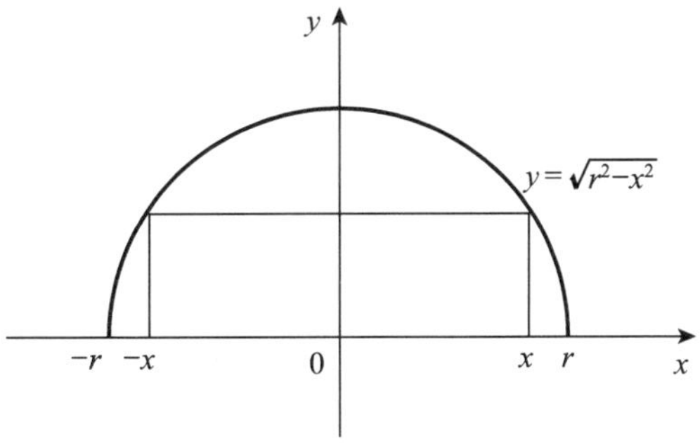

넓이 $S(x)$는

$$S(x) = 2x\sqrt{r^2 - x^2},\ 0 \le x \le r$$

에 의하여 주어진다.

$$\begin{aligned} S'(x) &= 2\sqrt{r^2 - x^2} - \frac{2x^2}{\sqrt{r^2 - x^2}} \\ &= \frac{2(r^2 - 2x^2)}{\sqrt{r^2 - x^2}} \end{aligned}$$

이고 $r^2 - 2x^2 = 0$, 즉 $x = \dfrac{r}{\sqrt{2}}(x > 0)$일 때 $S'(x) = 0$이다.

따라서 함수 $S(x)$의 최댓값을 찾는 방법에 의하여 $x = 0,\ \dfrac{r}{\sqrt{2}},\ r$에서 함수 $S(x)$의 값을 비교하면 된다.

$$\begin{aligned} &S(0) = 0 \\ &S\left(\frac{r}{\sqrt{2}}\right) = 2\frac{r}{\sqrt{2}}\sqrt{r^2 - \frac{r^2}{2}} = r^2 \\ &S(r) = 0 \end{aligned}$$

이므로 최댓값, 즉 반지름이 r인 반원에 내접하는 가장 큰 직사각형의 넓이는 r^2이다. ▣

예제 3

겉넓이가 $2\pi a^2$으로 일정한 직원기둥의 부피를 최대로 하려면 밑면의 반지름과 높이의 비를 얼마로 하여야 하는가? (단, a는 양의 상수이다)

풀이 밑면의 반지름을 r, 직원기둥의 높이를 h라 하면

$$2\pi r^2 + 2\pi rh = 2\pi a^2,\ 즉\ r^2 + rh = a^2$$

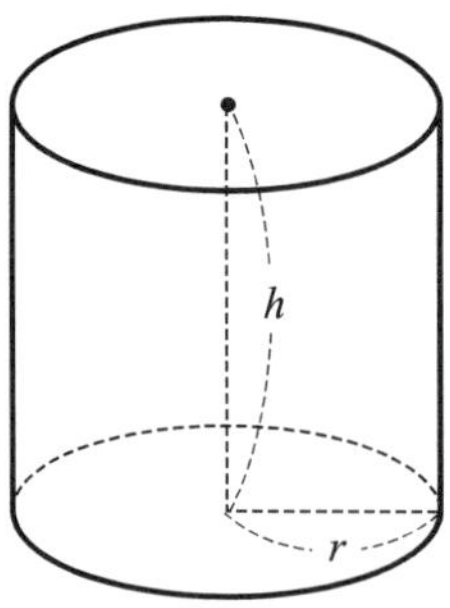

인 관계가 성립한다. 밑면의 반지름이 r일 때 직원기둥의 부피를 $V(r)$이라 하면

$$\begin{aligned} V(r) &= \pi r^2 h \\ &= \pi r^2 \frac{1}{r}(a^2 - r^2) \\ &= \pi r(a^2 - r^2), \quad 0 \le r \le a \end{aligned}$$

이다.

$$\begin{aligned} V'(r) &= \pi(a^2 - r^2) + \pi r(-2r) \\ &= \pi(a^2 - 3r^2) \end{aligned}$$

이며 $r = \dfrac{a}{\sqrt{3}}$에서 $V'(r) = 0$이다. 즉, $r = \dfrac{a}{\sqrt{3}}$에서 직원기둥의 부피는 최대가 되고, 이 때 높이

$$\begin{aligned} h &= \frac{1}{r}(a^2 - r^2) \\ &= \frac{\sqrt{3}}{a}\left(a^2 - \frac{a^2}{3}\right) = \frac{2}{\sqrt{3}}a \end{aligned}$$

이다. 따라서 $r : h = \dfrac{a}{\sqrt{3}} : \dfrac{2}{\sqrt{3}}a$, 즉 $1 : 2$일 때이다. ▣

방정식과 부등식

다음 예제에서는 도함수의 또 다른 활용으로 방정식의 실근의 개수와 부등식에 대한 문제를 다루어 보고자 한다.

예제 4

방정식 $x^3 - 3x^2 + 6 = 0$의 실근의 개수를 구하시오.

풀이 함수 $y = f(x) = x^3 - 3x^2 + 6$이라 하면, 곡선 $y = f(x)$가 x축과 만나는 점들이 방정식의 근이다.

$$\begin{aligned} f'(x) &= 3x^2 - 6x \\ &= 3x(x - 2) \end{aligned}$$

1계 도함수만으로도 방정식의 근의 개수를 찾을 수 있으나 $y = f(x)$의 그래프를 정

확히 그리기 위하여 2계 도함수를 조사하여 보자.

$$f''(x) = 6x - 6 = 6(x - 1)$$

그리하여 다음 표에서와 같이 함수 $y = f(x)$의 증가 · 감소 및 오목성을 알 수 있다.

표 5.5 함수 $f(x) = x^3 - 3x^2 + 6$의 증감과 오목 구간

x	$\cdots$	0	$\cdots$	1	$\cdots$	2	$\cdots$
$f'(x)$	$+$		$-$		$-$		$+$
$f''(x)$	$-$		$-$		$+$		$+$
$f(x)$	↗	6	↘	4	↘	2	↗

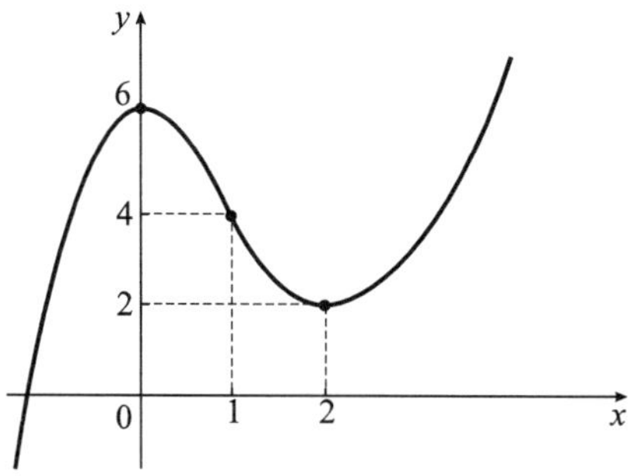

그림 5.16 함수 $f(x) = x^3 - 3x^2 + 6$의 그래프

그림 5.16으로부터 알수 있듯이 함수 $y = f(x)$의 그래프는 x축과 한 점에서 만나므로 실근은 오직 한개만 존재한다. ▣

다음은 도함수가 부등식의 증명에 어떻게 활용되는지를 보여주는 예이다.

예제 5

$x \geq 1$일 때 모든 자연수 n에 대하여

$$x^n \geq nx - n + 1$$

임을 보이시오.

풀이 함수 $f(x) = x^n - nx + n - 1$이라 하자. 그리고 나면

$$f'(x) = nx^{n-1} - n = n(x^{n-1} - 1)$$

$x \geq 1$일 때 $x^{n-1} \geq 1$이므로 $f'(x) \geq 0$이다. 즉 $x \geq 1$일 때 함수 $f(x)$는 증가함수이다.
따라서 $f(x) \geq f(1)$, 즉

$$x^n - nx + n - 1 \geq 1 - n + n - 1 = 0$$

이고, $x^n \geq nx - n + 1$이다. ■

속도와 가속도

뉴턴(Newton)이 움직이는 물체의 (순간) 속도를 구하는 과정속에서 미분의 개념을 만들어 냈듯이 다음 예제에서는 속도와 속도의 변화율을 나타내는 가속도에 대하여 다루고자 한다.

예제 6

어떤 물체를 지면에서 똑바로 위를 향하여 쏘아올린 후 t초 후의 높이를 $y(t)$라 하자. 그리고 나면 $y(t)$는

$$y(t) = 98t - 4.9t^2$$

의 관계가 성립한다고 한다.
(1) 이 물체의 처음 속도를 구하시오.
(2) 이 물체가 최고점에 도달할 때까지 걸린 시간과 그 높이를 구하시오.
(3) 이 물체가 지면에 떨어지는 순간의 속도와 가속도를 구하시오.

풀이 시각 t에 있어서의 속도

$$v(t) = \frac{dy}{dt} = 98 - 9.8t$$

이다.
(1) $v(0) = 98(\text{m}/\text{초})$
(2) 물체가 최고점에 도달하였을 때 속도는 0이 되므로

$$v(t) = 98 - 9.8t = 0$$

결국 $t = 10$(초)이며 $y(t) = 98t - 4.9t^2$에 $t = 10$을 대입하면
높이 $y(10) = 490(\text{m})$을 얻는다.

(3) 지면에 떨어질 때의 높이는 0이 되므로 먼저 $y(t)=0$,

즉, $98t-4.9t^2=0$이 되는 t는 $t=0$ 또는 $t=20$이나 $t \neq 0$이므로 지면에 떨어지는 순간의 시각은 $t=20$(초)이다.

그리하여

$$v(20)=\left.\frac{dy}{dt}\right|_{t=20}=\left.98-9.8t\right|_{t=20}=-98(\mathrm{m}/\text{초})$$

이고 시각 t에서의 가속도를 $a(t)$라 하면 $a(t)$는 속도 $v(t)$의 도함수이므로

$$a(t)=\frac{dv(t)}{dt}=-9.8$$

이다. ■

상관비율

물탱크에 물이 유입되거나 유출될 때 물탱크의 수위는 변할 것이다.

물탱크의 수위가 얼마나 빨리 상승하는지 혹은 얼마나 빨리 하강하는지를 표현하고자 할 때 우리는 수위의 변화율 또는 물탱크에 들어있는 전체 물의 양의 변화율에 대해서 이야기하게 될 것이다. 여기에서는 시간에 따라 변화하는 두 개 이상의 변수에 대한 상관비율에 대하여 논의하고자 한다.

다음 예제를 통하여 살펴보자.

예제 7

다음 그림과 같이 윗면의 반지름이 $5(\mathrm{m})$이고 깊이가 $15(\mathrm{m})$인 직원뿔 모양의 대형 물탱크가 있다. 여기에 초당 $5(\mathrm{m}^3)$의 비율로 물을 넣을 때 깊이가 $5(\mathrm{m})$가 되는 순간의 수면의 상승속도를 구하시오. (단, 빠져나가는 물은 없으며 처음 물 탱크는 비어 있다.)

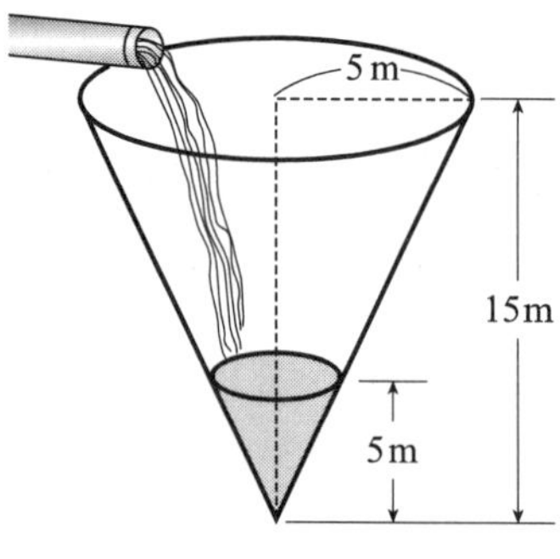

풀이 위 직원뿔에 있어서 반지름과 높이의 비가 1:3이다.

시각 t에서의 물의 깊이를 $h(\mathrm{m})$라 하면 수면의 반지름은 $\frac{1}{3}h(\mathrm{m})$이다. 여기서 물 탱크의 물의 양, 즉 부피를 V라 하면

$$V = \frac{1}{3}\pi\left(\frac{h}{3}\right)^2 h = \frac{1}{27}\pi h^3$$

이다.

V와 h는 시간 t의 함수이며 합성함수의 미분법에 의하여 시간에 따른 물의 양의 변화율 $\frac{dV}{dt}$는

$$\frac{dV}{dt} = \frac{3}{27}\pi h^2 \frac{dh}{dt} = \frac{1}{9}\pi h^2 \frac{dh}{dt}$$

이다. 초당 $5(\mathrm{m}^3)$의 비율로 물을 넣으므로 $\frac{dV}{dt} = 5$이다.

그러므로 $h = 5$일 때

$$5 = \frac{1}{9}\pi 5^2 \frac{dh}{dt}$$

에 의하여 수면의 상승속도

$$\frac{dh}{dt} = \frac{9}{5\pi}(\mathrm{m}/\text{초})$$

이다. ▣

| Newton의 방법

다음에는 방정식 $f(x)=0$의 근을 찾기 위한 **Newton의 방법**(Newton's method)을 소개하고자 한다. 다음 그림에서 보여지듯이 방정식 $f(x)=0$의 근은 곡선 $y=f(x)$와 직선 $y=0$, 즉 x축이 만나는 x좌표 값이 방정식의 근이 된다. x^*를 방정식 $f(x)=0$의 한 근이라 하자.

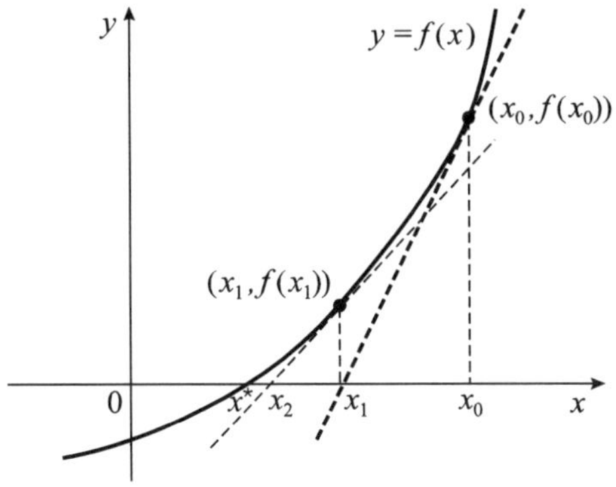

그림 5.15 Newton의 방법

먼저 적당한 점 x_0를 잡는다. 곡선 $y = f(x)$상의 점 $(x_0,\ f(x_0))$에서 접선을 그어 x축과 만나는 점을 x_1이라 하자. 그리고 나면 미분계수의 정의에 의하여 두 점 $(x_1,\ 0)$과 $(x_0,\ f(x_0))$을 지나는 직선(접선)의 기울기는 $f'(x_0)$이다. 그러므로

$$\frac{0 - f(x_0)}{x_1 - x_0} = f'(x_0)$$

을 만족한다. 그리하여

$$x_1 = x_0 - \frac{f(x_0)}{f'(x_0)}$$

을 얻고, 다시 곡선상의 점 $(x_1,\ f(x_1))$에서 접선을 그어 x축과 만나는 점을 x_2라 하자. 위와 같은 방법에 의하여

$$x_2 = x_1 - \frac{f(x_1)}{f'(x_1)}$$

을 얻을 수 있다. 이러한 과정을 반복하면 점화식

$$x_{n+1} = x_n - \frac{f(x_n)}{f'(x_n)}, \quad n = 0,\ 1,\ 2,\ \cdots$$

을 얻을 수 있으며, 위 공식을 **Newton의 공식**이라 부른다.

여기서 수열 $\{x_n\}$은 방정식 $f(x) = 0$의 근 x^*에 수렴한다. 즉 $\lim_{n \to \infty} x_n = x^*$이다.

x_n이 x^*에 수렴한다는 것을 간단히 살펴보자.

Newton의 공식을 변형하면

$$x_{n+1} - x_n = -\frac{f(x_n)}{f'(x_n)}$$

이고 양변 $n \to \infty$를 취하면 좌변은 0으로 수렴한다.

따라서

$$\lim_{n\to\infty} f(x_n) = 0$$

이다. 그러나 $f(x^*) = 0$이므로

$$\lim_{n\to\infty} x_n = x^*$$

이다.

결국 적당히 큰 N에 대하여 근 x^*는 x_N에 의하여 근사화 될 수 있다.

예제 8

Newton의 방법에 의하여 $\sqrt{2}$의 근사값을 구하시오.

풀이 제곱근의 정의에 의하여 $x^2 = 2$을 만족하는 x가 $\sqrt{2}$의 값이다. 즉, $\sqrt{2}$는 방정식 $x^2 - 2 = 0$의 근이다.

함수 $f(x) = x^2 - 2$라 하면 $f(0) = -2$, $f(2) = 2$이므로 중간값 정리에 의하여 방정식 $f(x) = 0$의 근 즉, $\sqrt{2}$는 0과 2 사이에 존재한다.

그리하여 $x_0 = 2$(또는 $x_0 = 1$)으로 잡으면 Newton의 공식

$$\begin{aligned} x_{n+1} &= x_n - \frac{f(x_n)}{f'(x_n)} \\ &= x_n - \frac{x_n^2 - 2}{2x_n}, \quad n = 0, 1, 2, \cdots \end{aligned}$$

에 의하여

$$x_1 = x_0 - \frac{x_0^2 - 2}{2x_0} = 1.5$$

을 얻는다. $x_1 = 1.5$을 가지고 $n = 1$일 때의 Newton의 공식에 대입하면, 즉

$$x_2 = x_1 - \frac{x_1^2 - 2}{2x_1} \fallingdotseq 1.416667$$

을 얻고, 이러한 과정을 반복하면

$$x_3 = 1.414216$$
$$x_4 = 1.414213$$
$$x_5 = 1.414213$$
$$\vdots$$

결국 $\sqrt{2}$는 1.414213에 의하여 근사화 된다. ▣

참고

1.414213을 제곱하여 보아라. 어떤 수가 나오는가?

연습문제 5.4

1. 다음 방정식의 실근의 개수를 구하시오.

(a) $x^3 - 6x^2 + 9x - 2 = 0$ (b) $3x^4 - 4x^3 - 12x^2 + 24 = 0$

2. 방정식 $x^3 - 3x^2 - 9x + 5 = 0$의 양의 실근의 개수를 구하시오.

3. 방정식 $x^3 + 6x^2 + 9x + k = 0$이 서로 다른 세 실근을 가지기 위한 k의 범위를 구하시오.

4. 다음 그림과 같이 포물선 $y = 9 - x^2$과 x축과의 교점 A, B에 대하여 선분 AB를 밑변, 이 포물선 위의 두 점을 이은 선분을 윗변으로 하는 사다리꼴의 넓이의 최댓값을 구하시오.

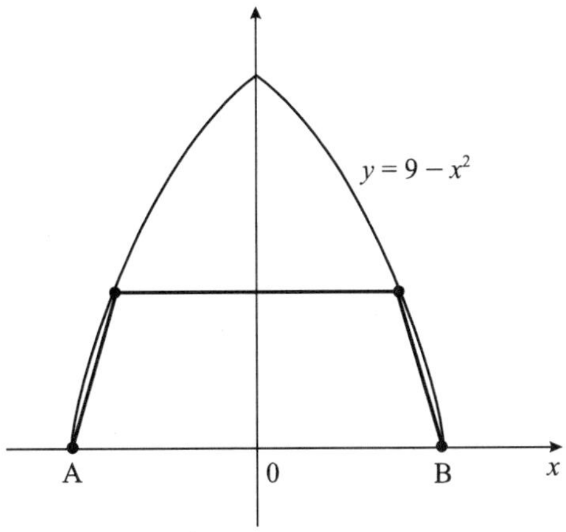

5. $x \geq 0$일 때 $\frac{1}{3}x^3 - x + \frac{2}{3} \geq 0$임을 보이시오.

6. $x \geq 1$인 모든 실수 x에 대하여 $\frac{1}{4}x^4 - x + \frac{k}{4} \geq 0$이 성립하기 위한 실수 k의 범위를 구하시오.

7. 직선운동하는 어떤 물체가 제동을 걸고 난 후 t초 후의 거리를 $y(t)$라 하면 $y(t) = 27t - 4.5t^2$이 성립한다고 한다. 제동을 걸고 정지할 때까지 걸린 시간은 얼마인가? 제동을 건 후의 가속도는 얼마인가?

8. 수직선 위를 움직이는 두 점 P, Q의 시각 t일 때의 위치가 각각

$$P(t) = \frac{1}{3}t^3 + 4t - \frac{2}{3}, \quad Q(t) = 2t^2 - 10$$

이다. 두 점 P, Q의 속도가 같아지는 순간 두 점 P, Q 사이의 거리를 구하시오.

9. 그림과 같이 단면이 등변사다리꼴 모양인 물이 흐르는 통로를 만들려고 한다. 통로의 단면에서 밑변과 등변의 길이가 모두 $2(\mathrm{m})$이고, 단면의 넓이가 최대가 되도록 설계할 때, 단면의 최대 넓이는 몇 m^2인가?

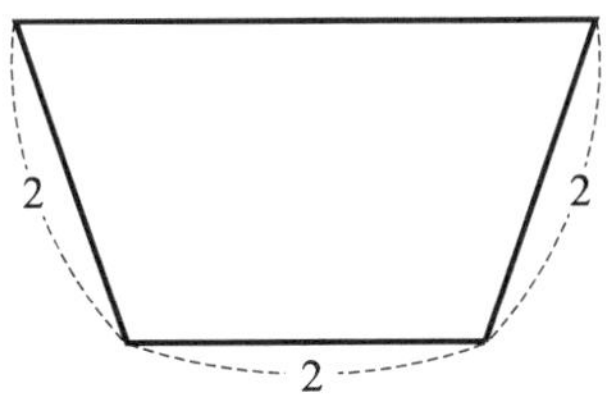

10. 좌표평면 위에 점 $\mathrm{A}(0, 2)$가 있다. $0 < t < 2$일 때, 원점 O와 직선 $y = 2$ 위의 점 $\mathrm{P}(t, 2)$를 잇는 선분 OP의 수직이등분선과 y축의 교점을 B라 하자. 삼각형 ABP의 넓이를 $f(t)$라 할 때, $f(t)$의 최댓값을 구하시오.

11. 다음 그림과 같이 반지름의 길이가 2인 반원에 내접하는 사다리꼴 ABCD의 넓이의 최댓값을 구하시오.

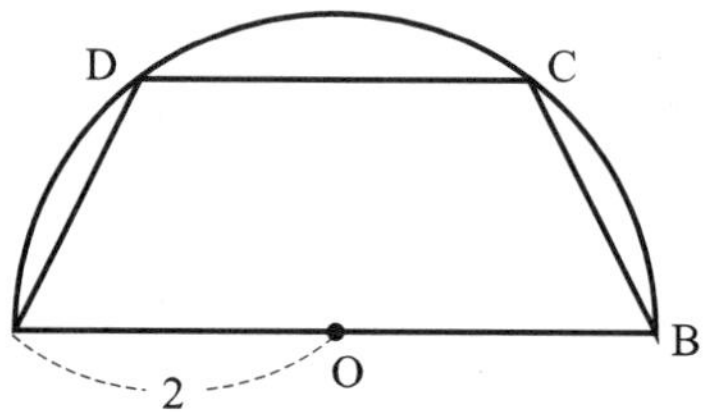

12. 수직선 위에서 원점을 출발한 점 P의 t초 후의 좌표가 $x = t^4 - 3t^2$이라고 한다. 점 P가 다시 원점을 지나는 것은 몇 초 후인가? 그리고 이 때의 속도와 가속도를 구하시오.

13. 다음 그림과 같이 길이 100 cm의 막대가 수평인 지면과 수직인 벽에 뉘어져 있다. 끝점 P는 5 cm/초의 속도로 O에서 멀어진다고 한다. $\overline{\mathrm{OP}} = 50\,\mathrm{cm}$일 때의 Q의 속도와 가속노를 구하시오.

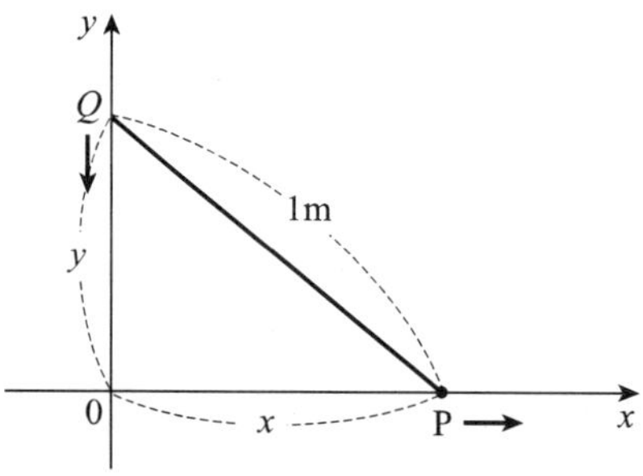

힌트 : $x^2 + y^2 = 100^2$, 시간 t로 미분, 합성함수의 연쇄법칙 이용

$\dfrac{dx}{dt} = 5$에서 $\dfrac{d^2x}{dt^2} = 0$이다.

14. Newton의 방법에 의하여 다음의 근삿값을 구하시오.

$\sqrt{3}$, $\sqrt{5}$, $\sqrt{7}$, $\sqrt{13}$, $\sqrt[3]{2}$, $\sqrt[3]{3}$, $\sqrt[3]{5}$, $\sqrt[3]{7}$

15. 연습문제 2의 방정식 $x^3-3x^2-9x+5=0$의 양의 실근을 Newton의 공식을 이용하여 구체적으로 구하시오.

16. 연습문제 1의 두 방정식

(a) $x^3-6x^2+9x-2=0$

(b) $3x^4-4x^3-12x^2+24=0$

의 모든 근을 Newton의 공식을 이용하여 구하시오.

17. Newton의 방법에 의하여 다음 방정식의 근을 구하시오.

(a) $3x^3-6x^2+3x-2=0$

(b) $x^3-3x+1=0$

(c) $x^5-5x+1=0$

(d) $\tan x=\sqrt{x}\ \left(0<x<\dfrac{\pi}{2}\right)$

(e) $\cos x=x$

(힌트 : 그래프를 그려 해의 위치를 파악한다)

5.5 원추곡선

포물선, 타원, 쌍곡선의 원추곡선은 다양한 응용분야에 적용되는데 특히 위성방송을 수신하는 파라볼라 안테나나 자동차의 전조등 등은 포물선의 특성을 반영하여 고안된 것이며 또한 지구는 태양주위를 타원궤도를 그리며 공전한다.

원추곡선이란 **직원뿔**(right circular cone)이 평면에 의하여 잘려진 부분의 곡선을 말하며 다음 그림과 같이 **타원**(ellipse), **포물선**(parabola), **쌍곡선**(hyperbola) 등이 만들어진다. 여기서 원은 타원의 특수한 경우이다.

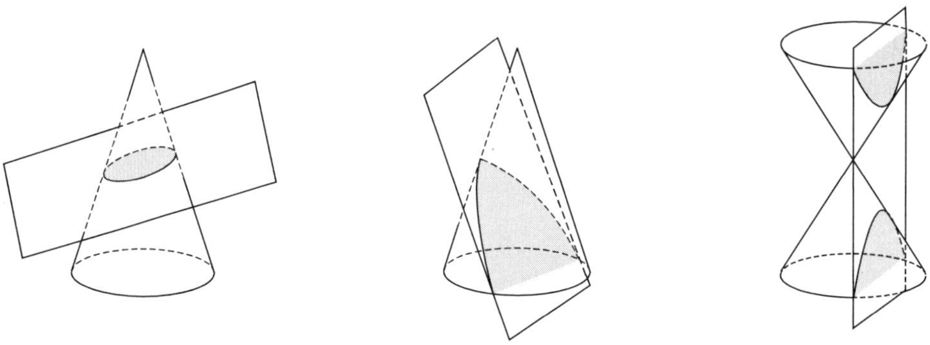

다원 포물선 쌍곡선

(1) 포물선

평면 위의 한 고정점과 고정직선으로부터 같은 거리에 있는 모든 점들의 집합을 **포물선**(parabola)이라 한다. 여기서 이 고정점을 포물선의 **초점**(focus), 고정직선을 포물선의 **준선**(directrix)이라 부른다.

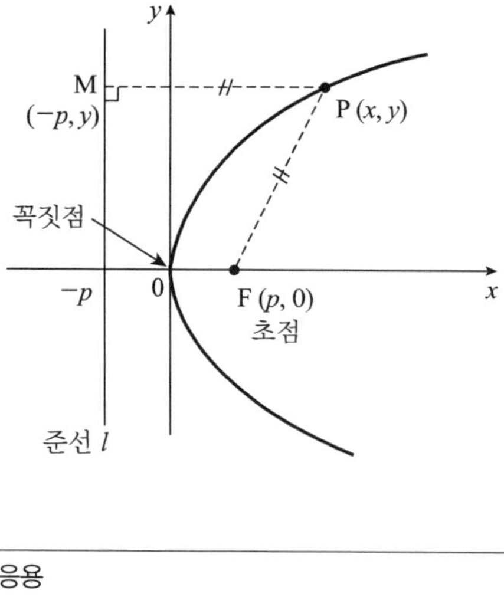

포물선의 정의로부터 선분 $\overline{\mathrm{PM}}$의 길이와 선분 $\overline{\mathrm{PF}}$의 길이가 같다.

$\overline{\mathrm{PM}}^2 = \overline{\mathrm{PF}}^2$에 의하여

$$(x+p)^2 = (x-p)^2 + y^2,$$

이며

$$y^2 = 4px$$

을 얻는다. 이것은 초점의 좌표가 $\mathrm{F}(p, 0)$이고 준선(l)의 방정식이 $x = -p$인 포물선의 방정식이며 **꼭지점**(vertex)은 원점이다.

예제 1

(a) $y^2 = 4x$의 초점의 좌표 및 준선의 방정식을 구하시오.

(b) 초점의 좌표가 $\mathrm{F}(-1, 0)$이고 준선이 $x = 1$인 포물선의 방정식을 유도하시오.

풀이 (a) 포물선의 방정식 $y^2 = 4px$에서 $p = 1$이므로 초점의 좌표는 $\mathrm{F}(1, 0)$이고 준선의 방정식은 $x = -1$이다.

(b) 다음 그림과 같이 초점이 $\mathrm{F}(-1, 0)$이고 준선이 $x = 1$이므로

$\overline{\mathrm{PM}}^2 = \overline{\mathrm{PF}}^2$이므로

$$(-x+1)^2 = (x+1)^2 + y^2$$

이다. 즉

$y^2 = -4x$을 얻는다.

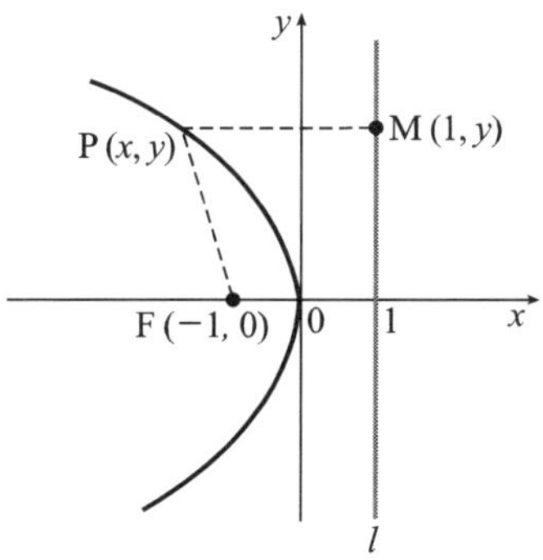

■

예제 2

방정식 $y^2 - 4y - 8x + 28 = 0$은 어떤 곡선을 나타내는지, 그리고 이 곡선의 그래프를 그리시오.

풀이 $y^2 - 4y - 8x + 28 = 0$은

$$(y-2)^2 = 8(x-3)$$

으로 변형되며 이것은 $y^2 = 8x$인 포물선을 x축의 양의 방향으로 3만큼 y축의 양의 방향으로 2만큼 평행이동한 것이다.

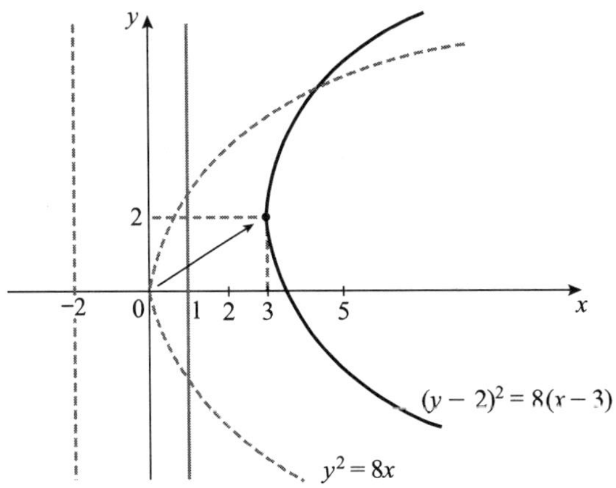

즉 초점은 $(2+3, 2) = (5, 2)$이고, 준선(l)은 $x = -2+3 = 1$인 포물선이다. 또한 꼭지점의 좌표는 (3, 2)이다. ▣

포물선상의 접선의 방정식

포물선 $y^2 = 4px$ 위의 점 (x_0, y_0)에서의 접선의 방정식을 유도하자. 먼저 점(x_0, y_0)에서의 접선의 기울기를 구하기 위하여 음함수 미분을 하자. 즉,

$$2yy' = 4p$$

으로 점(x_0, y_0)에서의 기울기는 $\dfrac{2p}{y_0}$이다. 그리하여

접선의 방정식은 $y = \dfrac{2p}{y_0}(x - x_0) + y_0$으로 $y_0^2 = 4px_0$임을 이용하여 정리하면

$$y_0 y = 2p(x + x_0)$$

을 얻는다.

예제 3

포물선 $y^2 = 4x$ 위의 점 $(1, -2)$에서의 접선의 방정식을 구하시오.

풀이 $p = 1$이고, $x_0 = 1$, $y_0 = -2$이므로 접선의 방정식 $y_0 y = 2p(x + x_0)$에 대입하면 $y = -x - 1$을 얻는다. ■

참고

포물선 $y^2 = 4px$에서 기울기가 m인 접선의 방정식은

$$y = mx + \frac{p}{m}$$

에 의하여 주어진다.

(2) 타원

평면위의 두 고정점으로부터 거리의 합이 일정한 점들의 집합을 **타원**(ellipse)이라 한다. 여기서 이 두 고정점을 타원의 **초점**이라 부르고 두 고정점 F, F′의 중점을 타원의 **중심**이라 한다. 다음 그림에서와 같이 두 초점을 지나는 직선이 타원과 만나는 두 점을 각각 A, A′이라 할 때, $\overline{AA'}$을 이 타원의 **장축**이라 하고, 장축과 수직이면서 타원의 중심을 지나는 직선이 타원과 만나는 점을 이은 선분 BB′을 타원의 **단축**이라고 한다. 또 네 점 A, A′, B, B′을 타원의 **꼭짓점**이라고 한다.

두 초점을 $F(c, 0)$, $F'(-c, 0)$이라 놓고, 거리의 합이 $2a$인 타원의 방정식을 유도하자.

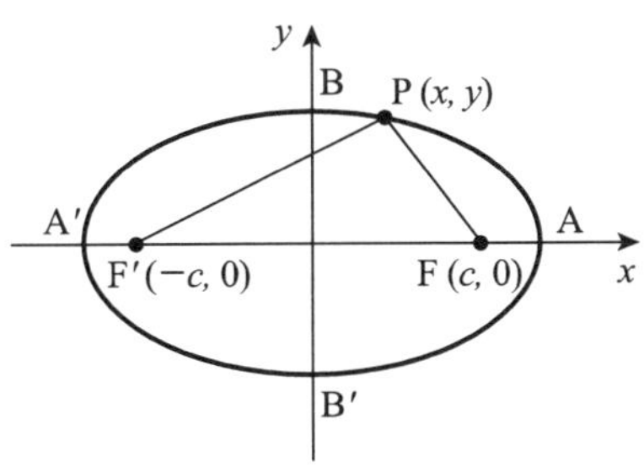

$$\overline{\mathrm{PF}}+\overline{\mathrm{PF}}'=2a$$

로부터

$$\sqrt{(x-c)^2+y^2}+\sqrt{(x+c)^2+y^2}=2a$$

첫번째 근호를 이항하고 양변 제곱하여 정리하면

$$cx-a^2=-a\sqrt{(x-c)^2+y^2}$$

이며, 양변 제곱하여 다시 정리하면

$$(a^2-c^2)x^2+a^2y^2=a^2(a^2-c^2)$$

이다. 여기서 $a^2-c^2=b^2$으로 놓고 양변 a^2b^2으로 나누면 타원의 방정식

$$\frac{x^2}{a^2}+\frac{y^2}{b^2}=1$$

을 얻는다. 여기서 초점 $c^2=a^2-b^2$이다.

또한 이 타원의 장축은 $\overline{\mathrm{AA}'}=2a$이고, 단축은 $\overline{\mathrm{BB}'}=2b$이다.

예제 4

(a) 타원 $\frac{x^2}{5^2}+\frac{y^2}{4^2}=1$의 초점과 꼭짓점의 좌표 및 장축, 단축의 길이를 구하시오.

(b) 두 초점 F, F′이 $(4,0)$, $(-4,0)$이고 장축의 길이가 10인 타원의 방정식을 유도하시오.

풀이 (a) 초점의 좌표는 $c^2=5^2-4^2=9$이므로 $\mathrm{F}(3,\ 0)$, $\mathrm{F}'(-3,\ 0)$이며 장축의 길이는 $2\cdot 5=10$이고 단축의 길이는 $2\cdot 4=8$이다.

(b) $2a=10$, $a=5$이다.

$c^2=a^2-b^2$으로부터 $b=3$을 얻는다. 그리하여 타원의 방정식은

$$\frac{x^2}{5^2}+\frac{y^2}{3^2}=1$$

이며, 타원의 그래프는 다음과 같이 주어진다.

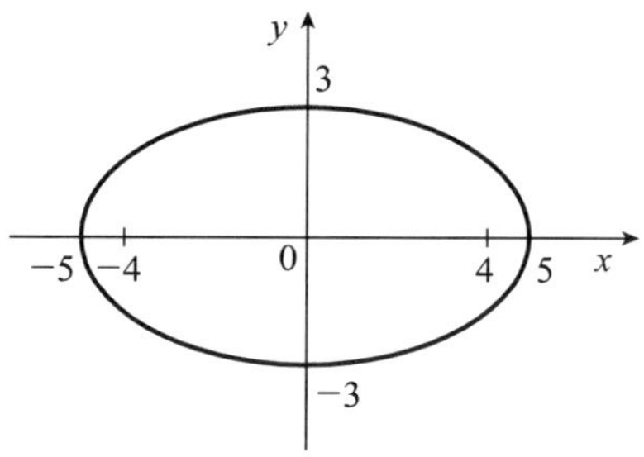

■

예제 5

방정식 $9x^2 - 18x + 25y^2 + 100y - 116 = 0$은 어떤 곡선을 나타내며, 이 곡선의 그래프를 그리시오.

풀이 $9x^2 - 18x + 25y^2 + 100y - 116 = 0$은 $9(x^2 - 2x + 1) + 25(y^2 + 4y + 4) = 225$으로 바뀌고 양변 225로 나누면

$$\frac{(x-1)^2}{5^2} + \frac{(y+2)^2}{3^2} = 1$$

이다. 이것은 타원으로서 타원 $\frac{x^2}{5^2} + \frac{y^2}{3^2} = 1$을 x축의 양의 방향으로 1만큼 y축의 음의 방향으로 2만큼 평행이동한 것이다.(예제 4의 b 참고)

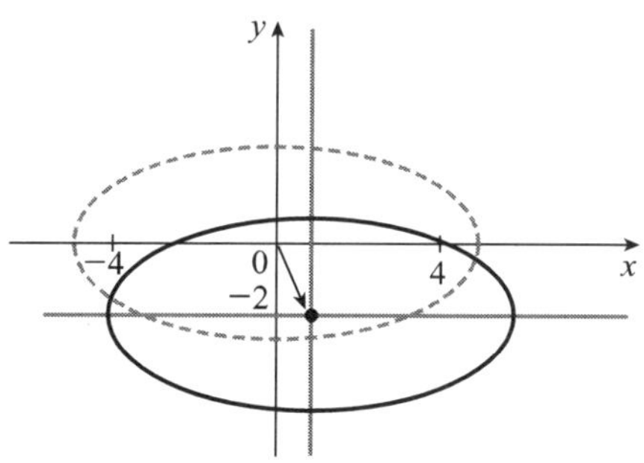

초점의 좌표는 $(-4+1, -2) = (-3, -2)$, $(4+1, -2) = (5, -2)$이고, 꼭지점은 $(-5+1, -2) = (-4, -2)$, $(5+1, -2) = (6, 2)$이다. ■

타원상의 접선의 방정식

타원 $\frac{x^2}{a^2}+\frac{y^2}{b^2}=1$ 위의 점 (x_0, y_0)에서의 접선의 방정식을 유도하고자 한다. 음함수 미분하자. 그리고 나면

$$\frac{2x}{a^2}+\frac{2y}{b^2}y'=0$$

으로 점(x_0, y_0)에서의 기울기(y')는 $-\frac{x_0}{y_0}\frac{b^2}{a^2}$이다. 그리하여

접선의 방정식은 $y=-\frac{x_0}{y_0}\frac{b^2}{a^2}(x-x_0)+y_0$이며

$\frac{{x_0}^2}{a^2}+\frac{{y_0}^2}{b^2}=1$임을 이용하여 정리하면 타원 $\frac{x^2}{a^2}+\frac{y^2}{b^2}=1$상의 점 (x_0, y_0)에서의 접선의 방정식

$$\frac{x_0x}{a^2}+\frac{y_0y}{b^2}=1$$

을 얻을 수 있다.

예제 6

타원 $\frac{x^2}{4^2}+\frac{y^2}{3^2}=1$ 위의 점 $\left(2, \frac{3}{2}\sqrt{3}\right)$에서의 접선의 방정식을 구하시오.

풀이 $x_0=2,\ y_0=\frac{3}{2}\sqrt{3}$을 접선의 방정식 $\frac{x_0x}{4^2}+\frac{y_0y}{3^2}=1$에 대입하면

$y=-\frac{\sqrt{3}}{4}x+2\sqrt{3}$을 얻는다. ■

참고

타원 $\frac{x^2}{a^2}+\frac{y^2}{b^2}=1$에 접하고, 기울기가 m인 접선의 방정식은

$$y=mx\pm\sqrt{a^2m^2+b^2}$$

에 의하여 주어진다.

(3) 쌍곡선

평면 위의 두 고정점 F, F′에 이르는 거리의 차가 일정한 점들의 집합을 **쌍곡선** (hyperbola)이라 하며, 두 고정점 F, F′을 쌍곡선의 **초점**이라 부른다. 다음 그림과 같이 선분 $\overline{\mathrm{FF'}}$의 중점을 쌍곡선의 **중심**이라고 하며 두 초점을 지나는 직선이 쌍곡선에 의하여 잘린 부분인 선분 AA'을 쌍곡선의 **주축**, 두 점 AA'을 쌍곡선의 **꼭짓점**이라고 한다.

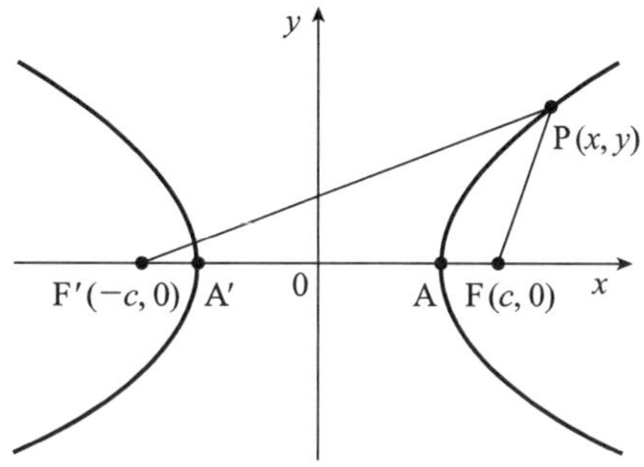

두 점 F, F′에서의 거리의 차가 $2a(c>a>0)$인 쌍곡선 위의 임의의 점을 $P(x,\ y)$라 하자.

$$|\overline{\mathrm{PF}}-\overline{\mathrm{PF'}}|=2a$$

이며,

$$\overline{\mathrm{PF}}=\sqrt{(x-c)^2+y^2},\quad \overline{\mathrm{PF'}}=\sqrt{(x+c)^2+y^2}$$

이므로

$$\sqrt{(x-c)^2+y^2}-\sqrt{(x+c)^2+y^2}=\pm 2a$$

이다. $\sqrt{(x+c)^2+y^2}$을 이항하고 양변 제곱하여 정리하면

$$a^2+cx=\mp a\sqrt{(x+c)^2+y^2}$$

이다. 다시 양변 제곱하여 정리하면

$$(c^2-a^2)x^2-a^2y^2=a^2(c^2-a^2)$$

이고, $a^2(c^2-a^2)$으로 양변 나누면

$$\frac{x^2}{a^2}-\frac{y^2}{c^2-a^2}=1$$

이다. $c^2-a^2=b^2(b>0)$으로 두면

두 초점이 $\mathrm{F}(c, 0)$, $\mathrm{F}'(-c, 0)$이고, 거리의 차가 $2a$인 쌍곡선의 방정식

$$\frac{x^2}{a^2}-\frac{y^2}{b^2}=1$$

을 얻는다. 단 $b^2=c^2-a^2(c>a>0)$이다.

예제 7

(a) 쌍곡선 $9x^2-16y^2=144$의 초점과 꼭지점의 좌표를 구하시오.

(b) 두 초점이 $\mathrm{F}(5, 0)$, $\mathrm{F}'(-5, 0)$이고 거리의 차가 8인 쌍곡선의 방정식을 구하시오.

풀이 (a) 양변 144로 나누면 $\frac{x^2}{4^2}-\frac{y^2}{3^2}=1$이고, 꼭지점의 좌표는 $(\pm 4, 0)$이며, 초점의 좌표는 $c^2=4^2+3^2$에 의하여 $(5, 0)$, $(-5, 0)$이다.

(b) 쌍곡선 $\frac{x^2}{a^2}-\frac{y^2}{b^2}=1$에서 $2a=8$에 의하여 $a=4$이며 $c^2=a^2+b^2$에 의하여 $b^2=9$을 얻는다. 그리하여 쌍곡선의 방정식은 $\frac{x^2}{4^2}-\frac{y^2}{3^2}=1$이다. ▣

예제 8

방정식 $12x^2-4y^2+72x+16y+44=0$은 어떤 곡선을 나타내며, 이 곡선의 그래프를 그리시오.

풀이 위 방정식은 $12(x^2+6x+9)-4(y^2-4y+4)=48$, 즉

$$\frac{(x+3)^2}{2^2}-\frac{(y-2)^2}{(2\sqrt{3})^2}=1$$

으로 변형되며 이것은 쌍곡선 $\frac{x^2}{2^2}-\frac{y^2}{(2\sqrt{3})^2}=1$을 x축의 음의 방향으로 3만큼, y축의 양의 방향으로 2만큼 평행이동한 것이다.

쌍곡선 $\frac{x^2}{2^2}-\frac{y^2}{(2\sqrt{3})^2}=1$은 초점은 $c^2=2^2+(2\sqrt{3})^2=16$에 의하여 $(4, 0)$, $(-4, 0)$이고, 꼭지점은 $(2, 0)$, $(-2, 0)$이다.

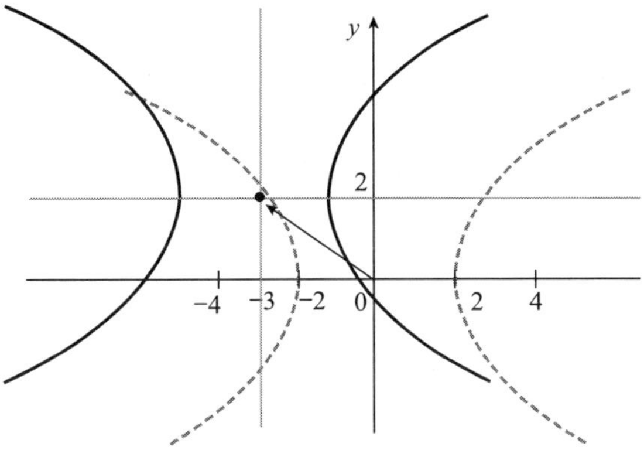

따라서 쌍곡선 $\dfrac{(x+3)^2}{2^2}-\dfrac{(y-2)^2}{(2\sqrt{3})^2}=1$의 초점의 좌표는 $(4-3,\ 2)=(1,\ 2)$, $(-4-3,\ 2)=(-7,\ 2)$이고, 꼭지점의 좌표는 $(2-3,\ 2)=(-1,\ 2)$, $(-2-3,\ 2)=(-5,\ 2)$이다. ▣

쌍곡선상의 접선의 방정식

쌍곡선 $\dfrac{x^2}{a^2}-\dfrac{y^2}{b^2}=1$ 위의 점 $(x_0,\ y_0)$에서의 접선의 방정식을 유도하자. 음함수 미분하면

$$\frac{2x}{a^2}-\frac{2y}{b^2}y'=0$$

이고, 점 $(x_0,\ y_0)$에서의 기울기(y')는 $\dfrac{x_0}{y_0}\dfrac{b^2}{a^2}$이다. 그리하여 접선의 방정식은

$$y=\frac{x_0}{y_0}\frac{b^2}{a^2}(x-x_0)+y_0$$

이고 $\dfrac{{x_0}^2}{a^2}-\dfrac{{y_0}^2}{b^2}=1$을 이용하여 정리하면 결국

$$\frac{x_0x}{a^2}-\frac{y_0y}{b^2}=1$$

을 얻는다.

예제 9

쌍곡선 $x^2 - y^2 = 1$ 위의 점 $(\sqrt{3},\ \sqrt{2})$에서의 접선의 방정식을 구하시오.

풀이 $x_0 = \sqrt{3}$, $y_0 = \sqrt{2}$을 $x_0 x - y_0 y = 1$에 대입하면 $\sqrt{3}\,x - \sqrt{2}\,y = 1$을 얻는다. ■

참고

쌍곡선 $\dfrac{x^2}{a^2} - \dfrac{y^2}{b^2} = 1$의 기울기가 m인 접선의 방정식은

$$y = mx \pm \sqrt{a^2m^2 - b^2} \quad (a^2m^2 - b^2 > 0)$$

에 의하여 주어진다.

연습문제 5.5

1. (a) 초점의 좌표가 $\mathrm{F}(0,\ p)$이고, 준선이 $y = -p$인 포물선의 방정식을 유도하시오.

(b) 초점의 좌표가 $\mathrm{F}\left(0,\ -\dfrac{3}{2}\right)$이고, 준선이 $y = \dfrac{3}{2}$인 포물선의 방정식을 유도하시오.

2. 다음 포물선의 초점, 준선을 구하고 그래프를 그리시오.

(a) $y^2 - 12x - 48 = 0$

(b) $x^2 - 8x - 6y - 8 = 0$

3. (a) 포물선 $x^2 = 4py$ 위의 점 $(x_0,\ y_0)$에서의 접선의 방정식을 유도하시오.

(b) 포물선 $x^2 = 4y$ 위의 점 $(2,\ 1)$에서의 접선의 방정식을 구하시오.

4. 포물선 $y^2 = ax\,(a \neq 0)$와 직선 $y = 2x + 1$이 접할 때 a의 값을 구하시오.

5. (a) 두 초점이 $\mathrm{F}(0,\ c)$, $\mathrm{F}'(0,\ -c)$이고, 거리의 합이 $2b$인 타원의 방정식을 유도하시오.

(b) 두 초점이 $(0,\ 4)$, $(0,\ -4)$이고, 거리의 합이 10인 타원의 방정식을 유도하시오.

6. 다음 타원의 초점, 꼭짓점의 좌표, 장축, 단축의 길이를 구하고 그래프를 그리시오.

(a) $16x^2 + 25y^2 + 96x - 100y - 156 = 0$

(b) $9x^2 + 4y^2 - 72x - 24y + 144 = 0$

7. 두 초점 $(4, 2), (-2, 2)$에서 거리의 합이 8인 타원의 방정식을 구하시오.

8. 타원 $\dfrac{x^2}{16} + \dfrac{y^2}{12} = 1$ 위의 점 $(2, 3)$에서의 접선의 방정식을 구하시오.

9. 타원 $\dfrac{x^2}{4^2} + \dfrac{y^2}{2^2} = 1$에 내접하고 각 직사각형의 변은 x축, y축에 평행할 때, 이 직사각형의 넓이의 최댓값을 구하시오.

10. (a) 두 초점이 $\mathrm{F}(0, c)$, $\mathrm{F}'(0, -c)$이고 거리의 차가 $2b$인 쌍곡선의 방정식을 유도하시오.

(b) 쌍곡선 $x^2 - 2y^2 = -1$의 초점과 꼭지점의 좌표를 구하시오.

11. 쌍곡선 $2x^2 - y^2 = 1$ 위의 점 $(-1, 1)$에서의 접선의 방정식을 구하시오.

12. 두 초점이 F, F'이고, 장축의 길이가 10, 단축의 길이가 6인 타원이 있다. 중심이 F이고 점 F'을 지나는 원과 이 타원의 두 교점 중 한 점을 P라 하자. 삼각형 PFF'의 넓이를 구하시오.

13. 쌍곡선 $\dfrac{x^2}{12} - \dfrac{y^2}{8} = 1$ 위의 점 (a, b) (단 $a > 0$, $b > 0$)에서의 접선이 타원 $\dfrac{(x-2)^2}{4} + y^2 = 1$의 넓이를 이등분할 때, a, b의 값을 구하시오.

5장 종합문제

1. 함수 $f(x) = x^3 + ax^2 + bx + c$가 $x = -1$일 때 극댓값 3을 갖고 $x = 2$일 때 극솟값을 갖는다고 한다. 상수 a, b, c의 값을 구하시오.

2. 함수 $f(x) = 2x^3 - ax^2 - bx + c$의 그래프가 다음과 같을 때, 상수 a, b, c의 값을 구하시오.

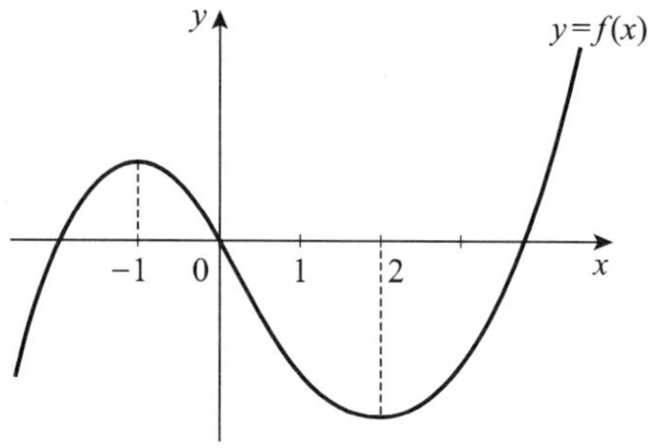

3. 함수 $f(x) = \begin{cases} x^3 + ax & (x < 1) \\ bx^2 + x + 1 & (x \geq 1) \end{cases}$

이 $x = 1$에서 미분가능할 때 상수 a, b의 값을 구하시오.

4. 함수 $f(x) = 2\cos^2 x + k\sin 2x - 1$의 최댓값이 $\sqrt{10}$일 때, 양수 k의 값을 구하시오.

5. 함수 $f(x) = x^3 - 3x^2 + 1,\ x \in \left[-\frac{1}{2},\ 4\right]$에서 함수 f의 최댓값과 최솟값을 구하시오.

6. 삼차함수 $f(x) = x^3 - ax^2 + 3x$가 실수 전체 구간에서 증가할 때 a의 값의 범위를 구하시오.

7. 평균값 정리를 이용하는 것에 의하여 다음 극한값을 구하시오.

$$\lim_{x \to 0} \frac{\sin x - \sin(\sin x)}{x - \sin x}$$

힌트 : $f(x) = \sin x$에 대하여 $[\sin x,\ x]$에 평균값 정리 적용

8. 실수 전체에서 정의된 두 함수

$$f(x) = x^3 + 3x^2 + 2, \quad g(x) = \sin x$$

에 대하여 합성함수 $(f \circ g)(x)$의 최댓값과 최솟값을 구하시오.

9. 수직선 위를 움직이는 두 점 P, Q가 있다. 점 P는 점 A(5)를 출발하여 시각 t에서의 속도가 $3t^2 - 2$이고, 점 Q는 점 B(k)를 출발하여 시각 t에서의 속도가 1이다. 두 점 P, Q가 동시에 출발한 후 2번 만나도록 하는 정수 k의 값을 구하시오. (단, $k \neq 5$)

10. 원점을 동시에 출발하여 수직선 위를 움직이는 두 점 P, Q의 시각 $t(0 \le t \le 8)$에서의 속도가 각각 $2t^2 - 8t$, $t^3 - 10t^2 + 24t$이다. 두 점 P, Q 사이의 거리의 최댓값을 구하시오.

11. 함수 $y = \dfrac{x^2}{x-2}$의 그래프를 그리시오.

$$y = \frac{x^2}{x-2}$$

12. 다음 함수들의 증가, 감소구간과 변곡점을 구하는 것에 의하여 함수의 그래프를 그리시오.

(a) $f(x) = \dfrac{x^3}{x^2+1}$

(b) $f(x) = \dfrac{x^2}{\sqrt{x+1}}$

13. 다음 부등식이 성립함을 증명하시오.

$$\frac{1}{\sqrt{1+x}} > 1 - \frac{1}{2}x \quad (x > 0)$$

CHAPTER

06 지수함수, 로그함수

CALCULUS

우리는 어떤 양이나 수가 기하급수적으로 증가한다는 말을 자주 쓰곤 한다. 이와 같이 매우 큰 수를 나타내기 위하여 지수와 로그가 등장하였다. 이 장에서는 여러 분야에서 자주 접하게 되는 지수함수, 로그함수 및 쌍곡선함수에 대하여 다루고, 이 함수들의 성질을 알아보고자 한다.

6.1 지수, 로그

임의의 실수 a에 대하여 a를 n번 곱한 것을 a의 **n제곱**(n square)이라 하며 a^n으로 나타낸다. 특히, a의 제곱, a의 세제곱, …을 통틀어 a의 **거듭제곱**(power)이라 하며 a^n에서 a를 거듭제곱의 **밑**(base), n을 거듭제곱의 **지수**(exponent)라 한다.

그리고 나면 양의 정수에 대한 다음의 지수법칙이 성립한다.

정리 1 ∘∘∘ 양의 정수에 대한 지수법칙

임의의 실수 a, b와 양의 정수 m, n에 대하여

① $a^m a^n = a^{m+n}$

② $(a^m)^n = a^{mn}$

③ $(ab)^n = a^n b^n$

④ $a^m \div a^n = \begin{cases} a^{m-n} & (m > n) \\ 1 & (m = n) \\ \dfrac{1}{a^{n-m}} & (m < n) \end{cases} \quad (a \neq 0)$

이 성립한다.

양의 정수에 대한 지수법칙의 ③에 의하여 $\left(\dfrac{a}{b}\right)^n = \dfrac{a^n}{b^n}$이 또한 성립한다.

다음에는 제곱근에 대하여 논의하여보자.

임의의 실수 a에 대하여 n이 2 이상의 자연수일 때 n제곱하여 a가 되는 수, 즉 방정식 $x^n = a$를 만족하는 x를 a의 **n제곱근**(n square root)이라 하며, a의 제곱근, 세제곱근, …을 통틀어 a의 **거듭제곱근**(radical root)이라고 한다.

방정식 $x^n = a$를 만족하는 실수 x를 n이 홀수일 때와 짝수일 때로 나누어 생각하고, 이것을 기호로 나타내는 방법에 대하여 알아보고자 한다.

[1] **방정식 $x^n - a$에서 n이 홀수일 때**

다음 그림에서 알 수 있듯이 방정식 $x^n = a$의 근은 곡선 $y = x^n$과 직선 $y = a$이 만나는 교점의 x좌표로서 오직 하나의 실수가 존재한다. 이것을 기호 $\sqrt[n]{a}$으로 나타낸다.

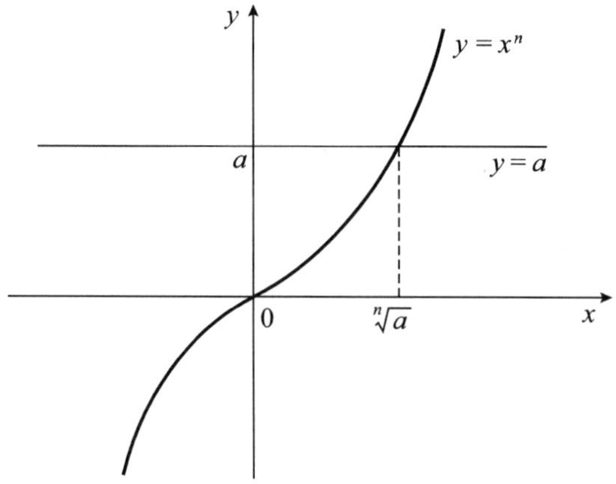

그림 6.1 n이 홀수일 때 $y = x^n$의 그래프

[2] 방정식 $x^n = a$에서 n이 짝수일 때

n이 짝수이면 $x^n \geq 0$이므로 $a \geq 0$에 대해서만 방정식 $x^n = a$의 근을 생각할 수 있다.

다음 그림에서 알 수 있듯이 방정식 $x^n = a$의 근은 양수, 음수 두 개가 존재하며 양인 것을 $\sqrt[n]{a}$으로 음인 것은 $-\sqrt[n]{a}$으로 나타낸다.

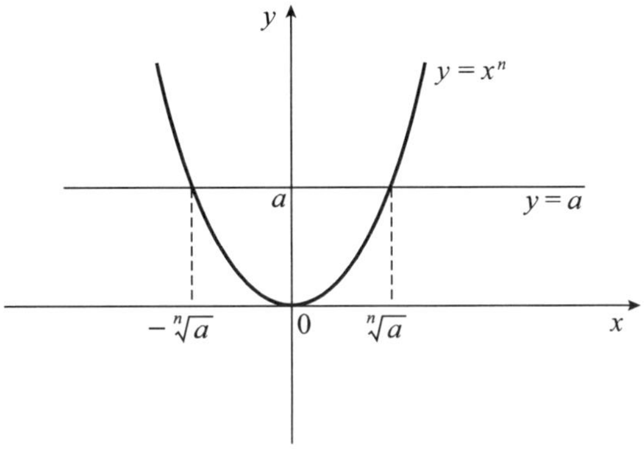

그림 6.2 n이 짝수일 때 $y = x^n$의 그래프

예제 1

다음의 값을 구하시오.

(a) $\sqrt[3]{0.008}$　　　(b) $\sqrt[5]{-32}$

풀이 (a) $(0.2)^3 = 0.008$이므로 $\sqrt[3]{0.008} = 0.2$이다.

(b) $(-2)^5 = -32$이므로 $\sqrt[5]{-32} = -2$이다. ▣

거듭제곱근에 대하여 다음과 같은 사실이 성립한다.

정리 2 ∘∘∘ 거듭제곱근의 성질

두 양의 실수 a, b와 양의 정수 m, n에 대하여 다음이 성립한다.

(1) $\sqrt[n]{a}\sqrt[n]{b} = \sqrt[n]{ab}$　　　(2) $\dfrac{\sqrt[n]{a}}{\sqrt[n]{b}} = \sqrt[n]{\dfrac{a}{b}}$

(3) $\sqrt[m]{a^n} = (\sqrt[m]{a})^n$　　　(4) $\sqrt[m]{\sqrt[n]{a}} = \sqrt[mn]{a}$

증명 (1) $\sqrt[n]{a}=x,\ \sqrt[n]{b}=y$라 하자. 그리고 나면 $x^n=a,\ y^n=b$이다.

그리하여 $(xy)^n=x^n\cdot y^n=a\cdot b$이며 제곱근의 정의에 의하여 $xy=\sqrt[n]{ab}$이다. 따라서 $\sqrt[n]{a}\cdot\sqrt[n]{b}=\sqrt[n]{ab}$이다.

(2) (1)과 비슷하게 증명할 수 있다.

(3) $\sqrt[m]{a}=x$라 하자. 그리고 나면 $x^m=a$이며 양변을 n제곱 하면

$$(x^n)^m=(x^m)^n=a^n$$

이다. 그리하여 $x^n=\sqrt[m]{a^n}$이고, x에 $\sqrt[m]{a}$를 대입하면 $(\sqrt[m]{a})^n=\sqrt[m]{a^n}$을 얻을 수 있다.

(4) $\sqrt[n]{a}=x,\ \sqrt[m]{x}=y$라 하면 $x^n=a,\ x=y^m$이다. 따라서

$$y^{mn}=(y^m)^n=a$$

이므로 $y=\sqrt[mn]{a}$이고 결국 $\sqrt[m]{\sqrt[n]{a}}=\sqrt[mn]{a}$이다. ▣

예제 2

다음의 값을 구하시오.

(a) $\dfrac{\sqrt[5]{64}}{\sqrt[5]{2}}$ (b) $\sqrt{\sqrt[3]{64}}$

풀이 (a) $\dfrac{\sqrt[5]{64}}{\sqrt[5]{2}}=\sqrt[5]{\dfrac{64}{2}}=\sqrt[5]{32}=\sqrt[5]{2^5}=2$

(b) $\sqrt{\sqrt[3]{64}}=\sqrt[6]{64}=\sqrt[6]{2^6}=2$ ▣

지금까지는 지수가 양의 정수인 경우만을 고려하였다. 그러나 이와 같은 지수를 자연스럽게 음의 정수, 유리수, 실수로까지 확장할 수 있으며, 지수법칙 또한 임의의 실수에 대해서 성립한다.

a^n에 있어서 지수 n이 0 또는 음의 정수일 때의 a^n을 정의해보고자 한다.

$(a>0)$에 대하여 m, n이 양의 정수이고, $m>n$일 때 성립하는 지수법칙

$$a^m\div a^n=a^{m-n}$$

이 $m=n,\ m<n$일 때도 성립한다고 하면

(1) $m=n$일 때

$$\begin{aligned} a^m \div a^n &= a^{m-n} \\ &= a^{m-m} \\ &= a^0 \end{aligned}$$

그러나 $m = n$이므로 $a^m \div a^n = 1$이다. 따라서 $a^0 = 1$이다.

(2) $m = 0$일 때

(1)에 의하여 $a^0 = 1$이므로

$$\begin{aligned} 1 \div a^n &= a^0 \div a^n \\ &= a^{0-n} \\ &= a^{-n} \end{aligned}$$

여기서 $1 \div a^n = \dfrac{1}{a^n}$이므로 $a^{-n} = \dfrac{1}{a^n}$이다.

그러므로 (1)과 (2)에 의하여 지수가 0 또는 음의 정수인 경우를 다음과 같이 정의하여 지수법칙을 정수범위로까지 확장할 수 있다.

$$a^0 = 1 \quad a^{-n} = \frac{1}{a^n}$$

예제 3

다음을 간단히 하시오.

(a) $(-3)^0$ (b) 2^{-3} (c) $\left(\dfrac{1}{2}\right)^{-3}$

풀이 (a) $(-3)^0 = 1$

(b) $2^{-3} = \dfrac{1}{2^3} = \dfrac{1}{8}$

(c) $\left(\dfrac{1}{2}\right)^{-3} = \dfrac{1}{\left(\dfrac{1}{2}\right)^3} = \dfrac{1}{\dfrac{1}{8}} = 8$ ■

다음에는 지수가 유리수일 때로 확장하고자 한다.

$a > 0$일 때 정수 m, n에 대하여 성립하는 지수법칙

$$(a^m)^n = a^{mn}$$

이 지수가 유리수일 때에도 성립한다면 임의의 정수 m과 양의 정수 n에 대하여

$$\left(a^{\frac{m}{n}}\right)^n = a^{\frac{m}{n}\times n} = a^m$$

이다. 이때, $a^m > 0$이므로 $a^{\frac{m}{n}}$은 a^m의 n제곱근이다. 즉,

$$a^{\frac{m}{n}} = \sqrt[n]{a^m}$$

따라서 지수가 유리수인 경우 다음과 같이 정의한다.

정의 1 ••• 지수가 유리수인 경우

$a > 0$이고 m이 정수, n이 양의 정수일 때

$$a^{\frac{m}{n}} = \sqrt[n]{a^m}$$

으로 정의하며, 특별히, $m = 1$인 경우 $a^{\frac{1}{n}} = \sqrt[n]{a}$이다.

예제 4

다음을 간단히 하시오.

(a) $8^{\frac{2}{3}}$ (b) $3^{-0.5}$

풀이 (a) $8^{\frac{2}{3}} = \sqrt[3]{8^2} = \sqrt[3]{64} = \sqrt[3]{4^3} = 4^{\frac{3}{3}} = 4$

(b) $3^{-0.5} = 3^{-\frac{1}{2}} = (3^{-1})^{\frac{1}{2}} = \sqrt{3^{-1}} = \sqrt{\frac{1}{3}} = \frac{1}{\sqrt{3}} = \frac{\sqrt{3}}{3}$ ■

정의 1에 의하여 $x = \frac{m}{n}$ (m, n은 정수, $n > 0$), 즉, x가 유리수일 때 2^x는

$$2^x = 2^{\frac{m}{n}} = \sqrt[n]{2^m}$$

와 같이 정의하였다. 그리고 나면 x가 무리수일 때 2^x가 어떤 뜻인지 $2^{\sqrt{2}}$를 예를 들어 생각해보자.

$$\sqrt{2} = 1.41421356\cdots$$

이므로 $\sqrt{2}$는 1, 1.4, 1.41, 1.414, 1.4142, 1.41421, $\cdots$과 같은 유리수의 극한으로 볼 수 있다. 그리하여 $2^{\sqrt{2}}$는 $2^1, 2^{1.4}, 2^{1.41}, 2^{1.414}, 2^{1.4142}, 2^{1.41421}, \cdots$의 극한으로 정의할 수 있다.

이와 같은 방법으로 모든 무리수 x에 대하여 2^x를 정의할 수 있다.

일반적으로 $a > 0$일 때, 임의의 실수 x에 대하여 a^x을 정의할 수 있으며 지수가 실수일 때에도 다음과 같은 지수법칙이 성립한다.

정리 3 ∘∘∘ 지수 법칙

$a > 0$, $b > 0$이고 x, y가 임의의 실수일 때

(1) $a^x \cdot a^y = a^{x+y}$　　(2) $(a^x)^y = a^{xy}$

(3) $(ab)^x = a^x \cdot b^x$　　(4) $a^x \div a^y = a^{x-y}$

예제 5

다음을 간단히 하시오.

(a) $2^{\sqrt{3}} \cdot 2^{\sqrt{12}}$　　(b) $(2^{\sqrt{2}})^{\sqrt{8}}$　　(c) $(2^{\sqrt{8}} \div 2^{\sqrt{2}})^{\frac{1}{\sqrt{2}}}$

풀이 (a) $2^{\sqrt{3}} \cdot 2^{\sqrt{12}} = 2^{\sqrt{3}} \cdot 2^{2\sqrt{3}} = 2^{3\sqrt{3}}$

(b) $(2^{\sqrt{2}})^{\sqrt{8}} = 2^{\sqrt{2} \cdot 2\sqrt{2}} = 2^4 = 16$

(c) $(2^{\sqrt{8}} \div 2^{\sqrt{2}})^{\frac{1}{\sqrt{2}}} = (2^{2\sqrt{2} - \sqrt{2}})^{\frac{1}{\sqrt{2}}} = 2$ ▣

다음에는 로그에 대하여 정의해보고자 한다.

$3^x = 9$을 만족하는 x값은 2임을 쉽게 알 수 있다.

그러나 $3^x = 10$을 만족하는 x값은 유리수 범위에서는 구할 수 없다. 따라서 이러한 방정식을 만족하는 x값을 나타내기 위하여 다음과 같이 로그를 정의하고자 한다.

정의 2 ••• a를 밑으로 하는 로그

$a > 0,\ a \neq 1$일 때, 임의의 양수 b에 대하여 $a^x = b$를 만족하는 실수 x값을

$$x = \log_a b$$

와 같이 나타낸다. $\log_a b$는 a를 **밑**(base)으로 하는 **로그**(logarithm)라 하고, b를 $\log_a b$의 **진수**(anti-logarithm)라 한다.

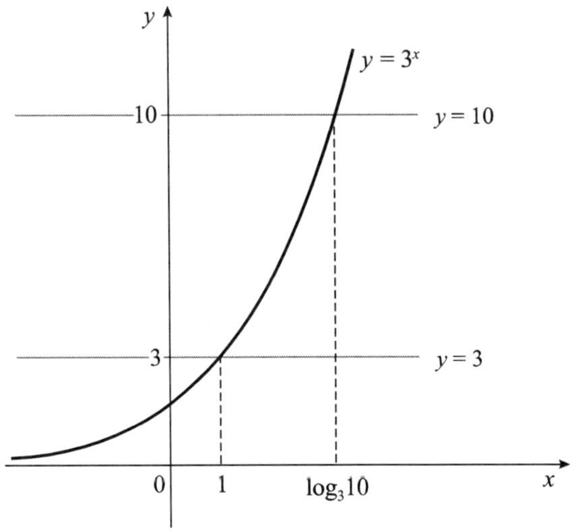

그림 6.3 곡선 $y = 3^x$와 직선 $y = 10$의 그래프

위 정의에서 알 수 있듯이 지수와 로그에는 다음과 같은 관계가 성립한다.

$$a^x = b \quad \Leftrightarrow \quad x = \log_a b \qquad \cdots\cdots\cdots\cdots \ (\bigstar)$$

(★)식의 우변에 $b = a^x$를 대입하면

$$\begin{aligned} x &= \log_a b \\ &= \log_a a^x \end{aligned}$$

즉, $\log_a a^x = x$을 얻는다.

또한 (★)식의 좌변에 $x = \log_a b$을 대입하면

$$b = a^x$$

$$= a^{\log_a b}$$

즉, $a^{\log_a b} = b$ 을 얻는다.

$$\log_a a^x = x, \quad a^{\log_a b} = b$$

예제 6

다음 등식을 로그를 사용하여 나타내시오.

(a) $5^3 = 125$　　(b) $4^{-2} = \dfrac{1}{16}$　　(c) $8^{\frac{2}{3}} = 4$

풀이 지수와 로그의 관계에 의하여

(a) $\log_5 125 = 3$

(b) $\log_4 \dfrac{1}{16} = -2$

(c) $\log_8 4 = \dfrac{2}{3}$ ▣

예제 7

다음 등식을 $a^x = b$의 꼴로 나타내시오.

(a) $\log_2 32 = 5$　　(b) $\log_{\sqrt{3}} 9 = 4$　　(c) $\log_{10} 0.01 = -2$

풀이 지수와 로그의 관계에 의하여

(a) $2^5 = 32$

(b) $(\sqrt{3})^4 = 9$

(c) $10^{-2} = 0.01$ ▣

정리 4

$a > 0$, $a \neq 1$일 때 다음이 성립한다.

$$\log_a 1 = 0, \ \log_a a = 1$$

증명 $\log_a 1 = x$, $\log_a a = y$라 하자.

그리고 나면 로그의 정의에 의하여

$$a^x = 1, \ a^y = a$$

따라서 $x = 0$, $y = 1$이다. 그리하여 $\log_a 1 = 0$, $\log_a a = 1$이다. ■

예제 8

다음 등식을 만족하는 x의 값을 구하시오.

(a) $\log_4 x = 3$ (b) $\log_x 25 = -2$

풀이 지수와 로그의 관계에 의하여 x값을 쉽게 구할 수 있다.

(a) $\log_4 x = 3 \Leftrightarrow x = 4^3 = 64$

(b) $\log_x 25 = -2 \Leftrightarrow x^{-2} = 25$

$$\Leftrightarrow x^2 = \frac{1}{25}$$

$$\Leftrightarrow x = \frac{1}{5} \ (x > 0)$$ ■

로그의 정의와 지수법칙에 의하여 다음과 같은 로그의 성질들을 얻을 수 있다.

정리 5 ∘∘∘ 로그의 성질

$a > 0$, $a \neq 1$이고 $x > 0$, $y > 0$일 때, 다음과 같은 사실이 성립한다.

(1) $\log_a(xy) = \log_a x + \log_a y$

(2) $\log_a \dfrac{x}{y} = \log_a x - \log_a y$

(3) $\log_a x^k = k\log_a x$, 단 k는 임의의 실수이다.

증명 (1) $\log_a x = r_1$, $\log_a y = r_2$라 하자. 그리고 나면 로그의 정의에 의하여

$$x = a^{r_1}, \quad y = a^{r_2}$$

이다. 그리하여

$$xy = a^{r_1} \cdot a^{r_2}$$
$$= a^{r_1 + r_2}$$

즉, $r_1 + r_2 = \log_a(xy)$이고, 따라서

$$\log_a x + \log_a y = \log_a(xy)$$

이다.

(2) (1)과 비슷하게 증명할 수 있다.

(3) $\log_a x = p$라 하자. 그리고 나면 $x = a^p$이며 양변 k제곱하면

$$\begin{aligned} x^k &= (a^p)^k \\ &= a^{kp} \end{aligned}$$

즉, $kp = \log_a x^k$이다. 따라서 $p = \log_a x$를 대입하면

$$k\log_a x = \log_a x^k$$

이다. ■

예제 9

다음 식을 간단히 하시오.

(a) $\log_5 45 + 2\log_5 \frac{5}{3}$

(b) $\frac{1}{2}\log_3 \frac{9}{7} + \log_3 \sqrt{7}$

풀이 (a) $\log_5 45 + 2\log_5 \frac{5}{3}$

$$\begin{aligned} &= \log_5(5 \times 3^2) + 2(\log_5 5 - \log_5 3) \\ &= 1 + 2\log_5 3 + 2 - 2\log_5 3 \\ &= 3 \end{aligned}$$

(b) $\frac{1}{2}\log_3 \frac{9}{7} + \log_3 \sqrt{7} = \log_3\left(\frac{9}{7}\right)^{\frac{1}{2}} + \log_3 \sqrt{7}$

$$\begin{aligned} &= \log_3\left[\frac{3}{\sqrt{7}} \times \sqrt{7}\right] \\ &= \log_3 3 \\ &= 1 \end{aligned}$$

■

정리 6 ∘∘∘ 밀변환공식

a, b, c가 양수이고, $a \neq 1$, $c \neq 1$일 때

$$\log_a b = \frac{\log_c b}{\log_c a}$$

이 성립한다.

증명 $\log_a b = x$, $\log_c a = y$라 하면 로그의 정의에 의하여

$$b = a^x, \quad a = c^y$$

이다. 지수의 성질에 의하여

$$b = a^x = (c^y)^x = c^{xy}$$

이다. 따라서 $xy = \log_c b$, 즉

$$\log_a b \cdot \log_c a = \log_c b$$

이다. 그러므로

$$\log_a b = \frac{\log_c b}{\log_c a}$$

이 성립한다. ▣

위 정리 6으로부터 $c = b$라 놓는 것에 의하여 다음의 따름정리를 얻을 수 있다.

따름정리

1이 아닌 임의의 양수 a, b에 대하여

$$\log_a b = \frac{1}{\log_b a}$$

이 성립한다.

예제 10

다음을 간단히 하시오.

(a) $\log_3 4 \cdot \log_4 7 \cdot \log_7 9$

(b) $\log_3 4 \cdot \log_4 3\sqrt{3}$

풀이 (a) $\log_3 4 \cdot \log_4 7 \cdot \log_7 9 = \dfrac{\log_2 4}{\log_2 3} \cdot \dfrac{\log_2 7}{\log_2 4} \cdot \dfrac{\log_2 9}{\log_2 7} = 2$

(b) $\log_4 3\sqrt{3} = \dfrac{\log_3 3\sqrt{3}}{\log_3 4}$ 이므로

$$\begin{aligned}\log_3 4 \times \log_3 3\sqrt{3} &= \log_3 4 \times \frac{\log_3 3\sqrt{3}}{\log_3 4} \\ &= \log_3 3\sqrt{3} \\ &= \frac{3}{2}\end{aligned}$$

우리가 일상생활에서 사용하는 수는 십진법에 의하여 주어진 수이므로 로그를 활용할 때 10을 밑으로 하는 로그를 이용하면 편리하다. 그리하여 우리는 특히 밑이 10인 $\log_{10} p$를 **상용로그**(common logarithm)라 부르고, 보통 밑 10을 생략하여 $\log p$로 나타낸다.

예제 11

다음 값을 구하시오.

(a) $\log 100$ (b) $\log 0.0001$

풀이 (a) $\log 100 = \log_{10} 10^2 = 2$

(b) $\log 0.0001 = \log_{10} 10^{-4} = -4$

연습문제 6.1

1. $a > 0,\ b > 0$일 때 다음을 간단히 하시오.

(a) $\sqrt{a^3 b} \div \sqrt[3]{a^4 b^2} \times \sqrt[6]{a^5 b}$

(b) $a \times \sqrt[3]{a^{-1}} \div a^{-\frac{2}{3}}$

2. $a = 2^{\frac{1}{3}} - 2^{-\frac{1}{3}}$일 때 $2a^3 + 6a$의 값을 구하시오.

3. $\log_7 2 = x$, $\log_7 3 = y$라 할 때 $\log_7\sqrt{18}$을 x, y에 의하여 나타내시오.

4. 다음 식을 간단히 하시오.

(a) $\log_3 2 + \log_3 54 - \log_3 4$

(b) $\dfrac{1}{2}\log_2 3 + 3\log_2\sqrt{2} - \log_2\sqrt{6}$

(c) $\log 2 + \log\sqrt{15} - \dfrac{1}{2}\log 0.6$

5. 다음의 값을 구하시오

(a) $(\log_3 27)\times 8^{\frac{1}{3}}$

(b) $3^{\frac{2}{3}}\times 9^{\frac{3}{2}}\div 27^{\frac{8}{9}}$

(c) $\sqrt[3]{(8\times 27)^2}$

(d) $\sqrt[3]{2\sqrt{2}}\times\sqrt[6]{8}$

6. 양수 a, b, c에 대하여

$\log_3 a + 2\log_9 b + 2\log_3\sqrt{c} = 1$일 때 $\{(2^a)^b\}^c$의 값은?

7. 다음을 보이시오.

(a) $5^{\log_5 3} = 3$

(b) $a^{\log_a x} = x \quad (a > 0,\ a \neq 1)$

8. $(2^{a+b} + 2^{a-b})^2 - (2^{a+b} - 2^{a-b})^2$을 간단히 하시오.

9. 세 양수 a, b, c에 대하여 $a^6 = 3$, $b^5 = 7$, $c^2 = 11$일 때 $(abc)^n$이 자연수가 되도록 하는 자연수 n의 최솟값을 구하시오.

10. 실수 x, y에 대하여 $3^x = 12^y = 6$을 만족할 때 $\dfrac{1}{x}+\dfrac{1}{y}$의 값을 구하시오.

11. $\dfrac{1}{\log_3 2}+\dfrac{1}{\log_5 2}+\dfrac{1}{\log_6 2}=\dfrac{1}{\log_m 2}$을 만족하는 m의 값을 구하시오.

12. 어느 지역에서 1년 동안 발생하는 규모 M 이상인 지진의 평균 발생 횟수 N은 다음 식

을 만족시킨다.

$$\log N = a - 0.9M \ (a\text{는 양의 상수})$$

이 지역에서 규모 4 이상인 지진이 1년에 평균 64번 발생한다고 한다. 규모 x 이상인 지진이 1년에 평균 한 번 발생한다고 할 때, x의 값을 구하시오.(단, $\log 2 = 0.3$으로 계산한다)

6.2 지수함수와 그의 도함수

지수함수를 도입하기에 앞서 다음의 간단한 예를 살펴보자.

어느 실험 용기 속에 100마리의 박테리아가 있다고 하자. 이 박테리아의 증식속도는 매우 빨라 매시간 그 수가 두 배로 증가한다고 한다.

함수 $f(t)$를 t시간에 용기 속에 있는 박테리아의 수라고 하면 매시간 용기 속에 있는 박테리아의 수는 다음과 같다.

$$\begin{aligned} &f(0)=100 \\ &f(1)=200=2\times 100 \\ &f(2)=400=2^2\times 100 \\ &f(3)=800=2^3\times 100 \\ &\vdots \end{aligned}$$

즉 t시간 후에 용기 속에 있는 박테리아의 수는

$$f(t)=100\times 2^t$$

에 의하여 주어진다.

여기서 t가 자연수뿐만 아니라 임의의 실수로까지 확장한 개념이 지수함수이며 이 절에서는 지수함수를 정의하고 지수함수의 성질 및 그의 도함수를 유도하고자 한다.

정의 1 ••• (a를 밑으로 하는 지수함수)

$a>0,\ a\neq 1$에 대하여 함수

$$f(x)=k\cdot a^x,\quad x\in(-\infty,\ \infty)$$

를 **a를 밑으로 하는 지수함수**(exponential function with base a)라 하고, a를 **밑**(base), x를 **지수**(exponential)라고 부른다. 여기서 k는 상수이다.

우리는 앞선 절에서 모든 실수 x에 대하여 지수 a^x를 정의하였다.

따라서 지수함수 $f(x)=k\cdot a^x$는 잘 정의되며 상수 k는 중요한 의미를 갖지 않기 때문에 $k=1$로 놓고 이론을 전개해 나갈 것이다.

일반적으로 지수함수라 하는 것은 $f(x)=a^x$와 같은 형태의 함수를 말한다.

먼저 $a=2$, $a=\frac{1}{2}$일 때 지수함수 $y=2^x$, $y=\left(\frac{1}{2}\right)^x$의 그래프를 살펴보자.

다음 표는 x의 여러 값들에 대한 y의 값을 나타낸 것으로 순서쌍 (x, y)에 해당하는 점을 좌표평면상에 나타내고 이어주면 다음과 같은 그래프를 얻을 수 있다.

x	$\cdots$	-3	$\cdots$	-2	$\cdots$	-1	$\cdots$	0	$\cdots$	1	$\cdots$	2	$\cdots$	3	$\cdots$
$y=2^x$	$\cdots$	$\frac{1}{8}$	$\cdots$	$\frac{1}{4}$	$\cdots$	$\frac{1}{2}$	$\cdots$	1	$\cdots$	2	$\cdots$	4	$\cdots$	8	$\cdots$
$y=\left(\frac{1}{2}\right)^x$	$\cdots$	8	$\cdots$	4	$\cdots$	2	$\cdots$	1	$\cdots$	$\frac{1}{2}$	$\cdots$	$\frac{1}{4}$	$\cdots$	$\frac{1}{8}$	$\cdots$

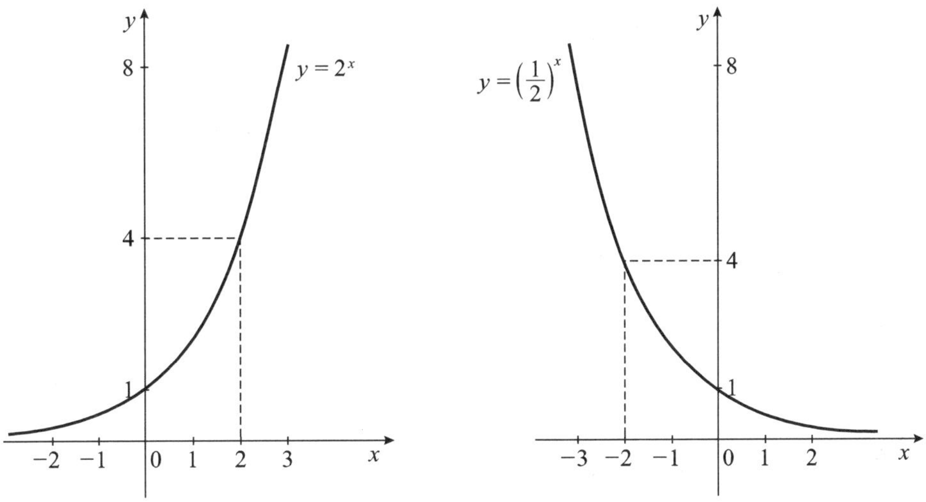

그림 6.4 $y=2^x$와 $y=\left(\frac{1}{2}\right)^x$의 그래프

다음은 지수함수 $y=3^x$와 $y=\left(\frac{1}{3}\right)^x$의 그래프를 그려놓은 것이다.

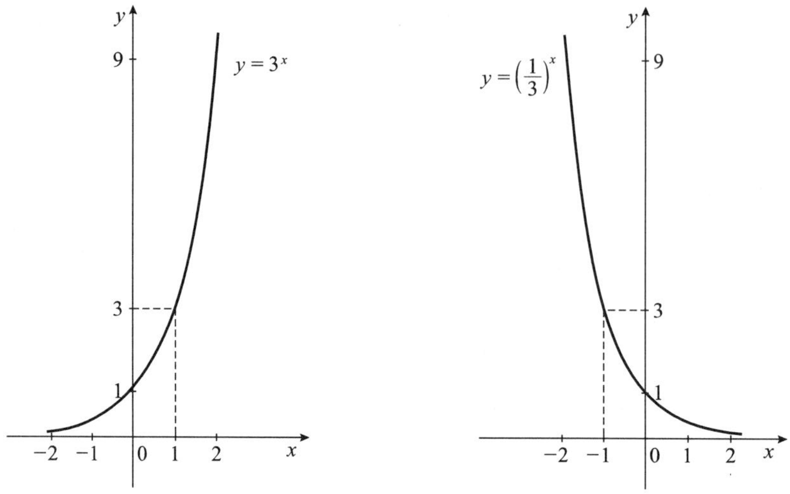

그림 6.5 $y=3^x$와 $y=\left(\dfrac{1}{3}\right)^x$의 그래프

우리가 주로 사용하는 지수함수는 밑 a가 2일 때와 10일 때이며 또한 다음에 정의되는 e일 때이다.

정이 2 ••• e의 정의

e는 극한

$$e=\lim_{n\to\infty}\left(1+\frac{1}{n}\right)^n$$

으로 정의하며 e값은 대략 2.718281⋯ 정도의 무리수이다.

위 정의에서 $\dfrac{1}{n}=t$라 놓으면 $n\to\infty$이면 $t\to 0$이며 그 역 또한 성립한다. 따라서 e는 또한

$$e=\lim_{t\to 0}(1+t)^{\frac{1}{t}}$$

으로도 정의된다.

이제 많은 응용분야에서 자주 접하게 되는 e를 밑으로 하는 지수함수에 대하여 정의하고자 한다.

정의 3 ••• 지수함수

e를 밑으로 하는 지수함수

$$y = e^x, \quad x \in (-\infty, \infty)$$

을 **자연지수함수**(natural exponential function) 또는 간단히 **지수함수**(exponential function)라 부른다.

e는 2와 3 사이에 위치한 수이므로 지수함수 $y = e^x$의 그래프는 $y = 2^x$와 $y = 3^x$ 사이에 위치한다. 다음 그림은 지수함수 $y = e^x$의 그래프이다.

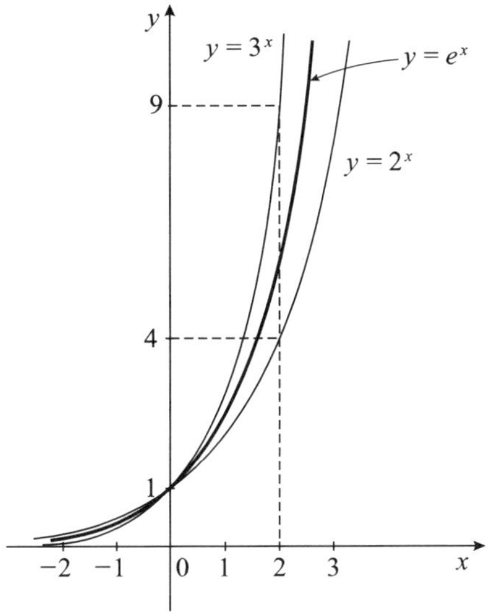

그림 6.6 지수함수 $y = e^x$의 그래프

a를 밑으로 하는 지수함수 $y = a^x$(특히, 지수함수 $y = e^x$)는 다음과 같은 공통된 성질을 갖는다.

정리 1 ••• 지수함수의 성질

지수함수 $f(x) = a^x \ (a > 0,\ a \neq 1)$에 대하여 다음과 같은 사실이 성립한다.

(1) 정의역은 실수 전체의 집합, 즉 $R = (-\infty, \infty)$이다.

(2) 치역은 양의 실수 전체의 집합이다.

(3) 모든 지수함수의 그래프는 점 (0, 1)과 $(1, a)$를 지나고 x축을 점근선으로 갖는다.

(4) $a > 1$일 때 지수함수 $f(x) = a^x$는 증가함수이고 $0 < a < 1$일 때는 감소함수이다.

위 정리 1의 (4)에 의하여 지수함수 $f(x) = a^x$는 실수 전체에서 양의 실수로 가는 전단사함수임을 알 수 있다.

예제 1

다음 지수함수의 그래프를 그리시오.

(a) $y = 2^{x-1}$ (b) $y = \left(\dfrac{1}{3}\right)^{x+1}$ (c) $y = e^{x-3} + 1$

풀이 (a) $y = 2^{x-1}$의 그래프는 $y = 2^x$의 그래프를 x축의 양의 방향으로 1만큼 평행이동한 것이다.

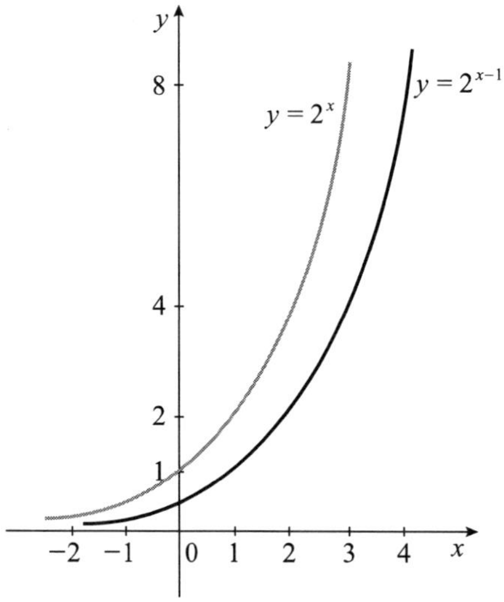

그림 6.7 $y = 2^{x-1}$의 그래프

(b) $y = \left(\dfrac{1}{3}\right)^{x+1}$의 그래프는 $y = \left(\dfrac{1}{3}\right)^{x}$의 그래프를 x축의 음의 방향으로 1만큼 평행이동한 것이다.

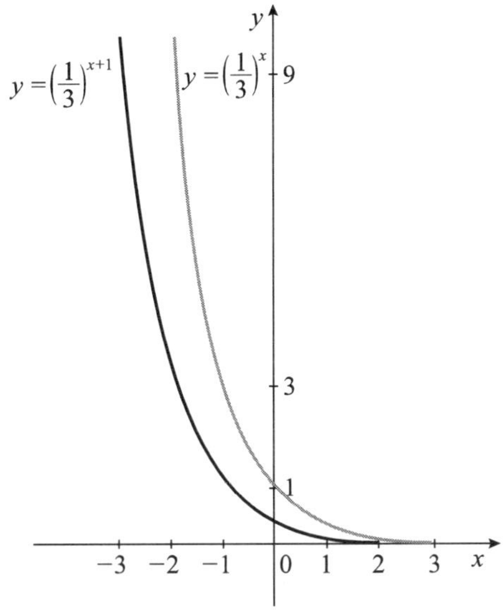

그림 6.8 $y=\left(\dfrac{1}{3}\right)^{x+1}$의 그래프

(c) $y=e^{x-3}+1$의 그래프는 $y=e^{x}$의 그래프를 x축의 양의 방향으로 3만큼, y축의 양의 방향으로 1만큼 평행이동한 것이다.

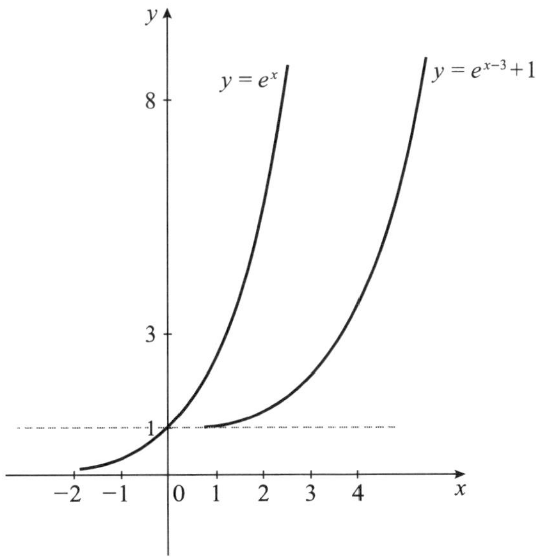

그림 6.9 $y=e^{x-3}+1$의 그래프

예제 2

지수방정식 $4^x - 2^{x+1} = 8$의 근을 구하시오.

풀이 $2^x = t$라 하자. 그리고 나면 주어진 지수방정식은

$$t^2 - 2t - 8 = 0$$

즉, $(t+2)(t-4) = 0$이다. 그리하여 $t = -2$ 또는 $t = 4$이다.

그러나 $t > 0$이므로 $t = 4$, 즉 $x = 2$이다. ▣

정리 2 ∘∘∘ 지수함수의 도함수

지수함수 $f(x) = e^x$ 의 도함수

$$f'(x) = e^x$$

에 의하여 주어진다.

증명 도함수의 정의에 의하여

$$\begin{aligned} f'(x) &= \lim_{h\to 0}\frac{f(x+h)-f(x)}{h} \\ &= \lim_{h\to 0}\frac{e^{x+h}-e^x}{h} \\ &= e^x \cdot \lim_{h\to 0}\frac{e^h-1}{h} \end{aligned}$$

이다. 여기서 $e^h - 1 = t$라 하면 $h = \log_e(1+t)$이고, $h\to 0$이면 $t\to 0$이고 그 역 또한 성립한다. 따라서

$$\begin{aligned} \lim_{h\to 0}\frac{e^h-1}{h} &= \lim_{t\to 0}\frac{t}{\log_e(1+t)} \\ &= \lim_{t\to 0}\frac{1}{\frac{1}{t}\log_e(1+t)} \\ &= \lim_{t\to 0}\frac{1}{\log_e(1+t)^{\frac{1}{t}}} \\ &= \frac{1}{\log_e e} \\ &= 1 \end{aligned}$$

그러므로 $f'(x)=e^x$이다. 우리는 위 등식에서 $\lim_{t\to 0}(1+t)^{\frac{1}{t}}=e$라는 사실을 사용하였다. ▣

지수함수 $f(x)=e^x$에 대한 미분은 계속하여 반복 되어질 수 있으며, 같은 도함수 e^x를 얻을 수 있다. 따라서 우리는 다음과 같은 사실을 얻는다.

정리 3 ∘∘∘ 지수함수의 n계 도함수

임의의 양의정수 n에 대하여 지수함수 $f(x)=e^x$의 n계 도함수,

$$f^{(n)}(x)=e^x$$

에 의하여 주어진다.

예제 3

다음 함수들의 도함수를 구하시오.

(a) $f(x)=e^{3x}$

(b) $g(x)=e^{\sin x}$

(c) $h(x)=e^{k(x)}$, $k(x)$는 x의 한 함수이다.

풀이 위의 예제들은 도함수의 연쇄법칙에 의하여 해결될 수 있다.

(a) $f'(x)=\dfrac{d}{dx}\left[e^{3x}\right]=e^{3x}\dfrac{d}{dx}[3x]=3e^{3x}$

(b) $g'(x)=\dfrac{d}{dx}\left[e^{\sin x}\right]=e^{\sin x}\dfrac{d}{dx}[\sin x]=\cos x\, e^{\sin x}$

(c) $h'(x)=\dfrac{d}{dx}\left[e^{k(x)}\right]=e^{k(x)}\dfrac{d}{dx}[k(x)]=k'(x)e^{k(x)}$ ▣

예제 4

$y=e^{-x}\cos 3x$의 도함수 y'를 구하시오.

풀이 미분에 대한 곱셈법칙과 합성함수의 미분, 즉, 연쇄법칙을 이용하면

$$y' = -e^{-x}\cos 3x - 3e^{-x}\sin 3x$$
$$= -e^{-x}[\cos 3x + 3\sin 3x]$$

이다. ■

정리 4 ∘∘∘ a를 밑으로 하는 지수함수의 도함수

$$\frac{d}{dx}a^x = a^x \cdot \log_e a$$

증명 $a = e^{\log_e a}$이므로 $a^x = (e^{\log_e a})^x = e^{x\log_e a}$이다. 그리하여

$$\frac{d}{dx}(a^x) = \frac{d}{dx}(e^{x\log_e a}) = e^{x\log_e a}\frac{d}{dx}(x\log_e a)$$
$$= e^{x\log_e a}\log_e a = a^x\log_e a$$

이다. ■

다음 절에서 논의 되겠지만 밑이 e인 log, 즉 $\log_e a$는 $\log_e a$에 의하여 표현하며 **자연로그**라고 부른다.

예제 5

다음의 도함수를 구하시오.

(a) $y = x \cdot 5^x$ (b) $y = 5^{x^2}$

풀이 (a) $y' = 1 \cdot 5^x + x \cdot 5^x \ln 5 = 5^x(1 + x\ln 5)$

(b) 연쇄법칙을 사용하면

$$y' = 5^{x^2} \cdot \ln 5 \cdot \frac{d}{dx}x^2$$
$$= 2x \cdot 5^{x^2} \cdot \ln 5$$

■

연습문제 6.2

1. 다음 지수함수의 그래프를 그리시오.

(a) $f(x)=5^x$

(b) $g(x)=2^{-x+1}-3$

(c) $h(x)=3^{x+2}-1$

2. 다음 지수방정식의 근을 구하시오.

(a) $9^x-3^{x+1}=54$

(b) $2^{2x}-3\cdot 2^x+2=0$

3. 다음 부등식을 풀어라.

$$2^{2x}-2^x<2$$

4. 함수 $f(x)=x^2+e^x$에 대하여 곡선상의 점 (0, 1)에서의 접선의 방정식을 구하시오.

5. 곡선 $y=e^x$ 위의 점 $(1,\ e)$에서의 접선이 곡선 $y=2\sqrt{x-k}$에 접할 때, k의 값을 구하시오.

6. 함수 $y=x^2e^x$의 3계 도함수 $y^{(3)}$을 계산하시오.

7. 다음 함수의 도함수를 구하시오.

(a) $y=\sqrt{x}\cdot e^{3x}$

(b) $y=e^{x^2+\sin x}$

(c) $y=x^2\cdot e^{\cos x}$

(d) $y=(e^x)^3$

(e) $y=e^{\tan^{-1}x}$

(f) $y=3^{\tan x}$

8. x에 관한 방정식 $a^{2x}-a^x=2\ (a>0,\quad a\neq 1)$의 해가 $\dfrac{1}{7}$이 되도록 하는 상수 a의 값을 구하시오.

9. 함수 $y=k3^x(0<k<1)$의 그래프가 두 함수 $y=3^{-x},\quad y=-4\cdot 3^x+8$의 그래프와 만나는 점을 각각 $P,\ Q$라 하자. 점 P와 점 Q의 x좌표의 비가 $1:2$일 때 k값을 구하시오.

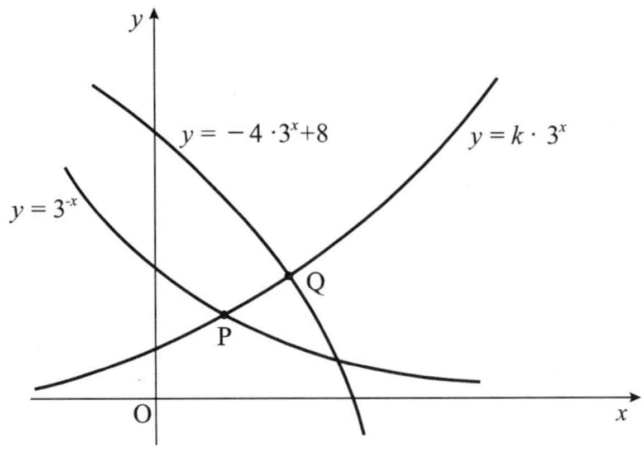

10. 방정식 $4^x-7\cdot2^x+12=0$의 두 근을 α, β라 할 때 $2^{2\alpha}+2^{2\beta}$의 값을 구하시오.

11. 함수 $f(x)=2^{-x}$에 대하여 $f(2\alpha)f(\beta)=4$, $f(\alpha-\beta)=2$를 만족할 때, $2^{3\alpha}+2^{3\beta}$의 값을 구하시오.

12. 두 곡선 $y=3^{x+a}$, $y=3^{-x}$이 y축과 만나는 점을 각각 P, Q라 하자. $\overline{PQ}=8$일 때 a의 값을 구하시오.

13. $0\le x\le 3$에서 함수 $f(x)=2^{-x^2+4x+m}$의 최솟값이 4일 때, m의 값과 $f(x)$의 최댓값을 구하시오.

6.3 로그함수와 그의 도함수

앞서 우리는 지수와 로그에 대하여 살펴보았다.

예를 들어,

$$2^1 = 2\text{이므로 } \log_2 2 = 1$$

$$2^2 = 4\text{이므로 } \log_2 4 = 2$$

$$2^3 = 8\text{이므로 } \log_2 8 = 3$$

$$\vdots$$

이다. 여기서 $2^x = 13$이 되는 x를 표현하기 위하여 $x = \log_2 13$으로 나타내었다. 이 값은 계산기나 컴퓨터를 이용하여 구할 수 있으나 우리는 단지 이러한 값들을 아는 것만이 중요한 것이 아니라 로그에 대한 전반적인 성질을 아는 것이 중요하다. 그리하여 앞서 정의한 지수함수의 역함수로서 로그함수를 도입하고자 한다.

즉, a를 밑으로 하는 지수함수 $f(x) = a^x$에 대하여

(i) $0 < a < 1$일 때 $f(x) = a^x$는 $(-\infty, \infty)$에서 $(0, \infty)$로 가는 감소함수이며,

(ii) $a > 1$일 때 $f(x) = a^x$는 $(-\infty, \infty)$에서 $(0, \infty)$로 가는 증가함수이다.

다시말해 a를 밑으로 하는 지수함수 $f(x) = a^x\,(a > 0,\ a \neq 1)$는 전단사함수이다. 따라서 함수 f의 역함수 f^{-1}가 존재하며 이 지수함수의 역함수로써 로그함수를 다음과 같이 정의하고자 한다.

정의 1 ••• 로그함수

$a > 0,\ a \neq 1$일 때 a를 밑으로 하는 지수함수 $f(x) = a^x$의 역함수 $f^{-1}(x)$를 a를 밑으로 하는 **로그함수**(logarithm function)라 부르며, 기호

$$f^{-1}(x) = \log_a x$$

에 의하여 나타낸다.

지수함수와 로그함수는 역함수 관계로서 역함수 성질 즉

$$y = f^{-1}(x) \quad \Leftrightarrow \quad x = f(y)$$

을 만족한다. $y = f^{-1}(x) = \log_a x$에 의하여 $x = f(y) = a^y$이다. 그리하여

$$y = \log_a x \quad \Leftrightarrow \quad x = a^y$$

인 관계가 성립한다.

또한 함수 $f^{-1}(x) = \log_a x$의 정의역은 함수 $f(x) = a^x$의 치역 $(0, \infty)$이고, 함수 $f^{-1}(x) = \log_a x$의 치역은 함수 $f(x) = a^x$의 정의역 $(-\infty, \infty)$이다. 그리고 1.3절의 역함수에서 다루었듯이 역함수의 그래프는 주어진 함수에 대하여 직선 $y = x$에 대칭이게 위치한다. 따라서 $f^{-1}(x) = \log_a x$의 그래프는 지수함수 $f(x) = a^x$의 그래프에 대하여 직선 $y = x$에 대칭이게 그리면 된다.

다음 그림 6.10에 함수 $f^{-1}(x) = \log_a x$의 그래프가 잘 나타나 있다.

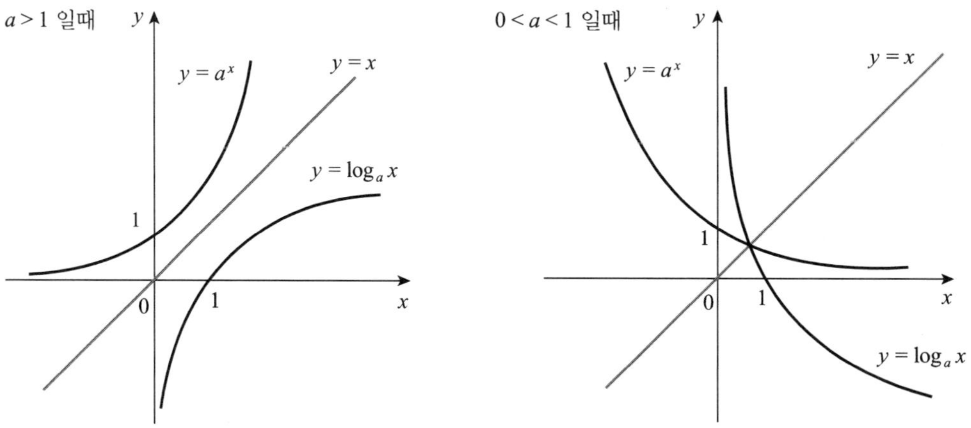

그림 6.10 $y = \log_a x$의 그래프

지수함수와 로그함수는 역함수 관계라는 사실에 의하여 다음의 결과를 얻을 수 있으며 이것은 6.1절에서 언급되었던 결과와 같다.

정리 1 ∘∘∘ 로그함수의 성질

(a) 모든 실수 x에 대하여 $\log_a(a^x) = x$이고, (b) 모든 $x > 0$에 대하여 $a^{\log_a x} = x$이다.

증명 함수 $f(x)=a^x,\ x\in(-\infty,\ \infty)$일 때 로그함수의 정의에 의하여 $f^{-1}(x)=\log_a x,\ x>0$이다. 그리고 나면 역함수 성질

$$f^{-1}(f(x))=x,\ x\in(-\infty,\ \infty)$$

$$f(f^{-1}(x))=x,\ x>0$$

에 의하여 다음의 결과를 얻을 수 있다.

(a) 모든 실수 x에 대하여

$$x=f^{-1}(f(x))=f^{-1}(a^x)=\log_a a^x$$

이다.

(b) 모든 $x>0$에 대하여

$$x=f(f^{-1}(x))=f(\log_a x)=a^{\log_a x}$$

이다. ■

예제 1

다음 로그함수의 그래프를 그리시오.

(a) $y=\log_2(x+2)+1$　　　　(b) $y=\log_3(9x)$

풀이 (a) $y=\log_2(x+2)+1$의 그래프는 $y=\log_2 x$의 그래프를 x축 방향으로 -2만큼, y축 방향으로 1만큼 평행이동한 것이다.

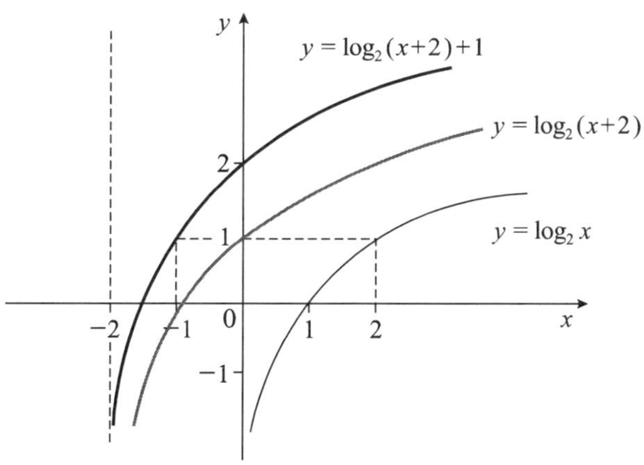

그림 6.11 $y=\log_2(x+2)+1$의 그래프

(b) $y=\log_3(9x)=2+\log_3 x$ 이므로 $y=\log_3 x+2$ 의 그래프는 $y=\log_3 x$ 의 그래프를 y축 방향으로 2만큼 평행이동한 것이다.

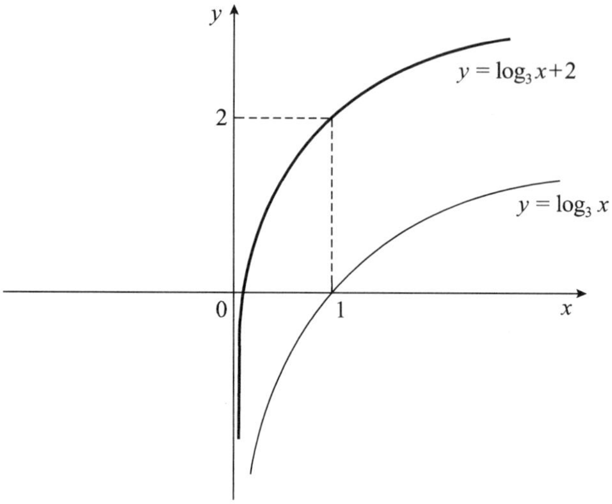

그림 6.12 $y=\log_3(9x)$ 의 그래프 ▣

예제 2

다음 함수들의 최댓값과 최솟값을 구하시오.

(a) $f(x)=\log_{\frac{1}{2}}(-x^2+4x)$

(b) $g(x)=\log_2(x^2-4x+8), \quad 0 \le x \le 3$

풀이 (a) 밑이 1보다 작으므로 함수 $f(x)$는 감소함수이다.

그리하여 $-x^2+4x=-(x-2)^2+4$가 최대일 때 함수 f는 최솟값을 최소일 때 최댓값을 갖는다. $x=2$일 때 $-x^2+4x$는 최댓값 4를 갖고 최소는 존재하지 않으므로 $f(x)$는 최솟값 $\log_{\frac{1}{2}}4=-2$를 갖고 최댓값은 존재하지 않는다.

(b) $g(x)$는 증가함수이다. 그리하여 x^2-4x+8이 최소일 때 최솟값을 최대일 때 최댓값을 갖는다.

$$x^2-4x+8=(x-2)^2+4$$

이므로 $x=2$에서 최소 4를 $x=0$에서 최대 8을 가지므로 함수 $g(x)$의 최솟값은 $g(2)=\log_2 4=2$이고, 최댓값은 $g(0)=\log_2 8=3$이다. ▣

예제 3

다음 방정식의 근을 구하시오.

(a) $\log_2(x+1) = \log_2 x + 1$

(b) $(\log_3 x)^2 - \log_3 x^3 - 10 = 0$

풀이 (a) 주어진 방정식은 $\log_2(x+1) = \log_2(2x)$와 같으므로 $x+1 = 2x$, 즉 $x = 1$이다.

(b) $\log_3 x = t$라 하면 주어진 방정식은 $t^2 - 3t - 10 = (t+2)(t-5) = 0$이다.
그리하여 $t = -2$ 또는 $t = 5$이므로 $\log_3 x = -2$ 또는 $\log_3 x = 5$에 의하여
$x = \dfrac{1}{9}$ 또는 $x = 243$이다. ▣

다음은 (자연)지수함수의 역함수로서 자연로그함수를 정의하고자 한다.

정의 2 ••• 자연로그함수

a를 밑으로 하는 로그함수에서 $a = e$인 경우를 **자연로그함수**(natural logarithm function)라 부르며 기호

$$\ln x = \log_e x$$

에 의하여 나타낸다.

다음의 정리 2는 a를 밑으로 하는 로그함수의 성질에 의하여 쉽게 얻어낼 수 있는 결과이다.

정리 2 ••• 자연로그함수의 성질

자연로그함수에 대하여 다음의 성질들이 성립한다.

(a) 모든 실수 x에 대하여 $\ln(e^x) = x$이다.
특별히 $x = 1$인 경우 $\ln e = 1$이다.

(b) 모든 양의 실수 x에 대하여 $e^{\ln x} = x$이다.

예제 4

다음을 만족하는 x값을 구하시오.

(a) $\ln x = 3$

(b) $e^{4-3x} = 4$

풀이 (a) 로그함수의 성질에 의하여 $x = e^3$이다.

(b) 양변에 자연로그를 취하면

$$\ln e^{4-3x} = \ln 4$$

이고, 정리 2 자연로그함수의 성질에 의하여 $\ln e^{4-3x} = (4-3x)\ln e = 4-3x$ 이다. 그리하여

$$4-3x = \ln 4 = \ln 2^2 = 2\ln 2$$

이고, 따라서

$$x = \frac{2}{3}(2-\ln 2)$$

이다. ▣

다음 정리는 로그함수는 자연로그함수에 의하여 표현될 수 있음을 보여준다. 이것은 로그함수에 대하여 자연로그만을 다루어도 충분하다는 것을 의미한다.

정리 3 ∘∘∘ 로그의 자연로그에 의한 표현

$$\log_a x = \frac{\ln x}{\ln a}$$

증명 $y = \log_a x$ 라 하자. 그리고 나면 지수함수와 로그함수의 관계에 의하여 $x = a^y$ 이고 양변에 자연로그를 취하면

$$\ln x = \ln a^y = y\ln a$$

이다. 그리하여

$$y = \frac{\ln x}{\ln a}$$

즉,

$$\log_a x = \frac{\ln x}{\ln a}$$

이 성립한다. ▣

정리3은 6.1절 정리6의 밑변환 공식에 의해서도 구해질 수 있다.

이제 자연로그함수의 도함수를 유도해보자.

정리 4 ••• 자연로그함수의 도함수

$$\frac{d}{dx}(\ln x) = \frac{1}{x}$$

증명 $y = \ln x$ 라 하자. 그리고 나면 $x = e^y$ 이고 음함수 미분법과 연쇄법칙에 의하여 양변 x 에 의하여 미분하면

$$1 = \frac{d}{dx}(e^y) = e^y \frac{dy}{dx}$$

즉,

$$\begin{aligned}\frac{d}{dx}(\ln x) &= \frac{dy}{dx} \\ &= \frac{1}{e^y} = \frac{1}{x}\end{aligned}$$

이다. ▣

예제 5

$y = \log_a x$ 의 도함수를 구하시오.

풀이 $\log_a x = \dfrac{\ln x}{\ln a}$ 이므로

$$y' = \frac{d}{dx}(\log_a x) = \frac{d}{dx}\frac{\ln x}{\ln a} = \frac{1}{\ln a} \cdot \frac{1}{x}$$

즉,

$$\frac{d}{dx}\log_a x = \frac{1}{x \ln a}$$

이다. ▣

$\ln(x^2+2x)$와 같이 어떤 함수(x^2+2x)에 대한 자연로그함수의 도함수는 다음 정리에서 보여지듯이 합성함수의 연쇄법칙을 적용하는 것에 의하여 쉽게 유도할 수 있다.

정리 5

미분 가능한 함수 $g(x)$에 대하여

$$\frac{d}{dx}\ln g(x) = \frac{g'(x)}{g(x)}$$

이다.

증명 $y=\ln u$, $u=g(x)$라 놓으면 연쇄법칙에 의하여

$$\begin{aligned}\frac{d}{dx}(\ln g(x)) = \frac{dy}{dx} &= \frac{dy}{du}\frac{du}{dx} \\ &= \frac{1}{u}g'(x) \\ &= \frac{1}{g(x)}g'(x)\end{aligned}$$

이다. ▣

예제 6

다음을 계산하시오.

(a) $\frac{d}{dx}\ln(x^2+2x)$ (b) $\frac{d}{dx}\ln(\cos x)$

풀이 정리5를 적용하는 것에 의하여 각각의 도함수를 구할 수 있다.

(a) $$\begin{aligned}\frac{d}{dx}\ln(x^2+2x) &= \frac{1}{x^2+2x}\frac{d}{dx}(x^2+2x) \\ &= \frac{2}{x^2+2x}(x+1)\end{aligned}$$

(b) $$\begin{aligned}\frac{d}{dx}\ln(\cos x) &= \frac{1}{\cos x}\frac{d}{dx}(\cos x) \\ &= \frac{1}{\cos x}(-\sin x) \\ &= -\tan x\end{aligned}$$

▣

예제 7

$\dfrac{d}{dx}\ln|x| = \dfrac{1}{x}$ 임을 보이시오. (단, $x \neq 0$)

풀이 $\ln|x| = \begin{cases} \ln x & x > 0 \\ \ln(-x) & x < 0 \end{cases}$

(i) $x > 0$인 경우

$$\frac{d}{dx}\ln|x| = \frac{d}{dx}\ln x = \frac{1}{x}$$

(ii) $x < 0$인 경우

연쇄법칙을 사용하는 것에 의하여

$$\frac{d}{dx}\ln|x| = \frac{d}{dx}\ln(-x) = \frac{1}{-x}\frac{d}{dx}(-x)$$
$$= \frac{1}{-x}(-1) = \frac{1}{x}$$

이다.

(i)과 (ii)에 의하여 $\dfrac{d}{dx}\ln|x| = \dfrac{1}{x}$ 이다. ■

다음에는 자연로그를 이용하여 복잡한 함수를 미분하는 방법에 대하여 다루어 보고자 한다. 다음 예제를 통하여 살펴보자.

예제 8

$y = x^x$ 의 도함수 y' 을 구하시오.

풀이 $y = x^x$ 에서 지수 x 는 상수가 아니라 변수이다. 따라서 기존에 우리가 알고 있는 멱함수 $y = x^n$ 의 도함수 공식을 이용할 수는 없다.

$y = x^x$ 의 양변에 자연로그를 취하자. 즉,

$$\begin{aligned} \ln y &= \ln x^x \\ &= x\ln x \end{aligned}$$

$\ln y = x\ln x$ 의 양변을 x 로 미분하고 연쇄법칙과 곱의 미분을 사용하면

$$\frac{1}{y}y' = 1 \cdot \ln x + x \cdot \frac{1}{x}$$
$$= (\ln x + 1)$$

으로

$$y' = y(\ln x + 1)$$
$$= x^x(\ln x + 1)$$

이다. ■

예제 9

곡선 $y = \frac{x^{\frac{3}{4}}\sqrt{x+3}}{(3x+1)^2}$ 위의 점 $\left(1, \frac{1}{8}\right)$에서의 접선의 방정식을 구하시오.

풀이 곡선 $y = \frac{x^{\frac{3}{4}}\sqrt{x+3}}{(3x+1)^2}$의 도함수 y'을 구해야 한다. 직접 미분할 수도 있으나 함수식이 복잡하므로 양변 자연로그를 취하자.

$$\ln y = \ln \frac{x^{\frac{3}{4}}\sqrt{x+3}}{(3x+1)^2}$$
$$= \frac{3}{4}\ln x + \frac{1}{2}\ln(x+3) - 2\ln(3x+1)$$

양변 x에 관하여 미분하면

$$\frac{1}{y}y' = \frac{3}{4}\frac{1}{x} + \frac{1}{2}\frac{1}{x+3} - 2\frac{3}{3x+1}$$

이며, 따라서

$$y' = y\left[\frac{3}{4}\frac{1}{x} + \frac{1}{2}\frac{1}{x+3} - \frac{6}{3x+1}\right]$$
$$= \frac{x^{\frac{3}{4}}\sqrt{x+3}}{(3x+1)^2}\left[\frac{3}{4}\frac{1}{x} + \frac{1}{2}\frac{1}{x+3} - \frac{6}{3x+1}\right]$$

이고, 점 $x = 1$에서의 미분계수, 즉 기울기는 $-\frac{5}{64}$이다. 그리하여 구하고자 하는 접선의 방정식은

$$y = -\frac{5}{64}(x-1) + \frac{1}{8}$$
$$= -\frac{5}{64}x + \frac{13}{64}$$

이다. ▣

앞선 절에서 우리는 a를 밑으로 하는 지수함수 $y = a^x$의 도함수 $y' = a^x \ln a$임을 유도하였다. 그러나 이것은 또한 우리가 지금 배운 방법에 의하여도 쉽게 유도될 수 있다.

예제 10

$y = a^x$에 자연로그를 취하는 것에 의하여 도함수 y'을 구하시오.

풀이 $y = a^x$의 양변에 자연로그를 취하면

$$\ln y = x \cdot \ln a$$

이고, 양변 x에 관하여 미분하면 연쇄법칙에 의하여

$$\frac{1}{y}y' = 1 \cdot \ln a$$

이다. 따라서 $y' = y\ln a = a^x \ln a$이며 이것은 6.2절 정리4의 결과와 일치한다. ▣

참고

자연로그함수의 도함수를 이용하여 e를 유도해 보자.

함수 $f(x) = \ln x$라 놓으면 $f'(x) = \frac{1}{x}$이다. 그리고 $x = 1$에서 함수 f의 미분계수

$$f'(1) = \lim_{h \to 0} \frac{f(1+h) - f(1)}{h}$$
$$= \lim_{h \to 0} \frac{\ln(1+h) - \ln 1}{h}$$
$$= \lim_{h \to 0} \frac{\ln(1+h)}{h}$$
$$= \lim_{h \to 0} \ln(1+h)^{\frac{1}{h}}$$

$$= \ln\left(\lim_{h\to 0}(1+h)^{\frac{1}{h}}\right)$$

이다. 그러나 $f'(1) = 1 = \ln e$ 이므로 결국

$$\ln e = \ln\left(\lim_{h\to 0}(1+h)^{\frac{1}{h}}\right)$$

이다. 로그함수는 일대일 함수이므로

$$e = \lim_{h\to 0}(1+h)^{\frac{1}{h}}$$

이다. 여기서 $n = \dfrac{1}{h}$ 이라 놓으면 $h \to 0$은 $n \to \infty$와 같으므로 e는 또한

$$e = \lim_{n\to\infty}\left(1+\frac{1}{n}\right)^n$$

에 의하여 주어지기도 한다. e의 값은 10.3절 Taylor급수의 예제 2에서와 같이 또 다른 방법에 의해서도 구해질 수 있다.

연습문제 6.3

1. 곡선 $y = \log_2(x+5)$의 점근선이 직선 $x = k$일때 k의 값은?

2. 다음 로그함수의 그래프를 그리시오.

(a) $f(x) = \log_{\frac{1}{2}}\left(\dfrac{x}{2}\right)$ (b) $g(x) = \log_{\frac{1}{3}}\left(\dfrac{1}{9}(x-2)\right)$

3. 다음을 간단히 하시오.

(a) $e^{2\ln x}$ (b) $e^{\ln 2 + 3\ln x}$

4. 다음 방정식의 근을 구하시오.

(a) $(\log_2 x)^2 - \log_2 x^4 = 12$ (b) $x^{\ln x} = \dfrac{1}{e}\left(\dfrac{1}{x}\right)^2$

(c) $\log_3(2x-1) - \log_{\frac{1}{3}}(x+2) = 1$

5. 로그함수 $y=\log_a x$에 대하여 $x\to 0$일 때와 $x\to\infty$일 때 y는 어디로 다가가는가?

6. 다음 부등식을 만족하는 x의 범위를 구하시오.

(a) $(\log_2 x)^2-\log_{\frac{1}{2}}x^4<0$　　(b) $\log_{\frac{1}{2}}(x-5)+\log_{\frac{1}{2}}(x-6)>-1$

7. 다음 함수를 미분하시오.

(a) $y=\log_a x^3$　　(b) $y=\log_a(x^2+3)$

(c) $y=\ln(\sin x)$　　(d) $y=e^{\ln x+x^3}$

(e) $y=(\ln x)^4$　　(f) $y=\ln(\ln x)$

(g) $y=\sin(\ln x)$

8. 다음 함수를 미분하시오.

(a) $y=x^{\sqrt{x}}$　　(b) $y=(\ln x)^x$

(c) $y=x^{\ln x}$　　(d) $y=x^{\sin^{-1}x}$

(e) $y=x^{\cos x}$　　(f) $y=(\tan x)^x$

(힌트 : 양변에 자연로그를 취하고 음함수미분을 적용한다.)

9. 미분가능한 함수 $g(x)$에 대하여 $\frac{d}{dx}\ln|g(x)|=\frac{g'(x)}{g(x)}$임을 증명하여라.

10. $0\le x\le 1$에서 함수 $f(x)=\log_a(x^2-2x+10)$의 최댓값이 -1이다. 이 때 a의 값을 구하시오.

11. 1보다 큰 세 실수 $a,\ b,\ c$에 대하여 $\log_a c:\ \log_b c=2:1$일 때 $\log_a b+\log_b a$의 값을 구하시오.

12. 지수함수 $f(x)=a^{x-m}$의 그래프와 그 역함수의 그래프가 두 점에서 만나고, 두 교점의 x좌표가 1과 3일 때 a와 m의 값을 구하시오.

13. 주위가 순간적으로 어두워지더라도 사람의 눈은 그 변화를 서서히 지각하게 된다. 빛의 세기가 1000에서 10으로 순간적으로 바뀐 후 t초가 경과했을 때, 사람이 지각하는 빛의 세기 $I(t)$는

$$I(t) = 10 + 990 \times a^{-5t} \text{ (단, } a \text{는 } a > 1 \text{인 상수)}$$

이라 한다. 빛의 세기가 1000에서 10으로 순간적으로 바뀐 후 사람이 빛의 세기를 21로 지각하는 순간까지 S초가 경과했다고 할 때, S의 값은? (단, 빛의 세기의 단위는 Td(트롤랜드)이다).

14. 좌표평면에서 곡선 $y^3 = \ln(5 - x^2) + xy + 4$ 위의 점 $(2, 2)$에서의 접선의 기울기를 구하시오.

15. 곡선 $e^x \ln y = 1$ 위의 점 $(0, e)$에서의 접선의 방정식을 구하시오.

16. 함수 $f(x) = \ln(e^x - 1)$의 역함수를 $g(x)$라 할 때, $\dfrac{1}{f'(a)} + \dfrac{1}{g'(a)}$의 값을 구하시오. (단, $a > 0$)

6.4 쌍곡선 함수

지금 다루고자 하는 **쌍곡선**(hyperbolic) 함수들은 많은 응용분야에서 자주 접하게 되는 함수들로써 이들은 삼각함수와 비슷한 성질들을 갖고 있다.

정의 1 ••• 쌍곡선 함수

다음의 **쌍곡선 함수**(hyperbolic function)들은 지수함수들의 조합에 의하여 정의된다.

쌍곡선 sine함수 $\sinh x = \dfrac{e^x - e^{-x}}{2}$

쌍곡선 cosine함수 $\cosh x = \dfrac{e^x + e^{-x}}{2}$

쌍곡선 tangent함수 $\tanh x = \dfrac{\sinh x}{\cosh x} = \dfrac{e^x - e^{-x}}{e^x + e^{-x}}$

이 밖의 **쌍곡선 cosecant**, **쌍곡선 secant**, **쌍곡선 cotangent**함수는 다음과 같이 정의된다.

$$\operatorname{csch} x = \frac{1}{\sinh x}, \quad \operatorname{sech} x = \frac{1}{\cosh x}, \quad \coth x = \frac{\cosh x}{\sinh x}$$

다음은 쌍곡선 sine 함수와 쌍곡선 cosine 함수의 그래프를 그려놓은 것으로써 지수함수들의 그래프에 의하여 얻어 질 수 있다.

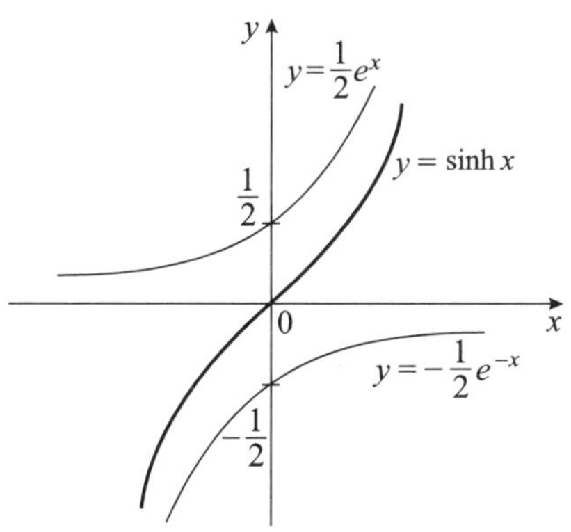

그림 6.13 $y = \sinh x$ 의 그래프

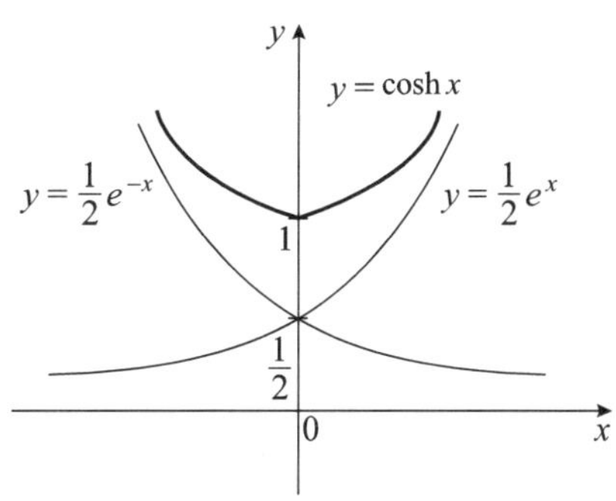

그림 6.14 $y = \cosh x$ 의 그래프

쌍곡선 함수는 과학과 공학의 많은 응용분야에서 나타나는데 특히 빛, 전기, 방사능과 같이 실체가 점진적으로 흡수되거나 사라질 때 발생하는 감쇄현상이 쌍곡선 함수에 의

하여 표현되기도 한다. 특별히 $y = k\cosh\left(\frac{x}{k}\right)$와 같은 형태의 쌍곡선 cosine 함수는 같은 높이의 두 고정된 점에 걸쳐 있는 무겁고 휘어진 전선(예, 전력선 등)과 같은 현수선을 나타내기 위하여 자주 사용되는 함수이기도 하다.

다음에는 쌍곡선 tangent 함수의 그래프를 그려보고자 한다.

예제 1

1계 및 2계 도함수를 유도하는 것에 의하여 쌍곡선 tangent함수의 그래프를 그려 보아라.

풀이

$$\tanh x = \frac{e^x - e^{-x}}{e^x + e^{-x}}$$

으로

$$\frac{d}{dx}(\tanh x) = \frac{\frac{d}{dx}(e^x - e^{-x}) \cdot (e^x + e^{-x}) - (e^x - e^{-x}) \cdot \frac{d}{dx}(e^x + e^{-x})}{(e^x + e^{-x})^2}$$

$$= \frac{4}{(e^x + e^{-x})^2} > 0$$

이다. 그리하여 모든 x에 대하여 쌍곡선 tangent함수는 증가하는 함수이고, $x = 0$일 때 $\tanh 0 = 0$이다. 한 편 $x \to \infty$일 때 $e^{2x} \to \infty$이므로

$$\tanh x = \frac{e^x - e^{-x}}{e^x + e^{-x}} = \frac{e^x(1 - e^{-2x})}{e^x(1 + e^{-2x})} = \frac{1 - \frac{1}{e^{2x}}}{1 + \frac{1}{e^{2x}}}$$

$\tanh x \to 1$이다. 또한 $x \to -\infty$일 때 $e^{2x} \to 0$이므로

$$\tanh x = \frac{e^x - e^{-x}}{e^x + e^{-x}} = \frac{e^{-x}(-1 + e^{2x})}{e^{-x}(1 + e^{2x})} = \frac{-1 + e^{2x}}{1 + e^{2x}} \to -1$$

이다. 그리고 그래프의 오목성을 판별하기 위하여 쌍곡선 tangent함수의 이계 도함수를 유도해 보자.

$$\frac{d^2}{dx^2}(\tanh x) = -8\frac{e^x - e^{-x}}{(e^x + e^{-x})^3}$$

$x<0$일 때 $e^{-x}>e^{x}$이므로 $\dfrac{d^2}{dx^2}(\tanh x)>0$이다. 즉 $x<0$일 때 곡선은 위로 오목이다. 한편 $x>0$일 때 $e^{-x}<e^{x}$이므로 $\dfrac{d^2}{dx^2}(\tanh x)<0$이다.
즉 $x>0$일 때 곡선은 아래로 오목이다. 그리하여 점 $(0,0)$은 곡선 $y=\tanh x$의 변곡점이 된다. 이러한 결과들을 종합하면 쌍곡선 tangent함수의 그래프는 그림 6.15에 의하여 주어진다.

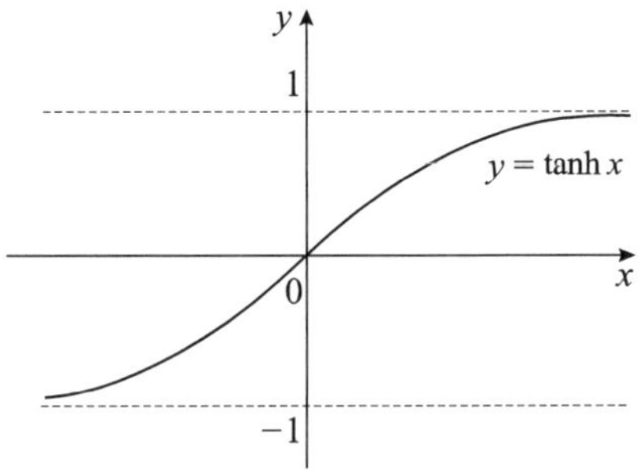

그림 6.15 $y=\tanh x$ 의 그래프

다음 정리에서 우리는 쌍곡선 함수들의 성질을 얻을 수 있으며 삼각함수의 항등식과 유사하다.

정리 1 ∘∘∘ 쌍곡선 함수의 성질

(a) $\sinh(-x)=-\sinh x$
(b) $\cosh(-x)=\cosh x$
(c) $\cosh^2 x-\sinh^2 x=1$
(d) $1-\tanh^2 x=\operatorname{sech}^2 x$
(e) $\sinh(x\pm y)=\sinh x\cosh y\pm\cosh x\sinh y$
(f) $\cosh(x\pm y)=\cosh x\cosh y\pm\sinh x\sinh y$

증명 (a) $\sinh(-x)=\dfrac{e^{-x}-e^{-(-x)}}{2}=\dfrac{e^{-x}-e^{x}}{2}=-\dfrac{e^{x}-e^{-x}}{2}=-\sinh x$

(c) $\cosh^2 x-\sinh^2 x=\left(\dfrac{e^{x}+e^{-x}}{2}\right)^2-\left(\dfrac{e^{x}-e^{-x}}{2}\right)^2=1$

나머지 성질들의 증명은 연습문제로 남겨둔다. ▣

쌍곡선 함수들의 성질이 삼각함수의 성질과 매우 유사하기 때문에 삼각함수의 기호를 사용하고 있으며, 또한 정리 1의 성질 (c) $\cosh^2 x - \sinh^2 x = 1$이 쌍곡선 $x^2 - y^2 = 1$의 형태와 비슷하기 때문에 "쌍곡선"이라는 단어가 붙었다.

다음 정리는 쌍곡선 함수들의 도함수를 유도한 것이다.

정리 2 ∘∘∘ 쌍곡선함수의 도함수

(a) $\dfrac{d}{dx}(\sinh x) = \cosh x$

(b) $\dfrac{d}{dx}(\cosh x) = \sinh x$

(c) $\dfrac{d}{dx}(\tanh x) = \operatorname{sech}^2 x$

증명 (a) 쌍곡선 sine함수의 정의에 의하여

$$\begin{aligned}\frac{d}{dx}(\sinh x) &= \frac{d}{dx}\frac{e^x - e^{-x}}{2} \\ &= \frac{1}{2}\left\{\frac{d}{dx}(e^x) - \frac{d}{dx}(e^{-x})\right\} \\ &= \frac{e^x + e^{-x}}{2} = \cosh x\end{aligned}$$

(b)와 (c)의 증명은 연습문제로 남겨둔다. ▣

예제 2

다음을 미분하시오.

(a) $y = \sinh\sqrt{x}$ (b) $y = \cosh^4 x$ (c) $y = e^{\tanh x}$

풀이 연쇄법칙을 적용하는 것에 의하여 각각의 도함수를 구할 수 있다.

(a) $y = \sinh\sqrt{x}$ 에서 $u = \sqrt{x}$ 로 치환하면 $y = \sinh u, u = \sqrt{x}$ 이므로

$$\frac{dy}{dx} = \frac{dy}{du}\frac{du}{dx}$$
$$= \cosh u \,\frac{1}{2}\frac{1}{\sqrt{x}}$$
$$= \frac{1}{2\sqrt{x}}\cosh\sqrt{x}$$

이다.

(b) $y = \cosh^4 x$ 에서 $u = \cosh x$ 라 하면 $y = u^4, u = \cosh x$ 이므로

$$\frac{dy}{dx} = \frac{dy}{du}\frac{du}{dx}$$
$$= 4u^3 \sinh x$$
$$= 4\cosh^3 x \sinh x$$

이다.

(c) $u = \tanh x$ 라 하면 $y = e^u, u = \tanh x$ 이다. 그리하여

$$\frac{dy}{dx} = \frac{dy}{du}\frac{du}{dx}$$
$$= e^u \operatorname{sech}^2 x$$
$$= e^{\tanh x} \operatorname{sech}^2 x$$

이다. ▣

연습문제 6.4

※ 다음 쌍곡선 함수들의 성질을 유도하여라.

1. $\cosh(-x) = \cosh x$

2. $1 - \tanh^2 x = \operatorname{sech}^2 x$

3. $\sinh(x \pm y) = \sinh x \cosh y \pm \cosh x \sinh y$

4. $\cosh(x \pm y) = \cosh x \cosh y \pm \sinh x \sinh y$

※ 다음 쌍곡선함수들의 도함수가 아래와 같이 주어짐을 보이시오.

5. $\frac{d}{dx}(\cosh x) = \sinh x$

6. $\frac{d}{dx}(\tanh x) = \mathrm{sech}^2 x$

※ 다음 함수들의 도함수를 유도하여라.

7. (a) $y = \mathrm{csch}\, x$ (b) $y = \mathrm{sech}\, x$ (c) $y = \coth x$

8. $f(x) = \ln \sinh x$

9. $g(x) = \tanh x + x^2 e^{\cosh x}$

10. 다음을 증명하시오.

(a) $\tanh(x+y) = \dfrac{\tanh x + \tanh y}{1 + \tanh x \tanh y}$

(b) $\sinh 2x = 2\sinh x \cosh x$

(c) $\cosh 2x = \cosh^2 x + \sinh^2 x$

(d) $\coth^2 x - 1 = \mathrm{csch}^2 x$

11. $\sinh x$, $\tanh x$의 그래프를 통하여 알수 있듯이 이 함수들은 전단사함수이며 $\cosh x$의 정의역을 $x \in [0, \infty)$로 제한하면 또한 전단사함수이다. 그리하여 이들의 역함수를 생각할 수 있다. 다음을 보이시오.

(a) $\sinh^{-1} x = \ln(x + \sqrt{x^2+1})$, $x \in (-\infty, \infty)$

(b) $\cosh^{-1} x = \ln(x + \sqrt{x^2-1})$, $x \geq 1$

(c) $\tanh^{-1} x = \dfrac{1}{2}\ln\left(\dfrac{1+x}{1-x}\right)$, $-1 < x < 1$

힌트 : $y = \sinh^{-1} x \iff \sinh y = x$

$y = \cosh^{-1} x \iff \cosh y = x,\ x \geq 1$

$y = \tanh^{-1} x \iff \tanh y = x$

6장 종합문제

1. $b > a > 1$인 두 실수 a, b에 대하여

$$\frac{3a}{\log_a b} = \frac{b}{2\log_b a} = \frac{3a+b}{3}$$

가 성립할 때 $\log_a b$의 값을 구하시오.

2. 실수 a가 $\dfrac{2^a + 2^{-a}}{2^a - 2^{-a}} = -2$를 만족시킬 때, $4^a + 4^{-a}$의 값을 구하시오.

3. 함수 $f(x) = (x^2 - 8)e^{-x+1}$의 극솟값과 극댓값을 구하시오.

4. 두 실수 a, b가 $3^{a+b} = 4$, $2^{a-b} = 5$를 만족할 때 $3^{a^2-b^2}$의 값을 구하시오.

5. 두 함수 $y = 2^x$, $y = -\left(\dfrac{1}{2}\right)^x + k$의 그래프가 서로 다른 두 점 A, B에서 만난다. 선분 AB의 중점의 좌표가 $\left(0,\ \dfrac{5}{4}\right)$일 때, 상수 k의 값을 구하시오.

6. 연속함수 $f(x)$에 대하여

$$\lim_{x \to 0} \frac{\ln\{1 + f(2x)\}}{x} = 10$$

일 때, $\displaystyle\lim_{x \to 0} \frac{f(x)}{x}$의 값을 구하시오.

7. 열린구간 $(0,\ 2\pi)$에서 정의된 함수 $f(x) = \dfrac{\sin x}{e^{2x}}$가 $x = a$에서 극솟값을 가질 때 $\cos a$의 값을 구하시오.

8. 양의 실수 전체의 집합에서 미분가능한 함수 $f(x)$에 대하여 함수 $g(x)$를

$$g(x) = f(x)\ln x^4$$

이라 하자. 곡선 $y=f(x)$ 위의 점 $(e, -e)$에서의 접선과 곡선 $y=g(x)$위의 점 $(e, -4e)$에서의 접선이 서로 수직일 때 $f'(e)$의 값을 구하시오.

9. 함수 $f(x)=(x-1)e^x$ $(x>0)$의 역함수를 $g(x)$라 할 때, 곡선 $y=g(x)$ 위의 점 $(e^2, 2)$에서의 접선의 기울기를 구하시오.

10. 양의 실수 전체의 집합에서 연산 *을

$$a*b=a^b b^{-\frac{a}{2}}$$

으로 정의하자. $(2*4)*x=8x^{-2}$일 때, x값을 구하시오.

11. 함수 $f(x)=1+3\log_2 x$에 대하여 함수 $g(x)$가

$$(g \circ f)(x)=x$$

를 만족시킬 때, $g(13)$의 값을 구하시오.

12. 두 곡선 $y=3^{x+m}$, $y=3^{-x}$이 y축과 만나는 점을 각각 A, B라고 하자. $\overline{\mathrm{AB}}=8$일 때 m의 값을 구하시오.

13. 함수 $y=f(x)$의 그래프는 함수 $y=\log_2(x-1)$의 그래프와 직선 $y=x$에 대하여 대칭이다. 점 $\mathrm{P}(2, b)$는 곡선 $y=f(x)$, 점 $\mathrm{Q}(a, b)$는 곡선 $y=\log_2(x-1)$ 위에 있을 때, a, b의 값을 구하시오.

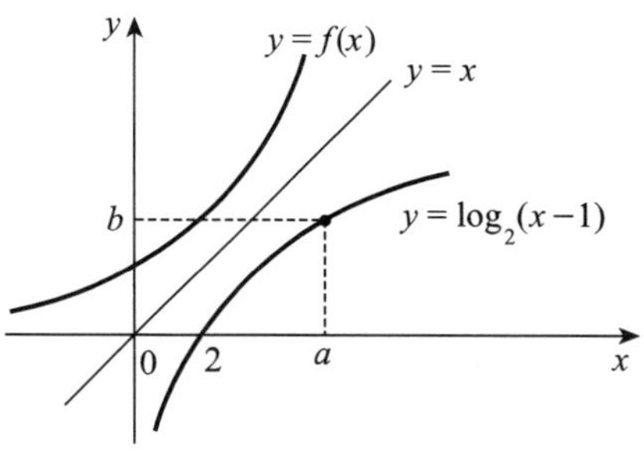

14. 곡선 $y=\left(\ln\dfrac{1}{ax}\right)^2$의 변곡점이 직선 $y=2x$ 위에 있을 때, 양수 a의 값을 구하시오.

15. 두 지수함수 $f(x)=a^{bx-1}$, $g(x)=a^{1-bx}$이 다음 조건

(가) 함수 $y=f(x)$의 그래프와 함수 $y=g(x)$의 그래프는 직선 $x=2$에 대하여 대칭

이다.

(나) $f(4)+g(4)=\frac{5}{2}$

을 만족시킬 때 상수 a, b를 구하시오.

16. 함수 $f(x)=2^x$의 그래프를 x축의 방향으로 m만큼, y축의 방향으로 n만큼 평행이동시키면 함수 $y=g(x)$의 그래프가 되고, 이 평행이동에 의하여 점 $\mathrm{A}(1, f(1))$이 점 $\mathrm{A}'(3, f(3))$으로 이동된다. 함수 $y=g(x)$의 그래프가 점 (0, 1)을 지날 때, m, n의 값을 구하시오.

17. 부등식 $9^x-3^{x+2}+18<0$의 해가 $\alpha<x<\beta$일 때, $3^\alpha 3^\beta$의 값을 구하시오.

18. 다음 중 함수 $y=\log_2\frac{2}{x-1}$의 그래프의 개형을 그리시오.

19. 함수 $y=\log(10-x^2)$의 정의역을 A, 함수 $y=\log(\log x)$의 정의역을 B라 할 때, $A\cap B$의 원소 중 정수의 개수는?

20. 그림과 같이 함수 $y=8^x$의 그래프가 두 직선 $y=a$, $y=b$가 만나는 점을 각각 A, B라 하고, 함수 $y=4^x$의 그래프가 두 직선 $y=a$, $y=b$와 만나는 점을 각각 C, D라 하자. 점 B에서 직선 $y=a$에 내린 수선의 발을 E, 점 C에서 직선 $y=b$에 내린 수선의 발을 F라 하자. 삼각형 AEB의 넓이가 20일 때, 삼각형 CDF의 넓이는? (단, $a>b>1$이다.)

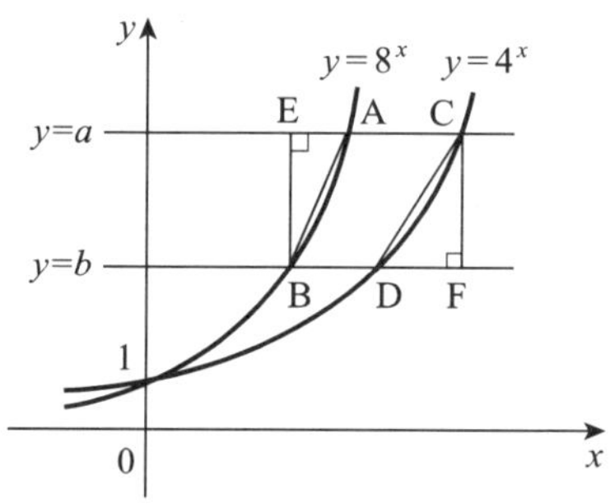

21. 다음 그림과 같이 곡선 $y=\log_2 x$ 위의 한 점 $\mathrm{P}(a, \log_2 a)$에서 x축에 내린 수선의 발을 H라 한다. 점 $\mathrm{A}(1, 0)$에 대하여 $\overline{\mathrm{AH}}=\overline{\mathrm{PH}}$일 때, 점 P에서 직선 $y=x$까지의 거리는? (단, $a>1$이다.)

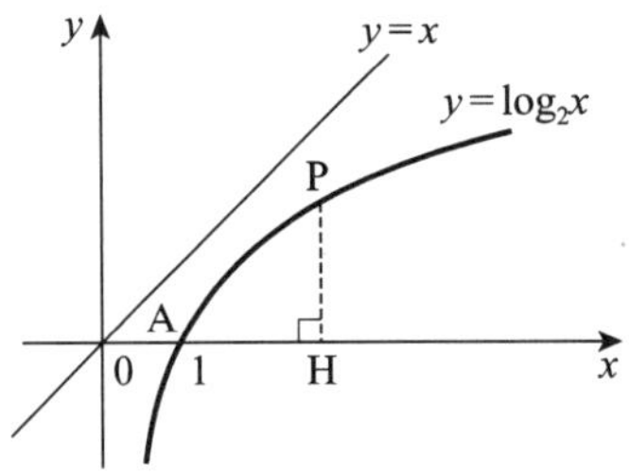

22. $1 < a < b$인 두 실수 a, b에 대하여 |보기|에서 옳은 것을 모두 고르시오.

| 보기 |

ㄱ. $\log_b a < \log_a b$

ㄴ. $\frac{1}{a}\log a < \frac{1}{b}\log b$

ㄷ. $2\log(a+b) < \log 2(a^2+b^2)$

23. x에 대한 방정식 $4^x - a \cdot 2^{x+1} + a^2 - a - 6 = 0$이 서로 다른 두 실근을 갖도록 하는 상수 a의 값의 범위는?

24. 함수 $f(x) = 2^x$에 대하여 등식 $f(k) = 3f(2)$를 만족하는 실수 k의 값은?

25. 그림은 함수 $y = \log_2 x$의 그래프이다. 점 A의 좌표는 A$(2, 0)$이고 점 B의 좌표는 B$(16, 0)$이다. 점 F가 선분 CD를 1:2로 내분하는 점일 때, 점 E의 x좌표는?

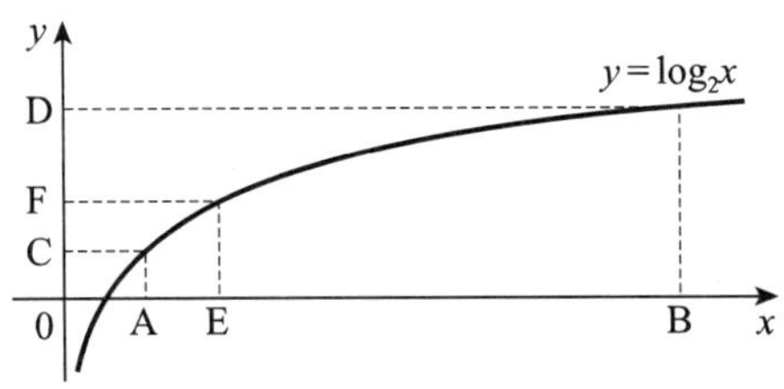

26. 자연수 $n(n \geq 2)$에 대하여 직선 $y = -x + n$과 곡선 $y = |\log_2 x|$가 만나는 서로 다른 두 점의 x좌표를 각각 a_n, $b_n(a_n < b_n)$이라 할 때, 옳은 것만을 |보기|에서 있는 대로 고르시오.

보기

ㄱ. $a_2 < \frac{1}{4}$

ㄴ. $0 < \frac{a_{n+1}}{a_n} < 1$

ㄷ. $1 - \frac{\log_2 n}{n} < \frac{b_n}{n} < 1$

27. $0 < a < \frac{1}{2}$인 상수 a에 대하여 직선 $y = x$가 곡선 $y = \log_a x$와 만나는 점을 (p, p), 직선 $y = x$가 곡선 $y = \log_{2a} x$와 만나는 점을 (q, q)라 하자. |보기|에서 옳은 것만을 있는 대로 고르시오.

보기

ㄱ. $p = \frac{1}{2}$이면 $a = \frac{1}{4}$이다.

ㄴ. $p < q$

ㄷ. $a^{p+q} = \frac{pq}{2}$

28. 직선 $y = 2 - x$가 두 로그함수

$$y = \log_2 x, \quad y = \log_3 x$$

의 그래프와 만나는 점을 각각 (x_1, y_1), (x_2, y_2)라 할 때, |보기|에서 옳은 것을 모두 고르시오.

보기

ㄱ. $x_1 > y_2$

ㄴ. $x_2 - x_1 = y_1 - y_2$

ㄷ. $x_1 y_1 > x_2 y_2$

29. 자연수 n에 대하여 $\log_2 n$이 유리수이면 n을 $n = 2^k$(k는 $k \geq 0$인 정수)의 형태로 나타낼 수 있음을 증명하시오.

CHAPTER

07 적분의 개념

CALCULUS

앞선 부분에서는 함수와 그의 미분에 대하여 다루었다. 이제 미적분학의 다른 한 중요한 축인 적분에 대하여 다루고자 한다. 적분의 개념은 넓이를 구하는 과정에서 그 개념이 형식화되었으며, 이러한 개념을 일반적인 함수로까지 확장한 것이 적분이다. 이 장에서는 먼저 부정적분에 대하여 정의하고, 정적분의 개념 및 의미 그리고 미분과 적분의 관계를 나타내는 미적분학에 있어서 가장 중요한 정리 중의 하나인 "미적분학의 기본정리"에 대하여 다루고자 한다.

정적분의 개념은 넓이 뿐만 아니라 부피, 곡선의 길이(9장 참고) 및 일과 힘 등을 구하는 문제에 이용되며, 또한 물리학, 화학, 생물학 및 경제학 등 여러 분야에서 발생하는 문제를 해결하는 데 있어 유용하게 이용된다.

7.1 부정적분

우리가 다루는 수학 연산들에 있어서는 그 역이 존재한다. 예를 들어 덧셈과 뺄셈, 곱셈과 나눗셈, 거듭제곱과 제곱근 등이 있다. 또한 많은 응용분야에서 나타나는 미분을 포함한 방정식(미분방정식이라 함)을 풀기 위해서는 그 역 과정인 적분을 시행하여야 한다. 그리하여 다음을 정의해 보자.

정의 1 ••• 역도함수(antiderivative)

주어진 함수 $f(x)$에 대하여

$$F'(x) = f(x)$$

를 만족하는 함수 $F(x)$가 존재할 때, 함수 $F(x)$을 $f(x)$의 한 **역도함수**(antiderivative)라 부른다.

예제 1

함수 $f(x) = x^2$ 의 역도함수를 구하시오.

풀이 $\frac{d}{dx}\frac{1}{3}x^3 = x^2$이므로 $\frac{1}{3}x^3$은 x^2의 역도함수이다. 또한 $\frac{1}{3}x^3+1$, $\frac{1}{3}x^3+10$, $\cdots$ 등 모두가 함수 $f(x) = x^2$ 의 역도함수임을 확인할 수 있다. 즉, 위 함수들의 미분이 모두 x^2 이다. 이러한 역도함수들의 공통적인 것은 $\frac{1}{3}x^3$에 상수가 더해진 형태라는 것이다. 즉, $F(x) = \frac{1}{3}x^3 + C$ ($C=$ 임의 상수)이라 놓으면 $F'(x) = f(x)$이다. 결국 $F(x) = \frac{1}{3}x^3 + C$는 $f(x) = x^2$ 의 역도함수이다. ▣

예제 1에 의하여 우리는 다음의 정리가 사실임을 쉽게 예상할 수 있다.

정리 1 •••

함수 $F(x)$가 함수 $f(x)$의 역도함수이면 $F(x)+C$도 함수 $f(x)$의 역도함수이다. 여기서 C는 임의 상수이다.

증명 함수 $G(x)$가 함수 $f(x)$의 한 역도함수라 하자. 즉, $G'(x) = f(x)$이다. 그러나 $F'(x) = f(x)$이므로 결국 $G'(x) = F'(x)$이다. 그리하여 5.2절의 정리 4에 의하여 $G(x) = F(x) + C$이고, $F(x)+C$ 또한 함수 $f(x)$의 역도함수이다. ▣

다음 정의에서 보여지듯이 한 함수의 부정적분은 그 함수의 역도함수로서 정의한다.

정의 2 ••• 부정적분

함수 $f(x)$의 역도함수를 함수 $f(x)$의 **부정적분**(indefinite integral)이라 하며, 기호

$$\int f(x)dx = F(x) + C$$

에 의하여 나타낸다. 여기서 $F'(x) = f(x)$이고 C는 임의상수이다. 이때 기호 $\int$을 **적분기호**(integral sign)이라 하고, 함수 $f(x)$을 **피적분함수**(integrand), 상수 C을 **적분상수**(integral constant)라 한다.

부정적분의 정의에 의하여

$$\frac{d}{dx}F(x) = f(x) \quad \Leftrightarrow \quad \int f(x)dx = F(x) + C$$

이고, 좌측의 등식에 적분을 취하면

$$\int \frac{d}{dx}F(x)dx = \int f(x)dx = F(x) + C$$

이다. 즉, 한 함수 $F(x)$를 미분한 다음 적분을 취하면 자기자신 $F(x)$에 임의상수 C를 더한 값이 주어진다. 또한 우측의 등식에 미분을 취하면

$$\frac{d}{dx}\int f(x)dx = \frac{d}{dx}[F(x) + C] = f(x)$$

이다. 이것은 한 함수 $f(x)$를 적분한 다음 미분을 하면 자기자신 $f(x)$가 된다는 사실을 알 수 있다.

예제 2

다음 함수들의 부정적분을 구하시오.

(a) $f(x) = x^5$ (b) $g(x) = \sin x$ (c) $h(x) = \dfrac{1}{\sqrt{x}}$

풀이 (a) 함수 $F(x) = \dfrac{1}{6}x^6$ 이라 놓으면

$$\frac{d}{dx}F(x) = x^5$$

이므로 함수 $F(x)=\frac{1}{6}x^6$는 함수 $f(x)=x^5$의 역도함수이다. 그리하여

$$\int x^5 dx = \frac{1}{6}x^6 + C$$

이다.

(b) 함수 $G(x)=-\cos x$ 이라 놓으면

$$G'(x)=\sin x$$

이므로 함수 $G(x)=-\cos x$는 $g(x)=\sin x$ 의 역도함수이다. 그리하여 함수 $g(x)=\sin x$ 의 부정적분은

$$\int \sin x\, dx = -\cos x + C$$

이다.

(c) $h(x)=x^{-\frac{1}{2}}$ 이고 $H(x)=2x^{\frac{1}{2}}$ 이라 놓으면

$$\frac{d}{dx}H(x)=x^{-\frac{1}{2}}=h(x)$$

이다. 그러므로

$$\int \frac{1}{\sqrt{x}}dx = 2\sqrt{x}+C$$

이다. ▣

다음은 기본적인 함수들의 부정적분을 나타낸 것이다. 이것은 우변에 있는 함수의 도함수가 좌변의 피적분함수임을 보이는 것에 의하여 증명할 수 있다(연습문제 7.1의 2참고).

기본적인 함수들의 부정적분

1. $\int x^n\, dx = \frac{x^{n+1}}{n+1}+C, \quad n \neq -1$

   특별히 $n=0$인 경우 $\int 1\, dx = x + C$이다.

2. $\int \frac{1}{x}dx = \ln|x| + C$ (1번에서 $n = -1$인 경우)

3. $\int \cos x\, dx = \sin x + C$

4. $\int \sin x\, dx = -\cos x + C$

5. $\int e^x dx = e^x + C$

6. $\int \sec^2 x\, dx = \tan x + C$

7. $\int \sec x \tan x\, dx = \sec x + C$

8. $\int \frac{1}{\sqrt{1-x^2}}dx = \sin^{-1}x + C$

9. $\int \frac{-1}{\sqrt{1-x^2}}dx = \cos^{-1}x + C$

10. $\int \frac{1}{1+x^2}dx = \tan^{-1}x + C$

예제 3

함수 $f(x)$의 역도함수 $F(x)$에 대하여 $F(x) = x f(x) - (x\sin x + \cos x)$, $F\left(\frac{\pi}{2}\right) = \frac{\pi}{2}$인 관계가 성립한다고 한다. 이 때 함수 $f(x)$을 구하시오.

풀이 $F(x) = x f(x) - (x\sin x + \cos x)$에서 양변 미분하면

$$F'(x) = f(x) + x f'(x) - (\sin x + x\cos x - \sin x)$$

이다. 그러나 $F'(x) = f(x)$ ($F(x)$는 $f(x)$의 역도함수) 이므로

$$f(x) = f(x) + x f'(x) - x\cos x$$

즉, $f'(x) = \cos x$ 이다. 따라서

$$f(x) = \sin x + C$$

이고, $F\left(\frac{\pi}{2}\right) = \frac{\pi}{2}$ 이므로

$$\frac{\pi}{2}=\frac{\pi}{2}f\left(\frac{\pi}{2}\right)-\left(\frac{\pi}{2}\sin\frac{\pi}{2}+\cos\frac{\pi}{2}\right)$$

에 의하여

$$f\left(\frac{\pi}{2}\right)=2$$

을 얻을 수 있으며 $f(x)=\sin x+C$에 $x=\frac{\pi}{2}$을 대입하는 것에 의하여 적분상수 $C=1$을 얻는다. 그러므로 함수 $f(x)$는

$$f(x)=\sin x+1$$

에 의하여 주어진다. ▣

정리 2 ∘∘∘ 부정적분의 성질

함수 f, g에 대하여 다음의 성질들이 성립한다.

(a) $\int k\cdot f(x)\,dx=k\cdot\int f(x)\,dx,\quad k=$ 상수

특별히 $k=-1$인 경우

$$\int(-f(x))\,dx=-\int f(x)\,dx$$

(b) $\int[k_1f(x)\pm k_2g(x)]\,dx=k_1\int f(x)dx\pm k_2\int g(x)dx$

이며, 일반적으로

$$\begin{aligned}&\int[k_1f_1(x)\pm k_2f_2(x)\pm\cdots\pm k_nf_n(x)]\,dx\\&=k_1\int f_1(x)dx\pm k_2\int f_2(x)dx\pm\cdots\pm k_n\int f_n(x)dx\end{aligned}$$

이 성립한다.

증명 (a) $F(x)$는 $f(x)$의 역도함수, 즉 $F'(x)=f(x)$라 하자. 그리고 나면 $\int f(x)\,dx=F(x)$이다. 여기서 적분상수 C는 0으로 두자.

$$\frac{d}{dx}[kF(x)]=k\frac{d}{dx}F(x)=kf(x)$$

이다. 다시말해 $kF(x)$는 $kf(x)$의 역도함수이다. 그리하여

$$\int kf(x)\,dx = kF(x) = k\int f(x)\,dx$$

이다. (b)도 비슷하게 증명할 수 있으며 연습문제로 남겨둔다. ▣

예제 4

부정적분의 성질을 이용하는 것에 의하여 $\int (x^2+2x+3)\,dx$ 을 구하시오.

풀이 정리 2에 의하여

$$\begin{aligned}\int (x^2+2x+3)dx &= \int x^2 dx + \int (2x)dx + \int 3dx \\ &= \frac{1}{3}x^3 + C_1 + x^2 + C_2 + 3x + C_3 \\ &= \frac{1}{3}x^3 + x^2 + 3x + (C_1 + C_2 + C_3) \\ &= \frac{1}{3}x^3 + x^2 + 3x + C\end{aligned}$$

위의 등식에서 3개의 임의상수 C_1, C_2, C_3가 나왔지만 이들을 결합하여도 다시 임의상수이므로 이것을 임의 상수 C로 나타낼 수 있다. ▣

예제 4에서 보여지듯이 앞으로는 맨 마지막에 임의상수 C만으로 나타낼 것이다.

예제 5

부정적분 $\int \frac{x^2+1}{\sqrt{x}}\,dx$ 을 구하시오.

풀이

$$\begin{aligned}\int \frac{x^2+1}{\sqrt{x}}dx &= \int \left(\frac{x^2}{\sqrt{x}} + \frac{1}{\sqrt{x}}\right)dx \\ &= \int x^{\frac{3}{2}}dx + \int x^{-\frac{1}{2}}dx \\ &= \frac{2}{5}x^{\frac{5}{2}} + 2x^{\frac{1}{2}} + C\end{aligned}$$

▣

예제 6

부정적분 $\int(-\sin x+3\cos x)\,dx$ 을 구하시오.

풀이 부정적분의 성질에 의하여

$$\begin{aligned}\int(-\sin x+3\cos x)\,dx &= \int(-\sin x)\,dx+3\int\cos x\,dx\\ &= \cos x+3\sin x+C\end{aligned}$$

이다. ▣

예제 7

부정적분 $\int e^{6x}\,dx$ 을 구하시오.

풀이 $\dfrac{d}{dx}e^{6x}=6e^{6x}$ 이므로

$$\int e^{6x}\,dx=\frac{1}{6}e^{6x}+C$$

이다. ▣

다음 정리 3은 실제 적분 계산에서 많이 접하게 되는 문제이다.

정리 3

미분가능한 함수 $g(x)$에 대하여

$$\int\frac{g'(x)}{g(x)}\,dx=\ln|g(x)|+C$$

이다.

증명 부정적분의 정의에 의하여

$$\frac{d}{dx}\ln|g(x)|=\frac{g'(x)}{g(x)}$$

임을 보이면 된다. $y=\ln|g(x)|$라 하자. $u=g(x)$라 놓으면 $y=\ln|u|$, $u=g(x)$이다. 따라서 연쇄법칙을 적용하면

$$\frac{d}{dx}\ln|g(x)| = \frac{dy}{dx} = \frac{dy}{du}\frac{du}{dx}$$

$$= \frac{1}{u}g'(x) = \frac{g'(x)}{g(x)}$$

이다. ▣

예제 8

부정적분 $\int \frac{x}{x^2+1}\,dx$ 을 계산하시오.

풀이 정리 3에서 $g(x) = x^2+1$이라 하면 $g'(x) = 2x$이다. 그리하여

$$\int \frac{x}{x^2+1}\,dx = \frac{1}{2}\int \frac{2x}{x^2+1}dx$$

$$= \frac{1}{2}\ln|x^2+1| + C$$

$$= \frac{1}{2}\ln(x^2+1) + C$$

이다. 여기서 $x^2+1 > 0$는 사실에 의하여 세 번째 등식이 성립한다. ▣

연습문제 7.1

1. 다음 함수 $F(x)$가 함수 $f(x)$의 역도함수임을 밝히시오.

(a) $F(x) = x^3+3x^2-5x+2, \qquad f(x) = 3x^2+6x-5$

(b) $F(x) = x^{100}-2x^{50}+x+3e^x, \qquad f(x) = 100x^{99}-100x^{49}+1+3e^x$

(c) $F(x) = \tan x + \frac{1}{3}x^3+5, \qquad f(x) = \sec^2 x + x^2$

(d) $F(x) = \cos^{-1}x, \qquad f(x) = -\frac{1}{\sqrt{1-x^2}}$

(e) $F(x) = \frac{2}{5}\sqrt{x^5} - \frac{2}{3}\sqrt{x^3}, \qquad f(x) = \sqrt{x^3} - \sqrt{x}$

2. 다음을 증명하시오.

(a) $\int x^n dx = \frac{x^{n+1}}{n+1} + C, \quad n \neq -1$

특별히 $n = 0$인 경우 $\int 1\,dx = x + C$ 이다.

(b) $\int \cos x\, dx = \sin x + C$

(c) $\int \sec^2 x\, dx = \tan x + C$

(d) $\int \sec x \tan x\, dx = \sec x + C$

(e) $\int \frac{1}{x} dx = \ln|x| + C$

(f) $\int e^{kx} dx = \frac{1}{k} e^{kx} + C, \quad k = $ 상수

특별히 $k = 1$인 경우 $\int e^x dx = e^x + c$이다.

(g) $\int \frac{1}{\sqrt{1-x^2}} dx = \sin^{-1} x + C$

(h) $\int \frac{1}{\sqrt{1-x^2}} dx = \cos^{-1} x + C$

(i) $\int \frac{1}{1+x^2} dx = \tan^{-1} x + C$

3. 다음 함수들의 부정적분을 구하시오.

(a) $\int (x^5 + 3x^2 + 5 + e^x)\, dx$

(b) $\int x^{-2} dx$

(c) $\int (\sec^2 x - 2\sqrt{x}\,)\, dx$

(d) $\int \left(\cos x + \frac{2}{1+x^2}\right) dx$

(e) $\int \sin 3x \cos x\, dx$

(힌트 : $\sin A \cos B = \frac{1}{2}[\sin(A-B) + \sin(A+B)]$)

(f) $\int \frac{x+1}{x^2+2x+1}\,dx$

(g) $\int \operatorname{cosec}^2 x\,dx$

(h) $\int \operatorname{cosec} x \cot x\,dx$

(i) $\int a^x\,dx$ (단, $a>0$)

4. 어떤 함수 $f(x)$에 대하여 $f(1)=2,\ f'(x)=6x^2-12x+1$일 때 함수 $f(x)$을 구하시오.

5. $f''(x)=\cos x$ 이고 $f(0)=1,\ f'(0)=1$인 함수 $f(x)$을 구하시오.

6. 함수 $f(x)$가 점 $(1,6)$을 지나고 곡선상의 점 $(x,\ f(x))$에서 접선의 기울기가 $2x+3$으로 주어질 때 함수 $f(x)$을 구하시오.

7. 함수 $f(x)$의 한 역도함수 $F(x)$가

$$F(x)=xf(x)-x^3+x^2$$

을 만족할 때, 함수 $f(x)$를 구하시오.(단, $f(0)=5$)

8. $\int [k_1 f_1(x) \pm k_2 f_2(x)]\,dx = k_1\int f_1(x)dx \pm k_2\int f_2(x)dx$을 증명하는 것에 의하여 일반적인 n개의 함수들로 까지 확장될 수 있음을 보여라. 즉,

$$\int [k_1 f_1(x) \pm k_2 f_2(x) \pm \cdots \pm k_n f_n(x)]\,dx$$
$$= k_1\int f_1(x)dx \pm k_2\int f_2(x)dx \pm \cdots \pm k_n\int f_n(x)dx$$

9. 함수 $f(x),\ g(x)$가 다음 관계를 만족하고 있다.

$$f'(x)=-g(x),\ g'(x)=-f(x)\ \ f(0)=3,\ g(0)=1$$

일 때, $f(x)+g(x)$와 $g(x)$를 구하시오.

10. 다음 부정적분을 구하시오.

(a) $\int \frac{1}{\sqrt{x+1}-\sqrt{x}}\,dx$

(b) $\int \frac{\sin^2 x}{1+\cos x}dx$

(c) $\int \frac{(e^x - e^{-x})^2}{e^x}dx$

(d) $\int \frac{\sin 2x}{1+\cos^2 x}dx$

(e) $\int \frac{1}{1+\cos x}dx$

11. 함수 $f(x)$의 도함수 $f'(x)$에 대하여

$$\int (2x+1)f'(x)dx = \frac{8}{3}x^3 + x^2 - x$$

가 성립하고 $f(0)=2$일 때, $f(1)$의 값을 구하시오.

12. 현재 어느 나라 65세 이상 노년층의 인구는 500만명이라고 한다. 이 나라의 t년후 65세 이상 노년층의 인구증가율이

$$3+0.2t \text{ (만 명/년)}$$

이라고 한다. 이 나라의 t년 후 65세 이상 노년층의 인구는 대략 몇 명인가? 또 10년 후의 65세 이상 노년층의 인구는 대략 몇 명인가?
(힌트 : t년 후 65세 이상 노년층의 인구를 $F(t)$라 하자. 그리고 나면 $F'(t)=3+0.2t$ 이다.)

13. 높이가 20 (m)인 건물의 옥상에서 30m/초의 속도로 똑바로 위로 던져 올린 물체의 t초 후의 속도는

$$v(t) = 30 - 10t \text{ (m/초)}$$

라고 한다. 이 물체가 가장 높이 올라갔을 때의 지면으로부터의 높이를 구하시오.
(힌트 : t초 후 지면으로부터의 높이를 $h(t)$라 하면 $h'(t)=v(t)$이다.)

14. 물을 저장하고 있는 어떤 물탱크에 구멍이 생긴 후 시간이 지날수록 구멍이 커지면서 t초 후 물의 양이 $3t^2+2t$(L/초)의 속도로 감소한다고 한다. 처음 구멍이 생겼을 때 물탱크에 있는 물의 양이 1000(L)라 할 때 5초 후 물탱크에 남아 있는 물의 양을 구하시오.
(힌트 : 구멍이 생긴 후 t초 후에 물탱크에 남아 있는 물의 양을 $f(t)$라 하면 $f'(t) = -3t^2-2t$이다.)

7.2 정적분

정적분의 개념은 도형의 넓이를 구하는 과정에서 비롯되었다. 도형, 특히 다각형의 넓이를 구하기 위해서 삼각형 또는 직사각형으로 분할한 뒤 분할된 도형의 넓이를 합하는 방법을 사용하였듯이 넓이(면적)이나 적분을 계산하는데 있어서 많은 항들을 합하는 문제에 자주 접하게 된다. 그리하여 우리는 먼저 시그마 기호 Σ(sigma notation)에 의하여 합을 표현하는 방법에 대해서 간단히 소개하고자 한다.

정의 1 ••• 시그마

유한개의 실수 a_1, a_2, $\cdots$, a_n 에 대하여 이들의 합을

$$\sum_{i=1}^{n} a_i = a_1 + a_2 + \cdots + a_n$$

에 의하여 나타낸다.

여기서 Σ는 영어의 S에 대응되는 그리스어이며 첨자(index) i가 Σ 아래에 써놓은 정수에서 시작해 Σ 위에 써 놓은 정수까지 양의 정수들을 거치면서 제시해 놓은 형태의 수들을 모두 더하라는 뜻이다. 또한 정의 1에서 합 $a_1 + a_2 + \cdots + a_n = \sum_{i=0}^{n-1} a_{i+1}$로도 표현이 가능하다. 그리하여 실수들의 합을 시그마 기호에 의하여 표현할 때 오직 하나의 표현 방법만이 존재하는 것은 아니다.

예제 1

(a) $\sum_{k=m}^{n} a_k = a_m + a_{m+1} + a_{m+2} + \cdots + a_n$

(b) $\sum_{i=1}^{n} f(i) = f(1) + f(2) + \cdots + f(n)$

정리 1 ∘∘∘ 시그마에 의하여 주어진 특별한 합의 공식

c는 상수이고, n이 자연수일 때 다음의 합을 얻을 수 있다.

(a) $\sum_{i=1}^{n} c = nc$

특별히 $c = 1$이면 $\sum_{i=1}^{n} 1 = n$이다.

(b) $\sum_{i=1}^{n} i = \frac{n(n+1)}{2}$

(c) $\sum_{i=1}^{n} i^2 = \frac{n(n+1)(2n+1)}{6}$

(d) $\sum_{i=1}^{n} i^3 = \left[\frac{n(n+1)}{2}\right]^2$

(e) $\sum_{i=1}^{n} i^4 = \frac{n(n+1)(2n+1)(3n^2+3n-1)}{30}$

증명 (a) $\sum_{i=1}^{n} c$는 상수 c를 n번 더하는 것이므로 그 합은 nc이다.

(b) $\sum_{i=1}^{n} i = S$라 하자. 그리고 나면 S를 다음과 같이 두 개의 다른 방법으로 표현할 수 있다.

즉,

$$S = 1 + 2 + \cdots + (n-1) + n$$

또는

$$S = n + (n-1) + \cdots + 2 + 1$$

두 식을 대응하는 항끼리 더하면

$$2S = (n+1) + (n+1) + \cdots + (n+1) + (n+1)$$

으로 $(n+1)$이 n개 있으므로 우변의 합은 $n(n+1)$이다. 그리하여

$$\sum_{i=1}^{n} i = S = \frac{n(n+1)}{2}$$

이다.

(c), (d) 및 (e)의 증명은 연습문제로 남겨둔다. ■

정리 2 ∘∘∘ Σ의 선형성

임의의 두 상수 c_1, c_2에 대하여 다음의 선형성이 성립한다.

$$\sum_{i=1}^{n}[c_1 f(i)+c_2 g(i)]=c_1\sum_{i=1}^{n}f(i)+c_2\sum_{i=1}^{n}g(i)$$

증명 $\sum_{i=1}^{n}[c_1 f(i)+c_2 g(i)]=[c_1 f(1)+c_2 g(1)]+[c_1 f(2)+c_2 g(2)]+\cdots+[c_1 f(n)+c_2 g(n)]$

$$=c_1[f(1)+f(2)+\cdots+f(n)]+c_2[g(1)+g(2)+\cdots+g(n)]$$

$$=c_1\sum_{i=1}^{n}f(i)+c_2\sum_{i=1}^{n}g(i)$$

이다. ■

따름정리

정리 2의 결과로서 다음을 쉽게 유도할 수 있다.

(1) $\sum_{i=1}^{n}cf(i)=c\sum_{i=1}^{n}f(i)$, c=상수

(2) $\sum_{i=1}^{n}[f(i)-g(i)]=\sum_{i=1}^{n}f(i)-\sum_{i=1}^{n}g(i)$

(3) $\sum_{i=1}^{n}[c_1 f_1(i)\pm c_2 f_2(i)\pm\cdots\pm c_k f_k(i)]$

$$=c_1\sum_{i=1}^{n}f_1(i)\pm c_2\sum_{i=1}^{n}f_2(i)\pm\cdots\pm c_k\sum_{i=1}^{n}f_k(i)$$

단, $c_1, c_2, \cdots, c_k$는 상수이다.

예제 2

다음을 계산하시오.

(a) $\sum_{i=1}^{10}i$ (b) $1^2+2^2+\cdots+7^2$ (c) $\sum_{i=1}^{n}[(i+1)^2-i^2]$

풀이 (a) 정리 1의 (b)에 의하여

$$\sum_{i=1}^{10} i = 1+2+\cdots+10 = \frac{10(10+1)}{2} = 55$$

(b) $1^2+2^2+\cdots+7^2 = \sum_{i=1}^{7} i^2 = \frac{7\cdot 8\cdot 15}{6} = 140$

(c) $\sum_{i=1}^{n}[(i+1)^2 - i^2]$

$= [(2^2-1^2)+(3^2-2^2)+(4^2-3^2)+\cdots+(n^2-(n-1)^2)+((n+1)^2-n^2)]$

$= (n+1)^2 - 1$

$= n^2+2n$ ▣

예제 3

$\sum_{i=1}^{n}\left[\left(\frac{i}{n}\right)^2 - 3\frac{i}{n}+2\right]$을 계산하시오.

풀이 정리 2의 따름정리 및 정리 1에 의하여

$$\begin{aligned}\sum_{i=1}^{n}\left[\left(\frac{i}{n}\right)^2 - 3\frac{i}{n}+2\right] &= \frac{1}{n^2}\sum_{i=1}^{n} i^2 - \frac{3}{n}\sum_{i=1}^{n} i + 2\sum_{i=1}^{n} 1 \\ &= \frac{1}{n^2}\frac{n(n+1)(2n+1)}{6} - \frac{3}{n}\frac{n(n+1)}{2} + 2n \\ &= \frac{5n^2-6n+1}{6n}\end{aligned}$$

이다. ▣

예제 4

$\lim_{n\to\infty}\frac{1}{n}\sum_{i=1}^{n}\left[\left(\frac{i}{n}\right)^2 - 3\frac{i}{n}+2\right]$을 계산하시오.

풀이 예제 3으로부터 $\sum_{i=1}^{n}\left[\left(\frac{i}{n}\right)^2 - 3\frac{i}{n}+2\right] = \frac{5n^2-6n+1}{6n}$이다. 그리하여

$$\lim_{n\to\infty}\frac{1}{n}\sum_{i=1}^{n}\left[\left(\frac{i}{n}\right)^2-3\frac{i}{n}+2\right]=\lim_{n\to\infty}\frac{1}{n}\frac{5n^2-6n+1}{6n}$$

$$=\lim_{n\to\infty}\left[\frac{5}{6}-\frac{1}{n}+\frac{1}{6}\frac{1}{n^2}\right]=\frac{5}{6}$$

이다. ▣

함수 $f(x)=x^2$, $0\le x\le 1$에 대하여 곡선 $y=x^2$, 직선 $x=1$ 및 $x-$축으로 둘러싸인 영역의 넓이를 구하고자 한다. 어떻게 구할까?

먼저 구간 $[0,1]$을 n-등분하고 각각의 등분한 점들에 대하여 좌표 x_k를 $x_0=0$, $x_k=\frac{k}{n}$, $k=1,2,\cdots,n-1$, $x_n=1$이도록 잡자. k번째 구간 $[x_{k-1},x_k]$에 대하여 오른쪽 끝점 $x=x_k$에서의 함숫값 $f(x_k)$에 의하여 직사각형을 만들자. 그리고 나면 k번째 구간에 대한 직사각형의 넓이는 높이 $f(x_k)$와 밑변의 길이 $\Delta x_k\equiv x_k-x_{k-1}$ $\left(=\frac{1}{n}\right)$의 곱에 의하여 주어진다.

즉, k번째 직사각형의 넓이는 $f(x_k)\Delta x_k$, 즉 $\left(\frac{k}{n}\right)^2\frac{1}{n}$, $k=1,2,\cdots,n$이다. 그리하여 곡선 $y=x^2$ 아래 부분의 넓이는 n개의 직사각형들의 넓이의 합

$$\begin{aligned}S_n &\equiv \sum_{k=1}^{n}f(x_k)\Delta x_k\\ &= f(x_1)\Delta x_1+f(x_2)\Delta x_2+\cdots+f(x_{n-1})\Delta x_{n-1}+f(x_n)\Delta x_n\\ &= \left(\frac{1}{n}\right)^2\frac{1}{n}+\left(\frac{2}{n}\right)^2\frac{1}{n}+\cdots+\left(\frac{n-1}{n}\right)^2\frac{1}{n}+\left(\frac{n}{n}\right)^2\frac{1}{n}\end{aligned}$$

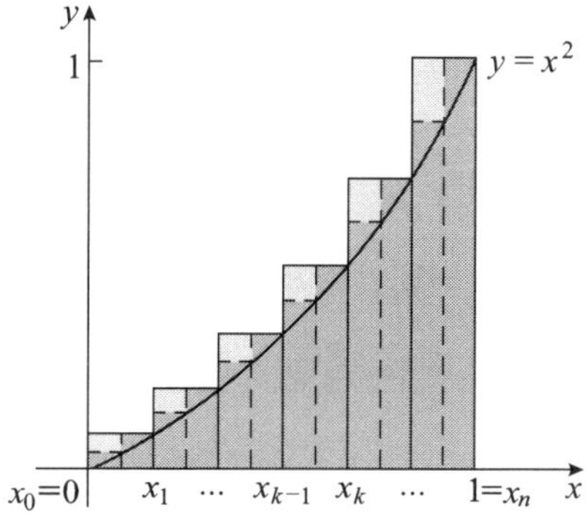

그림 7.1 $f(x)=x^2$의 그래프

$$= \frac{1}{n^3} \left[1^2 + 2^2 + \cdots + (n-1)^2 + n^2 \right]$$

$$= \frac{1}{n^3} \sum_{k=1}^{n} k^2$$

$$= \frac{1}{n^3} \frac{n(n+1)(2n+1)}{6}$$

에 의하여 근사적으로 주어진다. 실질적으로 n을 증가시키면 (즉, 소구간의 길이(Δx_k)를 한없이 작게 0으로 보내면) 이러한 직사각형들의 넓이의 합 S_n은 곡선 $y = f(x)$ 아래 영역의 넓이로 수렴함을 알 수 있다. 즉,

$$\lim_{n \to \infty} S_n = \lim_{n \to \infty} \sum_{k=1}^{n} f(x_k) \Delta x_k$$

$$= \lim_{n \to \infty} \frac{1}{n^3} \frac{n(n+1)(2n+1)}{6}$$

$$= \frac{1}{3}$$

이다. 그러므로 곡선 $y = x^2$, 직선 $x = 1$ 및 x-축으로 둘러싸인 영역의 넓이는 $\frac{1}{3}$이라고 말하는 것이 타당할 것이다.

이와 같이 한 양함수의 곡선 아래 부분의 넓이는 각 소구간에 있어서의 직사각형의 넓이의 합에 대한 극한으로 주어짐을 확인할 수 있다. 이러한 개념을 음함수를 포함한 일반적인 함수로까지 확장한 것이 정적분이다.

폐구간 $[a, b]$위에 정의된 함수 $f(x)$에 대하여 다음을 생각하여보자. 구간 $[a, b]$내의 $n+1$개의 점들 $x_0, x_1, \cdots, x_{n-1}, x_n$을

$$a = x_0 < x_1 < x_2 < \cdots < x_{k-1} < x_k < \cdots < x_{n-1} < x_n = b$$

이도록 잡자. 그리고 Δk_k는 k번째 구간의 길이, 즉

$$\Delta x_k = x_k - x_{k-1}$$

이라 하고, x_k^*는 k번째 구간 $[x_{k-1}, x_k]$내의 임의의 점이라 하자. 그리고 나면 다음에서와 같이 **정적분**(definite integral)을 정의하고자 한다.

정의 2 ••• 정적분

폐구간 $[a, b]$ 위에 정의된 함수 f 에 대하여 극한

$$\lim_{n\to\infty}\sum_{k=1}^{n} f(x_k^*)\Delta x_k$$

이 존재하면 함수 f 는 **적분 가능하다**(integrable)고 말하고, 그 값을 함수 f 의 구간 $[a, b]$ 상의 **정적분**(definite integral)이라 하며, 기호 $\int_a^b f(x)\,dx$ 에 의하여 나타낸다. 즉

$$\int_a^b f(x)\,dx = \lim_{n\to\infty}\sum_{k=1}^{n} f(x_k^*)\Delta x_k$$

으로 정의하며, 극한값은 x_k^* 의 선택에 관계없이 일정한 값을 갖는 경우를 말한다.

주의 모든 $x \in [a, b]$ 에 대하여 $f(x) \geq 0$ 인 경우, 구간 $[a, b]$ 상의 함수 $f(x)$ 의 정적분 $\int_a^b f(x)\,dx$ 는 곡선 $y = f(x)$, 직선 $x = a$, 직선 $x = b$ 및 $x-$축으로 둘러싸인 영역의 넓이를 나타낸다.

예제 5

함수 $f(x) = x^2, 0 \leq x \leq 1$ 에 대하여 구간 $[0, 1]$ 의 n 등분 후 k 번째 구간 $[x_{k-1}, x_k] = \left[\frac{k-1}{n}, \frac{k}{n}\right] (k = 1, 2, \cdots, n)$ 에서 (1) $x_k^* = x_k = \frac{k}{n}$, (2) $x_k^* = x_{k-1} = \frac{k-1}{n}$ 로 잡는 것에 의하여 정적분 $\int_0^1 x^2\,dx$ 을 계산하시오.

풀이 여기서 각 구간의 길이 $\Delta x_k = \frac{1}{n}$ 이다.

(1) 앞선 내용에서 우리는 $x_k^* = x_k = \frac{k}{n}$ 일 때

$$\begin{aligned}\int_0^1 x^2\,dx &= \lim_{n\to\infty}\sum_{k=1}^{n} f(x_k)\Delta x_k \\ &= \lim_{n\to\infty}\sum_{k=1}^{n}\left(\frac{k}{n}\right)^2\frac{1}{n} \\ &= \frac{1}{3}\end{aligned}$$

을 얻었다.

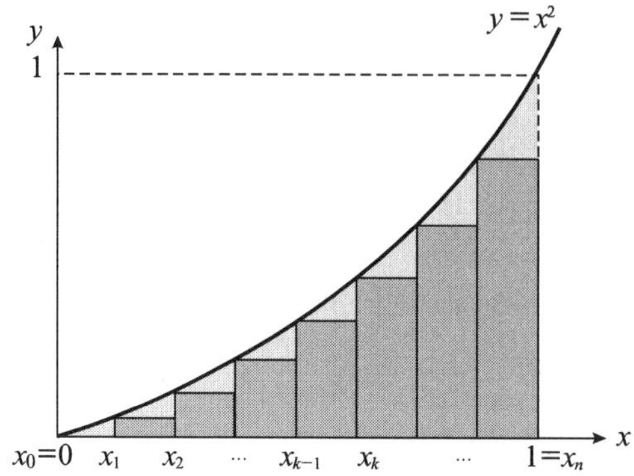

그림 7.2 $x_k^* = x_{k-1}$인 경우

(2) $x_k^* = x_{k-1} = \dfrac{k-1}{n}$ 인 경우(그림 7.2 참고)

$$\begin{aligned}\int_0^1 x^2\,dx &= \lim_{n\to\infty}\sum_{k=1}^{n} f(x_k^*)\,\Delta x_k\\ &= \lim_{n\to\infty}\sum_{k=1}^{n} f\left(\frac{k-1}{n}\right)\Delta x_k\\ &= \lim_{n\to\infty}\sum_{k=1}^{n}\left(\frac{k-1}{n}\right)^2\frac{1}{n}\\ &= \lim_{n\to\infty}\frac{1}{n^3}\sum_{k=1}^{n}(k-1)^2\\ &= \lim_{n\to\infty}\frac{1}{n^3}\sum_{k=1}^{n-1}k^2\\ &= \lim_{n\to\infty}\frac{1}{n^3}\frac{(n-1)n(2n-1)}{6}\\ &= \frac{1}{3}\end{aligned}$$

이다.

따라서 (1)과 (2)에 의하여 x_k^*의 다른 두 점에 대해서도 같은 값 $\dfrac{1}{3}$을 얻었다.

■

우리는 앞선 예제에서 함수 $f(x) = x^2$, $0 \le x \le 1$의 넓이(정적분)을 계산함에 있어 특정한 두 점(k번째 구간의 왼쪽 끝점, 오른쪽 끝점)에 의한 직사각형의 넓이에 의하여 전체 곡선 아래의 넓이(정적분)가 같게 나옴을 확인하였다. 그렇다면 또 다른 점 x_k*를 잡아도 같은 극한값 $\frac{1}{3}$을 얻을 수 있을까? 즉, 어떤 함수에 대하여 점 $x_k{}^*$의 선택에 관계없이 같은 극한값을 갖는지, 다시 말해 정적분이 존재하는지 궁금하다. 다음 정리는 우리에게 그 해답을 준다.

정리 3 ∘∘∘ 정적분의 존재성

함수 f가 폐구간 $[a, b]$에서 연속함수이면 함수 f는 구간 $[a, b]$에서 적분 가능하다. 즉, 정적분 $\int_a^b f(x)\,dx$이 존재한다.

정리 3의 증명은 생략한다. 실질적으로 연속함수를 포함한 더 많은 함수들에 대해서도 정리 3의 내용은 성립하나 현 수준에서는 연속함수만으로도 충분하다. 다음에는 정적분에 대한 구체적인 식을 유도해 보자.

함수 f가 폐구간 $[a, b]$에서 연속이라고 가정하자. 그리고 나면 정리3에 의하여 극한

$$\lim_{n\to\infty}\sum_{k=1}^{n} f(x_k^*)\,\Delta x_k$$

는 구간 $[x_{k-1}, x_k]$내의 임의의 점 x_k^*의 선택에 관계없이 일정한 값을 갖는다. 따라서 우리는 x_k^*의 특정한 두 점과 n등분을 잡는 것에 의하여 위에서 주어진 극한이 어떤 구체적인 모양을 취하는지를 조사해 보고자 한다.

우선 각 구간의 길이가 같게 n등분하여 즉, $\Delta x_k \equiv \frac{b-a}{n}\,(k=1, 2 \cdots n)$이도록 잡자. 그리고 나면 등분한 각 점의 x-좌표 값은 $x_0 = a$, $x_1 = a + \frac{b-a}{n}$, $x_2 = x_1 + \frac{b-a}{n}$ $= a + 2\frac{b-a}{n}$, $\cdots$. 즉, $x_k = a + k\cdot\frac{b-a}{n}$, $(k = 0, 1, 2, \cdots, n)$이다.

(1) $x_k^* = x_k$인 경우 (k번째 구간의 오른쪽 끝점)

$x_k = a + k\cdot\frac{b-a}{n}$이므로 구간 $[a, b]$상의 함수 f의 정적분

$$\begin{aligned}\int_a^b f(x)\,dx &= \lim_{n\to\infty}\sum_{k=1}^{n} f(x_k^*)\,\Delta x_k \\ &= \lim_{n\to\infty}\sum_{k=1}^{n} f\left(a + k\cdot\frac{b-a}{n}\right)\frac{b-a}{n} \quad\cdots\cdots\cdots\cdots\cdots\cdots\ (\bigstar)\end{aligned}$$

이고,

(2) $x_k^* = x_{k-1}$ 인 경우 (k 번째 구간의 왼쪽 끝점)

$x_{k-1} = a + (k-1) \cdot \dfrac{b-a}{n}$ 이므로 구간 $[a, b]$ 상의 함수 f 의 정적분

$$\begin{aligned}\int_a^b f(x)\,dx &= \lim_{n\to\infty} \sum_{k=1}^{n} f(x_k^*)\,\Delta x_k \\ &= \lim_{n\to\infty} \sum_{k=1}^{n} f\left(a + (k-1) \cdot \frac{b-a}{n}\right) \frac{b-a}{n} \\ &= \lim_{n\to\infty} \sum_{k=0}^{n-1} f\left(a + k \cdot \frac{b-a}{n}\right) \frac{b-a}{n}\end{aligned}$$

에 의하여 주어진다.

주의 정적분의 계산에 있어서 우리는 (1)의 (★)에 주어진 식을 주로 사용하여 계산하게 될 것이다.

예제 6

폐구간 $[0, 1]$ 위에 정의된 함수 $f(x) = 3x$ 에 대하여 함수 f와 직선 $x = 1$ 및 $x-$축으로 둘러싸인 영역의 넓이를 (1) k 번째 구간의 오른쪽 끝점 (2) k 번째 구간의 왼쪽 끝점을 잡는 것에 의하여 각각 구하고, (3) 실제 삼각형의 넓이를 계산하는 것에 의하여 (1), (2)의 값과 비교하시오.

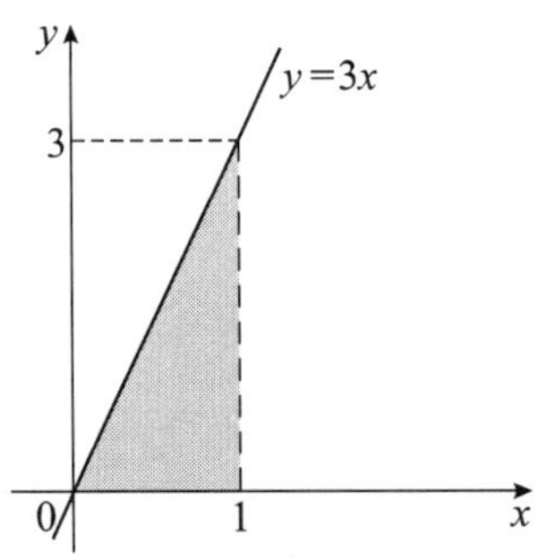

그림 7.3 $f(x) = 3x$ 의 그래프

풀이 구간 $[0, 1]$ 에서 $f(x) \geq 0$ 이고 연속이다. 그리하여 곡선(직선) $y = 3x$ 에 의한 넓이는 정적분 $\int_0^1 3x\,dx$ 에 의하여 주어진다. 먼저 구간 $[0, 1]$ 의 n 등분, 즉 한 소구간의 길이가 $\Delta x_k = \dfrac{1}{n}$ 이도록 잡자.

(1) $x_k^* = x_k = \dfrac{k}{n}$ 인 경우

$$\int_0^1 3x\,dx = \lim_{n\to\infty}\sum_{k=1}^{n} f(x_k)\,\Delta x_k$$
$$= \lim_{n\to\infty}\sum_{k=1}^{n} 3\frac{k}{n}\frac{1}{n}$$
$$= \lim_{n\to\infty}\frac{3}{n^2}\sum_{k=1}^{n} k$$
$$= \lim_{n\to\infty}\frac{3}{n^2}\frac{n(n+1)}{2}$$
$$= \frac{3}{2}$$

(2) $x_k^* = x_{k-1} = \dfrac{k-1}{n}$ 인 경우

$$\int_0^1 3x\,dx = \lim_{n\to\infty}\sum_{k=1}^{n} f(x_{k-1})\,\Delta x_k$$
$$= \lim_{n\to\infty}\sum_{k=1}^{n} 3\frac{k-1}{n}\frac{1}{n}$$
$$= \lim_{n\to\infty}\frac{3}{n^2}\sum_{k=1}^{n}(k-1)$$
$$= \lim_{n\to\infty}\frac{3}{n^2}\sum_{k=1}^{n-1} k$$
$$= \lim_{n\to\infty}\frac{3}{n^2}\frac{(n-1)n}{2}$$
$$= \frac{3}{2}$$

(3) 주어진 영역은 밑변의 길이가 1이고 높이가 3인 삼각형이다. 따라서 삼각형의 넓이는 $\dfrac{1}{2}\cdot 1\cdot 3 = \dfrac{3}{2}$에 의하여 주어진다. 이것은 (1), (2)의 결과와 일치한다.

▣

예제 6에 의하여 우리는 양인 함수의 경우 정적분은 넓이가 됨을 확인할 수 있었다. 넓이와 정적분의 구체적인 관계는 9장 “적분의 응용”부분에서 자세히 다루어 질 것이다.

예제 7

정적분 $\int_0^1 (x^2-3x+2)\,dx$ 을 계산하시오.

풀이 $f(x)=x^2-3x+2$는 연속인 함수이므로 정적분이 존재한다. 구간 $[0,1]$을 n 등분하면, 한 소구간의 길이 $\Delta x_k=\dfrac{1}{n}$이고 $x_k=\dfrac{k}{n}$이다. 따라서

$$\int_0^1 (x^2-3x+2)\,dx=\lim_{n\to\infty}\sum_{k=1}^{n} f(x_k)\,\Delta x_k$$
$$=\lim_{n\to\infty}\sum_{k=1}^{n}\left[\left(\frac{k}{n}\right)^2-3\,\frac{k}{n}+2\right]\frac{1}{n}$$

이다. 그러나 이것은 예제 4에서 극한값이 $\dfrac{5}{6}$에 의하여 주어짐을 확인하였다. 그러므로

$$\int_0^1 (x^2-3x+2)\,dx=\frac{5}{6}$$

이다. ▣

예제 8

$\displaystyle\lim_{n\to\infty}\frac{1}{n}\left\{\left(1+\frac{1}{n}\right)^2+\left(1+\frac{2}{n}\right)^2+\cdots+\left(1+\frac{n}{n}\right)^2\right\}$을 계산하시오.

풀이

$$\lim_{n\to\infty}\frac{1}{n}\left\{\left(1+\frac{1}{n}\right)^2+\left(1+\frac{2}{n}\right)^2+\cdots+\left(1+\frac{n}{n}\right)^2\right\}$$
$$=\lim_{n\to\infty}\frac{1}{n}\sum_{k=1}^{n}\left(1+\frac{k}{n}\right)^2$$
$$=\lim_{n\to\infty}\frac{1}{n}\sum_{k=1}^{n}\left[1+\frac{2}{n}k+\frac{k^2}{n^2}\right]$$
$$=\lim_{n\to\infty}\frac{1}{n}\left[n+2\cdot\frac{1}{n}\frac{n(n+1)}{2}+\frac{1}{n^2}\frac{n(n+1)(2n+1)}{6}\right]$$
$$=\frac{7}{3}$$

▣

예제 9

정적분의 정의에 의하여 $\int_1^2 x^2 dx$를 계산하시오.

풀이 $f(x)=x^2(1 \le x \le 2)$, $\Delta x_k = \dfrac{1}{n}$, $x_k = 1+k \cdot \dfrac{1}{n}$에 대하여 정적분의 정의와 예제 8에 의하여

$$\begin{aligned}\int_1^2 x^2 dx &= \lim_{n\to\infty}\sum_{k=1}^{n} f(x_k)\Delta x_k \\ &= \lim_{n\to\infty}\sum_{k=1}^{n}\left(1+k\cdot\frac{1}{n}\right)^2\cdot\frac{1}{n} \\ &= \frac{7}{3}\end{aligned}$$

이다. ■

연습문제 7.2

1. 다음의 과정에 의하여

$$\sum_{i=1}^{n} i^2 = \frac{n(n+1)(2n+1)}{6}$$

임을 유도하시오.

(i) $\sum_{i=1}^{n}[(i+1)^3 - i^3]$을 Σ의 정의에 따라 항별 전개하는 것에 의하여 그 합이 n^3+3n^2+3n 임을 보이시오.

(ii) $\sum_{i=1}^{n}[(i+1)^3 - i^3]$에서 대괄호 안을 먼저 전개한 다음 정리하는 것에 의하여 합이 $3\sum_{i=1}^{n} i^2 + \dfrac{3}{2}n^2 + \dfrac{5}{2}n$ 임을 보이시오

(iii) (i)와 (ii)에 의하여 결론을 유도하시오.

2. 다음을 수학적 귀납법에 의하여 증명하시오.

> 수학적 귀납법의 원리
>
> S_n 은 양의 정수 n 에 관한 명제라 하자.
>
> 1. S_1 이 참이다.
>
> 2. 만약 S_k 가 참이면 S_{k+1} 도 참이다.
>
> 1과 2가 성립하면 모든 양의 정수 n 에 대하여 S_n 이 참이다.

(a) $\sum_{i=1}^{n} i^2 = \frac{n(n+1)(2n+1)}{6}$

(b) $\sum_{i=1}^{n} i^3 = \left[\frac{n(n+1)}{2}\right]^2$

(c) $\sum_{i=1}^{n} i^4 = \frac{n(n+1)(2n+1)(3n^2+3n-1)}{30}$

3. 함수 $f(x) = \frac{1}{2}x + 1$에 대하여 다음을 구하시오.

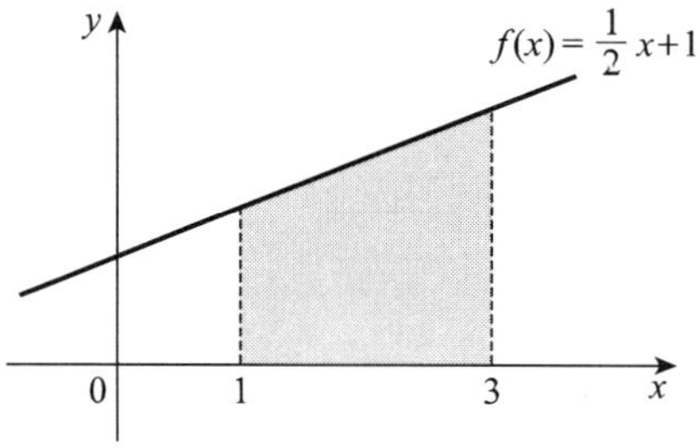

(a) 함수 $y = f(x)$와 직선 $x = 1$, 직선 $x = 3$ 및 x축으로 둘러싸인 영역의 넓이를 구하시오.

(b) 정적분의 정의에 의하여 $\int_1^3 \left(\frac{1}{2}x + 1\right)dx$의 값을 (i) x_i^*를 i번째 소구간의 왼쪽 끝점, 즉 $x_i^* = x_{i-1}$, (ii) 소구간의 오른쪽 끝점, 즉 $x_i^* = x_i$, (iii) 소구간의 중간점 $x_i^* = \frac{x_i + x_{i-1}}{2}$을 잡는 것에 의하여 각각 구하고 어떤 결론을 내릴 수 있나?

4. $\lim_{n\to\infty} \sum_{k=1}^{2n} \left(1 + \frac{3k}{n}\right)^3 \cdot \frac{1}{2n} = \int_0^b (1+cx)^3 dx$가 성립할 때 상수 b, c의 값을 구하시오.

5. $\lim_{n\to\infty}\sum_{k=1}^{n}\frac{1}{n}\left[\left(\frac{k}{n}\right)^2+1\right]$을 계산하시오.

6. 함수 $f(x)=x^2+1,\ x\in[0,\,1]$, 직선 $x=1$ 및 x축, y축으로 둘러싸인 영역의 넓이를 계산하시오.

7. 정적분의 정의에 의하여 $\int_0^1 (x^2+1)\,dx$ 을 계산하시오.(힌트 : 연습문제 5 참고)

8. $\lim_{n\to\infty}\sum_{i=1}^{n}\frac{2}{n}\left[\left(1+\frac{2}{n}i\right)^2-2\left(1+\frac{2}{n}i\right)\right]$을 계산하시오.

9. 정적분의 정의에 의하여 $\int_1^3 (x^2-2x)\,dx$ 를 계산하시오.

10. 정적분의 정의에 의하여 다음을 계산하시오.

(a) $\int_1^2 (x^3+1)dx$ (b) $\int_{-1}^1 (x^2+4x+3)dx$

11. $\sum_{i=1}^{n} ar^{i-1}=\frac{a(r^n-1)}{r-1}$임을 보여라.

12. $\sum_{i=1}^{n}(5i+2^i)$을 계산하시오.

13. 어떤 전망대에 설치된 엘리베이터는 1층에서 출발하여 꼭대기층까지 올라가는 동안, 출발 후 처음 2초까지는 3 m/초^{2}의 가속도로 올라가고 2초 후부터 10초까지는 등속도로 올라가며 10초 후부터는 -2 m/초^{2}의 가속도로 올라가서 멈춘다. 이 엘리베이터가 출발하여 멈출 때까지 움직인 거리는 몇 m인지 구하시오.

7.3 미적분학의 기본정리

폐구간 $[a, b]$위에 정의된 연속함수 $f(x)$에 대하여 함수 $f(x)$의 정적분은

$$\int_a^b f(x)\,dx = \lim_{n\to\infty}\sum_{k=1}^{n} f(x_k^*)\,\Delta x_k$$

$$= \lim_{n\to\infty}\sum_{k=1}^{n} f\left(a+k\frac{b-a}{n}\right)\frac{b-a}{n}$$

에 의하여 주어진다.

그러나 이러한 극한의 계산은 그렇게 쉬운 일이 아니다. 따라서 극한을 구하는 것 없이 정적분을 쉽게 계산할 수 있는 방법이 없을까?하고 생각할 수 있다.

이것에 대한 해답은 바로 "미적분학의 기본 정리"이며, 본 절에서 다루고자 하는 내용이다. 먼저 정적분의 성질에 대하여 공부하여 보자.

정리 1 ∘∘∘ 정적분의 성질

폐구간 $[a, b]$에서 정의된 적분 가능 함수 f, g에 대하여 다음의 사실들이 성립한다.

1. $\int_a^b c\,dx = c(b-a)$, 여기서 c는 상수이다.
2. $\int_a^b [f(x)+g(x)]\,dx = \int_a^b f(x)\,dx + \int_a^b g(x)\,dx$
3. $\int_a^b cf(x)\,dx = c\int_a^b f(x)\,dx$
4. $\int_a^b [f(x)-g(x)]\,dx = \int_a^b f(x)\,dx - \int_a^b g(x)\,dx$
5. $\int_a^b f(x)\,dx = \int_a^c f(x)\,dx + \int_c^b f(x)\,dx$
6. $\int_a^b f(x)\,dx = -\int_b^a f(x)\,dx$
7. $\int_a^a f(x)\,dx = 0$

증명 폐구간 $[a, b]$ 위에 정의된 적분 가능 함수 $f(x)$에 대하여 정적분

$$\begin{aligned}\int_a^b f(x)\,dx &= \lim_{n\to\infty}\sum_{k=1}^{n} f(x_k^*)\,\Delta x_k \\ &= \lim_{n\to\infty}\sum_{k=1}^{n} f\left(a+k\frac{b-a}{n}\right)\frac{b-a}{n}\end{aligned}$$

에 의하여 주어진다.

1. 모든 $x \in [a, b]$에 대하여 $f(x)=c$이므로

$$\begin{aligned}\int_a^b c\,dx &= \lim_{n\to\infty}\sum_{k=1}^{n} c\,\frac{b-a}{n} \\ &= c(b-a)\lim_{n\to\infty}\frac{1}{n}\sum_{k=1}^{n} 1 \\ &= c(b-a)\end{aligned}$$

즉, 상수함수의 정적분은 상수에 적분 구간의 길이를 곱한 값이다.

2. $\displaystyle\int_a^b [f(x)+g(x)]\,dx$

$$\begin{aligned}&= \lim_{n\to\infty}\sum_{k=1}^{n}\left[f\left(a+k\frac{b-a}{n}\right)+g\left(a+k\frac{b-a}{n}\right)\right]\frac{b-a}{n} \\ &= \lim_{n\to\infty}\sum_{k=1}^{n} f\left(a+k\frac{b-a}{n}\right)\frac{b-a}{n} \\ &\qquad + \lim_{n\to\infty}\sum_{k=1}^{n} g\left(a+k\frac{b-a}{n}\right)\frac{b-a}{n} \\ &= \int_a^b f(x)\,dx + \int_a^b g(x)\,dx\end{aligned}$$

이다.

나머지 3.~ 7.의 증명은 연습문제로 남겨둔다. ▣

여기서 정리 1의 5는 한 구간상의 정적분은 작은 부분구간들의 정적분의 합에 의하여 주어질 수 있음을 말하고, 정리 1의 6은 적분 구간의 순서를 바꾸면 부호가 바뀌며, 정리1의 7은 한 점에서의 정적분은 0임을 말한다.

참고

구간 $[a, b]$상의 적분가능 함수들 $f_1, f_2, \cdots, f_m$와 상수 $c_1, c_2, \cdots, c_m$에 대하여

$$\begin{aligned}&\int_a^b [c_1 f_1(x) \pm c_2 f_2(x) \pm \cdots \pm c_m f_m(x)]dx \\ &= c_1 \int_a^b f_1(x)dx \pm c_2 \int_a^b f_2(x)dx \pm \cdots \pm c_m \int_a^b f_m(x)dx\end{aligned}$$

이 성립한다.

이것은 정리 1의 2, 3, 4를 사용하는 것에 의하여 쉽게 보일 수 있으며 유한개의 함수들의 합, 차 및 상수배에 대한 정적분은 각각의 함수들의 정적분의 합, 차 및 상수배와 같다는 것을 의미한다.

정리 2 ∘∘∘ 정적분의 순서성질

폐구간 $[a, b]$위에 정의된 적분 가능 함수 f와 g에 대하여 다음의 성질들이 성립한다.

1. 모든 $x \in [a, b]$에 대하여 $f(x) \geq 0$이면

$$\int_a^b f(x)dx \geq 0$$

이다.

2. 모든 $x \in [a, b]$에 대하여 $f(x) \geq g(x)$이면

$$\int_a^b f(x)dx \geq \int_a^b g(x)dx$$

이다.

정리 2의 1은 $f(x) \geq 0$이면 $\int_a^b f(x)dx$는 곡선 $y = f(x)$와 직선 $x = a$, $x = b$ 및 x축으로 둘러싸인 영역의 넓이이므로 성립하고 정리 2의 2는 함수 $f(x) - g(x) \geq 0$에 정리 2의 1을 사용하고 정리 1의 4를 적용하는 것에 의하여 쉽게 보일 수 있다.

이제 미적분학의 가장 중요한 정리중의 하나인 "미적분학의 기본정리"를 다루고자 한다. "미적분학의 기본 정리"는 곡선상의 접선의 기울기를 구하는 문제에서 비롯된 미분의 개념과 넓이를 구하는 과정에서 비롯된 정적분과의 관계에 대하여 다룬 정리로서 두 개념은 서로 역작용 관계에 있다.

폐구간 $[a, b]$ 위에 정의된 연속함수 f 에 대하여

$$\frac{d}{dx}\int_a^x f(t)dt = f(x)$$

임을 보이고자 한다. 모든 $x \in [a, b]$ 에 대하여 함수 $F(x)$

$$F(x) = \int_a^x f(t)\,dt$$

에 의하여 정의하자.

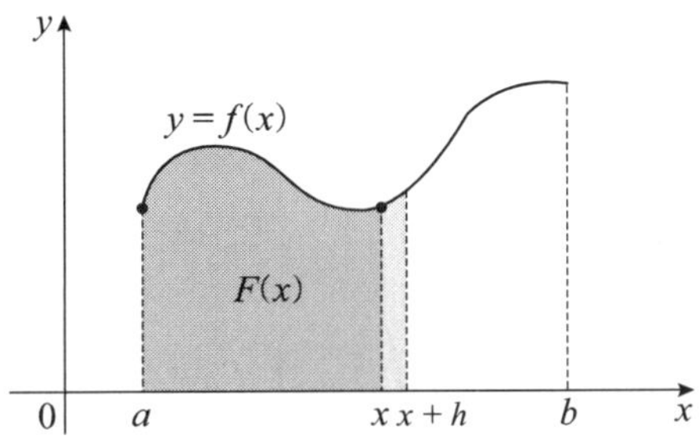

그림 7.4 $f(x) > 0$일 때 함수 $F(x)$의 의미

여기서 함수 $F(x)$의 도함수가 $f(x)$임을 대략적으로 살펴보고자 한다.

함수 f 가 양인 경우 $F(x)$는 구간 $[a, x]$상의 곡선 $y = f(x)$ 아래 부분의 넓이이다. 그리하여 작은 h 값에 대하여

$$F(x+h) - F(x) \approx f(x)h$$

에 의하여 근사되고,

$$\frac{F(x+h) - F(x)}{h} \approx f(x)$$

이다. 그리하여 h 를 한없이 작게 하면, 즉

$$\lim_{h\to 0}\frac{F(x+h) - F(x)}{h} = f(x)$$

임을 예상할 수 있다. 그러나 좌변은 $F'(x)$이므로 결국 $F'(x) = f(x)$이다.

다음의 정리 3에서 위의 내용을 서술하고 구체적인 수학적 증명을 주고자 한다.

정리 3

함수 f 는 폐구간 $[a,\ b]$ 위에 정의된 연속함수라 하자. 그리고 나면 모든 $x \in [a,\ b]$에 대하여

$$F(x) = \int_a^x f(t)\,dt$$

에 의하여 정의된 함수 $F(x)$는 미분 가능하며

$$F'(x) = \frac{d}{dx}\int_a^x f(t)\,dt = f(x)$$

에 의하여 주어진다.

증명 $x \in (a,\ b)$에 대하여 $x+h \in (a,\ b)$이도록 h을 잡자. 그리고 나면

$$\begin{aligned} F(x+h) - F(x) &= \int_a^{x+h} f(t)\,dt - \int_a^x f(t)\,dt \\ &= \int_x^{x+h} f(t)\,dt \end{aligned}$$

이고, 양변을 h로 나누고 $h \to 0$의 극한을 취하면

$$\lim_{h\to 0} \frac{F(x+h) - F(x)}{h} = \lim_{h\to 0} \frac{1}{h}\int_x^{x+h} f(t)\,dt$$

을 얻는다.

먼저 $h > 0$인 경우,

폐구간 $[x,\ x+h]$에서 함수 f 는 연속이므로 최댓값·최솟값 정리(5.1의 정리1 참고)에 의하여 최댓값 $f(u)$와 최솟값 $f(v)$을 갖는 u와 v가 구간 $[x,\ x+h]$에 존재한다. 즉, 모든 $t \in [x,\ x+h]$에 대하여 $f(v) \leq f(t) \leq f(u)$이며, 정리 2의 정적분의 순서 성질에 의하여

$$\int_x^{x+h} f(v)\,dt \leq \int_x^{x+h} f(t)\,dt \leq \int_x^{x+h} f(u)\,dt$$

이다. 그러나

$$\int_x^{x+h} f(v)dt = f(v)\int_x^{x+h} 1dt = f(v)h,$$

$$\int_x^{x+h} f(u)dt = f(u)h$$

이므로

$$f(v) \le \frac{1}{h}\int_x^{x+h} f(t)\,dt \le f(u)$$

이다. 위 부등식은 모든 $h > 0$에 대하여 성립한다. 그리하여 $h \to 0+$로 하면 $u, v \in [x, x+h]$이므로 $f(v)$및 $f(u)$는 $f(x)$에 수렴한다. 따라서

$$f(x) \le \lim_{h\to 0}\frac{1}{h}\int_x^{x+h} f(t)\,dt \le f(x)$$

이며

$$\lim_{h\to 0}\frac{1}{h}\int_x^{x+h} f(t)\,dt = f(x)$$

을 얻는다. 그러나 좌변은 $F'(x)$이므로

$$F'(x) = f(x)$$

이다.

$h < 0$인 경우도 비슷하게 증명할 수 있다. ▣

예제 1

$F(x) = \int_0^x \sin t\;dt$ 일 때 $F'(x)$을 구하시오.

풀이 $f(x) = \sin x$ 라 놓으면 함수 f 는 연속함수이다. 따라서 정리3에 의하여

$$F'(x) = \sin x$$

이다. ▣

예제 2

$F(x) = \int_0^{x^2} \sin t\;dt$ 일 때 $F'(x)$을 구하시오.

풀이 함수 f 와 g 을 다음과 같이 정의하자. 즉,

$$y = f(u) = \int_0^u \sin t\;dt, \quad u = g(x) = x^2$$

그리고 나면 함수 F는 두 함수 f와 g의 합성함수이다. 즉,

$$y = F(x) = f(g(x))$$

합성함수의 연쇄법칙에 의하여

$$F'(x) = \frac{dy}{dx} = \frac{dy}{du}\frac{du}{dx}$$
$$= \sin u \cdot 2x = 2x\sin x^2$$

이다. ▣

이제 가장 중요한 "**미적분학의 기본정리**(Fundamental Theorem of Calculus)"에 대하여 말하고자 한다. 이것은 적분을 계산함에 있어 합에 대한 극한을 계산하는 것 없이 단순히 피적분함수의 역도함수에 의하여 정적분을 계산할 수 있음을 의미한다.

정리 4 ∘∘∘ 미적분학의 기본정리

함수 f가 폐구간 $[a. b]$에서 연속이고, 함수 F가 f의 한 역도함수이면

$$\int_a^b f(x)\,dx = F(x)\Big|_a^b = F(b) - F(a)$$

이다.

증명 함수 $G(x) = \int_a^x f(t)\,dt$에 의하여 정의하자. 그리고 나면 정리 3에 의하여 $G'(x) = f(x)$이다. 그리하여 함수 $G(x)$는 f의 한 역도함수이다. 그러나 또한 $F'(x) = f(x)$이므로 5.2절의 정리 4에 의하여 두 함수 F와 G는

$$F(x) = G(x) + C,\ \ C = \text{상수}$$

인 관계에 있다. 그리하여

$$\begin{aligned} F(b) - F(a) &= G(b) + C - [G(a) + C] \\ &= G(b) - G(a) \\ &= \int_a^b f(t)\,dt - \int_a^a f(t)\,dt \\ &= \int_a^b f(t)\,dt \end{aligned}$$

이다. ▣

예제 3

미적분학의 기본정리를 사용하여 다음의 정적분을 계산하시오.

(a) $\int_0^1 x^2\,dx$ (b) $\int_0^1 (x^2-3x+2)\,dx$

풀이 (a) $F(x)=\frac{1}{3}x^3$이라 놓으면 $F'(x)=x^2$이다. 그리하여 미적분학의 기본정리에 의하여

$$\int_0^1 x^2\,dx=\frac{1}{3}x^3\Big|_0^1=\frac{1}{3}$$

이다. 이것은 7.2절의 예제5의 결과와 일치함을 확인할 수 있다.

(b) $F(x)=\frac{1}{3}x^3-\frac{3}{2}x^2+2x$ 라 놓으면 $F'(x)=x^2-3x+2$이다. 그리하여 미적분학의 기본정리에 의하여

$$\int_0^1 (x^2-3x+2)\,dx=\frac{1}{3}x^3-\frac{3}{2}x^2+2x\Big|_0^1$$
$$=\frac{1}{3}-\frac{3}{2}+2=\frac{5}{6}$$

으로 이것은 7.2절의 예제 7의 결과와 일치한다. ▫

예제 4

$\int_1^3 x^3\,dx$ 을 계산하시오.

풀이 $F(x)=\frac{1}{4}x^4$ 이라 놓으면 $F'(x)=x^3$ 이므로 $F(x)$는 x^3 의 한 역도함수이다. 그리하여 미적분학의 기본정리에 의하여

$$\int_1^3 x^3\,dx=\frac{1}{4}x^4\Big|_1^3$$
$$=\frac{1}{4}3^4-\frac{1}{4}1^4=20$$

이다. ▫

예제 5

$\int_0^{\pi} \sin x\ dx$ 을 계산하시오.

풀이 $F(x) = -\cos x$ 라 놓으면 $F'(x) = \sin x$ 이므로

$$\int_0^{\pi} \sin x\, dx = -\cos x \Big|_0^{\pi}$$
$$= -\cos \pi - (-\cos 0) = 2$$

이다. ▣

예제 6

$\int_0^{1} e^{2x}\, dx$ 을 계산하시오.

풀이 $F(x) = \frac{1}{2} e^{2x}$ 라 놓으면 $F'(x) = e^{2x}$ 이다. 그리하여 미적분학의 기본정리에 의하여

$$\int_0^{1} e^{2x}\, dx = \frac{1}{2} e^{2x} \Big|_0^{1}$$
$$= \frac{1}{2}(e^2 - 1)$$

이다. ▣

예제 7

$\int_1^{2} \frac{1}{x}\, dx$ 을 계산하시오.

풀이 $F(x) = \ln|x|$ 라 놓으면 $F'(x) = \frac{1}{x}$ 이다. 그리하여 미적분학의 기본정리에 의하여

$$\int_1^{2} \frac{1}{x} dx = \ln|x| \Big|_1^{2}$$
$$= \ln 2 - \ln 1 = \ln 2$$

이다. ▣

예제 8

$\int_0^1 \frac{1}{\sqrt{1-x^2}} dx$ 을 계산하시오.

풀이 $F(x) = \sin^{-1} x$ 라 하자. $F'(x) = \frac{1}{\sqrt{1-x^2}}$ 이므로 미적분학의 기본정리에 의하여

$$\int_0^1 \frac{1}{\sqrt{1-x^2}} dx = \sin^{-1} x \Big|_0^1$$

$$= \sin^{-1} 1 - \sin^{-1} 0 = \frac{\pi}{2}$$

이다. 여기서 $\theta = \sin^{-1} 1$이라 하면 $\sin\theta = 1$이므로 $\theta = \frac{\pi}{2}$이고, $\theta = \sin^{-1} 0$이라 하면 $\sin\theta = 0$이므로 $\theta = 0$이다. ■

연습문제 7.3

1. $\lim_{n\to\infty} \sum_{i=1}^{n} \left[3\left(1 + \frac{2}{n} i\right)^2 - 5 \right] \frac{2}{n}$ 을 계산함에 있어 (a) 극한값을 구체적으로 구하고 (b) 극한을 정적분에 의하여 표현하며 (c) 미적분학의 기본 정리를 이용하는 것에 의하여 구한 값과 일치하는지를 확인하여라.

2. 다음의 정적분을 계산함에 있어 (1) 정적분의 정의, (2) 미적분학의 기본정리에 의하여 각각 계산하시오.

(a) $\int_1^3 (1+2x)\, dx$ (b) $\int_1^2 (x^2+1)\, dx$

3. 다음 함수의 도함수를 구하시오.

(a) $f(x) = \int_1^x (t^2-1)^{10} dt$ (b) $g(x) = \int_0^x \sin(t^2)\, dt$

(c) $h(x) = \int_x^3 (2+\sqrt{t})^5 dt$ (d) $F(x) = \int_1^{\sqrt{x}} (t^2+1)\, dt$

(e) $G(x) = \int_{1}^{5x+1} \frac{1}{t^2 - 1}\, dt$ (f) $H(x) = \int_{-1}^{\sin x} t\cos(t^2)\, dt$

4. 미적분학의 기본정리를 이용하는 것에 의하여 다음의 정적분을 계산하시오.

(a) $\int_{-1}^{3} (2x+3)\, dx$ (b) $\int_{1}^{2} (3x^2 - 4x + 5)\, dx$

(c) $\int_{0}^{\frac{\pi}{2}} (\cos x + 2\sin x)\, dx$ (d) $\int_{1}^{3} \left(\frac{1}{x^2} - \frac{1}{x^5}\right) dx$

(e) $\int_{\frac{\pi}{3}}^{\frac{\pi}{2}} \operatorname{cosec} x \cot x\, dx$ (f) $\int_{1}^{2} \frac{x+1}{x^2 + 2x}\, dx$

(g) $\int_{0}^{\frac{\pi}{3}} \sec^2 x\, dx$ (h) $\int_{0}^{1} \frac{1}{1+x^2} dx$

(i) $\int_{0}^{\frac{1}{2}} \frac{3}{\sqrt{1-x^2}} dx$ (j) $\int_{0}^{\frac{\pi}{6}} \cos(3x) dx$

(k) $\int_{0}^{1} \frac{x^2}{1+x^2} dx$ (l) $\int_{0}^{1} \sinh x dx$

5. 다음을 증명하여라.

(a) $\int_{a}^{b} c f(x)\, dx = c\int_{a}^{b} f(x)\, dx$

(b) $\int_{a}^{b} [f(x) - g(x)]\, dx = \int_{a}^{b} f(x)\, dx - \int_{a}^{b} g(x)\, dx$

(c) $\int_{a}^{b} f(x)\, dx = \int_{a}^{c} f(x)\, dx + \int_{c}^{b} f(x)\, dx$

(d) $\int_{a}^{b} f(x)\, dx = -\int_{b}^{a} f(x)\, dx$

(e) $\int_{a}^{a} f(x)\, dx = 0$

6. $x > 0$에서 연속인 함수 $f(x)$에 대하여 $\int_{a}^{2x} f(t)\, dt = \frac{1}{2}x^2 - \ln x$ (a는 상수)가 성립할 때, $\int_{1}^{e} f\left(\frac{1}{t}\right) dt$ 의 값은?

7. (a) 함수 $f(x)=x^3+x$에 대하여 $\lim_{n\to\infty}\frac{1}{n}\sum_{i=1}^{n} f\left(1+\frac{2}{n}i\right)$의 값을 구하시오.

(b) 함수 $f(x)=3x^3+4x^2-2x-1$에 대하여 $\lim_{n\to\infty}\sum_{i=1}^{n}\frac{1}{n}f\left(-1+\frac{2}{n}i\right)$의 값을 구하시오.

8. 이차함수 $f(x)$가

$$f(x)=\frac{12}{7}x^2-2x\int_1^2 f(t)dt+\left[\int_1^2 f(t)dt\right]^2$$

을 만족시킬 때, $\int_1^2 f(x)dx$의 값을 구하시오.

9. $\int_0^9 \frac{x^3}{x+2}dx+\int_0^9 \frac{8}{x+2}dx$의 값을 구하시오.

10. 함수 $f(x)=x^3$에 대하여 함수 $f(x)$를 x축 방향으로 α만큼, y축 방향으로 β만큼 평행이동한 함수를 $g(x)$라 하자.
$g(0)=0$이고

$$\int_\alpha^{3\alpha} g(x)dx-\int_0^{2\alpha} f(x)dx=32$$

일 때, α의 값을 구하시오.

11. 함수 $f(x)=x^3-3x-1$이 있다. 실수 $t(t\geq-1)$에 대하여 $-1\leq x\leq t$에서 $|f(x)|$의 최댓값을 $g(t)$라 하자. $\int_{-1}^{1} g(t)dt$의 값을 구하시오.

12. 다음 정적분의 값을 구하시오.

(a) $\int_0^6 |2x-4|\,dx$

(b) $\int_0^2 |x(x-1)|\,dx$

13. 다음의 극한값을 구하시오.

(a) $\lim_{n\to\infty}\frac{1}{n}\sum_{k=1}^{n}\left(\frac{n+k}{n}\right)^4$

(b) $\lim_{n\to\infty} \frac{1}{n\sqrt{n}}(\sqrt{1}+\sqrt{2}+\cdots+\sqrt{n})$

(c) $\lim_{n\to\infty}\left(\frac{1}{n+1}+\frac{1}{n+2}+\cdots+\frac{1}{n+n}\right)$

힌트 : $\frac{1}{n+k}=\frac{1}{n\left(1+\frac{k}{n}\right)}$

(d) $\lim_{n\to\infty}\frac{1}{n}\left(\sin\frac{\pi}{n}+\sin\frac{2\pi}{n}+\cdots+\sin\frac{n\pi}{n}\right)$

7장 종합문제

1. 미분가능한 함수 $f(x)$의 한 역도함수에 대하여

$$F(x) = xf(x) - x^3 + x^2$$

이 성립할 때, $f(x)$를 구하시오.

2. 상수함수가 아닌 다항함수 $f(x)$가 모든 실수 x에 대하여

$$\int_1^x f(t)dt = \{f(x)\}^2$$

을 만족시킬 때 $f(3)$의 값을 구하시오.

3. 함수 $f(x) = 3x^3 + 4x^2 - 2x - 1$에 대하여

$$\lim_{n\to\infty} \sum_{k=1}^{n} \frac{1}{n} f\left(-1 + \frac{2k}{n}\right)$$

의 값을 구하시오.

4. 함수 $f(x) = 3x^2 - ax$가

$$\lim_{x\to\infty} \frac{1}{n} \sum_{k=1}^{n} f\left(\frac{3k}{n}\right) = f(1)$$

을 만족시킬 때, 상수 a의 값을 구하시오.

5. 다음의 극한을 정적분을 이용하여 구하시오.

(a) $\lim_{n\to\infty} \ln \frac{\sqrt[n]{(n+1)(n+2)\cdots(n+n)}}{n}$

(b) $\lim_{n\to\infty} \frac{1}{n\sqrt{n}} (\sqrt{n+1} + \sqrt{n+2} + \cdots + \sqrt{n+n})$

(c) $\lim_{n\to\infty} \sum_{k=1}^{n} \left(1 + \frac{3k}{n}\right)^2 \frac{3}{n}$

6. 다음 그림과 같이 $x \geq a$에서 $f(x) \geq 0$인 연속함수에 대하여 어두운 부분의 넓이를 $S(x)$라 하자. $f(1)=3$일 때, $\lim_{x \to 1} \frac{S(x)}{x-1}$의 값을 구하시오.

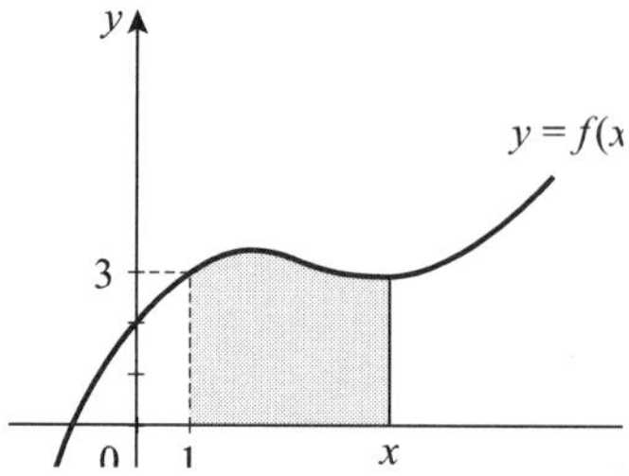

7. 직선 $x=1$, $x=1+h(h>0)$와 x축 및 곡선 $y=x^3-3x^2+6$으로 둘러싸인 영역의 넓이를 $S(x)$라 할 때 ,$\lim_{h \to 0} \frac{S(h)}{h}$의 값을 구하시오.

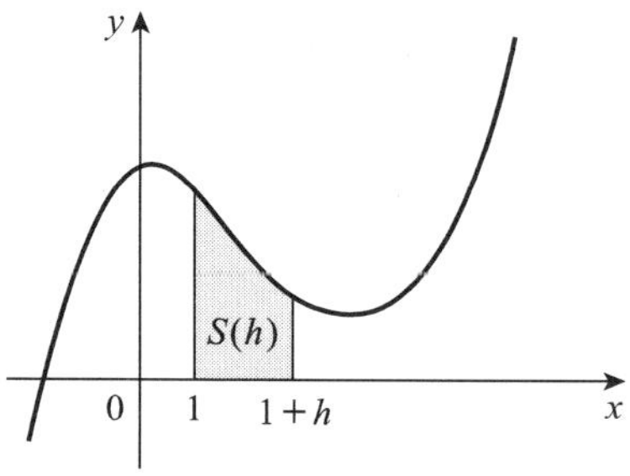

8. 함수 $f(x)=\frac{1}{1+x}$에 대하여

$$F(x)=\int_0^x tf(x-t)dt \quad (x \geq 0)$$

일 때, $F'(a)=\ln 10$을 만족시키는 상수 a의 값을 구하시오.

9. 연속함수 $f(x)$가 조건

(가) $f(2)=1$

(나) $\int_0^2 f(x)dx=\frac{1}{4}$

을 만족시킬 때 $\lim_{n \to \infty} \sum_{k=1}^{n} \left\{ f\left(\frac{2k}{n}\right) - f\left(\frac{2k-2}{n}\right) \right\} \frac{k}{n}$의 값을 구하시오.

10. 함수 $f(x)=x+1$에 대하여

$$\int_{-1}^{1}\{f(x)\}^2dx=k\left(\int_{-1}^{1}f(x)dx\right)^2$$

일 때, 상수 k을 구하시오.

11. 다음 그림과 같이 삼차함수 $y=f(x)$가

$$f(-1)=f(1)=f(2)=0,\quad f(0)=2$$

을 만족시킬 때, $\int_0^2 f'(x)dx$의 값을 구하시오.

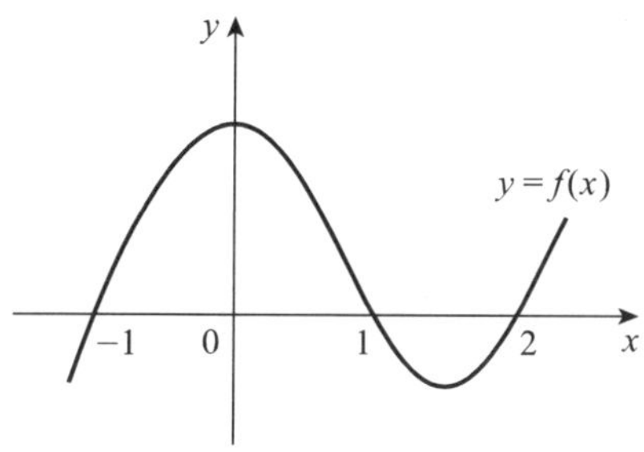

12. 함수 $f(x)=x^2+ax+b\ (a\geq 0,\ b>0)$가 있다. 그림과 같이 2 이상인 자연수 n에 대하여 폐구간 $[0,\ 1]$을 n등분한 각 분점(양 끝점도 포함)을 차례로

$$0=x_0,\ x_1,\ x_2,\ \cdots,\ x_{n-1},\ x_n=1$$

이라 하자. 폐구간 $[x_{k-1},\ x_k]$를 밑변으로 하고 높이가 $f(x_k)$인 직사각형의 넓이를 A_k라 하자.$(k=1,\ 2,\ \cdots,\ n)$

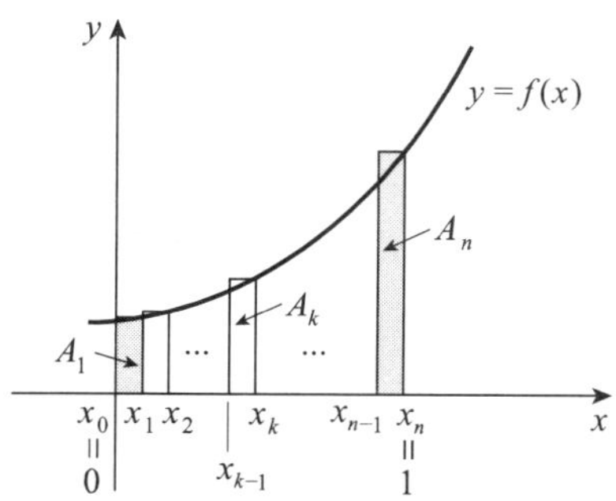

양 끝에 있는 두 직사각형의 넓이의 합이

$$A_1 + A_n = \frac{7n^2+1}{n^3}$$

일 때, $\lim_{n\to\infty}\sum_{k=1}^{n}\frac{8k}{n}A_k$의 값을 구하시오.

13. 이차함수 $f(x)$는 $f(0)=-1$이고,

$$\int_{-1}^{1} f(x)dx = \int_{0}^{1} f(x)dx = \int_{-1}^{0} f(x)dx$$

를 만족시킨다. $f(2)$의 값은?

14. 함수 $f(x)=3(x-1)^2+5$에 대하여 함수 $F(x)$를 $F(x)=\int_0^x f(t)dt$라 하자. 미분가능한 함수 $g(x)$가 모든 실수 x에 대하여

$$F(g(x)) = \frac{1}{2}F(x)$$

를 만족시킨다. $g'(2)$의 값을 구하시오.

15. 삼차함수 $f(x)=x^3-3x+a$에 대하여 함수

$$F(x) = \int_0^x f(t)dt$$

가 오직 하나의 극값을 갖도록 하는 양수 a의 최솟값은?

16. 삼차함수 $y=f(x)$의 그래프가 그림과 같고, $f(x)$는

$$\int_a^b f(x)dx = 3, \quad \int_a^c f(x)dx = 0$$

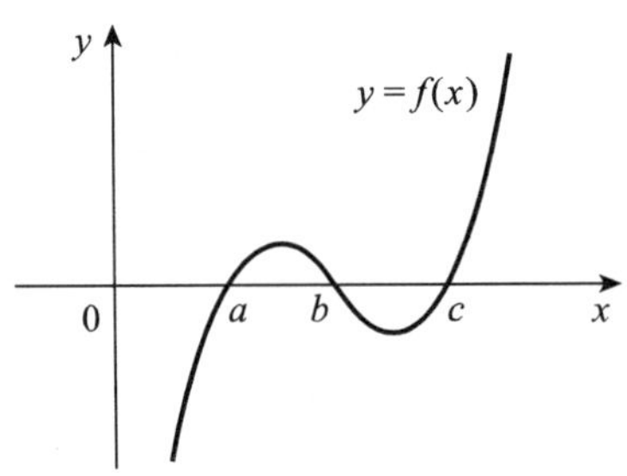

을 만족시킨다. 함수 $f(x)$의 한 부정적분을 $F(x)$라 할 때, 옳은 것만을 |보기|에서 있는 대로 고르시오.

보기

ㄱ. $F(b)=F(a)+3$

ㄴ. 점 $(c, F(c))$는 곡선 $y=F(x)$의 변곡점이다.

ㄷ. $-3<F(a)<0$이면 방정식 $F(x)=0$은 서로 다른 네 실근을 갖는다.

17. 삼차함수 $f(x)$는 $f(0)>0$을 만족시킨다. 함수 $g(x)$를

$$g(x)=\left|\int_0^x f(t)dt\right|$$

라 할 때, 함수 $y=g(x)$의 그래프가 그림과 같다.

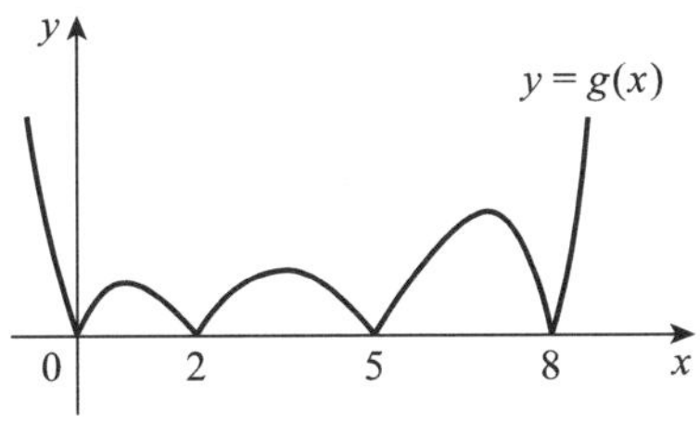

|보기|에서 옳은 것만을 있는 대로 고르시오.

보기

ㄱ. 방정식 $f(x)=0$은 서로 다른 3개의 실근을 갖는다.

ㄴ. $f'(0)<0$

ㄷ. $\int_m^{m+2} f(x)dx>0$을 만족시키는 자연수 m의 개수는 3이다.

18. 구간 $\left[0, \frac{\pi}{2}\right]$에서 연속인 함수 $f(x)$가 다음 조건을 만족시킬 때, $f\left(\frac{\pi}{4}\right)$의 값은?

(가) $\int_0^{\frac{\pi}{2}} f(t)dt=1$

(나) $\cos x\int_0^x f(t)dt=\sin x\int_x^{\frac{\pi}{2}} f(t)dt$ (단, $0\le x\le\frac{\pi}{2}$)

19. 삼차함수 $f(x)=x^3-3x-1$이 있다. 실수 $t(t \geq -1)$에 대하여 $-1 \leq x \leq t$에서 $|f(x)|$의 최댓값을 $g(t)$라고 하자. $\int_{-1}^{1} g(t)\,dt=\frac{q}{p}$일 때, $p+q$의 값을 구하시오. (단, p, q는 서로소인 자연수이다.)

CHAPTER

08 적분의 기법

CALCULUS

앞 장에서 언급한 바와 같이 적분, 즉 부정적분과 정적분을 해결하기 위해서는 피적분함수의 역도함수를 알아야만 한다. 부정적분은 피적분 함수의 역도함수에 의하여 정의가 되었으며, 정적분인 경우는 미적분학의 기본 정리에 의하여 역도함수를 알면 쉽게 구해진다. 그러나 미분과는 달리 많은 경우 적분에 있어서 피적분함수의 역도함수를 구하는 것이 그렇게 쉬운 것만은 아니다. 그리하여 이 장에서는 적분을 계산하기 위한 즉 역도함수를 구하기 위한 다양한 방법을 제시하고자 한다. 여기에는 치환적분, 부분 적분, 유리함수적분 및 삼각치환 적분등이 있으며, 또한 피적분 함수가 불연속인 점을 갖는 경우와 적분구간이 무한인 경우의 이상적분 등 다양한 형태의 적분방법을 다루고자 한다.

8.1 치환적분법

앞 장에서는 기본적인 함수들의 도함수를 이용하여 주어진 함수의 역도함수를 쉽게 찾을 수 있었다. 이 절에서는 합성함수의 미분을 이용하여 적분을 해결하는 방법으로 치환적분법에 대하여 다루고자 한다.

두 함수 $f(x)$, $F(x)$에 대하여 $F'(x) = f(x)$ 즉, $F(x)$가 함수 $f(x)$의 역도함수이면 합성함수의 미분법에 의하여

$$\frac{d}{dx}F(g(x)) = F'(g(x))g'(x)$$
$$= f(g(x))g'(x)$$

이다. 즉, $F(g(x))$는 $f(g(x))g'(x)$의 역도함수이다.

그리하여 부정적분의 정의에 의하여 함수 $g(x)$를 u라 놓으면

$$\int f(g(x))g'(x)\,dx = F(g(x))$$
$$= F(u)$$
$$= \int f(u)\,du$$

이다. 이와 같이 변수를 변환하여 적분하는 것을 **치환적분**(integration by substitution)이라 한다.

정리 1 ◦◦◦ 부정적분의 치환적분법

미분 가능 함수 $u = g(x)$와 연속인 함수 $f(x)$에 대하여

$$\int f(g(x))g'(x)\,dx = \int f(u)\,du$$

이다.

참고

$u = g(x)$이면 $du = g'(x)\,dx$이다. 그리하여

$$\int f(g(x))g'(x)\,dx = \int f(u)\,du$$

임을 확인할 수 있다.

치환적분은 피적분 함수에 있는 함수 중에서 적당한 함수를 치환함으로서 상대적으로 복잡하고 어려운 적분을 보다 간단한 적분의 형태로 바꿔서 적분을 시행하고자 하는 것이다.

예제 1

다음 부정적분을 계산하시오.

(a) $\int x(x^2-1)^3\,dx$ (b) $\int \frac{\tan^{-1}x}{1+x^2}\,dx$

풀이 (a) $u=g(x)=x^2-1$이라 하고 함수 $f(x)=x^3$이라 하면

$$f(g(x))g'(x)=(x^2-1)^3 2x$$

이다. 그리하여 부정적분의 치환적분법에 의하여

$$\begin{aligned}\int x(x^2-1)^3\,dx &= \frac{1}{2}\int (x^2-1)^3 2x\,dx \\ &= \frac{1}{2}\int f(g(x))g'(x)\,dx \\ &= \frac{1}{2}\int f(u)\,du \\ &= \frac{1}{2}\int u^3\,du \\ &= \frac{1}{8}u^4+C \\ &= \frac{1}{8}(x^2-1)^4+C\end{aligned}$$

이다. 한편 $u=x^2-1$이라 놓으면 $du=2x\,dx$ 즉, $\frac{1}{2}du=x\,dx$ 이므로

$$\begin{aligned}\int x(x^2-1)^3\,dx &= \int (x^2-1)^3 x\,dx \\ &= \int u^3\frac{1}{2}du \\ &= \frac{1}{2}\int u^3\,du \\ &= \frac{1}{8}u^4+C \\ &= \frac{1}{8}(x^2-1)^4+C\end{aligned}$$

이다.

(b) $u=\tan^{-1}x$ 이라 하면 $du=\frac{1}{1+x^2}dx$ 이다. 그리하여

$$\int \tan^{-1}x \, \frac{1}{1+x^2}\, dx = \int u\, du$$
$$= \frac{1}{2}u^2 + C$$
$$= \frac{1}{2}(\tan^{-1}x)^2 + C$$

이다. ▣

예제 1에서의 적분이 옳게 계산이 되었는지를 확인하는 방법은 부정적분의 정의에 의하여 (a) $\frac{1}{8}(x^2-1)^4$ (b) $\frac{1}{2}(\tan^{-1}x)^2$의 도함수가 각각 (a) $x(x^2-1)^3$ (b) $\frac{\tan^{-1}x}{1+x^2}$이 되는지를 확인하면 된다.

다음에는 피적분 함수의 모양을 바꿔서 적분하는 방법이다.

예제 2

$\int \frac{\cos x}{1+\cos x} dx$ 을 계산하시오.

풀이

$$\int \frac{\cos x}{1+\cos x} dx = \int \frac{\cos x}{(1+\cos x)} \frac{(1-\cos x)}{(1-\cos x)} dx$$
$$= \int \frac{\cos x - \cos^2 x}{(1-\cos^2 x)} dx$$
$$= \int \frac{\cos x - (1-\sin^2 x)}{\sin^2 x} dx$$
$$= \int \frac{\cos x}{\sin^2 x} dx - \int \frac{1}{\sin^2 x} dx + \int 1\, dx$$

적분 $\int \frac{\cos x}{\sin^2 x} dx$를 계산하기 위하여 $u = \sin x$라 하면 $du = \cos x dx$이고

$$\int \frac{\cos x}{\sin^2 x} dx = \int \frac{1}{u^2} du = -\frac{1}{u} = -\frac{1}{\sin x}$$

이다. 또한

$$\int \frac{1}{\sin^2 x} dx = \int \operatorname{cosec}^2 x dx = -\cot x$$

이다. 그리하여

$$\int \frac{\cos x}{1+\cos x} dx = -\frac{1}{\sin x} + \cot x + x + C$$

이다. ▫

다음에는 정적분에 대한 치환적분법을 다루고자 한다. 이것은 부정적분의 치환적분법과 매우 유사하며 단지 적분구간에 주의하면 된다.

정리 2 ∘∘∘ 정적분의 치환적분법

함수 $u = g(x)$가 폐구간 $[a, b]$에서 미분가능하고, 함수 f는 연속이라고 가정하자. 그리고 나면

$$\int_a^b f(g(x))g'(x)\,dx = \int_{g(a)}^{g(b)} f(u)\,du$$

이 성립한다.

증명 증명은 부정적분의 경우와 매우 유사하다. 두 함수 $f(x)$, $F(x)$에 대하여 $F'(x) = f(x)$라 하자. 그리고 나면 연쇄법칙에 의하여

$$\begin{aligned}\frac{d}{dx}F(g(x)) &= F'(g(x))g'(x)\\ &= f(g(x))g'(x)\end{aligned}$$

이다. 그리하여 $F(g(x))$는 $f(g(x))g'(x)$의 역도함수이다. 따라서 미적분학의 기본정리에 의하여

$$\begin{aligned}\int_a^b f(g(x))g'(x)\,dx &= F(g(x))\Big|_a^b\\ &= F(g(b)) - F(g(a))\end{aligned}$$

이다. 또한 $F(u)$는 $f(u)$의 역도함수이므로

$$\int_{g(a)}^{g(b)} f(u)\,du = F(u)\Big|_{g(a)}^{g(b)}$$
$$= F(g(b)) - F(g(a))$$

이다. 따라서

$$\int_a^b f(g(x))\,g'(x)\,dx = \int_{g(a)}^{g(b)} f(u)\,du$$

이다. ■

정적분에 대한 치환적분은 다음과 같은 방법으로 이해하는 것이 편리하다.

미분 가능한 함수 $u = g(x)$에 대하여 $du = g'(x)\,dx$ 이고 $x = a$일 때 $u = g(a)$, $x = b$일 때 $u = g(b)$이므로

$$\int_a^b f(g(x))\,g'(x)\,dx = \int_{g(a)}^{g(b)} f(u)\,du$$

이다.

예제 3

$\int_0^1 2x(x^2+2)^5\,dx$ 을 계산하시오.

풀이 $u = x^2 + 2$로 치환하면 $du = 2x\,dx$ 이며 $x = 0$일 때 $u = 2$, $x = 1$일 때 $u = 3$이다. 따라서 정적분에 대한 치환적분에 의하여

$$\int_0^1 2x(x^2+2)^5\,dx = \int_2^3 u^5\,du = \frac{1}{6}u^6\Big|_2^3$$
$$= \frac{1}{6}3^6 - \frac{1}{6}2^6 = \frac{665}{6}$$

이다. ■

예제 4

$\int_o^\pi \cos^2 x\,\sin x\,dx$ 을 계산하시오.

풀이 $u = \cos x$ 로 치환하면 $du = -\sin x\, dx$, $-du = \sin x\, dx$ 이며 $x = 0$일 때 $u = 1$, $x = \pi$ 일 때 $u = -1$이다. 그리하여

$$\begin{aligned}\int_0^{\pi} \cos^2 x \sin x\, dx &= -\int_1^{-1} u^2\, du = \int_{-1}^{1} u^2\, du \\ &= \frac{1}{3}u^3 \Big|_{-1}^{1} \\ &= \frac{1}{3}1^3 - \frac{1}{3}(-1)^3 \\ &= \frac{2}{3}\end{aligned}$$

이다. ◻

예제 5

$\displaystyle\int_0^1 \frac{\tan^{-1} x}{1+x^2}\, dx$ 을 계산하시오.

풀이 $u = \tan^{-1} x$ 로 치환하면 $du = \dfrac{1}{1+x^2}\, dx$ 이고 $x = 0$일 때 $u = \tan^{-1} 0$ 즉, $\tan u = 0$이므로 $u = 0$이고, $x = 1$일 때 $u = \tan^{-1} 1$, 즉, $\tan u = 1$이므로 $u = \dfrac{\pi}{4}$ 이다. 그리하여

$$\begin{aligned}\int_0^1 \frac{\tan^{-1} x}{1+x^2}\, dx &= \int_0^{\frac{\pi}{4}} u\, du \\ &= \frac{1}{2}u^2 \Big|_0^{\frac{\pi}{4}} \\ &= \frac{1}{32}\pi^2\end{aligned}$$

이다. ◻

예제 6

부정적분 $\displaystyle\int \frac{1}{\sqrt{a^2 - x^2}}\, dx$를 계산하시오. 단, $a > 0$인 상수이다.

풀이 $\displaystyle\int \frac{1}{\sqrt{a^2-x^2}}dx = \int \frac{1}{a\sqrt{1-\left(\frac{x}{a}\right)^2}}dx$

이며, $u=\dfrac{x}{a}$라 하면 $du=\dfrac{1}{a}dx$이다. 따라서

$$\begin{aligned}\int \frac{1}{a\sqrt{1-\left(\frac{x}{a}\right)^2}}dx &= \int \frac{1}{\sqrt{1-u^2}}du \\ &= \sin^{-1}u + C \\ &= \sin^{-1}\frac{x}{a} + C\end{aligned}$$

이다.

예제 7

$\displaystyle\int_2^3 \frac{1}{\sqrt{4x-x^2}}dx$을 계산하시오.

풀이 $\sqrt{4x-x^2} = \sqrt{-(x^2-4x+4-4)} = \sqrt{2^2-(x-2)^2}$ 이다. 따라서

$$\int_2^3 \frac{1}{\sqrt{4x-x^2}}dx = \int_2^3 \frac{1}{\sqrt{2^2-(x-2)^2}}dx$$

이며, $x-2=u$로 치환하면 $dx=du$이고, $x=2$일 때 $u=0$, $x=3$일 때 $u=1$이다. 그리하여

$$\int_2^3 \frac{1}{\sqrt{2^2-(x-2)^2}}dx = \int_0^1 \frac{1}{\sqrt{2^2-u^2}}du = \frac{1}{2}\int_0^1 \frac{1}{\sqrt{1-\left(\frac{u}{2}\right)^2}}du$$

이다. 여기서 $\dfrac{u}{2}=t$로 치환하면 $du=2dt$이고, $u=0$일 때 $t=0$, $u=1$일 때 $t=\dfrac{1}{2}$이다. 그리하여

$$\frac{1}{2}\int_0^1 \frac{1}{\sqrt{1-\left(\frac{u}{2}\right)^2}}du = \int_0^{\frac{1}{2}} \frac{1}{\sqrt{1-t^2}}dt = \sin^{-1}t\Big|_0^{\frac{1}{2}}$$

$$= \sin^{-1}\frac{1}{2} - \sin^{-1}0$$

$$= \frac{\pi}{6}$$

이다. ▣

연습문제 8.1

1. 다음 정적분을 계산하시오.

(a) $\int_0^2 (5x+1)^5\,dx$

(b) $\int_1^3 2x\sqrt{x^2+1}\,dx$

(c) $\int_0^{\frac{\pi}{4}} \sec^2 x \tan x\,dx$

(d) $\int_0^1 xe^{x^2+1}\,dx$

(e) $\int_0^{\frac{\pi}{4}} \tan x\,dx$

(f) $\int_0^1 e^x(e^x+1)^2\,dx$

(g) $\int_0^1 \frac{x+2}{\sqrt{x+1}}\,dx$

(h) $\int_0^{\frac{\pi}{3}} \cos^4 x \sin x\,dx$

(i) $\int_1^e \frac{\sqrt{\ln x}}{x}\,dx$

(j) $\int_0^{\frac{\pi}{2}} \frac{\sin^3 x}{1+\cos x}\,dx$

(k) $\int_0^{\sqrt{3}} \frac{x}{x^4+9}\,dx$

2. 다음 부정적분을 계산하시오.

(a) $\int (2x-1)^{50}\,dx$

(b) $\int (x^3+x)^5(3x^2+1)\,dx$

(c) $\int \sin 4x\,dx$

(d) $\int \frac{\sin x}{\cos^2 x}\,dx$

(e) $\int xe^{x^2}\,dx$

(f) $\int \frac{\ln x}{x}\,dx$

(g) $\int \sqrt{1-x}\,dx$

(h) $\int \frac{\cos x}{1+\sin x}\,dx$

(i) $\int \frac{2x}{\sqrt{1-4x^2}}dx$

(j) $\int e^{\tan x}\sec^2 x dx$

(k) $\int \cot x dx$

(l) $\int \frac{\sin\sqrt{x}}{2\sqrt{x}}dx$

3. 연속함수 $f(x)$에 대하여 $\int_0^9 f(x)dx = 2$일 때 $\int_0^3 xf(x^2)dx$ 을 계산하시오.

4. 함수 f 가 폐구간 $[-a, a]$에서 연속일 때

(a) 함수 f 가 우함수 (즉, $f(-x)=f(x)$)이면

$$\int_{-a}^{a} f(x)dx = 2\int_0^a f(x)dx$$

이고

(b) 함수 f 가 기함수 (즉, $f(-x)=-f(x)$)이면

$$\int_{-a}^{a} f(x)dx = 0$$

임을 증명하시오.

5. 다음 정적분의 값을 계산하시오.

(a) $\int_{-2}^{2}(x^6+1)dx$

(b) $\int_{-1}^{1}\frac{x^3}{1+x^2+x^4}dx$

6. 다음을 증명하시오.

(a) $\int_0^a f(x)dx = \int_0^a f(a-x)dx$

(b) $\int_0^a f(x)dx = \int_0^{\frac{a}{2}}\{f(x)+f(a-x)\}dx$

(c) $\int_{a+k}^{b+k} f(x-k)dx = \int_a^b f(x)dx$

7. 6번 문제를 이용하여

$$\int_0^{\frac{\pi}{2}} \frac{\sin x}{\cos x + \sin x} dx$$

을 계산하시오.

8. 다음 적분을 계산하시오.

(a) $\int \frac{-1}{\sqrt{8x - x^2}} dx$

(b) $\int \frac{1}{a^2 + x^2} dx$

(c) $\int \frac{\ln x}{x(\ln x + 1)^2} dx$

(d) $\int_1^2 \frac{4}{x^2 - 2x + 2} dx$

(e) $\int_0^{\frac{\pi}{4}} \sqrt{1 + \cos 4x}\, dx$ (힌트 : $\cos^2(x) = \frac{1 + \cos(2x)}{2}$)

(f) $\int_0^{\pi} (1 - \cos^3 x) \cos x \sin x\, dx$

(g) $\int_1^4 \frac{1}{\sqrt{x}} e^{\sqrt{x}} dx$

9. $\int \frac{1}{1 - x^2} dx = \frac{1}{2} \ln \left| \frac{1 + x}{1 - x} \right| + C$임을 이용하여 $\int \frac{1}{\cos x} dx$를 구하시오.

10. 다음을 증명하시오.

$$\int \tan^n x\, dx = \frac{1}{n - 1} \tan^{n-1} x - \int \tan^{n-2} x\, dx, \quad n \geq 2$$

11. 함수 $f(x)$가 $f(x) = 3x^2 - 4x - \int_0^1 f(x) dx$을 만족할 때 $\int_0^1 f(2x) dx$의 값을 구하시오.

8.2 부분 적분법

앞서 공부한 치환적분에 의하여 모든 적분이 계산될 수 있는 것은 아니다. 예를 들어,

$$\int x\sin x dx$$

를 치환적분을 이용하여 시도해 보아라.

치환적분에 의하여는 계산할 수 없음을 확인할 수 있을 것이다.

이 절에서는 미분법의 곱셈법칙을 이용하여 적분을 계산하는 방법인 **부분적분법** (integration by parts)에 대하여 다루고자 한다. 미분 가능한 두 함수 f 와 g 의 곱에 대한 미분은 미분법의 곱셈법칙(참고, 4.2절)에 의하여

$$\frac{d}{dx}f(x)g(x) = f'(x)g(x) + f(x)g'(x)$$

이고, 따라서 $f(x)g(x)$는 $f'(x)g(x)+f(x)g'(x)$의 역도함수이다. 그리하여 부정적분의 정의에 의하여

$$\int [f'(x)g(x)+f(x)g'(x)]\,dx = f(x)g(x)$$

이다. 단, 여기서 적분상수는 0으로 둔다. 즉,

$$\int f'(x)g(x)dx = f(x)g(x) - \int f(x)g'(x)dx$$

이며, 이것은 다음 정리에서 언급되는 부분적분법이다.

정리 1 ∘∘∘ 부정적분의 부분 적분법

두 미분 가능한 함수 f 와 g 에 대하여

$$\int f'(x)g(x)dx = f(x)g(x) - \int f(x)g'(x)dx$$

이다.

부분 적분법은 $\int f'(x)g(x)dx$ 와 같은 형태의 적분을 계산함에 있어 다른 형태의 적

분 $\int f(x)g'(x)dx$ 을 계산함으로서 주어진 적분을 해결하고자 하는 것으로 적분 $\int f(x)g'(x)dx$ 이 쉽게 계산될 수 있는 형태가 되도록 하여야만 한다.

예제 1

부정적분 $\int x\sin x dx$를 계산하시오.

풀이 정리 1에 있어서 $f'(x)=\sin x$, $g(x)=x$라 하면
$f(x)=-\cos x$, $g'(x)=1$이다. 그리하여

$$\begin{aligned}\int x\sin x dx &= (-\cos x)x-\int(-\cos x)\cdot 1dx\\ &=-x\cos x+\sin x+C\end{aligned}$$

$\frac{d}{dx}[-x\cdot\cos x+\sin x]=x\sin x$이므로 부정적분의 정의에 의하여

$$\int x\sin x dx=-x\cos x+\sin x+C$$

임을 확인할 수 있다.

예제 2

부정적분 $\int \ln x dx$를 계산하시오.

풀이 $f'(x)=1$, $g(x)=\ln x$라 하면 $f(x)=x$, $g'(x)=\frac{1}{x}$이다.

그리하여 정리 1의 부분적분법에 의하여

$$\begin{aligned}\int \ln x dx &= x\ln x-\int x\cdot\frac{1}{x}dx\\ &=x\ln x-x+C\end{aligned}$$

이다.

예제 3

다음 부정적분을 계산하시오.

(a) $\int x \ln x \, dx$ (b) $\int x^2 e^x \, dx$

(c) $\int e^x \sin x \, dx$

풀이 (a) $f'(x) = x$, $g(x) = \ln x$라 하면, $f(x) = \frac{1}{2}x^2$, $g'(x) = \frac{1}{x}$이며 정리 1에 의하여

$$\int x \ln x \, dx = \frac{1}{2}x^2 \cdot \ln x - \int \frac{1}{2}x^2 \frac{1}{x} dx$$
$$= \frac{1}{2}x^2 \ln x - \frac{1}{4}x^2 + C$$

이다.

(b) $f'(x) = e^x$, $g(x) = x^2$라 하면, $f(x) = e^x$, $g'(x) = 2x$이므로 정리 1에 의하여

$$\int x^2 e^x \, dx = x^2 e^x - \int 2x e^x \, dx$$

이다. 그러나 우변의 적분 $\int x e^x dx$에 부분적분법을 다시 또 적용하는 것에 의하여

$$\int x e^x \, dx = x e^x - \int e^x \, dx$$
$$= x e^x - e^x$$

이다. 그리하여

$$\int x^2 e^x \, dx = x^2 e^x - 2x e^x + 2e^x + C = e^x [x^2 - 2x + 2] + C$$

이다.

(c) $f'(x) = e^x$, $g(x) = \sin x$라 하면 $f(x) = e^x$, $g'(x) = \cos x$이므로 정리 1에 의하여

$$\int e^x \sin x \, dx = e^x \sin x - \int e^x \cos x \, dx$$

이다. 그러나 다시 정리1을 사용하여

$$\int e^x \cos x \, dx = e^x \cos x + \int e^x \sin x \, dx$$

이다. 그리하여

$$\int e^x \sin x \, dx = e^x \sin x - e^x \cos x - \int e^x \sin x \, dx$$

이고, 다시 정리하면

$$\int e^x \sin x \, dx = \frac{1}{2} e^x [\sin x - \cos x] + C$$

을 얻을 수 있다. ▣

예제 4

세 함수 $f(x)$, $g(x)$, $h(x)$에 대하여 $\int f(x)\,dx = g(x)$, $\int g(x)\,dx = h(x)$가 성립할 때 $\int x f(x)\,dx$를 함수 g와 h에 의하여 표현하시오.

풀이 $g'(x) = f(x)$, $h'(x) = g(x)$이므로

$$\begin{aligned}\int x f(x)\,dx &= \int x g'(x)\,dx \\ &= x g(x) - \int g(x)\,dx \\ &= x g(x) - h(x) + C\end{aligned}$$

이다. ▣

다음에는 정적분에 대한 부분적분법에 대하여 논의하고자 한다.

정리 2 ••• 정적분의 부분 적분법

두 미분 가능 함수 f와 g에 대하여

$$\int_a^b f'(x) g(x)\,dx = f(x) g(x) \Big|_a^b - \int_a^b f(x) g'(x)\,dx$$

이다.

증명 미분법의 곱셈법칙에 의하여

$$\frac{d}{dx} f(x) g(x) = f'(x) g(x) + f(x) g'(x)$$

이다. 그리하여 $f(x)g(x)$는 $f'(x)g(x) + f(x)g'(x)$의 역도함수이며 미적분학의 기본정리(참고, 7.3절)에 의하여

$$\int_a^b [f'(x)g(x)+f(x)g'(x)]\,dx = f(x)g(x)\Big|_a^b$$

이다. 즉,

$$\int_a^b f'(x)g(x)\,dx = f(x)g(x)\Big|_a^b - \int_a^b f(x)g'(x)\,dx$$

이다. ▣

부분적분법을 적용하여 적분을 풀고자 할 때 어떤 함수를 미분하고 어떤 함수를 적분할 것인가를 결정하여야 한다. 각각의 함수를 결정하는 방법은 적분하기 쉬운 함수를 $f'(x)$로 두는 것이다. 즉, 다음과 같은 방법에 의하여 $f'(x)$와 $g(x)$를 결정하면 많은 적분이 쉽게 해결된다.

$\ln x$ 다항식($1,\ x,\ x^2,\ \cdots$ 등), 삼각함수($\sin x,\ \cos x$ 등), 지수함수(e^x)
$\leftarrow\ g(x)$ $\qquad\qquad\qquad \rightarrow\ f'(x)$

왼쪽에 위치한 함수를 $g(x)$로 오른쪽에 위치한 함수를 $f'(x)$로 둔다.

예제 5

정적분 $\int_0^\pi x\sin x\,dx$를 계산하시오.

풀이 $f'(x)=\sin x,\ g(x)=x$라 하면 $f(x)=-\cos x,\ g'(x)=1$이다. 따라서 정리 2에 의하여

$$\begin{aligned}\int_0^\pi x\sin x\,dx &= -x\cos x\Big|_0^\pi - \int_0^\pi (-\cos x)\cdot 1\,dx \\ &= \pi\end{aligned}$$

▣

예제 6

다음 정적분을 계산하시오.

(a) $\int_1^2 x\ln x\,dx$ (b) $\int_0^1 x^2 e^x\,dx$ (c) $\int_0^{\frac{\pi}{2}} e^x \sin x\,dx$

풀이 예제 3 및 정리 2에 의하여

(a) $\int_1^2 x\ln x\,dx = \frac{1}{2}x^2\ln x\Big|_1^2 - \frac{1}{2}\int_1^2 x\,dx = 2\ln 2 - \frac{3}{4}$

(b) $\int_0^1 x^2 e^x\,dx = x^2 e^x\Big|_0^1 - 2\int_0^1 x e^x\,dx$

$$= e - 2\left[x e^x\Big|_0^1 - \int_0^1 e^x\,dx\right]$$
$$= e - 2[e - (e-1)]$$
$$= e - 2$$

(c) 정리 2를 적용하는 것에 의하여 계산할 수 있지만 우리는 예제 3(c)에 의하여 $\frac{1}{2}e^x(\sin x - \cos x)$가 $e^x \sin x$ 의 역도함수임을 알고 있다. 그리하여 미적분학의 기본정리에 의하여

$$\int_0^{\frac{\pi}{2}} e^x \sin x\,dx = \frac{1}{2}e^x(\sin x - \cos x)\Big|_0^{\frac{\pi}{2}}$$
$$= \frac{1}{2}\left(e^{\frac{\pi}{2}} + 1\right)$$

이다. ▫

예제 7

$\int \tan^{-1} x\,dx$ 을 계산하시오.

풀이 $f'(x) = 1,\ g(x) = \tan^{-1}x$ 이라 하면 $f(x) = x,\ g'(x) = \frac{1}{1+x^2}$ 이므로 정리1의 부분적분법에 의하여

$$\int \tan^{-1}x\,dx = x\tan^{-1}x - \int \frac{x}{1+x^2}\,dx$$

이다. 그러나 적분

$$\int \frac{x}{1+x^2}dx = \frac{1}{2}\int \frac{2x}{1+x^2}dx = \frac{1}{2}\ln(1+x^2)$$

이다. 따라서

$$\int \tan^{-1}x\,dx = x\tan^{-1}x - \frac{1}{2}\ln(1+x^2) + C$$

이다. ■

예제 8

$\int_0^1 \tan^{-1}x\,dx$ 을 계산하시오.

풀이 위의 정적분을 2개의 다른 방법에 의하여 계산해보고자 한다.

(1) $f'(x) = 1$, $g(x) = \tan^{-1}x$ 이라 놓으면 $f(x) = x$, $g'(x) = \dfrac{1}{1+x^2}$ 이고, 정적분에 대한 부분적분법에 의하여

$$\int_0^1 \tan^{-1}x\,dx = x\tan^{-1}x\Big|_0^1 - \int_0^1 \frac{x}{1+x^2}dx$$

이며, 여기서 $\int_0^1 \frac{x}{1+x^2}dx$ 을 계산하기 위하여 $1+x^2 = u$ 로 치환하면 $x\,dx = \frac{1}{2}du$ 이고 $x = 0$ 일 때 $u = 1$, $x = 1$ 일 때 $u = 2$ 이다. 그리하여

$$\begin{aligned}\int_0^1 \frac{x}{1+x^2}dx &= \frac{1}{2}\int_1^2 \frac{1}{u}du \\ &= \frac{1}{2}\ln u\Big|_1^2 \\ &= \frac{1}{2}\ln 2\end{aligned}$$

이다. 또한 $\tan^{-1}1 = \theta$ 라 놓으면 $\tan\theta = 1$ 이므로 $\theta = \frac{\pi}{4}$ 이다. 그리하여

$$\begin{aligned}\int_0^1 \tan^{-1}x\,dx &= x\tan^{-1}x\Big|_0^1 - \int_0^1 \frac{x}{1+x^2}dx \\ &= \tan^{-1}1 - \frac{1}{2}\ln 2\end{aligned}$$

$$= \frac{\pi}{4} - \frac{1}{2}\ln 2$$

이다.

(2) 예제 7에 의하여 $x\tan^{-1}x - \frac{1}{2}\ln(1+x^2)$은 $\tan^{-1}x$ 의 역도함수이다. 따라서 미적분학의 기본정리에 의하여

$$\int_0^1 \tan^{-1}x\,dx = \left[x\tan^{-1}x - \frac{1}{2}\ln(1+x^2)\right]\Big|_0^1$$

$$= \tan^{-1}1 - \frac{1}{2}\ln 2$$

$$= \frac{\pi}{4} - \frac{1}{2}\ln 2$$

을 얻을 수도 있다. ▣

연습문제 8.2

1. 다음 부정적분을 계산하시오.

(a) $\int \sin^{-1}x\,dx$

(b) $\int x^2 \sin x\,dx$

(c) $\int x^3 \ln x\,dx$

(d) $\int x^3 e^{3x}\,dx$

(e) $\int x\cosh x\,dx$

(f) $\int x\cos x\,dx$

2. 다음 정적분을 계산하시오.

(a) $\int_0^1 x\tan^{-1}x\,dx$

(b) $\int_1^2 x^3 \ln x\,dx$

(c) $\int_0^{\frac{\pi}{2}} x\cos x\,dx$

(d) $\int_0^1 x^3 e^{3x}\,dx$

(e) $\int_0^{\frac{1}{2}} \cos^{-1}x\,dx$

(f) $\int_0^1 x\sin 2x\,dx$

(g) $\int_1^8 \ln\sqrt[3]{x}\,dx$

(h) $\int_0^1 x^2 \sinh x\,dx$

3. $\int x^r \ln x\, dx = \begin{cases} \frac{1}{2}(\ln x)^2 + C, & r = -1 \\ \frac{x^{r+1}}{r+1}\left(\ln x - \frac{1}{r+1}\right) + C, & r \neq -1 \end{cases}$

임을 보여라.

4. 다음을 증명하여라.

(a) $\int e^{ax} \cos bx\, dx = \frac{e^{ax}}{a^2+b^2}(a\cos bx + b\sin bx) + C$

(b) $\int e^{ax} \sin bx\, dx = \frac{e^{ax}}{a^2+b^2}(a\sin bx - b\cos bx) + C$

단, a와 b는 0이 아닌 상수이다.

5. 다음 적분을 계산하시오.

(a) $\int e^{2x} \sin 3x dx$

(b) $\int_0^{\frac{\pi}{6}} e^{3x} \cos 2x dx$

6. 다음 적분을 구하시오.

(a) $\int_0^{\frac{\pi}{4}} x \tan^2 x\, dx$

(b) $\int_0^{\frac{\pi}{2}} e^{-x}(\sin x + \cos x) dx$

(c) $\int \cos x \ln(\sin x) dx$

(d) $\int (\ln x)^2 dx$

(e) $\int \sin\sqrt{x}\, dx$

(f) $\int_{2\pi}^{3\pi} x \sin x\, dx$

(g) $\int_0^1 e^{\sqrt{x}} dx$

7. 정의역이 $\{x \mid x > -1\}$인 함수 $f(x)$에 대하여 $f'(x) = \frac{1}{(1+x^3)^2}$이고, 함수 $g(x) = x^2$이다.

$$\int_0^1 f(x) g'(x) dx = \frac{1}{6}$$

일 때, $f(1)$의 값을 구하시오.

8. 부분적분법을 적용하여 다음의 점화공식들을 증명하시오.

(a) $\int (\ln x)^n\, dx = x(\ln x)^n - n\int (\ln x)^{n-1}\, dx$

(b) $\int x^n e^x dx = x^n e^x - n\int x^{n-1} e^x dx$

9. 다음 적분을 계산하시오.

(a) $\int (\ln x)^3 dx$

(b) $\int x^4 e^x dx$

8.3 삼각함수의 적분법

이 절에서는 피적분 함수가 삼각함수의 거듭제곱인 형태의 적분을 생각하고자 한다. 즉

$$\int \sin^m x \cos^n x \, dx$$

와 같은 형태의 적분을 풀고자 하며 다음과 같이 각각의 경우로 나누어 생각하고자 한다.

(1) m 또는 n이 0인 경우

정리 1 ∘∘∘ 삼각함수의 적분에 대한 점화공식

(a) $\displaystyle\int \sin^n x \, dx = -\frac{1}{n}\sin^{n-1} x \cos x + \frac{n-1}{n}\int \sin^{n-2} x \, dx$

(b) $\displaystyle\int \cos^n x \, dx = \frac{1}{n}\cos^{n-1} x \sin x + \frac{n-1}{n}\int \cos^{n-2} x \, dx$

증명 (a) $I_n = \displaystyle\int \sin^n x \, dx$라 하자. 8.2절 정리 1의 부분적분법에 있어서 $f'(x) = \sin x$, $g(x) = \sin^{n-1} x$ 라 하면 $f(x) = -\cos x$, $g'(x) - (n-1)\sin^{n-2} x \cos x$이다. 따라서

$$\begin{aligned} I_n &= \int \sin^{n-1} x \sin x \, dx \\ &= -\sin^{n-1} x \cos x + (n-1)\int \sin^{n-2} x \cos^2 x \, dx \\ &= -\sin^{n-1} x \cos x + (n-1)\int \sin^{n-2} x (1-\sin^2 x) \, dx \\ &= -\sin^{n-1} x \cos x + (n-1)\int \sin^{n-2} x \, dx - (n-1) I_n \end{aligned}$$

이며, 그리하여

$$I_n = -\frac{1}{n}\sin^{n-1} x \cos x + \frac{n-1}{n}\int \sin^{n-2} x \, dx$$

이다. (b)의 증명은 연습문제로 남겨둔다. ■

예제 1

다음을 계산하시오.

(a) $\int \sin^2 x\,dx$ (b) $\int \cos^2 x\,dx$

풀이 (a) 정리 1의 (a)에서 $n=2$인 경우에 해당하므로

$$\begin{aligned}\int \sin^2 x\,dx &= -\frac{1}{2}\sin x\cos x + \frac{1}{2}\int 1\,dx \\ &= -\frac{1}{2}\sin x\cos x + \frac{1}{2}x + C\end{aligned}$$

이다.

(b) 정리 1의 (b)에 의하여

$$\begin{aligned}\int \cos^2 x\,dx &= \frac{1}{2}\cos x\sin x + \frac{1}{2}\int 1\,dx \\ &= \frac{1}{2}\cos x\sin x + \frac{1}{2}x + C\end{aligned}$$

이다. ■

위 예제에서 $\cos^2 x = \dfrac{1+\cos 2x}{2}$ 및 $\sin^2 x = \dfrac{1-\cos 2x}{2}$ 임을 이용하고, 치환법칙을 사용하는 것에 의하여 위 계산을 시행할 수도 있다. 여기서 $\sin 2x = 2\sin x\cos x$ 임을 상기하여라.

예제 2

다음의 정적분을 계산하여라

(a) $\int_0^{\frac{\pi}{4}} \sin^3 x\,dx$ (b) $\int_0^{\frac{\pi}{4}} \cos^3 x\,dx$

풀이 (a) 3개의 다른 방법에 의하여 풀어보고자 한다.

(i) $f'(x)=\sin x$, $g(x)=\sin^2 x$라 놓으면 $f(x)=-\cos x$, $g'(x)=2\sin x\cos x$으로 8.2절의 정적분에 대한 부분적분법을 사용하면

$$\int_0^{\frac{\pi}{4}} \sin^3 x\,dx = \int_0^{\frac{\pi}{4}} \sin x\sin^2 x\,dx$$

$$=-\cos x\sin^2 x\Big|_0^{\frac{\pi}{4}}+2\int_0^{\frac{\pi}{4}}\sin x\cos^2 x dx$$

$$=-\frac{\sqrt{2}}{4}+2\int_0^{\frac{\pi}{4}}\sin x(1-\sin^2 x)dx$$

$$=-\frac{\sqrt{2}}{4}+2\int_0^{\frac{\pi}{4}}\sin x dx-2\int_0^{\frac{\pi}{4}}\sin^3 x dx$$

$$=-\frac{\sqrt{2}}{4}+2\left(1-\frac{\sqrt{2}}{2}\right)-2\int_0^{\frac{\pi}{4}}\sin^3 x dx$$

이다. 따라서

$$\int_0^{\frac{\pi}{4}}\sin^3 x dx=\frac{2}{3}-\frac{5}{12}\sqrt{2}$$

(ii) $\displaystyle\int_0^{\frac{\pi}{4}}\sin^3 x dx=\int_0^{\frac{\pi}{4}}\sin x\sin^2 x dx$

$$=\int_0^{\frac{\pi}{4}}\sin x(1-\cos^2 x)dx$$

$$=\int_0^{\frac{\pi}{4}}\sin x dx-\int_0^{\frac{\pi}{4}}\sin x\cos^2 x dx$$

$$=\left(1-\frac{\sqrt{2}}{2}\right)-\int_0^{\frac{\pi}{4}}\sin x\cos^2 x dx$$

이며 정적분 $\displaystyle\int_0^{\frac{\pi}{4}}\sin x\cos^2 x dx$는 $\cos x=t$로 치환하면 $\sin x dx=-dt$이고 $x=0$이면 $t=1$, $x=\frac{\pi}{4}$이면 $t=\frac{\sqrt{2}}{2}$이다. 따라서

$$\int_0^{\frac{\pi}{4}}\sin x\cos^2 x dx=-\int_0^{\frac{\sqrt{2}}{2}}t^2 dt$$

$$=-\frac{\sqrt{2}}{12}+\frac{1}{3}$$

이고, 그러므로

$$\int_0^{\frac{\pi}{4}}\sin^3 x dx=\left(1-\frac{\sqrt{2}}{2}\right)-\left[-\frac{\sqrt{2}}{12}+\frac{1}{3}\right]$$

$$= \frac{2}{3} - \frac{5}{12}\sqrt{2}$$

이다.

(iii) $n = 3$을 가지고 정리 1의 (a)에 의하여

$-\frac{1}{3}\sin^2 x \cos x - \frac{2}{3}\cos x$ 는 $\sin^3 x$ 의 역도함수임을 확인할 수 있다. 그리하여 미분적분학의 기본정리에 의하여

$$\int_0^{\frac{\pi}{4}} \sin^3 x\, dx = \left[-\frac{1}{3}\sin^2 x \cos x - \frac{2}{3}\cos x\right]\Bigg|_0^{\frac{\pi}{4}}$$
$$= \frac{2}{3} - \frac{5}{12}\sqrt{2}$$

이다.

(b) $n = 3$을 가지고 정리 1의 (b)에 의하여

$\frac{1}{3}\cos^2 x \sin x + \frac{2}{3}\sin x$ 는 $\cos^3 x$ 의 역도함수이다. 그리하여 미적분학의 기본정리에 의하여

$$\int_0^{\frac{\pi}{4}} \cos^3 x\, dx = \left[\frac{1}{3}\cos^2 x \sin x + \frac{2}{3}\sin x\right]\Bigg|_0^{\frac{\pi}{4}}$$
$$= \frac{5}{12}\sqrt{2}$$

이다. ▣

(2) m 또는 n 중 적어도 하나가 홀수인 경우

(i) m 이 홀수인 경우, 즉 $m = 2k+1$, $(k = 0, 1, 2, \cdots)$이라 하자. 그리고 나면

$$\int \sin^m x \cos^n x\, dx = \int \sin^{2k+1} x \cos^n x\, dx$$
$$= \int (\sin^2 x)^k \cos^n x \sin x\, dx$$
$$= \int (1 - \cos^2 x)^k \cos^n x \sin x\, dx$$

에서 $u = \cos x$ 로 치환하면 위의 적분은 다항식의 적분 형태가 되어 쉽게 해결할 수 있다.

(ii) n이 홀수인 경우, 즉 $n = 2k+1$, $(k = 0,\ 1,\ 2,\ \cdots)$이라 하자. 그리고 나면

$$\begin{aligned}\int \sin^m x \cos^n x\,dx &= \int \sin^m x \cos^{2k+1} x\,dx \\ &= \int \sin^m x\,(\cos^2 x)^k \cos x\,dx \\ &= \int \sin^m x\,(1-\sin^2 x)^k \cos x\,dx\end{aligned}$$

에서 $u = \sin x$로 치환하여 푼다.

(iii) m과 n이 모두 홀수인 경우는 (i) 또는 (ii)의 방법 중 어느 것을 택하여 풀어도 된다.

정적분인 경우도 적분구간만 들어가 있을 뿐 같은 방법에 의하여 해결하면 된다. 다음 예제를 살펴보자.

예제 3

정적분 $\int_0^{\frac{\pi}{6}} \sin^2 x \cos^3 x\,dx$를 계산하시오.

풀이 피적분 함수에 있어서 $\cos x$의 거듭제곱이 홀수이므로

$$\begin{aligned}\int_0^{\frac{\pi}{6}} \sin^2 x \cos^3 x\,dx &= \int_0^{\frac{\pi}{6}} \sin^2 x \cos^2 x \cos x\,dx \\ &= \int_0^{\frac{\pi}{6}} \sin^2 x\,[1-\sin^2 x]\cos x\,dx\end{aligned}$$

이며, 여기서 $u = \sin x$로 치환하면 $du = \cos x\,dx$이고,

$x = 0$일 때 $u = 0$, $x = \dfrac{\pi}{6}$일 때 $u = \dfrac{1}{2}$이다. 그리하여

$$\begin{aligned}&\int_0^{\frac{\pi}{6}} \sin^2 x\,[1-\sin^2 x]\cos x\,dx \\ &= \int_0^{\frac{1}{2}} u^2 [1-u^2]\,du \\ &= \int_0^{\frac{1}{2}} [u^2 - u^4]\,du\end{aligned}$$

$$= \left[\frac{1}{3}u^3 - \frac{1}{5}u^5\right]\Big|_0^{\frac{1}{2}}$$

$$= \frac{1}{3}\left(\frac{1}{2}\right)^3 - \frac{1}{5}\left(\frac{1}{2}\right)^5$$

$$= \frac{17}{480}$$

예제 3은 $\sin^2 x = 1 - \cos^2 x$로 놓고 정리 1의 점화공식을 이용하여 해결할 수도 있다.

예제 4

다음 부정적분을 계산하시오.

(a) $\int \sin^5 x \cos^4 x\, dx$ (b) $\int \sin^2 x \cos^3 x\, dx$

풀이 (a) $\int \sin^5 x \cos^4 x\, dx = \int (\sin^2 x)^2 \cos^4 x \sin x\, dx$

$$= \int (1 - \cos^2 x)^2 \cos^4 x \sin x\, dx$$

에서 $u = \cos x$로 치환하면 $du = -\sin x\, dx$이다. 그리하여

$$\int (1-\cos^2 x)^2 \cos^4 x \sin x\, dx = -\int (1-u^2)^2 u^4\, du$$

$$= -\int (u^4 - 2u^6 + u^8)\, du$$

$$= -\frac{1}{5}u^5 + \frac{2}{7}u^7 - \frac{1}{9}u^9 + C$$

$$= -\frac{1}{5}\cos^5 x + \frac{2}{7}\cos^7 x - \frac{1}{9}\cos^9 x + C$$

(b) $\int \sin^2 x \cos^3 x\, dx = \int \sin^2 x (\cos^2 x) \cos x\, dx$

$$= \int \sin^2 x (1 - \sin^2 x) \cos x\, dx$$

에서 $u = \sin x$로 치환하면 $du = \cos x\, dx$이다. 그리하여

$$\int \sin^2 x (1 - \sin^2 x) \cos x\, dx = \int u^2 (1-u^2)\, du$$

$$= \int (u^2 - u^4)\, du$$

$$= \frac{1}{3}\sin^3 x - \frac{1}{5}\sin^5 x + C$$

이다. ▣

(3) m과 n이 모두 짝수인 경우

피적분함수에서 거듭제곱의 차수를 줄이기 위하여

$$\cos^2 x = \frac{1+\cos 2x}{2}, \quad \sin^2 x = \frac{1-\cos 2x}{2}$$

을 사용하면 편리하다.

예제 5

부정적분 $\int \sin^2 x \cos^2 x dx$을 계산하시오.

풀이

$\sin^2 x = \frac{1-\cos 2x}{2}$, $\cos^2 x = \frac{1+\cos 2x}{2}$를 피적분함수에 대입하자. 그리고 나면

$$\begin{aligned}
&\int \sin^2 x \cos^2 x dx \\
&= \int \frac{1-\cos 2x}{2}\frac{1+\cos 2x}{2}dx \\
&= \frac{1}{4}\int [1-\cos^2(2x)]dx \\
&= \frac{1}{4}\left[\int 1dx - \int \cos^2(2x)dx\right] \\
&= \frac{1}{4}x - \frac{1}{4}\int \cos^2(2x)dx
\end{aligned}$$

이고, $\cos^2(2x) = \frac{1+\cos 4x}{2}$임을 이용하면

$$\begin{aligned}
\int \cos^2(2x)dx &= \int \frac{1+\cos 4x}{2}dx \\
&= \frac{1}{2}x + \frac{1}{2}\int \cos(4x)dx \\
&= \frac{1}{2}x + \frac{1}{8}\sin 4x
\end{aligned}$$

이다. 그러므로

$$\int \sin^2 x \cos^2 x dx = \frac{1}{8}x - \frac{1}{32}\sin 4x + C$$

참고

m과 n이 모두 짝수인 경우

$\cos^2 x = 1 - \sin^2 x$이나 $\sin^2 x = 1 - \cos^2 x$을 대입하고 정리 1의 점화공식을 이용하여 적분을 해결할 수도 있다.

다음 예제는 다음 장 등에서 유용하게 사용하게 될 적분이다.

예제 6

$\int \sec x\, dx = \ln|\sec x + \tan x| + C$임을 보이시오.

풀이

$$\sec x = \frac{\sec x(\sec x + \tan x)}{\sec x + \tan x} = \frac{\sec x \tan x + \sec^2 x}{\sec x + \tan x}$$

이므로

$$\int \sec x dx = \int \frac{\sec x \tan x + \sec^2 x}{\sec x + \tan x} dx = \ln|\sec x + \tan x| + C$$

이다. 또한

$$\frac{d}{dx}\ln|\sec x + \tan x| = \frac{1}{\sec x + \tan x}\frac{d}{dx}(\sec x + \tan x) = \frac{1}{\sec x + \tan x}(\tan x \sec x + \sec^2 x) = \sec x$$

이므로 부정적분의 정의에 의하여

$$\int \sec x\,dx = \ln|\sec x + \tan x| + C$$

임을 확인할 수 있다. ▣

예제 7

$\int \operatorname{cosec} x\,dx = -\ln|\operatorname{cosec} x + \cot x| + C$임을 보이시오.

풀이

$$\operatorname{cosec} x = \frac{\operatorname{cosec} x(\operatorname{cosec} x + \cot x)}{\operatorname{cosec} x + \cot x}$$

$$= \frac{-[-\operatorname{cosec} x \cot x - \operatorname{cosec}^2 x]}{\operatorname{cosec} x + \cot x}$$

이다. 따라서

$$\int \operatorname{cosec} x\,dx = -\int \frac{-\operatorname{cosec} x cotx - \operatorname{cosec}^2 x}{\operatorname{cosec} x + \cot x}dx$$

$$= -\ln|\operatorname{cosec} x + \cot x| + C$$

이다. 또한

$$\frac{d}{dx}\ln|\operatorname{cosec} x + \cot x| = \frac{1}{\operatorname{cosec} x + \cot x}\frac{d}{dx}[\operatorname{cosec} x + \cot x]$$

$$= \frac{1}{\operatorname{cosec} x + \cot x}[-\cot x \operatorname{cosec} x - \operatorname{cosec}^2 x]$$

$$= -\operatorname{cosec} x$$

이므로 부정적분의 정의에 의하여

$$\int \operatorname{cosec} x\,dx = -\ln|\operatorname{cosec} x + \cot x| + C$$

임을 확인할 수 있다. ▣

참고

예제 6과 예제 7의 적분은 8.6절에서 다루어질 내용인 $\tan\frac{x}{2} = t$로 치환하는 것에 의해서도 해결될 수 있다.

연습문제 8.3

1. 다음의 부정적분을 계산하시오.

(a) $\int \sin^3 x \cos^6 x\, dx$

(b) $\int \sin^4 x \cos^5 x\, dx$

(c) $\int \cos^4 x\, dx$

(d) $\int \sin^4 x\, dx$

(e) $\int \sin^2 x \cos^4 x dx$

(f) $\int \sin x \cos x dx$

2. 다음 정적분을 계산하시오.

(a) $\int_0^{\frac{\pi}{4}} \cos^2 x\, dx$

(b) $\int_0^{\frac{\pi}{4}} \sin^2 x \cos^2 x\, dx$

(c) $\int_0^{\frac{\pi}{2}} \sin^2 x \cos^3 x\, dx$

(d) $\int_0^{\frac{\pi}{3}} \sin^5 x\, dx$

(e) $\int_0^{\frac{\pi}{2}} \sin^5 x \cos^4 x\, dx$

3. 다음 정적분을 계산하시오.

(a) $\int_0^{\frac{\pi}{4}} \sec x\, dx$

(b) $\int_{\frac{\pi}{4}}^{\frac{\pi}{2}} \operatorname{cosec} x\, dx$

4. 임의의 양의정수 n에 대하여

$$\int \cos^n x\, dx = \frac{1}{n} \cos^{n-1} x \sin x + \frac{n-1}{n} \int \cos^{n-2} x\, dx$$

임을 증명하여라.

5. 다음을 증명하여라.

$$\int_0^{\frac{\pi}{2}} \cos^n x\, dx = \begin{cases} \dfrac{n-1}{n}\,\dfrac{n-3}{n-2} \cdots \dfrac{1}{2}\,\dfrac{\pi}{2}, & n = \text{짝수} \\[2ex] \dfrac{n-1}{n}\,\dfrac{n-3}{n-2} \cdots \dfrac{2}{3}\,1, & n = \text{홀수} \end{cases}$$

6. 다음 정적분을 계산하시오.

(a) $\int_0^{\frac{\pi}{2}} \cos^4 x\,dx$ (b) $\int_0^{\frac{\pi}{2}} \cos^5 x\,dx$

7. 삼각함수의 곱의 공식

(i) $\sin A \cos B = \dfrac{1}{2}[\sin(A-B)+\sin(A+B)]$

(ii) $\sin A \sin B = \dfrac{1}{2}[\cos(A-B)-\cos(A+B)]$

(iii) $\cos A \cos B = \dfrac{1}{2}[\cos(A-B)+\cos(A+B)]$

을 이용하는 것에 의하여 다음 적분을 계산하시오.

(a) $\int \sin 4x \cos 5x\,dx$

(b) $\int \cos 4x \cos 5x\,dx$

(c) $\int \sin 4x \sin 5x\,dx$

8. 다음 부정적분을 계산하시오.

(a) $\int \tan^6 x \sec^4 x\,dx$

(힌트 : $\int \tan^m x \sec^n x dx$ 와 같은 형태의 적분에서 $n=2k$ 의 짝수인 경우

$$\int \tan^m x \sec^{2k} x\,dx = \int \tan^m x (\sec^2 x)^{k-1} \sec^2 x\,dx$$
$$= \int \tan^m x (1+\tan^2 x)^{k-1} \sec^2 x\,dx$$

에서 $u=\tan x$ 로 치환하여 푼다.)

(b) $\int \tan^5 x \sec^3 x\,dx$

(힌트 : $\int \tan^m x \sec^n x dx$ 와 같은 형태의 적분에서 $m=2k+1$ 의 홀수인 경우

$$\int \tan^{2k+1} x \sec^n x\,dx = \int (\tan^2 x)^k \sec^{n-1} x \tan x \sec x\,dx$$
$$= \int (\sec^2 x - 1)^k \sec^{n-1} x \tan x \sec x\,dx$$

에서 $u=\sec x$ 로 치환하여 푼다.)

9. 다음 정적분을 계산하시오.

(a) $\int_0^{\frac{\pi}{4}} \tan^6 x \sec^4 x \, dx$　　(b) $\int_0^{\frac{\pi}{3}} \tan^5 x \sec^3 x \, dx$

10. $\int \sec^3 x \, dx$를 계산하여라.

(힌트 : $\int \sec^3 x \, dx = \int \sec x \cdot \sec^2 x dx$로 바꾸고 부분적분법을 이용한다.)

11. 다음 적분을 계산하시오.

(a) $\int \cos x \cos^3 (\sin x) dx$　　(b) $\int \frac{\sin 2x}{1+\cos^4 x} dx$

8.4 삼각치환법

다음 장의 적분의 응용에서 다루어질 원이나 타원의 넓이는 이 절에서 다루어질 **삼각치환법**(Method by trigonometric substitution)에 의하여 유도된다.

삼각치환법은 피적분함수에 $\sqrt{a^2-x^2}$, $\sqrt{a^2+x^2}$ 또는 $\sqrt{x^2-a^2}$ 와 같은 형태의 함수를 포함하고 있는 적분을 말한다. 여기서 a는 양의 실수이다.

(1) 피적분함수에 $\sqrt{a^2-x^2}$ 이 포함되어 있는 경우의 적분

$$x = a\sin\theta, \quad -\frac{\pi}{2} \le \theta \le \frac{\pi}{2}$$

로 치환한다. 그리고 나면

$$\begin{aligned}\sqrt{a^2-x^2} &= \sqrt{a^2-a^2\sin^2\theta}\\ &= a\sqrt{1-\sin^2\theta}\\ &= a\cos\theta\end{aligned}$$

이며 $dx = a\cos\theta d\theta$로 변환하여 적분을 시행하면 된다.

예제 1

부정적분 $\int \frac{1}{\sqrt{a^2-x^2}}dx$를 계산하시오. 단, a는 양의 실수이다.

풀이 $x = a\sin\theta, -\frac{\pi}{2} \le \theta \le \frac{\pi}{2}$로 치환하면 $dx = a\cos\theta\, d\theta$이다. 따라서

$$\begin{aligned}\int \frac{1}{\sqrt{a^2-x^2}}dx &= \int \frac{1}{\sqrt{a^2-a^2\sin^2\theta}}a\cos\theta\, d\theta\\ &= \int \frac{1}{a|\cos\theta|}a\cos\theta\, d\theta\end{aligned}$$

$-\frac{\pi}{2} \le \theta \le \frac{\pi}{2}$일 때 $\cos\theta \ge 0$이므로 $|\cos\theta| = \cos\theta$ 이다. 그리하여

$$\int \frac{1}{a|\cos\theta|}a\cos\theta\, d\theta = \int \frac{1}{a\cos\theta}a\cos\theta\, d\theta$$

$$= \theta + C$$

$$= \sin^{-1}\frac{x}{a} + C$$

이다. ▣

(2) 피적분 함수에 $\sqrt{a^2+x^2}$ 이 포함되어 있는 경우의 적분

$$x = a\tan\theta, \quad -\frac{\pi}{2} < \theta < \frac{\pi}{2}$$

로 치환하여 푼다.

예제 2

부정적분 $\int \frac{1}{\sqrt{a^2+x^2}}dx$ 를 계산하시오. 단, $a > 0$

풀이 $x = a\tan\theta,\ -\frac{\pi}{2} < \theta < \frac{\pi}{2}$ 로 치환하면 $dx = a\sec^2\theta\, d\theta$ 이므로

$$\begin{aligned}
\int \frac{1}{\sqrt{a^2+x^2}}dx &= \int \frac{1}{\sqrt{a^2+a^2\tan^2\theta}}a\sec^2\theta\, d\theta \\
&= \int \frac{1}{\sqrt{a^2\sec^2\theta}}a\sec^2\theta\, d\theta \\
&= \int \frac{1}{a|\sec\theta|}a\sec^2\theta\, d\theta \\
&= \int \sec\theta\, d\theta \\
&= \ln|\sec\theta + \tan\theta| + C \\
&= \ln\left|\frac{\sqrt{a^2+x^2}}{a} + \frac{x}{a}\right| + C
\end{aligned}$$

이다. 여기서 우리는 $-\frac{\pi}{2} < \theta < \frac{\pi}{2}$ 일 때 $\sec\theta > 0$ 사실과 $\tan\theta = \frac{x}{a}$ 인 그림 8.1의 직각삼각형에 있에서 $\cos\theta = \frac{a}{\sqrt{a^2+x^2}}$ 임을 이용하였다.

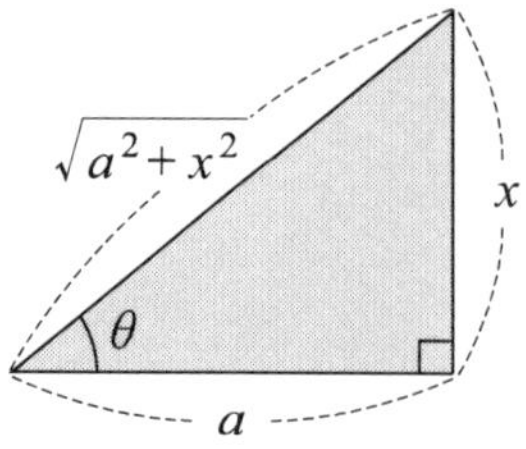

그림 8.1 $\tan\theta = \dfrac{x}{a}$ 인 직각삼각형

(3) 피적분 함수에 $\sqrt{x^2-a^2}$ 이 포함 되어 있는 경우의 적분

$$x = a\sec\theta, \quad 0 \le \theta < \frac{\pi}{2} \text{ 또는 } \frac{\pi}{2} < \theta \le \pi$$

로 치환하여 푼다.

예제 3

부정적분 $\displaystyle\int \frac{1}{\sqrt{x^2-a^2}}dx$ 를 계산하시오. 단, $a > 0$

풀이 $x = a\sec\theta, 0 \le \theta < \dfrac{\pi}{2}$ 로 치환하면 $dx = a\sec\theta\tan\theta\, d\theta$ 이므로

$$\begin{aligned}\int \frac{1}{\sqrt{x^2-a^2}}dx &= \int \frac{1}{\sqrt{a^2\sec^2\theta - a^2}}a\sec\theta\tan\theta\, d\theta \\ &= \int \frac{1}{a\tan\theta}a\sec\theta\tan\theta\, d\theta \\ &= \int \sec\theta\, d\theta \\ &= \ln|\sec\theta + \tan\theta| + C \\ &= \ln\left|\frac{x}{a} + \frac{\sqrt{x^2-a^2}}{a}\right| + C \\ &= \ln\left|\frac{1}{a}(x + \sqrt{x^2-a^2}\,)\right| + C\end{aligned}$$

이다. 여기서 $0 \le \theta < \dfrac{\pi}{2}$ 일 때 $\tan\theta > 0$ 과 $\cos\theta = \dfrac{a}{x}$ 인 그림 8.2의 직각삼각형

에 있에서 $\tan\theta = \dfrac{\sqrt{x^2-a^2}}{a}$ 임을 이용하였다.

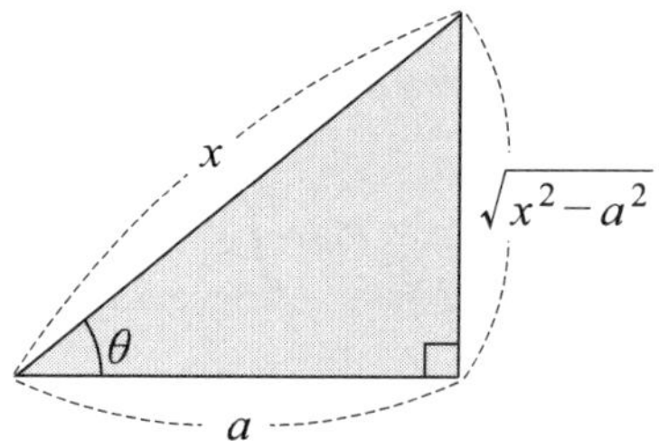

그림 8.2 $\cos\theta = \dfrac{a}{x}$ 인 직각삼각형

예제 4

다음의 정적분을 계산하시오.

(a) $\displaystyle\int_1^2 \frac{\sqrt{4-x^2}}{2x}dx$ (b) $\displaystyle\int_0^3 \frac{1}{\sqrt{9+x^2}}dx$

풀이 (a) $x = 2\sin\theta,\ -\dfrac{\pi}{2} \le \theta \le \dfrac{\pi}{2}$ 로 치환하면 $x=1$일 때 $\theta = \dfrac{\pi}{6}$, $x=2$일 때 $\theta = \dfrac{\pi}{2}$ 이며 $dx = 2\cos\theta\, d\theta$ 이다. 그리하여

$$\begin{aligned}
\int_1^2 \frac{\sqrt{4-x^2}}{2x}dx &= \int_{\frac{\pi}{6}}^{\frac{\pi}{2}} \frac{\sqrt{4-4\sin^2\theta}}{4\sin\theta}2\cos\theta\, d\theta \\
&= \int_{\frac{\pi}{6}}^{\frac{\pi}{2}} \frac{\cos^2\theta}{\sin\theta}d\theta \\
&= \int_{\frac{\pi}{6}}^{\frac{\pi}{2}} \frac{1-\sin^2\theta}{\sin\theta}d\theta \\
&= \int_{\frac{\pi}{6}}^{\frac{\pi}{2}} \operatorname{cosec}\theta\, d\theta - \int_{\frac{\pi}{6}}^{\frac{\pi}{2}} \sin\theta\, d\theta \\
&= -\ln|\operatorname{cosec}\theta + \cot\theta|\Big|_{\frac{\pi}{6}}^{\frac{\pi}{2}} + \cos\theta\Big|_{\frac{\pi}{6}}^{\frac{\pi}{2}} \\
&= \ln(2+\sqrt{3}) - \frac{\sqrt{3}}{2}
\end{aligned}$$

이다.

(b) $x = 3\tan\theta, -\dfrac{\pi}{2} < \theta < \dfrac{\pi}{2}$로 치환하면 $x=0$일 때 $\theta=0$, $x=3$일 때 $\theta = \dfrac{\pi}{4}$이며 $dx = 3\sec^2\theta\, d\theta$이다. 예제 2를 참고하는 것에 의하여

$$\begin{aligned}\int_0^3 \frac{1}{\sqrt{9+x^2}}dx &= \int_0^{\frac{\pi}{4}} \frac{3\sec^2\theta}{3\sec\theta}d\theta \\ &= \int_0^{\frac{\pi}{4}} \sec\theta\, d\theta \\ &= \ln|\sec\theta + \tan\theta|\Big|_0^{\frac{\pi}{4}} \\ &= \ln(\sqrt{2}+1)\end{aligned}$$

을 얻는다. ■

예제 5

$\int \tan x\, dx = \ln|\sec x| + C$임을 보여라.

풀이

$$\int \tan x dx = \int \frac{\sin x}{\cos x}dx$$

에서 $t = \cos x$로 치환하면 $dt = -\sin x dx$이다.
따라서

$$\begin{aligned}\int \frac{\sin x}{\cos x}dx &= -\int \frac{1}{t}dt \\ &= -\ln|t| + C \\ &= -\ln|\cos x| + C \\ &= \ln|\sec x| + C\end{aligned}$$

즉,

$$\int \tan x dx = \ln|\sec x| + C$$

이것은 또한 로그함수에 대한 합성함수 미분법에 의하여

$$\begin{aligned}\frac{d}{dx}\ln|\sec x| &= \frac{1}{\sec x}\frac{d}{dx}\sec x \\ &= \frac{1}{\sec x}\sec x \tan x = \tan x\end{aligned}$$

이다. 따라서 부정적분의 정의에 의하여 $\int \tan x\,dx = \ln|\sec x| + C$임을 확인할 수 있다. ▣

| 적분의 또 다른 기법으로 $\int \frac{\tan x}{1+\tan x}dx$, $\int \frac{\cos^2 x}{1+\sin^2 x}dx$와 같이 피적분 함수가 $\tan x$, $\sin^2 x$, $\cos^2 x$ 또는 $\tan^2 x$등을 포함한 경우

$$t = \tan x$$

로 치환하면 적분이 해결될 수 있다. 다음은 그 예제이다.

예제 6

부정적분 $\int \tan^2 x\,dx$를 구하시오.

풀이 $t = \tan x$로 치환하면 $dt = \sec^2 x dx$이고 $1 + \tan^2 x = \sec^2 x$이므로 $\sec^2 x = 1 + t^2$이다. 그리하여 $dt = (1+t^2)dx$, 즉 $dx = \frac{1}{1+t^2}dt$이다. 따라서

$$\begin{aligned}\int \tan^2 x dx &= \int t^2 \frac{1}{1+t^2}dt \\ &= \int \frac{1+t^2-1}{1+t^2}dt \\ &= \int 1dt - \int \frac{1}{1+t^2}dt \\ &= t - \tan^{-1}t + C \\ &= \tan x - \tan^{-1}(\tan x) + C \\ &= \tan x - x + C\end{aligned}$$

▣

위 예제의 적분은 $\tan^2 x = \sec^2 x - 1$로 대처하는 것에 의하여 간단히 풀 수도 있다.

예제 7

$\int \tan^3 x\,dx$ 을 계산하시오.

풀이 $1 + \tan^2 x = \sec^2 x$임을 이용하면

$$\begin{aligned}\int \tan^3 x\,dx &= \int \tan x \tan^2 x\,dx \\ &= \int \tan x\,(\sec^2 x - 1)\,dx \\ &= \int \tan x \sec^2 x\,dx - \int \tan x\,dx\end{aligned}$$

이다. 여기서 첫 번째 부정적분을 해결하기 위하여 $u = \tan x$ 로 치환하면 $du = \sec^2 x\,dx$ 이다. 그리하여 적분

$$\int \tan x \sec^2 x\,dx = \int u\,du = \frac{1}{2}u^2 = \frac{1}{2}\tan^2 \mathrm{x}$$

이다. 또한 예제5에 의하여 $\int \tan x\,dx = \ln|\sec x|$ 라는 사실에 의하여

$$\int \tan^3 x\,dx = \frac{1}{2}\tan^2 x - \ln|\sec x| + C$$

을 얻는다. ▣

참고

예제 5와 예제 7의 적분 또한 $t = \tan x$ 로 치환하여 풀 수도 있다. (연습문제 참고)

연습문제 8.4

1. $\tan x = t$ 로 치환하는 것에 의하여 다음 부정적분을 계산하시오.

(a) $\int \tan x\ dx$　　(b) $\int \tan^3 x\ dx$

2. 다음 정적분을 계산하시오.

(a) $\int_{\frac{3}{2}}^{3} \frac{1}{\sqrt{9 - x^2}}dx$　　(b) $\int_0^1 \frac{1}{\sqrt{1 + x^2}}dx$

(c) $\int_4^6 \frac{1}{\sqrt{x^2 - 4}}dx$　　(d) $\int_0^3 \sqrt{18 - x^2}\,dx$

3. 다음 부정적분을 계산하시오.

(a) $\displaystyle\int \frac{1}{x^2\sqrt{9-x^2}}dx$ (b) $\displaystyle\int \frac{3}{\sqrt{4+x^2}}dx$

4. 다음을 계산하시오.

(a) $\displaystyle\int_0^2 x^3\sqrt{4-x^2}\,dx$ (b) $\displaystyle\int_0^{2\sqrt{3}} \frac{x}{\sqrt{x^2+4}}dx$

5. 다음 부정적분을 계산하시오.

(a) $\displaystyle\int \frac{1}{\sqrt{x^2+2x+26}}dx$ (b) $\displaystyle\int \frac{1}{\sqrt{3-2x-x^2}}dx$

힌트 : 근호안을 완전제곱의 형태로 바꾸고 삼각치환법을 이용한다.

6. 다음을 증명하시오.$(n>1)$

$$\int \sec^n x\,dx = \frac{1}{n-1}\sec^{n-2}x\tan x + \frac{n-2}{n-1}\int \sec^{n-2}x\,dx$$

(힌트: $\displaystyle\int \sec^n x\,dx = \int \sec^{n-2}x\sec^2 x\,dx$, 부분적분법 적용)

7. 다음 적분을 계산하시오.

(a) $\displaystyle\int_0^{\frac{\pi}{4}} \sec^4 x\,dx$ (b) $\displaystyle\int \frac{1}{\cos^5 x}dx$

8. 다음 적분을 계산하시오.

(a) $\displaystyle\int x\sec^2(2x)\,dx$ (b) $\displaystyle\int x\tan^2 x\,dx$

8.5 유리함수의 적분

$$\frac{x^3+x}{x-1},\quad \frac{2x+1}{x^2-4x-12},\quad \frac{x^2+2x-1}{2x^3+3x^2-2x}$$

와 같이 다항식의 분수형태를 유리함수라 하며 이 절에서는 피적분 함수가 유리함수일 때의 적분에 대하여 다루고자 한다.

예제 1

$\dfrac{x^3+x}{x-1}$ 을 몫과 나머지의 형태에 의하여 나타내시오.

풀이

$$\frac{x^3+x}{x-1}=x^2+x+2+\frac{2}{x-1}$$

이다. 그리하여 몫은 x^2+x+2이고, 나머지는 2이다. ▫

위 예제에서 보여 지듯이 일반적으로 나머지의 차수는 분모의 차수보다 하나 더 작음을 확인할 수 있다.

예제 2

부정적분 $\displaystyle\int \frac{x^3+x}{x-1}\,dx$ 을 계산하시오.

풀이 예제 1에 의하여

$$\frac{x^3+x}{x-1}=x^2+x+2+\frac{2}{x-1}$$

이므로

$$\begin{aligned}\int \frac{x^3+x}{x-1}dx &= \int \left[x^2+x+2+\frac{2}{x-1}\right]dx\\ &= \int (x^2+x+2)\,dx+2\int \frac{1}{x-1}dx\\ &= \frac{1}{3}x^3+\frac{1}{2}x^2+2x+2\ln|x-1|+C\end{aligned}$$

이다. ▣

다항식 $f(x)$ 및 $g(x)$에 대하여 유리함수 $\dfrac{f(x)}{g(x)}$을 적분하고자 할 때는

$$\frac{f(x)}{g(x)} = q(x) + \frac{r(x)}{g(x)}$$

와 같이 몫과 나머지의 형태로 나눈 다음 $\dfrac{r(x)}{g(x)}$을 부분 분수들의 합으로 나타내어 적분을 시행한다. 구체적인 내용은 아래의 정리 1에 자세히 주어진다.

정리 1 ∘∘∘ 유리함수의 부분분수식에 의한 표현

유리함수 $\dfrac{f(x)}{g(x)} = q(x) + \dfrac{r(x)}{g(x)}$의 적분에서 $\dfrac{r(x)}{g(x)}$는 아래와 같이 부분분수들의 합으로 나타내어 적분을 시행한다. 먼저 $g(x)$를 인수분해하여

(i) 분모 $g(x)$의 인수 중에 $(ax+b)^n, n \geq 1$이 포함되어 있으면 이 인수에 대해서는 n개의 부분 분수들의 합

$$\frac{A_1}{ax+b} + \frac{A_2}{(ax+b)^2} + \cdots + \frac{A_n}{(ax+b)^n}$$

이 대응되며, $A_1, A_2, \cdots, A_n$은 계수비교에 의하여 결정될 적당한 상수이다.

(ii) 분모 $g(x)$의 인수 중에 $(ax^2+bx+c)^n, n \geq 1$이 포함되어 있으면 이 인수에 대해서는 n개의 부분 분수들의 합

$$\frac{A_1x+B_1}{ax^2+bx+c} + \frac{A_2x+B_2}{(ax^2+bx+c)^2} + \cdots + \frac{A_nx+B_n}{(ax^2+bx+c)^n}$$

이 대응되며 $A_1, B_1, \cdots, A_n, B_n$은 계수비교에 의하여 결정될 적당한 상수이며 ax^2+bx+c는 더 이상 인수 분해되지 않는다.

정리 1의 내용들은 아래의 예제를 통하여 자세히 살펴보자.

예제 3

부정적분 $\int \frac{x^2+2x-1}{2x^3+3x^2-2x}dx$ 을 계산하시오.

풀이 피적분 함수가 유리함수 $\frac{x^2+2x-1}{2x^3+3x^2-2x}$ 이며 분자의 다항식의 차수가 분모의 차수보다 작으므로 몫은 존재하지 않는다.

그리고 분모의 다항식 $2x^3+3x^2-2x$ 는

$$2x^3+3x^2-2x = x(2x-1)(x+2)$$

로 인수 분해 된다. 따라서

$$\frac{x^2+2x-1}{2x^3+3x^2-2x} = \frac{A_1}{x} + \frac{A_2}{2x-1} + \frac{A_3}{x+2} \quad \cdots\cdots (\bigstar)$$

와 같이 부분 분수의 합으로 표현되고, 위 등식의 양변이 모든 x에 대하여 항등적으로 같도록 상수 A_1, A_2, A_3을 결정하면 된다. 상수 A_1, A_2, A_3 을 결정하기 위하여 양변에 $x(2x-1)(x+2)$을 곱하자. 그리고 나면 양변의 분모는 같고 양변의 분자

$$\begin{aligned} x^2+2x-1 &= A_1(2x-1)(x+2) + A_2x(x+2) + A_3x(2x-1) \\ &= (2A_1+A_2+2A_3)x^2 + (3A_1+2A_2-A_3)x - 2A_1 \end{aligned}$$

이 모든 x 에 대하여 항등적으로 같아야 하므로

$$\begin{aligned} 2A_1+A_2+2A_3 &= 1 \\ 3A_1+2A_2-A_3 &= 2 \\ -2A_1 &= -1 \end{aligned}$$

이 되어야 한다. 그리하여 마지막 식으로부터 $A_1 = \frac{1}{2}$을 얻고 $A_1 = \frac{1}{2}$을 첫 번째와 두 번째 식에 대입하여 연립방정식을 풀면 나머지 A_2, A_3을 얻을 수 있다. 즉,

$$A_1 = \frac{1}{2},\ A_2 = \frac{1}{5},\ A_3 = -\frac{1}{10}$$

A_1, A_2, A_3 을 $(\bigstar)$에 대입하면

$$\frac{x^2+2x-1}{2x^3+3x^2-2x} = \frac{1}{2}\frac{1}{x} + \frac{1}{5}\frac{1}{2x-1} - \frac{1}{10}\frac{1}{x+2}$$

와 같은 형태의 부분 분수들의 합에 의하여 표현된다. 그러므로

$$\int \frac{x^2+2x-1}{2x^3+3x^2-2x}dx = \frac{1}{2}\int \frac{1}{x}dx + \frac{1}{5}\int \frac{1}{2x-1}dx - \frac{1}{10}\int \frac{1}{x+2}dx$$

$$= \frac{1}{2}\ln|x| + \frac{1}{10}\ln|2x-1| - \frac{1}{10}\ln|x+2| + C$$

이다. ▣

예제 4

$\int \frac{3x^3-12x^2+12x+5}{x^3-4x^2+4x}dx$ 을 계산하시오.

풀이 피적분함수에 있어서 분모 $x^3-4x^2+4x = x(x-2)^2$ 으로 인수 분해되며

$$\frac{3x^3-12x^2+12x+5}{x(x-2)^2} = 3 + \frac{5}{x(x-2)^2}$$

와 같이 몫과 나머지의 형태로 주어진다. 또한 $\frac{5}{x(x-2)^2}$ 는

$$\frac{5}{x(x-2)^2} = \frac{A_1}{x} + \frac{A_2}{(x-2)} + \frac{A_3}{(x-2)^2}$$

와 같이 부분분수들의 합으로 표현할 수 있으며 A_1, A_2, A_3을 얻기 위하여 $x(x-2)^2$ 을 양변에 곱하면

$$5 = A_1(x-2)^2 + A_2 x(x-2) + A_3 x$$
$$= (A_1+A_2)x^2 + (-4A_1-2A_2+A_3)x + 4A_1$$

이다. 모든 x에 대하여 양변이 항등적으로 같아야 하므로

$$A_1 + A_2 = 0$$
$$-4A_1 - 2A_2 + A_3 = 0$$
$$4A_1 = 5$$

이며, 이 연립방정식을 풀면 우리는

$$A_1 = \frac{5}{4},\quad A_2 = -\frac{5}{4},\quad A_3 = \frac{5}{2}$$

을 얻는다. 따라서

$$\frac{5}{x(x-2)^2} = \frac{5}{4}\frac{1}{x} - \frac{5}{4}\frac{1}{(x-2)} + \frac{5}{2}\frac{1}{(x-2)^2}$$

와 같이 부분분수들의 합에 의하여 표현되며 구하고자 하는 적분

$$\begin{aligned}
&\int \frac{3x^3 - 12x^2 + 12x + 5}{x(x-2)^2} dx \\
&= \int 3dx + \int \frac{5}{x(x-2)^2} dx \\
&= 3x + \frac{5}{4}\int \frac{1}{x} dx - \frac{5}{4}\int \frac{1}{x-2} dx + \frac{5}{2}\int \frac{1}{(x-2)^2} dx \\
&= 3x + \frac{5}{4}\ln|x| - \frac{5}{4}\ln|x-2| - \frac{5}{2}\frac{1}{x-2} + C
\end{aligned}$$

에 의하여 주어진다. ▣

예제 5

$\int \frac{2x^2 - x + 4}{x^3 + 4x} dx$ 을 계산하시오.

풀이 분자의 차수가 분모의 차수보다 작으므로 몫은 존재하지 않는다. 그리고 $x^3 + 4x = x(x^2 + 4)$에 의하여 인수 분해된다. 따라서

$$\frac{2x^2 - x + 4}{x^3 + 4x} = \frac{A_1}{x} + \frac{A_2 x + A_3}{x^2 + 4}$$

이며, 양변에 $x(x^2 + 4)$을 곱하면

$$\begin{aligned}
2x^2 - x + 4 &= A_1(x^2 + 4) + (A_2 x + A_3)x \\
&= (A_1 + A_2)x^2 + A_3 x + 4A_1
\end{aligned}$$

이다. 모든 x 에 대하여 위의 등식이 항등적으로 성립해야 하므로

$$A_1 + A_2 = 2, \quad A_3 = -1, \quad 4A_1 = 4$$

이다. 따라서 $A_1 = 1, A_2 = 1, A_3 = -1$을 얻는다. 그러므로

$$\int \frac{2x^2 - x + 4}{x^3 + 4x} dx = \int \frac{1}{x} dx + \int \frac{x-1}{x^2+4} dx$$

$$= \ln|x| + \frac{1}{2}\int \frac{2x}{x^2+4} dx - \int \frac{1}{x^2+2^2} dx$$

$$= \ln|x| + \frac{1}{2}\ln(x^2+4) - \frac{1}{2}\tan^{-1}\left(\frac{x}{2}\right) + C$$

이다. ▣

예제 6

$\displaystyle\int_0^1 \frac{x^3 + 2x^2 - x + 10}{x^2 - x - 6} dx$ 을 계산하시오.

풀이 피적분 함수는 몫과 나머지로

$$\frac{x^3 + 2x^2 - x + 10}{x^2 - x - 6} = (x+3) + 4\frac{2x+7}{x^2-x-6}$$

에 의하여 표현되고, $x^2 - x - 6 = (x-3)(x+2)$이므로

$$\frac{2x+7}{x^2-x-6} = \frac{13}{5}\frac{1}{x-3} - \frac{3}{5}\frac{1}{x+2}$$

와 같이 부분 분수에 의하여 표현할 수 있다. 그리하여

$$\int_0^1 \frac{x^3 + 2x^2 - x + 10}{x^2 - x - 6} dx$$

$$= \int_0^1 (x+3)\,dx + 4\int_0^1 \frac{2x+7}{x^2-x-6} dx$$

$$= \left(\frac{1}{2}x^2 + 3x\right)\Big|_0^1 + 4\left[\frac{13}{5}\int_0^1 \frac{1}{x-3} dx - \frac{3}{5}\int_0^1 \frac{1}{x+2} dx\right]$$

$$= \frac{7}{2} + 4\left[\frac{13}{5}\ln|x-3|\Big|_0^1 - \frac{3}{5}\ln|x+2|\Big|_0^1\right]$$

$$= \frac{7}{2} + 4\left[\frac{13}{5}(\ln 2 - \ln 3) - \frac{3}{5}(\ln 3 - \ln 2)\right]$$

$$= \frac{7}{2} + \frac{64}{5}\ln\frac{2}{3}$$

이다. ▣

예제 7

$\int_{\frac{\pi}{4}}^{\frac{\pi}{3}} \frac{\sin x}{\cos^2 x - \cos x} dx$를 계산하시오.

풀이 $\cos x = t$로 치환하자. 그리고 나면 $\sin x dx = -dt$이고 $x = \frac{\pi}{4}$이면 $t = \frac{\sqrt{2}}{2}$, $x = \frac{\pi}{3}$이면 $t = \frac{1}{2}$이다. 따라서

$$\begin{aligned}\int_{\frac{\pi}{4}}^{\frac{\pi}{3}} \frac{\sin x}{\cos^2 x - \cos x} dx &= -\int_{\frac{\sqrt{2}}{2}}^{\frac{1}{2}} \frac{1}{t^2 - t} dt \\ &= \int_{\frac{1}{2}}^{\frac{\sqrt{2}}{2}} \frac{1}{t^2 - t} dt\end{aligned}$$

여기서 피적분 함수 $\frac{1}{t^2 - t} = -\frac{1}{t} + \frac{1}{t-1}$의 부분분수식으로 표현할 수 있으므로

$$\begin{aligned}\int_{\frac{1}{2}}^{\frac{\sqrt{2}}{2}} \frac{1}{t^2 - t} dt &= -\int_{\frac{1}{2}}^{\frac{\sqrt{2}}{2}} \frac{1}{t} dt + \int_{\frac{1}{2}}^{\frac{\sqrt{2}}{2}} \frac{1}{t-1} dt \\ &= -\ln|t| \Big|_{\frac{1}{2}}^{\frac{\sqrt{2}}{2}} + \ln|t-1| \Big|_{\frac{1}{2}}^{\frac{\sqrt{2}}{2}} \\ &= -\frac{1}{2}\ln 2 + \ln(2 - \sqrt{2}) \\ &= \ln(\sqrt{2} - 1)\end{aligned}$$

즉, $\int_{\frac{\pi}{4}}^{\frac{\pi}{3}} \frac{\sin x}{\cos^2 x - \cos x} dx = \ln(\sqrt{2} - 1)$이다. ■

연습문제 8.5

1. 다음 주어진 유리함수를 부분 분수의 합으로 나타내어라.

(a) $\dfrac{1}{x^2+x-2}$

(b) $\dfrac{x^4+x^3-x^2-x+1}{x^3-x}$

(c) $\dfrac{2x}{x^4-2x^3+x^2}$

(d) $\dfrac{x}{x^2-3x+2}$

2. 다음 부정적분을 계산하시오.

(a) $\displaystyle\int \frac{1}{x^2+x-2}dx$

(b) $\displaystyle\int \frac{x^4+x^3-x^2-x+1}{x^3-x}dx$

(c) $\displaystyle\int \frac{2x}{x^4-2x^3+x^2}dx$

(d) $\displaystyle\int \frac{x}{x^2-3x+2}dx$

(e) $\displaystyle\int \frac{x}{(x-2)^2}dx$

3. 다음 정적분을 계산하시오.

(a) $\displaystyle\int_2^4 \frac{1}{x^2+x-2}dx$

(b) $\displaystyle\int_2^3 \frac{x^4+x^3-x^2-x+1}{x^3-x}dx$

(c) $\displaystyle\int_2^3 \frac{2x}{x^4-2x^3+x^2}dx$

(d) $\displaystyle\int_3^4 \frac{x}{x^2-3x+2}dx$

(e) $\displaystyle\int_0^1 \frac{1}{x^2-9}dx$

4. 다음 적분을 계산하시오.

(a) $\displaystyle\int \frac{1}{x((\ln x)^2+3\ln x+2)}dx$

(b) $\displaystyle\int \frac{1}{x^4+4}dx$ (힌트: $x^4+4=(x^2+2)^2-4x^2$)

(c) $\displaystyle\int \frac{x^2}{(x-3)(x+2)^2}dx$

(d) $\displaystyle\int \frac{(2\sin x-3)\cos x}{\sin^2 x-3\sin x+2}dx$

(e) $\int_0^1 \frac{x^2+4x+4}{(x+1)^2}dx$

(f) $\int \frac{\cos x}{\sin^2 x+\sin x}dx$

(g) $\int \frac{e^x}{e^{2x}+3e^x+2}dx$

(h) $\int \frac{\tan x}{1+\tan x}dx$ (힌트: $\tan x = t$로 치환)

(i) $\int_{\frac{\pi}{4}}^{\frac{\pi}{3}} \frac{\sec^2 x}{\tan^3 x+2\tan^2 x+\tan x}dx$

(j) $\int_{\frac{\pi}{3}}^{\pi} \frac{\sec x\tan x}{\sec^2 x-\sec x}dx$

(k) $\int_0^1 \frac{1}{1+e^x}dx$

8.6 유리화 치환법

어떤 무리함수를 포함한 적분이나 $\sin x$와 $\cos x$로 이루어진 유리함수의 적분에 있어서 적당한 치환을 시켜주면 피적분함수가 유리함수로 변형되어 적분을 더 효과적으로 수행할 수 있다.

(1) 무리함수를 포함한 적분

피적분 함수에 $\sqrt[n]{f(x)}$와 같은 형태의 무리함수가 포함되어 있는 경우 $\sqrt[n]{f(x)}$을 치환하면 유리함수의 형태로 바뀔 수 있어 적분을 쉽게 해결할 수 있다.

다음 예제를 통하여 살펴보자.

예제 1

$\displaystyle\int \frac{x^2}{\sqrt{x+1}}dx$ 을 구하시오.

풀이 $\sqrt{x+1}=t$로 치환하면 $x=t^2-1$이고 $dx=2t\,dt$이다. 그리하여

$$\begin{aligned}\int \frac{x^2}{\sqrt{x+1}}dx &= \int \frac{(t^2-1)^2}{t}2t\,dt \\ &= 2\int (t^4-2t^2+1)\,dt \\ &= \frac{2}{5}t^5-\frac{4}{3}t^3+2t+C \\ &= \frac{2}{5}(\sqrt{x+1})^5-\frac{4}{3}(\sqrt{x+1})^3+2\sqrt{x+1}+C \\ &= \frac{2}{15}\sqrt{x+1}\,(3x^2-4x+8)+C\end{aligned}$$

이다. ▫

예제 2

$\displaystyle\int_0^1 \frac{1}{\sqrt{x}\,(1+\sqrt[3]{x})}dx$ 을 계산하시오.

풀이 $\sqrt{x}$를 치환하면 $\sqrt[3]{x}$는 완전히 없어지지 않고 또한 $\sqrt[3]{x}$을 치환하면 $\sqrt{x}$가 없어지지 않는다. 그러므로 그들의 최소공배수격인 $\sqrt[6]{x}=t$로 치환하자. 그리고 나면 $x=t^6$, $dx=6t^5\,dt$이며 $x=0$일 때 $t=0$, $x=1$일 때 $t=1$이다. 그리하여 정적분

$$\begin{aligned}\int_0^1 \frac{1}{\sqrt{x}\,(1+\sqrt[3]{x}\,)}dx &= \int_0^1 \frac{6t^5}{t^3(1+t^2)}dt \\ &= 6\int_0^1 \frac{t^2}{1+t^2}dt \\ &= 6\int_0^1 \left(1-\frac{1}{1+t^2}\right)dt \\ &= 6\left(t-\tan^{-1}t\right)\Big|_0^1 \\ &= 6\left(1-\frac{\pi}{4}\right)\end{aligned}$$

이다. ■

(2) $\sin x, \cos x$로 이루어진 유리함수의 적분

이번에는 $\sin x$와 $\cos x$에 의하여 이루어진 유리함수의 적분에 대하여 생각해 보고자 한다.

$$t=\tan\left(\frac{x}{2}\right),\quad -\pi<x<\pi$$

로 치환하자. 그리고 나면 모든 $\sin x, \cos x$ 등을 t의 함수로 바꿀 수 있으며 피적분함수는 기존의 유리함수 형태로 변형될 수 있다.

$$\begin{aligned}\cos\left(\frac{x}{2}\right) &= \frac{1}{\sec\left(\frac{x}{2}\right)} = \frac{1}{\sqrt{1+\tan^2\left(\frac{x}{2}\right)}} \\ &= \frac{1}{\sqrt{1+t^2}}\end{aligned}$$

$$\sin\left(\frac{x}{2}\right)=\cos\left(\frac{x}{2}\right)\tan\left(\frac{x}{2}\right)=\frac{t}{\sqrt{1+t^2}}$$

이다. 또한

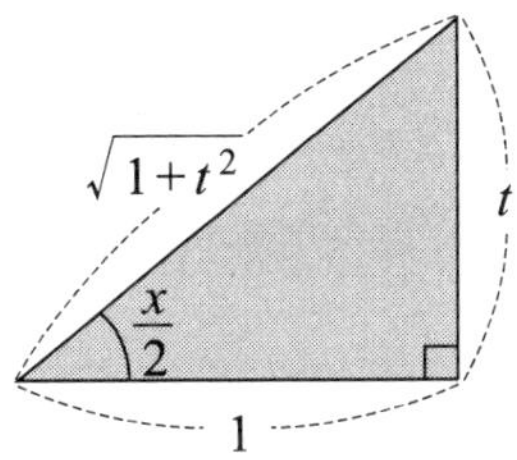

그림 8.3 $\tan\frac{x}{2}=t$인 직각삼각형

$$\sin x = 2\sin\left(\frac{x}{2}\right)\cos\left(\frac{x}{2}\right) = 2\frac{t}{\sqrt{1+t^2}}\frac{1}{\sqrt{1+t^2}} = \frac{2t}{1+t^2}$$

$$\cos x = \cos^2\left(\frac{x}{2}\right) - \sin^2\left(\frac{x}{2}\right) = \frac{1-t^2}{1+t^2}$$

이다. 그리고 $t = \tan\left(\frac{x}{2}\right)$이므로 $x = 2\tan^{-1}t$ 이고 $dx = \frac{2}{1+t^2}dt$ 이다. 그리하여 $\sin x$와 $\cos x$ 에 의한 유리함수는 t 에 의한 유리함수로 바뀌고 이것은 기존의 유리함수 적분방법을 이용하여 풀면 된다.

다음 예제를 통하여 살펴보자.

예제 3

$\int \frac{1}{\sin x \cos x} dx$ 을 구하시오.

풀이 $t = \tan\frac{x}{2}$ 로 치환하면 $\sin x = \frac{2t}{1+t^2}$, $\cos x = \frac{1-t^2}{1+t^2}$ 이고 $dx = \frac{2}{1+t^2}dt$ 이므로

$$\int \frac{1}{\sin x\cos x}dx = \int \frac{(1+t^2)^2}{2t(1-t^2)}\frac{2}{1+t^2}dt$$

$$= \int \frac{1+t^2}{t(1-t^2)}dt$$

이며, 피적분 함수는 다음과 같이 부분분수의 합

$$\frac{1+t^2}{t(1-t^2)} = \frac{1}{t} + \frac{1}{1-t} - \frac{1}{1+t}$$

으로 표현된다. 그리하여

$$\begin{aligned}\int \frac{1}{\sin x \cos x}\,dx &= \int \frac{1}{t}\,dt - \int \frac{-1}{1-t}\,dt - \int \frac{1}{1+t}\,dt \\ &= \ln|t| - \ln|1-t| - \ln|1+t| + C \\ &= \ln\left|\frac{t}{1-t^2}\right| + C \\ &= \ln\left|\frac{\tan\left(\frac{x}{2}\right)}{1-\tan^2\left(\frac{x}{2}\right)}\right| + C\end{aligned}$$

이다. ■

예제 4

$\displaystyle\int_{\frac{\pi}{3}}^{\frac{\pi}{2}} \frac{1}{3\sin x - 4\cos x}\,dx$ 을 구하시오.

풀이 $t = \tan\dfrac{x}{2}$ 로 치환하면 $x = \dfrac{\pi}{3}$ 일 때 $t = \dfrac{1}{\sqrt{3}}$, $x = \dfrac{\pi}{2}$ 일 때 $t = 1$ 이다. 그리고

$\sin x = \dfrac{2t}{1+t^2}$, $\cos x = \dfrac{1-t^2}{1+t^2}$ 이며, $dx = \dfrac{2}{1+t^2}\,dt$ 이다. 그리하여

$$\begin{aligned}\int_{\frac{\pi}{3}}^{\frac{\pi}{2}} \frac{1}{3\sin x - 4\cos x}\,dx &= \int_{\frac{1}{\sqrt{3}}}^{1} \frac{1}{3\left(\frac{2t}{1+t^2}\right) - 4\left(\frac{1-t^2}{1+t^2}\right)} \frac{2}{1+t^2}\,dt \\ &= \int_{\frac{1}{\sqrt{3}}}^{1} \frac{1}{2t^2+3t-2}\,dt\end{aligned}$$

이다. 그러나

$$\frac{1}{2t^2+3t-2} = \frac{2}{5}\frac{1}{2t-1} - \frac{1}{5}\frac{1}{t+2}$$

와 같이 부분 분수의 합으로 표현된다. 그러므로

$$\int_{\frac{\pi}{3}}^{\frac{\pi}{2}} \frac{1}{3\sin x - 4\cos x}\,dx = \frac{1}{5}\int_{\frac{1}{\sqrt{3}}}^{1} \frac{2}{2t-1}\,dt - \frac{1}{5}\int_{\frac{1}{\sqrt{3}}}^{1} \frac{1}{t+2}\,dt$$

$$= \frac{1}{5}\ln|2t-1|\Big|_{\frac{1}{\sqrt{3}}}^{1} - \frac{1}{5}\ln|t+2|\Big|_{\frac{1}{\sqrt{3}}}^{1}$$

$$= \frac{1}{5}\ln\left|\frac{2t-1}{t+2}\right|\Big|_{\frac{1}{\sqrt{3}}}^{1}$$

$$= -\frac{1}{5}\ln\frac{3(2-\sqrt{3})}{2\sqrt{3}+1}$$

이다. ▣

연습문제 8.6

1. 다음 부정적분을 구하시오.

(a) $\int \frac{\sqrt{x+4}}{2x}dx$　　(b) $\frac{1}{2}\int \frac{1}{\sqrt{x}-\sqrt[3]{x}}dx$

(c) $\int \frac{\sin\sqrt{x}}{\sqrt{x}}dx$

2. 다음 정적분을 계산하시오.

(a) $\int_0^1 \frac{2}{1+\sqrt{x}}dx$　　(b) $\int_1^5 \frac{\sqrt{x-1}}{x+3}dx$

(c) $\int_1^3 \frac{\sqrt{x+1}}{x}dx$

3. 다음 적분을 계산하시오.

(a) $\int \frac{1}{\sin x}dx$　　(b) $\int_0^{\frac{\pi}{2}} \frac{1}{3\sin x-4\cos x}dx$

(c) $\int \frac{\sin 2x}{\sqrt{4\cos x-1}}dx$　　(d) $\int_0^{\frac{\pi}{2}} \frac{\sin 2x}{2+\cos x}dx$

8.7 이상적분

지금까지 다루어왔던 정적분은 유한구간 $[a, b]$에서 정의된 연속함수 $f(x)$에 대하여 $\int_a^b f(x)\,dx$ 와 같은 형태의 적분이었다.

이 절에서는 피적분 함수 $f(x)$가 구간 $[a, b]$에서 불연속인 점을 갖거나 적분 구간이 무한 구간인 경우 등을 다루고자 하며, 이런 형태의 적분을 **이상 적분**(improper integral)이라 한다.

[1] 무한 구간의 적분

적분구간이 무한인 경우

(i) $\int_a^{\infty} f(x)\,dx = \lim_{t\to\infty}\int_a^t f(x)\,dx$

(ii) $\int_{-\infty}^{b} f(x)\,dx = \lim_{t\to-\infty}\int_t^b f(x)\,dx$

(iii) $\int_{-\infty}^{\infty} f(x)\,dx = \int_{-\infty}^{a} f(x)\,dx + \int_a^{\infty} f(x)\,dx$

와 같이 정의하며 극한값이 존재하면 이상 적분은 **수렴한다**(convergent)고 하고, 극한값이 존재하지 않으면 이상 적분은 **발산**(divergent)한다고 한다.

예제 1

$\int_2^{\infty}\frac{1}{x}dx$ 가 수렴하는지 발산하는지를 결정하여라.

풀이 이상적분의 정의에 의하여

$$\begin{aligned}\int_2^{\infty}\frac{1}{x}dx &= \lim_{t\to\infty}\int_2^t \frac{1}{x}dx\\ &= \lim_{t\to\infty}\left[\ln x|_2^t\right]\\ &= \lim_{t\to\infty}[\ln t-\ln 2]\\ &= \infty\end{aligned}$$

이다. 그리하여 $\int_2^\infty \frac{1}{x}dx$ 는 발산한다. ▣

예제 2

$\int_2^\infty \frac{1}{x^2}dx$ 이 수렴하는지 발산하는지 조사하시오.

풀이

$$\int_2^\infty \frac{1}{x^2}dx = \lim_{t\to\infty}\int_2^t \frac{1}{x^2}dx$$

$$= \lim_{t\to\infty}\left[-\frac{1}{x}\Big|_2^t\right]$$

$$= \lim_{t\to\infty}\left[-\frac{1}{t}+\frac{1}{2}\right]$$

$$= \frac{1}{2}$$

따라서 이상적분 $\int_2^\infty \frac{1}{x^2}dx$ 는 $\frac{1}{2}$ 로 수렴한다. 즉

$$\int_2^\infty \frac{1}{x^2}dx = 2$$

이다.

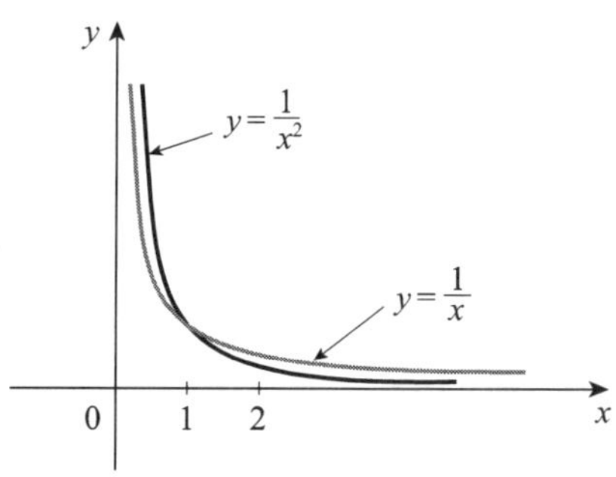

▣

예제 3

$\int_{-\infty}^1 xe^{-x^2}dx$ 이 수렴하는지 발산하는지를 결정하여라.

풀이 이상적분의 정의에 의하여

$$\int_{-\infty}^{1} x e^{-x^2} dx = \lim_{t \to -\infty} \int_{t}^{1} x e^{-x^2} dx$$

이며, $-x^2 = u$ 로 치환하면 $x\,dx = -\frac{1}{2} du$ 이고 $x = t$ 일 때 $u = -t^2$ 이며, $x = 1$ 일 때 $u = -1$ 이다. 그리하여 적분

$$\begin{aligned} \int_{t}^{1} x e^{-x^2} dx &= -\frac{1}{2} \int_{-t^2}^{-1} e^u du \\ &= -\frac{1}{2} [e^u]_{-t^2}^{-1} \\ &= -\frac{1}{2} [e^{-1} - e^{-t^2}] \end{aligned}$$

이다. 그러나 $\lim_{t \to -\infty} e^{-t^2} = 0$ 이므로

$$\begin{aligned} \int_{-\infty}^{1} x e^{-x^2} dx &= \lim_{t \to -\infty} \int_{t}^{1} x e^{-x^2} dx \\ &= \lim_{t \to -\infty} \left[-\frac{1}{2} (e^{-1} - e^{-t^2}) \right] \\ &= -\frac{1}{2} e^{-1} \end{aligned}$$

으로 수렴한다. ■

[2] 불연속 함수의 적분

(i) 피적분 함수 $f(x)$가 구간 $(a, b]$에서 연속이고 a에서 불연속인 경우

$$\int_{a}^{b} f(x)\,dx = \lim_{t \to a+} \int_{t}^{b} f(x)\,dx$$

에 의하여 정의한다.

(ii) 피적분 함수 $f(x)$가 $[a, b)$에서 연속이고 b에서 불연속인 경우

$$\int_{a}^{b} f(x)\,dx = \lim_{t \to b-} \int_{a}^{t} f(x)\,dx$$

에 의하여 정의한다.

(iii) 피적분함수 $f(x)$가 구간 (a, b)내에 불연속점 c을 갖는 경우

$$\begin{aligned}\int_a^b f(x)\,dx &= \int_a^c f(x)\,dx + \int_c^b f(x)\,dx \\ &= \lim_{t\to c-}\int_a^t f(x)\,dx + \lim_{t\to c+}\int_t^b f(x)\,dx\end{aligned}$$

에 의하여 정의하며 무한구간의 적분에서와 같이 극한값이 존재하면 수렴한다고 하고, 존재하지 않으면 발산한다고 한다.

다음 예제들을 통하여 살펴보자.

예제 4

$\displaystyle\int_1^3 \frac{1}{\sqrt{x-1}}\,dx$ 을 계산하시오.

풀이 함수 $f(x)=\dfrac{1}{\sqrt{x-1}}$ 은 $(1, 3]$에서 연속이며, $x=1$에서 정의되지 않는다. 그리하여

$$\begin{aligned}\int_1^3 \frac{1}{\sqrt{x-1}}\,dx &= \lim_{t\to 1+}\int_t^3 \frac{1}{\sqrt{x-1}}\,dx \\ &= \lim_{t\to 1+}\left[2(x-1)^{\frac{1}{2}}\Big|_t^3\right] \\ &= \lim_{t\to 1+}\left[2\sqrt{2}-2\sqrt{t-1}\right] \\ &= 2\sqrt{2}\end{aligned}$$

이다. ▣

예제 5

$\displaystyle\int_0^{\frac{\pi}{2}} \sec x\,dx$가 수렴하는지 발산하는지 조사하시오.

풀이 $\displaystyle\lim_{x\to\frac{\pi}{2}-}\sec x=\infty$ 이므로 $\sec x$는 $x=\dfrac{\pi}{2}$에서 정의되지 않는다. 따라서 이상적분의 정의에 의하여

$$\begin{aligned}\int_0^{\frac{\pi}{2}} \sec x dx &= \lim_{t\to\frac{\pi}{2}-} \int_0^t \sec x dx \\ &= \lim_{t\to\frac{\pi}{2}-} \left[\ln|\sec x + \tan x|_0^t\right] \\ &= \lim_{t\to\frac{\pi}{2}-} \left[\ln(\sec t + \tan t)\right] \\ &= \infty\end{aligned}$$

이다. 그러므로 $\int_0^{\frac{\pi}{2}} \sec x dx$는 발산한다. ▣

예제 6

$\int_0^3 \frac{1}{x-1} dx$가 수렴하는지 발산하는지 조사하시오.

풀이 함수 $\frac{1}{x-1}$은 $x=1$에서 존재하지 않는다. 따라서

$$\begin{aligned}\int_0^3 \frac{1}{x-1} dx &= \int_0^1 \frac{1}{x-1} dx + \int_1^3 \frac{1}{x-1} dx \\ &= \lim_{t\to 1-} \int_0^t \frac{1}{x-1} dx + \lim_{t\to 1+} \int_t^3 \frac{1}{x-1} dx\end{aligned}$$

그러나

$$\begin{aligned}\lim_{t\to 1-} \int_0^t \frac{1}{x-1} dx &= \lim_{t\to 1-} \left[\ln|x-1|_0^t\right] \\ &= \lim_{t\to 1-} \left[\ln|t-1|\right] \\ &= -\infty\end{aligned}$$

이므로 $\int_0^3 \frac{1}{x-1} dx$는 발산한다.

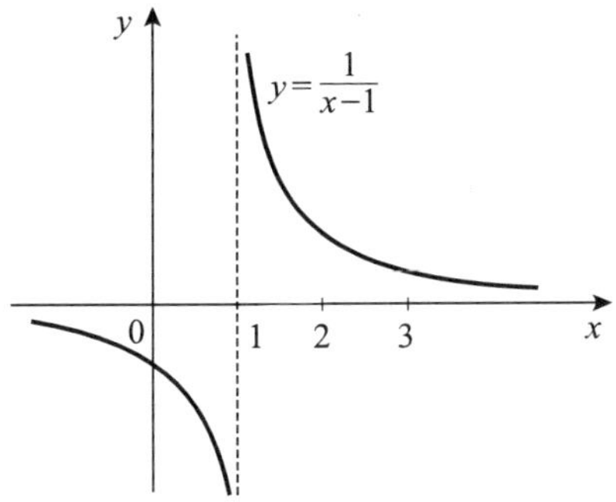

예제 7

$\int_{-1}^{1} \frac{1}{\sqrt[3]{x^2}}\,dx$ 을 계산하시오.

풀이 함수 $f(x) = \frac{1}{\sqrt[3]{x^2}}$ 는 $x=0$ 에서 불연속이다(정의되지 않는다). 그러므로 적분

$$\begin{aligned}\int_{-1}^{1} \frac{1}{\sqrt[3]{x^2}}\,dx &= \int_{-1}^{0} \frac{1}{\sqrt[3]{x^2}}\,dx + \int_{0}^{1} \frac{1}{\sqrt[3]{x^2}}\,dx \\ &= \lim_{t\to 0-} \int_{-1}^{t} \frac{1}{\sqrt[3]{x^2}}\,dx + \lim_{t\to 0+} \int_{t}^{1} \frac{1}{\sqrt[3]{x^2}}\,dx \\ &= \lim_{t\to 0-} \left[3x^{\frac{1}{3}}\Big|_{-1}^{t}\right] + \lim_{t\to 0+} \left[3x^{\frac{1}{3}}\Big|_{t}^{1}\right] \\ &= \lim_{t\to 0-} \left[3t^{\frac{1}{3}} + 3\right] + \lim_{t\to 0+} \left[3 - 3t^{\frac{1}{3}}\right] \\ &= 6\end{aligned}$$

이다.

예제 8

$\int_{0}^{1} \frac{1}{x^p}\,dx$ 가 수렴하기 위한 p 의 값을 결정하여라.

풀이 (i) $p=1$ 인 경우

$$\int_{0}^{1} \frac{1}{x}\,dx = \lim_{t\to 0+} \int_{t}^{1} \frac{1}{x}\,dx = \lim_{t\to 0+} \ln x \Big|_{t}^{1} = \lim_{t\to 0+} [-\ln t] = \infty$$

이다. 그리하여 $p=1$인 경우 적분은 발산한다.

(ii) $p \neq 1$인 경우

$$\begin{aligned}\int_0^1 \frac{1}{x^p}dx &= \lim_{t\to 0+}\int_t^1 x^{-p}dx \\ &= \lim_{t\to 0+}\left[\frac{x^{1-p}}{1-p}\bigg|_t^1\right] \\ &= \lim_{t\to 0+}\left[\frac{1}{1-p}-\frac{1}{1-p}t^{1-p}\right] \\ &= \begin{cases}\dfrac{1}{1-p}, & p<1 \\ \infty, & p>1\end{cases}\end{aligned}$$

이다. 그럼으로 (i)과 (ii)의 경우들을 종합하면 $p<1$이면 적분은 수렴하고 $p \geq 1$이면 적분은 발산한다. ▣

지금까지 적분의 다양한 형태와 그것들을 풀기 위한 다양한 기법들이 제시되었다. 그러나

$$\int_0^{\frac{\pi}{2}} \sin(x^2)dx$$

와 같이 정적분을 계산하지 못하는 경우가 많다. 위 정적분을 계산하기 위하여 한 번 시도해 보기 바란다.

이와 같이 정적분의 정확한 값을 계산하지 못하는 경우 **근사값**(approximate value)이라도 얻어 실제 실험 등에 적용해야만 하는 경우가 발생할 수도 있다. 따라서 이번에는 정적분을 정확히 계산할 수 없을 때 수치적으로 근사값을 구하기 위한 유용한 방법을 소개하고자 한다. 다양한 방법이 있으나 여기에서는 가장 간단한 방법으로 **사다리꼴의 공식**을 소개하고자 한다.

먼저 정적분 $\int_a^b f(x)dx$에서 구간 $[a, b]$을 n등분하자. 그리고 나면 각 소구간의 길이는 $\frac{b-a}{n}$이며, 등분한 각 지점에 대한 좌표를 $x_i (i=0, 1, 2, \cdots, n)$라 하면 x_i는

$$x_i = a + i\frac{b-a}{n}$$

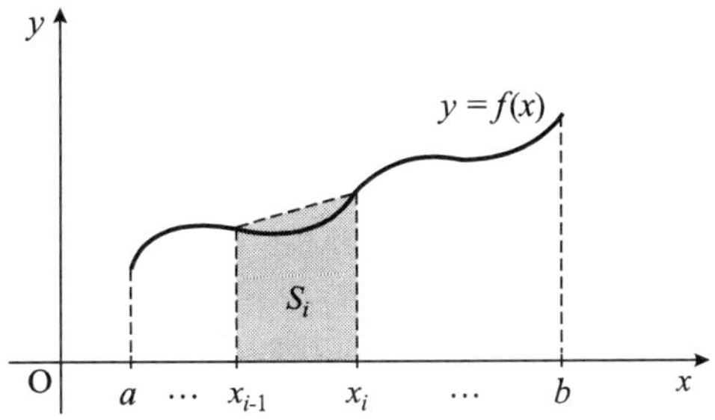

그림 8.4

에 의하여 주어진다. i번째 구간 $[x_{i-1}, x_i]$에 대하여 그림 8.4에서와 같이 사다리꼴의 넓이를 S_i라 하자. 그리고 나면 S_i는

$$S_i = \frac{1}{2}\,\frac{b-a}{n}(f(x_{i-1})+f(x_i))$$

에 의하여 주어지고

$$\begin{aligned}\int_a^b f(x)dx &\approx \sum_{i=1}^{n} S_i \\ &= \frac{1}{2}\frac{b-a}{n}\sum_{i=1}^{n}(f(x_{i-1})+f(x_i)) \\ &= \frac{1}{2}\frac{b-a}{n}[(f(x_0)+f(x_1))+(f(x_1)+f(x_2))+\cdots+(f(x_{n-1})+f(x_n))] \\ &= \frac{b-a}{2n}[f(x_0)+2f(x_1)+2f(x_2)+\cdots+2f(x_{n-1})+f(x_n)]\end{aligned}$$

에 의하여 근사화된다.

사다리꼴의 공식

$$\int_a^b f(x)dx \approx \frac{b-a}{2n}[f(x_0)+2f(x_1)+2f(x_2)+\cdots+2f(x_{n-1})+f(x_n)]$$

n을 크게 하면 정적분에 대한 더욱 정확한 근사값을 얻을 수 있다.

연습문제 8.7

1. 다음 무한 구간에 대한 이상적분을 계산하시오.

(a) $\displaystyle\int_{-\infty}^{0} x\,e^{x}\,dx$ (b) $\displaystyle\int_{-\infty}^{\infty} \frac{1}{1+x^2}\,dx$

(c) $\displaystyle\int_{1}^{\infty} \frac{1}{x}\,dx$ (d) $\displaystyle\int_{1}^{\infty} \frac{1}{\sqrt{x}}\,dx$

(e) $\displaystyle\int_{-\infty}^{\infty} x e^{-x^2}\,dx$ (f) $\displaystyle\int_{0}^{\infty} \frac{x^2}{\sqrt{1+x^3}}\,dx$

2. 적분 구간내에 불연속점을 갖는 경우의 이상적분을 계산하시오.

(a) $\displaystyle\int_{0}^{2} \frac{1}{\sqrt{4-x^2}}\,dx$ (b) $\displaystyle\int_{0}^{1} \ln x\,dx$

(c) $\displaystyle\int_{0}^{3} \frac{1}{x-2}\,dx$ (d) $\displaystyle\int_{-2}^{2} \frac{1}{x^4}\,dx$

(e) $\displaystyle\int_{0}^{9} \frac{1}{\sqrt[3]{x-1}}\,dx$ (f) $\displaystyle\int_{0}^{\infty} \frac{1}{(x-1)^2}\,dx$

(g) $\displaystyle\int_{0}^{3} \frac{1}{\sqrt{9-x^2}}\,dx$ (h) $\displaystyle\int_{1}^{2} \frac{1}{\sqrt{x^2-1}}\,dx$

3. 이상적분 $\displaystyle\int_{1}^{\infty} \frac{1}{x^p}\,dx$ 가 수렴하기 위한 p 의 값을 결정하여라.

4. $\displaystyle\int_{0}^{\infty} x^n e^{-x}\,dx$ 을 계산하시오. n 은 양의 정수이다.

5. 사다리꼴의 공식을 이용하여 다음 정적분의 근사값을 구하시오.(단, $n=10$)

(a) $\displaystyle\int_{-1}^{1} e^{-x^2}\,dx$

(b) $\displaystyle\int_{0}^{1} \frac{1}{\sqrt{1+x^3}}\,dx$

(c) $\displaystyle\int_{0}^{1} \sinh(x^2)\,dx$

8.8 적분을 풀기 위한 최선의 방법 찾기

우리는 8.1절에서는 치환적분법을, 8.2절에서는 부분적분법을, 8.3절과 8.4절에서는 삼각함수의 적분 및 삼각치환을, 8.5절에서는 유리함수를 부분분수식으로 고쳐 적분하는 방법, 8.6절에서는 적당한 치환에 의하여 유리함수로 고쳐 적분하는 유리화 치환 등 다양한 방법들을 공부하였다.

즉, 앞선 절들에서 적분을 풀기 위한 다양한 방법들이 제시되고 적용되었지만 한 번 적분이 주어지면 어떤 방법에 의하여 적분을 풀어야 할지 난감할 때가 많다.

그리하여 여기에서는 피적분 함수의 모양에 따라 어떻게 적분을 해결해야 하는지를 소개하고자 한다. 그런데 이러한 최선의 방법을 사용하기 전에 아래에 주어진 기본적인 함수들의 기분공식은 알고 있어야 한다.

기본 함수들의 적분공식

1. $\int x^n dx = \frac{1}{n+1}x^{n+1}\ (n \neq -1)$
2. $\int \frac{1}{x}dx = \ln|x|$
3. $\int e^x dx = e^x$
4. $\int a^x dx = \frac{1}{\ln a}a^x$
5. $\int \sin x dx = -\cos x$
6. $\int \cos x dx = \sin x$
7. $\int \tan x dx = \ln|\sec x|$
8. $\int \sec x dx = \ln|\sec x + \tan x|$
9. $\int \operatorname{cosec} x dx = -\ln|\operatorname{cosec} x + \cot x|$
10. $\int \cot x dx = \ln|\sin x|$
11. $\int \sec^2 x dx = \tan x$
12. $\int \operatorname{cosec}^2 x dx = -\cot x$
13. $\int \sec x \tan x dx = \sec x$
14. $\int \operatorname{cosec} x \cot x\, dx = -\operatorname{cosec} x$
15. $\int \sinh x dx = \cosh x$
16. $\int \cosh x dx = \sinh x$
17. $\int \frac{1}{x^2+a^2}dx = \frac{1}{a}\tan^{-1}\left(\frac{x}{a}\right)$
18. $\int \frac{1}{\sqrt{a^2-x^2}}dx = \sin^{-1}\left(\frac{x}{a}\right)\ (a>0)$

위의 적분공식에서 적분상수 C는 생략하였다.

적분이 주어졌을 때 어떤 방법을 사용해야 될지 즉각 떠오르지 않으면 다음과 같은 방법을 따르면 적분을 쉽게 해결할 수 있을 것이다.

(1) 가능한 한 피적분함수를 간단히 한다.

대수적인 연산이나 삼각함수에 대한 항등식을 사용하여 피적분함수를 간단히 하면 어떤 적분방법을 사용해야 할지가 명약해진다.

(2) 적당한 치환대상을 잡는다.

피적분함수 안에서 치환하고자 하는 함수(예, $g(x)$)를 u로 놓을 때, 즉 $u=g(x)$, 이것의 미분 $du=g'(x)dx$가 피적분함수의 인수로 주어질 수 있는 함수를 치환대상으로 잡는다.

(3) 피적분 함수 $f(x)$의 모양에 따라 앞서 배운 적당한 방법을 선택한다. 예를 들어, 함수 $f(x)$가 다항식과 초월함수(삼각함수, 지수함수, 로그함수)의 곱이면 부분적분을 시행하고 피적분함수 $f(x)$가 유리함수이면 부분분수식으로 고쳐 적분을 시행한다.

다음의 연습문제를 다루면서 적분계산에 익숙해지길 바란다.

연습문제 8.8

1. 다음 부정적분을 계산하시오.

(a) $\int x^3\sqrt{1+x^2}\,dx$

(b) $\int 3\sqrt{\cot x}\,\operatorname{cosec}^2 x\,dx$

(c) $\int \frac{1+x}{1+x^2}dx$

(d) $\int \sin 5x \sin x\,dx$

(e) $\int \sin 8x \cos 5x\,dx$

(f) $\int \cos^2 x \tan^3 x\,dx$

(g) $\int \sec^2 x \tan^3 x\,dx$

(h) $\int \sec 2x \tan 2x\,dx$

(i) $\int \frac{\cos^5 x}{\sqrt{\sin x}}dx$

(j) $\int \frac{1-\tan^2 x}{\sec^2 x}dx$

(k) $\int x\sin^2 x\,dx$

(l) $\int x\sec x\tan x\,dx$

(m) $\int \tan^5 x\,dx$

(n) $\int xe^{\frac{x}{2}}\,dx$

(o) $\int x\ln(1+x)\,dx$

(p) $\int \ln(x^2-x+2)\,dx$

(q) $\int \frac{e^{2x}}{e^{2x}+3e^x+2}\,dx$

(r) $\int x\sin^2 x\cos x\,dx$

(s) $\int \sqrt{1-\sin x}\,dx$

(t) $\int \frac{x+\sin^{-1}x}{\sqrt{1-x^2}}\,dx$

(u) $\int \frac{xe^x}{\sqrt{1+e^x}}\,dx$

(v) $\int \frac{x}{\sqrt{x^2+x+1}}\,dx$

(w) $\int x\sqrt{1-x^4}\,dx$

2. 다음 정적분을 계산하시오.

(a) $\int_0^{\frac{\pi}{2}} \frac{\cos x}{1+\sin x}\,dx$

(b) $\int_0^{\frac{\pi}{2}} \sin x\cos^3 x\,dx$

(c) $\int_0^1 x^2 e^{-x}\,dx$

(d) $\int_1^2 3x^2\ln x\,dx$

(e) $\int_0^{\frac{\pi}{2}} x^2\sin x\,dx$

(f) $\int_{\frac{\pi}{6}}^{\frac{\pi}{2}} \cos x\ln(\sin x)\,dx$

(g) $\int_0^2 x\ln(4+x^2)\,dx$

(h) $\int_0^{\frac{\pi}{4}} \sec x\,dx$

(i) $\int_0^{\frac{\pi}{2}} \sqrt{\sin x}\cos^5 x\,dx$

(j) $\int_{\frac{\pi}{4}}^{\frac{\pi}{3}} \frac{\sin 2x}{\sqrt{4\cos x-1}}\,dx$

(k) $\int_1^2 x\sqrt{1-x}\,dx$

(l) $\int_0^{\pi} \sin^3 x\,dx$

(m) $\int_0^{\frac{3}{2}} \frac{1}{\sqrt{9-4x^2}}\,dx$

(n) $\int_1^2 \frac{x}{\sqrt{x^2-2x+5}}\,dx$

(o) $\int_2^6 \frac{5x+7}{x^2+2x-3}\,dx$

(p) $\int_1^2 \frac{\sqrt{x^2-1}}{x}\,dx$

(q) $\displaystyle\int_{1}^{3} \tan^{-1}\sqrt{x}\,dx$

(r) $\displaystyle\int_{0}^{\frac{1}{2}} (\sin^{-1}x)^2 dx$

(s) $\displaystyle\int_{0}^{1} \sqrt{4-x^2}\,dx$

(t) $\displaystyle\int_{\frac{1}{4}}^{\frac{1}{2}} \frac{1}{x\sqrt{x^2-\frac{1}{4}}}dx$

(u) $\displaystyle\int_{0}^{\frac{1}{2}} \sqrt{\frac{1+x}{1-x}}\,dx$

(v) $\displaystyle\int_{2}^{3} \frac{1}{\sqrt{x^2-4}}dx$

(w) $\displaystyle\int_{1}^{\sqrt{3}} \frac{2x^2-5x+2}{x^3+x}dx$

8장 종합문제

1. 다음 정적분을 구하시오.

(a) $\displaystyle\int_0^{\pi} \sin 2x \cos x\, dx$　　(b) $\displaystyle\int_e^{e^2} \frac{1}{x\ln x} dx$

(c) $\displaystyle\int_{-1}^{2} \frac{x}{\sqrt{3-x}} dx$　　(d) $\displaystyle\int_0^{1} \frac{1}{e^x+1} dx$

(e) $\displaystyle\int_0^{\frac{\pi}{2}} x\sin^2 x\, dx$　　(f) $\displaystyle\int_1^{e} (\ln x)^2 dx$

2. 연속함수 $f(x)$가

$$f(x) = e^{x^2} + \int_0^1 tf(t)dt$$

를 만족시킬 때, $\displaystyle\int_0^1 xf(x)dx$의 값은?

3. 등식 $f(x) = \sin x + 3\displaystyle\int_0^{\frac{\pi}{2}} f(x)\cos x\, dx$를 만족하는 함수 $f(x)$를 구하시오.

4. 실수 전체의 집합에서 미분가능한 함수 $f(x)$가 있다. 모든 실수 x에 대하여 $f(2x) = 2f(x)f'(x)$이고,

$$f(a) = 0, \quad \int_{2a}^{4a} \frac{f(x)}{x} dx = k \ \ (a > 0,\ 0 < k < 1)$$

일 때, $\displaystyle\int_a^{2a} \frac{\{f(x)\}^2}{x^2} dx$의 값을 k로 나타내시오.

5. 함수 $f(x)$를

$$f(x) = \int_a^x \{2 + \sin(t^2)\}dt$$

라 하자. $f''(a) = \sqrt{3}\,a$일 때, $(f^{-1})'(0)$의 값은? (단, a는 $0 < a < \sqrt{\dfrac{\pi}{2}}$ 인 상수이다.)

6. $0 \le x \le 1$일 때, 연속인 함수 $f(x)$가 $f(x)+f(1-x)=1$을 만족한다.

$\int_0^1 f(x)dx = \frac{1}{2}$일 때 $\lim_{n\to\infty}\frac{1}{n}\sum_{k=1}^{2n} f\left(\frac{k}{2n}\right)\sin\frac{k\pi}{2n}$의 값을 구하시오.

힌트 : $\lim_{n\to\infty}\frac{1}{n}\sum_{k=1}^{2n} f\left(\frac{k}{2n}\right)\sin\frac{k\pi}{2n} = 2\int_0^1 f(x)\sin\pi x\,dx$

$$= 2\int_0^1 f(1-x)\sin\pi x dx$$

7. 함수 $f(x)=\int_0^x \frac{1}{1+t^6}dt$에 대하여 상수 a가 $f(a)=\frac{1}{2}$을 만족시킬 때,

$$\int_0^a \frac{e^{f(x)}}{1+x^6}dx$$

의 값은?

8. 실수 전체의 집합에서 연속인 함수 $f(x)$가 모든 실수 t에 대하여

$$\int_0^2 xf(tx)dx = 4t^2$$

을 만족시킬 때, $f(2)$의 값을 구하시오.

9. 실수 전체의 집합에서 이계도함수를 갖는 두 함수 $f(x)$와 $g(x)$에 대하여 정적분

$$\int_0^1 \{f'(x)g(1-x)-g'(x)f(1-x)\}dx$$

의 값을 k라 하자. 옳은 것만을 |보기|에서 있는 대로 고르시오.

보기
ㄱ. $\int_0^1 \{f(x)g'(1-x)-g(x)f'(x-1)\}dx = -k$
ㄴ. $f(0)=f(1)$이고 $g(0)=g(1)$이면, $k=0$이다.
ㄷ. $f(x)=\ln(1+x^4)$이고 $g(x)=\sin\pi x$이면, $k=0$이다.

10. 두 연속함수 $f(x)$, $g(x)$가

$$g(e^x)=\begin{cases} f(x) & (0 \le x < 1) \\ g(e^{x-1})+5 & (1 \le x \le 2) \end{cases}$$

를 만족시키고, $\int_1^{e^2} g(x)dx = 6e^2+4$이다.
$\int_1^e f(\ln x)dx = ae+b$일 때, a, b의 값을 구하시오. (a, b는 정수이다.)

11. 연속함수 $y=f(x)$의 그래프가 원점에 대하여 대칭이고, 모든 실수 x에 대하여

$$f(x) = \frac{\pi}{2}\int_1^{x+1} f(t)dt$$

이다. $f(1)=1$일 때,

$$\pi^2 \int_0^1 xf(x+1)dx$$

의 값을 구하시오.

12. 양의 실수 전체의 집합에서 감소하고 연속인 함수 $f(x)$가 다음 조건을 만족시킨다.

(가) 모든 양의 실수 x에 대하여 $f(x)>0$이다.
(나) 임의의 양의 실수 t에 대하여 세 점 $(0,\ 0)$, $(t,\ f(t))$, $(t+1,\ f(t+1))$을 꼭짓점으로 하는 삼각형의 넓이가 $\frac{t+1}{t}$이다.
(다) $\int_1^2 \frac{f(x)}{x}dx = 2$

$\int_{\frac{7}{2}}^{\frac{11}{2}} \frac{f(x)}{x}dx = \frac{q}{p}$라 할 때, $p+q$의 값을 구하시오. (단, p와 q는 서로소인 자연수이다.)

CHAPTER

09 적분의 응용

CALCULUS

도형의 넓이를 구하는 과정에서 정적분의 개념이 만들어졌듯이 이 장에서는 정적분의 응용으로 두 곡선에 의하여 둘러싸인 영역의 넓이와 입체도형의 부피(체적)을 구하고 또한 곡선의 길이와 회전체의 겉넓이(곡면적) 등을 정적분을 이용하여 계산하고자 한다.

9.1 넓이

이 절에서는 평면에서 곡선에 의하여 둘러싸인 영역의 넓이를 유도하고자 한다.

[1] 넓이

함수 $f(x)$의 그래프와 x축 및 두 직선 $x=a$, $x=b$ $(a<b)$로 둘러싸인 영역의 넓이 S는

$$S=\int_a^b |f(x)|\,dx$$

에 의하여 주어진다.

우리는 정적분의 정의를 도입하는 과정(7.2절 참조)에서 함수 $f(x)$가 양인 경우 정적분은 그 곡선 아래 영역의 넓이를 의미한다는 것을 보여주었다. 따라서 함수 $f(x)$가 그

림 9.1과 같이 주어진 경우 구간 $[a, c]$ 및 $[d, b]$에서 함수 f는 양이므로 이 영역에 대한 넓이는 정적분에 의하여 주어진다. 그러나 구간 $[c, d]$에서 함수 $f(x)$는 음이므로 그 구간에 대한 정적분은 음이 나와 넓이가 될 수는 없다. 그렇지만 구간 $[c, d]$에서 함수 f를 x축에 대칭시키면 구하고자 하는 x축 아랫부분의 영역과 윗부분의 영역이 같으므로 두 부분의 넓이는 같고 윗부분의 넓이는 함수 $-f(x)$의 구간 $[c, d]$상의 정적분, 즉 $\int_c^d (-f(x))\,dx$ 에 의하여 주어진다. 그러므로 넓이 S는

$$\begin{aligned} S &= \int_a^c f(x)\,dx + \int_c^d (-f(x))\,dx + \int_d^b f(x)\,dx \\ &= \int_a^c |f(x)|\,dx + \int_c^d |f(x)|\,dx + \int_d^b |f(x)|\,dx \\ &= \int_a^b |f(x)|\,dx \end{aligned}$$

이다.

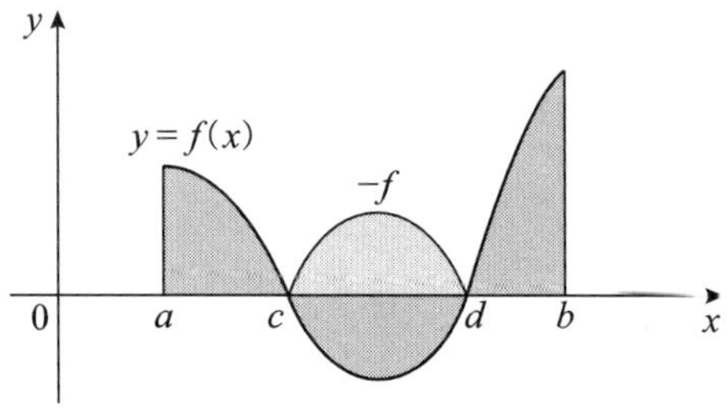

그림 9.1 함수 $f(x)$의 그래프와 x축 및 두 직선 $x=a$, $x=b$로 둘러싸인 영역

예제 1

함수 $y=\cos x$, $x\in[0, \pi]$의 그래프 및 x축, y축, 직선 $x=\pi$로 둘러싸인 영역의 넓이를 구하시오.

풀이 그림 9.2에 의하여 넓이 S는

$$\begin{aligned} S &= \int_0^{\pi} |\cos x|\,dx \\ &= \int_0^{\frac{\pi}{2}} \cos x\,dx + \int_{\frac{\pi}{2}}^{\pi} (-\cos x)\,dx \\ &= \sin x\Big|_0^{\frac{\pi}{2}} - \sin x\Big|_{\frac{\pi}{2}}^{\pi} = 2 \end{aligned}$$

이다.

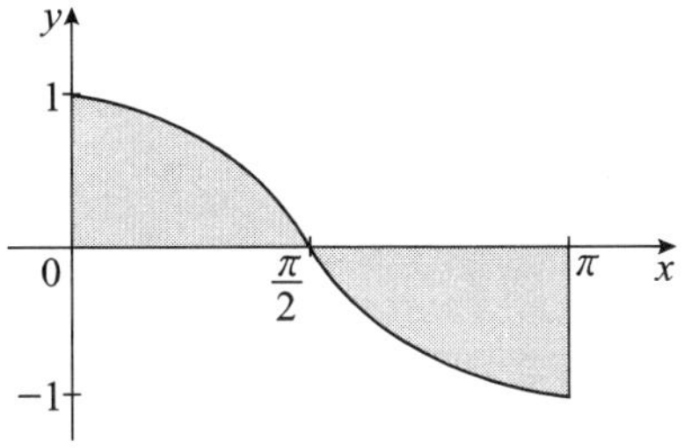

그림 9.2 $y = \cos x$ 의 그래프 ▣

예제 2

곡선 $y = \dfrac{1}{x}$, x축 및 두 직선 $x = -2$, $x = -1$로 둘러싸인 영역의 넓이를 구하시오.

풀이 구간 $[-2, -1]$에서 $\dfrac{1}{x}$는 음의 값을 갖는다. 그리하여 넓이 S는

$$\begin{aligned} S &= \int_{-2}^{-1} \left| \frac{1}{x} \right| dx = \int_{-2}^{-1} \left(-\frac{1}{x} \right) dx \\ &= -\Big[\ln|x| \Big]_{-2}^{-1} \\ &= -[\ln 1 - \ln 2] = \ln 2 \end{aligned}$$

이다.

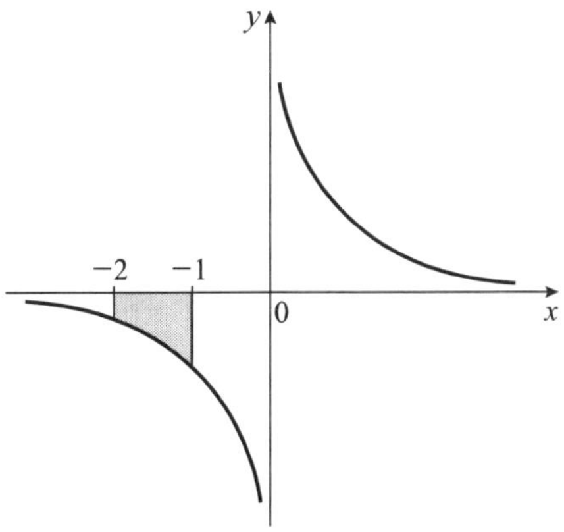

그림 9.3 $y = \dfrac{1}{x}$ 의 그래프 ▣

[2] 넓이

연속인 두 함수 $f(x), g(x)$에 대하여 두 곡선 $y=f(x)$, $y=g(x)$와 직선 $x=a$, $x=b\,(a<b)$로 둘러싸인 영역의 넓이 S는

$$S=\int_a^b |f(x)-g(x)|\,dx$$

에 의하여 주어진다.

그림 9.4에서와 같이 두 함수 $f(x), g(x)$가 주어졌다고 하자. 그리고 나면 두 곡선 $y=f(x)$, $y=g(x)$ 및 두 직선 $x=a, x=b$로 둘러싸인 영역의 넓이 S는

$$\begin{aligned}
S &= \int_a^c f(x)dx-\int_a^c g(x)dx+\int_c^b g(x)dx-\int_c^b f(x)dx \\
&= \int_a^c (f(x)-g(x))dx+\int_c^b (g(x)-f(x))dx \\
&= \int_a^c |f(x)-g(x)|dx+\int_c^b |f(x)-g(x)|dx \\
&= \int_a^b |f(x)-g(x)|dx
\end{aligned}$$

에 의하여 주어진다.

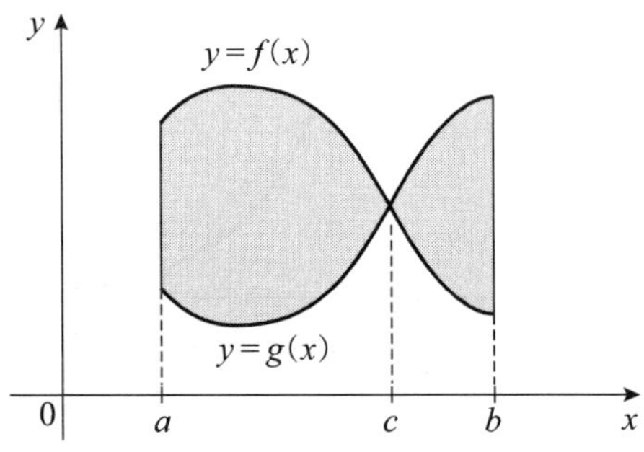

그림 9.4 두 곡선 $y=f(x)$, $y=g(x)$및 두 직선 $x=a$, $x=b$로 둘러싸인 영역

예제 3

두 곡선 $y=x$와 $y=x^2$으로 둘러싸인 영역의 넓이를 구하시오.

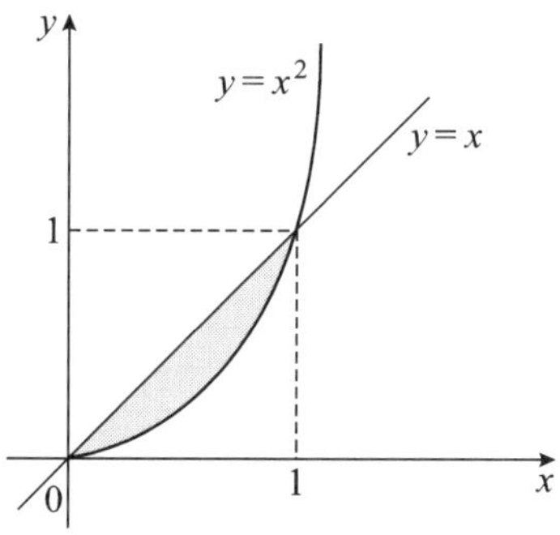

그림 9.5

풀이 두 곡선 $y=x$ 와 $y=x^2$ 이 만나는 점에서는 같은 y 좌표값을 가지므로

$$x=x^2,\ \text{즉}\ x^2-x=0$$

로 놓은 것에 의하여 $x=0$과 $x=1$을 얻을 수 있다. 그리고 구간 $[0, 1]$에서 $x \geqq x^2$ 이므로 두 곡선에 의하여 둘러싸인 영역의 넓이

$$\begin{aligned} S &= \int_0^1 (x-x^2)\,dx \\ &= \left[\frac{1}{2}x^2-\frac{1}{3}x^3\right]\Big|_0^1 \\ &= \frac{1}{6} \end{aligned}$$

에 의하여 주어진다. ■

예제 4

두 곡선 $y=\sin x, y=\cos x$ 와 두 직선 $x=0$ 및 $x=\frac{\pi}{2}$ 로 둘러싸인 영역의 넓이를 구하시오.

풀이 두 곡선 $y=\sin x$ 와 $y=\cos x$ 는 $x=\frac{\pi}{4}$ 에서 만난다.

구간 $\left[0, \frac{\pi}{4}\right]$ 에서는 $\cos x \geq \sin x$ 이고, 구간 $\left[\frac{\pi}{4}, \frac{\pi}{2}\right]$ 에서는 $\sin x \geq \cos x$ 이다. 그리하여 구하고자 하는 영역의 넓이

$$S=\int_0^{\frac{\pi}{2}} |\sin x-\cos x|\,dx$$

$$= \int_0^{\frac{\pi}{4}} -(\sin x - \cos x)\, dx + \int_{\frac{\pi}{4}}^{\frac{\pi}{2}} (\sin x - \cos x)\, dx$$

$$= [\cos x + \sin x]\Big|_0^{\frac{\pi}{4}} + [-\cos x - \sin x]\Big|_{\frac{\pi}{4}}^{\frac{\pi}{2}}$$

$$= \left[\frac{1}{\sqrt{2}} + \frac{1}{\sqrt{2}} - 1 - 0\right] + \left[-0 - 1 + \frac{1}{\sqrt{2}} + \frac{1}{\sqrt{2}}\right]$$

$$= 2\sqrt{2} - 2$$

에 의하여 주어진다.

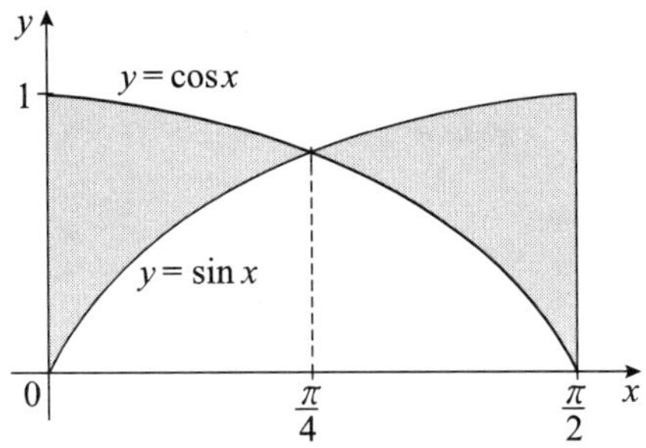

그림 9.6 구간 $\left[0, \frac{\pi}{2}\right]$ 상의 $y = \sin x$와 $y = \cos x$의 그래프

[3] 넓이

곡선 $x = g(y)$와 y축 및 두 직선 $y = c, y = d \ (c < d)$로 둘러싸인 영역의 넓이 S는

$$S = \int_c^d |g(y)|\, dy$$

에 의하여 주어진다.

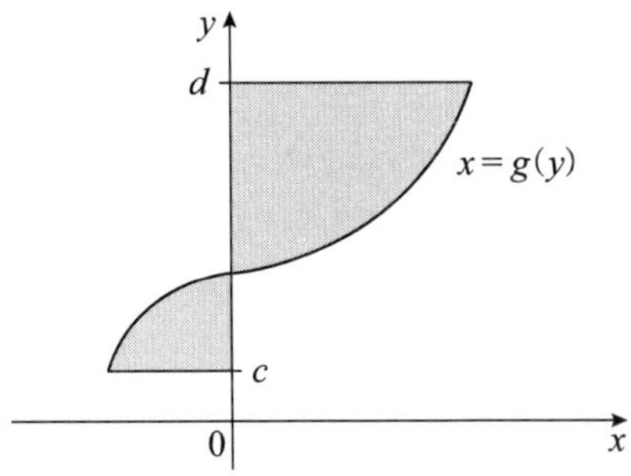

그림 9.7 곡선 $x = g(y)$, y축 및 두 직선 $y = c$, $y = d$로 둘러싸인 영역

그림 9.7에서와 같이 x가 y의 함수로 주어지고, y축 및 y의 구간이 주어진 경우 단지 넓이 [1]에서 x축과 y축의 역할이 바뀐 것으로 생각할 수 있다.

예제 5

곡선 $y=\sqrt{x}$와 y축 및 직선 $y=1, y=2$로 둘러싸인 영역의 넓이를 구하시오.

풀이 (i) 곡선 $y=\sqrt{x}$는 $x=y^2$이다. 그리하여 주어진 곡선, y축과 두 직선 $y=1$, $y=2$로 둘러싸인 영역의 넓이는

$$\begin{aligned} S &= \int_1^2 y^2\,dy \\ &= \frac{1}{3}y^3\Big|_1^2 \\ &= \frac{8}{3}-\frac{1}{3} \\ &= \frac{7}{3} \end{aligned}$$

이다.

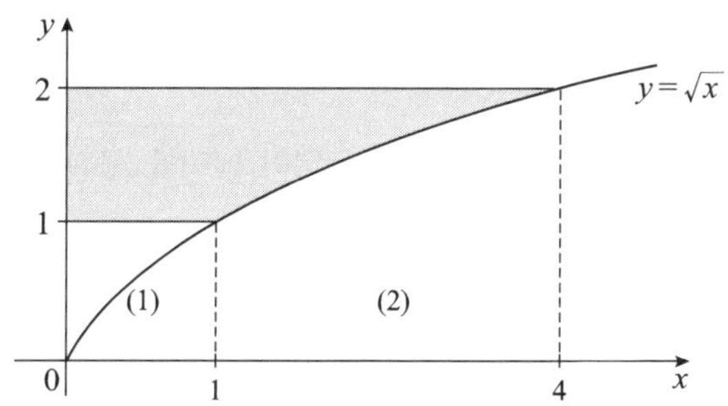

그림 9.8 $y=\sqrt{x}$의 그래프

(ii) 주어진 영역의 넓이는 또한 전체 직사각형의 넓이에서 (1)과 (2)의 넓이를 뺀 것과 같다. 즉

$$\begin{aligned} (\text{넓이}) &= 4\times 2-1\times 1-\int_1^4 \sqrt{x}\,dx \\ &= 7-\frac{2}{3}[2^3-1] \\ &= \frac{7}{3} \end{aligned}$$

[4] 넓이

두 곡선 $x = f(y)$, $x = g(y)$ 및 두 직선 $y = c$, $y = d(c < d)$로 둘러싸인 영역의 넓이 S는

$$S = \int_c^d |f(y) - g(y)|\, dy$$

에 의하여 주어진다.

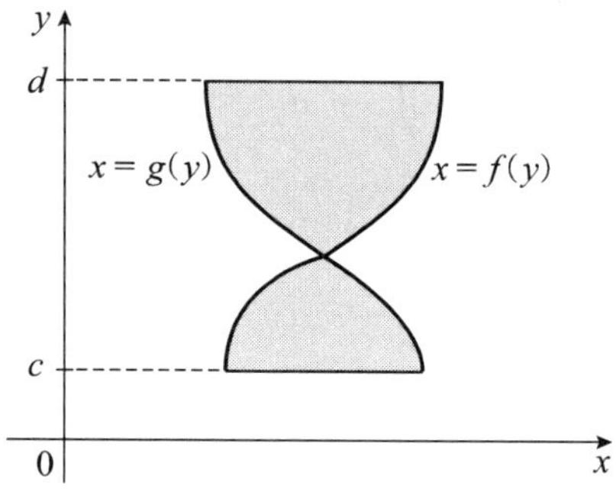

그림 9.9 두 곡선 $x = f(y)$, $x = g(y)$ 및 두 직선 $y = c$, $y = d$로 둘러싸인 영역

예제 6

포물선 $y^2 = x$와 직선 $y = x - 2$로 둘러싸인 영역이 넓이를 구하시오.

풀이 (i) 포물선과 직선의 교점의 y좌표는

$$y^2 = y + 2$$

즉, $y^2 - y - 2 = (y-2)(y+1) = 0$, $y = 2$와 $y = -1$이다.

따라서 구하고자 하는 영역의 넓이 S는

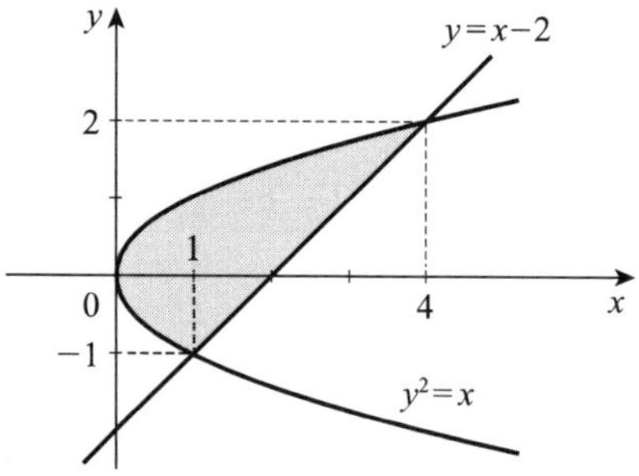

$$S=\int_{1}^{2}[(y+2)-y^2]dy$$
$$=\frac{1}{2}y^2+2y-\frac{1}{3}y^3\Big|_{-1}^{2}$$
$$=\frac{9}{2}$$

(ii) 포물선과 직선의 교점의 x좌표는 $(x-2)^2=x$에서 $x=1,\ x=4$이며 주어진 영역을 직선 $x=1$로 나누면, 왼쪽은 곡선 $y=\sqrt{x}$와 $y=-\sqrt{x}$ 사이의 영역이고 오른쪽은 곡선 $y=\sqrt{x}$와 직선 $y=x-2$ 사이의 영역이므로 구하고자 하는 영역의 넓이 S는

$$S=\int_{0}^{1}[\sqrt{x}-(-\sqrt{x})]dx+\int_{1}^{4}[\sqrt{x}-(x-2)]dx$$
$$=2\int_{0}^{1}\sqrt{x}\,dx+\int_{1}^{4}(\sqrt{x}-x+2)dx$$
$$=2\left[\frac{2}{3}x^{\frac{3}{2}}\right]\Bigg|_{0}^{1}+\left[\frac{2}{3}x^{\frac{3}{2}}-\frac{1}{2}x^2+2x\right]\Bigg|_{1}^{4}$$
$$=\frac{4}{3}+\left(\frac{16}{3}-8+8\right)-\left(\frac{2}{3}-\frac{1}{2}+2\right)$$
$$=\frac{9}{2}$$

이다. ▣

예제 7

두 곡선 $y^2=2x,\ x^2=2y$로 둘러싸인 영역의 넓이를 구하시오.

풀이 두 곡선이 만나는 y좌표를 구하기 위하여 $(x^2=)2y=\left(\frac{y^2}{2}\right)^2$에 의하여 두 곡선은 $y=0$과 $y=2$에서 만난다. 그림 9.10에 두 곡선의 그래프가 잘 그려져 있다. 그리하여 넓이 S는

$$S=\int_{0}^{2}\left[\sqrt{2}\sqrt{y}-\frac{1}{2}y^2\right]dy$$
$$=\sqrt{2}\,\frac{2}{3}y^{\frac{3}{2}}\Big|_{0}^{2}-\frac{1}{2}\,\frac{1}{3}y^3\Big|_{0}^{2}$$

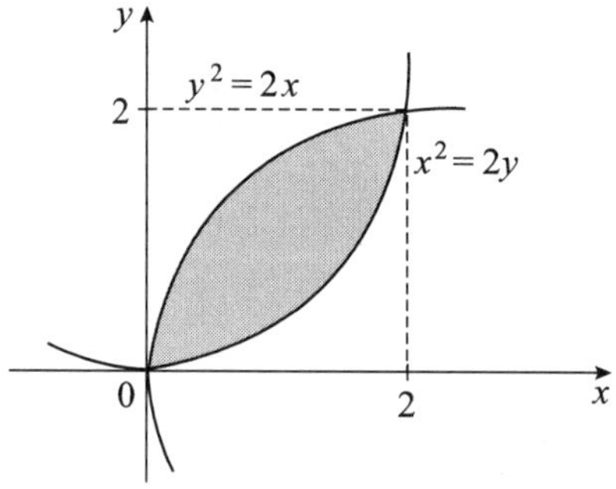

그림 9.10 $y^2=2x$, $x^2=2y$의 그래프

$$
\begin{aligned}
&= \sqrt{2}\ \frac{2}{3}\, 2^{\frac{3}{2}} - \frac{1}{2}\,\frac{8}{3} \\
&= \frac{4}{3}
\end{aligned}
$$

이다. ■

예제 7의 문제는 또한 y를 x의 함수로 보고 x에 의한 x구간상의 적분으로도 계산할 수 있다.

연습문제 9.1

1. 곡선 $y=e^x$, x축 및 직선 $x=-1, x=1$로 둘러싸인 도형의 넓이를 구하시오.

2. 구간 $[0, \pi]$에서 두 곡선 $y=\sin x$, $y=\sin 2x$로 둘러싸인 도형의 넓이를 구하시오.

3. 함수 $f(x)=a\cos x$에 대하여

(a) 곡선 $y=a\cos x$와 x축, y축으로 둘러싸인 도형의 넓이를 구하시오.

(b) (a)에서 구한 도형의 넓이가 곡선 $y=\sin x$에 의하여 이등분된다면 a의 값은 얼마인가?

4. 곡선 $y = \ln x$ 위의 점 $(e,\ 1)$에서 그은 접선과 이 곡선 및 x축으로 둘러싸인 도형의 넓이를 구하시오.

5. 곡선 $y = x^2$ 과 $y = 2x - x^2$ 으로 둘러싸인 도형을 그리고 그 도형의 넓이를 구하시오.

6. 직선 $y = x - 1$과 포물선 $y^2 = 2x + 6$으로 둘러싸인 도형을 그리고 그 영역의 넓이를 구하시오.

7. 곡선 $y = \ln(x+1)$과 두 직선 $x = -1,\ y = 2$ 및 x축으로 둘러싸인 영역의 넓이를 구하시오.

8. 곡선 $y = x(x+2)(x-1)$과 x축으로 둘러싸인 도형의 넓이를 구하시오.

9. 곡선 $y^2 = x$와 직선 $y = 6$, y축으로 둘러싸인 도형의 넓이를 구하시오.

10. 곡선 $y = \ln x$와 직선 $y = 1$및 x축, y축으로 둘러싸인 도형의 넓이를 구하시오.

11. 곡선 $y = e^x$와 직선 $y = e$및 y축으로 둘러싸인 도형의 넓이를 구하시오.

12. 곡선 $y = \ln|x|$과 직선 $y = \ln 2$ 및 x축으로 둘러싸인 영역의 넓이를 구하시오.

13. 어느 도로에는 터널이 뚫여 있으며 터널 입구의 아래폭은 6 m, 중앙의 높이는 4 m이고 중앙에서 좌우 대칭인 포물선의 모양을 하고 있다고 한다. 이 터널 입구의 넓이를 구하시오.

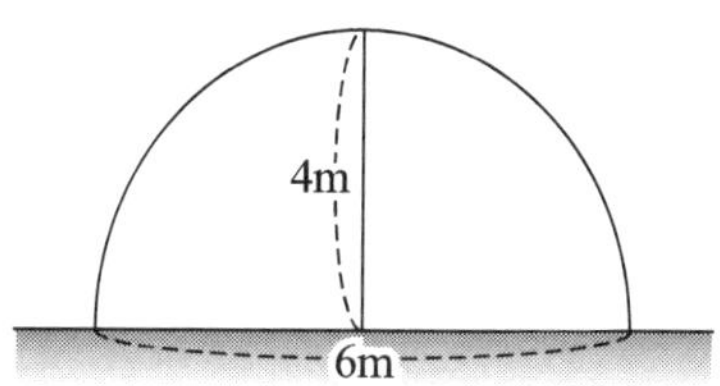

14. 반경이 r이고 중심각이 θ인 부채꼴의 넓이가 $\frac{1}{2}r^2\theta$ 임을 증명하여라.

15. 반지름이 r인 원의 넓이가 πr^2임을 정적분을 이용하여 유도하시오.

16. 타원 $\frac{x^2}{a^2} + \frac{y^2}{b^2} = 1$의 넓이가 πab임을 정적분을 이용하여 유도하시오. $(a > 0,\ b > 0)$

17. 두 곡선 $y=x^4-x^3$, $y=-x^4+x$로 둘러싸인 도형의 넓이가 곡선 $y=ax(1-x)$에 의하여 이등분될 때 상수 a의 값은? (단 $0<a<1$)

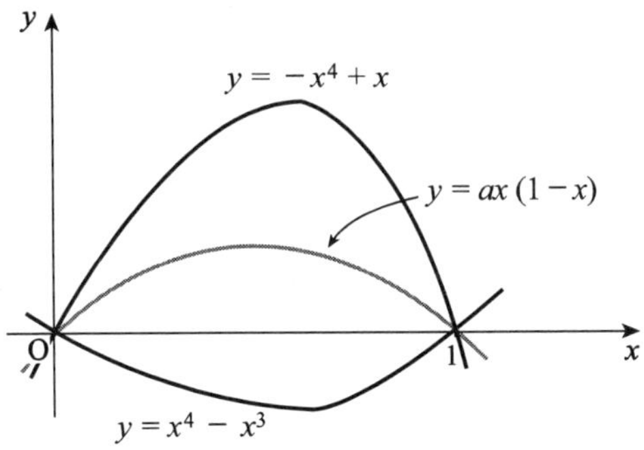

9.2 회전체의 부피

정적분은 단지 넓이를 계산하는데 있어서 뿐만 아니라 이 절에서 다룰 입체의 부피 등 다양한 적용분야를 갖고 있다.

우선 정적분은 그 대상을 작은 조각들로 나누고, 나눈 각각의 영역에 대한 근사값을 구한 후 이들을 모두 더하고 작은 조각들이 매우 작아질 때까지 극한을 취하는 방법을 사용하고 있다.

이와 같은 방법은 입체의 부피를 구하는 데에도 그대로 적용된다. 먼저 원기둥과 같은 **각기둥**(right cylinder)의 부피는 밑면의 넓이 A 곱하기 높이 h에 의하여 주어진다.

다음 그림과 같이 입체가 주어졌을 때 한 직선을 x축으로 정하여 좌표가 a, b인 두 점을 각각 지나고, 이 축에 수직인 두 평면 사이에 있는 입체의 부피를 구해보고자 한다.

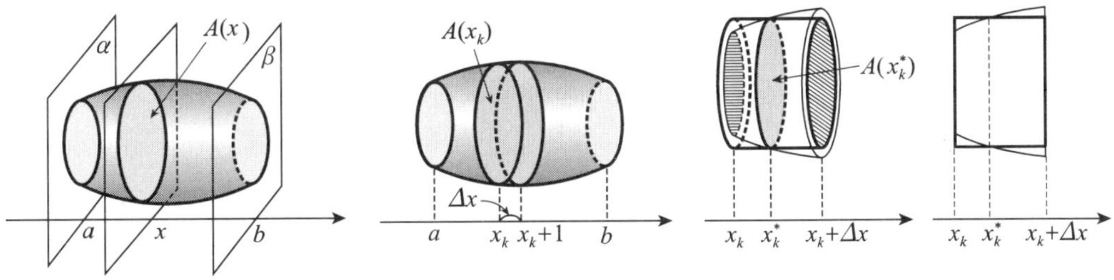

점 x에서 x축에 수직인 평면으로 잘랐을 때 생기는 단면의 넓이를 $A(x)$라 하자. 구간 $[a, b]$를 n등분하면 각 소구간의 길이는 $\Delta x = \dfrac{b-a}{n}$이 되고 분할점들은

$$x_0 = a,\ \ x_1 = x_0 + \Delta x,\ \ x_2 = x_1 + \Delta x,\ \cdots,\ x_n = x_{n-1} + \Delta x$$

가 되어 임의의 $k = 0, 1, 2, \cdots, n$에 대하여 $x_k = a + k\Delta x$가 된다.

이제 입체를 x축에 수직으로 점 $x_1, x_2, \cdots, x_{n-1}$을 지나는 n개의 조각으로 나누고, n개 조각 하나에 대한 부피의 근사값을 구해보자.

n이 크면 클수록 각 조각의 두께는 얇아지기 때문에 단면의 넓이는 소구간 $[x_{k-1}, x_k]$의 x값에 관계없이 거의 일정하게 된다. 따라서 k번째 조각의 부피는 구간 $[x_{k-1}, x_k]$내의 임의의 점 x_k^*의 선택에 상관없이 거의 같은 값 $A(x_k^*) \times \Delta x$에 의하여 근사화된다.

또한 조각의 수를 증가시키면(즉, $n \to \infty$) 오차가 줄어들어 구하고자 하는 입체의 부

피로 다가가게 된다. 즉,

입체의 **부피**(Volume) V는

$$V=\lim_{n\to\infty}\sum_{k=1}^{n}A(x_k^*)\Delta x$$

이 되고 이것은 정적분의 정의에 의하여

$$V=\int_a^b A(x)dx$$

에 의하여 주어진다.

정의 1 ••• 입체의 부피

한 입체 S의 부피 V는

$$V=\int_a^b A(x)\,dx$$

에 의하여 정의한다. 단 $A(x)$는 x축에 수직인 평면으로 입체 S를 잘랐을 때 생기는 단면의 넓이이다.

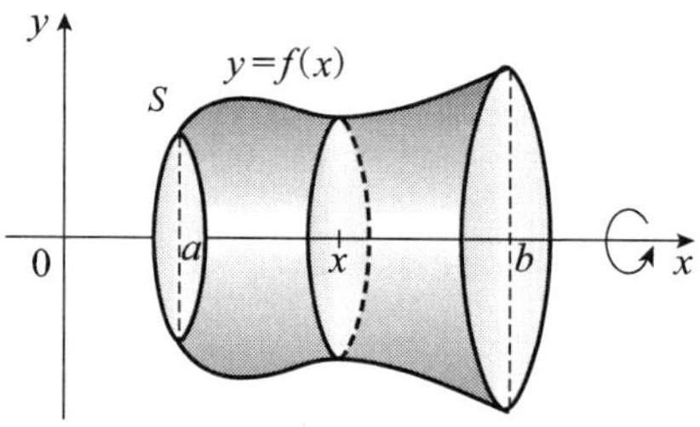

그림 9.11 회전체의 부피

다음에는 **회전체**(solid of revolution)의 부피를 유도하고자 한다. 곡선 $y=f(x)$, $x\in[a,\ b]$를 x축 둘레로 회전시켜 생긴 입체를 S라 하자. 그리고 나면 점 $x(\in[a,\ b])$에서의 절단면은 반지름이 $f(x)$인 원이 된다. 그리하여 절단면의 넓이 $A(x)$는 원의 넓이

$$A(x)=\pi\,[f(x)]^2$$

에 의하여 주어진다. 따라서 우리는 다음의 정리를 이끌어 낼 수 있다.

정리 1 ◦◦◦ 회전체의 부피

곡선 $y = f(x), x \in [a, b]$를 x축 둘레로 회전시켜 생긴 회전체의 부피 V는

$$V = \pi \int_a^b [f(x)]^2 dx$$

에 의하여 주어진다.

예제 1

곡선 $y = x^2 + 1$과 x축, y축 및 직선 $x = 1$로 둘러싸인 영역을 x축 둘레로 회전시켜 생긴 회전체의 부피를 구하시오.

풀이

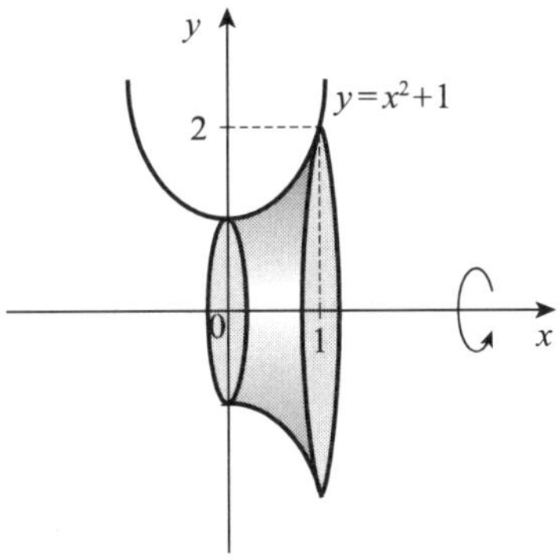

구하고자 하는 부피 V는

$$\begin{aligned} V &= \int_0^1 \pi [f(x)]^2 dx \\ &= \pi \int_0^1 (x^2+1)^2 dx \\ &= \pi \int_0^1 (x^4 + 2x^2 + 1) dx \\ &= \pi \left[\frac{1}{5}x^5 + \frac{2}{3}x^3 + x \right]_0^1 \\ &= \frac{28}{15}\pi \end{aligned}$$

예제 2

반지름이 r인 구의 부피는

$$V = \frac{4}{3}\pi r^3$$

에 의하여 주어짐을 보여라.

풀이 구의 중심이 원점이 되게 하고, 직경이 x축이 되도록 잡자. 그리고 나면 윗 반원은

$$y = f(x) = \sqrt{r^2 - x^2}\,,\ -r \le x \le r$$

에 의하여 주어지고, 반지름이 r인 구는 함수 $f(x) = \sqrt{r^2 - x^2}$을 x축 둘레로 회전시킨 것이다(그림 9.12 참고).

그리하여 회전체의 부피 공식에 의하여 반지름이 r인 구의 부피는

$$\begin{aligned} V &= \pi \int_{-r}^{r} \left[\sqrt{r^2 - x^2}\,\right]^2 dx \\ &= 2\pi \int_0^r (r^2 - x^2)\,dx \\ &= 2\pi \left[r^2 x - \frac{1}{3} x^3 \right] \Big|_0^r \\ &= \frac{4}{3}\pi r^3 \end{aligned}$$

에 의하여 주어진다.

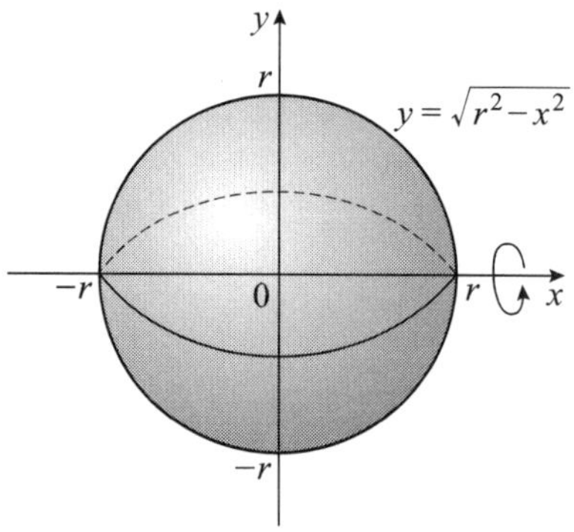

그림 9.12 구의 부피

예제 3

곡선 $y = f(x) = \sqrt{x}$, $0 \le x \le 2$ 을 x축 둘레로 회전시켜 생긴 회전체의 부피를 구하시오.

풀이 회전체의 부피

$$V = \pi \int_0^2 [f(x)]^2\, dx = \pi \int_0^2 [\sqrt{x}\,]^2\, dx$$

$$= \pi \int_0^2 x\, dx = \pi \frac{1}{2} x^2 \Big|_0^2 = 2\pi$$

이다.

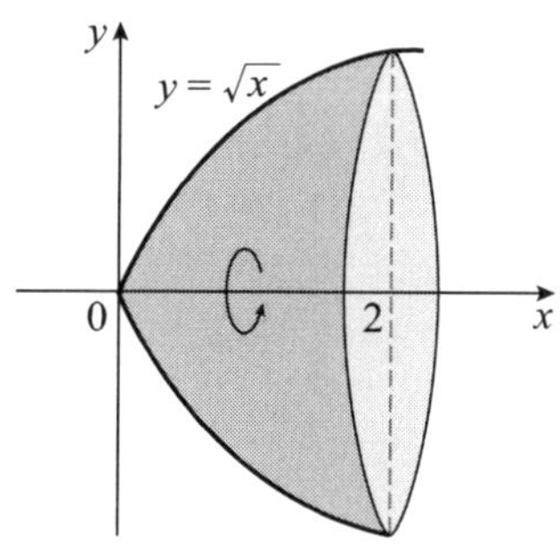

그림 9.13 곡선 $f(x) = \sqrt{x}$ 를 x축 둘레로 회전시킨 회전체

다음에는 곡선 $x = g(y)$를 y축 둘레로 회전시킨 회전체의 부피를 다루고자 한다.

정리 2 ∘∘∘ y축 둘레로 회전시킨 회전체의 부피

곡선 $x = g(y)$, $y \in [c, d]$을 y축 둘레로 회전시켜 생긴 회전체의 부피 V는

$$V = \pi \int_c^d [g(y)]^2\, dy$$

에 의하여 주어진다.

예제 4

곡선 $y = \sqrt{x}$, $0 \le x \le 1$를 y축 둘레로 회전시켜 생긴 회전체의 부피를 구하시오.

풀이

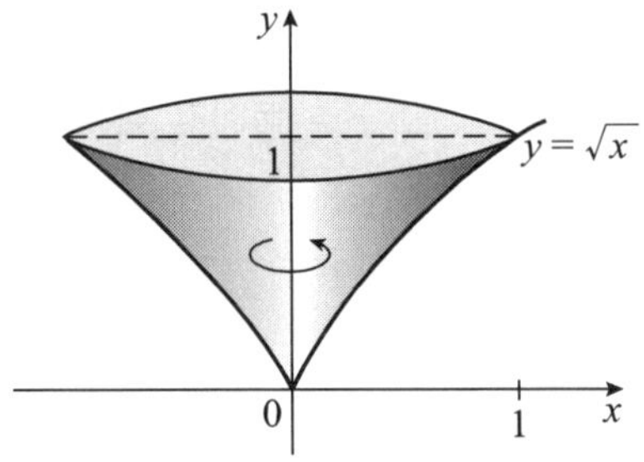

그림 9.14 $y=\sqrt{x}$ 을 y축 둘레로 회전시킨 회전체

곡선을 y축 둘레로 회전시킬 때는 x를 y의 함수로 표현해야 한다. 즉,

$$x=g(y)=y^2, \quad 0 \le y \le 1$$

를 y축 둘레로 회전시킨 회전체의 부피 V는

$$\begin{aligned} V &= \pi\int_0^1 [g(y)]^2\,dy \\ &= \pi\int_0^1 y^4\,dy \\ &= \frac{\pi}{5} \end{aligned}$$

에 의하여 주어진다. ■

예제 5

곡선 $y=x^2$ 와 $y=x$ 로 둘러싸인 영역을 (a) x축 둘레로 회전시켜 생긴 회전체의 부피와 (b) y축 둘레로 회전시켜 생긴 회전체의 부피를 각각 구하시오.

풀이 (a)

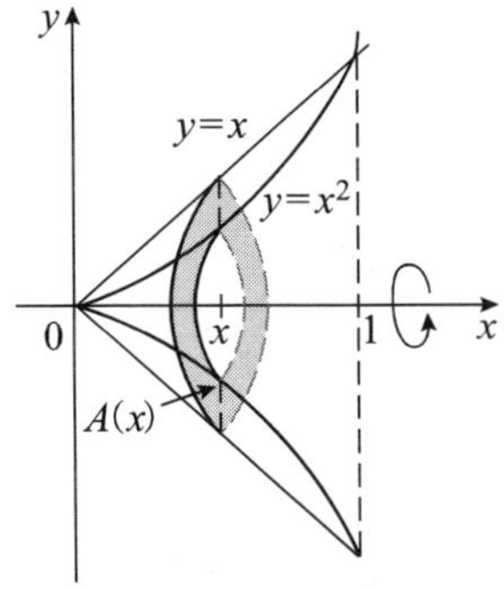

그림 9.15 $y=x^2$, $y=x$ 로 둘러싸인 영역의 회전

우선 두 곡선은 $x^2 = x$에 의하여 $x=0$와 $x=1$에서 만난다. 두 곡선에 의하여 둘러싸인 영역은 그림 9.15에 잘 나타나 있다.

입체의 부피는 절단면의 넓이를 구간 상에서 적분한 것이므로 절단면의 넓이 $A(x)$을 구해야 한다. $A(x)$는 곡선 $y=x$를 x축 둘레로 회전시켰을 때 생기는 원의 넓이 πx^2에서 곡선 $y=x^2$을 회전시켰을 때 생기는 원의 넓이 $\pi[x^2]^2$을 뺀 것과 같다. 즉,

$$A(x) = \pi x^2 - \pi x^4$$

이다. 그리하여 회전체의 부피는

$$\begin{aligned} V &= \int_0^1 [\pi x^2 - \pi x^4]\, dx \\ &= \pi \left[\frac{1}{3}x^3 - \frac{1}{5}x^5 \right] \Big|_0^1 \\ &= \frac{2}{15}\pi \end{aligned}$$

이다.

(b) 먼저 두 곡선이 만나는 y좌표는

$$\sqrt{y} = y$$

즉, $y^2 - y = 0$에 의하여 $y=0$ 과 $y=1$을 얻는다. y축 둘레로 회전시키므로 x를 y의 함수로 표현하면

$$x = \sqrt{y}, \ x = y$$

이다. 그리고 나면 절단면의 넓이 $A(y)$는 바깥 원의 넓이 $\pi[\sqrt{y}]^2$에서 내부 원의 넓이 πy^2을 뺀 것이다. 즉,

$$A(y) = \pi[\sqrt{y}]^2 - \pi y^2$$

이다. 그리하여 y축 둘레로 회전시켜 생긴 회전체의 부피 V는

$$\begin{aligned} V &= \int_0^1 [\pi y - \pi y^2]\, dy \\ &= \pi \left[\frac{1}{2}y^2 - \frac{1}{3}y^3 \right] \Big|_0^1 \\ &= \frac{1}{6}\pi \end{aligned}$$

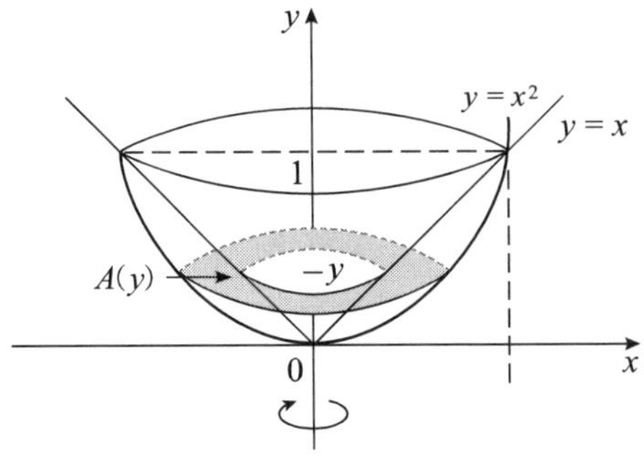

그림 9.16 $y=x^2$, $y=x$ 로 둘러싸인 영역의 y축에 의한 회전

예제 6

원 $x^2+(y-a)^2=r^2\ (0<r<a)$을 x축 둘레로 회전시켰을 때 생기는 회전체의 부피를 구하시오.

풀이 $x^2+(y-a)^2=r^2$을 y에 대해서 풀면

$$y=a\pm\sqrt{r^2-x^2}$$

이다.

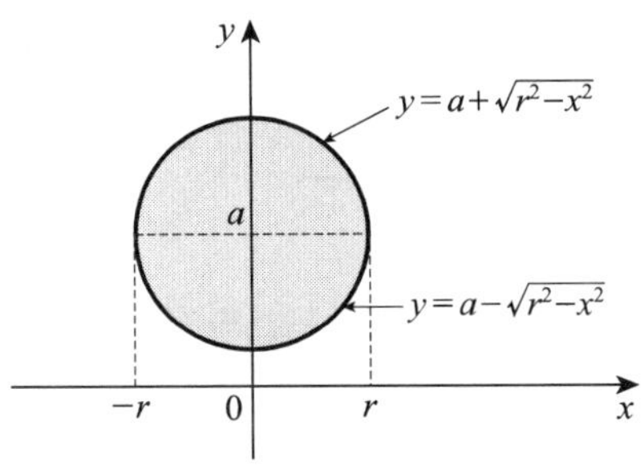

구하고자 하는 부피 V는 $y=a$의 위쪽 반원 $y=a+\sqrt{r^2-x^2}$을 x축 둘레로 회전시켜 생기는 회전체의 부피에서 $y=a$의 아래 반원 $y=a-\sqrt{r^2-x^2}$을 x축 둘레로 회전시켜 생기는 회전체의 부피의 차이므로

$$V=\pi\int_{-r}^{r}(a+\sqrt{r^2-x^2})^2dx-\pi\int_{-r}^{r}(a-\sqrt{r^2-x^2})^2dx$$

$$=\pi\int_{-r}^{r}[(a+\sqrt{r^2-x^2})^2-(a-\sqrt{r^2-x^2})^2]dx$$

$$= 4\pi a \int_{-r}^{r} \sqrt{r^2 - x^2}\, dx$$

$$= 8\pi a \int_{0}^{r} \sqrt{r^2 - x^2}\, dx$$

$x = r\sin\theta$로 치환하면 $dx = r\cos\theta d\theta$이고 $x = 0$이면 $\theta = 0$, $x = r$이면 $\theta = \dfrac{\pi}{2}$이므로

$$\int_{0}^{r} \sqrt{r^2 - x^2}\, dx = \int_{0}^{\frac{\pi}{2}} \sqrt{r^2 - r^2\sin^2\theta}\, r\cos\theta d\theta$$

$$= r^2 \int_{0}^{\frac{\pi}{2}} \cos^2\theta d\theta$$

$$= r^2 \int_{0}^{\frac{\pi}{2}} \frac{1 + \cos 2\theta}{2} d\theta$$

$$= r^2 \left[\frac{\pi}{4} + \frac{1}{2} \int_{0}^{\frac{\pi}{2}} \cos 2\theta d\theta \right]$$

$$= r^2 \left[\frac{\pi}{4} + \frac{1}{4} \sin 2\theta \Big|_{0}^{\frac{\pi}{2}} \right]$$

$$= \frac{\pi}{4} r^2$$

이다. 따라서 구하고자 하는 부피 V는

$$V = 8\pi a \int_{0}^{r} \sqrt{r^2 - x^2}\, dx$$

$$= 8\pi a \frac{\pi}{4} r^2$$

$$= 2\pi^2 r^2 a$$

이다.

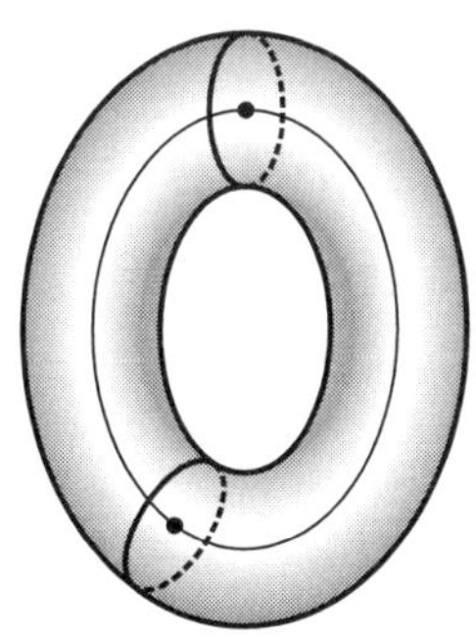

위의 예제에서 결과 값 $2\pi^2 r^2 a = \pi r^2 \cdot 2\pi a$이고 이것은 원의 넓이 πr^2에 중심의 이동거리 $2\pi a$의 곱으로 주어짐을 확인할 수 있다.

연습문제 9.2

1. 다음 곡선들에 의한 영역을 x축 둘레로 회전시켜 생긴 회전체의 부피를 구하시오.

(a) $y = x^3$, x축, 직선 $x = 0$, $x = 2$

(b) $y = \cos x$, $x \in \left[0, \frac{\pi}{2}\right]$ x축, y축

(c) $y = \sqrt{x} + 1$, x축, y축, 직선 $x = 4$

(d) $y = 5\sqrt{\ln x}$, x축, 직선 $x = e$

2. 다음 곡선들에 의한 영역을 y축 둘레로 회전시켜 생긴 회전체의 부피를 구하시오.

(a) $y = x^2$, y축, 직선 $y = 4$

(b) $y = 2x - x^2$, y축, 직선 $y = 1$

(c) $y = \ln x$, x축, y축, 직선 $y = 1$

(d) $y = \frac{1}{4}x^2$, y축, 직선 $y = 4$

(e) $y = 32(1 - x^2)$, $x \in [-1, 1]$, x축

3. (a) $\frac{x^2}{4} + y^2 = 1$를 x축 둘레로 회전시켰을 때 생기는 회전체의 부피를 구하시오.

(b) 타원 $\frac{x^2}{a^2} + \frac{y^2}{b^2} = 1$을 x축 둘레로 회전시켰을 때 생기는 회전체의 부피를 구하시오.

4. 다음 영역을 x축 둘레로 회전 시켰을 때 생기는 회전체의 부피를 구하시오.

(a) 곡선 $y = 4x$와 $y = 4x^2$으로 둘러싸인 영역

(b) $y = \sin x$, $0 \le x \le \frac{\pi}{2}$

5. 포물선 $y = x^2$과 $y = 2x$로 둘러싸인 영역을 x축 둘레로 회전시켜서 생기는 회전체의 부피를 구하시오.

6. 다음 그림과 같이 곡선 $y = \sin x\ (0 \le x \le \pi)$와 직선 $y = \dfrac{1}{2}$로 둘러싸인 영역을 x축 둘레로 회전시킬 때 생기는 회전체의 부피를 구하시오.

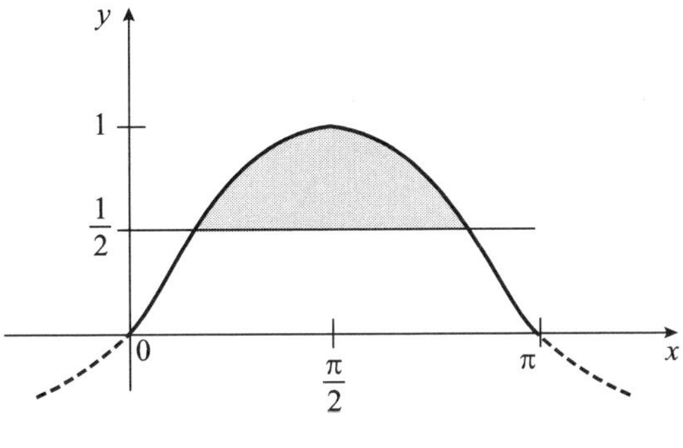

7. 다음 그림과 같이 곡선 $y = 2\sin x\ (0 \le x \le \pi)$와 직선 $y = 1$로 둘러싸인 부분을 직선 $y = 1$의 둘레로 회전시킨 회전체의 부피를 구하시오.

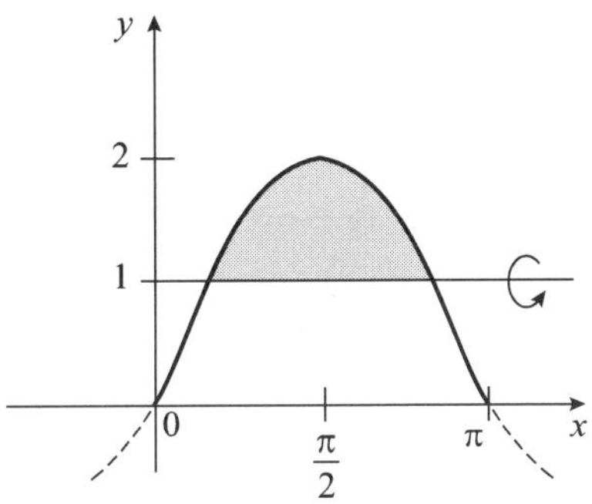

8. 반지름이 r이고 높이가 h인 원기둥의 부피를 회전체의 부피공식을 이용하여 구하시오.

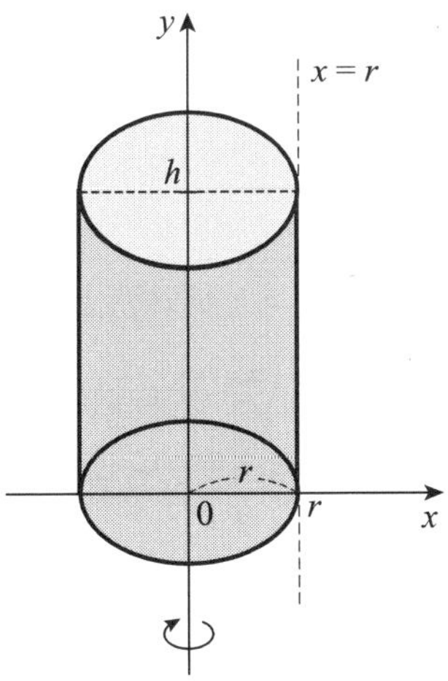

9. 밑면의 반지름이 r이고 높이가 h인 원뿔의 부피가 $\frac{1}{3}\pi r^2 h$임을 회전체의 부피공식을 이용하여 유도하시오.

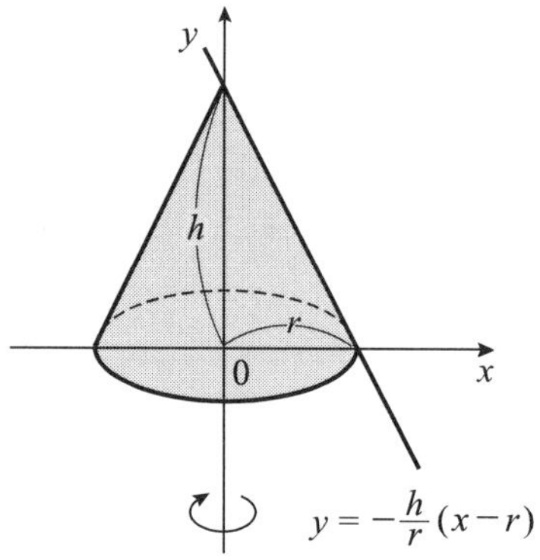

10. 한 변의 길이가 l인 정사각형을 밑면으로 하고 높이가 h인 사각뿔의 부피가 $\frac{1}{3}l^2 h$임을 유도하시오.

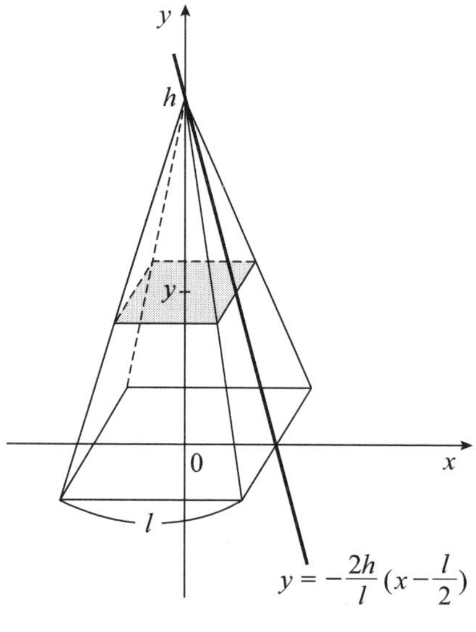

11. 두 곡선 $y=\sqrt{x}$, $y=\sqrt{-x+10}$과 x축으로 둘러싸인 영역을 x축 둘레로 회전시켰을 때 생기는 회전체의 부피를 구하시오.

12. 두 곡선 $y=\sin x$, $y=\cos x$, $x\in\left[0, \frac{\pi}{4}\right]$와 y축으로 둘러싸인 영역을 x축 둘레로 회전시켜 생긴 회전체의 부피를 구하시오.

13. 원 $x^2+(y-3)^2=1$을 직선 $y=1$ 둘레로 회전시켰을 때 생기는 회전체의 부피를 구하시오.

힌트 : 주어진 원을 y축의 음의 방향으로 1만큼 평행이동시키고 이 원을 x축 둘레로 회전시킨다.

14. 곡선 $y=\ln(x+1)$, y축, 직선 $y=1$로 둘러싸인 영역을 y축 둘레로 회전시켜 생긴 회전체의 부피를 구하시오.

15. 실수 전체에서 연속인 함수 $f(x)$가 모든 양수 x에 대하여

$$\int_0^x (x-t)\{f(t)\}^2 dt = 6\int_0^1 x^3(x-t)^2 dt$$

를 만족시킨다. 곡선 $y=f(x)$와 직선 $x=1$, x축, y축으로 둘러싸인 도형을 x축 둘레로 회전시켜 생긴 회전체의 부피를 구하시오.

9.3 곡선의 길이

다음 주어진 곡선의 길이를 어떻게 구할까?

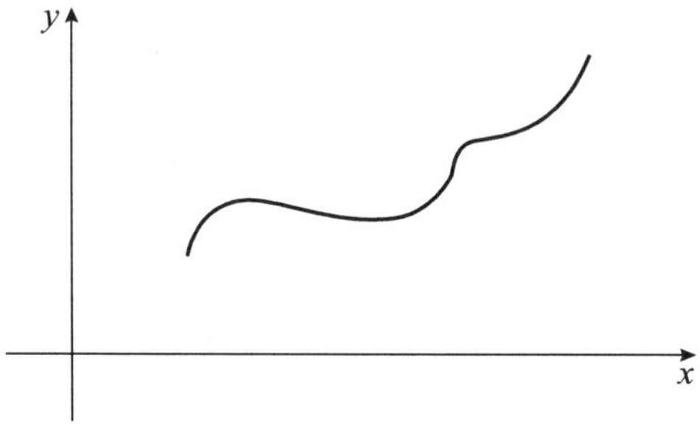

이것을 팽팽하게 당긴 다음 자로 잴까? 만약 곡선이 함수에 의하여 주어진다면 어떻게 구할 것인가?

이 절에서는 평면상에 주어진 곡선(curve)의 길이를 구하는 방법에 대하여 논의하고자 한다. 다음 정리에서 구체적으로 곡선의 길이를 구하는 공식이 유도된다.

정리 1 ∘∘∘ 곡선의 길이

함수 $y = f(x), x \in [a, b]$가 미분가능하고, f'이 연속일 때 함수 f에 의하여 주어진 곡선의 길이 L은

$$L = \int_a^b \sqrt{1 + [f'(x)]^2}\, dx$$

에 의하여 주어진다.

증명 구간 $[a, b]$를 $n-$등분하여 좌표 $x_i\ (0 \le i \le n)$을 $a = x_0 < x_1 < \cdots < x_{i-1} < x_i < \cdots < x_{n-1} < x_n = b$ 이도록 잡자. 그리고 $y_i = f(x_i)$이라 하면 점 $P_i(x_i, y_i)$, $0 \le i \le n$는 곡선상의 점들이다. 적분의 정의에서와 같이 $\Delta x_i = x_i - x_{i-1}$이라 하자. 그리고 나면 두 점 $P_{i-1}(x_{i-1}, y_{i-1})$과 $P_i(x_i, y_i)$사이의 길이 $|P_{i-1} P_i|$는

$$|P_{i-1}P_i| = \sqrt{(x_i - x_{i-1})^2 + (y_i - y_{i-1})^2}$$

에 의하여 주어진다. 여기서 $\Delta y_i = y_i - y_{i-1}$로 정의하면 전체 곡선의 길이

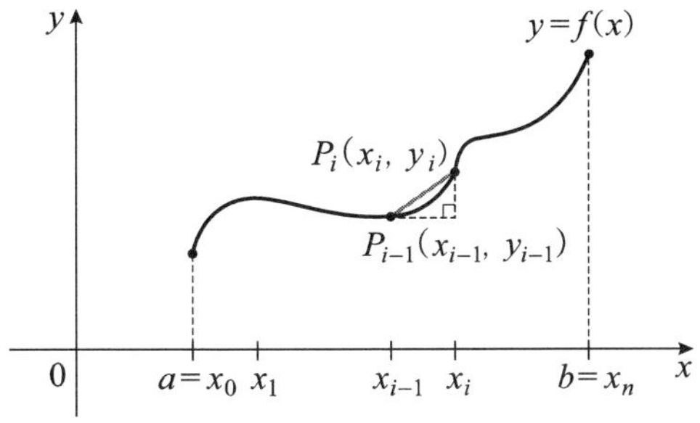

그림 9.17 함수 $y=f(x)$의 그래프

$$L=\lim_{n\to\infty}\sum_{i=1}^{n}|P_{i-1}P_i|$$
$$=\lim_{n\to\infty}\sum_{i=1}^{n}\sqrt{[\Delta x_i]^2+[\Delta y_i]^2}$$

에 의하여 주어진다. 그러나 구간 $[x_{i-1}, x_i]$상의 함수 f에 대한 평균값 정리를 적용하면 (이것은 함수 f가 미분가능하고 f'이 연속이기 때문에 가능하다).

$$f(x_i)-f(x_{i-1})=f'(x_i^*)(x_i-x_{i-1})$$

즉,

$$\Delta y_i=f'(x_i^*)\Delta x_i$$

인 x_i^*가 구간 (x_{i-1}, x_i)사이에 존재한다. 그리하여

$$\sqrt{[\Delta x_i]^2+[\Delta y_i]^2}=\sqrt{[\Delta x_i]^2+[f'(x_i^*)\Delta x_i]^2}$$
$$=\sqrt{1+[f'(x_i^*)]^2}\,\Delta x_i$$

이다. 따라서 곡선의 길이

$$L=\lim_{n\to\infty}\sum_{i=1}^{n}\sqrt{1+[f'(x_i^*)]^2}\,\Delta x_i$$
$$=\int_a^b\sqrt{1+[f'(x)]^2}\,dx$$

에 의하여 주어진다. ▨

참고

함수 $y=f(x), x \in [a, b]$에 대한 곡선의 길이 L에 대하여 다음과 같은 표현이 자주 사용된다.

$$L=\int_a^b \sqrt{1+\left(\frac{dy}{dx}\right)^2}\,dx$$

예제 1

함수 $y=f(x)=\frac{1}{2}x,\ 0 \le x \le 2$의 길이를 구하시오.

풀이

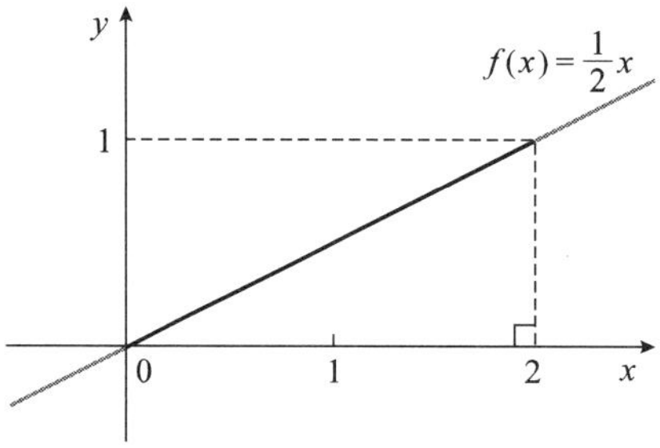

그림 9.18 함수 $f(x)=\frac{1}{2}x$의 그래프

$y=\frac{1}{2}x$에 대하여 이것의 미분

$$\frac{dy}{dx}=\frac{1}{2}$$

이다. 그리하여 곡선의 길이

$$\begin{aligned} L &= \int_0^2 \sqrt{1+\left(\frac{dy}{dx}\right)^2}\,dx \\ &= \int_0^2 \sqrt{1+\left(\frac{1}{2}\right)^2}\,dx \\ &= \sqrt{5} \end{aligned}$$

이다. ▣

이 결과는 직각삼각형에 대한 피타고라스의 정리에 의한, 즉 $\sqrt{2^2+1^2}=\sqrt{5}$와 같음을 쉽게 확인할 수 있다.

예제 2

곡선 $y= f(x)= \frac{2}{3}x^{\frac{3}{2}}, 0 \leq x \leq 3$의 길이를 구하시오.

풀이

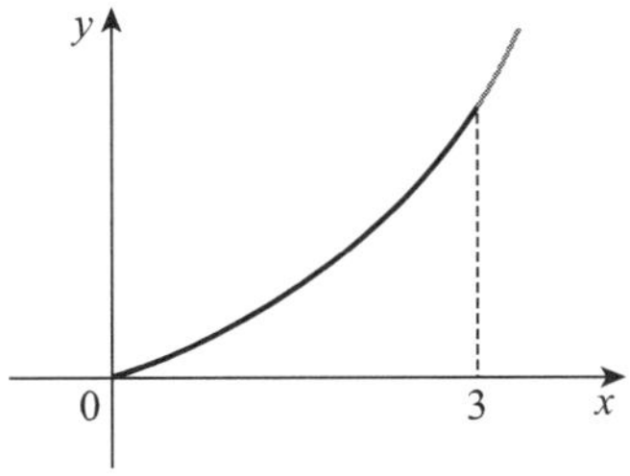

함수 $y=f(x)=\frac{2}{3}x^{\frac{3}{2}}$에 대하여

$$\begin{aligned}\frac{dy}{dx} &= \frac{d}{dx}\frac{2}{3}x^{\frac{3}{2}} \\ &= \frac{2}{3}\frac{3}{2}x^{\frac{1}{2}} \\ &= x^{\frac{1}{2}}\end{aligned}$$

이다. 그리하여 곡선의 길이

$$\begin{aligned}L &= \int_0^3 \sqrt{1+\left(\frac{dy}{dx}\right)^2}\,dx \\ &= \int_0^3 \sqrt{1+x}\,dx\end{aligned}$$

이며, $1+x=t$로 치환하면 $dx=dt$이고 $x=0$일 때 $t=1$이고, $x=3$일 때 $t=4$이다. 그리하여

$$\begin{aligned}L &= \int_0^3 \sqrt{1+x}\,dx = \int_1^4 \sqrt{t}\,dt \\ &= \frac{2}{3}t^{\frac{3}{2}}\Big|_1^4 = \frac{14}{3}\end{aligned}$$

이다. ▣

다음은 곡선의 길이 공식을 이용하여 원 둘레의 길이가 $2\pi r$임을 증명하고자 한다.

예제 3

반지름이 r인 원 둘레의 길이를 구하시오.

풀이 반지름이 r인 원의 방정식은

$$x^2 + y^2 = r^2$$

이다.

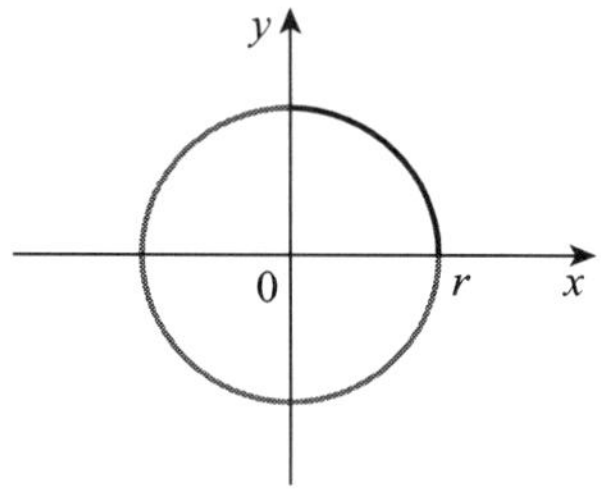

제1사분면에 위치한 원의 둘레를 구한 다음 4배를 해주면 구하고자 하는 전체 원 둘레의 길이가 나올 것이다. 먼저 제1사분면에 위치한 사분원에 대한 함수

$$y = \sqrt{r^2 - x^2},\ x \in [0,\ r]$$

에 대하여

$$\frac{dy}{dx} = \frac{-x}{\sqrt{r^2 - x^2}}$$

이다. 그리하여 원 둘레의 길이,

$$\begin{aligned} L &= 4\int_0^r \sqrt{1 + \left(\frac{dy}{dx}\right)^2}\,dx \\ &= 4\int_0^r \sqrt{1 + \frac{x^2}{r^2 - x^2}}\,dx \\ &= 4r\int_0^r \frac{1}{\sqrt{r^2 - x^2}}\,dx \end{aligned}$$

여기서 $x = r\sin\theta$로 치환하면 $x = 0$일 때 $\theta = 0$이고 $x = r$일 때 $\theta = \frac{\pi}{2}$이며 $dx = r\cos\theta d\theta$이다. 그러므로

$$L = 4r\int_0^r \frac{1}{\sqrt{r^2 - x^2}}\,dx$$

$$= 4r\int_0^{\frac{\pi}{2}} \frac{1}{r\cos\theta} r\cos\theta d\theta$$

$$= 2\pi r$$

이다. ▣

예제 4

곡선 $y= f(x)= x^2, 0 \le x \le 1$의 길이를 구하시오.

풀이

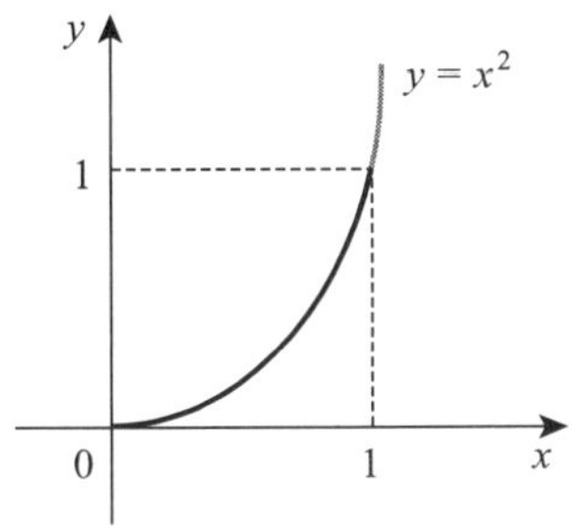

함수 $y=f(x)=x^2$에 대하여 $\dfrac{dy}{dx}= 2x$ 이고, 곡선의 길이 공식에 의하여

$$L = \int_0^1 \sqrt{1+\left(\frac{dy}{dx}\right)^2}\, dx$$

$$= \int_0^1 \sqrt{1+4x^2}\, dx$$

$$= 2\int_0^1 \sqrt{\left(\frac{1}{2}\right)^2 + x^2}\, dx$$

이며, 여기서 $x= \dfrac{1}{2}\tan\theta$ 로 치환하면 $dx= \dfrac{1}{2}\sec^2\theta\, d\theta$ 이고 $x= 0$일 때 $\theta= 0$이며 $x= 1$일 때 $\theta= \tan^{-1}2$이다. 여기서 $\tan^{-1}2= a$ 라 놓자. 그리고 나면

$$L= 2\int_0^1 \sqrt{\left(\frac{1}{2}\right)^2 + x^2}\, dx$$

$$= 2\int_0^a \sqrt{\left(\frac{1}{2}\right)^2 (1+\tan^2\theta)}\ \frac{1}{2}\sec^2\theta\, d\theta$$

$$= \frac{1}{2}\int_0^a \sec^3\theta\, d\theta$$

$$= \frac{1}{4}[\sec\theta\tan\theta + \ln|\sec\theta + \tan\theta\,|]\Big|_0^a$$

$\tan a = 2$이고 $1 + \tan^2 a = \sec^2 a$에 의하여 $\sec a = \sqrt{5}$이다. 그리하여 이 값들을 대입하면 우리는 곡선의 길이 L을 얻을 수 있다. 즉,

$$L = \frac{1}{4}\left[2\sqrt{5} + \ln(\sqrt{5} + 2)\right]$$

이다. ▣

다음은 함수가 매개변수에 의하여 표현된 경우 곡선의 길이에 대한 공식을 유도한 정리이다.

정리 2 ∘∘∘ 매개변수방정식에 의하여 주어진 곡선의 길이

곡선이 매개변수방정식 $x = f(t)$, $y = g(t)$, $\alpha \le t \le \beta$에 의하여 주어진 경우 곡선의 길이 L은

$$L = \int_\alpha^\beta \sqrt{[f'(t)]^2 + [g'(t)]^2}\,dt$$

에 의하여 주어진다.

증명 곡선의 길이에 대한 공식은

$$L = \int_a^b \sqrt{1 + \left(\frac{dy}{dx}\right)^2}\,dx$$

이다. 여기서 $x = f(t)$로 치환하면 $dx = f'(t)\,dt$이고 $f(\alpha) = a$, $f(\beta) = b$이라 하자. 또한

$$\frac{dy}{dx} = \frac{\frac{dy}{dt}}{\frac{dx}{dt}} = \frac{g'(t)}{f'(t)}$$

이다. 그리하여 곡선이 매개변수 방정식에 의하여 주어진 경우 곡선의 길이 L는

$$L = \int_a^b \sqrt{1+\left(\frac{dy}{dx}\right)^2}\,dx$$

$$= \int_\alpha^\beta \sqrt{1+\left(\frac{g'(t)}{f'(t)}\right)^2}\,f'(t)\,dt$$

$$= \int_\alpha^\beta \sqrt{[f'(t)]^2+[g'(t)]^2}\,dt$$

에 의하여 주어진다. ▣

다음에는 원이 매개변수 방정식에 의하여 주어질 때 원 둘레의 길이를 유도하고자 한다.

예제 5

곡선이 $x = f(\theta) = r\cos\theta, y = g(\theta) = r\sin\theta,\ 0 \le \theta \le 2\pi$ 에 의하여 주어질 때 이 곡선의 길이를 구하시오.

풀이 $x = r\cos\theta,\ y = r\sin\theta,\ 0 \le \theta \le 2\pi$는 다음 그림과 같이

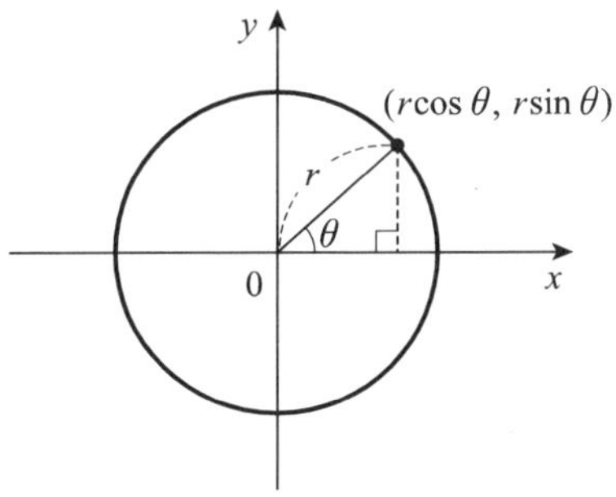

원 위의 점을 나타낸다.

정리 2에 의하여 원 둘레의 길이 L은

$$L = \int_0^{2\pi} \sqrt{[f'(\theta)]^2+[g'(\theta)]^2}\,d\theta$$

$$= \int_0^{2\pi} \sqrt{r^2\cos^2\theta + r^2\sin^2\theta}\,d\theta$$

$$= r\int_0^{2\pi} 1\,d\theta$$

$$= 2\pi r$$

에 의하여 주어진다. ▣

예제 5는 반지름 r인 원을 매개변수 θ에 의하여 표현한 것으로 우리가 잘 알고 있는 예제 3의 결과와 일치하는 것을 확인할 수 있다.

참고

곡선이 $x=g(y)$, $c \le y \le d$와 같이 주어질 때 곡선의 길이

$$L=\int_c^d \sqrt{1+[g'(y)]^2}\,dy$$
$$=\int_c^d \sqrt{1+\left(\frac{dx}{dy}\right)^2}\,dy$$

에 의하여 주어진다.

연습문제 9.3

1. 직선 $y=2x+3$에 대하여

(a) 곡선의 길이 공식을 이용하여 $1 \le x \le 3$일 때 곡선의 길이를 구하시오.

(b) 두 점 사이의 거리 공식을 이용하여 길이를 구하시오.

2. 다음 함수에 대한 곡선의 길이를 구하시오.

(a) $9y^2=4x^3,\ 0 \le x \le 1$

(b) $y=\frac{2}{3}(1+x^2)^{\frac{3}{2}},\ 0 \le x \le 3$

(c) $y=\frac{1}{3}(x^2+2)^{\frac{3}{2}},\ 0 \le x \le 6$

(d) $y=\frac{1}{4}x^2-\frac{1}{2}\ln x,\ 1 \le x \le 2$

3. 다음 곡선 길이를 구하시오.

(a) $x=y^2,\ 0 \le y \le 1$

(b) $x = \frac{1}{2}y^3 + \frac{1}{6y}$, $1 \le y \le 2$

4. 반지름이 r이고 중심각이 θ인 부채꼴의 호의 길이가 $\ell = r\theta$에 의하여 주어짐을 (a) 기존의 함수 표현과 (b) 매개변수 표현에 의하여 각각 유도하시오.

5. 곡선이 매개변수방정식

$$x = a\sin^3 t, \quad y = a\cos^3 t, \quad 0 \le t \le \frac{\pi}{2}$$

에 의하여 주어졌을 때 곡선의 길이를 구하시오.

6. 좌표평면 위를 움직이는 점 P의 시각 t에서의 위치 $(x,\ y)$가

$$x = 4(\cos t + \sin t),\ y = \cos(2t),\ 0 \le t \le 2\pi$$

이다. 점 P가 $t = 0$에서 $t = 2\pi$까지 움직인 거리를 구하시오.

9.4 회전곡면의 겉넓이

앞 9.2절에서 우리는 회전체의 부피를 구하는 문제를 다루었다. 이 절에서는 회전체의 곡면(회전면)의 넓이, 즉 겉넓이를 유도하고자 한다.

회전체는 한 곡선을 직선 주위로 회전시켜 생긴 입체로 그것의 **겉넓이**(surface area)를 유도하고자 하는 것이다.

먼저 다음 그림에서와 같이 반경이 r 이고 비탈높이 l 인 원뿔의 겉넓이를 구해보자.

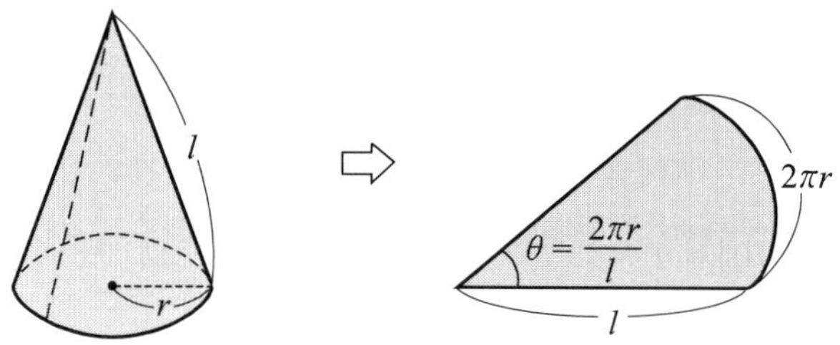

그림 9.19 원뿔의 겉넓이

그림 9.19에서 원뿔의 옆 측면을 점선을 따라 얇게 잘라 펼치면 반경이 l 이고 중심각이 θ 인 부채꼴이 된다. 여기서 중심각 θ는 호의 길이 공식(연습문제 9.3절 4번 참고)에 의하여 $\theta = \dfrac{2\pi r}{l}$에 의하여 주어짐을 확인할 수 있다.

그리하여 부채꼴의 넓이(연습문제 9.1절 15번 참고) $\dfrac{1}{2}l^2\theta$에 의하여 원뿔의 겉넓이 A는

$$A = \frac{1}{2}l^2\theta$$
$$= \frac{1}{2}l^2\frac{2\pi r}{l} = \pi rl$$

에 의하여 주어진다.

다음에는 윗 반경이 r_1 이고 아래 반경이 r_2 이며 비탈높이 l 인 **원뿔대**(frustum)의 겉넓이를 유도하고자 한다.

그림 9.20에서와 같이 원뿔대의 측면을 올려 원뿔을 만들면 주어진 원뿔대의 겉넓이는 전체 원뿔의 겉넓이에서 연장시켜 만들어진 원뿔의 겉넓이를 빼면 된다. 그리하여 원뿔대의 겉넓이 A는

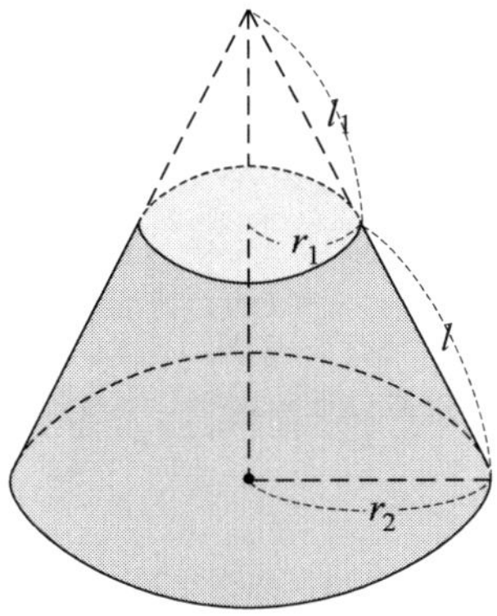

그림 9.20 원뿔대의 겉넓이

$$A = \pi r_2 (l_1 + l) - \pi r_1 l_1$$
$$= \pi [(r_2 - r_1) l_1 + r_2 l]$$

에 의하여 주어진다. 또한 닮은 삼각형의 성질에 의하여

$$\frac{l_1}{r_1} = \frac{l_1 + l}{r_2}$$

로부터 $(r_2 - r_1) l_1 = r_1 l$ 을 얻으며 이 식을 위 겉넓이의 공식에 대입하면

$$A = \pi [r_1 l + r_2 l]$$
$$= \pi \ell [r_1 + r_2]$$
$$= 2\pi r l, \ \ r = \frac{r_1 + r_2}{2}$$

이다. 여기서 r 은 원뿔대의 평균 반경이다.

이제 이러한 기본 사실을 가지고 한 곡선을 회전시켰을 때 생기는 회전체의 겉넓이를 유도해보고자 한다.

정리 1 ∘∘∘ 회전곡면의 겉넓이

함수 $y = f(x) (> 0)$, $a \le x \le b$ 가 미분 가능하며 f' 이 연속이면 곡선 $y = f(x)$ 를 x 축 둘레로 회전시켜 생긴 회전체의 겉넓이 S 는

$$S = 2\pi \int_a^b f(x) \sqrt{1 + [f'(x)]^2} \, dx$$

에 의하여 주어진다.

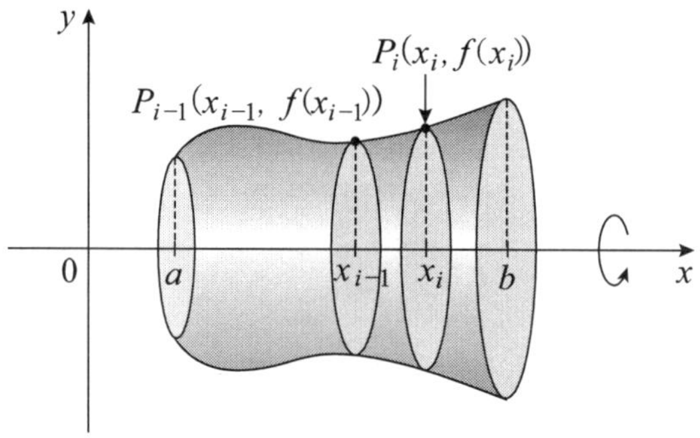

그림 9.21 회전체의 겉넓이

증명 구간 $[a, b]$를 $n-$등분하고 각각의 점들에 대하여 좌표 x_i들을 $a = x_0 < x_1 < \cdots < x_{i-1} < x_i < \cdots < x_n = b$ 이도록 잡자. 그리고 곡선상의 점 $P_i(x_i, y_i)$, $y_i = f(x_i)$에 대하여 구간 $[x_{i-1}, x_i]$상의 곡선을 회전시켜 생긴 곡면의 겉넓이는 선분 $P_{i-1}P_i$을 x축 둘레로 회전시켜 생긴 원뿔대의 겉넓이에 의하여 근사화된다. 그러나 원뿔대의 비탈높이는 $l = |P_{i-1}P_i|$이고 평균 반경 $r = \frac{1}{2}(y_{i-1} + y_i)$이므로 원뿔대의 겉넓이는

$$2\pi \frac{y_{i-1} + y_i}{2} |P_{i-1}P_i|$$

이다. 그리고 9.3절 곡선의 길이 공식을 유도할 때와 같이, 즉, 평균값 정리를 적용 하면

$$|P_{i-1}P_i| = \sqrt{1 + [f'(x_i^*)]^2}\,\Delta x_i, \quad \Delta x_i = x_i - x_{i-1}$$

인 $x_i^* \in [x_{i-1}, x_i]$가 존재한다.

그러나 Δx_i가 작아질 때 (결국 Δx_i는 0으로 접근한다) 함수 f가 연속이므로 $y_i = f(x_i) \approx f(x_i^*)$이고, 또한 $y_{i-1} = f(x_{i-1}) \approx f(x_i^*)$이다. 따라서

$$2\pi \frac{y_{i-1} + y_i}{2} |P_{i-1}P_i| \approx 2\pi f(x_i^*) \sqrt{1 + [f'(x_i^*)]^2}\,\Delta x_i$$

이다. 그리하여 전체 구간에 대한 회전곡면의 겉넓이는

$$\sum_{i=1}^{n} 2\pi f(x_i^*) \sqrt{1 + [f'(x_i^*)]^2}\,\Delta x_i$$

에 의하여 근사화 된다. 그러므로 곡선 $y = f(x), x \in [a, b]$을 x축 둘레로 회전시켜

생긴 회전체의 겉넓이 S는

$$S = \lim_{n\to\infty} \sum_{i=1}^{n} 2\pi f(x_i^*) \sqrt{1+[f'(x_i^*)]^2}\, \Delta x_i$$
$$= \int_a^b 2\pi f(x) \sqrt{1+[f'(x)]^2}\, dx$$

이다. ▣

정리 1의 회전곡면에 대한 겉넓이의 공식은 라이프니츠 기호를 사용하여 다음과 같이도 표현되며 실제 더 많이 사용된다.

회전곡면의 겉넓이

미분가능 함수 $y=f(x)$를 x축 둘레로 회전시켜 생긴 회전체의 겉넓이 S는

$$S = \int_a^b 2\pi y \sqrt{1+\left[\frac{dy}{dx}\right]^2}\, dx$$

으로도 표현된다.

예제 1

직선 $y=\frac{3}{4}x,\ 0 \le x \le 4$을 x축 둘레로 회전시켜 생긴 회전체의 겉넓이를 구하시오.

풀이

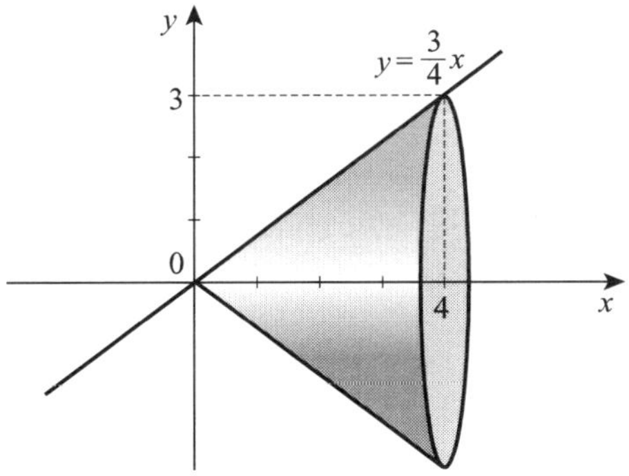

$y=\frac{3}{4}x$에 대하여 $\frac{dy}{dx}=\frac{3}{4}$이다. 따라서 정리 1의 회전체의 겉넓이 공식에 의하여

겉넓이 S는

$$S = \int_0^4 2\pi y \sqrt{1+\left[\frac{dy}{dx}\right]^2}\,dx$$
$$= 2\pi \int_0^4 \frac{3}{4}x\sqrt{1+\left(\frac{3}{4}\right)^2}\,dx$$
$$= \frac{15}{8}\pi \int_0^4 x\,dx$$
$$= \frac{15}{8}\pi \left[\frac{1}{2}x^2\Big|_0^4\right]$$
$$= 15\pi$$

■

예제 1의 겉넓이는 잘 알고 있는 부채꼴의 넓이에 의해서도 유도할 수 있다. 주어진 회전체는 원뿔이며 옆면을 얇게 잘라 펼쳐보면 다음 그림과 같이

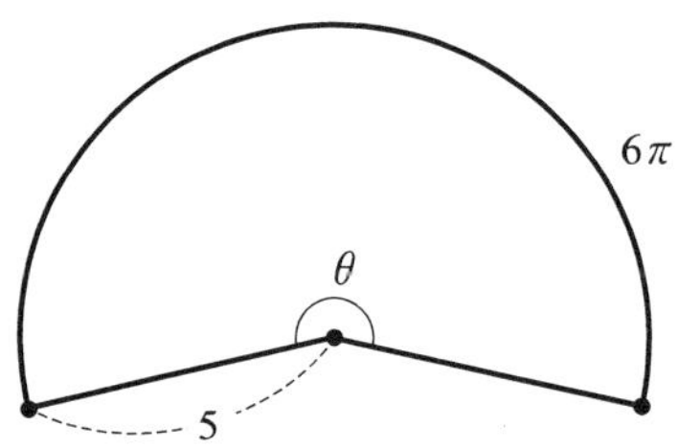

반경이 5이고 호의 길이가 6π인 부채꼴이 된다. 따라서 호의 길이 공식에 의하여 중심각 $\theta = \frac{6}{5}\pi$이며 부채꼴의 넓이 공식에 의하여 넓이, 즉 겉넓이 S는

$$S = \frac{1}{2}\cdot 5^2 \cdot \frac{6}{5}\pi$$
$$= 15\pi$$

이며 예제 1의 결과와 같음을 확인할 수 있다.

예제 2

곡선 $y = f(x) = \sin x,\ 0 \le x \le \frac{\pi}{2}$를 x축 둘레로 회전시켜 생긴 회전체의 겉넓이를 구하시오.

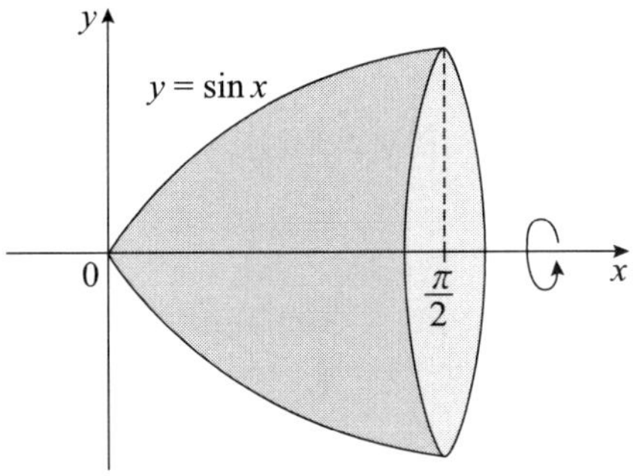

그림 9.22

풀이 $y = \sin x$ 에서 $\dfrac{dy}{dx} = \cos x$ 이다. 그리하여 회전체의 겉넓이는

$$S = \int_0^{\frac{\pi}{2}} 2\pi y \sqrt{1 + \left[\frac{dy}{dx}\right]^2}\, dx$$

$$= 2\pi \int_0^{\frac{\pi}{2}} \sin x \sqrt{1 + \cos^2 x}\, dx$$

이다. $\cos x = t$ 로 치환하면 $\sin x\, dx = -dt$ 이고 $x = 0$ 일 때 $t = 1$ 이며 $x = \dfrac{\pi}{2}$ 일 때 $t = 0$ 이다. 그리하여

$$2\pi \int_0^{\frac{\pi}{2}} \sin x \sqrt{1 + \cos^2 x}\, dx = -2\pi \int_1^0 \sqrt{1 + t^2}\, dt$$

$$= 2\pi \int_0^1 \sqrt{1 + t^2}\, dt$$

이다. 여기서 다시 $t = \tan\theta$ 로 치환하면 $dt = \sec^2\theta\, d\theta$ 이고 $t = 0$ 일 때 $\theta = 0$ 이며 $t = 1$ 일 때 $\theta = \dfrac{\pi}{4}$ 이다. 그리하여 겉넓이

$$S = 2\pi \int_0^1 \sqrt{1 + t^2}\, dt$$

$$= 2\pi \int_0^{\frac{\pi}{4}} \sqrt{1 + \tan^2\theta}\, \sec^2\theta\, d\theta$$

$$= 2\pi \int_0^{\frac{\pi}{4}} \sec^3\theta\, d\theta$$

$$= 2\pi\left[\frac{1}{2}\{\sec\theta\tan\theta + \ln|\sec\theta + \tan\theta|\}\right]\Bigg|_0^{\frac{\pi}{4}}$$

$$= \pi\left[\sqrt{2} + \ln(\sqrt{2} + 1)\right]$$

에 의하여 주어진다. ▣

예제 3

곡선 $y = \sqrt{9 - x^2}$, $-1 \le x \le 1$를 x축 주위로 회전시켜 생긴 회전체의 겉넓이를 구하시오.

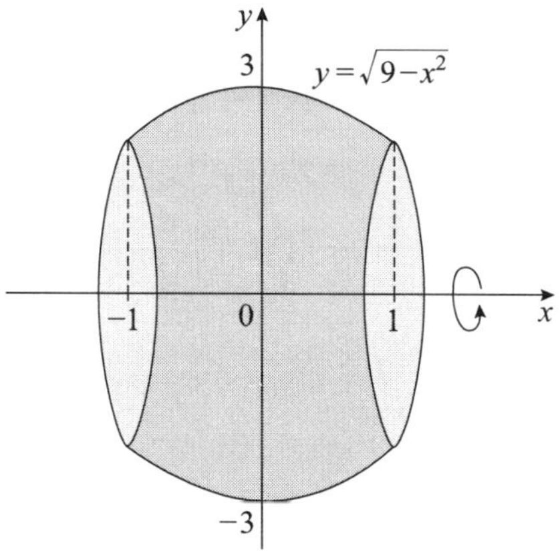

그림 9.23

풀이 $y = \sqrt{9 - x^2}$에 대하여

$$\frac{dy}{dx} = \frac{d}{dx}\sqrt{9 - x^2}$$

$$= \frac{1}{2}(9 - x^2)^{-\frac{1}{2}}(-2x)$$

$$= \frac{-x}{\sqrt{9 - x^2}}$$

이며, 회전체의 겉넓이 공식에 의하여

$$S = \int_{-1}^{1} 2\pi y\sqrt{1 + \left[\frac{dy}{dx}\right]^2}\,dx$$

$$= \int_{-1}^{1} 2\pi \sqrt{9-x^2} \sqrt{1+\frac{x^2}{9-x^2}}\, dx$$

$$= 2\pi \int_{-1}^{1} \sqrt{9}\, dx$$

$$= 12\pi$$

이다. ▣

다음에는 함수의 그래프를 y축 둘레로 회전시켰을 때 생기는 회전체의 겉넓이에 대하여 논의해 보고자 한다.

정리 2 ∘∘∘ y축 둘레로 회전시킨 회전체의 겉넓이

곡선 $x = g(y) (> 0)$, $c \le y \le d$을 y축 둘레로 회전시켜 생긴 회전체의 겉넓이 S는

$$S = \int_{c}^{d} 2\pi g(y) \sqrt{1+[g'(y)]^2}\, dy$$

또는

$$S = \int_{c}^{d} 2\pi x \sqrt{1+\left[\frac{dx}{dy}\right]^2}\, dy$$

에 의하여 주어진다.

이것은 x축 둘레로 회전시킨 회전체의 겉넓이를 유도하는 과정에서 변수 x와 y의 역할이 바뀌었다고 생각하면 된다.

예제 4

곡선 $y = x^2$, $0 \le x \le \sqrt{2}$을 y축 둘레로 회전시켜 생긴 회전체의 겉넓이를 구하시오.

풀이 곡선을 y축 둘레로 회전시킴으로 x를 y의 함수로 바꾸어야 한다. 즉,

$$x = \sqrt{y},\ 0 \le y \le 2$$

이며 $\frac{dx}{dy} = \frac{1}{2} y^{-\frac{1}{2}}$ 이다.

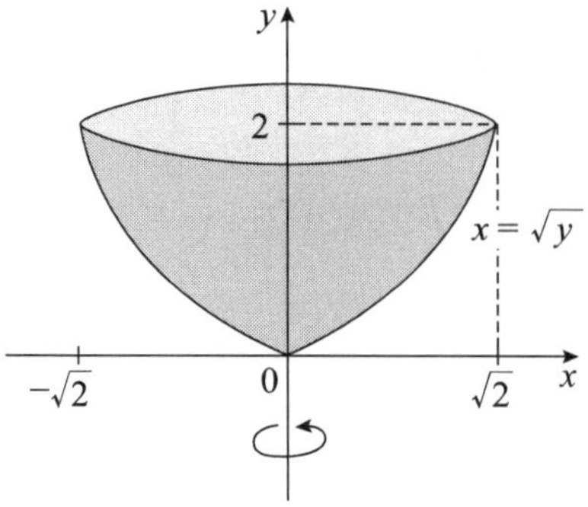

그림 9.24

그리하여 회전체의 겉넓이 S는

$$
\begin{aligned}
S &= \int_0^2 2\pi x \sqrt{1+\left[\frac{dx}{dy}\right]^2}\,dy \\
&= 2\pi \int_0^2 \sqrt{y}\,\sqrt{1+\frac{1}{4y}}\,dy \\
&= 2\pi \int_0^2 \sqrt{y+\frac{1}{4}}\,dy
\end{aligned}
$$

이며, 여기서 $y+\frac{1}{4}=t$로 치환하면 $dy=dt$이고 $y=0$일 때 $t=\frac{1}{4}$이고 $y=2$일 때 $t=\frac{9}{4}$이다. 따라서

$$
\begin{aligned}
S &= 2\pi \int_0^2 \sqrt{y+\frac{1}{4}}\,dy \\
&= 2\pi \int_{\frac{1}{4}}^{\frac{9}{4}} t^{\frac{1}{2}}\,dt \\
&= 2\pi \left[\frac{2}{3}t^{\frac{3}{2}}\right]\Bigg|_{\frac{1}{4}}^{\frac{9}{4}} \\
&= \frac{13}{3}\pi
\end{aligned}
$$

이다. ■

정리 3 ••• 매개변수 방정식에 의하여 주어진 회전곡면의 겉넓이

$\alpha \le t \le \beta$에 대하여 매개변수방정식 $x = f(t), y = g(t)$로 주어진 곡선을 x축 둘레로 회전시켜 생긴 회전체의 겉넓이 S는

$$S = \int_{\alpha}^{\beta} 2\pi y \sqrt{\left(\frac{dx}{dt}\right)^2 + \left(\frac{dy}{dt}\right)^2}\, dt$$

에 의하여 주어진다.

예제 5

구의 겉넓이를 매개변수 방정식을 이용하여 유도하시오.

풀이 반지름 r인 구는 반원

$$x = r\cos t, \quad y = r\sin t, \quad 0 \le t \le \pi$$

을 x축 둘레로 회전시키면 된다. 따라서 정리 3에 의하여 구의 겉넓이 S는

$$\begin{aligned} S &= \int_0^{\pi} 2\pi y \sqrt{\left(\frac{dx}{dt}\right)^2 + \left(\frac{dy}{dt}\right)^2}\, dt \\ &= 2\pi \int_0^{\pi} r\sin t \sqrt{r^2(\sin^2 t + \cos^2 t)}\, dt \\ &= 2\pi \int_0^{\pi} r\sin t \cdot r dt \\ &= 2\pi r^2 \int_0^{\pi} \sin t dt \\ &= 2\pi r^2 [-\cos t|_0^{\pi}] \\ &= 4\pi r^2 \end{aligned}$$

이다. ▣

연습문제 9.4

1. 곡선 $y = \sqrt{x}, 0 \le x \le 4$를 x축 둘레로 회전시켜 생긴 회전체의 겉넓이를 구하시오.

2. 다음 곡선을 x축 둘레로 회전시켜 생긴 회전체의 겉넓이를 구하시오.

(a) $y = e^x,\ 0 \le x \le 1$

(b) $y = \sin x,\ 0 \le x \le \pi$

3. 다음 곡선을 y축 둘레로 회전시켜 생긴 회전체의 겉넓이를 구하시오.

(a) $y = \sqrt[3]{x},\ 0 \le y \le 1$

(b) $x = e^y,\ 0 \le y \le 1$

4. (구의 겉넓이) 원 $x^2 + y^2 = r^2$을 x축 둘레로 회전시켜 생긴 회전체의 겉넓이를 구하시오.

5. 반지름이 r이고 높이가 h인 원기둥의 겉넓이를 회전체의 겉넓이 공식을 이용하여 구하시오.(힌트: 연습문제 9.2-8 참고)

6. 밑면의 반지름이 r이고 비탈높이 l인 원뿔의 겉넓이를 회전체의 겉넓이 공식을 이용하여 구하시오.(힌트: 연습문제 9.2-9 참고)

9장 종합문제

1. 곡선 $y = 3x - x^2$ 및 두 직선 $y = 2x$, $y = x$에 의하여 둘러싸인 영역의 넓이를 구하시오.

2. 이차함수 $f(x) = x^2 + x - 1\ (x \geq 0)$의 역함수를 $g(x)$라 할 때

$$\int_1^2 f(x)dx + \int_1^5 g(x)dx$$

의 값을 구하시오.

3. $0 < x < 2$에서 x축과 서로 다른 두 점에서 만나는 포물선 $y = x^2 - 2x + a$와 x축, y축 및 직선 $x = 2$로 둘러싸인 세 부분의 넓이를 다음 그림과 같이 S_1, S_2, S_3라 할 때 $S_2 = S_1 + S_3$가 성립하는 a의 값을 구하시오.

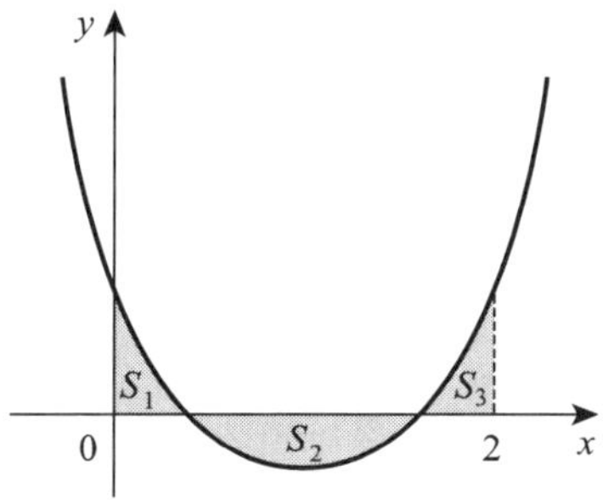

4. 다음 그림과 같이 곡선 $y = \sin x$, $x \in \left[0, \dfrac{\pi}{2}\right]$와 직선 $y = a$로 둘러싸인 두 부분 A, B의 넓이가 서로 같을 때 a의 값을 구하시오.

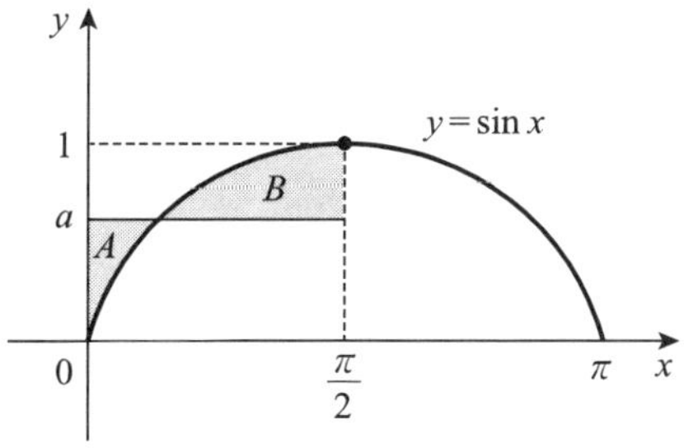

5. 곡선 $y=e^x$과 직선 $y=e$ 및 y축으로 둘러싸인 영역을 직선 $y=e$ 둘레로 회전시킬 때 생기는 회전체의 부피를 구하시오.

6. $0 \le x < \dfrac{\pi}{2}$일 때, 함수 $f(x)=\tan x$의 역함수를 $g(x)$라 하자.

$\displaystyle\int_0^1 g(x)dx$의 값을 구하시오.

7. 연속함수 $f(x)$의 그래프가 x축과 만나는 세 점의 x좌표는 0, 3, 4이다. 그림과 같이 곡선 $y=f(x)$와 x축으로 둘러싸인 두 부분 A, B의 넓이가 각각 6, 2일 때

$\displaystyle\int_0^2 f(2x)dx$의 값을 구하시오.

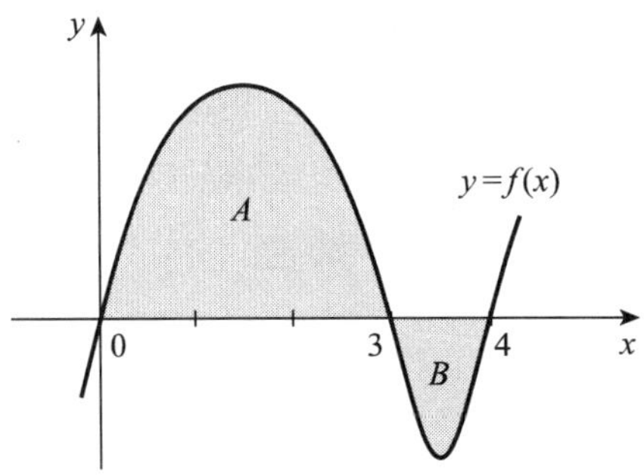

8. 곡선 $y=x^2-\dfrac{1}{8}\ln x,\ 1 \le x \le 3$의 길이를 구하시오.

9. 곡선 $y=\cosh x,\ 0 \le x \le 1$의 길이를 구하시오.

10. 곡선 $x=\dfrac{1}{3}\sqrt{y}(y-3),\ 1 \le y \le 9$의 길이를 구하시오.

11. 좌표평면 위를 움직이는 점 P의 시각 t에서의 위치 (x, y)가

$$\begin{cases} x=4(\cos t+\sin t) \\ y=\cos 2t \end{cases} \quad (0 \le t \le 2\pi)$$

이다. 점 P가 $t=0$에서 $t=2\pi$까지 움직인 거리(경과거리)를 구하시오.

12. 곡선 $y=\dfrac{1}{3}(x^2+2)^{\frac{3}{2}},\ 0 \le x \le 6$의 길이를 구하시오.

13. 곡선 $y = \ln(\sec x),\ 0 \le x \le \frac{\pi}{6}$ 의 길이를 구하시오.

14. 시간 t에서의 위치가

$$x = \sin^2 t,\ y = \cos^2 t$$

로 나타내어지는 점 $P(x,\ y)$가 $0 \le t \le \frac{\pi}{2}$ 에서 이동한 거리를 구하시오.

(힌트 : 이동한 거리는 곡선의 길이와 같다.)

15. 다음의 사이클로이드 곡선을 나타내는

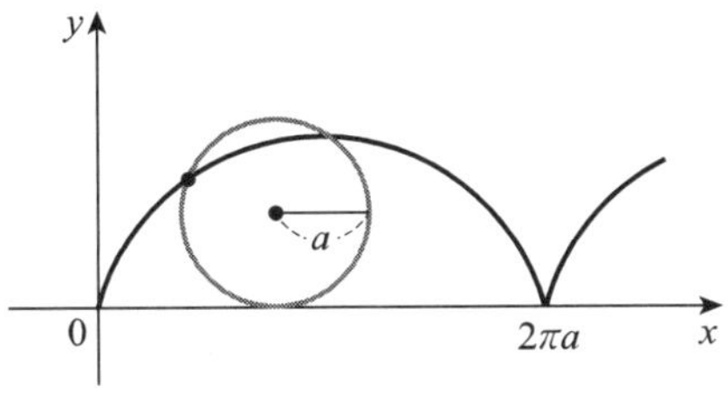

$$x = a(\theta - \sin\theta),\quad y = a(1 - \cos\theta),\quad \theta \in [0,\ 2\pi]$$

의 곡선의 길이를 구하시오.

16. 두 곡선 $y = \sqrt{x},\ y = \sqrt{-x+10}$ 과 x축으로 둘러싸인 영역을 x축 둘레로 회전시켜 생기는 회전체의 부피를 구하시오.

17. 그림과 같이 중심각의 크기가 $120°$이고, 반지름 OA 의 길이가 r인 부채꼴 OAB를 선분 OA 의 둘레로 회전시킨 입체의 부피를 구하시오.

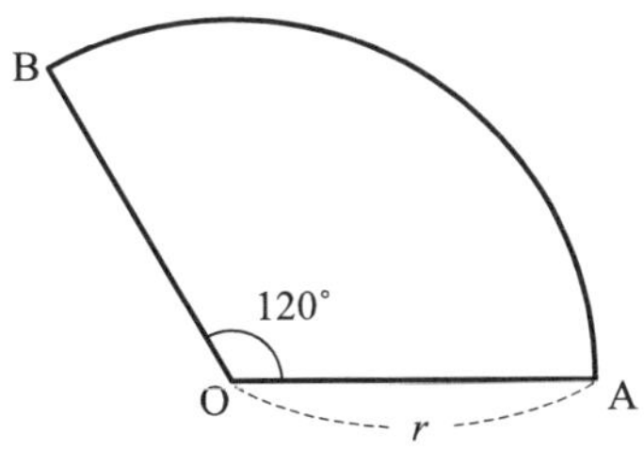

18. 그림과 같이 원점 O와 점 $\mathrm{A}\left(\frac{1}{2},\ 0\right)$에 대하여 선분 OA와 곡선 $y = 1 + \log_2 x$

$\left(\frac{1}{2} \le x \le 4\right)$를 y축의 둘레로 회전시켜 만든 회전체 모양의 그릇이 있다.

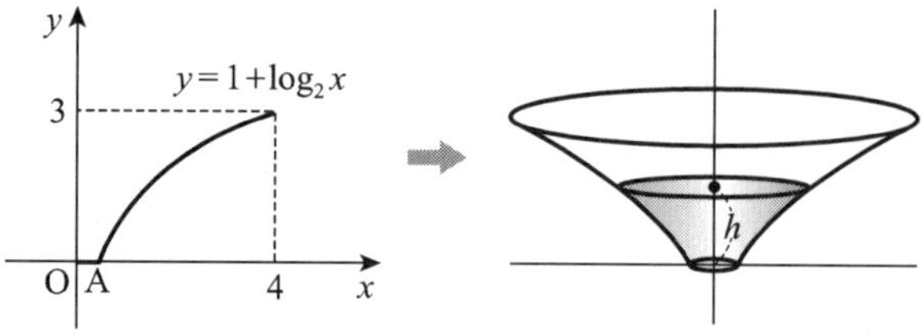

이 그릇을 평평한 바닥에 놓고 매초 $12\pi\,\text{cm}^3$의 일정한 비율로 물을 넣고 있다. 수면이 상승하는 속도가 6 cm/초가 되는 순간의 수면의 높이는 a cm이다. a의 값은? (단, 좌표축의 눈금 단위는 cm이다.)

19. 곡선 $y=\cosh x,\ 0 \le x \le 1$을 x축 둘레로 회전시켜 생긴 회전체의 겉넓이를 구하시오.

20. 곡선 $y=\sqrt[3]{x},\ 1 \le y \le 2$을 y축 둘레로 회전시켜 생긴 회전체의 겉넓이를 구하시오.

21. 두 밑면의 반지름의 길이가 $r_1,\ r_2\ (r_1 \le r_2)$이고 높이가 h인 원뿔대의 부피를 회전체의 부피공식을 이용하여 유도하시오.

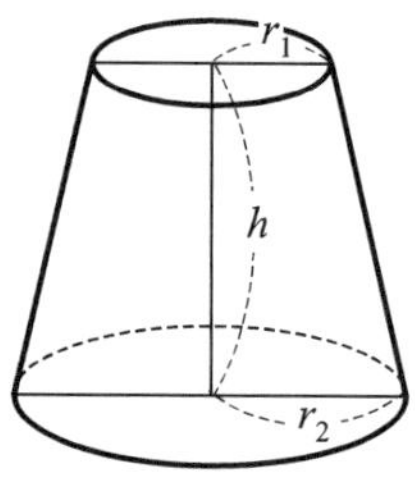

22. 다음 매개변수방정식에 의하여 주어진 곡선을 x축 둘레로 회전시켜 생긴 회전체의 겉넓이를 구하시오.

$$x=3t-t^3,\ y=3t^2,\ t\in[0,\ 1]$$

23. 곡선 $y=x^3,\ 0 \le x \le 1$을 x축 둘레로 회전시켰을 때 생기는 회전체의 겉넓이를 구하시오.

24. 곡선 $y=\frac{x^3}{3}+\frac{1}{4x},\ 1 \le x \le 3$을 직선 $y=-1$을 축으로 하여 회전시켰을 때 생기는

회전체의 겉넓이를 구하시오.

(힌트 : 곡선 $y=\frac{x^3}{3}+\frac{1}{4}x+1$을 x축 둘레로 회전시키는 것과 같다.)

25. 좌표평면 위를 움직이는 점 $\mathrm{P}(x, y)$의 시각 $t(t>0)$초일 때의 위치가 $x=4t$, $y=t^2-2\ln 2t$로 주어진다. 점 P의 속력이 최소일 때부터 점 P가 2초 동안 움직인 거리는 $m+\ln n$이다. 이때, 자연수 m, n의 합 $m+n$의 값을 구하시오.

26. 지름이 $2\,\mathrm{cm}$인 원기둥 모양의 수도관을 통하여 물이 가득 찬 상태로 흘러갈 때, t초 후 수도관 입구에서 측정한 물의 속도를 $v(t)$라 하면

$$v(t)=\frac{3}{8}t\sqrt{100-t^2}\ \ (\mathrm{cm}/\text{초})$$

인 관계가 성립한다고 한다. 10초 동안 흘러 나간 물의 부피를 $a\pi\mathrm{cm}^3$이라 할 때, a의 값을 구하시오.

27. 그림과 같이 곡선 $y=2^x-1(0\le x\le 4)$을 y축 둘레로 회전시켜 만든 그릇이 있다. 이 그릇에 매초 $12\mathrm{cm}^3$의 비율로 물을 채워 넣을 때, 수면의 높이 h가 $7\mathrm{cm}$인 순간 수면의 상승 속도는 몇 cm/초인가?(단, 좌표축의 눈금의 단위는 cm이다.)

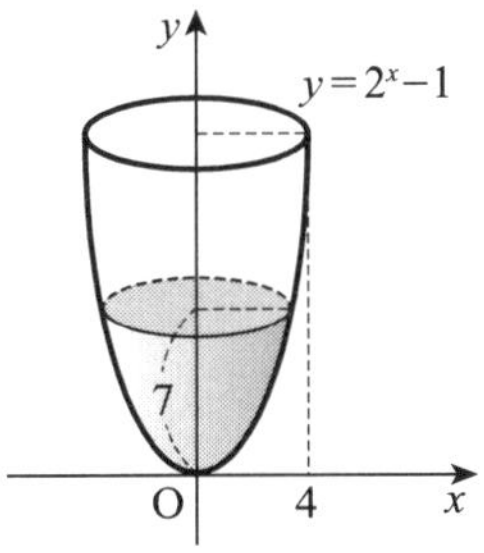

28. 곡선 $y=3x^2(0\le y\le 10)$을 y축 둘레로 회전시킨 회전체 A와 곡선 $y=x^2$ $(0\le y\le 10)$을 y축 둘레로 회전시킨 회전체 B가 있다. 처음에는 물이 A의 안쪽에만 차 있다가 원점 O 부근의 작은 구멍을 통하여 A의 바깥쪽과 B의 안쪽으로 둘러싸인 부분으로 흘러 나가기 시작한다. A의 안쪽 수면의 높이를 u, A의 바깥쪽 수면의 높이를 v라 할 때, v가 u의 $\frac{1}{2}$이 되는 순간의 $\frac{dv}{du}$의 값은?

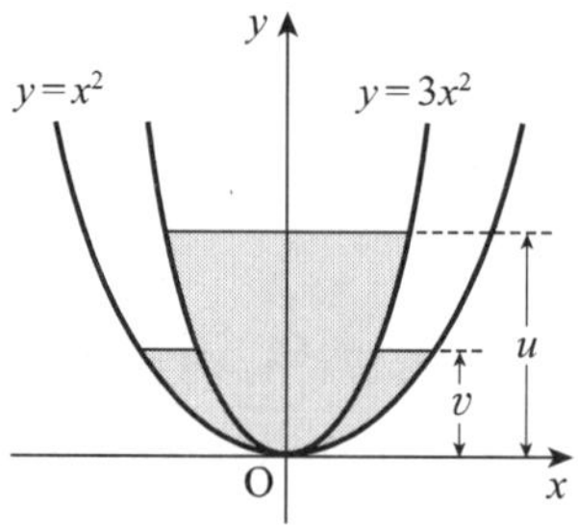

29. 오른쪽 그림과 같이 밑면의 반지름의 길이가 3cm인 원기둥을 밑면의 한 지름을 지나고 밑면과 45° 각을 이루는 평면으로 잘랐을 때, 잘린 부분의 부피를 구하여라.

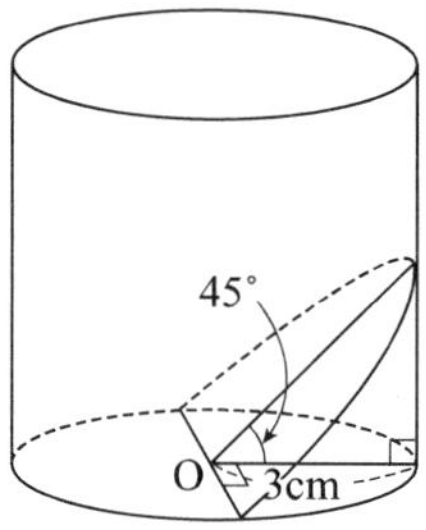

CHAPTER 10 급수

CALCULUS

이 장에서는 (무한)급수에 대하여 다루고자 한다. 특히 멱급수와 테일러 급수 및 Maclaurin급수에 대하여 알아보고, 함수를 급수로 표현하는 방법 등을 공부하고자 한다. 함수의 급수 표현은 피적분 함수의 역도함수를 구하기 힘든 경우 적분의 계산 및 여러 응용 분야에서 유용하게 쓰인다.

10.1 멱급수

먼저 수열에 대하여 정의하여 보자.

정의 1 ••• 수열

수열(sequence)은 수를 일정한 규칙에 의하여 나열해 놓은 것으로

$$a_1,\ a_2,\ \cdots,\ a_n,\ \cdots$$

와 같이 나타낸다.

여기서 a_n 을 **일반항**(general term)이라 부르며, 기호 $\{a_1,\ a_2,\ \cdots\}$ 또는 $\{a_n\}_{n=1}^{\infty}$, 간단히 $\{a_n\}$으로 수열을 표현한다.

예제 1

다음 수열의 일반항 a_n 을 구하시오.

(a) $\left\{1, \dfrac{1}{2}, \dfrac{1}{4}, \dfrac{1}{8}, \cdots\right\}$

(b) $\left\{\dfrac{1}{2}, \dfrac{2}{3}, \dfrac{3}{4}, \dfrac{4}{5}, \cdots\right\}$

풀이

(a) 수열 $\left\{1, \dfrac{1}{2}, \dfrac{1}{4}, \dfrac{1}{8}, \cdots\right\}$에서

$$a_1 = 1,\ a_2 = \frac{1}{2},\ a_3 = \frac{1}{4} = \left(\frac{1}{2}\right)^2,\ a_4 = \frac{1}{8} = \left(\frac{1}{2}\right)^3,\ \cdots$$

이다. 그리하여 일반항 a_n 은

$$a_n = \left(\frac{1}{2}\right)^{n-1},\quad n = 1, 2, 3, \cdots$$

이다.

(b) 수열 $\left\{\dfrac{1}{2}, \dfrac{2}{3}, \dfrac{3}{4}, \dfrac{4}{5}, \cdots\right\}$에서

$$a_1 = \frac{1}{2} = \frac{1}{1+1}$$

$$a_2 = \frac{2}{3} = \frac{2}{2+1}$$

$$a_3 = \frac{3}{4} = \frac{3}{3+1}$$

$$\vdots$$

이다. 그리하여 일반항 a_n 은

$$a_n = \frac{n}{n+1},\quad n = 1, 2, 3, \cdots$$

이다. ■

정의 2 ••• 무한급수

수열 $\{a_1, a_2, \cdots, a_n, \cdots\}$에 대하여 이들의 무한 합

$$a_1 + a_2 + \cdots + a_n + \cdots = \sum_{n=1}^{\infty} a_n$$

으로 표현하며, 이것을 **무한급수**(infinite series) 또는 간단히 **급수**(series)라고 한다. 여기서 a_n 까지의 합

$$S_n = a_1 + a_2 + \cdots + a_n$$

을 급수 $\sum_{n=1}^{\infty} a_n$ 의 **부분합**(partial sums)이라 부른다.

만약 부분합의 수열 $\{S_n\}$이 일정한 실수 S에 수렴하면, 즉

$$\lim_{n \to \infty} S_n = S$$

이면 급수 $\sum_{n=1}^{\infty} a_n$ 은 S에 **수렴한다**(converge)고 하고

$$\sum_{n=1}^{\infty} a_n = S$$

라고 한다. 만약 부분합의 수열 $\{S_n\}$이 수렴하지 않으면 급수는 **발산한다**(diverge)고 말한다.

정리 1 ••• 기하급수의 수렴

적당한 상수 a에 대하여 **기하급수**(geometric series)

$$a + ar + \cdots + ar^{n-1} + \cdots = \sum_{n=1}^{\infty} ar^{n-1}$$

은 $|r| < 1$일 때 $\dfrac{a}{1-r}$로 수렴하고, $|r| \geq 1$일 때 발산한다.

증명 부분합 $S_n = a + ar + \cdots + ar^{n-2} + ar^{n-1}$에 대하여

$$rS_n = ar + ar^2 + \cdots + ar^{n-1} + ar^n$$

이다. 그리하여

$$S_n - rS_n = a - ar^n$$

으로

$$S_n = \frac{a(1-r^n)}{1-r}$$

을 얻는다.

(i) 만약 $|r| < 1$이면 $\lim_{n\to\infty} r^n = 0$이다. 그리하여 $|r| < 1$일 때

$$\lim_{n\to\infty} S_n = \lim_{n\to\infty} \frac{a(1-r^n)}{1-r} = \frac{a}{1-r}$$

이다.

(ii) 만약 $r = 1$이면

$$S_n = a + a + \cdots + a = na$$

이며

$$\lim_{n\to\infty} S_n = \infty$$

로서 발산한다.

(iii) 만약 $r = -1$이면

$$S_n = a - a + a - a + \cdots + a(-1)^{n-1}$$

이다. 그리하여 n이 짝수일 때 $S_{2k} = 0$이고, n이 홀수일 때 $S_{2k+1} = a$이다. 즉, 수열 $\{S_n\}$은 일정한 값에 다가가지 않으므로 수렴하지 않는다. 즉 발산한다.

(iv) 만약 $|r| > 1$일 때 $\lim_{n\to\infty} r^n$은 수렴하지 않는다. 그리하여

$$\lim_{n\to\infty} S_n = \lim_{n\to\infty} \frac{a(1-r^n)}{1-r}$$

은 수렴하지 않는다.

그리하여 위의 경우 (i)~(iv)을 종합하면 기하급수 $\sum_{n=1}^{\infty} ar^{n-1}$는 $|r| < 1$일 때 $\frac{a}{1-r}$로 수렴하고 $|r| \geq 1$일 때 발산한다. ▣

예를 들어, 무한급수

$$\sum_{n=0}^{\infty} x^n = 1 + x + x^2 + \cdots + x^n + \cdots$$

은 $|x| < 1$이면 $\dfrac{1}{1-x}$로 수렴하고 $|x| \geq 1$이면 발산한다. 이것은 정리1에서 $a = 1$이고 $r = x$인 경우이다.

정의 3 ••• 멱급수

실수 $a,\ c_0,\ c_1,\ c_2,\ \cdots$ 에 대하여 무한급수

$$\sum_{n=0}^{\infty} c_n (x-a)^n = c_0 + c_1 (x-a) + c_2 (x-a)^2 + \cdots + c_n (x-a)^n + \cdots$$

을 중심이 $x = a$인 **멱급수**(power series)라 하며, 여기서 일반항은 $a_n = c_n (x-a)^n$ 이다. 특별히 무한급수 $\sum_{n=0}^{\infty} x^n$ 은 모든 n에 대하여 $c_n = 1$이고 $a = 0$인 멱급수로서 $|x| < 1$일 때 $\sum_{n=0}^{\infty} x^n = \dfrac{1}{1-x}$ 이다.

예제 2

$|x| < 1$일 때 $\dfrac{1}{1-x} = \sum_{n=0}^{\infty} x^n$ 임을 이용하여 다음 함수를 멱급수로 표현하여라.

(a) $\dfrac{1}{1-3x}$ (b) $\dfrac{1}{1+x}$ (c) $\dfrac{x^2}{1+x}$

풀이 $|x| < 1$일 때

$$\frac{1}{1-x} = 1 + x + x^2 + \cdots = \sum_{n=0}^{\infty} x^n$$

이다.

(a) $|3x| < 1$일 때, 즉, $|x| < \dfrac{1}{3}$일 때

$$\frac{1}{1-3x} = 1 + (3x) + (3x)^2 + \cdots = \sum_{n=0}^{\infty} (3x)^n$$

이다.

(b) $|x| < 1$일 때

$$\frac{1}{1+x} = \frac{1}{1-(-x)} = \sum_{n=0}^{\infty} (-x)^n$$
$$= 1 - x + x^2 - x^3 + \cdots = \sum_{n=0}^{\infty} (-1)^n x^n$$

이다.

(c) $|x| < 1$일 때

$$\frac{x^2}{1+x} = x^2\left(\frac{1}{1+x}\right) = x^2 \sum_{n=0}^{\infty} (-1)^n x^n$$
$$= x^2 - x^3 + x^4 - x^5 + \cdots = \sum_{n=0}^{\infty} (-1)^n x^{n+2}$$

이다. ▣

연습문제 10.1

1. 다음 일반항 $a_n (n \geq 1)$에 대하여 수열의 처음 5개의 항을 나열하여라.

(a) $\{a_n\} = \left\{\left(-\frac{1}{3}\right)^n\right\}$ (b) $\{a_n\} = \{(n!)\}$

(c) $\{a_n\} = \left\{\sin(-1)^n \frac{\pi}{2}\right\}$

2. 다음 수열에 대하여 일반항 a_n 을 구하시오.

(a) $\left\{\frac{1}{3}, \frac{1}{9}, \frac{1}{27}, \cdots\right\}$ (b) $\{1, 4, 7, 10, \cdots\}$

(c) $\left\{-\frac{2}{3}, \frac{3}{9}, -\frac{4}{27}, \frac{5}{81}, \cdots\right\}$

3. 다음 함수를 멱급수로 나타내어라.

(a) $\frac{1}{1+x^2}$ (b) $\frac{x^2}{x+3}$ (c) $\frac{x^3}{1-3x}$

10.2 함수의 급수표현

적당한 상수 R에 대하여 $|x-a|<R$인 모든 x에 대하여 함수 $f(x)$가 멱급수

$$f(x)=\sum_{n=0}^{\infty} c_n(x-a)^n$$

에 의하여 표현된다면, 함수 $f(x)$의 미분과 적분은 멱급수의 항별 미분과 적분에 의하여 계산할 수 있다. 이것은 다음 정리에 잘 나타나 있다.

정리 1 ••• 멱급수의 항별 미분 · 적분

멱급수 $\sum_{n=0}^{\infty} c_n(x-a)^n$이 $|x-a|<R$인 모든 x에 대하여 수렴할 때

$$\begin{aligned} f(x) &= c_0+c_1(x-a)+c_2(x-a)^2+\cdots \\ &= \sum_{n=0}^{\infty} c_n(x-a)^n \end{aligned}$$

으로 정의된 함수 $f(x)$는 항별 미분과 적분이 가능하다. 즉,

(a) $$\begin{aligned} f'(x) &= c_1+2c_2(x-a)+3c_3(x-a)^2+\cdots \\ &= \sum_{n=1}^{\infty} nc_n(x-a)^{n-1} \end{aligned}$$

(b) $$\begin{aligned} \int f(x)\,dx &= \left[c_0(x-a)+c_1\frac{(x-a)^2}{2}+c_2\frac{(x-a)^3}{3}+\cdots\right]+C \\ &= \sum_{n=0}^{\infty} c_n\frac{(x-a)^{n+1}}{n+1}+C \end{aligned}$$

이다. 여기서 C는 적분상수이다.

위 정리는 함수가 멱급수에 의하여 주어질 때 함수의 미분과 적분은 멱급수의 항별 미분과 적분에 의하여 계산될 수 있음을 나타낸 것으로

$$\begin{aligned}\frac{d}{dx}f(x) &= \frac{d}{dx}\sum_{n=0}^{\infty} c_n (x-a)^n \\ &= \sum_{n=0}^{\infty} c_n \frac{d}{dx}(x-a)^n \\ &= \sum_{n=0}^{\infty} c_n n(x-a)^{n-1} \\ &= \sum_{n=1}^{\infty} nc_n (x-a)^{n-1}\end{aligned}$$

이고,

$$\begin{aligned}\int f(x)\,dx &= \int \sum_{n=0}^{\infty} c_n (x-a)^n\,dx \\ &= \sum_{n=0}^{\infty} c_n \int (x-a)^n\,dx \\ &= \sum_{n=0}^{\infty} c_n \frac{1}{n+1}(x-a)^{n+1} + C\end{aligned}$$

이 가능함을 뜻한다.

예제 1

$\dfrac{1}{(1-x)^2}$ 을 멱급수로 나타내어라.

풀이 $|x| < 1$일 때

$$\frac{1}{1-x} = 1 + x + x^2 + x^3 + \cdots = \sum_{n=0}^{\infty} x^n$$

이다. 여기서 양변을 미분하자. 그리고 나면 좌변은

$$\begin{aligned}\frac{d}{dx}(1-x)^{-1} &= (-1)(1-x)^{-1-1}(-1) \\ &= (1-x)^{-2}\end{aligned}$$

이다. 그리하여

$$\begin{aligned}\frac{1}{(1-x)^2} &= \frac{d}{dx}\sum_{n=0}^{\infty} x^n \\ &= \sum_{n=0}^{\infty} \frac{d}{dx} x^n \\ &= \sum_{n=1}^{\infty} n x^{n-1} \\ &= 1 + 2x + 3x^2 + 4x^3 + \cdots\end{aligned}$$

이다. ▣

예제 2

$\ln(1-x)$을 멱급수로 나타내어라.

풀이 $|x| < 1$일 때

$$\frac{1}{1-x} = \sum_{n=0}^{\infty} x^n$$

에 대하여 양변 적분하자. 그리고 나면 좌변은

$$\begin{aligned}\int \frac{1}{1-x}dx &= -\int \frac{-1}{1-x}dx \\ &= -\ln|1-x| = -\ln(1-x)\end{aligned}$$

이다. 그리하여

$$\begin{aligned}-\ln(1-x) &= \int \sum_{n=0}^{\infty} x^n\,dx \\ &= \sum_{n=0}^{\infty} \int x^n\,dx \\ &= \sum_{n=0}^{\infty} \frac{1}{n+1}x^{n+1} + C\end{aligned}$$

이다. 그리하여

$$\ln(1-x) = -\sum_{n=0}^{\infty} \frac{1}{n+1}x^{n+1} - C$$

이고, $x = 0$을 대입하면 $C = 0$을 얻는다. 그러므로

$$\ln(1-x) = -\sum_{n=0}^{\infty} \frac{1}{n+1} x^{n+1}$$

$$= -\left[x + \frac{1}{2}x^2 + \frac{1}{3}x^3 + \cdots\right]$$

이다. ▣

예제 3

예제 2을 이용하는 것에 의하여 $\ln 2$의 값을 소숫점 3자리까지 추정하여라.

풀이 예제 2에 의하여 $|x| < 1$일 때

$$\ln(1-x) = -\sum_{n=0}^{\infty} \frac{1}{n+1} x^{n+1}$$

이다. 여기서 $x = \frac{1}{2}$을 대입하면

$$\ln\left(1-\frac{1}{2}\right) = \ln 2^{-1}$$

$$= -\ln 2$$

$$= -\sum_{n=0}^{\infty} \frac{1}{n+1}\left(\frac{1}{2}\right)^{n+1}$$

이다. 그리하여

$$\ln 2 = \sum_{n=0}^{\infty} \frac{1}{n+1}\left(\frac{1}{2}\right)^{n+1}$$

$$= \frac{1}{2} + \frac{1}{8} + \frac{1}{24} + \frac{1}{64} + \cdots$$

$$\approx 0.683$$

의 값을 얻는다. ▣

예제 4

$|x| < 1$일 때 $\tan^{-1}x$의 멱급수 표현을 구하시오.

풀이

$$\frac{d}{dx}\tan^{-1}x = \frac{1}{1+x^2}$$

이다. 그러나

$$\begin{aligned}\frac{1}{1+x^2} &= 1 - x^2 + x^4 - \cdots + (-1)^n x^{2n} + \cdots \\ &= \sum_{n=0}^{\infty} (-1)^n x^{2n}\end{aligned}$$

이다. 그리하여 양변을 적분하면

$$\begin{aligned}\tan^{-1}x &= \sum_{n=0}^{\infty} (-1)^n \int x^{2n}\, dx \\ &= \sum_{n=0}^{\infty} (-1)^n \frac{1}{2n+1} x^{2n+1} + C\end{aligned}$$

이며, $x = 0$을 대입하면 $\tan^{-1}0 = 0$이므로 $C = 0$을 얻는다. 그러므로

$$\begin{aligned}\tan^{-1}x &= \sum_{n=0}^{\infty} (-1)^n \frac{1}{2n+1} x^{2n+1} \\ &= x - \frac{1}{3}x^3 + \frac{1}{5}x^5 - \cdots + (-1)^n \frac{x^{2n+1}}{2n+1} + \cdots\end{aligned}$$

이다. ◻

연습문제 10.2

1. 다음 함수를 멱급수로 표현하여라.

(a) $f(x) = \dfrac{1}{(1+x)^2}$

(b) $f(x) = \tan^{-1}(2x)$

(c) $f(x) = \ln\left(\dfrac{1-x}{1+x}\right)$

2. $\int \dfrac{1}{1+x^2}dx$ 을 멱급수로 나타내어라.

3. $\int_0^{0.5} \dfrac{1}{1+x^2}dx$ 을 소수점 5자리까지 정확히 계산하시오.

4. $\tan^{-1}x$ 의 멱급수 표현을 이용하는 것에 의하여 $\tan^{-1}\left(\dfrac{1}{2}\right)$의 값을 소수점 3자리까지 계산하시오.

5. $\tan^{-1}x$ 의 멱급수 표현에서 $x=1$을 대입하는 것에 의하여

$$\frac{\pi}{4} = 1 - \frac{1}{3} + \frac{1}{5} - \frac{1}{7} + \cdots + (-1)^{n-1}\frac{1}{2n-1} + \cdots$$

임을 보이고 π 의 근삿값을 소수점 6자리까지 계산하시오.

10.3 Taylor 급수

앞선 절에서 우리는 몇 개의 함수를 멱급수로 나타내어 보았다. 이 절에서는 일반적으로 주어진 함수를 멱급수로 나타내는 방법을 공부하고자 한다.

정리 1 ∘∘∘ Taylor 정리

함수 $f(x)$가 $x=a$에서 미분 가능하면 적당한 상수 R에 대하여 $|x-a|<R$인 모든 x에 대하여

$$f(x)=\sum_{n=0}^{\infty}\frac{f^{(n)}(a)}{n!}(x-a)^n$$

와 같은 형태의 멱급수로 표현된다. 여기서 $f^{(0)}(a)=f(a), 0!=1$에 의하여 정의한다.

증명 $|x-a|<R$일 때

$$\begin{aligned}f(x)&=\sum_{n=0}^{\infty}c_n(x-a)^n\\&=c_0+c_1(x-a)+c_2(x-a)^2+c_3(x-a)^3+\cdots\end{aligned}\tag{1}$$

와 같이 멱급수로 표현된다고 가정하자. 먼저 $x=a$을 대입하면 우리는 $c_0=f(a)$을 얻는다. 그리고 나서 식 (1)의 양변을 미분하자. 그리고 나면

$$f'(x)=c_1+2c_2(x-a)+3c_3(x-a)^2+\cdots\tag{2}$$

이고 양변에 $x=a$을 대입하면

$$c_1=f'(a)$$

을 얻는다. 다시 식 (2)을 미분하면

$$f^{(2)}(x)=2c_2+3\cdot 2c_3(x-a)+4\cdot 3c_4(x-a)^2+\cdots\tag{3}$$

이며, 양변에 $x=a$을 대입하면

$$c_2=\frac{1}{2!}f^{(2)}(a)$$

이다. 다시 또 식 (3)을 미분하여 $x=a$을 대입하면

$$c_3 = \frac{1}{3!} f^{(3)}(a)$$

을 얻고, 이런 과정을 반복하면 우리는

$$c_n = \frac{1}{n!} f^{(n)}(a), \; n = 1, 2, 3, \cdots$$

을 얻는다. 그리하여 $c_n = \frac{1}{n!} f^{(n)}(a)$을 함수 $f(x)$의 멱급수 표현에 대입하면

$$f(x) = \sum_{n=0}^{\infty} \frac{f^{(n)}(a)}{n!}(x-a)^n$$

을 얻으며 이것을 함수 $f(x)$의 Taylor **급수**라고 부른다. ▣

정리 1에서 함수 $f(x)$가 $x=0$에서 미분 가능한 경우 a에 0을 대입하는 것에 의하여 다음의 Maclaurin 급수 표현을 얻을 수 있다.

정리 2 ▫▫▫ Maclaurin 급수

함수 $f(x)$가 특별히 $x=0$에서 미분 가능하면

$$f(x) = \sum_{n=0}^{\infty} \frac{f^{(n)}(0)}{n!} x^n$$

와 같은 형태의 멱급수 표현을 갖고 이것을 함수 $f(x)$의 Maclaurin **급수**라고 부른다.

예제 1

함수 $f(x) = e^x$을 Maclaurin 급수로 표현하여라.

풀이 함수 $f(x)$는 모든 실수에 대하여 미분 가능함으로 특별히 함수 $f(x)$는 $x=0$에서 Maclaurin 급수로 표현이 가능하다. 즉,

$$f(x) = \sum_{n=0}^{\infty} \frac{f^n(0)}{n!} x^n$$

에서 우리는 $f^{(n)}(0)$을 구해야 한다. 먼저 $f(x) = e^x$에서 $x=0$을 대입하면 $f(0)=1$을 얻으며, 지수함수에 대한 미분은 지수함수이므로

$$f^{(n)}(x) = e^x, \quad n \geq 1$$

이다. 그리하여 $x = 0$을 대입하면 $f^{(n)}(0) = 1$을 얻는다. 이것을 함수 $f(x)$의 Maclaurin 급수에 대입하면

$$\begin{aligned} e^x &= \sum_{n=0}^{\infty} \frac{1}{n!} x^n \\ &= 1 + x + \frac{1}{2!}x^2 + \frac{1}{3!}x^3 + \cdots \end{aligned}$$

이다. ◽

예제 2

예제 1을 이용하는 것에 의하여 e 의 값을 소수점 5자리까지 계산하시오.

풀이 예제 1에 의하여

$$e^x = 1 + x + \frac{1}{2!}x^2 + \frac{1}{3!}x^3 + \cdots$$

이다. 여기서 $x = 1$을 대입하면

$$\begin{aligned} e &= 1 + 1 + \frac{1}{2!} + \frac{1}{3!} + \cdots \\ &\approx 2.71828 \end{aligned}$$

을 얻는다. ◽

예제 3

$f(x) = \sin x$ 의 Maclaurin 급수를 구하시오.

풀이 $f(x) = \sin x$ 에서 $f(0) = 0$이며

$$\begin{aligned} f'(x) &= \cos x & &\rightarrow & f'(0) &= 1 \\ f^{(2)}(x) &= -\sin x & &\rightarrow & f^{(2)}(0) &= 0 \\ f^{(3)}(x) &= -\cos x & &\rightarrow & f^{(3)}(0) &= -1 \\ f^{(4)}(x) &= \sin x & &\rightarrow & f^{(4)}(0) &= 0 \\ f^{(5)}(x) &= \cos x & &\rightarrow & f^{(5)}(0) &= 1 \\ & & &\cdots & & \end{aligned}$$

이다. 그리하여 이러한 값들을 Maclaurin 급수 표현에 대입하면

$$\begin{aligned}\sin x &= \sum_{n=0}^{\infty} \frac{f^{(n)}(0)}{n!} x^n \\ &= x - \frac{1}{3!}x^3 + \frac{1}{5!}x^5 - \cdots \\ &= \sum_{n=0}^{\infty} (-1)^n \frac{x^{2n+1}}{(2n+1)!}\end{aligned}$$

이다. ▣

예제 4

$f(x) = \cos x$ 의 Maclaurin 급수를 구하시오.

풀이 (1) $f(x) = \cos x$ 에서 $f(0) = 1$

$$\begin{aligned}f'(x) &= -\sin x & &\rightarrow & f'(0) &= 0 \\ f^{(2)}(x) &= -\cos x & &\rightarrow & f^{(2)}(0) &= -1 \\ f^{(3)}(x) &= \sin x & &\rightarrow & f^{(3)}(0) &= 0 \\ f^{(4)}(x) &= \cos x & &\rightarrow & f^{(4)}(0) &= 1 \\ f^{(5)}(x) &= -\sin x & &\rightarrow & f^{(5)}(0) &= 0 \\ & & &\cdots & & \end{aligned}$$

이다. 그리하여 이와 같은 값들을 급수에 대입하면

$$\begin{aligned}\cos x &= \sum_{n=0}^{\infty} \frac{f^{(n)}(0)}{n!} x^n \\ &= 1 - \frac{1}{2!}x^2 + \frac{1}{4!}x^4 - \cdots \\ &= \sum_{n=0}^{\infty} (-1)^n \frac{1}{(2n)!} x^{2n}\end{aligned}$$

이다.

(2) 한 편 예제 3에 의하여

$$\sin x = \sum_{n=0}^{\infty} (-1)^n \frac{x^{2n+1}}{(2n+1)!}$$

이므로 양변 미분하면

$$\begin{aligned}\cos x &= \frac{d}{dx}\sum_{n=0}^{\infty}(-1)^n \frac{x^{2n+1}}{(2n+1)!} \\ &= \sum_{n=0}^{\infty}(-1)^n \frac{1}{(2n+1)!}\frac{d}{dx}x^{2n+1} \\ &= \sum_{n=0}^{\infty}(-1)^n \frac{1}{(2n+1)!}(2n+1)x^{2n} \\ &= \sum_{n=0}^{\infty}(-1)^n \frac{1}{(2n)!}x^{2n}\end{aligned}$$

을 얻을 수 있다. ▣

예제 5

Maclaurin 급수를 이용하는 것에 의하여 적분 $\int_0^1 e^{x^2}dx$ 을 소수점 2자리까지 계산하시오.

풀이 적분 $\int_0^1 e^{x^2}dx$ 을 계산하기 위해서는 피적분 함수 e^{x^2}의 역도함수를 알아야 한다. 그러나 이 함수의 역도함수를 구하기는 힘들다. 그리하여 위 적분을 계산하기 위하여 e^{x^2}의 Maclaurin 급수를 이용하고자 한다. 먼저

$$e^x = 1 + x + \frac{1}{2!}x^2 + \frac{1}{3!}x^3 + \cdots$$

에 있어서 x 대신 x^2 을 대입하는 것에 의하여

$$e^{x^2} = 1 + x^2 + \frac{1}{2!}(x^2)^2 + \frac{1}{3!}(x^2)^3 + \cdots = \sum_{n=0}^{\infty}\frac{1}{n!}x^{2n}$$

이다. 그리하여 양변을 구간 $[0, 1]$상에서 적분하면

$$\begin{aligned}\int_0^1 e^{x^2}dx &= \int_0^1 \sum_{n=0}^{\infty}\frac{1}{n!}x^{2n}dx \\ &= \sum_{n=0}^{\infty}\frac{1}{n!}\int_0^1 x^{2n}dx \\ &= \sum_{n=0}^{\infty}\frac{1}{n!}\frac{1}{2n+1}x^{2n+1}\Big|_0^1 \\ &= \sum_{n=0}^{\infty}\frac{1}{n!}\frac{1}{2n+1}\end{aligned}$$

$$= 1 + \frac{1}{3} + \frac{1}{10} + \frac{1}{42} + \cdots$$

$$\approx 1.46$$

을 얻는다. ■

연습문제 10.3

1. 다음 함수들의 Maclaurin 급수를 구하시오.

(a) $f(x) = \cos 2x$

(b) $g(x) = \sinh(x)$

(c) $h(x) = xe^x$

2. 함수 $f(x) = (1+x)^n, |x| < 1$의 Maclaurin 급수를 구하시오. 이러한 급수표현을 이항급수라 부른다.

3. (a) $\sin^{-1} x$ 의 Maclaurin 급수를 구하시오.

(b) (a)를 이용하여 $\sin^{-1}\frac{1}{4}$의 근삿값을 소수점 3자리까지 계산하시오.

CHAPTER

11 행렬

CALCULUS

이 장에서는 행렬과 행렬식에 대하여 공부하고자 하며, 행렬은 실수를 직사각형의 모양으로 나열한 것으로 경제학 등 인문 분야를 포함한 자연과학 등의 많은 응용분야에서 자주 나타난다.

11.1 행렬

정의 1 ••• $m \times n$ 행렬

$m \times n$ **행렬**(matrix) A라 함은 mn개의 실수를 m개의 행과 n개의 열에 일정한 순서, 즉 직사각형의 모양으로 배열해 놓은 것을 말한다.

$$A = \begin{pmatrix} a_{11} & a_{12} & \cdots & a_{1n} \\ a_{21} & a_{22} & \cdots & a_{2n} \\ \vdots & \vdots & \ddots & \vdots \\ a_{m1} & a_{m2} & \cdots & a_{mn} \end{pmatrix}$$

$m \times n$ 행렬 A에서 i번째 행, j번째 열의 수인 a_{ij}를 행렬 A의 $(i, j)-$**성분**(component)라 한다. 또한 행렬 A는 간단히

$$A = (a_{ij})$$

에 의하여 표현된다.
만약 $m=n$ 이면 행렬 A를 **크기**(size) n 인 **정방행렬**(square matrix of order n)이라 하고, $m\times n$ 행렬 A에서 모든 i, j에 대하여 $a_{ij}=0$이면 행렬 A는 $m\times n$ **영행렬**이라 하며 O으로 표현한다.

예제 1

3×4 행렬

$$A=\begin{pmatrix} 4 & 3 & 2 & 1 \\ 8 & 7 & 6 & 5 \\ 9 & 0 & 0 & 0 \end{pmatrix}$$

에서 $(2, 1)$ – 성분은 8이고 $(1, 4)$ – 성분은 1이며 $(3, 1)$ – 성분은 9이다. ▣

곱셈에서 항등원과 같은 역할을 하는 행렬이 항등 행렬이며 대각선의 성분이 1이고 나머지 성분이 모두 0인 행렬이다.

정의 2 ••• 항등행렬

크기가 n인 정방행렬에서 $i\neq j$일 때 $a_{ij}=0$이고, $i=j$일 때 $a_{ii}=1$이면 행렬 A를 **항등행렬**(identity matrix)이라 부르고, 기호

$$I=\begin{pmatrix} 1 & 0 & \cdots & 0 \\ 0 & 1 & \cdots & 0 \\ \vdots & \vdots & \ddots & \vdots \\ 0 & 0 & \cdots & 1 \end{pmatrix}$$

에 의하여 나타낸다.

예제 2

$(1, 1, 2)$는 1×3 행렬이고 $\begin{pmatrix} 0 & 0 & 0 \\ 0 & 0 & 0 \end{pmatrix}$는 2×3 영행렬이다. ▣

예제 3

$\begin{pmatrix}1&0\\0&1\end{pmatrix}$은 크기가 2인 항등행렬이며 $\begin{pmatrix}1&0&0\\0&1&0\\0&0&1\end{pmatrix}$은 크기가 3인 항등행렬이다. ▣

정의 3 ••• 행렬의 같음

두 행렬 $A=(a_{ij})$와 $B=(b_{ij})$가 같다는 것은 두 행렬 A와 B의 크기가 같고 모든 i, j에 대하여 대응하는 성분이 $a_{ij}=b_{ij}$일 때를 말하며, 기호

$$A=B$$

에 의하여 나타낸다.

예제 4

두 행렬 $A=\begin{pmatrix}1&2\\-3&3\end{pmatrix}$와 $B=\begin{pmatrix}1&x\\y&3\end{pmatrix}$가 같기 위하여 x, y는 어떤 값을 가져야 하는가?

풀이 두 행렬이 같다는 것은 크기가 같고 대응하는 성분이 같은 것을 의미한다. 그러나 두 행렬 A와 B는 2×2로 크기가 같으므로 모든 성분이 같아야 한다. 그리하여 $x=2$, $y=-3$을 가지면 된다. ▣

정의 4 ••• 두 행렬의 합

$m\times n$ 행렬 $A=(a_{ij})$와 $B=(b_{ij})$에 대하여 A와 B의 합은 대응하고 있는 성분끼리의 합에 의하여 정의한다. 즉,

$$\begin{aligned}A+B&=(a_{ij}+b_{ij})\\&=\begin{pmatrix}a_{11}+b_{11}&a_{12}+b_{12}&\cdots&a_{1n}+b_{1n}\\a_{21}+b_{21}&a_{22}+b_{22}&\cdots&a_{2n}+b_{2n}\\\vdots&\vdots&\ddots&\vdots\\a_{m1}+b_{m1}&a_{m2}+b_{m2}&\cdots&a_{mn}+b_{mn}\end{pmatrix}\end{aligned}$$

여기서 $A+B$의 크기 또한 $m\times n$임을 알 수 있다.

정의 5 ••• 행렬의 스칼라 배

$m\times n$ 행렬 $A=(a_{ij})$에 대하여 실수 α 에 의한 **스칼라 배**(scalar multiple) αA는 행렬 A의 각 성분에 α 배를 한 것을 말한다. 즉,

$$\alpha A=(\alpha a_{ij}) = \begin{pmatrix} \alpha a_{11} & \alpha a_{12} & \cdots & \alpha a_{1n} \\ \alpha a_{21} & \alpha a_{22} & \cdots & \alpha a_{2n} \\ \vdots & \vdots & \ddots & \vdots \\ \alpha a_{m1} & \alpha a_{m2} & \cdots & \alpha a_{mn} \end{pmatrix}$$

이다.

예제 5

$A=\begin{pmatrix} 3 & 5 & 0 & 4 \\ -2 & 0 & 1 & 4 \\ 3 & 7 & -5 & 1 \end{pmatrix}$, $B=\begin{pmatrix} -1 & 0 & 3 & -5 \\ 4 & -2 & 5 & 7 \\ -7 & 1 & 2 & 3 \end{pmatrix}$에 대하여 두 행렬의 합 $A+B$와 차 $A-B$을 구하시오.

풀이 행렬의 합은 대응하는 성분끼리의 합이므로

$$A+B=\begin{pmatrix} 2 & 5 & -2 & -1 \\ 2 & -2 & 6 & 11 \\ -4 & 8 & -3 & 4 \end{pmatrix}$$

이다. 그리고

$$-B=(-1)B=\begin{pmatrix} 1 & 0 & -3 & 5 \\ -4 & 2 & -5 & -7 \\ 7 & -1 & -2 & -3 \end{pmatrix}$$

이므로, 그리하여

$$A-B=A+(-1)B=\begin{pmatrix} 4 & 5 & -3 & 9 \\ -6 & 2 & -4 & -3 \\ 10 & 6 & -7 & -2 \end{pmatrix}$$

이다. ▣

정리 1 ∘∘∘

$m\times n$ 행렬 A에 대하여 다음의 성질이 성립한다.

(i) $A+\mathrm{O}=\mathrm{A}=\mathrm{O}+\mathrm{A}$

(ii) $0A=\mathrm{O}$(영 행렬)

(iii) $1A=A$

예제 6

행렬 $A=\begin{pmatrix} 1 & 2 \\ -3 & 3 \end{pmatrix}$에 대하여 (i) $A+\mathrm{O}$ (ii) $0A$ (iii) $1A$을 구하시오.

풀이 (i) $A+\mathrm{O}=\begin{pmatrix} 1 & 2 \\ -3 & 3 \end{pmatrix}+\begin{pmatrix} 0 & 0 \\ 0 & 0 \end{pmatrix}=\begin{pmatrix} 1 & 2 \\ -3 & 3 \end{pmatrix}=A$

(ii) $0A=0\begin{pmatrix} 1 & 2 \\ -3 & 3 \end{pmatrix}=\begin{pmatrix} 0 & 0 \\ 0 & 0 \end{pmatrix}=\mathrm{O}$

(iii) $1A=1\begin{pmatrix} 1 & 2 \\ -3 & 3 \end{pmatrix}=\begin{pmatrix} 1 & 2 \\ -3 & 3 \end{pmatrix}=A$ ▣

두 행렬의 곱은 어떻게 정의하는 것이 좋을까? 그 해답은 아래 정의에서 주어진다.

정의 6 ∙∙∙ 두 행렬의 곱

$m\times p$ 인 행렬 $A=(a_{ij})$와 $p\times n$ 인 행렬 $B=(b_{ij})$의 곱을 $C=AB$로 나타내면 행렬 C의 $(i,\ j)$성분

$$c_{ij}=a_{i1}b_{1j}+a_{i2}b_{2j}+\cdots+a_{ip}b_{pj}$$

에 의하여 주어진 행렬을 말하며, 행렬 C의 크기는 $m\times n$ 임을 알 수 있다. 여기서 두 행렬 A와 B의 곱이 정의되기 위해서는 앞선 행렬 A의 열의 수와 뒤 행렬 B의 행의 수가 같아야 함을 주의하여라.

예제 7

두 행렬

$$A=\begin{pmatrix} 2 & 1 & 3 \\ -1 & 4 & 5 \end{pmatrix},\quad B=\begin{pmatrix} 1 & 0 \\ 0 & 1 \\ 0 & 0 \end{pmatrix}$$

에 대하여 곱이 정의되면 곱 AB를 계산하시오.

풀이 행렬 A는 2×3이고 B는 3×2이므로 두 행렬 A와 B의 곱 AB는 정의되고

$$A=\begin{pmatrix} 2 & 1 & 3 \\ -1 & 4 & 5 \end{pmatrix}\begin{pmatrix} 1 & 0 \\ 0 & 1 \\ 0 & 0 \end{pmatrix}$$

$$=\begin{pmatrix} 2\cdot1+1\cdot0+3\cdot0 & 2\cdot0+1\cdot1+3\cdot0 \\ -1\cdot1+4\cdot0+5\cdot0 & -1\cdot0+4\cdot1+5\cdot0 \end{pmatrix}$$

$$=\begin{pmatrix} 2 & 1 \\ -1 & 4 \end{pmatrix}$$

이다. ■

정리 2에서는 행렬의 교환법칙, 결합법칙 등, 합과 곱에 대한 여러 성질들을 정리해 놓았다.

정리 2

행렬 A, B, C 및 스칼라 α에 대하여 다음의 성질이 성립한다.

(1) $A+B=B+A$ (행렬의 덧셈에 대한 교환법칙)

(2) $A+(B+C)=(A+B)+C$ (행렬의 덧셈에 대한 결합법칙)

(3) $A(BC)=(AB)C$ (행렬의 곱셈에 대한 결합법칙)

(4) $A(B+C)=AB+AC$

(5) $(A+B)C=AC+BC$

(6) $\alpha(A+B)=\alpha A+\alpha B$

(7) $\alpha(AB)=(\alpha A)B=A(\alpha B)$

증명 (1) $A=(a_{ij})$와 $B=(b_{ij})$는 $m\times n$ 행렬이라 하자. 그리고 나면

$$\begin{aligned}(A+B)\text{의 } (i,\ j)-\text{성분} &= a_{ij}+b_{ij} \\ &= b_{ij}+a_{ij} \\ &= (B+A)\text{의 } (i,\ j)-\text{성분}\end{aligned}$$

이다. 그리하여 모든 i, j에 대하여 대응하는 성분이 같으므로

$$A+B=B+A$$

이다.

(3) $A=(a_{ij})$는 $m\times p$ 행렬이고 $B=(b_{ij})$는 $p\times q$ 행렬, $C=(c_{ij})$는 $q\times n$ 행렬이라 하자. BC는 $p\times n$ 행렬이고 A는 $m\times p$ 행렬이므로 $A(BC)$는 $m\times n$ 행렬이다. 또한 AB는 $m\times q$이고 C는 $q\times n$이므로 $(AB)C$는 $m\times n$ 행렬이다. 그러므로 두 행렬 $A(BC)$와 $(AB)C$는 잘 정의되며 크기가 같다.
다음에는 두 행렬의 대응하는 성분이 같음을 보이고자 한다. 먼저 BC의 $(i,\ j)-$성분은 $\sum_{k=1}^{q} b_{ik}c_{kj}$ 이다.

$$\begin{aligned}
[A(BC)]\text{의 } (i,\ j)-\text{성분} &= \sum_{l=1}^{p} a_{il}\sum_{k=1}^{q} b_{lk}c_{kj} \\
&= \sum_{l=1}^{p}\sum_{k=1}^{q} a_{il}b_{lk}c_{kj} \\
&= \sum_{k=1}^{q}\left(\sum_{l=1}^{p} a_{il}b_{lk}\right)c_{kj} \\
&= \sum_{k=1}^{q} (AB)_{ik}c_{kj} \\
&= [(AB)C]\text{의 } (i,\ j)-\text{성분}
\end{aligned}$$

이다. 그리하여 임의의 $i,\ j$에 대하여 대응하고 있는 성분이 서로 같으므로

$$A(BC)=(AB)C$$

이다.
나머지 (4)~(7)의 증명은 연습문제로 남겨둔다. ▣

연습문제 11.1

1. 두 행렬 A, B에 대하여 다음을 계산하시오.

$$A=\begin{pmatrix}3 & -2 & 1\\ 4 & 0 & -6\\ 5 & 1 & 3\end{pmatrix},\quad B=\begin{pmatrix}2 & -3 & 5\\ 1 & 0 & 6\\ 2 & 3 & 1\end{pmatrix}$$

(a) $A+B$　　(b) $A-B$　　(c) $3A-2B$

2. 다음 두 행렬의 곱 계산이 가능하면 곱을 계산하시오.

(a) $A=\begin{pmatrix}1 & 2 & 3\\ 4 & 5 & 6\end{pmatrix},\quad B=\begin{pmatrix}-1 & 2\\ 0 & 1\\ 1 & 0\end{pmatrix}$

(b) $A=(1,\ 4,\ 0,\ 2),\quad B=\begin{pmatrix}3 & -6\\ 2 & 4\\ 1 & 0\\ -2 & 3\end{pmatrix}$

(c) $A=\begin{pmatrix}a_1 & b_1 & c_1\\ a_2 & b_2 & c_2\\ a_3 & b_3 & c_3\end{pmatrix},\quad B=\begin{pmatrix}1 & 0 & 0\\ 0 & 1 & 0\\ 0 & 0 & 1\end{pmatrix}$

3. 행렬 $A=\begin{pmatrix}a+2b & 2a-b\\ 2c+d & c-2d\end{pmatrix}$, $B=\begin{pmatrix}4 & -2\\ 4 & -3\end{pmatrix}$에 대하여, 만일 두 행렬 $A=B$이면 행렬 A의 a, b, c, d를 구하시오.

4. 항등 행렬 $I=\begin{pmatrix}1 & 0\\ 0 & 1\end{pmatrix}$에 대하여 I^n (n은 양의 정수)을 구하시오. 여기서 I^n은 행렬 I를 n번 곱한 것을 말한다.

5. 다음을 증명하여라.

(a) $A+(B+C)=(A+B)+C$

(b) $A(B+C)=AB+AC$

(c) $(A+B)C=AC+BC$

(d) $\alpha(A+B)=\alpha A+\alpha B$

(e) $\alpha(AB)=(\alpha A)B=A(\alpha B)$

6. 두 행렬 $A=\begin{pmatrix} 1 & 3 \\ -2 & 4 \end{pmatrix}$이고 $B=\begin{pmatrix} 3 & -2 \\ 5 & 6 \end{pmatrix}$일 때 두 행렬의 곱 AB와 BA를 계산하시오. 계산 결과로부터 무엇을 알 수 있나?

7. 다음 관계를 만족시키는 x, y, z의 값을 구하시오.

$$\begin{pmatrix} 2x+y+z \\ x+2y+z \\ x+y+2z \end{pmatrix}=\begin{pmatrix} 16 \\ 9 \\ 3 \end{pmatrix}$$

11.2 행렬연산

이 절에서는 여러 가지 형태의 행렬에 대하여 공부하고 행렬이 연립방정식의 해법과 어떻게 관련이 있는지를 공부하고자 한다.

정의 1 ••• 전치행렬

$m \times n$ 행렬 $A = (a_{ij})$에 대하여 행렬 A의 행과 열을 바꾼 행렬, 즉

$$A^T = (a_{ji})$$

을 행렬 A의 **전치행렬**(transpose matrix)이라 한다. 행렬 A^T의 크기는 $n \times m$ 임을 알 수 있다.

예제 1

행렬 $A = \begin{pmatrix} 1 & 0 & 2 \\ 0 & 3 & 0 \\ 4 & 0 & 5 \end{pmatrix}$, $B = \begin{pmatrix} 1 & 0 \\ 2 & 1 \\ -1 & 3 \end{pmatrix}$의 전치행렬을 구하시오.

풀이 전치행렬은 주어진 행렬의 행과 열을 바꾼 행렬이므로 A의 전치행렬 A^T는

$$A^T = \begin{pmatrix} 1 & 0 & 4 \\ 0 & 3 & 0 \\ 2 & 0 & 5 \end{pmatrix}$$

이고

$$B^T = \begin{pmatrix} 1 & 2 & -1 \\ 0 & 1 & 3 \end{pmatrix}$$

이다. ■

정의 2 ••• 대칭행렬, 교대행렬

정방행렬 A에 대하여 $A^T = A$이면 행렬 A를 **대칭행렬**(symmetric matrix)이라 하고, $A^T = -A$이면 행렬 A를 **교대행렬**(alternating matrix)이라 한다.

대칭행렬은 행렬의 대각선을 기준으로 해서 마주보고 있는 수가 서로 같은 행렬이고, 교대행렬은 대각선을 기준으로 해서 마주보고 있는 수가 서로 같은 절댓값을 갖는 행렬이다.

예제 2

(a) 행렬 $A=\begin{pmatrix} 2 & 0 & -4 \\ 0 & 3 & 7 \\ -4 & 7 & 1 \end{pmatrix}$는 대칭행렬이다.

(b) 행렬 $B=\begin{pmatrix} 0 & 4 & -1 \\ -4 & 0 & 3 \\ 1 & -3 & 0 \end{pmatrix}$는 교대행렬이다. ▣

정리 1

임의의 두 행렬 A, B에 대하여 다음의 사실들이 성립한다.

(a) $(A^T)^T = A$

(b) $(A+B)^T = A^T + B^T$

(c) $(AB)^T = B^T A^T$

(d) $(\alpha A)^T = \alpha A^T$

정리 1의 증명은 연습문제로 남겨둔다.

정의 3 ··· 역행렬

크기가 n인 정방행렬 A에 대하여 $AB = BA = I$ (I는 항등행렬)를 만족하는 행렬 B을 A의 **역행렬**(inverse matrix)이라 하고, $B = A^{-1}$로 나타낸다. 행렬 A에 대하여 A^{-1}가 존재하면 행렬 A는 **가역적**(invertible)이라 하고, 그렇지 않을 때는 **비가역적**(noninvertible)이라 한다.

예제 3

행렬 $A=\begin{pmatrix} 2 & -3 \\ -4 & 5 \end{pmatrix}$의 역행렬을 구하시오.

풀이

$$B=\begin{pmatrix} -\frac{5}{2} & -\frac{3}{2} \\ -2 & -1 \end{pmatrix}$$이라 놓으면

$$AB=\begin{pmatrix}2 & -3\\ -4 & 5\end{pmatrix}\begin{pmatrix}-\frac{5}{2} & -\frac{3}{2}\\ -2 & -1\end{pmatrix}$$

$$=\begin{pmatrix}2\cdot\left(-\frac{5}{2}\right)+(-3)\cdot(-2) & 2\left(-\frac{3}{2}\right)+(-3)\cdot(-1)\\ (-4)\cdot\left(-\frac{5}{2}\right)+5\cdot(-2) & (-4)\left(-\frac{3}{2}\right)+5\cdot(-1)\end{pmatrix}=\begin{pmatrix}1 & 0\\ 0 & 1\end{pmatrix}$$

이며, 또한 $BA=I$임을 확인할 수 있다. 그리하여 행렬 A의 역행렬 A^{-1}은

$$A^{-1}=\begin{pmatrix}-\frac{5}{2} & -\frac{3}{2}\\ -2 & -1\end{pmatrix}$$

이다. ▣

정리 2

크기가 n인 두 행렬 A와 B가 가역적이면 두 행렬의 곱 AB도 가역적이고,

$$(AB)^{-1}=B^{-1}A^{-1}$$

에 의하여 주어진다.

증명 가역적인 두 행렬의 곱 AB의 역행렬이 $B^{-1}A^{-1}$임을 보이기 위해서는

$$(AB)(B^{-1}A^{-1})=(B^{-1}A^{-1})(AB)=I$$

임을 보여야 한다. 먼저 행렬의 곱셈에 대한 결합법칙에 의하여

$$\begin{aligned}(AB)(B^{-1}A^{-1}) &= A[B(B^{-1}A^{-1})]\\ &= A[(BB^{-1})A^{-1}]\\ &= A[IA^{-1}]\\ &= AA^{-1}\\ &= I\end{aligned}$$

이다. 또한

$$\begin{aligned}(B^{-1}A^{-1})(AB) &= B^{-1}[A^{-1}(AB)]\\ &= B^{-1}[(A^{-1}A)B]\\ &= B^{-1}B\\ &= I\end{aligned}$$

이다. 그리하여

$$(AB)^{-1} = B^{-1}A^{-1}$$

이다. ■

이제 행렬을 이용하여 연립방정식의 해를 구하는 방법을 소개하고자 한다.

다음 연립 방정식을 생각하여 보자.

$$x + 2y - z = -4$$
$$3x - 4y + 2z = 6$$
$$x - 3y - 2z = -1$$

여기서 행렬 $A = \begin{pmatrix} 1 & 2 & -1 \\ 3 & -4 & 2 \\ 1 & -3 & -2 \end{pmatrix}$, $X = \begin{pmatrix} x \\ y \\ z \end{pmatrix}$, $B = \begin{pmatrix} -4 \\ 6 \\ -1 \end{pmatrix}$이라 놓으면 위에서 주어진 연립 방정식은

$$AX = B$$

의 행렬 방정식으로 바뀐다. 여기서 행렬 A의 역행렬 A^{-1}이 존재하면 위 행렬방정식에서 A^{-1}을 양변에 곱하자. 즉,

$$A^{-1}AX = A^{-1}B$$

로 $A^{-1}A = I$이므로, 결국 해 $X = A^{-1}B$에 의하여 주어진다. 이것은 계수행렬 A의 역행렬 A^{-1}에 의하여 해 X를 구할 수 있음을 의미한다.

그리하여 우리는 행렬 A의 역행렬 A^{-1}을 구하는 방법에 대하여 공부하고자 한다. 먼저 기존 연립방정식의 해를 구하는 방법인 **Gauss-Jordan소거법**에 대하여 알아보자.

예제 4

연립방정식

$$2x + 4y + 6z = 18 \qquad (1)$$
$$4x + 5y + 6z = 24 \qquad (2)$$
$$2x + 6y + 12z = 30 \qquad (3)$$

의 해 $x,\ y,\ z$을 구하시오.

풀이 먼저 (2)와 (3) 식에서 x 항을 소거하자. (1)식에 -2을 곱하여 (2)식에 더하면 방정식 (2)는

$$-3y-6z=-12$$

즉,

$$y+2z=4 \qquad (2')$$

이 되고, (1)식에 -1을 곱하여 (3)식에 더하면

$$2y+6z=12$$

즉,

$$y+3z=6 \qquad (3')$$

이 된다. 그리하여 우리가 풀고자 하는 연립 방정식과 동치인

$$2x+4y+6z=18 \qquad (1')$$

$$y+2z=4 \qquad (2')$$

$$y+3z=6 \qquad (3')$$

을 얻는다. 다시 (2′)식에 -1을 곱하여 (3′)식에 더하면

$$z=2$$

을 얻고 구한 $z=2$을 (2′)식에 대입하면 $y=0$을 얻을 수 있으며, 결국 y와 z의 값을 (1′)식에 대입하는 것에 의하여 $x=3$을 얻을 수 있다. 그리하여 주어진 연립 방정식의 해는

$$x=3,\ y=0,\ z=2$$

가 된다. x, y, z의 이러한 값들이 연립방정식 (1), (2), (3)을 만족한다는 사실은 값을 직접 대입하는 것에 의하여 확인할 수 있다.
지금 연립방정식을 풀기위하여 "**확대행렬**"을 이용하는 방법을 소개하고자 한다. 위 연립 방정식에 있어서 행렬 A, X, B를

$$A=\begin{pmatrix}2&4&6\\4&5&6\\2&6&12\end{pmatrix},\quad X=\begin{pmatrix}x\\y\\z\end{pmatrix},\quad B=\begin{pmatrix}18\\24\\30\end{pmatrix}$$

에 의하여 놓으면, 연립방정식은 $AX=B$의 행렬방정식으로 바뀌고
확대행렬

$$(A \mid B) = \left(\begin{array}{ccc|c} 2 & 4 & 6 & 18 \\ 4 & 5 & 6 & 24 \\ 2 & 6 & 12 & 30 \end{array}\right)$$

에 대하여 '기본 행 연산'을 시행하고자 한다.

첫 번째 행에 -2을 곱하여 두 번째 행에 더한다. 그리고 나면 위의 확대 행렬은 다음의 확대행렬로 바뀐다.

$$\left(\begin{array}{ccc|c} 2 & 4 & 6 & 18 \\ 0 & -3 & -6 & -12 \\ 2 & 6 & 12 & 30 \end{array}\right)$$

여기서 두 번째 행에 $-\dfrac{1}{3}$을 곱한다.

$$\left(\begin{array}{ccc|c} 2 & 4 & 6 & 18 \\ 0 & 1 & 2 & 4 \\ 2 & 6 & 12 & 30 \end{array}\right)$$

그리고 나서 첫 번째 행에 -1을 곱하여 세 번째 행에 더하면, 확대행렬

$$\left(\begin{array}{ccc|c} 2 & 4 & 6 & 18 \\ 0 & 1 & 2 & 4 \\ 0 & 2 & 6 & 12 \end{array}\right)$$

을 얻는다. 세 번째 행에 $\dfrac{1}{2}$을 곱하면

$$\left(\begin{array}{ccc|c} 2 & 4 & 6 & 18 \\ 0 & 1 & 2 & 4 \\ 0 & 1 & 3 & 6 \end{array}\right)$$

으로 바뀌고, 두 번째 행에 -1을 곱하여 세 번째 행에 더하면

$$\left(\begin{array}{ccc|c} 2 & 4 & 6 & 18 \\ 0 & 1 & 2 & 4 \\ 0 & 0 & 1 & 2 \end{array}\right)$$

을 얻는다. 그리고 세 번째 행에 (-2)을 곱하여 두 번째 행에 더하면

$$\left(\begin{array}{ccc|c} 2 & 4 & 6 & 18 \\ 0 & 1 & 0 & 0 \\ 0 & 0 & 1 & 2 \end{array}\right)$$

을 얻으며, 두 번째 행에 -4을 곱하여 첫 번째 행에 더하면

$$\left(\begin{array}{ccc|c} 2 & 0 & 6 & 18 \\ 0 & 1 & 0 & 0 \\ 0 & 0 & 1 & 2 \end{array}\right)$$

으로 바뀌고, 세 번째 행에 -6을 곱하여 첫 번째 행에 더하면

$$\left(\begin{array}{ccc|c} 2 & 0 & 0 & 6 \\ 0 & 1 & 0 & 0 \\ 0 & 0 & 1 & 2 \end{array}\right)$$

을 얻고, 첫 번째 행에 $\dfrac{1}{2}$을 곱하면, 결국 확대행렬

$$\left(\begin{array}{ccc|c} 1 & 0 & 0 & 3 \\ 0 & 1 & 0 & 0 \\ 0 & 0 & 1 & 2 \end{array}\right)$$

을 얻는다. 이러한 사실은 주어진 연립방정식에 대하여 동치인 연립방정식

$$\begin{aligned} 1 \cdot x + 0 \cdot y + 0 \cdot z &= 3 \\ 0 \cdot x + 1 \cdot y + 0 \cdot z &= 0 \\ 0 \cdot x + 0 \cdot y + 1 \cdot z &= 2 \end{aligned}$$

을 얻으며, 결국 해 $x = 3$, $y = 0$, $z = 2$을 얻고 이것은 Gauss-Jordan 소거법에 의한 해와 일치한다. ■

연립방정식을 푸는데 있어서 우리는 다음과 같은 기본 행 연산을 시행하여 해를 구하였음을 알 수 있다.

기본 행 연산

(i) 한 행(i)에 0이 아닌 상수(c)을 곱한다(기호 $M_i(c)$).

(ii) 한 행(i)에 상수(c)를 곱하여 다른 행(j)에 더한다(기호 $A_{ij}(c)$).

(iii) 서로 다른 두 행을 교환한다(기호 P_{ij}).

예제 5

확대행렬을 이용하는 것에 의하여 다음 연립방정식의 해를 구하시오.

$$x + y - z = 7$$

$$4x - y + 5z = 4$$
$$2x + 2y - 3z = 0$$

(풀이) 확대행렬

$$\left(\begin{array}{ccc|c} 1 & 1 & -1 & 7 \\ 4 & -1 & 5 & 4 \\ 2 & 2 & -3 & 0 \end{array}\right)$$

에서 첫 번째 행에 -4을 곱하여 두 번째 행에 더하면 $(A_{12}(-4))$

$$\left(\begin{array}{ccc|c} 1 & 1 & -1 & 7 \\ 0 & -5 & 9 & 24 \\ 2 & 2 & -3 & 0 \end{array}\right)$$

이며, 첫 번째 행에 -2을 곱하여 세 번째 행에 더하면 $(A_{13}(-2))$

$$\left(\begin{array}{ccc|c} 1 & 1 & -1 & 7 \\ 0 & -5 & 9 & 24 \\ 0 & 0 & -1 & -14 \end{array}\right)$$

을 얻고, 세 번째 행에 -1을 곱하면 $(M_3(-1))$

$$\left(\begin{array}{ccc|c} 1 & 1 & -1 & 7 \\ 0 & -5 & 9 & 24 \\ 0 & 0 & 1 & 14 \end{array}\right)$$

을 얻는다. 다시 세 번째 행에 -9을 곱하여 두 번째 행에 더하면 $(A_{32}(-9))$

$$\left(\begin{array}{ccc|c} 1 & 1 & -1 & 7 \\ 0 & -5 & 0 & -150 \\ 0 & 0 & 1 & 14 \end{array}\right)$$

이고, 두 번째 행에 $-\dfrac{1}{5}$을 곱하면 $\left(M_2\left(-\dfrac{1}{5}\right)\right)$

$$\left(\begin{array}{ccc|c} 1 & 1 & -1 & 7 \\ 0 & 1 & 0 & 30 \\ 0 & 0 & 1 & 14 \end{array}\right)$$

을 얻는다. 세 번째 행에 1을 곱하여 첫 번째 행에 더하면 $(A_{31}(1))$

$$\left(\begin{array}{ccc|c} 1 & 1 & 0 & 21 \\ 0 & 1 & 0 & 30 \\ 0 & 0 & 1 & 14 \end{array}\right)$$

이고, 또한 두 번째 행에 -1을 곱하여 첫 번째 행에 더하면 $(A_{21}(-1))$

$$\left(\begin{array}{ccc|c} 1 & 0 & 0 & -9 \\ 0 & 1 & 0 & 30 \\ 0 & 0 & 1 & 14 \end{array}\right)$$

을 얻는다. 그리하여 동치인 연립 방정식

$$1\cdot x+0\cdot y+0\cdot z=-9$$
$$0\cdot x+1\cdot y+0\cdot z=30$$
$$0\cdot x+0\cdot y+1\cdot z=14$$

을 얻으며, 결국 해 $x=-9$, $y=30$, $z=14$을 얻는다. ▣

확대행렬을 이용한 역행렬의 계산

우선 예제를 통하여 역행렬을 계산하여 보자.

예제 6

2×2 행렬 $A=\begin{pmatrix} 1 & 2 \\ -2 & 4 \end{pmatrix}$의 역행렬을 구하시오.

풀이 $A^{-1}=\begin{pmatrix} x & y \\ z & w \end{pmatrix}$라 놓자. 그리고 나면 역행렬의 정의에 의하여

$$\begin{aligned} AA^{-1} &= \begin{pmatrix} 1 & 2 \\ -2 & 4 \end{pmatrix}\begin{pmatrix} x & y \\ z & w \end{pmatrix} \\ &= \begin{pmatrix} x+2z & y+2w \\ -2x+4z & -2y+4w \end{pmatrix} \\ &= \begin{pmatrix} 1 & 0 \\ 0 & 1 \end{pmatrix} \end{aligned}$$

이므로,

$$\begin{aligned} x+2z&=1 \qquad & y+2w&=0 \\ -2x+4z&=0 \qquad & -2y+4w&=1 \end{aligned}$$

이어야 한다. 그러나 이것은 x, z 및 y, w에 대한 연립방정식을 구성하며, 행렬방정식

$$\begin{pmatrix} 1 & 2 \\ -2 & 4 \end{pmatrix}\begin{pmatrix} x \\ z \end{pmatrix}=\begin{pmatrix} 1 \\ 0 \end{pmatrix} \qquad \begin{pmatrix} 1 & 2 \\ -2 & 4 \end{pmatrix}\begin{pmatrix} y \\ w \end{pmatrix}=\begin{pmatrix} 0 \\ 1 \end{pmatrix}$$

으로도 표현된다. 그리하여 이것은 확대행렬

$$\left(\begin{array}{cc|c} 1 & 2 & 1 \\ -2 & 4 & 0 \end{array}\right) \text{와 } \left(\begin{array}{cc|c} 1 & 2 & 0 \\ -2 & 4 & 1 \end{array}\right)$$

을 이용하여 해 x, z 및 y, w을 구할 수 있다.

이것은 좌변의 행렬을 단위 행렬로 만드는 것에 의하여 첫 번째 확대행렬에서 x, z을, 두 번째 확대행렬에서 y, w을 구할 수 있다. 그러나 확대행렬에서 좌변의 행렬은 같으므로 같은 기본 행연산을 수행할 것이다. 그러므로 두 확대행렬을 하나의 확대행렬에 의하여 x, y, z, w을 구할 수 있다. 그것은 확대행렬의 우변을 단위행렬로 만드는 것이다. 즉,

$$\left(\begin{array}{cc|cc} 1 & 2 & 1 & 0 \\ -2 & 4 & 0 & 1 \end{array}\right)$$

이며, 좌변의 행렬이 단위 행렬로 바뀌면 우변의 행렬이 해

$$\begin{pmatrix} x & y \\ z & w \end{pmatrix}$$

가 된다.

먼저 첫 번째 행에 2을 곱하여 두 번째 행에 더하면

$$A_{12}(2) \quad \rightarrow \left(\begin{array}{cc|cc} 1 & 2 & 1 & 0 \\ 0 & 8 & 2 & 1 \end{array}\right)$$

이고, 두 번째 행에 $\dfrac{1}{8}$을 곱하면

$$M_2\left(\frac{1}{8}\right) \quad \rightarrow \left(\begin{array}{cc|cc} 1 & 2 & 1 & 0 \\ 0 & 1 & \frac{1}{4} & \frac{1}{8} \end{array}\right)$$

이다. 그리고 두 번째 행에 -2을 곱하여 첫 번째 행에 더하면

$$A_{21}(-2) \rightarrow \left(\begin{array}{cc|cc} 1 & 0 & \frac{1}{2} & -\frac{1}{4} \\ 0 & 1 & \frac{1}{4} & \frac{1}{8} \end{array}\right)$$

을 얻는다. 그리하여 $x = \dfrac{1}{2}$, $z = \dfrac{1}{4}$, $y = -\dfrac{1}{4}$, $w = \dfrac{1}{8}$이며, 결국 행렬 A의 역행렬은

$$A^{-1} = \begin{pmatrix} \frac{1}{2} & -\frac{1}{4} \\ \frac{1}{4} & \frac{1}{8} \end{pmatrix}$$

이다. $AA^{-1} = I$ 됨을 조사하는 것에 의하여 확인할 수 있다. ■

정방행렬 A의 역행렬을 계산하는 방법을 서술해보고자 한다.

(i) 확대행렬 $(A \mid I)$로 쓴다.
여기서 I는 행렬 A와 같은 크기의 항등행렬이다.

(ii) 행렬 A가 항등행렬이 될 때까지 기본 행 연산을 시행한다.

(iii) 만약 행렬 A가 항등행렬로 바뀌지 않으면 행렬 A는 비가역적이고, 행렬 A가 항등행렬로 바뀌면 행렬 A는 가역적이다. 결국 확대행렬은 $(I \mid A^{-1})$으로 바뀌어 A^{-1}을 구할 수 있다.

예제 7

행렬 $A = \begin{pmatrix} 1 & 0 & 3 \\ 2 & 1 & 4 \\ 1 & 3 & 2 \end{pmatrix}$의 역행렬을 구하시오.

풀이 확대행렬

$$(A \mid I) = \left(\begin{array}{ccc|ccc} 1 & 0 & 3 & 1 & 0 & 0 \\ 2 & 1 & 4 & 0 & 1 & 0 \\ 1 & 3 & 2 & 0 & 0 & 1 \end{array}\right)$$

에서 첫 번째 행에 -2을 곱하여 두 번째 행에 더하면

$$A_{12}(-2) \quad \rightarrow \quad \left(\begin{array}{ccc|ccc} 1 & 0 & 3 & 1 & 0 & 0 \\ 0 & 1 & -2 & -2 & 1 & 0 \\ 1 & 3 & 2 & 0 & 0 & 1 \end{array}\right)$$

을 얻고, 첫 번째 행에 -1을 곱하여 세 번째 행에 더하면

$$A_{13}(-1) \quad \rightarrow \quad \left(\begin{array}{ccc|ccc} 1 & 0 & 3 & 1 & 0 & 0 \\ 0 & 1 & -2 & -2 & 1 & 0 \\ 1 & 3 & -1 & -1 & 0 & 1 \end{array}\right)$$

을 얻는다. 그리고 두 번째 행에 -3을 곱하여 세 번째 행에 더하면

$$A_{23}(-3) \quad \rightarrow \quad \left(\begin{array}{ccc|ccc} 1 & 0 & 3 & 1 & 0 & 0 \\ 0 & 1 & -2 & -2 & 1 & 0 \\ 0 & 0 & 5 & 5 & -3 & 1 \end{array}\right)$$

으로 바뀌고, 세 번째 행에 $\frac{1}{5}$을 곱하면

$$M_3\left(\frac{1}{5}\right) \quad \rightarrow \quad \left(\begin{array}{ccc|ccc} 1 & 0 & 3 & 1 & 0 & 0 \\ 0 & 1 & -2 & -2 & 1 & 0 \\ 0 & 0 & 1 & 1 & -\frac{3}{5} & \frac{1}{5} \end{array}\right)$$

을 얻는다. 세 번째 행에 2을 곱하여 두 번째 행에 더하면

$$A_{32}(2) \quad \rightarrow \quad \left(\begin{array}{ccc|ccc} 1 & 0 & 3 & 1 & 0 & 0 \\ 0 & 1 & 0 & 0 & -\frac{1}{5} & \frac{2}{5} \\ 0 & 0 & 1 & 1 & -\frac{3}{5} & \frac{1}{5} \end{array}\right)$$

이며, 세 번째 행에 -3을 곱하여 첫 번째 행에 더하면

$$A_{31}(-3) \quad \rightarrow \quad \left(\begin{array}{ccc|ccc} 1 & 0 & 0 & -2 & \frac{9}{5} & -\frac{3}{5} \\ 0 & 1 & 0 & 0 & -\frac{1}{5} & \frac{2}{5} \\ 0 & 0 & 1 & 1 & -\frac{3}{5} & \frac{1}{5} \end{array}\right)$$

을 얻는다. 그리하여 확대행렬 $(A \mid I)$는 $(I \mid A^{-1})$로 바뀌었고

$$A^{-1} = \begin{pmatrix} -2 & \frac{9}{5} & -\frac{3}{5} \\ 0 & -\frac{1}{5} & \frac{2}{5} \\ 1 & -\frac{3}{5} & \frac{1}{5} \end{pmatrix}$$

을 얻는다. ▫

연습문제 11.2

1. 다음 연립 방정식을 행렬 방정식으로 표현하고 해가 존재하는지를 확인하여라.

(a) $x+2y+3z=4,\quad 3x+2y-z=2,\quad x-3y+z=3$

(b) $-x+2y+z=1,\quad 3x+4y+2z=-5,\quad 4x+5y+3z=2$

2. 확대행렬을 이용하는 것에 의하여 다음 행렬의 역행렬이 존재하는지를 확인하고 존재한다면 역행렬을 구하시오.

(a) $\begin{pmatrix} 2 & 1 \\ 3 & 2 \end{pmatrix}$ (b) $\begin{pmatrix} 2 & -1 & 4 \\ -1 & 0 & 5 \\ 4 & -7 & 3 \end{pmatrix}$ (c) $\begin{pmatrix} 2 & 3 & 4 \\ 0 & 2 & 1 \\ 3 & 1 & 5 \end{pmatrix}$

3. 다음 연립 방정식을 (i) Gauss-Jordan소거법 (ii) 확대행렬을 이용하는 것에 의하여 해가 존재한다면 해를 구하시오.

(a) $2x+4y+3z=6,\quad 4y-z=-4,\quad 3x+5y+7z=7$

(b) $3x+2y+z=2,\quad 2y+2z=3,\quad z=-2$

(c) $x+6y+2z=1,\quad -2x+3y+5z=4,\quad 7x+12y-4z=5$

4. 다음을 증명하여라.

(a) $(A^T)^T=A$

(b) $(AB)^T=B^TA^T$

5. 연립 방정식을 $\begin{cases} 2x+5y=3 \\ x+3y=1 \end{cases}$ 을 푸는 과정에서 $\begin{pmatrix} x \\ y \end{pmatrix}=A\begin{pmatrix} 3 \\ 1 \end{pmatrix}$을 얻었다. 행렬 A의 원소들의 합을 구하시오.

6. 행렬 $A=\begin{pmatrix} 1 & 1 \\ 2 & 3 \end{pmatrix}$에 대하여 행렬 B가 $ABA=A$를 만족한다면 행렬 $A+B$는?

11.3 행렬의 응용

행렬의 한 응용으로서 먼저 행렬식에 대하여 공부하고, 연립방정식의 한 해법을 주는 Cramer법칙에 대하여 다루고자 한다.

정의 1 ••• 2×2 행렬의 행렬식

2×2 행렬 $A=\begin{pmatrix} a_{11} & a_{12} \\ a_{21} & a_{22} \end{pmatrix}$의 **행렬식**을

$$\det A=\begin{vmatrix} a_{11} & a_{12} \\ a_{21} & a_{22} \end{vmatrix}=a_{11}a_{22}-a_{12}a_{21}$$

에 의하여 정의한다.

다음에는 일반적인 $m\times n$ 행렬의 행렬식에 대하여 다루고자 한다. 우선 다음을 정의하자.

정의 2 ••• 소행렬

$A=(a_{ij})$를 $m\times n$ 행렬이라 하자. D_{ij}는 행렬 A에서 i행과 j열을 삭제하여 얻는 $(m-1)\times(n-1)$ 행렬일 때 D_{ij}를 행렬 A의 $ij-$**소행렬**이라 한다.

예제 1

$$A=\begin{pmatrix} 2 & -1 & 4 \\ 0 & 1 & 5 \\ 3 & 2 & -4 \end{pmatrix}$$일 때

$$D_{11}=\begin{pmatrix} 1 & 5 \\ 2 & -4 \end{pmatrix},\quad D_{12}=\begin{pmatrix} 0 & 5 \\ 3 & -4 \end{pmatrix},\quad D_{32}=\begin{pmatrix} 2 & 4 \\ 0 & 5 \end{pmatrix}$$

이다. ■

정의 3 ••• 여인수

$m\times n$ 행렬 A와 소행렬 D_{ij}에 대하여 행렬 A의 **$ij-$여인수(cofactor)** C_{ij}는

$$C_{ij}=(-1)^{i+j}\det D_{ij}$$

에 의하여 정의한다.

예제 2

$A=\begin{pmatrix}2&-1&4\\0&1&5\\3&2&-4\end{pmatrix}$에서 행렬 A의 $11-$여인수 C_{11}은

$$\begin{aligned}C_{11}&=(-1)^{1+1}\det D_{11}\\&=(-1)^{1+1}[1\cdot(-4)-2\cdot5]\\&=-14\end{aligned}$$

이고,

$$C_{12}=(-1)^{1+2}\det D_{12}=15$$

$$C_{32}=(-1)^{3+2}\det D_{32}=-10$$

이다. ▣

정의 4 ••• 행렬식

$m\times n$ 행렬 $A=(a_{ij})$에 대하여 A의 **행렬식**, $\det A$(또는 $|A|$)는

$$\begin{aligned}\det A&=a_{11}C_{11}+a_{12}C_{12}+\cdots+a_{1n}C_{1n}\\&=\sum_{k=1}^{n}a_{1k}C_{1k}\end{aligned}$$

에 의하여 정의한다.

정의 5 •••

$m \times n$ 행렬 $A = (a_{ij})$의 행렬식 $\det A$는 임의의 행 또는 열에 대하여 전개 가능하다. 즉,

$$\det A = a_{i1} C_{i1} + a_{i2} C_{i2} + \cdots + a_{in} C_{in}$$

$$= \sum_{k=1}^{n} a_{ik} C_{ik}, \quad i = 1, 2, \cdots, m$$

또는

$$\det A = a_{1j} C_{1j} + a_{2j} C_{2j} + \cdots + a_{nj} C_{nj}$$

$$= \sum_{k=1}^{m} a_{kj} C_{kj}, \quad j = 1, 2, \cdots, n$$

예제 3

행렬 $A = \begin{pmatrix} 2 & -1 & 4 \\ 0 & 1 & 5 \\ 3 & 2 & -4 \end{pmatrix}$의 행렬식을 구하시오.

풀이 (1) 첫 번째 행에 대하여 전개하자.

$$\det A = a_{11} C_{11} + a_{12} C_{12} + a_{13} C_{13}$$

$$= 2(-1)^{1+1} \begin{vmatrix} 1 & 5 \\ 2 & -4 \end{vmatrix} + (-1)(-1)^{1+2} \begin{vmatrix} 0 & 5 \\ 3 & -4 \end{vmatrix} + 4(-1)^{1+3} \begin{vmatrix} 0 & 1 \\ 3 & 2 \end{vmatrix}$$

$$= 2\,[1 \cdot (-4) - 2 \cdot 5] + [0 \cdot (-4) - 3 \cdot 5] + 4[0 \cdot 2 - 1 \cdot 3]$$

$$= -55$$

(2) 첫 번째 열에 의하여 전개하여 보자.

$$\det A = a_{11} C_{11} + a_{21} C_{21} + a_{31} C_{31}$$

$$= 2(-1)^{1+1} \begin{vmatrix} 1 & 5 \\ 2 & -4 \end{vmatrix} + 0(-1)^{2+1} \begin{vmatrix} -1 & 4 \\ 2 & -4 \end{vmatrix} + 0(-1)^{2+1} \begin{vmatrix} -1 & 4 \\ 2 & -4 \end{vmatrix}$$

$$= 2\,[1 \cdot (-4) - 2 \cdot 5] + 0 + 3[(-1) \cdot 5 - 4 \cdot 1]$$

$$= -55$$

예제 3에 의하여 어떤 행이나 열에 의하여 전개해도 같은 행렬식을 얻음을 확인할 수 있다.

정리 1 ∘∘∘ 행렬식의 성질

행렬식에 대하여 다음의 성질들이 성립한다.

1. A의 임의의 한 행 또는 열의 모든 성분이 0이면 $\det A = 0$이다.
2. 만약 행렬 B가 행렬 A의 한 행 또는 열에 c배하여 얻어진 행렬이라면

$$\det B = c\det A$$

이다.

3. 만약 행렬 A, B, C가 다음과 같이 주어지고

$$A = \begin{pmatrix} a_{11} & a_{12} & \cdots & a_{1j} & \cdots & a_{1n} \\ a_{21} & a_{22} & \cdots & a_{2j} & \cdots & a_{2n} \\ \vdots & \vdots & \ddots & \vdots & \ddots & \vdots \\ a_{m1} & a_{m2} & \cdots & a_{mj} & \cdots & a_{mn} \end{pmatrix}$$

$$B = \begin{pmatrix} b_{11} & b_{12} & \cdots & b_{1j} & \cdots & b_{1n} \\ b_{21} & b_{22} & \cdots & b_{2j} & \cdots & b_{2n} \\ \vdots & \vdots & \ddots & \vdots & \ddots & \vdots \\ b_{m1} & b_{m2} & \cdots & b_{mj} & \cdots & b_{mn} \end{pmatrix}$$

$$C = \begin{pmatrix} c_{11} & c_{12} & \cdots & c_{1j} & \cdots & c_{1n} \\ c_{21} & c_{22} & \cdots & c_{2j} & \cdots & c_{2n} \\ \vdots & \vdots & \ddots & \vdots & \ddots & \vdots \\ c_{m1} & c_{m2} & \cdots & c_{mj} & \cdots & c_{mn} \end{pmatrix}$$

행렬 A의 j열에 대하여

$$a_{kj} = b_{kj} + c_{kj}, \quad k = 1, 2, \cdots, m$$

이면 (또는 행렬 A의 i행에 대하여 $a_{ik} = b_{ik} + c_{ik}$이면)

$$\det A = \det B + \det C$$

이다.

4. 행렬 A의 임의의 두 행(또는 열)을 교환하면, $\det A$에 (-1)을 곱한 것과 같다. 만약 행렬 B가

$$B = \begin{pmatrix} a_{11} & a_{12} & \cdots & a_{1n} \\ \vdots & \vdots & \ddots & \vdots \\ a_{i1} & a_{i2} & \cdots & a_{in} \\ a_{(i-1)1} & a_{(i-1)2} & \cdots & a_{(i-1)n} \\ \vdots & \vdots & \ddots & \vdots \\ a_{m1} & a_{m2} & \cdots & a_{mn} \end{pmatrix}$$

이면 $\det B = (-1)\det A$이다.

예제 4

$A=\begin{pmatrix} 0 & -1 & 1 & 3 \\ 1 & 2 & -1 & 1 \\ 3 & 1 & 0 & 2 \\ 0 & 1 & 8 & 0 \end{pmatrix}$의 행렬식을 구하시오.

풀이 정리 1의 행렬식의 성질을 사용하여 행렬 A의 행렬식을 구하고자 한다.

$$\det A=\begin{vmatrix} 0 & -1 & 1 & 3 \\ 1 & 2 & -1 & 1 \\ 3 & 1 & 0 & 2 \\ 0 & 1 & 8 & 0 \end{vmatrix}$$

에서 첫 번째 행과 두 번째 행을 교환하면 (P_{12})

$$=-\begin{vmatrix} 1 & 2 & -1 & 1 \\ 0 & -1 & 1 & 3 \\ 3 & 1 & 0 & 2 \\ 0 & 1 & 8 & 0 \end{vmatrix}$$

첫 번째 행에 (-3)을 곱하여 세 번째 행에 더하면 $(A_{13}(-3))$

$$=-\begin{vmatrix} 1 & 2 & -1 & 1 \\ 0 & -1 & 1 & 3 \\ 0 & -5 & 3 & -1 \\ 0 & 1 & 8 & 0 \end{vmatrix}$$

-1을 두 번째 행에 곱하면 $(M_2(-1))$

$$=-\begin{vmatrix} 1 & 2 & -1 & 1 \\ 0 & 1 & -1 & -3 \\ 0 & -5 & 3 & -1 \\ 0 & 1 & 8 & 0 \end{vmatrix}$$

두 번째 행에 5를 곱하여 세 번째 행에 더하면 $(A_{23}(5))$

$$=-\begin{vmatrix} 1 & 2 & -1 & 1 \\ 0 & 1 & -1 & -3 \\ 0 & 0 & -2 & -16 \\ 0 & 1 & 8 & 0 \end{vmatrix}$$

두 번째 행에 -1을 곱하여 네 번째 행에 더하면 $(A_{24}(-1))$

$$=-\begin{vmatrix} 1 & 2 & -1 & 1 \\ 0 & 1 & -1 & -3 \\ 0 & 0 & -2 & -16 \\ 0 & 0 & 9 & 3 \end{vmatrix}$$

그리고

$$= -2\begin{vmatrix} 1 & 2 & -1 & 1 \\ 0 & 1 & -1 & -3 \\ 0 & 0 & 1 & 8 \\ 0 & 0 & 9 & 3 \end{vmatrix}$$

이며, 세 번째 행에 -9을 곱하여 네 번째 행에 더하면 $(A_{34}(-9))$

$$= -2\begin{vmatrix} 1 & 2 & -1 & 1 \\ 0 & 1 & -1 & -3 \\ 0 & 0 & 1 & 8 \\ 0 & 0 & 0 & -69 \end{vmatrix}$$

이며, 첫 번째 열들에 의하여 전개하면 우리는

$$\det A = 138$$

을 얻는다. ▣

정리 2

두 행렬 A, B의 곱에 대한 행렬식은 각각의 행렬식의 곱과 같다. 즉,

$$\det(AB) = \det A \det B$$

이다.

정리 3

행렬 A가 가역적이고 $\det A \neq 0$이면

$$\det A^{-1} = \frac{1}{\det A}$$

이다.

증명 $1 = \det I = \det(AA^{-1}) = \det A \det A^{-1}$

그리하여

$$\det A^{-1} = \frac{1}{\det A}$$

이다. ▣

정의 6 •••

$m \times n$ 행렬 $A = (a_{ij})$의 $ij-$여인수 C_{ij}에 대하여 A의 **수반행렬**(adjoint matrix), adj A는

$$\text{adj } A = \begin{vmatrix} C_{11} & C_{21} & \cdots & C_{m1} \\ C_{12} & C_{22} & \cdots & C_{m2} \\ \vdots & \vdots & \ddots & \vdots \\ C_{1n} & C_{2n} & \cdots & C_{mn} \end{vmatrix}$$

에 의하여 정의한다.

예제 5

행렬 $A = \begin{pmatrix} 2 & 4 & 3 \\ 0 & 1 & -1 \\ 3 & 5 & 7 \end{pmatrix}$의 수반행렬 adj A를 구하시오.

풀이 $C_{11} = \begin{vmatrix} 1 & -1 \\ 5 & 7 \end{vmatrix} = 12$

비슷한 방법에 의하여

$$C_{12} = -3, \qquad C_{13} = -3$$
$$C_{21} = -13, \qquad C_{22} = 5, \qquad C_{23} = 2$$
$$C_{31} = -7, \qquad C_{32} = 2, \qquad C_{33} = 2,$$

이므로

$$\text{adj } A = \begin{pmatrix} 12 & -13 & -7 \\ -3 & 5 & 2 \\ -3 & 2 & 2 \end{pmatrix}$$

이다. ■

정리 4 •••

행렬 $A = (a_{ij})$에 대하여

$$A(\text{adj } A) = (\det A) I$$

이다.

정리 4의 증명은 생략한다.

정리 5

행렬 $A=(a_{ij})$가 가역적, 즉, $\det A \neq 0$이면

$$A^{-1}=\frac{1}{\det A}\operatorname{adj} A$$

에 의하여 주어진다.

증명

$$\begin{aligned} A\left(\frac{1}{\det A}\operatorname{adj} A\right) &= \frac{1}{\det A}[A(\operatorname{adj} A)] \\ &= \frac{1}{\det A}[\det A\, I] \\ &= I \end{aligned}$$

이며, 역행렬의 정의에 의하여

$$A^{-1}=\frac{1}{\det A}\operatorname{adj} A$$

이다. ▣

n 개의 미지수에 대한 n 개의 1차 연립 방정식을 생각해 보자.

$$\begin{gathered} a_{11}x_1+a_{12}x_2+\cdots+a_{1n}x_n=b_1 \\ a_{21}x_1+a_{22}x_2+\cdots+a_{2n}x_n=b_2 \\ \vdots \\ a_{n1}x_1+a_{n2}x_2+\cdots+a_{nn}x_n=b_n \end{gathered}$$

에서 행렬

$$A=\begin{pmatrix} a_{11} & a_{12} & \cdots & a_{1n} \\ a_{21} & a_{22} & \cdots & a_{2n} \\ \vdots & \vdots & \ddots & \vdots \\ a_{n1} & a_{n2} & \cdots & a_{nn} \end{pmatrix},\quad X=\begin{pmatrix} x_1 \\ x_2 \\ \vdots \\ x_n \end{pmatrix},\quad B=\begin{pmatrix} b_1 \\ b_2 \\ \vdots \\ b_n \end{pmatrix}$$

으로 놓으면 연립 방정식은

$$AX = B$$

의 행렬 방정식으로 바뀐다.

다음 Cramer **법칙**은 연립방정식의 해를 가르켜 준다.

정리 6 ∘∘∘ Cramer 법칙

만약 $\det A \neq 0$이면 연립방정식은 유일한 해

$$x_i = \frac{1}{\det A} \det A_i$$

을 갖는다. 여기서 A_i는 행렬 A에서 i 열을 행렬 B로 대처한 행렬을 말한다. 즉,

$$A_i = \begin{pmatrix} a_{11} & a_{12} & \cdots & a_{1(i-1)} & b_1 & a_{1(i+1)} & \cdots & a_{1n} \\ a_{21} & a_{22} & \cdots & a_{2(i-1)} & b_2 & a_{2(i+1)} & \cdots & a_{2n} \\ \vdots & \vdots & \ddots & \vdots & \vdots & \vdots & \ddots & \vdots \\ a_{n1} & a_{n2} & \cdots & a_{n(i-1)} & b_n & a_{n(i+1)} & \cdots & a_{nn} \end{pmatrix}$$

이다.

증명 $AX = B$에서 양변에 A^{-1}을 곱하면

$$\begin{aligned} X &= A^{-1} B \\ &= \frac{1}{\det A} (\text{adj } A) B \end{aligned}$$

이다. 여기서

$$\text{adj } A\, B = \begin{pmatrix} C_{11} & C_{21} & \cdots & C_{n1} \\ C_{12} & C_{22} & \cdots & C_{n2} \\ \vdots & \vdots & \ddots & \vdots \\ C_{1n} & C_{2n} & \cdots & C_{nn} \end{pmatrix} \begin{pmatrix} b_1 \\ b_2 \\ \vdots \\ b_n \end{pmatrix}$$

이며, 곱에 대한 j 번째 열의 성분은

$$(C_{1j}\ C_{2j} \cdots C_{nj}) \begin{pmatrix} b_1 \\ b_2 \\ \vdots \\ b_n \end{pmatrix} = b_1 C_{1j} + b_2 C_{2j} + \cdots + b_n C_{nj}$$

이다. 이것은 행렬 A_j 에서 j 열을 기준으로 전개하였을 때 생기는 행렬 A_j 의 행렬식이다. 그리하여 $X=\frac{1}{\det A}(\operatorname{adj} A)B$에 의하여 각각의 대응하는 성분이 같아야 함으로

$$x_j=\frac{1}{\det A}\det A_j$$

에 의하여 주어진다.

예제 6

다음 연립방정식의 해를 구하시오.

$$\begin{aligned} x+y+z&=6 \\ 2x-y+z&=3 \\ 3x+2y-z&=4 \end{aligned}$$

풀이

$$A=\begin{pmatrix} 1 & 1 & 1 \\ 2 & -1 & 1 \\ 3 & 2 & -1 \end{pmatrix},\quad X=\begin{pmatrix} x \\ y \\ z \end{pmatrix},\quad B=\begin{pmatrix} 6 \\ 3 \\ 4 \end{pmatrix}$$

으로 놓으면 $\det A=11$이므로 연립방정식은 유일한 해를 갖고, Cramer법칙에 의하여 해를 구할수 있다.

$$\det A_1=\begin{vmatrix} 6 & 1 & 1 \\ 3 & -1 & 1 \\ 4 & 2 & -1 \end{vmatrix}=11$$

$$\det A_2=\begin{vmatrix} 1 & 6 & 1 \\ 2 & 3 & 1 \\ 3 & 4 & -1 \end{vmatrix}=22$$

$$\det A_3=\begin{vmatrix} 1 & 1 & 6 \\ 2 & -1 & 3 \\ 3 & 2 & 4 \end{vmatrix}=33$$

이다. 그리하여 연립방정식의 해 x, y, z는

$$x=\frac{1}{11}11=1$$

$$y=\frac{1}{11}22=2$$

$$z = \frac{1}{11} 33 = 3$$

에 의하여 주어진다. ▣

연습문제 11.3

1. 다음 행렬의 행렬식을 구하시오.

(a) $A = \begin{pmatrix} 3 & -1 \\ 4 & 2 \end{pmatrix}$

(b) $B = \begin{pmatrix} 1 & 3 & -1 \\ 4 & 2 & 0 \\ 3 & 2 & 1 \end{pmatrix}$

(c) $C = \begin{pmatrix} -4 & 2 & 0 & 0 \\ 3 & 2 & 1 & 0 \\ 0 & 1 & 3 & 2 \\ 3 & -4 & 2 & 2 \end{pmatrix}$

2. 행렬 A의 행렬식, $\det A = 3$일 때 다음 행렬식을 구하시오.

(a) $\det(A^2)$　　(b) $\det(A^{-1})$　　(c) $\det(3A)$

3. 해가 존재하는 경우 다음 연립방정식의 해를 Cramer법칙을 이용하여 구하시오.

(a) $x + y + z = 1,\quad x - y + z = 2,\quad 2x + 3y - z = 3$

(b) $2x + 4y + 6z = 18,\quad 4x + 5y + 6z = 24,\quad 3x + y - 2z = 4$

4. 행렬 $\begin{pmatrix} \lambda - 1 & -1 & -2 \\ 0 & \lambda - 2 & 2 \\ 0 & 0 & \lambda - 3 \end{pmatrix}$이 비가역적일 때 λ의 값을 구하시오.

5. 행렬 $A = \begin{pmatrix} 1 & 4 & 3 \\ 0 & 1 & -1 \\ -3 & 5 & 2 \end{pmatrix}$의 수반행렬 A를 구하는 것에 의하여 A^{-1}을 구하시오.

CHAPTER

12 편도함수

CALCULUS

앞에서 다루었던 모든 함수들은 일변수 함수였다. 그러나 실생활에서 우리가 접하는 많은 현상들은 이변수 이상의 변수들에 의하여 발생하는 경우가 많으며, 이것은 이변수 함수의 필요성을 의미한다. 그리하여 우리는 이변수 함수에 대한 미분과 적분을 공부하고자 한다.

12.1 이변수 함수

원기둥의 체적 V는 반지름 r이고 높이가 h일 때 $V=\pi r^2 h$에 의하여 주어짐을 알고 있다.

여기서

$$r=1,\ h=2\text{이면}\quad V=2\pi$$
$$r=1,\ h=3\text{이면}\quad V=3\pi$$
$$r=2,\ h=2\text{이면}\quad V=8\pi$$
$$r=2,\ h=3\text{이면}\quad V=12\pi$$

이다. 즉, r과 h의 값이 변함에 따라 V의 값도 변함을 알 수 있다. 이것은 원기둥의 체적 V가 반지름 r과 높이 h의 함수임을 나타낸다.

정의 1 ••• 이변수 함수

평면 R^2의 부분집합 D상의 각각의 순서쌍 $(x,\ y)$에 대하여 실수 $z=f(x,\ y)$을 대응시킬 때 f를 이변수 함수라 한다. 집합 D를 **이변수 함수** f의 **정의역**(domain)이라 하고 f가 취하는 값의 집합, 즉, $\{f(x,\ y) \mid (x,\ y) \in D\}$을 함수 f의 **치역**(range)이라 부른다.

일변수 함수 표기법 $y=f(x)$와 비슷하게 이변수 함수 $z=f(x,\ y)$에서 x, y를 독립변수, z를 종속변수라 한다.

예제 1

이변수 함수 $f(x,\ y)=\sqrt{4-x^2-y^2}$의 정의역과 치역을 구하고, 함수 f의 그래프의 개형을 대략적으로 그려라.

풀이 이변수 함수 f에 대하여 정의역이 명시되어 있지 않으므로 정의역은 함수 f를 정의하게 해주는 모든 $(x,\ y)$들을 모아놓은 집합이다. 그런데 근호 안은 음이 아니어야 함으로

$$4-x^2-y^2 \geq 0$$

이다. 다시 말해

$$x^2+y^2 \leq 4$$

이다. 즉, 반지름 2인 원의 내부 점들이다. 그리하여 정의역 $D=(x,\ y) \mid x^2+y^2 \leq 4\}$에 의하여 주어진다.

$$z=f(x,\ y)=\sqrt{4-x^2-y^2}$$

에서 양변 제곱하면

$$x^2+y^2+z^2=4$$

이고, $0 \leq x^2+y^2 \leq 4$임으로 $0 \leq z \leq 2$을 알 수 있다. 즉, 반경 2를 갖는 구의 xy 평면 위에 위치한 반구이다.

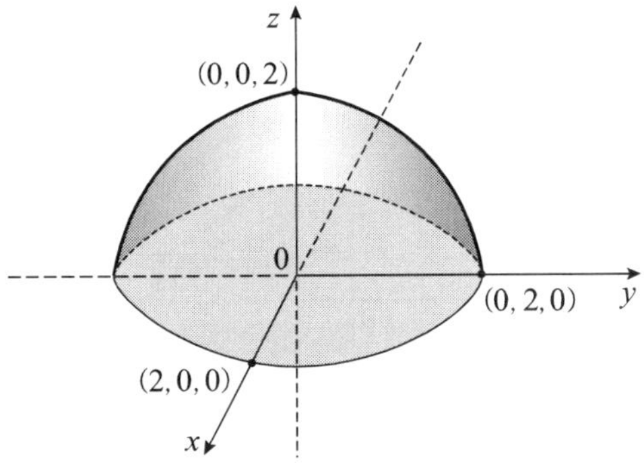

그림 12.1 $f(x, y) = \sqrt{4-x^2-y^2}$ 의 그래프

이변수 함수의 극한

일변수 함수 $y = f(x)$에서

$$\lim_{x \to x_0} f(x) = L$$

은 x가 x_0에 한없이 가까이 갈 때 함수 $f(x)$가 L에 한없이 가까이 감을 의미하였다. 그리고 x가 x_0에 가는 방법은 x가 x_0보다 큰 쪽 (즉, 오른쪽으로부터)에서 가는 것과 x가 x_0보다 작은 쪽 (즉, 왼쪽으로부터)에서 가는 두 가지 방법만이 있었다.

이변수 함수 $f(x, y)$의 극한도 일변수 함수의 경우와 비슷하게 정의된다.

정의 2 ••• 이변수 함수의 극한

이변수 함수 $f(x, y)$에 대하여 함수 f의 정의역 내의 (x, y)가 (x_0, y_0)에 한없이 가까이 갈 때 함수 $f(x, y)$가 실수 L에 한없이 가까이 가면 "(x, y)가 (x_0, y_0)에 가까이 갈 때 함수 $f(x, y)$의 극한이 L이다"라고 말하며, 기호

$$\lim_{(x,y) \to (x_0, y_0)} f(x, y) = L$$

로 나타낸다.

주의 다음 그림 12.2에서 볼 수 있듯이 (x, y)가 (x_0, y_0)에 가까이 가는 방법은 무수히 많으며 가는 방법에 관계없이 함수 $f(x, y)$가 일정한 값 L에 한없이 가까이 감을 의미한다.

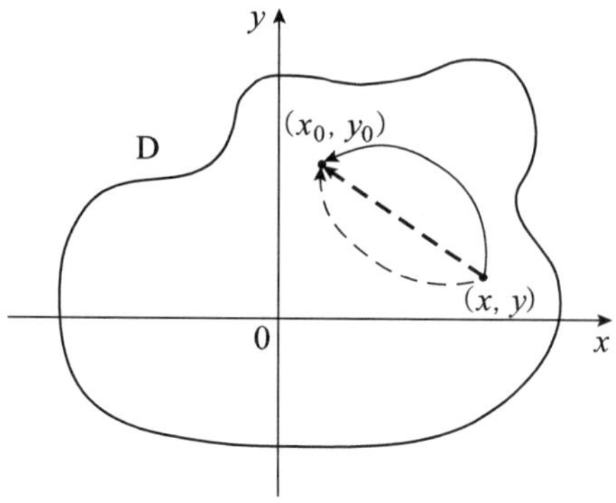

그림 12.2 이변수 함수의 극한

다음에는 **이변수 함수의 연속**에 대하여 논의하고자 한다. 일변수 함수 $f(x)$에 대하여 함수 f가 x_0에서 연속이라 함은 x가 x_0에 가까이 갈 때 함수 $f(x)$가 x_0에서의 함숫값 $f(x_0)$로 가까이 감을 의미하였다. 즉,

$$\lim_{x \to x_0} f(x) = f(x_0)$$

이다. 비슷하게 이변수 함수의 연속성에 대하여 정의하겠다.

정의 3 ••• 이변수 함수의 연속

이변수 함수 f의 정의역 내의 점 (x_0, y_0)에 대하여

$$\lim_{(x,y) \to (x_0,y_0)} f(x, y) = f(x_0, y_0)$$

이면 "이변수 함수 f는 (x_0, y_0)에서 연속이다"라고 말한다.

예제 2

함수 $f(x, y) = \begin{cases} \dfrac{y^2}{x+y^2}, & (x, y) \neq (0, 0) \\ 0, & (x, y) = (0, 0) \end{cases}$는 점 $(0, 0)$에서 연속인가?

풀이 이변수 함수 $f(x, y)$는 평면상의 모든 점 (x, y)에서 정의된다.

x축을 따라 (즉, $y = 0$), $(x, y) \to (0, 0)$일 때

$$f(x,\ y) \to 0$$

이다. 또한 $y = mx\ (m \neq 0)$인 직선을 따라 $(x,\ y) \to (0,\ 0)$일 때

$$\begin{aligned} f(x,\ y) &= \frac{y^2}{x+y^2} \\ &= \frac{m^2x^2}{x+m^2x^2} \\ &= \frac{m^2x}{1+m^2x} \end{aligned}$$

이다. 그리하여

$$\lim_{(x,y)\to(0,0)} f(x,\ y) = \lim_{(x,y)\to(0,0)} \frac{m^2x}{1+m^2x} = 0$$

이다. 즉, 점 $(0,\ 0)$에서의 함숫값 $f(0,\ 0) = 0$과 일치한다. 그러나 y축을 따라 (즉, $x = 0$) $(x,\ y) \to (0,\ 0)$일 때

$$\begin{aligned} \lim_{(x,y)\to(0,0)} f(x,\ y) &= \lim_{(x,y)\to(0,0)} \frac{y^2}{y^2} = 1 \\ &\neq f(0,\ 0) \end{aligned}$$

이므로 함수 $f(x,\ y)$는 점 $(0,\ 0)$에서 연속이 아니다. ▣

예제 3

이변수 함수의 다항식 $g(x,\ y) = x^2y^3 - xy^2 + x + y$는 연속인가?

풀이 함수 $g(x,\ y)$는 임의의 순서쌍 $(a,\ b)$에 대하여

$$\begin{aligned} \lim_{(x,y)\to(a,b)} g(x,\ y) &= \lim_{(x,y)\to(a,b)} (x^2y^3 - xy^2 + x + y) \\ &= a^2b^3 - ab^2 + a + b \end{aligned}$$

이므로 함수 g는 평면상의 모든 점에서 연속이다. ▣

연습문제 12.1

1. 다음 함수들의 극한을 구하시오.

(a) $\lim_{(x,y)\to(1,2)} (x^2y^3 - 3xy^3 + 4xy + 5)$

(b) $\lim_{(x,y)\to(0,0)} \dfrac{xy^2 + x^3y + 6}{3 - 2xy}$

(c) $\lim_{(x,y)\to(3,1)} e^{\sqrt{2x+3y}}$

2. 다음 함수들이 연속이 되는 영역을 구하시오.

(a) $f(x,\ y) = \sin(2x + y)$

(b) $g(x,\ y) = \dfrac{x+y}{1+\cos x}$

12.2 편도함수

두 변수 x, y의 함수 $f(x, y)$에서 $y = y_0$로 놓으면 $f(x, y_0)$는 x만의 함수로 생각할 수 있다. 그리하여 극한

$$\lim_{h\to0}\frac{f(x_0+h,\ y_0)-f(x_0,\ y_0)}{h}$$

이 존재할 때 이것은 점 (x_0, y_0)에서 x에 관한 함수 $f(x, y)$의 도함수라고 생각할 수 있다. 즉, 함수 $f(x, y)$의 x에 관한 편도함수이다. 비슷하게 만약 $x = x_0$이면 $f(x_0, y)$는 y만의 함수이고 극한

$$\lim_{h\to0}\frac{f(x_0,\ y_0+h)-f(x_0,\ y_0)}{h}$$

은 점 (x_0, y_0)에서 y에 관한 함수 $f(x, y)$의 편도함수이다.

이러한 사고를 바탕으로 다음에 우리는 이변수 함수에 대한 도함수의 정의를 주고자 한다.

정의 1 ••• 편도함수

이변수 함수 $f(x, y)$에 대하여 다음의 극한

$$f_x(x,\ y)=\lim_{h\to0}\frac{f(x+h,\ y)-f(x,\ y)}{h}$$

이 존재하면 이것을 x에 관한 함수 $f(x, y)$의 **편도함수**(partial derivaties)라 한다. 또한

$$f_y(x,\ y)=\lim_{h\to0}\frac{f(x,\ y+h)-f(x,\ y)}{h}$$

을 y에 관한 함수 $f(x, y)$의 **편도함수**(partial derivaties)라 한다.

$f_x(x, y)$를 구하기 위해서는 y를 상수 취급하고 x에 대하여 미분하면 된다. 비슷하게 $f_y(x, y)$를 구하기 위해서는 x를 상수 취급하고 y에 대하여 미분하면 된다. 그리고 편도함수 f_x와 f_y에 대한 다른 표현들이 또한 같이 사용된다.

이변수 함수 $z = f(x, y)$에 대하여

$$f_x = f_x(x,\ y) = \frac{\partial f}{\partial x} = \frac{\partial}{\partial x} f(x,\ y) = \frac{\partial z}{\partial x} = D_x f$$

$$f_y = f_y(x,\ y) = \frac{\partial f}{\partial y} = \frac{\partial}{\partial y} f(x,\ y) = \frac{\partial z}{\partial y} = D_y f$$

등등의 표현을 사용하게 된다.

다음은 편도함수의 기하학적 의미를 살펴보고자 한다. $y = y_0$ 이면 이변수 함수 $f(x,\ y_0)$는 x만의 함수로 볼 수 있으며, 곡선 $f(x,\ y_0)$는 곡면 $z = f(x,\ y)$와 평면 $y = y_0$가 만나는 곡선 (교선)이다. 그리하여

$$f_x(x_0,\ y_0) = \lim_{h \to 0} \frac{f(x_0 + h,\ y_0) - f(x_0,\ y_0)}{h}$$

는 점 $P(x_0,\ y_0,\ f(x_0,\ y_0))$에서의 교선에 접하는 직선, 즉 접선의 기울기이다. 비슷하게 $f_y(x_0,\ y_0)$는 곡면 $z = f(x,\ y)$와 평면 $x = x_0$가 만나는 교선상의 점 $P(x_0,\ y_0,\ f(x_0,\ y_0))$에서 교선에 접하는 접선의 기울기를 의미한다.

예제 1

$f(x,\ y) = 3 - x^2 - y^2$ 일 때 점 $(4,\ -5)$에서 $\frac{\partial f}{\partial x}$와 $\frac{\partial f}{\partial y}$을 구하시오.

풀이

$$\frac{\partial f}{\partial x} = -2x$$

$$\frac{\partial f}{\partial y} = -2y$$

이다. 그리하여

$$\frac{\partial}{\partial x} f(4,\ -5) = -8$$

$$\frac{\partial}{\partial y} f(4,\ -5) = 10$$

이다. ▣

예제 2

이변수 함수 $g(x, y) = x^2y + 4xy + x + y - 3$에 대하여 $g_x(1, 1), g_y(1, 1)$을 계산하시오.

풀이 $g_x(x, y)$을 구하기 위해서는 y를 상수 취급하며

$$g_x(x, y) = \frac{\partial g}{\partial x} = 2xy + 4y + 1$$

을 얻는다. 그리하여

$$g_x(1, 1) = 2 \cdot 1 \cdot 1 + 4 \cdot 1 + 1 = 7$$

이다. 비슷하게 $g_y(x, y) = x^2 + 4x + 1$이며, $g_y(1, 1) = 6$을 얻는다. ◻

고계 편도함수

함수 f가 이변수함수이면 그것의 편도함수 $f_x(x, y)$ 및 $f_y(x, y)$는 x, y의 이변수 함수이다. 그러므로 $f_x(x, y)$와 $f_y(x, y)$에 대하여 또한 x 및 y에 관한 편도함수를 생각할 수 있다. 즉,

$$(f_x)_y = f_{xy} = \lim_{h \to 0} \frac{f_x(x, y+h) - f_x(x, y)}{h}$$

이고

$$(f_y)_x = f_{yx} = \lim_{h \to 0} \frac{f_y(x+h, y) - f_y(x, y)}{h}$$

이다. 또한

$$f_{xx}, \quad f_{yy}$$

등도 비슷하게 정의된다.

예제 3

이변수 함수 $f(x, y) = x^2 + xy - 2y^2$에 대하여 f_{xy}, f_{yx}, f_{xx} 및 f_{yy}을 구하시오.

풀이

$$f_x(x, y) = 2x + y$$
$$f_{xy}(x, y) = 1, \qquad f_{xx}(x, y) = 2$$
$$f_y(x, y) = x - 4y$$
$$f_{yx}(x, y) = 1, \qquad f_{yy}(x, y) = -4$$

이다. ▣

여기에서 우리가 주목할 것은 f_{xy}와 f_{yx}가 같다는 것이며, 이러한 사실은 연속인 함수에 대하여 성립한다.

정리 1

이변수 함수 $f(x, y)$에 대하여 함수 f_x, f_y, f_{xy} 및 f_{yx}이 연속이면

$$f_{xy}(x, y) = f_{yx}(x, y)$$

이다.

우리는 편도함수를 계속하여 미분할 수 있으므로 편도함수의 고계 편도함수들을 생각할 수 있다. 예를 들어

$$f_{xyx} = \frac{\partial}{\partial x}\frac{\partial}{\partial y}\frac{\partial}{\partial x}f$$
$$f_{xyy} = \frac{\partial}{\partial y}\frac{\partial}{\partial y}\frac{\partial}{\partial x}f$$
$$\cdots$$

등이다.

연습문제 12.2

1. 다음 함수들의 주어진 점에서의 편도함수를 구하시오.

(a) $f(x, y) = x^2 - 2xy + 2y^2$, $\dfrac{\partial}{\partial x} f(2, 1)$, $\dfrac{\partial}{\partial y} f(2, 1)$

(b) $g(x, y) = (x-y)^2$, $\dfrac{\partial}{\partial x} g(1, 0)$, $\dfrac{\partial}{\partial y} g(1, 0)$

2. 다음 함수들에 대하여 각각의 변수 x, y 에 대한 편도함수를 구하시오.

(a) $f(x, y) = \dfrac{xy-1}{x+1}$

(b) $g(x, y) = e^{-(x+y)} \sin(x+y)$

(c) $h(x, y) = \ln(x+y)$

3. 다음 함수들에 대하여 주어진 고계 편도함수들을 구하시오.

(a) $f(x, y) = x^2 y^4 - 2x^2 y + y$, f_{xy}, f_{yx}

(b) $g(x, y) = e^{x+y-3}$, g_{xy}, g_{yx}

4. 이변수 함수 $z = f(ax + by + 3)$에 대하여 $\dfrac{\partial z}{\partial x}$와 $\dfrac{\partial z}{\partial y}$을 구하시오.

12.3 접평면과 연쇄법칙

이 절에서는 곡면 $z = f(x,\ y)$에 대한 접평면, 그리고 변수 $x,\ y$가 제3의 변수에 의하여 주어질 때의 편도함수에 대한 공식을 유도하고자 한다.

곡면 $z = f(x,\ y)$상의 점 $\mathrm{P}(x_0,\ y_0,\ f(x_0,\ y_0))$에서의 접평면은 평면 $y = y_0$와 곡면이 만나는 교선상의 점 P에서의 접선과 평면 $x = x_0$와 곡면이 만나는 교선상의 점 P에서의 접선을 포함하는 평면이다. 그러나 평면의 방정식은

$$z - z_0 = A(x - x_0) + B(y - y_0)$$

에 의하여 주어지고, 여기서 $y = y_0$로 놓으면

$$z - z_0 = A(x - x_0)$$

으로서 이것은 바로 평면 $y = y_0$와 곡면 $z = f(x,\ y)$가 만나는 교선상의 점 P에서의 접선이다. 그리하여 A는 접선의 기울기

$$A = \frac{\partial}{\partial x} f(x,\ y) \bigg|_{y - y_0,\, x - x_0}$$

으로 주어지고, 비슷하게 평면의 공식에서 $x = x_0$로 놓으면

$$B = \frac{\partial}{\partial y} f(x,\ y) \bigg|_{x = x_0,\, y = y_0}$$

으로 주어짐을 알 수 있다.

다음 정리에서 우리는 곡면 $z = f(x,\ y)$에 대한 **접평면**의 공식을 유도하고자 한다.

정리 1 ∘∘∘ 접평면

$z = f(x,\ y)$상의 점 $P(x_0,\ y_0,\ f(x_0,\ y_0))$에서 접평면의 방정식은

$$z - z_0 = f_x(x_0,\ y_0)(x - x_0) + f_y(x_0,\ y_0)(y - y_0)$$

에 의하여 주어진다.

예제 1

곡면 $f(x, y) = 9 - x^2 - y^2$ 상의 점 $\mathrm{P}(1, 2, 4)$에서의 접평면의 방정식을 구하시오.

풀이

$$f_x(x, y) = -2x, \quad f_x(1, 2) = -2$$
$$f_y(x, y) = -2y, \quad f_y(1, 2) = -4$$

이다. 그리하여 접평면의 방정식은

$$z - 4 = -2(x-1) - 4(y-2)$$

즉, $z = -2x - 4y + 14$이다. ■

연쇄법칙

일변수함수의 경우 합성함수에 대한 미분은 연쇄법칙을 제공하였다. 여기에서 우리는 이변수 함수의 경우에 대한 연쇄법칙을 유도하고자 한다.

정리 2 ••• 연쇄법칙

이변수함수 $z = f(x, y)$가 x, y에 대하여 편미분 가능하고, x와 y가 또 다른 변수 t에 대하여 미분 가능하면 이변수 함수 z는 t에 대하여 미분 가능하다. 즉,

$$\frac{dz}{dt} = \frac{\partial f}{\partial x}\frac{dx}{dt} + \frac{\partial f}{\partial y}\frac{dy}{dt}$$

이다. 또는

$$\frac{dz}{dt} = \frac{\partial z}{\partial x}\frac{dx}{dt} + \frac{\partial z}{\partial y}\frac{dy}{dt}$$

이다.

예제 2

$z = xy$이고 $x = e^t, y = \sin t$일 때 $\dfrac{dz}{dt}$을 구하고 $t = \dfrac{\pi}{2}$에서의 값을 구하시오.

풀이 먼저

$$\frac{dx}{dt} = e^t, \quad \frac{dy}{dt} = \cos t$$

이다. 그리하여 연쇄법칙에 의하여

$$\begin{aligned}\frac{dz}{dt} &= \frac{\partial z}{\partial x}\frac{dx}{dt} + \frac{\partial z}{\partial y}\frac{dy}{dt} \\ &= ye^t + x\cos t \\ &= \sin t\, e^t + e^t \cos t\end{aligned}$$

이며, 결국

$$\begin{aligned}\left.\frac{dz}{dt}\right|_{t=\frac{\pi}{2}} &= \sin\frac{\pi}{2} e^{\frac{\pi}{2}} + e^{\frac{\pi}{2}} \cos\frac{\pi}{2} \\ &= e^{\frac{\pi}{2}}\end{aligned}$$

이다. ▣

전미분

일변수함수 $y = f(x)$에 대하여 미분은 작은 Δx에 대한 y의 증분 $\Delta y = f(x+\Delta x) - f(x)$에 대한 극한으로 정의되었다. 즉,

$$dy = f'(x)dx$$

이다.

이변수함수 $z = f(x, y)$에 대하여 비슷한 공식을 유도하고자 한다. x와 y의 증분 Δx와 Δy에 대한 z의 대응하는 증분은

$$\Delta z = f(x+\Delta x,\ y+\Delta y) - f(x,\ y)$$

에 의하여 주어진다. 그리고 나면

$$\begin{aligned}\Delta z &= f(x+\Delta x,\ y+\Delta y) - f(x,\ y) \\ &= f(x+\Delta x,\ y+\Delta y) - f(x,\ y+\Delta y) + f(x,\ y+\Delta y) - f(x,\ y) \\ &\approx f_x(x,\ y)dx + f_y(x,\ y)dy\end{aligned}$$

이다.

이러한 공식에 의하여 우리는 다음의 정의를 주고자 한다.

정의 1 ••• 전미분

이변수 함수 $z = f(x, y)$에 대한 **전미분**(total differential) dz는

$$\begin{aligned} dz &= f_x(x, y)\,dx + f_y(x, y)\,dy \\ &= \frac{\partial f}{\partial x}dx + \frac{\partial f}{\partial y}dy \end{aligned}$$

에 의하여 정의한다.

연습문제 12.3

1. 다음 이변수 함수에 대하여 주어진 점에서의 접평면의 방정식을 유도하여라.

(a) $f(x, y) = 4x^2 + y^2, \quad P(1, 2, 8)$

(b) $g(x, y) = x^2 y^3, \ P(2, 1, 4)$

(c) $h(x, y) = e^x \sin y, \ P\left(0, \dfrac{\pi}{2}, 1\right)$

2. 이변수 함수 $z = f(x, y)$에 대한 연쇄법칙을 이용하여 다음 함수들의 미분 $\dfrac{df}{dt}$을 계산하시오.

(a) $f(x, y) = xy, \ x = \sin t, \ y = \cos t$

(b) $f(x, y) = \ln(x^2 + y^2), \ x = 3t, \ y = 4t$

(c) $f(x, y) = e^x \cos y, \ x = t, \ y = 5t$

3. 함수 $z = xe^y + ye^x$의 전미분을 구하시오.

CHAPTER

13 중적분

CALCULUS

이 장에서는 정적분의 개념을 이변수 함수로까지 확장한 중적분을 다루고자 한다. 이러한 중적분은 일반적인 영역, 주로 평면에서의 체적 등을 계산하는데 이용된다.

13.1 이중적분

이변수 함수의 이중적분을 정의하기 앞서 일변수함수의 정적분에 대한 개념을 복습해 보고자 한다.

함수 f 가 폐구간 $[a, b]$ 위에 정의된 함수일 때 적분 $\int_a^b f(x)\,dx$ 는

$$\int_a^b f(x)\,dx = \lim_{n\to\infty} \sum_{k=1}^{n} f(x_k^*)\Delta x_k$$

으로 정의하였다.

특히 함수 $f(x) > 0$ 인 경우 적분 $\int_a^b f(x)\,dx$ 는 a 에서 b 까지 곡선 $y = f(x)$ 아래 부분의 넓이였다.

우리는 먼저 평면에서 직사각형의 영역에 대한 정적분의 개념을 확장하고자 한다.

영역 R 이

$$R = [a,\ b] \times [c,\ d] = \{(x,\ y) \in \mathbf{R}^2 | a \le x \le b,\ c \le y \le d\}$$

에 의하여 주어지고, 함수 f 는 영역 R 위에 정의된 함수라 하자. 영역 R을 다음과 같이 부분 직사각형들의 합으로 나타내고자 한다.

$$a = x_0 < x_1 < \cdots < x_{i-1} < x_i < \cdots < x_m = b$$
$$c = y_0 < y_1 < \cdots < y_{j-1} < y_j < \cdots < y_n = d$$

mn 개의 부분 직사각형들이 만들어지며 $i = 1,\ 2,\ \cdots,\ m,\ \ j = 1,\ 2,\ \cdots,\ n$ 에 대하여

$$\begin{aligned} R_{ij} &= [x_{i-1},\ x_i] \times [y_{j-1},\ y_j] \\ &= \{(x,\ y) | x_{i-1} \le x \le x_i,\ y_{j-1} \le y \le y_j\} \end{aligned}$$

이라 하자, 그리고

$$\Delta x_i = x_i - x_{i-1}, \qquad \Delta y_i = y_j - y_{j-1}$$

으로 놓으면 직사각형 R_{ij} 의 면적, ΔA_{ij} 는

$$\Delta A_{ij} = \Delta x_i \Delta y_j$$

에 의하여 주어진다. 그리고 나서 영역 R_{ij} 내의 임의의 점 $(x_{ij}^*,\ y_{ij}^*)$에 대하여 이중합

$$\sum_{i=1}^{m} \sum_{j=1}^{n} f(x_{ij}^*,\ y_{ij}^*)\, \Delta A_{ij}$$

을 생각하자.

그리고 나면 우리는 다음과 같이 이변수 함수 $f(x,\ y)$의 이중적분을 정의하고자 한다.

정의 1 ••• 이중적분

평면내의 영역 R 위에 정의된 함수 f 에 대하여 극한

$$\lim_{\substack{m \to \infty \\ n \to \infty}} \sum_{i=1}^{m} \sum_{j=1}^{n} f(x_{ij}^*,\ y_{ij}^*)\, \Delta A_{ij}$$

이 존재하면 우리는 그것을 기호

$$\iint_R f(x, y)\, dA$$

에 의하여 나타내고, 함수 f의 **이중적분**(double integral)이라 부르며, 함수 f는 이중적분가능하다고 말한다.

참고

$f(x, y) > 0$이면 $\iint_R f(x, y)\, dA$는 곡면 $z = f(x, y)$ 아래와 영역 R 위에 있는 입체의 체적을 말한다.

정리 1 ∘∘∘

이변수 함수 f가 평면내의 영역 R에서 연속이면 함수 f는 이중 적분 가능하다. 즉,

$$\iint_R f(x, y)\, dA = \lim_{\substack{m \to \infty \\ n \to \infty}} \sum_{i=1}^{m} \sum_{j=1}^{n} f(x_{ij}^*, y_{ij}^*)\, \triangle A_{ij}$$

이 존재한다.

정리 2 ∘∘∘ 이중적분의 성질

영역 R에서 이중적분 가능한 함수 $f(x, y)$, $g(x, y)$ 및 상수 k에 대하여 다음의 성질이 성립한다.

(a) $\iint_R [f(x, y) \pm g(x, y)]\, dA = \iint_R f(x, y)\, dA \pm \iint_R g(x, y)\, dA$

(b) $\iint_R k f(x, y)\, dA = k \iint_R f(x, y)\, dA$

(c) $R = R_1 \cup R_2$이고 $R_1 \cap R_2 = \varnothing$이면

$$\iint_R f(x, y)\, dA = \iint_{R_1} f(x, y)\, dA + \iint_{R_2} f(x, y)\, dA$$

정리 3 ∘∘∘ 순서성질

모든 $(x, y) \in R$에 대하여 만약 $f(x, y) \le g(x, y)$이면

$$\iint_R f(x, y)\, dA \le \iint_R g(x, y)\, dA$$

이 성립한다.

이러한 성질은 영역이 평면의 일반적인 영역에 대해서도 성립한다.

연습문제 13.1

1. 영역 $R = \{(x, y) | 0 \le x \le 2, 0 \le y \le 2\}$에서 함수 $f(x, y) = 2$일 때 이중적분 $\iint_R f(x, y)\, dA$을 계산하시오.

2. 영역 $R = \{(x, y) | 0 \le x \le 2, 0 \le y \le 2\}$에 대하여

$R_1 = \{(x, y) | 0 \le x \le 2,\ 0 \le y \le 1\}$이고 $R_2 = \{(x, y) | 0 \le x \le 2, 1 \le y \le 2\}$

이라 하자. 이 때 이중적분 가능 함수 f, g에 대하여 $\iint_R f(x, y)\, dA = 2$, $\iint_R g(x, y)\, dA = 1$ 및 $\iint_{R_1} g(x, y)\, dA = 3$에 의하여 주어질 때

(a) $\iint_R [2f(x, y) - g(x, y)]\, dA$

(b) $\iint_{R_2} g(x, y)\, dA$

을 계산하시오.

13.2 반복적분

이 절에서는 이중적분을 쉽게 계산하는 방법, 즉 적분을 두 번 시행함으로써 이중적분을 계산할 수 있도록 하는 **푸비니의 정리**를 다루고자 한다.

정리 1 ∘∘∘ 푸비니의 정리

이변수함수 $f(x,\ y)$가 영역 $R=\{(x,\ y)|a \le x \le b,\ c \le y \le d\}$에서 연속이면 다음의 사실이 성립한다.

$$\iint_R f(x,\ y)\,dA = \int_a^b \int_c^d f(x,\ y)\,dy\,dx = \int_c^d \int_a^b f(x,\ y)\,dx\,dy$$

참고

정리 1은 함수 f가 R에서 유한개의 불연속점을 갖는 경우로까지 확장된다.

반복적분 $\int_a^b \int_c^d f(x,\ y)\,dy\,dx$는 적분 $\int_c^d f(x,\ y)\,dy$는 x를 상수취급하고 y에 관하여 먼저 적분하며, 그리고 나서 계산된 결과를 구간 a에서 b까지 x에 관하여 적분하는 것이다. 즉,

$$\int_a^b \int_c^d f(x,\ y)\,dy\,dx = \int_a^b \left[\int_c^d f(x,\ y)\,dy\right] dx$$

이다. 비슷하게 또한

$$\int_c^d \int_a^b f(x,\ y)\,dx\,dy = \int_c^d \left[\int_a^b f(x,\ y)\,dx\right] dy$$

이다.

푸비니 정리는 연속함수에 대하여 이중적분을 반복적분에 의하여 나타낼 수 있으며 적분의 순서에 관계없이 같다는 것을 의미한다.

예제 1

영역 $R=\{(x,\ y)\,|\,0\le x\le 1, 1\le y\le 2\}$일 때 이변수함수 $f(x,\ y)=x-y^2$에 대한 이중적분 $\iint_R (x-y^2)\,dA$ 을 계산하시오.

풀이 이변수 함수 $f(x,\ y)=x-y^2$는 영역 R에서 연속이다. 그리하여 푸비니의 정리에 의하여

$$
\begin{aligned}
\iint_R (x-y^2)\,dA &= \int_0^1\int_1^2 (x-y^2)\,dy\,dx \\
&= \int_0^1 \left[xy-\frac{1}{3}y^3\Big|_1^2 \right] dx \\
&= \int_0^1 \left(x-\frac{7}{3}\right) dx \\
&= \frac{1}{2}x^2-\frac{7}{3}x\,\Big|_0^1 \\
&= -\frac{11}{6}
\end{aligned}
$$

한편

$$
\begin{aligned}
\int_1^2\int_0^1 (x-y^2)\,dx\,dy &= \int_1^2 \left[\frac{1}{2}x^2-y^2x\Big|_0^1 \right] dy \\
&= \int_1^2 \left(\frac{1}{2}-y^2\right) dy \\
&= \frac{1}{2}y-\frac{1}{3}y^3\,\Big|_1^2 \\
&= -\frac{11}{6}
\end{aligned}
$$

그리하여 연속인 함수에 대하여 적분은 순서에 관계없이 같은 값을 얻을 수 있음을 확인하였다. ■

푸비니의 정리는 다음과 같이 영역 R이 일반적인 영역의 경우에 대해서도 성립한다.

(1) 영역 R이 $R=\{(x,\ y)\,|\,a\le x\le b, g_1(x)\le y\le g_2(x)\}$일 때(그림 13.1 참고)

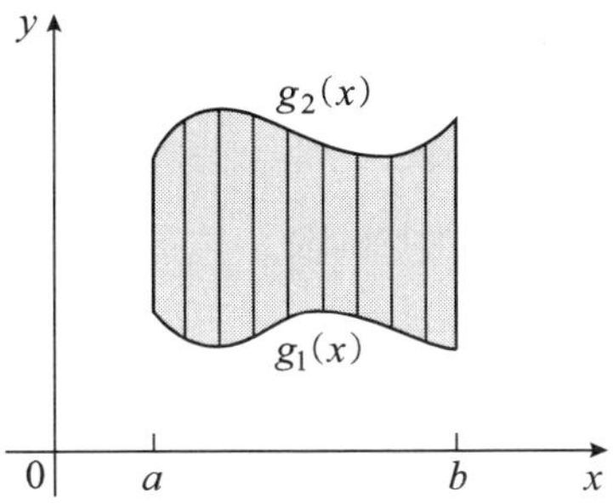

그림 13.1

영역 R상의 이변수 함수 $f(x,\ y)$의 이중적분은

$$\iint_R f(x,\ y)\,dA = \int_a^b \int_{g_1(x)}^{g_2(x)} f(x,\ y)\,dy\,dx$$

에 의하여 주어진다.

(2) 영역 R이 $R = \{(x,\ y) \mid c \le y \le d,\ g_1(y) \le x \le g_2(y)\}$일 때(그림 13.2 참고)

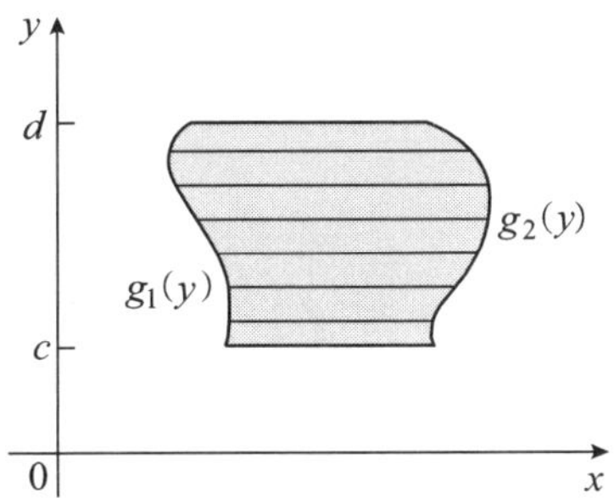

그림 13.2

영역 R상의 이변수 함수 $f(x,\ y)$의 이중적분은

$$\iint_R f(x,\ y)\,dA = \int_c^d \int_{g_1(y)}^{g_2(y)} f(x,\ y)\,dx\,dy$$

에 의하여 주어진다.

예제 2

영역 $R=\{(x,\ y)|1 \leq x \leq 2,\ x \leq y \leq x^2\}$ 위에 정의된 연속함수 $f(x,\ y)= x^2-2y$ 의 이중적분 $\displaystyle\iint_R f(x,\ y)\,dA$ 을 계산하시오.

풀이 푸비니의 정리에 의하여

$$
\begin{aligned}
\iint_R f(x,\ y)\,dA &= \int_1^2\int_x^{x^2}(x^2-2y)\,dy\,dx \\
&= \int_1^2 \left[x^2y-y^2{}_1|\right]_x^{x^2} dx \\
&= \int_1^2 (x^2-x^3)\,dx \\
&= \frac{1}{3}x^3-\frac{1}{4}x^4\Big|_1^2 \\
&= -\frac{17}{12}
\end{aligned}
$$

이다. ▣

예제 3

영역 $R=\{(x,\ y)|1 \leq y \leq 2,\ y \leq x \leq y^2\}$ 위에 정의된 함수 $f(x,\ y)= 2y\,e^x$ 에 대하여 이중적분 $\displaystyle\iint_R f(x,\ y)\,dA$ 을 계산하시오.

풀이 푸비니의 정리에 의하여

$$
\begin{aligned}
\iint_R f(x,\ y)\,dA &= \int_1^2\int_y^{y^2} 2y\,e^x\,dx\,dy \\
&= \int_1^2 \left[2ye^x\Big|_y^{y^2}\right] dx\,dy \\
&= \int_1^2 2ye^{y^2}\,dy-2\int_1^2 ye^y\,dy
\end{aligned}
$$

이다. 먼저 $\displaystyle\int_1^2 2y\,e^{y^2}\,dy$ 을 계산하기 위하여 $y^2=u$ 로 치환하자. 그리고 나면 $2ydy=du$ 이고, $y=1$ 일 때 $u=1$ 이며, $y=2$ 일 때 $u=4$ 이다. 그리하여 적분

$$\int_1^2 2y e^{y^2}\, dy = \int_1^4 e^u\, du$$
$$= e^u \Big|_1^4$$
$$= e^4 - e$$
$$= e(e^3 - 1)$$

한편 부분적분법을 사용하는 것에 의하여

$$\int_1^2 y e^y\, dy = y e^y \Big|_1^2 - \int_1^2 e^y\, dy$$
$$= 2e^2 - e - (e^2 - e)$$
$$= e^2$$

이다. 그리하여 위의 결과들을 종합하면

$$\iint_R f(x, y)\, dA = \int_1^2 2y e^{y^2}\, dy - 2\int_1^2 y e^y\, dy$$
$$= e(e^3 - 1) - 2e^2$$
$$= e(e^3 - 2e - 1)$$

이다. ■

연습문제 13.2

1. 다음 반복적분을 계산하시오.

(a) $\displaystyle\int_1^2 \int_0^{x^2} (2x + 5y)\, dy\, dx$

(b) $\displaystyle\int_0^1 \int_y^{3y} e^y\, dx\, dy$

(c) $\displaystyle\int_1^2 \int_0^1 2x\sqrt{x^2 + y}\, dx\, dy$

2. 포물선 $y = 2x^2$, $y = 1 + x^2$ 에 의하여 둘러싸인 영역을 R 이라고 할 때 이중적분 $\iint_R (2x + y)\, dA$ 을 계산하시오.

3. 적분순서를 바꾸는 것에 의하여 반복적분 $\int_0^1 \int_x^1 \cos(y^2)\, dy\, dx$ 을 계산하시오.

연습문제 해답

CALCULUS

Chapter 01 함수

연습문제 1.1

1. (a) $\dfrac{21}{50}$ (b) $\dfrac{8}{33}$

2. 생략

3. Q (유리수의 집합)

4. 생략

5. 4

6. 3

7. 생략

8. $-1 < x < 5$

9. $x=2,\ y=1,\ x+y=3$

10. 1

11. 1

12. 4

13. 생략

14. 생략

15. 생략

연습문제 1.2

1. 정의역$=\{x|0 \le x < 2\}$, 치역$=\{y|0 \le y < 4\}$

2. (a) 정의역 $=\{x|x \ne 0,\ x \ne 1,\ x \in \mathrm{R}\}$

(b) 정의역 $=\left\{x|x \le -\sqrt{2} \text{ or } x \ge \sqrt{2}\right\}$

3. 정의역$=\{x|-1 \le x \le 1\}$, 치역$=\{y|0 \le y \le 1\}$

4. 그래프

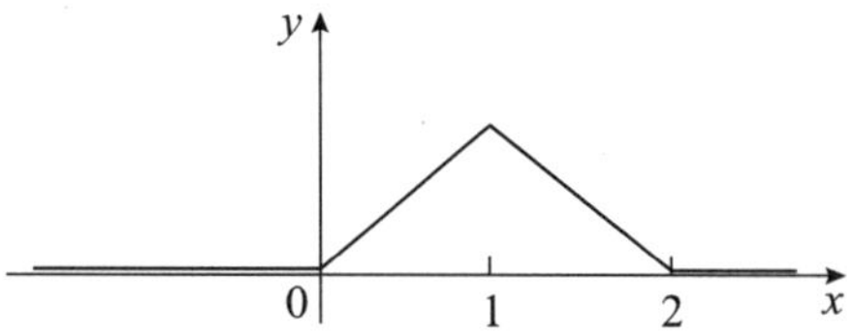

5. (a) 단사함수, (b) 전사함수, (c) 전단사함수

6. (a) $2x+5$ (b) $2x+2$ (c) $4x-3$ (d) $x+6$

7. $(f\circ g)(x)=|x|$, $(g\circ f)(x)=x$, $x\geqq 0$

8. (a) $f(x)=x^2$, $g(x)=x-3$ (b) $f(x)=\sqrt{x}$, $g(x)=x^2+3$

9. 1

10. $a=\frac{1}{2}$, $b=-\frac{1}{2}$

11. $0\leq x\leq 5$일 때, $-5\leq f(x)\leq -2$

$g(x)=(x+3)^2-1$에서 $g(f(x))=\{f(x)+3\}^2-1$

$-5\leq f(x)\leq -2$이므로 $-1\leq g(f(x))\leq 3$ $\quad\therefore \{y\mid -1\leq y\leq 3\}$

12. $f\left(\frac{13}{27}\right)=\frac{13}{9}-\left[\frac{13}{9}\right]=\frac{4}{9}$

$(f\circ f)\left(\frac{13}{27}\right)=f\left(\frac{4}{9}\right)=\frac{4}{3}-\left[\frac{4}{3}\right]=\frac{1}{3}$

$(f\circ f\circ f)\left(\frac{13}{27}\right)=(f\circ f)\left(\frac{4}{9}\right)=f\left(\frac{1}{3}\right)=1-[1]=0$

$\therefore f\left(\frac{13}{27}\right)+(f\circ f)\left(\frac{13}{27}\right)+(f\circ f\circ f)\left(\frac{13}{27}\right)=\frac{4}{9}+\frac{1}{3}=\frac{7}{9}$

13. $f(x)$가 n차식이라 가정하면

(좌변의 차수)$=n^2$, (우변의 차수)$=2n$ 이므로 $n=0$ 또는 2

(i) $n=0$인 경우 : $f(x)=c$ (c는 상수)로 놓으면

(좌변)$=f(f(x))=f(c)=c$, (우변)$=\{f(x)\}^2=c^2$

(ii) $n=2$인 경우 : $f(x)=ax^2+bx+c$ $(a\neq 0)$로 놓으면 등식은

$a(ax^2+bx+c)^2+b(ax^2+bx+c)+c=(ax^2+bx+c)^2$ 에서 x^4 항의 계수를 비교하면 $a^3=a^2$

$\therefore a \neq 0$이므로 $a = 1$

$a = 1$을 대입하면 $(x^2 + bx + c)^2 + b(x^2 + bx + c) + c = (x^2 + bx + c)^2$

$\therefore b(x^2 + bx + c) + c = 0$

이 식은 x에 관한 항등식이므로 $b = c = 0$

$\therefore f(x) = x^2$

(i), (ii)에서 결국 $f(x)$는 0 또는 1 또는 x^2 $\quad \therefore$ 3개

14. 함수 $f(x)$의 정의역은 $-1 \leq x \leq 1$이고, $f(x) \geq 0$이므로 $\{f(x)\}^2$이 최대(최소)일 때 $f(x)$도 최대(최소)이다.

따라서, $\{f(x)\}^2 = 1 - x + 2\sqrt{1 - x^2} + 1 + x = 2 + 2\sqrt{1 - x^2}$이므로 $\{f(x)\}^2$은 $x = 0$일 때 최댓값 4, $x = \pm 1$일 때 최솟값 2를 가진다. 즉, $M = 2$, $m = \sqrt{2}$. 따라서, $Mm = 2\sqrt{2} = 2.82$이다.

15.

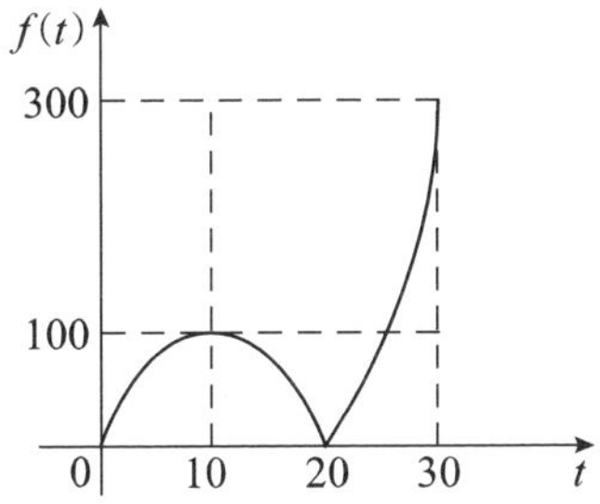

함수 $f(t)$를 시간 t까지 두 사람이 달린 거리의 차라 하자. 즉, $f(t) = |t^2 + 10t - 30t|$. 코스 한 바퀴의 둘레는 50m이고, 같은 방향으로 달리므로 두 사람이 만나는 경우는 두 사람이 달린 거리의 차가 50의 배수일 때이다. 즉, $|t^2 - 20t| = 50k$ (단, $k = 0, 1, 2, \cdots$)

위 그래프에서 $k = 0$일 때, 만나는 횟수는 1회(출발지점 제외)

$k = 1$일 때, 만나는 횟수는 3회

$k = 2$일 때, 만나는 횟수는 2회 (단, $t > 0$이다)

$3 \leq k \leq 6$일 때, 만나는 횟수는 각각 1회씩 모두 4회

따라서, 출발 후 30분 동안 10회 만난다.

연습문제 1.3

1. (a) $f^{-1}(x) = \frac{1}{2}(x-3)$ (b), (c) 생략

2. (a) $f^{-1}(x) = x^{\frac{1}{3}}$ (b) $g^{-1}(x) = \frac{1}{7}(x+3)$

(c) f의 정의역 = $(-\infty, -1]$, f의 치역 = $[0, \infty)$

$f^{-1}: [0, \infty) \to (-\infty, -1]$, $f^{-1}(x) = -x^2 - 1$

3. (c)

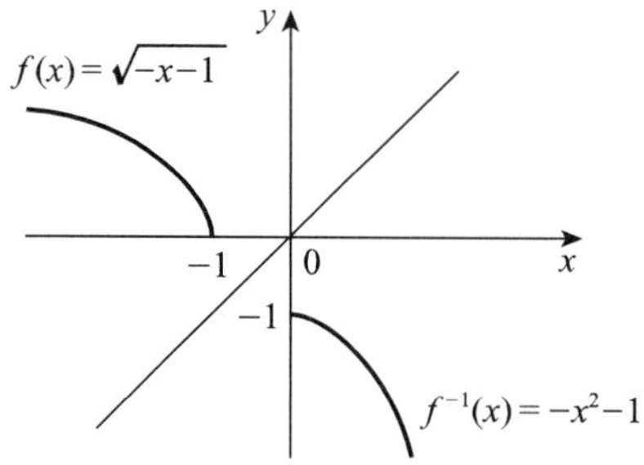

4. $f(x) = x^3$, $g(x) = 7x - 3$

$(f \circ g)^{-1}(x) = \frac{1}{7}(x^{\frac{1}{3}} + 3)$

$(f \circ g)^{-1}(x) = (g^{-1} \circ f^{-1})(x)$

5. (a) 기함수 (b) 우함수 (c) 기함수도 우함수도 아니다

6. 두 함수 $f(x)$와 $g(x)$는 역함수의 관계에 있으므로 두 함수의 교점 $f(x) = g(x)$는 $f(x) = x$와 동치이다. ($\because$ 역함수와 원함수의 교점은 $y = f(x)$와 $y = x$의 교점과 같다)

따라서, $4x^2 + k = x$에서 $4x^2 - x + k = 0$, $D = 1 - 16k > 0$

또, 조건에서 $k > 0$이므로 $\therefore 0 < k < \frac{1}{16}$

연습문제 1.4

1. 생략

2. (a) 직선 $y = 2$, (b) 직선 $x = 1$

3. (a) 최솟값 $= \frac{23}{8}$, 최댓값은 존재하지 않는다.

(b) 최댓값 $= -\frac{23}{8}$, 최솟값은 존재하지 않는다.

4. $(-2, 1)$, $(4, 7)$

5. $-6 < k < 2$

6. $-7 < k < -2$

7. 생략

8. (a) 정의역 = $\{x \mid x \geq 2\}$, (b) 정의역 = $\{x \mid x \geq 2\}$

Chapter 02 삼각함수

연습문제 2.1

1. (a) 제3사분면, $-\frac{3}{4}\pi$, (b) 제3사분면, $\frac{7}{6}\pi$, (c) 제1사분면, $\frac{\pi}{12}$

2. (a) 제1사분면, $-315°$, (b) 제2사분면, $108°$, (c) 제1사분면, $30° + 360° \times n$

3.

θ	-2π	$-\frac{3}{2}\pi$	$-\pi$	$-\frac{\pi}{2}$	π	$\frac{3}{2}\pi$	2π
$\sin\theta$	0	1	0	−1	0	−1	0
$\cos\theta$	1	0	−1	0	−1	0	1
$\tan\theta$	0	×	0	×	0	×	0

4.

θ	0	$\frac{\pi}{6}$	$\frac{\pi}{4}$	$\frac{\pi}{3}$	$\frac{\pi}{2}$
$\mathrm{cosec}\theta$	×	2	$\sqrt{2}$	$\frac{2}{3}\sqrt{3}$	1
$\sec\theta$	1	$\frac{2}{3}\sqrt{3}$	$\sqrt{2}$	2	×
$\cot\theta$	×	$\sqrt{3}$	1	$\frac{1}{\sqrt{3}}$	0

5. 부채꼴의 호의 길이 = $r\theta$, 부채꼴의 넓이 $= \frac{1}{2}r^2\theta$

6. $8\pi(\mathrm{cm})$

연습문제 2.2

1. $\sin\left(\frac{3}{4}\pi\right) = \frac{\sqrt{2}}{2}$, $\cos\left(\frac{3}{4}\pi\right) = -\frac{\sqrt{2}}{2}$, $\tan\left(\frac{3}{4}\pi\right) = -1$

$\sin\left(\frac{5}{4}\pi\right) = -\frac{\sqrt{2}}{2}$, $\cos\left(\frac{5}{4}\pi\right) = -\frac{\sqrt{2}}{2}$, $\tan\left(\frac{5}{4}\pi\right) = 1$

2. $\sin\left(-\frac{7}{4}\pi\right) = \frac{\sqrt{2}}{2}$, $\cos\left(-\frac{7}{4}\pi\right) = \frac{\sqrt{2}}{2}$, $\tan\left(-\frac{7}{4}\pi\right) = 1$

3. $\cos\theta = -\frac{3}{5}$, $\tan\theta = \frac{4}{3}$

4. 0

5. (a) $x = \frac{\pi}{4} + 2n\pi$ 또는 $x = \frac{3}{4}\pi + 2n\pi$

   (b) $x = \frac{7}{6}\pi + 2n\pi$ 또는 $x = \frac{5}{6}\pi + 2n\pi$

   (c) $x = \frac{\pi}{6} + n\pi$

6. 주기 $= \pi$

7. 주기 $= 4\pi$

8. 주기 $= \frac{\pi}{2}$

9. $x = 0,\ 2\pi,\ \frac{2}{3}\pi,\ \frac{4}{3}\pi$

10. (a) $\frac{\pi}{3}$ 또는 $\frac{\pi}{2}$ (b) $2n\pi$

11. (a) 2 (b) $\frac{1}{2}$ (c) $\frac{\sqrt{7}}{2}$

연습문제 2.3

1. $-\frac{3}{8}$

2. (a) $\frac{\sqrt{2}}{4}(1+\sqrt{3})$ (b) $\frac{\sqrt{2}}{4}(1+\sqrt{3})$

   (c) $\frac{\sqrt{2}}{4}(\sqrt{3}-1)$ (d) $\frac{\sqrt{2}}{4}(1-\sqrt{3})$

3. $\tan\frac{\pi}{12} = 2-\sqrt{3}$, $\tan\frac{7}{12}\pi = -(2+\sqrt{3})$

4. (a) $\frac{63}{65}$ (b) $-\frac{56}{65}$

5. 1

6. 생략

7. $\cos 2\alpha = -\frac{4}{5}$, $\sin 2\alpha = \frac{3}{5}$, $\tan 2\alpha = -\frac{3}{4}$

8. 생략

9. $\frac{2-\sqrt{3}}{4}$

10. $\tan\frac{\alpha}{2}=2$

11. 생략

12. 생략

13. (a) $\frac{2+\sqrt{3}}{4}$ (b) $\frac{\sqrt{3}}{3}$

14. $\frac{\sqrt{6}}{2}$

15. 최댓값 = 2, $x=\frac{\pi}{3}+2n\pi$ 최솟값 = −2, $x=\frac{4}{3}\pi+2n\pi$

16. 3

17. $\frac{2}{3}$

18. $\frac{7}{6}$

19. (a) $\frac{5}{13}$ (b) $\frac{1}{3}$

20. (a) $x=0,\ \frac{\pi}{2},\ \frac{3}{2}\pi$

(b) $x=\frac{\pi}{3},\ \frac{2}{3}\pi,\ \frac{4}{3}\pi,\ \frac{5}{3}\pi$

연습문제 2.4

1. (a) $-\frac{\pi}{2}$ (b) $\frac{\pi}{3}$ (c) $\frac{\pi}{4}$ (d) 0 (e) $\frac{3}{4}\pi$ (f) $-\frac{\pi}{6}$

2. (a) $\frac{\pi}{4}$ (b) $\frac{1}{2}$ (c) $\sqrt{3}$ (d) $\frac{4}{5}$ (e) $\frac{3}{5}$ (f) $\sqrt{5}$

3. (a) $\frac{\pi}{3}$ (b) $\frac{\pi}{6}$ (c) $\frac{\pi}{4}$ (d) $\frac{1}{2}$ (e) 1

4. 생략

5. (a) $\cos^{-1}x=\theta$라 놓고 직각삼각형에 대한 피타고라스의 정리를 이용하여라.

(b), (c) : (a)와 같은 방법.

6. $\frac{\sqrt{2}}{2}$

7. (a) $\frac{1}{9}$ (b) $\frac{3}{4}$ (c) $\frac{56}{65}$

8, 9, 10. 생략

Chapter 03 함수의 극한과 연속성

연습문제 3.1

1. (c) $y=4(x-1)$

2. (a) PQ_1 의 기울기$=7$ PQ_2의 기울기$=\dfrac{4.096-1}{1.6-1}$

PQ_3의 기울기$=\dfrac{2.197-1}{1.3-1}$ PQ_4의 기울기$=\dfrac{1.331-1}{1.1-1}$

(b) 평균속도

(c) PQ_4의 기울기

(d) 점 Q_4를 좀 더 P에 가까이 한다.

연습문제 3.2

1. (a) 2, 2 (b) 3

2. (a) 13 (b) 0 (c) 극한이 존재하지 않는다. (d) 극한이 존재하지 않는다.

3. 없다.

4. (a) 그래프 (b) 1

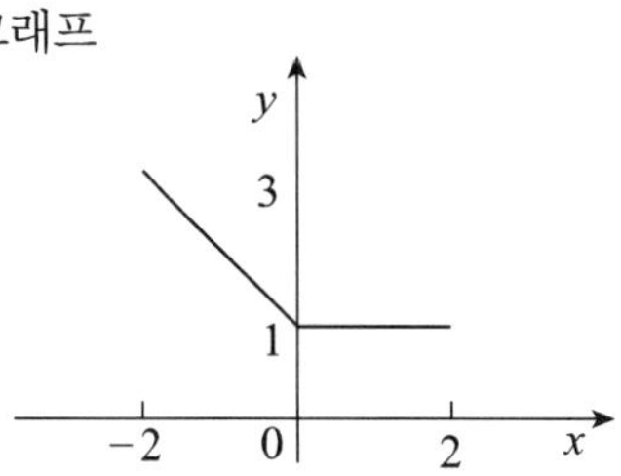

5. 생략

6. (a)

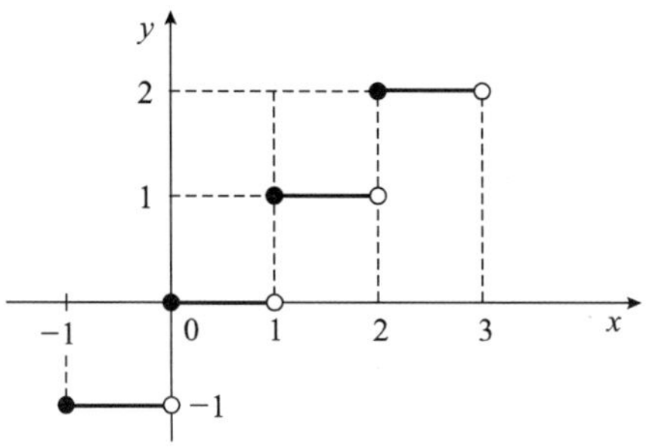

(b) $\lim_{x\to 0-} f(x)=-1$, $\lim_{x\to 0+} f(x)=0$, $\lim_{x\to 0} f(x)$는 존재하지 않는다.

(c) $(m-1)$, m, 존재하지 않는다.

연습문제 3.3

1. (a) 25 (b) 1 (c) $\frac{3}{7}$

2. (a) $x \neq 2$일 때 (b) 5

3. (a) -7 (b) $-\frac{15}{17}$

4. (a) 18 (b) -6

5. 2

6. (a) 생략 (b) 0, 2 (c) 존재하지 않는다.

7. (a) $a=-1,\ b=1$ (b) $a=9,\ b=3$

8. (a) -1 (b) 1 (c) $\frac{1}{108}$ (d) 6

9. 1

10. (a) $-\infty$ (b) $-\infty$ (c) -3 (d) ∞ (e) -1

11. (a) 0 (b) 0 (c) 0

12. -2

13. -1

14. (a) $-3.1 < x < -2.9$ (b) $-3.01 < x < -2.99$ (c) ∞

연습문제 3.4

1. (a) 연속 (b) 연속 (c) 불연속

2. (a) $f(1)=1$ (b) 2 (c) 아니다. (d) 불연속 (e) $f(1)=2$

3. $c=\frac{1}{2}$

4. $\frac{1}{2}$

5. 연속

6. -2

7. (a) 0, 8 (b) 1

8. $f(x)=x^2-3$라 놓으시오.

9. $f(x)=x^3-3x+1$라 하고 중간값 정리 적용

10. 생략

11. 연속의 정의에서 $x-a=h$로 놓음

Chapter 04 도함수

연습문제 4.1

1. (a) $f'(2) = 7$ (b) $g'(1) = 0$ (c) $h'(2) = \dfrac{7}{4}$

2. $y = 3x - 4$ **3.** 3

4. (a) $f(x) = x^2, a = 2$ (b) $f(x) = \sqrt{x}\,,\ a = 2$

5. (a) $f'(x) = 3$ (b) $g'(x) = 2x - 5$ (c) $h'(x) = \dfrac{-2}{(x-1)^2}$

(d) $F'(x) = \dfrac{1}{2\sqrt{x}}$ (e) $G'(x) = 4x^3$ (f) $H'(x) = \dfrac{-2}{x^3}$

(g) $f'(x) = 3x^2 - 3$ (h) $g'(x) = \dfrac{x(x+2)}{(x+1)^2}$

6. 불연속인 점= $b,\ d$, 미분 불가능인 점= $b,\ c,\ d$

7. -2 **8.** 1 **9.** 6

10. $f(x) = x^3 - 2x^2 + 2x + 2$

11. $a = 2,\ b = -1$ **12.** $a = 1,\ b = 6$

13. $y^{(n)} = 0,\ n \geq 3$ **14.** 14 **15.** 24

16. $f(3) = 8,\ f'(3) = 20$ **17.** -8

연습문제 4.2

1. 생략 **2.** 28 **3.** $f^{(n)}(x) = n!$

4. (a) 8 (b) -16 (c) $-\dfrac{20}{9}$

5. $a = 1, b = 2, c = 0$ **6.** 3 **7.** 1

8. $3x^2 - 8x + 5$ **9.** $a = 2, b = 1$

10. $y = \pm 4x$ **11.** $y = 12x + 18$

12. $\alpha = 1,\ \beta = 7$ **13.** -7 **14.** 생략

15. (a) $f'(x) = 3x^2 - \dfrac{2}{x^3}$ (b) $g'(x) = \dfrac{2x^4(x^3-5)}{(x^3-2)^2}$

(c) $h'(t) = (2t+1)(t^3-2t+5)(5t+1)+(t^2+t+3)(3t^2-2)(5t+1)+(t^2+t+3)$
$(t^2-2t+5)5$

16. 생략

연습문제 4.3

1. (a) $\dfrac{4}{3}$ (b) 3 (c) 0

2. 생략

3. (a) $y' = 2(1+3x)\cos x - 3x^2\sin x$

(b) $y' = \dfrac{x\sec^2 x - \tan x}{x^2}$

(c) $y' = -\operatorname{cosec}x\,[\cot^2 x + \operatorname{cosec}^2 x]$

(d) $y' = 2x - \sec x\tan x$

(e) $y' = 3\sec^2 x + 2\operatorname{cosec} x\,\cot x$

(f) $\dfrac{\sec x(\tan x - 1)}{(1+\tan x)^2}$

4. $x = (2n+1)\pi,\ n = \cdots, -2, -1, 0, 1, 2, \cdots$

5. -2

6. (a) $-\cos x$ (b) $\sin x$

연습문제 4.4

1. (a) $6x$ (b) $-2\sin x\cos(2\cos x)$ (c) $9(3x+5)^2$

2. (a) $f'(x) = 3(x^2+5x+5)^2(2x+5)$

(b) $g'(x) = 2(x^2+2x+5)^4(2x+3)^6(17x^2+39x+50)$

(c) $F'(x) = \dfrac{1}{2}\dfrac{3x^2+8x}{\sqrt{x^3+4x^2+5}}$

(d) $y' = -10\sin x\cos x(1+\cos^2 x)^4$

(e) $y' = -3\sin x\cos^2 x$

(f) $y' = -3x^2\sin(x^3)$

(g) $f'(\theta) = -\dfrac{1}{\theta^2}\cos\left(\dfrac{1}{\theta}\right)$

(h) $g'(\theta) = \dfrac{8\sin\theta}{(1+\cos\theta)^2}$

(i) $y' = -2[\cos x \cos(\sin x)\sin(\sin x) + \sin x \sin(\cos x)\cos(\cos x)]$

(j) $y' = 2x(x^3+1)[3x\tan(x^2) + (x^3+1)\sec^2(x^2)]$

(k) $y' = -\dfrac{2x(x+1)\sin(x^2+2x+5) + \cos(x^2+2x+5)}{x^2}$

3. $F'(1) = 28$ **4.** $y = -\dfrac{6}{7}x + \dfrac{19}{7}$

5. $g'(x) = (1+\cos x)[1+\cos(x+\sin x)]$ **6.** 생략 **7.** $-\dfrac{2}{3}$

연습문제 4.5

1. (a) $y' = \dfrac{5}{2}x^{\frac{3}{2}}$ (b) $y' = \dfrac{5}{4}\pi x^{\frac{5}{4}\pi - 1}$ (c) $y' = \dfrac{x}{\sqrt{x^2+1}}$

2. (a) $\dfrac{dy}{dx} = -\dfrac{x}{y}$ (b) $\dfrac{dy}{dx} = -\dfrac{y}{x}\dfrac{y^2+3x^2}{x^2+3y^2}$

(c) $\dfrac{dy}{dx} = \dfrac{\cos y - \cos(x-y)}{x\sin y - \cos(x-y)}$ (d) $\dfrac{dy}{dx} = \dfrac{x+y}{3y-x}$

(e) $\dfrac{dy}{dx} = \dfrac{1}{2y}$ (f) $\dfrac{dy}{dx} = -\dfrac{y}{x}$

3. -6 **4.** $y = \dfrac{7}{6}x - \dfrac{13}{3}$

5. $\dfrac{d^2y}{dx^2} = -\dfrac{4}{3}$

6. (a) $f'(x) = \dfrac{1}{\sqrt{a^2-x^2}}$ (b) $g'(x) = \dfrac{-1}{\sqrt{a^2-x^2}}$ (c) $h'(x) = \dfrac{a}{a^2+x^2}$

7. (a) $y' = 2x\sin^{-1}x + \dfrac{x^2}{\sqrt{1-x^2}}$ (b) $y' = \dfrac{-2x}{\sqrt{1-x^4}}$

(c) $y' = (2x+3)\tan^{-1}x + \dfrac{x^2+3x+5}{1+x^2}$ (d) $y' = \dfrac{-\sec^2 x}{\sqrt{1-\tan^2 x}}$

(e) $y' = \dfrac{2}{1+(2x+3)^2}$ (f) $y' = \dfrac{-1}{(\sin^{-1}x)^2\sqrt{1-x^2}}$

(g) $y' = \tan^{-1}\sqrt{x} + \dfrac{\sqrt{x}}{2(1+x)}$ (h) $y' = \dfrac{3(\tan^{-1}x)^2}{1+x^2}$

Chapter 05 미분의 응용

연습문제 5.1

1. 최솟값 : $x = c$, 극솟값 : $x = c$, 최댓값 또는 극댓값 : $x = d$

2. (a) 없음 (b) 최솟값 없음, 최댓값$= 5$

(c) 최솟값$= 1$, 최댓값 없음 (d) 최솟값$= 1$, 최댓값$= 5$

3. 최댓값$= 4$, 최솟값 없다, 불연속

4. (a) $x = 1$과 $x = -1$ (b) 1, -1, 3

5. (a) 최솟값 $= 0$, 최댓값$= 9$ (b) 최댓값 $= 54$, 최솟값 $= 0$

(c) 최솟값 $= \dfrac{\pi}{3} - \sqrt{3}$, 최댓값$= 0$ (d) 최댓값 $= \dfrac{3\sqrt{3}}{4}$, 최솟값 $= 0$

(e) 최댓값 $= \dfrac{14}{3}$, 최솟값$= 2$ (f) 최댓값 $= 5$, 최솟값 $= \sqrt{5}$

연습문제 5.2

1. (a) 미분가능, $\dfrac{1}{2}$ (b) 미분가능, $\dfrac{\pi}{2}$

2. (a) 미분가능, $\dfrac{2}{\sqrt{3}}$ (b) 미분가능, $\sqrt{2}$

3. $s(t) = t^2 + 5$

4. (a) 0 (b) 0 (c) $-\infty$ (d) 3 (e) 0

5. 증명(일반화된 평균값 정리)

모든 $x \in (a, b)$에 대하여 $g'(x) \neq 0$이므로 $g(b) - g(a) \neq 0$이다.

왜냐하면 $g(a) = g(b)$라 하면 Rolle의 정리에 의하여 $g'(c) = 0$이 되는 c가 존재하기 때문이다. 함수 $F(x)$를

$$F(x) = [f(b) - f(a)]g(x) - [g(b) - g(a)]f(x)$$

라 하자. 그리고 나면 두 함수 f와 g는 미분가능하므로 함수 F 또한 미분가능하다. 그리고

$$\begin{aligned} F(a) &= [f(b) - f(a)]g(a) - [g(b) - g(a)]f(a) \\ &= f(b)g(a) - g(b)f(a) \end{aligned}$$

$$F(b) = [f(b) - f(a)]g(b) - [g(b) - g(a)]f(b)$$
$$= g(a)f(b) - f(a)g(b)$$

이므로 $F(a) = F(b)$이다. 따라서 Rolle의 정리에 의하여

$$F'(c) = [f(b) - f(a)]g'(c) - [g(b) - g(a)]f'(c)$$
$$= 0$$

이 되는 c가 존재한다. 즉

$$\frac{f(b)-f(a)}{g(b)-g(a)} = \frac{f'(c)}{g'(c)}$$

을 만족시키는 $c \in (a, b)$가 존재한다.

6. 생략

연습문제 5.3

1. 감소구간 : $-3 \le x \le -1,\ 1 \le x \le 3$

증가구간 : $-1 \le x \le 1$

2. 변곡점$(0,\ 1)$

$x < 0$일 때 위로 오목, $x > 0$일 때 아래로 오목

3. 4. 생략

5. $f(x) = \dfrac{4}{27}x^3 + \dfrac{2}{9}x^2 - \dfrac{8}{9}x + \dfrac{14}{27}$

6. $a = -\dfrac{3}{2},\quad b = 2$ **7.** $\alpha = -2,\quad \beta = 16$ **8.** $a = 3,\ b = 12,\ c = 0$

9. (a) $f'(x) = \dfrac{2(1-x^2)}{(x^2+1)^2},\quad f''(x) = \dfrac{4x(x^2-3)}{(x^2+1)^3}$

x	$\cdots$	$-\sqrt{3}$	$\cdots$	-1	$\cdots$	0	$\cdots$	1	$\cdots$	$\sqrt{3}$	$\cdots$
f'	$-$		$-$		$+$		$+$		$-$		$-$
f''	$-$		$+$		$+$		$-$		$-$		$+$
f	╲	$-\dfrac{\sqrt{3}}{2}$	╲	-1	╱	0	╱	1	╲	$\dfrac{\sqrt{3}}{2}$	╲

$x = -1$에서 극솟값 -1, $x = 1$에서 극댓값 1, 변곡점은 $\left(-\sqrt{3},\ -\dfrac{\sqrt{3}}{2}\right)$, $(0,\ 0)$, $\left(\sqrt{3},\ \dfrac{\sqrt{3}}{2}\right)$이다.

또한 $\lim_{x\to\pm\infty} f(x)=0$으로 x축이 점근선이 된다.

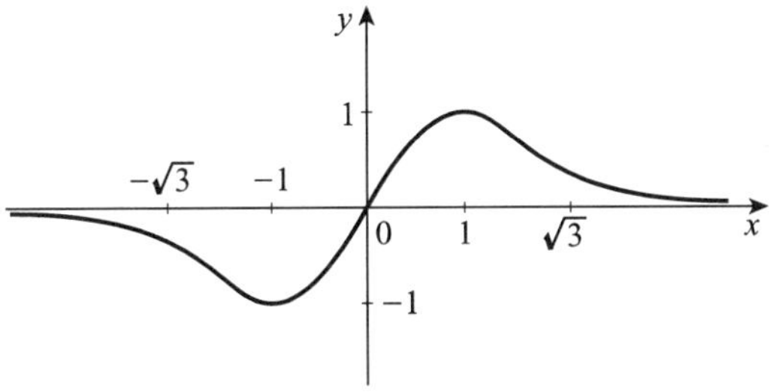

(b) 함수 g의 정의역은 $[0,\ \infty]$이다.

$$y' = \frac{1-\sqrt{x}}{\sqrt{x}}, \quad y'' = -\frac{1}{2\sqrt{x^3}} < 0$$

$x\to\infty,\ g\to-\infty$이다.

극댓값은 $x=1$에서 1이고 극솟값과 변곡점은 존재하지 않는다.

x	0	$\cdots$	1	$\cdots$
g'		+		−
g''		−		−
g	0	╭	1	╮

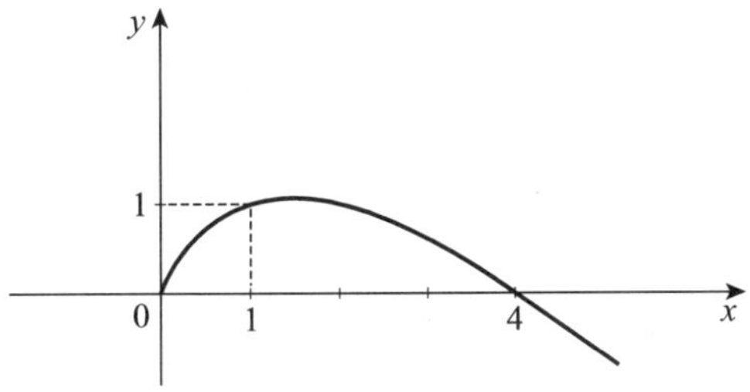

10. 생략　　**11.** 147

연습문제 5.4

1. 2. 생략　　**3.** $0 < k < 4$

4. 32　　**5.** 생략

6. $k \geq 3$　　**7.** 3(초), -9

8. 12　　**9.** $3\sqrt{3}$

10. $\frac{2}{9}\sqrt{3}$　　**11.** $3\sqrt{3}$

12. 속도$=6\sqrt{3}$, 가속도$=30$

13. 속도$=-\frac{5\sqrt{3}}{3}$, 가속도$=-\frac{2\sqrt{3}}{9}$

14.~17 생략

연습문제 5.5

1. (a) $x^2 = 4py$ (b) $x^2 =- 6y$

2. (a) 초점 $(-1, 0)$, 준선 $x =- 7$

(b) 초점 $(4, -\frac{5}{2})$, 준선 $y =- \frac{11}{2}$

3. (a) $x_0 x = 2p(y + y_0)$ (b) $y = x - 1$

4. $a = 8$

5. (a) $\frac{x^2}{a^2} + \frac{y^2}{b^2} = 1, \quad c^2 = b^2 - a^2$ (b) $\frac{x^2}{3^2} + \frac{y^2}{5^2} = 1$

6. (a) 초점 $(0, 2), (-6, 2)$, 꼭짓점 $(2, 2), (-8, 2)$

장축의 길이 = 10, 단축의 길이 = 8

(b) 초점 $(4, 3 + \sqrt{5}). (4, 3 - \sqrt{5})$, 꼭짓점 $(4, 6), (4, 0)$

장축의 길이 = 6, 단축의 길이 = 4

7. $\frac{(x-1)^2}{4^2} + \frac{(y-2)^2}{7} = 1$

8. $y =- \frac{1}{2}x + 4$

9. 직사각형의 제1사분면에 있는 점을 $P(x_1, y_1)$라 하자. 그리고 나면 $\frac{x_1^2}{4^2} + \frac{y_1^2}{2^2} = 1$이고, 직사각형의 넓이는 $S = 2x_1 \times 2y_1 = 4x_1 y_1$이다. 그리하여

$$S = 4x_1 y_1 = 16 \cdot 2 \cdot \frac{x_1}{4} \cdot \frac{y_1}{2} \leq 16\left\{\left(\frac{x_1}{4}\right)^2 + \left(\frac{y_1}{2}\right)^2\right\} = 16$$

이다. 따라서 최댓값은 16이다.

10. (a) $\frac{x^2}{a^2} - \frac{y^2}{b^2} =- 1, \quad a^2 = c^2 - b^2, \quad c > b > 0$

(b) 초점 $\left(0, \frac{\sqrt{6}}{2}\right), \left(0, -\frac{\sqrt{6}}{2}\right)$, 꼭짓점 $\left(0, \frac{\sqrt{2}}{2}\right), \left(0, -\frac{\sqrt{2}}{2}\right)$

11. $y =- 2x - 1$ **12.** $3\sqrt{7}$ **13.** $a = 6, b = 4$

Chapter 06 지수함수, 로그함수

연습문제 6.1

1. (a) a (b) $a^{\frac{4}{3}}$ **2.** 3 **3.** $\frac{1}{2}(x+2y)$

4. (a) 3 (b) 1 (c) 1

5. (a) 6 (b) 3 (c) 36 (d) 2

6. 8 **7.** (a) 3 (b) 생략 **8.** 2^{2a+2}

9. 30 **10.** 2 **11.** 90 **12.** 6

연습문제 6.2

1. 생략 **2.** (a) 2, (b) 0 또는 1

3. $x<1$ **4.** $y=x+1$

5. $\frac{1}{e^2}$ **6.** $y^{(3)}=e^x(x^2+6x+6)$

7. (a) $y'=e^{3x}\left[\frac{1}{2\sqrt{x}}+3\sqrt{x}\right]$ (b) $y'=(2x+\cos x)e^{x^2+\sin x}$

(c) $y'=xe^{\cos x}[2-x\sin x]$ (d) $y'=3e^{3x}$

(e) $y'=\frac{1}{1+x^2}e^{\tan^{-1}x}$ (f) $y'=\sec^2 x 3^{\tan x}\ln 3$

8. 128 **9.** $\frac{4}{7}$ **10.** 25

11. $\frac{9}{8}$ **12.** 2 **13.** m = 2, 64

연습문제 6.3

1. -5 **2.** 생략 **3.** (a) x^2 (b) $2x^3$

4. (a) $x=\frac{1}{4}$, 64 (b) $x=\frac{1}{e}$ (c) $x=1$

5. 생략 **6.** (a) $\frac{1}{16}<x<1$ (b) $6<x<7$

7. (a) $y'=\frac{3}{x\ln a}$ (b) $y'=\frac{1}{\ln a}\frac{2x}{x^2+3}$

(c) $y' = \cot x$ (d) $y' = \left[\frac{1}{x} + 3x^2\right]e^{\ln x + x^3}$

(e) $y' = 4(\ln x)^3 \frac{1}{x}$ (f) $y' = \frac{1}{x}\frac{1}{\ln x}$

(g) $y' = \frac{1}{x}\cos(\ln x)$

8. (a) $y' = x^{\sqrt{x}}\left(\frac{\ln x + 2}{2\sqrt{x}}\right)$ (b) $y' = \left[\ln(\ln x) + \frac{1}{\ln x}\right](\ln x)^x$

(c) $y' = \frac{2\ln x}{x}x^{\ln x}$ (d) $y' = \left[\frac{\ln x}{\sqrt{1-x^2}} + \frac{\sin^{-1}x}{x}\right]x^{\sin^{-1}x}$

(e) $y' = \left[\frac{\cos x}{x} - \ln x \cdot \sin x\right]x^{\cos x}$ (f) $y' = \left[\ln(\tan x) + \frac{x}{\sin x \cdot \cos x}\right](\tan x)^x$

9. 생략 **10.** $\frac{1}{9}$ **11.** $\frac{5}{2}$

12. $a = \sqrt{3}$, $m = 1$ **13.** $\frac{1 + 2\log 3}{5\log a}$

14. $-\frac{1}{5}$ **15.** $y = -e(x-1)$ **16.** 2

연습문제 6.4

1.~6. 생략

7. (a) $-\mathrm{csch}x\coth x$ (b) $-\mathrm{sech}x\tanh x$ (c) $-\mathrm{csch}^2 x$

8. $f'(x) = \coth x$

9. $g'(x) = \mathrm{sech}^2 x + xe^{\cosh x}[2 + x\sinh x]$

10. 생략

11. (a) $y = \sinh^{-1}x$라 하면 $x = \sinh y = \frac{e^y - e^{-y}}{2}$와 동치이다.

따라서 $e^y - 2x - e^{-y} = 0$을 얻는다. 양변에 e^y를 곱하면 $e^{2y} - 2xe^y - 1 = 0$으로 이것은 e^y에 관한 이차방정식이 된다.

$(e^y)^2 - 2x(e^y) - 1 = 0$에 이차방정식의 근의 공식을 적용하면

$$e^y = \frac{2x \pm \sqrt{4x^2+4}}{2}$$

$$= x \pm \sqrt{x^2+1}$$

을 얻는다. 여기서 $x < \sqrt{x^2+1}$ 인 경우 $x - \sqrt{x^2+1} < 0$이 되어 $e^y > 0$에 모순이 된다. 따라서 $e^y = x + \sqrt{x^2+1}$ 가 되고 양변에 자연로그를 취하면 $y = \ln(e^y) = \ln(x + \sqrt{x^2+1})$이 된다. (b)와 (c)의 증명도 비슷하게 할 수 있다.

다음은 $y = \sinh^{-1}x$, $y = \cosh^{-1}x$ 및 $y = \tanh^{-1}x$의 그래프를 그려놓은 것이다.

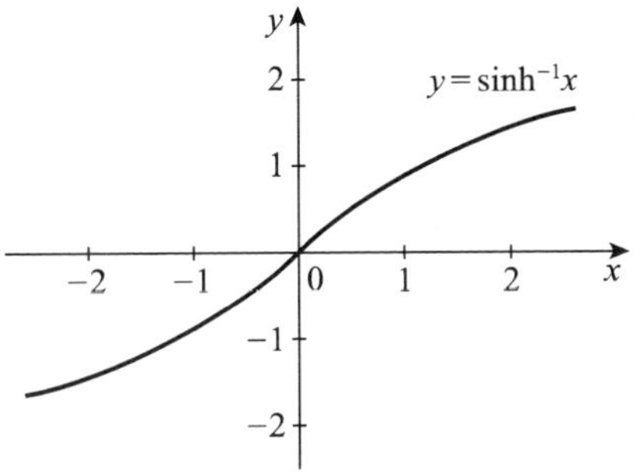

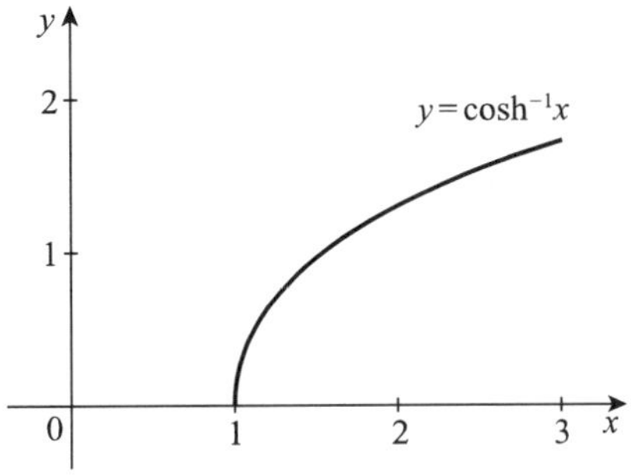

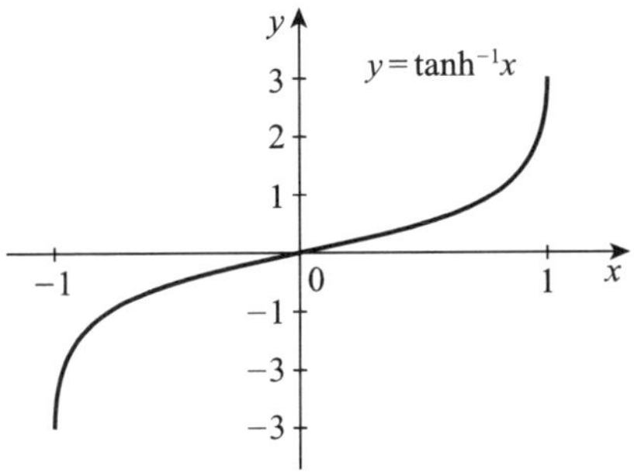

Chapter 07 적분의 개념

연습문제 7.1

1. $F'(x) = f(x)$임을 보이면 된다.

2. (a) $\dfrac{d}{dx}\left(\dfrac{x^{n+1}}{n+1}\right) = x^n$ (b) $\dfrac{d}{dx}(\sin x) = \cos x$

(c) $\dfrac{d}{dx}(\tan x) = \sec^2 x$ (d) $\dfrac{d}{dx}(\sec x) = \sec x \tan x$

(e) $\dfrac{d}{dx}(\ln|x|) = \dfrac{1}{x}$ (f) $\dfrac{d}{dx}\left(\dfrac{1}{k}e^{kx}\right) = e^{kx}$

(g) $\frac{d}{dx}(\sin^{-1}x) = \frac{1}{\sqrt{1-x^2}}$ (h) $\frac{d}{dx}(\cos^{-1}x) = \frac{-1}{\sqrt{1-x^2}}$

(i) $\frac{d}{dx}(\tan^{-1}x) = \frac{1}{1+x^2}$

3. (a) $\frac{1}{6}x^6 + x^3 + 5x + e^x + C$ (b) $-\frac{1}{x} + C$

(c) $\tan x - \frac{4}{3}x^{\frac{3}{2}} + C$ (d) $\sin x + 2\tan^{-1}x + C$

(e) $-\frac{1}{8}(2\cos 2x + \cos 4x) + C$ (f) $\ln|x+1| + C$

(g) $-\cot x + C$ (h) $-\operatorname{cosec} x + C$

(i) $\frac{a^x}{\ln a} + C$

4. $f(x) = 2x^3 - 6x^2 + x + 5$

5. $f(x) = -\cos x + x + 2$

6. $f(x) = x^2 + 3x + 2$

7. $f(x) = \frac{3}{2}x^2 - 2x + 5$

8. 생략

9. $f'(x) + g'(x) = -g(x) - f(x) = -(f(x) + g(x))$, $y = f(x) + g(x)$로 놓으면

$$\frac{dy}{dx} = -y \quad \therefore \int \frac{1}{y}dy = -\int dx$$

$\ln|y| = -x + C_1 \quad \therefore y = C \cdot e^{-x}\ (C = \pm e^{C_1}) \quad \therefore f(x) + g(x) = C \cdot e^{-x}$

$x = 0$을 대입하면, $3 + 1 = C \quad \therefore C = 4 \quad \therefore f(x) + g(x) = 4e^{-x}$ ······ (i)

다음에 $f'(x) - g'(x) = -g(x) + f(x) = f(x) - g(x)$, $y = f(x) - g(x)$로 놓으면

$$\frac{dy}{dx} = y \quad \therefore \int \frac{1}{y}dy = \int dx$$

$\ln|y| = x + D_1 \quad \therefore y = D \cdot e^x\ (D = \pm e^{D_1}) \quad \therefore f(x) - g(x) = D \cdot e^x$

$x = 0$을 대입하면, $3 - 1 = D \quad \therefore D = 2 \quad \therefore f(x) - g(x) = 2e^x$ ······ (ii)

(i)− (ii)에서 $2g(x) = 4e^{-x} - 2e^x \quad \therefore g(x) = 2e^{-x} - e^x$

따라서, $f(x) + g(x) = 4e^{-x}$, $g(x) = 2e^{-x} - e^x$ 이다.

10. (a) $\frac{2}{3}(x+1)^{\frac{3}{2}} + \frac{2}{3}x^{\frac{3}{2}} + C$ (b) $x - \sin x + C$

(c) $e^{x}+2e^{-x}-\frac{1}{3}e^{-3x}+C$ (d) $-\ln(1+\cos^{2}x)+C$

(e) $\operatorname{cosec}x-\cot x+C$ 또는 $\tan\frac{x}{2}+C$

11. 3

12. $F(t)=3t+0.1t^{2}+500$ (만명) $F(10)=540$ (만명)

13. 65(m) **14.** 850(L)

연습문제 7.2

1. 2. 생략 **3.** (a) 4 (b) 4

4. $b=1,\ c=6$ **5.** $\frac{4}{3}$

6. (a) $\frac{4}{3}$ (b) $\frac{4}{3}$ (c) $\frac{4}{3}$,

함수가 연속이기 때문에 구간내의 임의의 점을 잡아도 넓이는 일치한다.

7. $\frac{4}{3}$ **8.** $\frac{2}{3}$ **9.** $\frac{2}{3}$

10. (a) $\frac{19}{4}$ (b) $\frac{20}{3}$ **11.** 생략

12. $\frac{5}{2}n(n+1)+2^{n+1}-2$ **13.** 63(m)

연습문제 7.3

1. 16 **2.** (a) 10 (b) $\frac{10}{3}$

3. (a) $(x^{2}-1)^{10}$ (b) $\sin(x^{2})$ (c) $-(2+\sqrt{x})^{5}$

(d) $(x+1)\frac{1}{2\sqrt{x}}$ (e) $\frac{5}{(5x+1)^{2}-1}$ (f) $\sin x\cos(\sin^{2}x)\cdot\cos x$

4. (a) 20 (b) 6 (c) 3

(d) $\frac{34}{81}$ (e) $\frac{2\sqrt{3}}{3}-1$ (f) $\frac{1}{2}\ln\frac{8}{3}$

(g) $\sqrt{3}$ (h) $\frac{\pi}{4}$ (i) $\frac{\pi}{2}$ (j) $\frac{1}{3}$

(k) $1-\frac{\pi}{4}$ (l) $\frac{1}{2}(e+e^{-1})-1$

5. (a) (b) 생략

(c) 함수 $F(x)$를 $f(x)$의 역도함수라 하자. 즉 $\frac{d}{dx}F(x)=f(x)$

미적분학의 기본정리에 의하여

$$\int_a^c f(x)dx+\int_c^b f(x)dx=(F(c)-F(a))+(F(b)-F(c))$$

$$=F(b)-F(a)=\int_a^b f(x)dx$$

(d) $-\int_b^a f(x)dx=-[F(a)-F(b)]=F(b)-F(a)=\int_a^b f(x)dx$

(e) (c)와 (d)에 의하여 증명할 수 있다.

6. $\int_a^{2x} f(t)\,dt=\frac{1}{2}x^2-\ln x$ 양변을 x에 대하여 미분하면

$2f(2x)=x-\frac{1}{x}$, $f(2x)=\frac{x}{2}-\frac{1}{2x}$

$2x=t$로 놓으면 $f(t)=\frac{t}{4}-\frac{1}{4}$ $\quad\therefore f\left(\frac{1}{t}\right)=\frac{1}{4t}-t$

$$\int_1^e f\left(\frac{1}{t}\right)dt=\int_1^e\left(\frac{1}{4t}-t\right)dt=\left[\frac{1}{4}\ln|t|-\frac{1}{2}t^2\right]_1^e$$

$$=\frac{1}{4}\ln e-\frac{1}{2}e^2+\frac{1}{2}=\frac{1}{4}(3-2e^2)$$

7. (a) 12 (b) $\frac{1}{3}$ **8.** 2

9. 198 **10.** 2 **11.** $\frac{13}{4}$

12. (a) 20

(b) 구간 $[0,\ 2]$에서 $0\le x\le 1$인 범위에서는 $|x(x-1)|=-x^2+x$

$1\le x\le 2$인 범위에서는 $|x(x-1)|=x^2-x$이므로

$$\int_0^2|x(x-1)|\,dx=\int_0^1(-x^2+x)\,dx+\int_1^2(x^2-x)\,dx$$

$$=\left[-\frac{1}{3}x^3+\frac{1}{2}x^2\right]_0^1+\left[\frac{1}{3}x^3-\frac{1}{2}x^2\right]_1^2$$

$$= \left(-\frac{1}{3}+\frac{1}{2}\right)+\left(\frac{8}{3}-2\right)-\left(\frac{1}{3}-\frac{1}{2}\right)=1$$

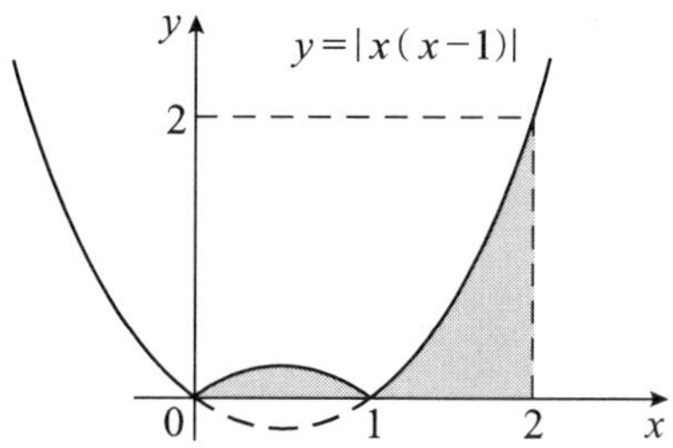

13. (a) $\frac{31}{5}$ (b) $\frac{2}{3}$ (c) $\ln 2$ (d) $\frac{2}{\pi}$

Chapter 08 적분의 기법

연습문제 8.1

1. (a) $\frac{1}{30}(11^6-1)$ (b) $\frac{4}{3}(5\sqrt{10}-\sqrt{2})$ (c) $\frac{1}{2}$

(d) $\frac{1}{2}e(e-1)$ (e) $\frac{1}{2}\ln 2$ (f) $\frac{1}{3}\{e^3+3e^2+3e-7\}$

(g) $\frac{10}{3}\sqrt{2}-\frac{8}{3}$ (h) $\frac{31}{160}$

(i) $\frac{2}{3}$ (j) $\frac{1}{2}$ (k) $\frac{\pi}{24}$

2. (a) $\frac{1}{102}(2x-1)^{51}+C$ (b) $\frac{1}{6}(x^3+x)^6+C$ (c) $-\frac{1}{4}\cos 4x+C$

(d) $\frac{1}{\cos x}+C$ (e) $\frac{1}{2}e^{x^2}+C$ (f) $\frac{1}{2}(\ln x)^2+C$

(g) $-\frac{2}{3}(1-x)^{\frac{3}{2}}+C$ (h) $\ln(1+\sin x)+C$ (i) $-\frac{1}{2}\sqrt{1-4x^2}+C$

(j) $e^{\tan x}+C$ (k) $\ln|\sin x|+C$ (l) $-\cos\sqrt{x}+C$

3. 1 **4.** 생략

5. (a) $2\left(\frac{2^7}{7}+2\right)$ (b) 0 **6.** 생략 **7.** $\frac{\pi}{4}$

8. (a) $\cos^{-1}\frac{x-4}{4}+C$ (b) $\frac{1}{a}\tan^{-1}\frac{x}{a}+C$

(c) $\ln|\ln x+1|+\frac{1}{\ln x+1}+C$ (d) π

(e) $\frac{\sqrt{2}}{2}$ (f) $-\frac{2}{5}$

(g) $2e(e-1)$

9. $\frac{1}{\cos x}=\frac{\cos x}{\cos^2 x}=\frac{\cos x}{1-\sin^2 x}$에서 $\sin x=t$라 놓고 양변을 x에 대하여 미분하면 $\cos x \cdot dx=dt$이다. 따라서 적분은

$$\int\frac{1}{\cos x}dx=\int\frac{\cos x}{1-\sin^2 x}dx$$
$$=\int\frac{1}{1-t^2}dt$$
$$=\frac{1}{2}\ln\left|\frac{1+t}{1-t}\right|+C$$
$$=\frac{1}{2}\ln\left(\frac{1+\sin x}{1-\sin x}\right)+C \quad (\therefore 1-\sin x>0,\ 1+\sin x>0)$$

10. 힌트 : $1+\tan^2 x=\sec^2 x$ **11.** $\frac{1}{2}$

연습문제 8.2

1. (a) $x\sin^{-1}x+\sqrt{1-x^2}+C$ (b) $-x^2\cos x+2x\sin x+2\cos x+C$

(c) $\frac{1}{4}x^4\ln x-\frac{1}{16}x^4+C$ (d) $\frac{1}{27}e^{3x}[9x^3-9x^2+6x-2]+C$

(e) $\frac{1}{2}[e^x(x-1)-e^{-x}(x+1)]+C$ (f) $x\sin x+\cos x+C$

2. (a) $\frac{\pi}{4}-\frac{1}{2}$ (b) $4\ln 2-\frac{15}{16}$ (c) $\frac{\pi}{2}-1$ (d) $\frac{2}{27}(2e^3+1)$

(e) $\frac{\pi}{6}+1-\frac{\sqrt{3}}{2}$ (f) $-\frac{1}{2}\cos 2+\frac{1}{4}\sin 2$

(g) $8\ln 2-\frac{7}{3}$ (h) $\frac{1}{2}(e+5e^{-1})-2$

3. 4. 생략

5. (a) $\frac{e^{2x}}{13}[2\sin 3x-3\cos 3x]+C$ (b) $\frac{1}{13}\left[e^{\frac{\pi}{2}}\left(\frac{3}{2}+\sqrt{3}\right)-3\right]$

6. (a)
$$\begin{aligned}\int_0^{\frac{\pi}{4}} x\tan^2 x\,dx &= \int_0^{\frac{\pi}{4}} x(\sec^2 x-1)\,dx \\ &= \int_0^{\frac{\pi}{4}} x\sec^2 x dx-\int_0^{\frac{\pi}{4}} x dx \\ &= x\tan x\Big|_0^{\frac{\pi}{4}}-\int_0^{\frac{\pi}{4}}\tan x dx-\frac{\pi^2}{32} \\ &= \frac{\pi}{4}-\frac{\pi^2}{32}-\frac{1}{2}\ln 2\end{aligned}$$

(b)
$$\begin{aligned}\int_0^{\frac{\pi}{2}} e^{-x}\sin x\,dx &= [-e^{-x}\cos x]_0^{\frac{\pi}{2}}-\int_0^{\frac{\pi}{2}} e^{-x}\cos x\,dx \\ &= 1-\int_0^{\frac{\pi}{2}} e^{-x}\cos x\,dx\end{aligned}$$

$$\therefore \int_0^{\frac{\pi}{2}} e^{-x}\sin x\,dx+\int_0^{\frac{\pi}{2}} e^{-x}\cos x\,dx=1$$

$$\therefore \int_0^{\frac{\pi}{2}} e^{-x}(\sin x+\cos x)\,dx=1$$

(c) $\sin x\ln(\sin x)-\sin x+C$

(d) $x(\ln x)^2-2x\ln x+2x+C$

(e) $2(-\sqrt{x}\cos\sqrt{x}+\sin\sqrt{x})+C$

(f) 5π (g) 2

7. $\frac{1}{3}$ **8.** 생략

9. (a) $x[(\ln x)^3-3(\ln x)^2+3!\ln x-3!]+C$

(b) $e^x[x^4-4x^3+4\cdot 3x^2-4!x+4!]+C$

연습문제 8.3

1. (a) $\frac{1}{9}\cos^9 x - \frac{1}{7}\cos^7 x + C$ (b) $\frac{1}{5}\sin^5 x - \frac{2}{7}\sin^7 x + \frac{1}{9}\sin^9 x + C$

(c) $\frac{1}{4}\cos^3 x \sin x + \frac{3}{8}\cos x \sin x + \frac{3}{8}x + C$

(d) $\frac{3}{8}x - \frac{1}{4}\sin^3 x \cos x - \frac{3}{8}\sin x \cos x + C$

(e) $\frac{1}{4}\cos^3 x \sin x + \frac{3}{8}\cos x \sin x + \frac{3}{8}x$

$-\left[\frac{1}{6}\cos^5 x \sin x + \frac{5}{24}\cos^3 x \sin x + \frac{5}{16}\cos x \sin x + \frac{5}{16}x\right] + C$

(f) $-\frac{1}{2}\cos^2 x + C$ 또는 $\frac{1}{2}\sin^2 x + C$ 또는 $-\frac{1}{4}\cos 2x + C$

2. (a) $\frac{1}{4} + \frac{\pi}{8}$ (b) $\frac{1}{32}\pi$ (c) $\frac{2}{15}$ (d) $\frac{53}{480}$ (e) $\frac{8}{315}$

3. (a) $\ln(\sqrt{2}+1)$ (b) $\ln(\sqrt{2}+1)$

4. 5. 생략 **6.** (a) $\frac{3}{16}\pi$ (b) $\frac{8}{15}$

7. (a) $\frac{1}{2}\left[\cos x - \frac{1}{9}\cos 9x\right] + C$ (b) $\frac{1}{2}\left[\sin x + \frac{1}{9}\sin 9x\right] + C$

(c) $\frac{1}{2}\left[\sin x - \frac{1}{9}\sin 9x\right] + C$

8. (a) $\frac{1}{7}\tan^7 x + \frac{1}{9}\tan^9 x + C$ (b) $\frac{1}{7}\sec^7 x - \frac{2}{5}\sec^5 x + \frac{1}{3}\sec^3 x + C$

9. (a) $\frac{16}{63}$ (b) $\frac{848}{105}$

10. $\frac{1}{2}(\sec x \tan x + \ln|\sec x + \tan x|) + C$

11. (a) $\sin(\sin x) - \frac{1}{3}\sin^3(\sin x) + C$ (b) $-\tan^{-1}(\cos^2 x) + C$

연습문제 8.4

1. 생략

2. (a) $\frac{\pi}{3}$ (b) $\ln(\sqrt{2}+1)$ (c) $\ln\frac{3+2\sqrt{2}}{2+\sqrt{3}}$ (d) $\frac{9}{4}\pi + \frac{9}{2}$

3. (a) $-\frac{1}{9}\frac{\sqrt{9-x^2}}{x}+C$, (b) $3\ln\left|\sqrt{1+\left(\frac{x}{2}\right)^2}+\frac{x}{2}\right|+C$

4. (a) $\frac{64}{15}$, (b) 2

5. (a) $\ln\left|\sqrt{x^2+2x+26}+x+1\right|+C$

(b) $\sin^{-1}\left(\frac{x+1}{2}\right)+C$

6. 생략

7. (a) $\frac{4}{3}$ (b) $\frac{1}{4}\sec^3 x\tan x+\frac{3}{8}\left|\sec x\tan x+\ln\sec x+\tan x\right|+C$

8. (a) $\frac{1}{2}x\tan(2x)-\frac{1}{4}\ln|\sec(2x)|+C$ (b) $x\tan x-\frac{1}{2}x^2-\ln|\sec x|+C$

연습문제 8.5

1. (a) $-\frac{1}{3}\frac{1}{x+2}+\frac{1}{3}\frac{1}{x-1}$ (b) $x+1-\frac{1}{x}+\frac{1}{2}\frac{1}{x+1}+\frac{1}{2}\frac{1}{x-1}$

(c) $2\left[\frac{1}{x}-\frac{1}{x-1}+\frac{1}{(x-1)^2}\right]$ (d) $\frac{-1}{x-1}+\frac{2}{x-2}$

2. (a) $\frac{1}{3}\ln\left|\frac{x-1}{x+2}\right|+C$ (b) $\frac{1}{2}x^2+x+\ln\left|\frac{\sqrt{x^2-1}}{x}\right|+C$

(c) $2\left[\ln|x|-\ln|x-1|-\frac{1}{x-1}\right]+C$ (d) $-\ln|x-1|+2\ln|x-2|+C$

(e) $\ln|x-2|-\frac{2}{x-2}+C$

3. (a) $\frac{1}{3}\ln 2$ (b) $\frac{7}{2}+\frac{5}{2}\ln 2-\frac{3}{2}\ln 3$

(c) $2\ln\frac{3}{4}+1$ (d) $\ln\frac{8}{3}$ (e) $-\frac{1}{6}\ln 2$

4. (a) $\ln\left|\frac{\ln x+1}{\ln x+2}\right|+C$

(b) $\frac{1}{8}\tan^{-1}(x-1)+\frac{1}{8}\tan^{-1}(x+1)+\frac{1}{16}\ln\left|\frac{x^2+2x+2}{x^2-2x+2}\right|+C$

(c) $\dfrac{9}{25}\ln|x-3|+\dfrac{16}{25}\ln|x+2|+\dfrac{4}{5}\dfrac{1}{x+2}+C$

(d) $\ln|\sin x-1|+\ln|\sin x-2|+C$

(e) $2\ln2+\dfrac{5}{2}$ (f) $\ln\left|\dfrac{\sin x}{\sin x+1}\right|+C$

(g) $\dfrac{1}{3}\ln\left|\dfrac{e^x-2}{e^x+1}\right|+C$ (h) $\dfrac{1}{2}\left[\ln\left|\dfrac{\sec x}{1+\tan x}\right|+x\right]+C$

(i) $\ln(3-\sqrt{3})+\dfrac{\sqrt{3}-2}{2}$ (j) $2\ln2$ (k) $1+\ln\dfrac{2}{1+e}$

연습문제 8.6

1. (a) $\sqrt{x+4}+\ln\left|\dfrac{\sqrt{x+4}-2}{\sqrt{x+4}+2}\right|+C$

(b) $\sqrt{x}+\dfrac{3}{2}\sqrt[3]{x}+3\sqrt[6]{x}+3\ln|\sqrt[6]{x}-1|+C$

(c) $-2\cos\sqrt{x}+C$

2. (a) $4[1-\ln2]$ (b) $4-\pi$ (c) $2(2-\sqrt{2})+\ln\dfrac{3+2\sqrt{2}}{3}$

3. (a) $\ln\left|\tan\dfrac{x}{2}\right|+C$ (b) $\dfrac{1}{5}\ln\dfrac{2}{3}$

(c) $-\dfrac{1}{12}(4\cos x+2)\sqrt{4\cos x-1}+C$ (d) $4\ln\dfrac{2}{3}+2$

연습문제 8.7

1. (a) -1 (b) π (c) ∞(발산)

(d) 발산 (e) 0 (f) 발산

2. (a) $\dfrac{\pi}{2}$ (b) -1 (c) 발산 (d) 발산 (e) $\dfrac{9}{2}$

(f) 발산 (g) $\dfrac{\pi}{2}$ (h) $\ln(2+\sqrt{3})$

3. $p>1$ **4.** $n!$

5. (a) 1.4887367 (b) 0.90916166 (c) 0.36048195

연습문제 8.8

1. (a) $\frac{1}{3}x^2(1+x^2)^{\frac{3}{2}} - \frac{2}{15}(1+x^2)^{\frac{5}{2}} + C$ (b) $-2(\cot x)^{\frac{3}{2}} + C$

(c) $\tan^{-1}x + \frac{1}{2}\ln(1+x^2) + C$ (d) $\frac{1}{8}\sin 4x - \frac{1}{12}\sin 6x + C$

(e) $-\frac{1}{6}\cos(3x) - \frac{1}{26}\cos(13x) + C$ (f) $\frac{1}{2}\cos^2 x - \ln|\cos x| + C$

(g) $\frac{1}{4}\tan^4 x + C$ (h) $\frac{1}{2}\sec 2x + C$

(i) $\frac{2}{45}\sqrt{\sin x}\,[45 - 18\sin^2 x + 5\sin^4 x] + C$ (j) $\frac{1}{2}\sin 2x + C$

(k) $\frac{1}{4}x^2 - \frac{1}{4}x\sin(2x) - \frac{1}{8}\cos(2x) + C$ (l) $x\sec x - \ln|\sec x + \tan x| + C$

(m) $\frac{1}{4}\sec^4 x - \tan^2 x + \ln|\sec x| + C$ (n) $2(x-2)e^{\frac{x}{2}} + C$

(o) $\frac{1}{2}(x^2-1)\ln(1+x) - \frac{1}{4}x^2 + \frac{1}{2}x + \frac{3}{4} + C$

(p) $(x - \frac{1}{2})\ln(x^2 - x + 2) - 2x + \sqrt{7}\tan^{-1}\left(\frac{2x-1}{\sqrt{7}}\right) + C$

(q) $\ln\left[\frac{(e^x+2)^2}{e^x+1}\right] + C$ (r) $\frac{1}{3}x\sin^3 x + \frac{1}{3}\cos x - \frac{1}{9}\cos^3 x + C$

(s) $2\sqrt{1+\sin x} + C$ (t) $-\sqrt{1-x^2} + \frac{1}{2}(\sin^{-1}x)^2 + C$

(u) $2(x-2)\sqrt{1+e^x} + 2\ln\left[\frac{\sqrt{1+e^x}+1}{\sqrt{1+e^x}-1}\right] + c$

(v) $\sqrt{x^2+x+1} - \frac{1}{2}\ln\left(\sqrt{x^2+x+1} + x + \frac{1}{2}\right) + C$

(w) $\frac{1}{4}\sin^{-1}(x^2) + \frac{1}{4}x^2\sqrt{1-x^4} + C$

2. (a) $\ln 2$ (b) $\frac{1}{4}$ (c) $-\frac{5}{e} + 2$ (d) $8\ln 2 - \frac{7}{3}$

(e) $\pi - 2$ (f) $-\frac{\pi}{2} + \frac{1}{2}[1 + \ln 2]$ (g) $8\ln 2 - 2$

(h) $\ln(1+\sqrt{2})$ (i) $\frac{64}{231}$ (j) $\frac{1}{6}(1+\sqrt{2})\sqrt{2\sqrt{2}-1} - \frac{1}{3}$

(k) $-\dfrac{4}{15}$ (l) $\dfrac{4}{3}$ (m) π

(n) $\sqrt{5}-2+\ln\dfrac{1+\sqrt{5}}{2}$ (o) $\ln 5+4\ln 3$ (p) $\sqrt{3}-\dfrac{\pi}{3}$

(q) $\dfrac{5}{6}\pi-\sqrt{3}+1$ (r) $\dfrac{\pi^2}{72}+\dfrac{\sqrt{3}}{6}\pi-1$

(s) $\dfrac{1}{2}\left[\sqrt{3}+\dfrac{2}{3}\pi\right]$ (t) $\dfrac{2}{3}\pi$ (u) $\dfrac{\pi}{6}-\dfrac{\sqrt{3}}{2}+2$

(v) $\ln\dfrac{3+\sqrt{5}}{2}$ (w) $\ln 3-\dfrac{5}{12}\pi$

Chapter 09 적분의 응용

연습문제 9.1

1. $e-e^{-1}$ **2.** $\dfrac{5}{2}$ **3.** (a) a (b) $\dfrac{4}{3}$

4. $\dfrac{e}{2}-1$ **5.** $\dfrac{1}{3}$ **6.** 18 **7.** e^2-1

8. 곡선과 x 축과의 교점의 x 좌표는 $x=-2,\ 0,\ 1$이고, 그래프는 그림과 같다.
따라서 구하는 도형의 면적 S는

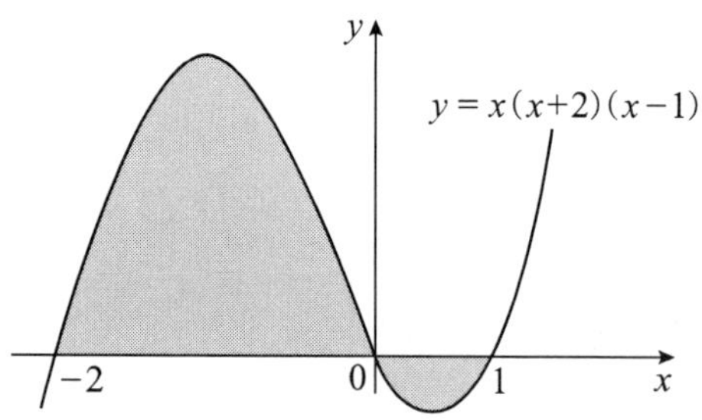

$$S=\int_{-2}^{0}(x^3+x^2-2x)\,dx-\int_{0}^{1}(x^3+x^2-2x)\,dx$$

$$=\left[\frac{x^4}{4}+\frac{x^3}{3}-x^2\right]_{-2}^{0}-\left[\frac{x^4}{4}+\frac{x^3}{3}-x^2\right]_{0}^{1}=\frac{37}{12}$$

9. $y^2 = x$ 의 그래프는 아래와 같다.

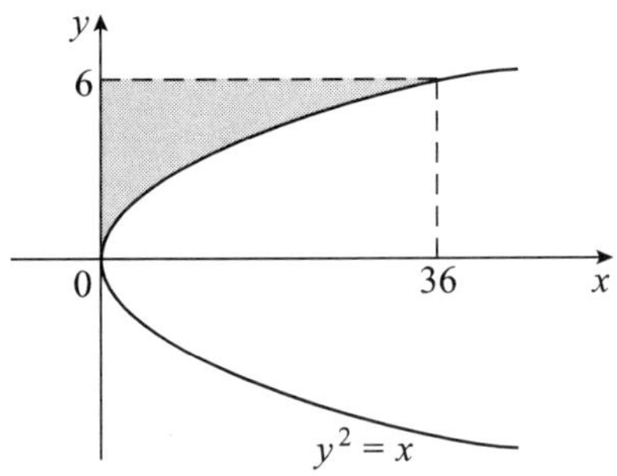

$$S = \int_0^6 x\,dy = \int_0^6 y^2\,dy = \left[\frac{1}{3}y^3\right]_0^6 = 72$$

10. $e-1$ **11.** 1 **12.** 2 **13.** $16(\mathrm{m}^2)$

14. 15. 16. 생략 **17.** $\frac{3}{4}$

연습문제 9.2

1. (a) $\frac{128}{7}\pi$ (b) $\frac{\pi^2}{4}$ (c) $\frac{68}{3}\pi$ (d) 25π

2. (a) 8π (b) $\frac{1}{6}\pi$ (c) $\frac{\pi}{2}(e^2-1)$ (d) 32π (e) 16π

3. (a) $\frac{8}{3}\pi$ (b) $\frac{4}{3}\pi ab^2$

4. (a) $\frac{32}{15}\pi$ (b) $\frac{\pi^2}{4}$, $\sin^{-1}y$를 치환하여 푼다.

5. 직선 $y = 2x$ 를 회전시켜서 생긴 도형의 부피에서 곡선 $y = x^2$ 을 회전시켜서 생긴 도형의 부피를 뺀 것이 구하는 회전체의 부피 V 이다. 따라서,

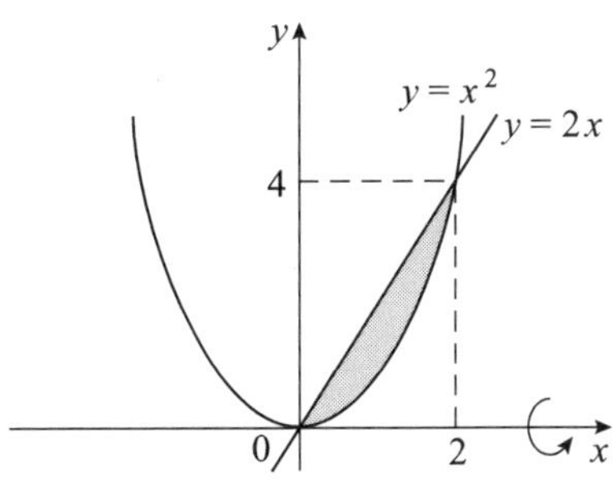

$$V = \pi \int_0^2 (2x)^2\,dx - \pi \int_0^2 (x^2)^2\,dx = \pi \int_0^2 (4x^2 - x^4)\,dx$$

$$= \pi \left[\frac{4}{3}x^3 - \frac{1}{5}x^5\right]_0^2 = \frac{64}{15}\pi$$

6.

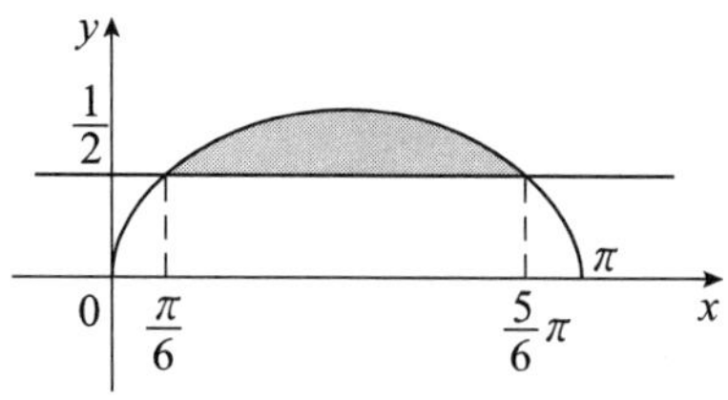

$$V_x = \pi \int_{\frac{\pi}{6}}^{\frac{5}{6}\pi} (y_1^2 - y_2^2)\,dx = \pi \int_{\frac{\pi}{6}}^{\frac{5}{6}\pi} \left\{\sin^2 x - \left(\frac{1}{2}\right)^2\right\} dx$$

$$= \pi \int_{\frac{\pi}{6}}^{\frac{5}{6}\pi} \left(\frac{1-\cos 2x}{2} - \frac{1}{4}\right) dx = \pi \int_{\frac{\pi}{6}}^{\frac{5}{6}\pi} \left(\frac{1}{4} - \frac{1}{2}\cos 2x\right) dx$$

$$= \pi \left[\frac{1}{4}x - \frac{1}{4}\sin 2x\right]_{\frac{\pi}{6}}^{\frac{5}{6}\pi} = \frac{\pi}{12}(2\pi + 3\sqrt{3})$$

7. 곡선과 직선의 교점의 x 좌표는 $2\sin x = 1\,(0 \le x < \pi)$에서 $x = \frac{\pi}{6},\ \frac{5}{6}\pi$

곡선 $y = 2\sin x$ 를 y 축 방향으로 -1만큼 평행이동하면 $y = 2\sin x - 1$

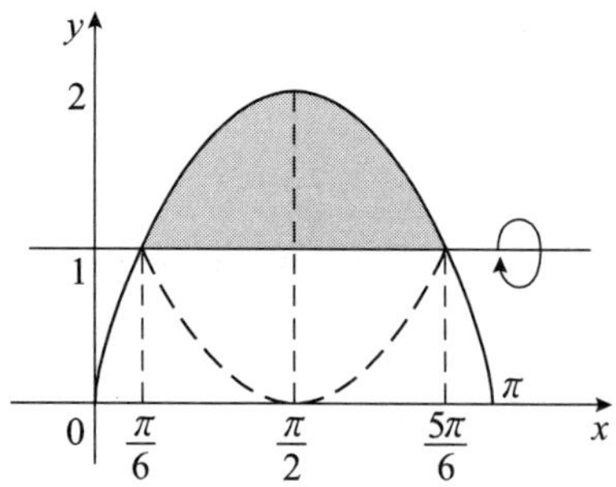

$$\therefore\ V = \pi \int_{\frac{\pi}{6}}^{\frac{5}{6}\pi} y^2\,dx = \pi \int_{\frac{\pi}{6}}^{\frac{5}{6}\pi} (2\sin x - 1)^2\,dx$$

$$= 2\pi \int_{\frac{\pi}{6}}^{\frac{5}{6}\pi} (4\sin^2 x - 4\sin x + 1)\,dx$$

$$= 2\pi \int_{\frac{\pi}{6}}^{\frac{5}{6}\pi} (2 - 2\cos 2x - 4\sin x + 1)\,dx$$
$$= \pi(2\pi - 3\sqrt{3})$$

8. 9. 10. 생략 **11.** 25π **12.** $\frac{\pi}{2}$

13. $4\pi^2$ **14.** $\frac{\pi}{2}(e^2 - 4e + 5)$ **15.** 12π

연습문제 9.3

1. (a) $2\sqrt{5}$ (b) $2\sqrt{5}$

2. (a) $\frac{4\sqrt{2}-1}{3}$ (b) 21 (c) 78 (d) $\frac{1}{2}\left(\frac{3}{2} + \ln 2\right)$

3. (a) $\frac{1}{4}\left[2\sqrt{5} + \ln(\sqrt{5}+2)\right]$ (b) $\frac{43}{12}$

4. 생략 **5.** $\frac{3}{2}a$ **6.** 8π

연습문제 9.4

1. $\frac{\pi}{6}(17\sqrt{17} - 1)$

2. (a) $\pi\left[e\sqrt{1+e^2} + \ln(e + \sqrt{1+e^2}) - \sqrt{2} - \ln(\sqrt{2}+1)\right]$

(b) $2\pi\left[\sqrt{2} + \ln(1 + \sqrt{2})\right]$

3. (a) $\frac{\pi}{27}(10\sqrt{10} - 1)$

(b) $\pi\left[e\sqrt{1+e^2} + \ln(e + \sqrt{1+e^2}) - \sqrt{2} - \ln(\sqrt{2}+1)\right]$

4. $4\pi r^2$ **5.** $2\pi rh$ **6.** πrl

Chapter 10 급수

연습문제 10.1

1. (a) $-\frac{1}{3}, \frac{1}{9}, -\frac{1}{27}, \frac{1}{81}, -\frac{1}{243}$

(b) $1, 2!, 3!, 4!, 5!$ (c) $-1, 1, -1, 1, -1$

2. (a) $\frac{1}{3^n}$ (b) $3n-2$ (c) $(-1)^n \frac{n+1}{3^n}$

3. (a) $\sum_{n=0}^{\infty} (-1)^n x^{2n}$ (b) $\sum_{n=0}^{\infty} (-1)^n \frac{x^{n+2}}{3^{n+1}}$ (c) $\sum_{n=0}^{\infty} 3^n x^{n+3}$

연습문제 10.2

1. (a) $\sum_{n=1}^{\infty} (-1)^{n+1} nx^{n-1}$ (b) $\sum_{n=0}^{\infty} \frac{(-1)^n}{2n+1} 2^{2n+1} x^{2n+1}$

(c) $-2\sum_{n=0}^{\infty} \frac{1}{2n+1} x^{2n+1}$

2. $\sum_{n=0}^{\infty} (-1)^n \frac{1}{2n+1} x^{2n+1}$ **3.** 0.46285

4. 생략 **5.** $\pi = 3.141592$

연습문제 10.3

1. (a) $\sum_{n=0}^{\infty} (-1)^n \frac{2^{2n}}{(2n)!} x^{2n}$ (b) $\sum_{n=0}^{\infty} \frac{1}{(2n+1)!} x^{2n+1}$

(c) $\sum_{n=1}^{\infty} \frac{1}{(n-1)!} x^n$

2. $\sum_{k=0}^{n} \frac{n!}{k!(n-k)!} x^k$ **3.** 생략

Chapter 11 행렬

연습문제 11.1

1. (a) $\begin{pmatrix} 5 & -5 & 6 \\ 5 & 0 & 0 \\ 7 & 4 & 4 \end{pmatrix}$ (b) $\begin{pmatrix} 1 & 1 & -4 \\ 3 & 0 & -12 \\ 3 & -2 & 2 \end{pmatrix}$ (c) $\begin{pmatrix} 5 & 0 & -7 \\ 10 & 0 & -30 \\ 11 & -3 & 7 \end{pmatrix}$

2. (a) $\begin{pmatrix} 2 & 4 \\ 2 & 13 \end{pmatrix}$ (b) $(7, 16)$ (c) $\begin{pmatrix} a_1 & 0 & 0 \\ 0 & b_2 & 0 \\ 0 & 0 & c_3 \end{pmatrix}$

3. $a=0,\quad b=2,\ c=1,\ d=2$

4. $\begin{pmatrix}1 & 0\\ 0 & 1\end{pmatrix}$

5. 7. 생략

6. $AB=\begin{pmatrix}18 & 16\\ 14 & 28\end{pmatrix},\ BA=\begin{pmatrix}7 & 1\\ -7 & 39\end{pmatrix}\quad \therefore AB\neq BA$

연습문제 11.2

1. (a) 해가 존재한다, (b) 해가 존재한다.

2. (a) $\begin{pmatrix}\frac{5}{4} & -1\\ -\frac{3}{2} & 2\end{pmatrix}$ (b) $\begin{pmatrix}\frac{7}{15} & -\frac{5}{15} & \frac{1}{15}\\ \frac{23}{75} & -\frac{2}{15} & \frac{14}{75}\\ \frac{7}{75} & \frac{2}{15} & \frac{1}{75}\end{pmatrix}$ (c) $\begin{pmatrix}3 & -\frac{11}{3} & -\frac{5}{3}\\ 1 & -\frac{2}{3} & -\frac{2}{3}\\ -2 & \frac{7}{3} & \frac{4}{3}\end{pmatrix}$

3. (a) $x=\frac{11}{6},\quad y=-\frac{1}{6},\quad z=-\frac{2}{3}$

(b) $x=-1,\ y=\frac{7}{2},\quad z=-2$

(c) 해가 존재하지 않는다.

4. 6. 생략

5. 0

연습문제 11.3

1. (a) 10 (b) -12 (c) 24

2. (a) 9 (b) $\frac{1}{3}$ (c) 9

3. (a) $x=2,\quad y=-\frac{1}{2},\quad z=-\frac{1}{2}$

(b) $x=4,\ y=-2,\ z=3$

4. $\lambda=1, 2, 3$

5. $\frac{1}{28}\begin{pmatrix}7 & 7 & -7\\ 3 & 11 & 1\\ 3 & -17 & 1\end{pmatrix}$

Chapter 12 편도함수

생략

Chapter 13 중적분

생략

종합문제 해답

CALCULUS

Chapter 01 함수

1. 생략 **2.** 6 **3.** $x=1,\ y=5$

4. $\left(-13,\ \frac{11}{5}\right)$ **5.** 생략 **6.** $\sqrt{2}+1$ **7.** 21

8. -2 **9.** $\frac{18}{13}$ **10.** 생략

11. $\{x|x \geq 2$ 또는 $x \leq -2\}$ **12.** 14 **13.** 7

14. $f^{-1}(x)=(x-1)^2+1$ **15.** $1 \leq m < 13$ **16.** 2

17. $f(x)=\frac{1}{3}(x^2+2x-1)$ **18.** 2

Chapter 02 삼각함수

1. $\frac{2}{3}$ **2.** $\frac{1}{3}$ **3.** 3

4. $\frac{5}{12}\pi,\ \frac{11}{12}\pi$ **5.** $\frac{25}{3}$ **6.** $\frac{23}{27}$

7. $-\frac{24}{25}$ **8.** $-1 < a < 3$ **9.** $\frac{2}{27}$ **10.** $-\frac{\sqrt{15}}{4}$

11. $\frac{\sqrt{2}}{2}$ **12.** $-\frac{3}{5}$ **13.** $\frac{39}{16}$

14. $\sqrt{28}$　　**15.** $r=\sqrt{2},\ \alpha=\dfrac{\pi}{4}$　　**16.** 생략

17. $\tan^{-1}\dfrac{1}{3}$　　**18.** 10　　**19.** $\dfrac{1}{5}$

20. 제2코사인 법칙에 의하여

$$x^2=\overline{\mathrm{AB}}^2+\overline{\mathrm{BM}}^2-2\overline{\mathrm{AB}}\cdot\overline{\mathrm{BM}}\cdot\cos 60°$$

$$=a^2+\left(\frac{a}{3}\right)^2-2\cdot a\cdot\frac{a}{3}\cdot\frac{1}{2}$$

$$=\frac{7}{9}a^2$$

$$\therefore\ x=\frac{\sqrt{7}}{3}a$$

$\overline{\mathrm{AM}}=\overline{\mathrm{AN}}=x=\dfrac{\sqrt{7}}{3}a$이므로

$$\cos\theta=\frac{x^2+x^2-\left(\frac{a}{3}\right)^2}{2x^2}$$

$$=\frac{\frac{14}{9}a^2-\frac{1}{9}a^2}{\frac{14}{9}a^2}$$

$$=\frac{13}{14}$$

21. 사인법칙에서 $\sin C=\dfrac{C}{2R},\ a=2R\sin A,\ b=2R\sin B$

(1) $S=\dfrac{1}{2}ab\sin C=\dfrac{1}{2}ab\cdot\dfrac{C}{2R}=\dfrac{abc}{4R}$

(2) $S=\dfrac{1}{2}ab\sin C=\dfrac{1}{2}\cdot(2R\sin A)(2R\sin B)\sin C$

$$=2R^2\sin A\sin B\sin C$$

22. $S=\triangle\mathrm{BOC}+\triangle\mathrm{COA}+\triangle\mathrm{AOB}$

$$=\frac{1}{2}ar+\frac{1}{2}br+\frac{1}{2}cr$$

$$=\frac{1}{2}(a+b+c)r$$

23. $S=\frac{1}{2}bc\sin A=\frac{1}{2}bc\sqrt{1-\cos^2 A}$

$=\frac{1}{2}bc\sqrt{(1+\cos A)(1-\cos A)}$

$=\frac{1}{2}bc\sqrt{\left(1+\frac{b^2+c^2-a^2}{2bc}\right)\left(1-\frac{b^2+c^2-a^2}{2bc}\right)}$

$=\frac{1}{2}bc\sqrt{\frac{(2bc+b^2+c^2-a^2)(2bc-b^2-c^2+a^2)}{(2bc)^2}}$

$=\frac{bc}{4bc}\sqrt{\{(b+c)^2-a^2\}\{a^2-(b-c)^2\}}$

$=\frac{1}{4}\sqrt{(a+b+c)(-a+b+c)(a-b+c)(a+b-c)}$

$m=\frac{a+b+c}{2}$라 놓으면

$S=\sqrt{m(m-a)(m-b)(m-c)}$

이다.

24. $\sqrt{7}$ **25.** $\frac{5\sqrt{7}}{14}$ **26.** 생략

Chapter 03 함수의 극한과 연속성

1. $\frac{1}{6}$ **2.** $a=-2,\ b=0$ **3.** 1

4. 1 **5.** 7 **6.** -1

7. 1 **8.** $f(x)=x^2-x$ **9.** 0

10. $x\neq-1,\ 1$인 실수 전체 **11.** 7 **12.** 1

13. $a=-10,\ b=4$ **14.** $a=3,\ b=2$

Chapter 04 도함수

1. $a=2,\ b=-1$ **2.** $\frac{5}{2}$ **3.** 12

4. 2 **5.** 5 **6.** $-\sqrt{2}$

7. $-\frac{1}{4}$

8. $a=2,\ b=19$

9. $\frac{9}{2}$

10. $\frac{1}{3}$

11. $\frac{2}{3}$

12. $\sqrt{2}$

13. $a=2,\ b=-\frac{\pi}{2}+1$

14. $\frac{1}{3}$

15. 19

16. $\frac{1}{2}$

17. $\frac{5}{2}$

18. $a=-\frac{1}{4},\ \left(\frac{1}{2},\ \frac{1}{4}\right)\left(-\frac{1}{2},\ \frac{1}{4}\right)$

19. 3

20. (a) -5(m/초) (b) -10(m/초)

21. $\frac{1}{2}$

22. 10

Chapter 05 미분의 응용

1. $a=-\frac{3}{2},\ b=-6,\ c=-\frac{1}{2}$

2. $a=3,\ b=12,\ c=0$

3. $a=4,\ b=3$

4. 3

5. 최댓값 $=17$, 최솟값 $=-3$

6. $-3 \le a \le 3$

7. 생략

8. 최댓값 6, 최솟값 2

9. 4

10. 64

11. 생략

12. (a) 모든 실수에서 증가 변곡점 (0, 0)

    (b) 정의역 $=\{x|x>-1\}$

    $(-1,\ 0)$에서 감소, $(0,\ \infty)$에서 증가, 변곡점은 없다.

Chapter 06 지수함수, 로그함수

1. 2

2. $\frac{10}{3}$

3. 극솟값: $-4e^{3}$, 극댓값: $8e^{-3}$

4. 25

5. $k=\frac{5}{2}$

6. 5

7. $-\frac{2\sqrt{5}}{5}$

8. $\frac{1}{2}$

9. $\frac{1}{2e^{2}}$

10. $\frac{3}{2}$

11. 16

12. $m=2$

13. $a=33,\ b=5$

14. $f(x)=\left(-\ln\frac{1}{ax}\right)^2=(\ln ax)^2$에서

$f'(x)=2\ln ax\times\frac{a}{ax}=\frac{2\ln ax}{x}$

$$f''(x)=\frac{\frac{2}{x}\times x-2\ln ax}{x^2}$$

$$=\frac{2(1-\ln ax)}{x^2}$$

$f''(x)=0$에서 $x=\frac{e}{a}$

$x<\frac{e}{a}$일 때, $f''(x)>0$이고 $x>\frac{e}{a}$일 때, $f''(x)<0$이다.

따라서 $x=\frac{e}{a}$의 좌우에서 $f''(x)$의 부호가 바뀌므로 변곡점의 좌표는 $\left(\frac{e}{a},1\right)$

변곡점이 직선 $y=2x$ 위에 있으므로 $\frac{2e}{a}=1$

$\therefore\ a=2e$

15. $a=\frac{1}{2}$, $b=\frac{1}{2}$

16. $m=2$, $n=\frac{3}{4}$

17. 18

18.

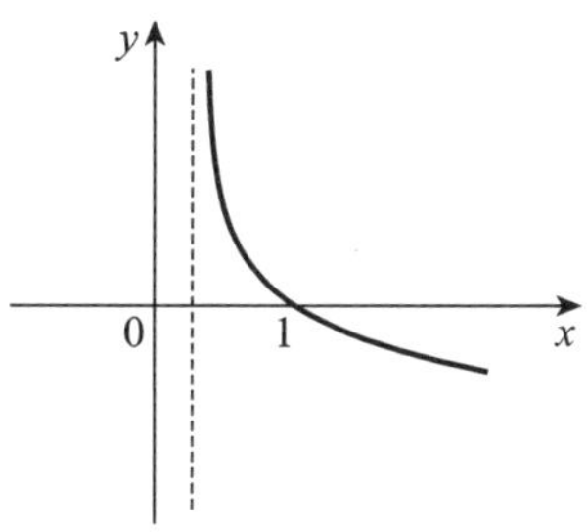

19. 2

20. 30

21. $\frac{\sqrt{2}}{2}$

22. ㄱ, ㄷ

ㄴ. 반례, $a=10$, $b=100$

23. $a>3$

24. $2+\log_2 3$

25. 4

26. $s=\frac{1+2\log 3}{5\log a}$

27. ㄴ, ㄷ

28. $0<a<\frac{1}{2}$에서 $0<a<2a<1$이므로 두 함수

$y=\log_a x,\quad y=\log_{2a}x$

의 그래프는 다음과 같다.

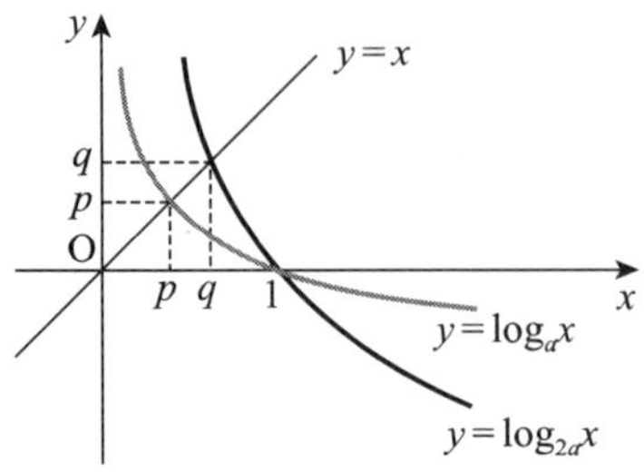

ㄱ. $p=\log_a p \Leftrightarrow p=a^p$에서 $p=\dfrac{1}{2}$이면

$\dfrac{1}{2}=a^{\frac{1}{2}}$ $\quad\therefore a=\dfrac{1}{4}$ (참)

ㄴ. 위의 그림에서 $p<q$ (참)

ㄷ. $p=\log_a p \Leftrightarrow p=a^p$이고

$q=\log_{2a}q \Leftrightarrow q=(2a)^q=2^q\cdot a^q$에서 $a^q=\dfrac{q}{2^q}$이므로

$a^{p+q}=a^p\cdot a^q=p\cdot\dfrac{q}{2^q}$

$=\dfrac{pq}{2^q}$ (참)

따라서 ㄱ, ㄴ, ㄷ 모두 옳다.

29. 직선 $y=2-x$와 두 로그함수 $y=\log_2 x$, $y=\log_3 x$의 그래프를 그리면 다음 그림과 같다.

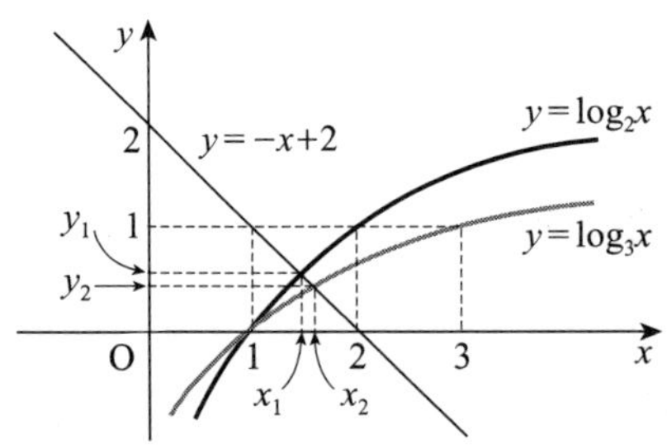

ㄱ. 위의 그림에서 $1<x_1<2$, $0<y_2<1$이므로

$x_1>y_2$ (참)

ㄴ. 두 점 (x_1, y_1), (x_2, y_2)를 지나는 직선 $y=2-x$의 기울기가 -1이므로

$\dfrac{y_2-y_1}{x_2-x_1}=-1$ $\quad\therefore x_2-x_1=y_1-y_2$ (참)

ㄷ. 위의 그림에서 x_1y_1은 x_1을 가로, y_1을 세로로 하는 직사각형의 넓이를 나타내고, x_2y_2는 x_2를 가로, y_2를 세로로 하는 직사각형의 넓이를 나타낸다.

이 두 직사각형의 공통부분을 제외한 나머지 부분의 넓이가 각각

$$x_1(y_1-y_2),\ y_2(x_2-x_1)$$

이고, ㄱ, ㄴ이 참이므로

$$x_1(y_1-y_2)>y_2(x_2-x_1) \quad \therefore\ x_1y_1>x_2y_2 \text{ (참)}$$

따라서 ㄱ, ㄴ, ㄷ 모두 옳다.

30. 자연수 n에 대하여 $\log_2 n$이 유리수라고 하자. n이 자연수이므로 $n=2^k\cdot m$을 만족시키는 $k\ge 0$인 정수 k와 홀수인 자연수 m이 존재한다. 그러면

$$\log_2 n=\log_2(2^k\cdot m)=\log_2 2^k+\log_2 m=k+\log_2 m$$

그런데 유리수의 집합은 뺄셈에 대하여 닫혀 있다. 따라서 $\log_2 n$이 유리수이면 $\log_2 m$도 유리수이어야 하므로 $\log_2 m=\dfrac{q}{p}$ (p는 자연수이고 q는 정수)로 놓을 수 있다. 그러면 $m=2^{\frac{q}{p}}$에서 $m^p=\left(2^{\frac{q}{p}}\right)^p$이므로 $m^p=2^q$이고 m이 홀수이므로 m^p은 홀수이다. 따라서 2^q도 홀수이어야 하므로 $q=0$이고 $2^0=1$이므로 $m=1$이다. 따라서 n을 $n=2^k$(k는 $k\ge 0$인 정수)의 꼴로 나타낼 수 있다.

Chapter 07 적분의 개념

1. $f(x)=\dfrac{3}{2}x^2-2x+C$ (C는 상수)

2. 1 **3.** $\dfrac{1}{3}$ **4.** 12

5. (a) $2\ln 2-1$ (b) $\dfrac{4\sqrt{2}-2}{3}$ (c) 21

6. 3 **7.** 4 **8.** 9

9. $\dfrac{7}{8}$ **10.** $\dfrac{2}{3}$ **11.** -2

12. $A_1=\dfrac{1}{n}f\left(\dfrac{1}{n}\right)$, $A_n=\dfrac{1}{n}f(1)$이므로

$$A_1+A_n=\frac{1}{n}\left\{f\left(\frac{1}{n}\right)+f(1)\right\}$$

$$=\frac{1}{n}\left(\frac{1}{n^2}+\frac{a}{n}+b+1+a+b\right)$$

$$= \frac{1}{n^3}\{(1+an+(1+a+2b)n^2\}$$

$$= \frac{7n^2+1}{n^3}$$

따라서 $a=0$이고 $1+a+2b=7$ 즉, $b=3$이다.

$\therefore\ f(x)=x^2+3$

$$\lim_{n\to\infty}\sum_{k=1}^{n}\frac{8k}{n}A_k = 8\lim_{n\to\infty}\sum_{k=1}^{n}\frac{k}{n}\times\frac{1}{n}\times f\left(\frac{k}{n}\right)$$

$$= 8\int_0^1 xf(x)dx$$

$$= 8\int_0^1 x(x^2+3)dx$$

$$= 8\left(\frac{1}{4}+\frac{3}{2}\right)=2+12=14$$

13. $f(0)=-1$이므로

$f(x)=ax^2+bx-1$

한편, $\int_{-1}^{1} f(x)dx = \int_0^1 f(x)dx$에서

$$\int_{-1}^{0} f(x)dx + \int_0^1 f(x)dx = \int_0^1 f(x)dx$$

$$\therefore\ \int_{-1}^{0} f(x)dx = 0$$

그러므로

$$\int_{-1}^{0} f(x)dx = \int_{-1}^{0}(ax^2+bx-1)dx$$

$$= \left[\frac{a}{3}x^3+\frac{b}{2}x^2-x\right]_{-1}^{0}$$

$$= \frac{a}{3}-\frac{b}{2}-1=0 \ \cdots\ ㉠$$

마찬가지로, $\int_{-1}^{1} f(x)dx = \int_{-1}^{0} f(x)dx$에서

$$\int_{-1}^{0} f(x)dx + \int_{0}^{1} f(x)dx = \int_{-1}^{0} f(x)dx$$

$$\therefore \int_{0}^{1} f(x)dx = 0$$

$$\int_{0}^{1} f(x)dx = \int_{0}^{1} (ax^2 + bx - 1)dx$$

$$= \left[\frac{a}{3}x^3 + \frac{b}{2}x^2 - x\right]_0^1$$

$$= \frac{a}{3} + \frac{b}{2} - 1 = 0 \ \cdots \ ㉡$$

㉠과 ㉡에서 $a = 3,\ b = 0$

따라서, $f(x) = 3x^2 - 1$이므로

$f(2) = 11$

14. $F(g(x)) = \frac{1}{2}F(x)$의 양변을 x에 대하여 미분하면,

$f(g(x))g'(x) = \frac{1}{2}f(x) \ \cdots \ ㉠$

$F(g(x)) = \frac{1}{2}F(x)$에서 $g(2) = X$라 하면

$F(x) = \int_{0}^{x} 3(t-1)^2 + 5dt = x^3 - 3x^2 + 8x$이므로

$F(X) = \frac{1}{2}F(2)$이고,

$X^3 - 3X^2 + 8X = \frac{1}{2} \cdot 12 = 6$이다.

$X^3 - 3X^2 + 8X - 6 = 0$

$(X-1)(X^2 - 2X + 6) = 0$

이므로 $g(2) = 1$이다.

㉠에서 $f(g(2))g'(2) = \frac{1}{2}f(2)$이고

$f(1) \cdot p = \frac{1}{2} \cdot 8 = 4$

$f(1) = 5$이므로 $g'(2) = \frac{4}{5}$이다.

15. 사차함수가 극값을 오직 하나 가질 조건을 구할 수 있는가?

$F'(x) = f(x) = x^3 - 3x + a$

$f'(x) = 3x^2 - 3 = 3(x-1)(x+1)$

이므로 사차함수 $F(x)$가 오직 하나의 극값을 갖기 위해서는 $F(x)$의 도함수인 삼차함수 $f(x)$에 대하여

(극댓값) × (극솟값) ≥ 0

이어야 한다.

즉, $f(1)f(-1) \geq 0$이므로

$(-2+a)(2+a) \geq 0,\ (a-2)(a+2) \geq 0$

$\therefore\ a \leq -2$ 또는 $a \geq 2$

따라서, 양수 a의 최솟값은 2이다.

16. $\int_a^b f(x)dx = [F(x)]_a^b = F(b) - F(a)$

$\therefore\ F(b) - F(a) = 3\ \cdots$ ㉠

$$\int_a^x f(x)dx = [F(x)]_a^c$$
$$= F(c) - F(a)$$
$$= F(c) - F(b) + F(b) - F(a)$$
$$= F(c) - F(b) + 3 = 0$$

$\therefore\ F(c) - F(b) = -3\ \cdots$ ㉡

㉠과 ㉡에서 $F(c) - F(a) = 0$

$\therefore\ F(a) = F(c)\ \cdots$ ㉢

ㄱ. ㉠에서 $F(b) = F(a) + 3$ (참)

ㄴ. $f(x)$가 $x = d$에서 극솟값을 갖는다고 하면, $x > d$일 때, $F''(x) = f'(x) > 0$이므로 점 $(c, F(c))$는 곡선 $y = F(x)$의 변곡점이 아니다. (거짓)

ㄷ. $-3 < f(a) < 0$이면 ㉠, ㉢에서

$0 < F(b) < 3,\ -3 < F(c) < 0$

이므로 $y = F(x)$의 그래프의 개형은 다음과 같다.

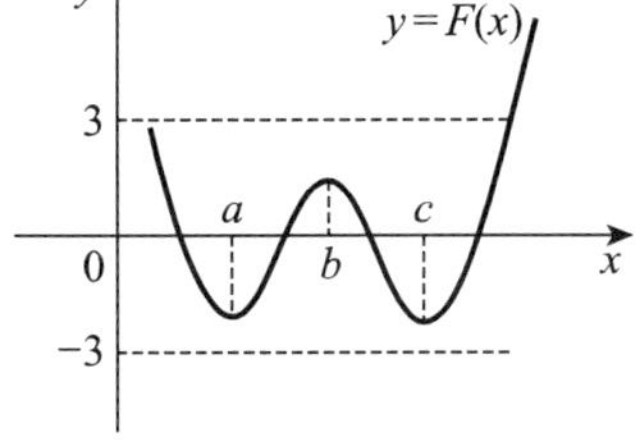

위 그림에서 $y=F(x)$의 그래프와 x축이 서로 다른 네 점에서 만나므로 방정식 $F(x)=0$은 서로 다른 네 실근을 갖는다. (참)

따라서 |보기|에서 옳은 것은 ㄱ, ㄷ이다.

17. 함수 $g(x)$는 함수 $f(t)$를 $t=0$으로부터 $t=x$까지 적분하여 값을 구한 후 양수로 바꾼 함수이다.

그런데 $g(2)=0$이므로 $\int_0^2 f(t)dt=0$이고 $f(0)>0$이므로 $f(2)<0$이다.

또 $g(5)=0$이므로 $\int_2^5 f(t)dt=0$이고 $f(2)<0$이므로 $f(5)>0$이고 같은 이유로 $f(8)<0$이다.

그러므로 함수 $y=f(x)$의 대략적인 개형을 그리면 다음과 같다.

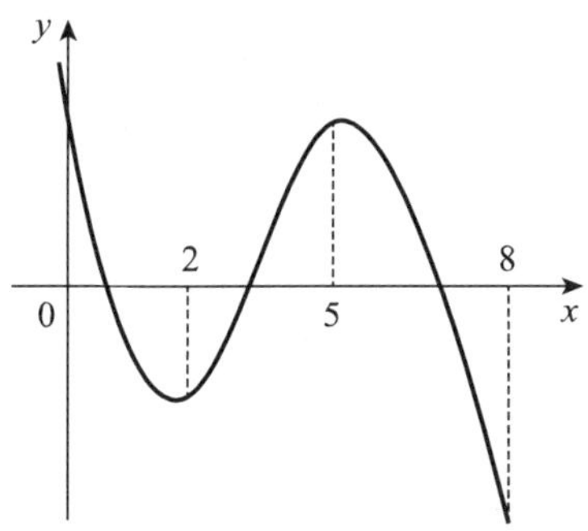

ㄱ. 방정식 $f(x)=0$은 구간 (0, 2), (2, 5), (5, 8)에서 각각 근이 하나씩 존재한다. (참)

ㄴ. $x=0$에서 미분계수는 음수이다. (참)

ㄷ. 그림에서 $m=3,\ 4,\ 5$이므로 자연수의 개수는 3이다. (참)

이상에서 옳은 것은 ㄱ, ㄴ, ㄷ이다.

18. $\cos x\int_0^x f(t)dt=-\sin x\int_{\frac{\pi}{2}}^x f(t)dt$

양변을 x에 대하여 미분하면

$$-\sin x\int_0^x f(t)dt+\cos x\cdot f(x)$$

$$=-\cos x\int_{\frac{\pi}{2}}^x f(t)dt-\sin x\cdot f(x)$$

등식의 양변에 $x=\dfrac{\pi}{4}$를 대입하면

$$-\frac{\sqrt{2}}{2}\int_0^{\frac{\pi}{4}} f(t)dt=\frac{\sqrt{2}}{2}f\left(\frac{\pi}{4}\right)$$

$$=-\frac{\sqrt{2}}{2}\int_{\frac{\pi}{2}}^{\frac{\pi}{4}} f(t)dt-\frac{\sqrt{2}}{2}f\left(\frac{\pi}{4}\right),\ f\left(\frac{\pi}{4}\right)=\frac{1}{2}$$

19. $f(x)=x^3-3x-1$에서 $f'(x)=3x^2-3$

따라서$f'(x)=0$이 되는 x의 값은 ± 1이다.

이때, $f(1)=-3$, $f(-1)=1$이므로 $y=f(x)$의 그래프는 다음과 같다.

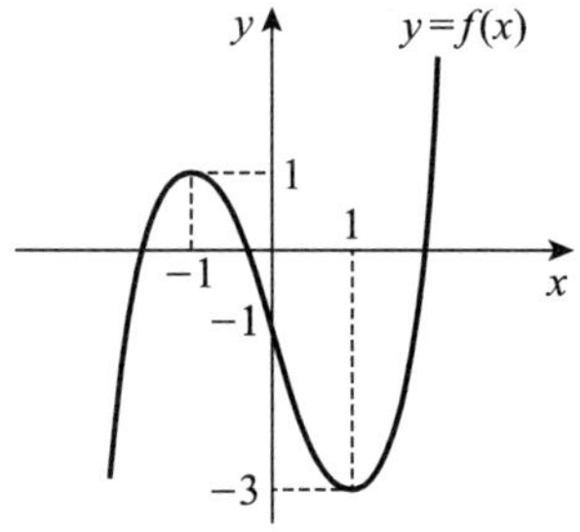

그림 1

따라서 함수 $y=|f(x)|$의 그래프를 그려보면 다음과 같다.

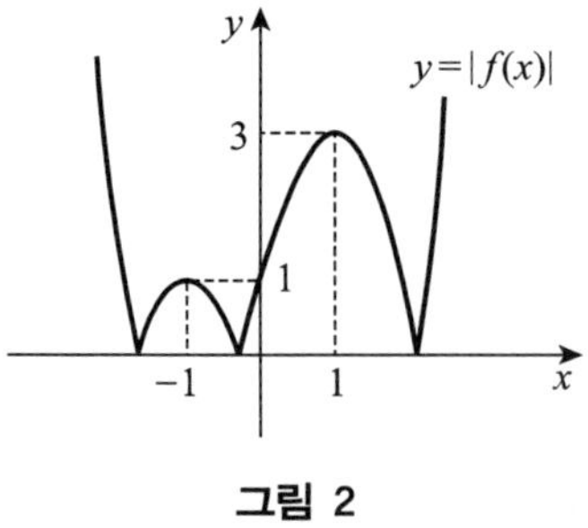

그림 2

따라서 $-1\le x\le t$에서 $|f(x)|$의 최댓값 $g(t)$는 구간 $[-1,\ 1]$에서 다음과 같이 나타낼

수 있다.

$$g(t)=\begin{cases} 1 & (-1\le t\le 0) \\ -t^3+3t+1 & (0\le t\le 1)\end{cases}$$

따라서 함수 $y=g(t)$의 그래프는 다음 그림과 같다.

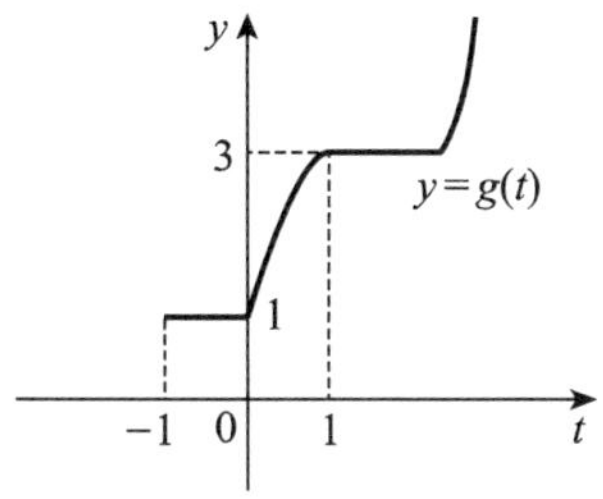

그림 3

$$\therefore \int_{-1}^{1} g(t)dt=\int_{-1}^{0} g(t)dt+\int_{0}^{1}(-t^3+3t+1)dt$$

$$=\int_{-1}^{0} 1dt+\int_{0}^{1}(-t^3+3t+1)dt$$

$$=[t]_{-1}^{0}+\left[-\frac{1}{4}t^4+\frac{3}{2}t^2+t\right]_0^1$$

$$=1+\left(-\frac{1}{4}+\frac{3}{2}+1\right)=\frac{13}{4}$$

$$\therefore p+q=4+13=17$$

Chapter 08 적분의 기법

1. (a) $\frac{4}{3}$ (b) $\ln 2$ (c) $\frac{4}{3}$ (d) $\ln\frac{2e}{e+1}$

(e) $\frac{\pi^2}{16}+\frac{1}{4}$ (f) $e-2$

2. $e-1$ **3.** $f(x)=\sin x-\frac{3}{4}$ **4.** k

5. $\frac{2}{5}$ **6.** $\frac{2}{\pi}$

7. $f(x)=\int_0^x \frac{1}{1+t^6}dt$에서

$$f'(x) = \frac{1}{1+x^6}$$

또한, $f(x) = y$라고 하면

$$f'(x) = \frac{1}{1+x^6} = \frac{dy}{dx}$$ 이고

$$f(0) = 0,\ f(a) = \frac{1}{2}$$ 이므로

$$\int_0^a \frac{e^{f(x)}}{1+x^6} dx = \int_0^{\frac{1}{2}} e^y dy$$

$$= [e^y]_0^{\frac{1}{2}}$$

$$= e^{\frac{1}{2}} - 1 = \sqrt{e} - 1$$

8. $\int_0^2 xf(tx)dx = 4t^2$에서

$tx = y$로 놓으면

$t = \frac{dy}{dx}$에서 $dx = \frac{dy}{t}$

$x = 0$일 때, $y = 0$

$x = 2$일 때, $y = 2t$

이므로

$$\int_0^2 xf(tx)dx = \int_0^{2t} \frac{y}{t} f(y) \frac{dy}{t}$$

$$= \frac{1}{t^2} \int_0^{2t} yf(y)dy = 4t^2$$

$$\therefore \int_0^{2t} yf(y)dy = 4t^4$$

양변을 t에 관하여 미분하면

$2tf(2t) \times (2t)' = 16t^3$

$\therefore f(2t) = 4t^2$

$\therefore f(2) = 4$

9. $[f(x)g(1-x)]_0^1$

$= \int_0^1 f'(x)g(1-x)dx - \int_0^1 g'(x)f(1-x)dx$

$= \int_0^1 \{f'(x)g(1-x) - g'(x)f(1-x)\}dx = k$

$\therefore\ k = [f(x)g(1-x)]_0^1 = f(1)g(0) - f(0)g(1)$

따라서 $f(0) = f(1),\ g(0) = g(1)$이면

$k = f(1)g(0) - f(0)g(1) = 0$ (참)

ㄷ. $f(x) = \ln(1+x^4),\ g(x) = \sin\pi x$이면

$f(0) = \ln 1 = 0,\ g(0) = \sin 0 = 0$이므로

$k = f(1)g(0) - f(0)g(1) = 0$ (참)

$\therefore$ ㄱ, ㄴ, ㄷ

10. $g(e^x) = \begin{cases} f(x) & (0 \le x < 1) \\ g(e^{x-1}) + 5 & (1 \le x \le 2) \end{cases}$

에서 $e^x = t$로 놓으면 $x = \ln t$

$g(t) = \begin{cases} f(\ln t) & (1 \le t < e) \\ g\left(\dfrac{t}{e}\right) + 5 & (e \le t \le e^2) \end{cases}$

$\int_1^{e^2} g(x)dx = \int_1^e f(\ln x)dx + \int_e^{e^2} \left\{g\left(\dfrac{x}{e}\right) + 5\right\}dx$

$= 6e^2 + 4 \ \cdots$ ㉠

이 때, $\int_e^{e^2} \left\{g\left(\dfrac{x}{e}\right) + 5\right\}dx$에서 $\dfrac{x}{e} = p$로 놓으면 $dx = edp$

$\int_e^{e^2} \left\{g\left(\dfrac{x}{e}\right) + 5\right\}dx = \int_1^e \{g(p) + 5\}edp$

$= e\int_1^e g(p)dp + e\int_1^e 5dp$

$= e\int_1^e g(p)dp + 5e(e-1)$

$= e\int_1^e f(\ln p)dp + 5e(e-1)$

이므로 ㉠에서

$\int_1^e f(\ln x)dx = A$라 하면

$A + eA + 5e(e-1) = 6e^2 + 4$

$A(1+e) = e^2 + 5e + 4$

$\qquad\qquad = (e+4)(e+1)$

$\therefore\ A = ae + b = e + 4$

$\therefore\ a = 1,\ b = 4$

11. $f(x) = \frac{\pi}{2}\int_1^{x+1} f(t)dt\ \cdots$ ㉠

㉠의 양변에 x에 대하여 미분하면

$f'(x) = \frac{\pi}{2}f(x+1)$이므로

$f(x+1) = \frac{2}{\pi}f'(x)$

$$\pi^2\int_0^1 xf(x+1)dx = \pi^2\int_0^1\left\{x \times \frac{2}{\pi}f'(x)\right\}dx$$

$$= 2\pi\int_0^1 xf'(x)dx$$

$\int_0^1 xf'(x)dx$에서 $u = x,\ v' = f'(x)$로 놓으면 $u' = 1,\ v = f(x)$이므로

$$\int_0^1 xf'(x)dx = [xf(x)]_0^1 - \int_0^1 f(x)dx$$

$$= f(1) - \int_0^1 f(x)dx$$

한편, 함수 $y = f(x)$의 그래프가 원점에 대하여 대칭이므로 $f(1) = 1$에서 $f(-1) = -1$이다.

$-1 = f(-1) = \frac{\pi}{2}\int_1^0 f(t)dt$에서

$\int_0^1 f(t)dt = \frac{2}{\pi}$

$\therefore\ \pi^2\int_0^1 xf(x+1)dx$

$$= 2\pi \times \left\{f(1) - \int_0^1 f(x)dx\right\}$$

$$= 2\pi \times \left(1 - \frac{2}{\pi}\right)$$

$$= 2(\pi - 2)$$

12. 삼각형의 넓이는 넓이가 $\frac{t+1}{t}$ 이므로

$$\frac{1}{2}tf(t) + \frac{1}{2}\{f(t) + f(t+1)\} - \frac{1}{2}(t+1)f(t+1) = \frac{t+1}{t}$$

$$\frac{1}{2}\{(t+1)f(t) - tf(t+1)\} = \frac{t+1}{t}$$

양변에 $\frac{2}{t(t+1)}$ 을 곱하면

$$\frac{f(t)}{t} - \frac{f(t+1)}{t+1} = \frac{2}{t^2}$$

$$\therefore \frac{f(t+1)}{t+1} = \frac{f(t)}{t} - \frac{2}{t^2}$$

이때, $g(t) = \frac{f(t)}{t}$ 로 놓으면

$$g(t+1) = g(t) - \frac{2}{t^2}$$

한편,

$$\int_{\frac{7}{2}}^{\frac{11}{2}} \frac{f(x)}{x} dx$$

$$= \int_{\frac{7}{2}}^{\frac{11}{2}} g(x) dx$$

$$= \int_{\frac{7}{2}}^{\frac{9}{2}} g(x) dx + \int_{\frac{9}{2}}^{\frac{11}{2}} g(x) dx$$

$$= \int_{\frac{7}{2}}^{\frac{9}{2}} g(x) dx + \int_{\frac{7}{2}}^{\frac{9}{2}} g(x+1) dx$$

$$= \int_{\frac{7}{2}}^{\frac{9}{2}} g(x) dx + \int_{\frac{7}{2}}^{\frac{9}{2}} \left\{g(x) - \frac{2}{x^2}\right\} dx$$

$$= 2\int_{\frac{7}{2}}^{\frac{9}{2}} g(x) dx + \int_{\frac{7}{2}}^{\frac{9}{2}} \left(-\frac{2}{x^2}\right) dx$$

$$= 2\left\{\int_{\frac{7}{2}}^{4} g(x)dx + \int_{4}^{\frac{9}{2}} g(x)dx\right\} + \int_{\frac{7}{2}}^{\frac{9}{2}}\left(-\frac{2}{x^2}\right)dx$$

$$= 2\left\{\int_{\frac{7}{2}}^{4} g(x)dx + \int_{3}^{\frac{7}{2}} g(x+1)dx\right\} + \int_{\frac{7}{2}}^{\frac{9}{2}}\left(-\frac{2}{x^2}\right)dx$$

$$= 2\left\{\int_{\frac{7}{2}}^{4} g(x)dx + \int_{3}^{\frac{7}{2}} \left\{g(x) - \frac{2}{x^2}\right\}dx\right\} + \int_{\frac{7}{2}}^{\frac{9}{2}}\left(-\frac{2}{x^2}\right)dx$$

$$= 2\left\{\int_{3}^{4} g(x)dx + \int_{3}^{\frac{7}{2}} \left(-\frac{2}{x^2}\right)dx\right\} + \int_{\frac{7}{2}}^{\frac{9}{2}}\left(-\frac{2}{x^2}\right)dx$$

$$= 2\int_{3}^{4} g(x)dx + 2\int_{3}^{\frac{7}{2}} \left(-\frac{2}{x^2}\right)dx + \int_{\frac{7}{2}}^{\frac{9}{2}}\left(-\frac{2}{x^2}\right)dx$$

$$= 2\int_{3}^{4} g(x)dx + \int_{3}^{\frac{7}{2}} \left(-\frac{2}{x^2}\right)dx + \int_{3}^{\frac{9}{2}}\left(-\frac{2}{x^2}\right)dx$$

한편,

$$\int_{3}^{3} g(x)dx$$

$$= \int_{2}^{3} g(x+1)dx$$

$$= \int_{2}^{3} g(x)dx + \int_{2}^{3}\left(-\frac{2}{x^2}\right)dx$$

$$= \int_{1}^{2} g(x+1)dx + \int_{2}^{3}\left(-\frac{2}{x^2}\right)dx$$

$$= \int_{1}^{2} g(x)dx + \int_{1}^{2}\left(-\frac{2}{x^2}\right)dx + \int_{2}^{3}\left(-\frac{2}{x^2}\right)dx$$

$$= \int_{1}^{2} g(x)dx + \int_{1}^{3}\left(-\frac{2}{x^2}\right)dx$$

$$= 2 + \left[\frac{2}{x}\right]_1^3$$

$$= 2 - \frac{4}{3}$$

$$= \frac{2}{3} \cdots ㉠$$

또,

$$\int_3^{\frac{7}{2}}\left(-\frac{2}{x^2}\right)dx+\int_3^{\frac{9}{2}}\left(-\frac{2}{x^2}\right)dx$$

$$=\left[\frac{2}{x}\right]_3^{\frac{7}{2}}+\left[\frac{2}{x}\right]_3^{\frac{9}{2}}$$

$$=-\frac{2}{21}-\frac{2}{9}$$

$$=-\frac{20}{63}\ \cdots\ ㉡$$

따라서, ㉠과 ㉡에서

$$\int_{\frac{7}{2}}^{\frac{11}{2}}\frac{f(x)}{x}dx=\int_{\frac{7}{2}}^{\frac{11}{2}}g(x)dx$$

$$=2\times\frac{2}{3}-\frac{20}{63}$$

$$=\frac{84-20}{63}$$

$$=\frac{64}{63}$$

이므로

$p+q=63+64=127$

Chapter 09 적분의 응용

1. $\frac{7}{6}$ **2.** 9 **3.** $\frac{2}{3}$ **4.** $a=\frac{2}{\pi}$

5. $\frac{\pi}{2}(4e-e^2-1)$ **6.** $\frac{\pi}{4}-\frac{\ln 2}{2}$

7. 2 **8.** $8+\frac{\ln 3}{8}$ **9.** $\sinh 1$

10. $\frac{32}{3}$ **11.** 8π **12.** 78

13. $\frac{1}{2}\ln 3$ **14.** $\sqrt{2}$ **15.** $8a$

16. 25π **17.** πr^3 **18.** $\frac{3}{2}$

19. $\pi\left[1+\frac{1}{4}(e^2-e^{-2})\right]$ **20.** $\frac{\pi}{27}(145\sqrt{145}-10\sqrt{10})$

21. $\frac{\pi}{3}h[{r_1}^2+r_1r_2+{r_2}^2]$ **22.** $\frac{48}{5}\pi$

23. $\frac{\pi}{27}(10\sqrt{10}-1)$ **24.** $\frac{935}{9}\pi$

25. $x=4t$ 에서 $\frac{dx}{dt}=4$,

$y=t^2-2\ln 2t$ 에서 $\frac{dy}{dt}=2t-\frac{2}{t}$

$\therefore\ \vec{v}=\left(4,\ 2t-\frac{2}{t}\right)$

이때, 속력은

$$|\vec{v}|=\sqrt{4^2+\left(2t-\frac{2}{t}\right)^2}=\sqrt{4\left(t+\frac{1}{t}\right)^2}$$

$$=2\left(t+\frac{1}{t}\right)$$

$t>0$ 이므로 산술기하평균의 관계에서

$2\left(t+\frac{1}{t}\right)\geq 2\cdot 2\sqrt{t\cdot\frac{1}{t}}=4$ (단, 등호는 $t=1$ 일 때 성립)

따라서 $t=1$ 일 때 속력이 최소이므로 구하는 거리는

$$\int_1^3 2\left(t+\frac{1}{t}\right)dt=2\left[\frac{1}{2}t^2+\ln t\right]_1^3$$

$$=2\left(\frac{9}{2}+\ln 3-\frac{1}{2}\right)$$

$$=8+2\ln 3=8+\ln 9$$

따라서 $m=8,\ n=9$ 이므로 $m+n=17$

26. 10초 동안 수도관을 통하여 흘러 나간 물의 길이를 l 이라 하면

$$l=\int_0^{10}\frac{3}{8}t\sqrt{100-t^2}\,dt$$

$100-t^2=x$ 로 치환하면 $-2tdt=dx$ 이고,

$t=0$ 일 때 $x=100,\ t=10$ 일 때 $x=0$ 이므로

$$l=\int_0^{10}\frac{3}{8}t\sqrt{100-t^2}\,dt=-\int_{100}^{0}\frac{3}{16}\sqrt{x}\,dx$$

$$=\int_0^{100}\frac{3}{16}\sqrt{x}\,dx=\frac{3}{16}\left[\frac{2}{3}x^{\frac{3}{2}}\right]_0^{100}$$

$$=\frac{1}{8}\cdot(10^2)^{\frac{3}{2}}=\frac{1000}{8}=125$$

따라서 흘러 나간 물의 부피는

$1^2\pi\cdot125=125\pi(\text{cm}^3)$

$\therefore\ a=125$

27. $y=2^x-1$에서 $x=\log_2(y+1)$이므로 높이가 h일 때 회전체의 부피 V는

$$V=\pi\int_0^h x^2dy=\pi\int_0^h[\log_2(y+1)]^2dy$$

양변 t에 대하여 미분하면

$$\frac{dV}{dt}=\frac{d}{dh}\left[\pi\int_0^h[\log_2(y+1)]^2dy\right]\frac{dh}{dt}$$

$$=\pi[\log_2(h+1)]^2\frac{dh}{dt}$$

$\dfrac{dV}{dt}=12,\ h=7$을 대입하면 $\dfrac{dh}{dt}=\dfrac{4}{3\pi}$

28. 회전체 A에 차 있던 물의 부피를 a(a는 상수)라 하면

$$\pi\int_0^u\frac{1}{3}ydy+\left(\pi\int_0^u ydy-\pi\int_0^v\frac{1}{3}ydy\right)=a$$

$$\pi\left[\frac{1}{6}y^2\right]_0^u+\pi\left[\frac{1}{2}y^2\right]_0^v-\pi\left[\frac{1}{6}y^2\right]_0^v=a$$

$$\frac{1}{6}u^2+\frac{1}{2}v^2-\frac{1}{6}v^2=\frac{a}{\pi}$$

$$\frac{1}{6}u^2+\frac{1}{3}v^2=\frac{a}{\pi}$$

양변을 u에 대하여 미분하면

$$\frac{1}{3}u+\frac{2}{3}v\cdot\frac{dv}{du}=0$$

$$\frac{dv}{du}=-\frac{u}{2v}$$

$c=\frac{1}{2}u$를 대입하면

$$\frac{dv}{du}=-\frac{u}{2\cdot\frac{1}{2}u}=-1$$

29. 다음 그림과 같이 좌표축을 정하면 잘린 입체의 밑면의 중심 O에서 x만큼 떨어진 곳을 밑면과 잘린 지름에 수직인 평면으로 자른 단면은 직각삼각형이므로

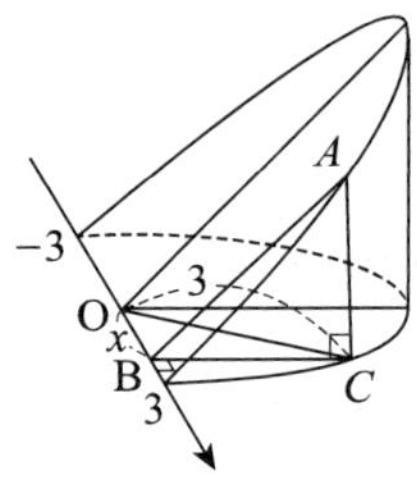

$\overline{\mathrm{BC}}=\sqrt{3^2-x^2}=\sqrt{9-x^2}$

또, $\overline{\mathrm{AC}}=\overline{\mathrm{BC}}\tan45°=\overline{\mathrm{BC}}$이므로 단면의 넓이 $S(x)$는

$S(x)=\frac{1}{2}\overline{\mathrm{BC}}^2=\frac{1}{2}(9-x^2)$

따라서, 구하는 부피 V는

$$V=\int_{-3}^{3}S(x)dx=\int_{-3}^{3}\frac{1}{2}(9-x^2)dx$$

$$=\frac{1}{2}\left[9x-\frac{1}{3}x^2\right]_{-3}^{3}$$

$$=18(\mathrm{cm}^3)$$

찾아보기

CALCULUS

미분적분학의 기초

2017년 2월 20일 인쇄
2017년 2월 25일 발행

저 자 ◎ **최 두 일**

발행자 ◎ **조 승 식**

발행처 ◎ (주) 도서출판 북스힐
서울시 강북구 한천로 153길 17

등 록 ◎ 제 22-457 호

TEL (02) 994-0071(代)

FAX (02) 994-0073

E-MAIL bookswin@unitel.co.kr
www.bookshill.com

값 20,000원

잘못된 책은 교환해 드립니다.

ISBN 979-11-5971-053-7